本书前身《高等数学简明教程(第一、二、三册)》
获 2002 年全国普通高等学校
优秀教材一等奖

本书第一版被教育部列为
普通高等教育"十五"国家级规划教材

本书第二版被教育部列为
普通高等教育"十一五"国家级规划教材

高 等 数 学

（第三版）

（下 册）

李 忠 周建莹 编著

北京大学出版社
PEKING UNIVERSITY PRESS

图书在版编目 (CIP) 数据

高等数学. 下册 / 李忠，周建莹编著. — 3 版. —
北京：北京大学出版社， 2023.8
　ISBN 978-7-301-33881-0

　Ⅰ.①高⋯　Ⅱ.①李⋯ ②周⋯　Ⅲ.①高等数学 – 高
等学校 – 教材　Ⅳ.① O13

中国国家版本馆 CIP 数据核字 (2023) 第 057329 号

书　　　名	高等数学（第三版）（下册）
	GAODENG SHUXUE（DI-SAN BAN）（XIA CE）
著作责任者	李　忠　周建莹 编著
责 任 编 辑	潘丽娜　刘 勇
标 准 书 号	ISBN 978-7-301-33881-0
出 版 发 行	北京大学出版社
地　　　址	北京市海淀区成府路 205 号　100871
网　　　址	http://www.pup.cn
电 子 信 箱	zpup@pup.cn
新 浪 微 博	@ 北京大学出版社
电　　　话	邮购部 010-62752015　发行部 010-62750672　编辑部 010-62752021
印 　刷　 者	大厂回族自治县彩虹印刷有限公司
经 　销　 者	新华书店
	650 毫米 ×980 毫米　16 开本　27.75 印张　474 千字
	2004 年 6 月第 1 版　2009 年 8 月第 2 版
	2023 年 8 月第 3 版　2024 年 4 月第 3 次印刷
定　　　价	69.00 元

第三次修订说明

党的二十大报告对实施科教兴国战略、强化现代化建设人才支撑作出重大部署,明确指出:"教育、科技、人才是全面建设社会主义现代化国家的基础性、战略性支撑." 为了更好地完成"为党育人,为国育才,全面提高人才自主培养质量"的目标,对本书进行了适时的修订.

本书是普通高等院校理工科非数学类各专业(尤其是物理类专业)本科生的"高等数学"教材. 全书分上、下两册,其中上册除绪论外,共有六章,内容包括:函数与极限、微积分的基本概念、积分的计算及应用、微分中值定理与泰勒公式、向量代数与空间解析几何、多元函数微分学;下册共有六章,内容包括:重积分、曲线积分与曲面积分、常微分方程、无穷级数、广义积分与含参变量的积分、傅里叶级数.

本书是作者在北京大学进行教学试点的成果,它对传统高等数学课程的内容体系做了适当的整合,力求突出数学概念与理论的实质,避免过分形式化,使读者对所讲内容感到朴实自然. 另外,本书强调数学理论与其他学科的联系. 书中附有历史的注记,简要叙述相关概念和理论的发展演变过程以及重要数学家的贡献. 本书语言流畅、叙述简洁、深入浅出、例题丰富,便于读者自学. 每小节配有适量习题,每章设置综合练习题,书末附有习题答案或提示,以供读者参考.

本次修订的指导思想是:在保持第二版的框架与内容结构不变的基础上,做了必要的修改与补充,以使本书更进一步贴近读者,更好地体现教学基本要求. 具体做法是:对重要的数学概念和定理增加了解释性文字与具体实例,使学生便于理解与掌握;订正了原书中的一些误漏,并对语言进行了润色,使本书更好读易懂,便于学生自学;重新审定了原书中的"历史的注记". 北京理工大学数学与统计学院的方丽萍教授执笔完成本次修订的大部分内容.

本书有配套的学习辅导书,请读者参考《高等数学解题指南》(周建莹、李正元,北京大学出版社,2002).

第二次修订版前言

本书的前身是 1998 年出版的《高等数学简明教程（第一、二、三册）》. 2004 年做了第一次全面修订，在内容上做了一定的调整，由三册改为两册，并更名为《高等数学》. 本次修订是第二次修订.

本书的主要读者是高等学校中物理类专业的学生. 高等数学（或者简单地说，微积分）对于这些专业而言，其重要性是不言而喻的. 然而，这个课程对一部分学生来说，往往又是难学的，甚至是让人"望而生畏的". 本书编写的主要指导思想就是希望通过调整某些传统讲法，使微积分的讲授，能够"返璞归真"，平实自然，有趣有用. 具体想法请参见原版前言.

本书出版后，十余年来在北京大学以及其他许多高校得到了广泛的采用. 十余年来的教学实践经验为本次修订提供了基础. 这次修订的想法是希望在保持原有的框架与内容结构不变的基础上，对教材做少量必要的更改与补充，以使本书更进一步贴近读者，更好地体现教学的基本要求.

在这次修订中，我们在书中若干地方，增加了解释性文字与具体实例，希望以此为读者铺设一条更为平坦的学习之路.

在第一次修订版中，增添了历史的注记与人物注记，以简短扼要的文字，叙述有关重要数学概念的来源和发展以及数学家的故事，以使读者有较宽广的视野和必要的数学历史知识. 在教材近五年的使用中，这些注记普遍受到读者的欢迎. 在这次修订中，除了对原有的这些注记做了重新审定之外，还适当增加了一些新的内容.

在这次修订中，原来的习题（包括每一章的综合练习题）一般没有更动，但去掉了少数的几个题目. 作者一向不赞成在初学阶段引导学生做难题、偏题，那样做是得不偿失的.

在这次修订中，我们删去了若干定理的证明，其中包括闭区间上连续函数有界性定理、介值定理、最大值与最小值定理、隐函数存在性定理等的证明. 这种删改并不表示教学基本要求的改变，而是恰恰相反. 这些定理的证明在原书中或者以附录的形式出现，或者明确注明超出教学大纲的要求，不必在课堂讲授. 尽管如此，把它们写在书中，毕竟有可能对教师或学生产生误导，模糊了教学的基本要求，并增加了教师与学生不必要的心理负担，不如干脆去掉为好. 因此,这样做是为了使本书更明确地体现教学的基本要求.

多年来,北京大学出版社理科编辑室主任刘勇同志为本书的出版以及各种修订做了大量工作. 现在,本书即将出版第二版之际,作者要特别向他表示衷心的感谢! 同时,也向那些曾经给本书提过宝贵意见的读者与专家们表示致谢!

李 忠

2009 年 2 月 23 日

于北京大学

原 版 前 言

1996 年秋至 1998 年春,我们在为北京大学物理系、无线电电子学系及技术物理系讲授高等数学期间,在课程内容体系上做了一些改革的尝试.现在出版的这套《高等数学简明教程》就是在当时试用讲义的基础上修改补充而成的.

全书共分三册,供综合性大学及师范院校物理类各专业作为三学期或两学期教材使用.第一册是关于一元函数微积分及空间解析几何;第二册是关于多元函数微积分与常微分方程;第三册是关于级数、参变量积分、傅氏级数与傅氏积分、概率论与数理统计.

现在我们就这套教材的内容处理做以下几点说明:

(一)与传统的教材相比,这套教材在讲授内容的次序上做了一定的调整

目前国内多数高等数学教材是先讲微分学,后讲积分学.这样做的好处是数学理论体系清晰,其缺点则是积分概念出来过晚,使初学者对微分概念与积分概念有割裂之感.另外,由于积分概念出现过晚而使数学课在与其他课程,如力学与普通物理等课的配合上出现了严重脱节现象.

在本教材中,我们把微积分的基本概念及计算放在一起先讲,在讲完微积分基本定理及积分的计算之后,才开始讲微分中值定理与泰勒公式.这样调整的主要目的是为了让初学者尽可能早地了解与把握微积分的基本思想,掌握它的最核心、最有用、最生动的部分.在试验过程中,学生们在第一学期期中考试前已经学完了微商、微分、不定积分、定积分的概念及全部运算,对微积分的概念初步形成一个比较完整的认识.同时,这样的调整也缓解了与其他课程在配合上的矛盾.因此,我们认为这种调整或许是解决物理类专业在大学一年级数学课与其他基础课脱节问题的途径之一.

微积分就其原始的核心思想与形式是朴素的、自然的,容易被人理解与接受.随着历史的发展,逻辑基础的加固和各种研究的深化,它已经变成了一个"庞然大物",让初学者望而生畏.现在,如何选取其中要紧的东西以及用怎样的方式将它们在较短的时间内展示给学生,不能说不是一个问题,值得我们思考与探索.

(二) 关于极限概念的处理

关于极限概念和有关实数理论的处理历来是微积分教学改革中争论的焦点之一. 我们认为, 极限的严格定义, 即"ε-δ"与"ε-N"的说法是应该讲的, 并且要认真讲. 因为它在处理一些复杂极限过程, 特别是涉及函数项级数一致收敛性等问题时, 是必不可少的. 物理类专业的学生可能还要学许多更高深的数学, 不掌握极限的严格定义也是不行的.

但是, 我们也不赞成在一开头就花很大力气去反复训练"ε-δ", 而形成一种"大头极限论". 我们希望随着课程的深入, 让学生在反复使用中逐渐熟悉它, 掌握它. 在现在的教材中没有出现大量的用"ε-δ"求证具体函数极限的练习, 更没有做十分困难的极限习题, 因为做过多的这类练习意义不大. 极限的概念在这套教材中既是严谨的, 又保留其朴素、直观、自然的品格.

与极限概念密切联系在一起的是关于实数域完备性的几个定理. 我们采用了分散处理的办法. 在全书的一开头就把单调有界序列有极限作为实数完备性的一种数学描述加以介绍. 有了它, 这在有关极限的许多讨论中已足够了. 闭区间上连续函数的性质在第一章中只叙述而不加证明, 其证明只作为附录, 供有兴趣的读者自行阅读. 在讨论级数之前再次涉及实数域的完备性, 这时才介绍柯西收敛原理, 以满足级数讨论的需要. 这种分散处理的办法, 不仅分散了难点, 而且使初学者更容易看清这些基础性定理在所涉及问题中的意义.

(三) 本书坚持了传统教材中的基本内容与基本训练不变, 但拓宽了内容范围

在内容的取舍上, 我们采取了相当慎重的态度. 近来对高等数学课的内容现代化改革呼声很高. 但是, 作为一门数学基础课似乎不宜简单地以现代化作为其改革的主要目标. 数学学科中概念的连贯性使得它不可能像电子器件一样去"更新换代"和"以新弃旧". 而且现在看来掌握好微积分的基本概念、基本理论与基本训练, 对于一个理工科大学生而言依然是必不可少的. 当然, 计算机的广泛使用以及数学软件功能的日益提高, 正促使我们思考在高等数学课中简化或减少某些计算的内容. 然而, 就目前的情况, 我们尚难以下定决心取消某些内容. 为了慎重从事, 这次改革试验中, 我们保留了传统教材中的基本内容与基本训练.

我们认为目前对高等数学课而言重要的不是去更新内容, 而是避免教学中烦琐主义的倾向, 不要在一些枝节问题上大做文章. 那样做既歪曲了数学,又使学生苦不堪言.

在本书的表述上,我们尽可能注意了文字的简洁、例子的典型性以及对基本概念背景及意义的解释,以便于读者自学.除每节的练习题之外,每一章之后又附加了总练习题,以使读者有机会做一些综合练习.

国际著名数学家柯朗曾经尖锐地批评过数学教育.他指出:"两千年来,掌握一定的数学知识已被视为每个受教育者必须具备的智力.数学在教育中的这种特殊地位,今天正在出现严重危机.不幸的是,数学教育工作者对此应负其责.数学的教学逐渐流于无意义的单纯演算习题的训练.固然这可以发展形式演算能力,但却无助于对数学的真正理解,无助于提高独立思考能力.……"①

柯朗的话是对的.数学教育需要改革,我们任重道远.

最后,我们应该提到,这次改革试点工作先后在北京大学及北京市教委正式立项并得到了他们的支持,借此机会我们向北京市教委及北京大学教务处与教材科的有关同志表示衷心的感谢.北京大学数学科学学院院长姜伯驹教授一直十分关心这项工作,并给予多方面的鼓励与帮助.此外,彭立中教授、黄少云教授与刘西垣教授也很关心这项工作,并对试用讲义提出了许多宝贵意见.北京大学出版社邱淑清编审及刘勇同志大力支持这套教材的出版.刘勇同志作为本书的责任编辑为本书的出版做了大量工作,付出了辛勤的劳动.我们在这里一并对这些同志表示感谢!

毫无疑问,这套教材会有许多不成熟之处,甚至有不少错误.我们诚恳地希望数学界同人加以批评指正,以便改正.

李　忠　周建莹

1998 年 2 月 15 日于

北京大学中关园

(2004 年元月略做删改)

---

① 见《数学是什么》(柯朗与罗宾斯著,汪浩、朱煜民译,湖南教育出版社,1985)第一版序.

目　　录

第七章　重积分 ·· （1）

　§1　二重积分的概念与性质 ·································· （1）

　　1.二重积分的概念 ·· （1）

　　2.二重积分的性质 ·· （3）

　　习题 7.1 ·· （4）

　§2　二重积分的计算 ·· （5）

　　1.直角坐标系下的计算公式 ································ （5）

　　2.在极坐标系下的计算公式 ································ （13）

　　3.二重积分的一般变量替换公式 ·························· （20）

　　习题 7.2 ·· （25）

　§3　三重积分的概念与计算 ·································· （27）

　　1.在直角坐标系下的计算公式 ····························· （28）

　　2.在柱坐标下的计算公式 ·································· （33）

　　3.在球坐标下的计算公式 ·································· （37）

　　4.在一般变量替换下的计算公式 ·························· （40）

　　习题 7.3 ·· （43）

　§4　重积分的应用举例 ·· （45）

　　1.重积分的几何应用 ·· （45）

　　2.重积分的物理应用 ·· （50）

　　习题 7.4 ·· （57）

　　第七章总练习题 ·· （58）

第八章　曲线积分与曲面积分 ······················· （61）

　§1　第一型曲线积分 ·· （61）

　　1.第一型曲线积分的概念与性质 ·························· （61）

　　2.第一型曲线积分的计算 ·································· （63）

　　习题 8.1 ·· （70）

　§2　第二型曲线积分 ·· （71）

　　　1. 第二型曲线积分的概念 ……………………………………（71）

　　　2. 第二型曲线积分的计算 ……………………………………（73）

　　　习题 8.2 ………………………………………………………（81）

　§3　格林公式·平面第二型曲线积分与路径无关的条件 ………（83）

　　　1. 格林公式 ……………………………………………………（85）

　　　2. 平面第二型曲线积分与路径无关的条件 ………………（92）

　　　习题 8.3 ………………………………………………………（100）

　§4　第一型曲面积分 ……………………………………………（102）

　　　1. 第一型曲面积分的概念 …………………………………（102）

　　　2. 第一型曲面积分的计算 …………………………………（104）

　　　习题 8.4 ………………………………………………………（110）

　§5　第二型曲面积分 ……………………………………………（110）

　　　1. 双侧曲面 …………………………………………………（111）

　　　2. 第二型曲面积分的概念 …………………………………（112）

　　　3. 第二型曲面积分的计算 …………………………………（115）

　　　习题 8.5 ………………………………………………………（125）

　§6　高斯公式与斯托克斯公式 …………………………………（126）

　　　1. 高斯公式 …………………………………………………（126）

　　　2. 斯托克斯公式 ……………………………………………（133）

　　　习题 8.6 ………………………………………………………（140）

*§7　场论初步 ……………………………………………………（141）

　　　1. 场的概念 …………………………………………………（141）

　　　2. 数量场的等值面与梯度 …………………………………（142）

　　　3. 向量场的通量与散度 ……………………………………（145）

　　　4. 向量场的环量与旋度 ……………………………………（147）

　　　5. 保守场 ……………………………………………………（150）

　　　习题 8.7 ………………………………………………………（153）

*§8　外微分形式与一般形式的斯托克斯公式 …………………（154）

　　　1. 外微分形式的概念 ………………………………………（154）

　　　2. 微分形式的外微分运算 …………………………………（157）

　　　3. 一般形式的斯托克斯公式 ………………………………（160）

　　　习题 8.8 ………………………………………………………（163）

　第八章总练习题 …………………………………………………（163）

第九章　常微分方程 ································ (166)

§1　基本概念 ···································· (166)

　　习题 9.1 ···································· (171)

§2　初等积分法 ·································· (172)

　　1. 变量分离的方程 ···························· (172)

　　2. 可化为变量分离方程的几类方程 ················ (176)

　　3. 一阶线性微分方程 ························ (181)

　　4. 全微分方程与积分因子 ···················· (186)

　　5. 可降阶的二阶微分方程 ···················· (191)

　　习题 9.2 ···································· (193)

§3　微分方程解的存在和唯一性定理 ·············· (195)

　　习题 9.3 ···································· (201)

§4　高阶线性微分方程 ······················ (201)

　　1. 二阶线性齐次方程通解的结构 ················ (203)

　　2. 二阶线性非齐次方程通解的结构 ·············· (206)

　　习题 9.4 ···································· (208)

§5　二阶线性常系数微分方程 ·················· (208)

　　1. 线性常系数齐次方程 ······················ (208)

　　2. 若干特殊线性常系数非齐次方程的特解 ·········· (212)

　　习题 9.5 ···································· (220)

§6　用常数变易法求解二阶线性非齐次方程与欧拉方程的解法 ·· (221)

　　1. 常数变易法 ······························ (221)

　　2. 欧拉方程 ································ (223)

　　习题 9.6 ···································· (224)

§7　常系数线性微分方程组 ···················· (224)

　　习题 9.7 ···································· (228)

　第九章总练习题 ···························· (229)

第十章　无穷级数 ································ (231)

§1　柯西收敛原理与数项级数的概念 ·············· (231)

　　1. 柯西收敛原理 ···························· (231)

　　2. 数项级数及其敛散性的概念 ·················· (232)

　　3. 收敛级数的性质 ·························· (237)

　　　习题 10.1 ·· (239)

　§ 2　正项级数的收敛判别法 ·························· (240)

　　　习题 10.2 ·· (252)

　§ 3　任意项级数 ······································ (253)

　　　1. 交错级数 ·· (253)

　　　2. 绝对收敛与条件收敛 ······························ (257)

　　　3. 狄利克雷判别法与阿贝尔判别法 ···················· (262)

　　　习题 10.3 ·· (266)

　§ 4　函数项级数 ······································ (268)

　　　1. 函数序列及函数项级数的一致收敛性 ················ (269)

　　　2. 函数项级数一致收敛的必要条件与判别法 ············ (275)

　　　3. 一致收敛级数的性质 ······························ (283)

　　　习题 10.4 ·· (290)

　§ 5　幂级数 ·· (292)

　　　1. 幂级数的收敛半径 ································ (292)

　　　2. 幂级数的性质 ···································· (300)

　　　习题 10.5 ·· (309)

　§ 6　泰勒级数 ·· (310)

　　　1. 幂级数展开的必要条件与泰勒级数 ·················· (310)

　　　2. 函数能展开成幂级数的充要条件 ···················· (312)

　　　3. 初等函数的泰勒展开式 ···························· (313)

　　　习题 10.6 ·· (322)

　第十章总练习题 ·· (323)

第十一章　广义积分与含参变量的积分 ············ (325)

　§ 1　广义积分 ·· (325)

　　　1. 无穷积分 ·· (325)

　　　2. 瑕积分 ·· (336)

　　　习题 11.1 ·· (343)

　§ 2　含参变量的正常积分 ···························· (345)

　　　习题 11.2 ·· (351)

　§ 3　含参变量的广义积分 ···························· (352)

　　　1. 含参变量的无穷积分 ······························ (352)

　　　2. 含参变量的瑕积分 ································ (364)

　　　3. Γ 函数与 B 函数 ···（367）
　　　习题 11.3 ··（373）

第十二章　傅里叶级数···（375）

　§1　三角函数系及其正交性 ·······································（375）
　　　习题 12.1 ··（377）

　§2　周期为 2π 的函数的傅里叶级数及其收敛性 ···············（378）
　　　1. 周期函数的傅里叶系数与傅里叶级数 ·······················（378）
　　　2. 傅里叶级数的收敛性定理及傅里叶展开式 ·····················（379）
　　　3. 奇、偶周期函数的傅里叶级数 ······························（385）
　　　4. 任意周期的周期函数的傅里叶级数 ··························（387）
　　　5. 定义在有穷区间上的函数的傅里叶级数 ······················（390）
　　　习题 12.2 ··（396）

　§3　贝塞尔不等式与帕塞瓦尔等式 ·······························（397）
　　　习题 12.3 ··（404）

　附录：傅里叶积分与傅里叶变换 ·································（405）
　　　1. 傅里叶积分 ···（405）
　　　2. 傅里叶变换 ···（408）

　第十二章总练习题 ··（412）

部分习题答案与提示··（413）

第七章 重　积　分

重积分的概念是一元函数的定积分概念向多元函数情况的推广,它有广泛的实际背景及应用价值.常用的重积分有两种:二重积分与三重积分.本章的内容是介绍这两种积分的概念、计算、换元法则及其应用.

§1　二重积分的概念与性质

1. 二重积分的概念

我们知道,一元函数的定积分是通过"分割、近似代替、求和、取极限"的步骤来定义的.关于二元函数的重积分也是通过类似的步骤定义的.

设函数 $z=f(x,y)$ 在一个由有限条光滑曲线围成的平面区域 D 上有定义.为定义关于 $f(x,y)$ 的二重积分,我们首先要弄清什么是关于定义域 D 的一种分割.设想有两组曲线,它们彼此横截,并在 Oxy 平面上形成了一个网格.这个网格将 D 分成有限个闭子区域 $D_1,D_2,\cdots,D_n$;它们彼此互不重叠,且 $D=D_1\bigcup D_2\bigcup\cdots\bigcup D_n$.这样的一组子区域 $\{D_1,D_2,\cdots,D_n\}$ 就称作 D 的一种**分割**(见图 7.1).

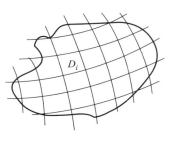

图　7.1

今后,我们用 $\Delta\sigma_i$ 表示 D_i 的面积[①],并用 λ 表示 D_i 的直径的最大者.所谓 D_i 的直径是指 D_i 中任意两点的距离的最大值.

定义　设 $z=f(x,y)$ 是定义在平面上的有界闭区域 D 上的函数.若对 D 的任意分割 $\{D_1,D_2,\cdots,D_n\}$ 及任意选择的 $(x_i,y_i)\in D_i(i=1,2,\cdots,n)$,当 $\lambda\rightarrow0$ 时,和数

$$\sum_{i=1}^{n}f(x_i,y_i)\Delta\sigma_i$$

总有极限,则称该极限为 $f(x,y)$ 在 D 上的**二重积分**,记作

---

①　关于平面集合的面积,这里我们只作直观的理解,其数学上的严格定义已超出本书范围.

$$\iint\limits_{D} f(x,y)\mathrm{d}\sigma \quad \text{或} \quad \iint\limits_{D} f(x,y)\mathrm{d}x\mathrm{d}y,$$

这里 D 称作**积分区域**,而 $f(x,y)$ 称作**被积函数**.

在二重积分定义中,我们强调了极限

$$\lim_{\lambda \to 0}\sum_{i=1}^{n} f(x_i,y_i)\Delta\sigma_i$$

与区域 D 的分割方式及中间点 $(x_i,y_i)\in D_i$ 的选取无关.这一点与一元函数的定积分的情况是一致的.

根据二重积分定义,我们立即推出

$$\iint\limits_{D}\mathrm{d}\sigma = D \text{ 的面积}.$$

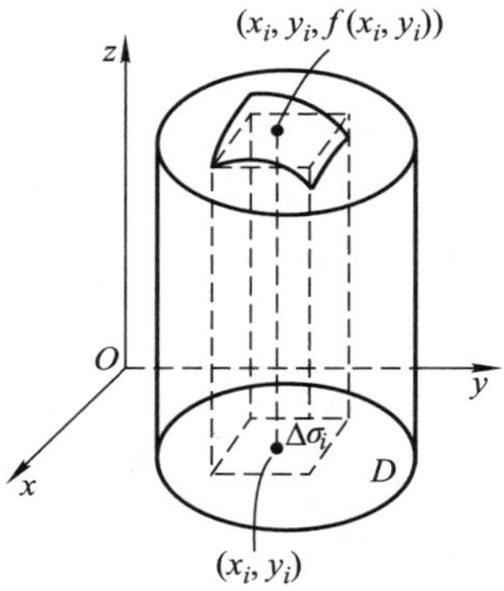

图　7.2

例1　设 D 为 Oxy 平面上的有界闭区域,$z=f(x,y)$ 是 D 上的连续函数,且 $f(x,y)\geqslant 0$. 那么二重积分

$$\iint\limits_{D} f(x,y)\mathrm{d}\sigma$$

代表在三维空间中区域 D 上以曲面 $z=f(x,y)$ 为顶的柱体的体积,见图7.2.

这是因为 $f(x_i,y_i)\Delta\sigma_i$ 表示 D_i 对应的小柱体的体积的近似值,而和数

$$\sum_{i=1}^{n} f(x_i,y_i)\Delta\sigma_i$$

是整个柱体的体积的近似值.随着分割的加细,上述和数越来越接近于体积的精确值,其极限自然就是体积.

上述例子指出了函数 $f(x,y)\geqslant 0$ 时,二元函数 $f(x,y)$ 的二重积分的几何意义.当 $z=f(x,y)$ 在 D 上连续,但有正有负时,其二重积分的几何意义是:二重积分恰好是曲面 $z=f(x,y)$ 在 Oxy 平面上方部分所对应的若干曲顶柱体的体积减去曲面在 Oxy 平面下方部分所对应的体积.

例2　设 D 是一个平面的薄板,在一点 $(x,y)\in D$ 的面密度为 $\rho(x,y)$.那么,二重积分

$$\iint\limits_{D}\rho(x,y)\mathrm{d}\sigma$$

是薄板的质量.事实上,若对区域 D 进行一个分割:$\{D_1,D_2,\cdots,D_n\}$,那么

D_i 的质量近似于

$$\rho(x_i,y_i)\Delta\sigma_i,$$

其中 $(x_i,y_i)\in D_i$. 于是整个薄板的质量就近似于

$$\sum_{i=1}^{n}\rho(x_i,y_i)\Delta\sigma_i,$$

当这种分割无限加细时,其极限则必定是薄板的质量.

究竟哪些二元函数是可积的呢? 这里对此不作详细讨论,只是指出下列事实:**一个在有界闭区域上连续的二元函数是可积的.**更为一般地说,一个在有界闭区域上的分片有界连续函数是可积的.所谓分片有界连续函数,是指将原来的定义域分解成有限个小区域,而函数在每个小区域内是有界且连续的.

多元函数的可积性问题是较复杂的数学问题,它完全超出了本课程的基本要求.在现在这个教程中,关于重积分的讨论重点是如何计算的问题,而不是可积性问题.

2. 二重积分的性质

与定积分类似,可以证明二重积分有下列性质(我们假定这里所涉及的函数在有界闭区域 D 上是可积的):

(1) 常数因子可提到积分号之外:

$$\iint\limits_{D}kf(x,y)\mathrm{d}\sigma=k\iint\limits_{D}f(x,y)\mathrm{d}\sigma\quad (k\text{ 为常数}).$$

(2) 函数的代数和的积分等于各函数的积分的代数和:

$$\iint\limits_{D}[f(x,y)\pm g(x,y)]\mathrm{d}\sigma=\iint\limits_{D}f(x,y)\mathrm{d}\sigma\pm\iint\limits_{D}g(x,y)\mathrm{d}\sigma.$$

(3) 积分对区域的可加性:

若区域 D 可分解为两个互不重叠的区域 D_1 与 D_2,且 f 在 D_1 与 D_2 上均可积,则

$$\iint\limits_{D}f(x,y)\mathrm{d}\sigma=\iint\limits_{D_1}f(x,y)\mathrm{d}\sigma+\iint\limits_{D_2}f(x,y)\mathrm{d}\sigma.$$

(4) 积分保持不等号的性质:

若函数 f 及 g 在 D 上满足不等式

$$f(x,y)\leqslant g(x,y),\quad \forall(x,y)\in D,$$

则

$$\iint\limits_{D}f(x,y)\mathrm{d}\sigma\leqslant\iint\limits_{D}g(x,y)\mathrm{d}\sigma.$$

特别地,由于 $-|f(x,y)| \leqslant f(x,y) \leqslant |f(x,y)|$,故由上式可推出

$$\left| \iint\limits_{D} f(x,y)\mathrm{d}\sigma \right| \leqslant \iint\limits_{D} |f(x,y)|\,\mathrm{d}\sigma.$$

（5）积分中值定理:

若函数 $f(x,y)$ 在有界闭区域 D 上连续,则在 D 上至少存在一点 (x_0,y_0),使

$$\iint\limits_{D} f(x,y)\mathrm{d}\sigma = f(x_0,y_0) \cdot S,$$

其中 S 为区域 D 的面积.

性质（1）～（4）可由二重积分的定义证明.现证性质（5）.

设 m,M 分别是 $f(x,y)$ 在 D 上的最小值与最大值,由性质（4）得

$$mS = \iint\limits_{D} m\mathrm{d}\sigma \leqslant \iint\limits_{D} f(x,y)\mathrm{d}\sigma \leqslant \iint\limits_{D} M\mathrm{d}\sigma = MS,$$

故

$$m \leqslant \frac{1}{S}\iint\limits_{D} f(x,y)\mathrm{d}\sigma \leqslant M.$$

由二元连续函数的介值定理（第六章§3 定理 6）,在 $\overline{D}$ 内至少有一点 (x_0,y_0),使

$$f(x_0,y_0) = \frac{1}{S}\iint\limits_{D} f(x,y)\mathrm{d}\sigma.$$

两边同乘 S,即得欲证之式.

例 3　比较二重积分 $\iint\limits_{D}(x+y)^2\mathrm{d}\sigma$ 与 $\iint\limits_{D}(x+y)^3\mathrm{d}\sigma$ 的大小,其中 $D = \{(x,y) \mid 1 \leqslant x \leqslant 2, 0 \leqslant y \leqslant 1\}$.

解　因为在 D 上,$x+y \geqslant 1$,所以 $(x+y)^2 \leqslant (x+y)^3$.利用积分保持不等号性质,

$$\iint\limits_{D}(x+y)^2\mathrm{d}\sigma \leqslant \iint\limits_{D}(x+y)^3\mathrm{d}\sigma.$$

再利用习题 7.1 第 4 题,得

$$\iint\limits_{D}(x+y)^2\mathrm{d}\sigma < \iint\limits_{D}(x+y)^3\mathrm{d}\sigma.$$

习　题　7.1

1. 用二重积分表示上半椭球

$$\frac{x^2}{a^2} + \frac{y^2}{b^2} + \frac{z^2}{c^2} \leqslant 1, \quad z \geqslant 0$$

的体积,其中 a,b,c 为正的常数.

2. 设平面区域

$$D = \{(x,y) \mid -1 \leqslant x \leqslant 1, 0 \leqslant y \leqslant 1\},$$

试由定义证明:

$$\iint\limits_{D} x \, \mathrm{d}\sigma = 0.$$

3. 设函数 $f(x,y)$ 在有界闭区域 D 上连续,$g(x,y)$ 在 D 上非负,且 $g(x,y)$ 与 $f(x,y)g(x,y)$ 在 D 上可积.证明:在 D 中存在一点 (x_0,y_0),使

$$\iint\limits_{D} f(x,y)g(x,y)\mathrm{d}\sigma = f(x_0,y_0)\iint\limits_{D} g(x,y)\mathrm{d}\sigma.$$

4. 设函数 $f(x,y)$ 在有界闭区域 D 上连续、非负,且 $\iint\limits_{D} f(x,y)\mathrm{d}x\,\mathrm{d}y = 0$.证明: $f(x,y) \equiv 0$,当 $(x,y) \in D$ 时.

§2 二重积分的计算

计算二重积分的基本方法是将二重积分的计算转化为连续地计算两个定积分,即计算累次积分.

1. 直角坐标系下的计算公式

设函数 $z = f(x,y)$ 在闭区域 D 上连续,其中 D 由直线 $x = a$,$x = b$ $(a < b)$ 及曲线 $y = \varphi_1(x)$,$y = \varphi_2(x)$ $(\varphi_1(x) \leqslant \varphi_2(x)$,当 $a \leqslant x \leqslant b$ 时) 围成(见图 7.3).这时 $f(x,y)$ 的二重积分可表示成如下的镶嵌在一起的两个定积分

$$\iint\limits_{D} f(x,y)\mathrm{d}x\,\mathrm{d}y = \int_{a}^{b} \left[\int_{\varphi_1(x)}^{\varphi_2(x)} f(x,y)\mathrm{d}y \right] \mathrm{d}x.$$

上式右端的内层积分是关于 y 的定积分,其中 x 视作常量,其上限与下限也依赖于 x.整个内层积分是 x 的一个函数,而外层积分是关于这个函数的定积分.

上述公式右端的积分称为**累次积分**.

关于二重积分化为累次积分的计算公式,我们不打算给予严格的证明.但是,在某些特殊情况下,人们可以从重积分的几何意义中得到一个直观的证明.当 $f(x,y)$ 非负时,其二重积分表示以曲面 $z = f(x,y)$ 为顶,区域 D 为底的曲顶柱体的体积 V.另一方面,我们也可用一个累次积分来表示这个

体积.事实上,用平面 $x=x_0$ 截曲顶柱体得一截面,此截面是一个曲边梯形(见图 7.4),曲边梯形之曲边的方程为 $z=f(x_0,y)$,而 y 的变化范围为 $\varphi_1(x_0)\leqslant y\leqslant\varphi_2(x_0)$,故其面积可用一个定积分来表示为

$$A(x_0)=\int_{\varphi_1(x_0)}^{\varphi_2(x_0)}f(x_0,y)\mathrm{d}y.$$

同理对应于 $[a,b]$ 上任一点 x 处的截面面积为

$$A(x)=\int_{\varphi_1(x)}^{\varphi_2(x)}f(x,y)\mathrm{d}y,$$

其中 y 是积分变量.在积分过程中将 x 固定不变,积分结果与 x 有关.

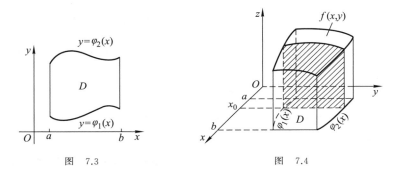

图　7.3　　　　　　　　　　　图　7.4

又容易看出:当一曲顶柱体在 $x\in[a,b]$ 处的截面积为 $A(x)$ 时,则此立体的体积为

$$V=\int_a^b A(x)\mathrm{d}x.$$

这样,我们得到

$$V=\int_a^b\left[\int_{\varphi_1(x)}^{\varphi_2(x)}f(x,y)\mathrm{d}y\right]\mathrm{d}x,$$

因而有

$$\iint\limits_D f(x,y)\mathrm{d}x\,\mathrm{d}y=\int_a^b\left[\int_{\varphi_1(x)}^{\varphi_2(x)}f(x,y)\mathrm{d}y\right]\mathrm{d}x.$$

这个公式不仅当 $f(x,y)\geqslant0$ 时成立,而且对一般连续函数均成立.下面给出一般结论而略去其严格证明.

定理 1　设函数 $f(x,y)$ 在闭区域 D 上连续,D 是由两直线 $x=a$,$x=b(a<b)$ 及两连续曲线

$$y=\varphi_1(x),\quad y=\varphi_2(x)\quad(\varphi_1(x)<\varphi_2(x),a\leqslant x\leqslant b)$$

围成,则有公式

$$\iint\limits_{D} f(x,y)\,\mathrm{d}x\,\mathrm{d}y = \int_a^b \left[\int_{\varphi_1(x)}^{\varphi_2(x)} f(x,y)\,\mathrm{d}y \right] \mathrm{d}x, \tag{7.1}$$

或写成

$$\iint\limits_{D} f(x,y)\,\mathrm{d}x\,\mathrm{d}y = \int_a^b \mathrm{d}x \int_{\varphi_1(x)}^{\varphi_2(x)} f(x,y)\,\mathrm{d}y. \tag{7.2}$$

当闭区域 D 为矩形域 $R=\{a\leqslant x\leqslant b, c\leqslant y\leqslant d\}$ 时,我们的公式变成下列形式:

$$\iint\limits_{D} f(x,y)\,\mathrm{d}x\,\mathrm{d}y = \int_a^b \mathrm{d}x \int_c^d f(x,y)\,\mathrm{d}y. \tag{7.3}$$

例 1 求二重积分

$$I = \iint\limits_{D} \frac{y}{(1+x^2+y^2)^{3/2}}\,\mathrm{d}x\,\mathrm{d}y,$$

其中 $D=\{(x,y)\,|\,0\leqslant x\leqslant 1, 0\leqslant y\leqslant 1\}$.

解 利用公式(7.3),我们有

$$I = \int_0^1 \mathrm{d}x \int_0^1 \frac{y}{(1+x^2+y^2)^{3/2}}\,\mathrm{d}y = \int_0^1 \left[\frac{-1}{(1+x^2+y^2)^{1/2}} \Big|_0^1 \right] \mathrm{d}x$$

$$= \int_0^1 \left[\frac{1}{(1+x^2)^{1/2}} - \frac{1}{(2+x^2)^{1/2}} \right] \mathrm{d}x$$

$$= \left[\ln(x+\sqrt{1+x^2}) - \ln(x+\sqrt{2+x^2}) \right] \Big|_0^1$$

$$= \ln \frac{2+\sqrt{2}}{1+\sqrt{3}}.$$

上述例子是最简单的情况,即积分区域是一个矩形,而这时相应的累次积分中的两个定积分的上限与下限都是常数.

例 2 求二重积分

$$I = \iint\limits_{D} (x^3+xy)\,\mathrm{d}x\,\mathrm{d}y,$$

其中 D 是 $\{(x,y)\,|\,0\leqslant x\leqslant 1, x\leqslant y\leqslant 3x\}$.

解 首先,要画出区域 D 的图(见图 7.5).然后,确定累次积分中外层积分(对 x 的积分)的上限与下限.显然,在我们这个题目中,对 x 的上限为 1,下限为 0.最后来确定内层积分的上限与下限.对于任何固定的一个 x,$0\leqslant x\leqslant 1$,在 D 内的点

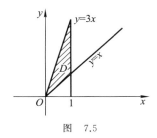

图 7.5

(x,y) 的坐标 y 的变化范围是 $x \leqslant y \leqslant 3x$. 这样,内层积分(对 y 的积分)的上限为 $3x$,而其下限为 x. 总之,我们有

$$I = \int_0^1 \mathrm{d}x \int_x^{3x} (x^3 + xy) \mathrm{d}y$$

$$= \int_0^1 \left[x^3(3x - x) + \frac{x}{2} y^2 \Big|_x^{3x} \right] \mathrm{d}x$$

$$= \int_0^1 \left[2x^4 + \frac{x}{2}(9x^2 - x^2) \right] \mathrm{d}x = \frac{7}{5}.$$

在有些题目中,积分区域较为复杂,内层积分的上限与下限没有统一的表达式. 这时须分段处理.

例 3　求二重积分

$$I = \iint\limits_D (x^2 - 2y) \mathrm{d}x \, \mathrm{d}y,$$

其中 D 由直线 $y = 0$, $y = 1$, $y = x$, $y = x + 1$ 所围成(见图 7.6).

解　这时外层积分(对 x 的积分)的上限为 1,而下限为 -1. 但当 x 在此区间变动时,其内层积分的上、下限不可能有统一的表达式. 这时我们应当将对 x 的积分分作两段:从 -1 到 0 的积分与从 0 到 1 的积分. 这样我们有

$$I = \int_{-1}^0 \mathrm{d}x \int_0^{x+1} (x^2 - 2y) \mathrm{d}y + \int_0^1 \mathrm{d}x \int_x^1 (x^2 - 2y) \mathrm{d}y$$

$$= \int_{-1}^0 (x^3 - 2x - 1) \mathrm{d}x + \int_0^1 (-x^3 + 2x^2 - 1) \mathrm{d}x = -\frac{5}{6}.$$

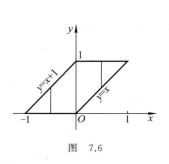

图　7.6

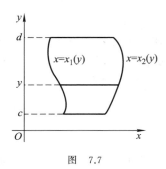

图　7.7

在上面的讨论中,我们把外层积分定为对 x 的积分. 但是,有些区域更适合于把外层积分定为对 y 的积分. 比如,当区域 D 是由下列点集合组成时:

$$D = \{(x,y) \mid c \leqslant y \leqslant d, x_1(y) \leqslant x \leqslant x_2(y)\},$$

其中 c 与 d 为常数(见图 7.7). 这时,我们的二重积分化为下列形式的累次

积分：

$$\iint\limits_{D} f(x,y)\,\mathrm{d}x\,\mathrm{d}y = \int_{c}^{d}\mathrm{d}y\int_{x_1(y)}^{x_2(y)} f(x,y)\,\mathrm{d}x.$$

在前面的例 3 中，若我们将外层积分选作对 y 的积分，这时其内层积分的上限与下限便有了统一的表达式.事实上，我们有

$$I = \int_{0}^{1}\mathrm{d}y\int_{y-1}^{y}(x^2-2y)\,\mathrm{d}x = \int_{0}^{1}\left(\frac{x^3}{3}-2xy\right)\Big|_{y-1}^{y}\mathrm{d}y$$

$$= \int_{0}^{1}\left(y^2-3y+\frac{1}{3}\right)\mathrm{d}y = -\frac{5}{6}.$$

这样，在计算上略微简单一点.

在举了这些例子之后，我们提醒读者注意下列事实：在使用累次积分计算二重积分时，外层积分的上限与下限总是常数；无论是外层积分还是内层积分，上限总是大于或等于下限.此外，我们还要提醒大家，将二重积分化为累次积分时，积分的次序会影响积分的繁易.有时甚至会出现更极端的情况，即在一种积分次序下，无法求积分，而换一种积分次序，就轻而易举地解决了.

例 4 求累次积分

$$I = \int_{0}^{a}\mathrm{d}x\int_{x}^{a}\mathrm{e}^{y^2}\,\mathrm{d}y.$$

解 由于 e^{y^2} 的原函数不是初等函数，故 $\int_{x}^{a}\mathrm{e}^{y^2}\,\mathrm{d}y$ 无法求积分.但是，I 可看成一个二重积分 $\iint\limits_{D}\mathrm{e}^{y^2}\,\mathrm{d}x\,\mathrm{d}y$，其中 $D = \{(x,y)\mid 0\leqslant x\leqslant a,\ x\leqslant y\leqslant a\}$（见图 7.8）.现在我们改成先对 x 积分，这时有

$$I = \iint\limits_{D}\mathrm{e}^{y^2}\,\mathrm{d}x\,\mathrm{d}y = \int_{0}^{a}\mathrm{d}y\int_{0}^{y}\mathrm{e}^{y^2}\,\mathrm{d}x$$

$$= \int_{0}^{a}\mathrm{e}^{y^2}x\,\Big|_{0}^{y}\mathrm{d}y = \int_{0}^{a}\mathrm{e}^{y^2}y\,\mathrm{d}y$$

$$= \frac{1}{2}\mathrm{e}^{y^2}\,\Big|_{0}^{a} = \frac{1}{2}(\mathrm{e}^{a^2}-1).$$

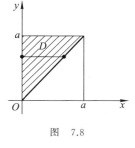

图 7.8

例 5 改变累次积分 $I = \int_{-2}^{0}\mathrm{d}x\int_{0}^{\frac{2+x}{2}} f(x,y)\,\mathrm{d}y + \int_{0}^{2}\mathrm{d}x\int_{0}^{\frac{2-x}{2}} f(x,y)\,\mathrm{d}y$ 的积分次序.

解 由所给累次积分的上、下限可看出,积分区域 D 是两个区域的并,这两个区域分别由 $x=-2,x=0,y=0,y=\dfrac{2+x}{2}$,及 $x=0,x=2,y=0,$ $y=\dfrac{2-x}{2}$ 围成. 我们先画出区域 D 的图形(见图 7.9). 由图看出,D 也可看成是由 $y=0,x=2y-2,x=2-2y$ 围成,即有

$$I=\iint\limits_{D}f(x,y)\mathrm{d}\sigma=\int_0^1\mathrm{d}y\int_{2y-2}^{2-2y}f(x,y)\mathrm{d}x.$$

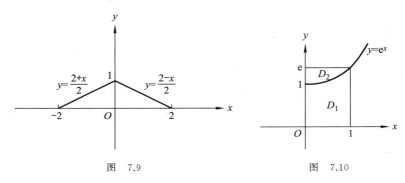

图 7.9   图 7.10

例 6 设 $f(x,y)=\begin{cases}1 & y\leqslant\mathrm{e}^x,\\0 & y>\mathrm{e}^x.\end{cases}$ 求二重积分 $I=\iint\limits_{D}f(x,y)\mathrm{d}\sigma$,其中 $D=\{(x,y):0\leqslant x\leqslant1,0\leqslant y\leqslant\mathrm{e}\}$.

解 首先画出 D 的图(见图 7.10).D 分成区域 D_1 和区域 D_2:

$$D_1=\{(x,y)\mid(x,y)\in D,y\leqslant\mathrm{e}^x\},$$
$$D_2=\{(x,y)\mid(x,y)\in D,y>\mathrm{e}^x\}.$$

$f(x,y)$ 在 D_1,D_2 上均可积,利用积分对区域的可加性,

$$I=\iint\limits_{D_1}f(x,y)\mathrm{d}\sigma+\iint\limits_{D_2}f(x,y)\mathrm{d}\sigma$$

$$=\iint\limits_{D_1}1\cdot\mathrm{d}\sigma=\int_0^1\mathrm{d}x\int_0^{\mathrm{e}^x}\mathrm{d}y=\int_0^1\mathrm{e}^x\mathrm{d}x=\mathrm{e}^x\Big|_0^1=\mathrm{e}-1.$$

例 7 求二重积分

$$I=\iint\limits_{D}y\mathrm{d}x\mathrm{d}y,$$

其中 D 为摆线 $\begin{cases}x=a(t-\sin t),\\y=a(1-\cos t)\end{cases}(0\leqslant t\leqslant2\pi)(a>0)$ 与 $y=0$ 所围区域.

解　首先画出 D 的图（见图 7.11）. 记由

参数方程 $\begin{cases} x = a(t - \sin t), \\ y = a(1 - \cos t) \end{cases}$ 所确定的函数为 $y = y(x)$，将二重积分化为累次积分

$$I = \int_0^{2\pi a} \mathrm{d}x \int_0^{y(x)} y \,\mathrm{d}y = \int_0^{2\pi a} \frac{1}{2} y^2(x) \,\mathrm{d}x.$$

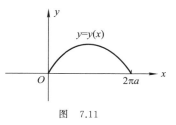

图　7.11

利用积分换元公式，令

$$x = a(t - \sin t), \quad \mathrm{d}x = a(1 - \cos t)\mathrm{d}t,$$

此时 $y(x)$ 换成 $a(1 - \cos t)$. 当 $x = 0$ 时，$t = 0$；当 $x = 2\pi a$ 时，$t = 2\pi$.

$$\begin{aligned} I &= \int_0^{2\pi} \frac{1}{2} a^2 (1 - \cos t)^2 a(1 - \cos t) \mathrm{d}t \\ &= \frac{1}{2} a^3 \int_0^{2\pi} (1 - 3\cos t + 3\cos^2 t - \cos^3 t) \mathrm{d}t \\ &= \frac{1}{2} a^3 \int_0^{2\pi} \left[1 + \frac{3}{2}(1 + \cos 2t) \right] \mathrm{d}t - \frac{1}{2} a^3 \int_0^{2\pi} (1 - \sin^2 t) \cos t \,\mathrm{d}t \\ &= \frac{5\pi}{2} a^3. \end{aligned}$$

最后，我们指出：在计算二重积分时，可利用积分区域及被积函数的对称性来简化计算. 我们知道在计算一元函数的定积分时，若 $f(x)$ 是偶函数，则 $\int_{-a}^{a} f(x)\mathrm{d}x = 2\int_0^a f(x)\mathrm{d}x$；若 $f(x)$ 是奇函数，则 $\int_{-a}^{a} f(x)\mathrm{d}x = 0$. 在二重积分的计算中，也常会遇到类似的情况. 下面我们指出一些规律.

若函数 $f(x, y)$ 在其定义域内有 $f(x, -y) = f(x, y)$，则称 $f(x, y)$ **关于 y 是偶函数**，这时，$z = f(x, y)$ 的图形关于 Ozx 平面对称；若 $f(-x, y) = f(x, y)$，则称 $f(x, y)$ **关于 x 是偶函数**，这时，$z = f(x, y)$ 的图形关于 Oyz 平面对称；若 $f(x, -y) = -f(x, y)$，则称 $f(x, y)$ **关于 y 是奇函数**；若 $f(-x, y) = -f(x, y)$，则称 $f(x, y)$ **关于 x 是奇函数**.

(1) 设积分区域 D 关于 x 轴对称（见图 7.12）.

若 $f(x, y)$ 关于 y 是偶函数，则

$$\iint_D f(x, y)\mathrm{d}\sigma = 2\iint_{D_1} f(x, y)\mathrm{d}\sigma,$$

其中 $D_1 = \{(x, y) | (x, y) \in D, y \geqslant 0\}$.

若 $f(x, y)$ 关于 y 是奇函数，则

$$\iint\limits_{D} f(x,y)\,\mathrm{d}\sigma = 0.$$

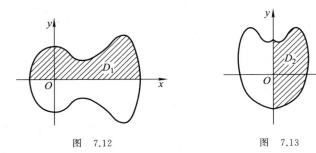

图 7.12   图 7.13

(2) 设积分区域 D 关于 y 轴对称(见图 7.13).

若 $f(x,y)$ 关于 x 是偶函数,则

$$\iint\limits_{D} f(x,y)\,\mathrm{d}x\,\mathrm{d}y = 2\iint\limits_{D_2} f(x,y)\,\mathrm{d}x\,\mathrm{d}y,$$

其中 $D_2 = \{(x,y)\mid (x,y)\in D, x\geqslant 0\}$.

若 $f(x,y)$ 关于 x 是奇函数,则

$$\iint\limits_{D} f(x,y)\,\mathrm{d}x\,\mathrm{d}y = 0.$$

例 8 求下列二重积分:

(1) $\iint\limits_{D} |xy|\,\mathrm{d}\sigma$;   (2) $\iint\limits_{D} \sin x\cos y\,\mathrm{d}\sigma$,

其中 D 是闭圆域: $x^2 + y^2 \leqslant a^2$.

解 这里积分区域关于 x 轴与 y 轴都对称.

(1) $f(x,y) = |xy|$ 关于 x 与 y 都是偶函数. 设

$$D_1 = \{(x,y)\mid x^2+y^2\leqslant a^2, x\geqslant 0, y\geqslant 0\},$$

则

$$\iint\limits_{D} |xy|\,\mathrm{d}\sigma = 4\iint\limits_{D_1} xy\,\mathrm{d}x\,\mathrm{d}y = 4\int_0^a \mathrm{d}x\int_0^{\sqrt{a^2-x^2}} xy\,\mathrm{d}y$$

$$= 4\int_0^a \frac{1}{2}xy^2 \Big|_0^{\sqrt{a^2-x^2}}\,\mathrm{d}x = 2\int_0^a x(a^2-x^2)\,\mathrm{d}x = \frac{a^4}{2}.$$

(2) 被积函数 $f(x,y)$ 关于 x 是奇函数, D 关于 y 轴对称,则

$$\iint\limits_{D} \sin x\cos y\,\mathrm{d}x = 0.$$

例 9 求旋转抛物面 $z = 1 - (x^2 + y^2)$ 与 Oxy 平面所围的体积 V.

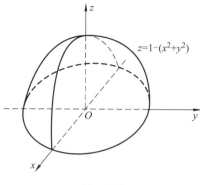

图 7.14

解 根据积分区域及被积函数的对称性(见图 7.14),我们有

$$V = 4\iint\limits_{D} [1 - (x^2 + y^2)] \mathrm{d}\sigma,$$

其中 D 是下列区域:

$$D = \{(x,y) \mid x \geqslant 0, y \geqslant 0, x^2 + y^2 \leqslant 1\}.$$

这样

$$V = \pi - 4\iint\limits_{D} (x^2 + y^2) \mathrm{d}\sigma = \pi - 4\int_0^1 \mathrm{d}x \int_0^{\sqrt{1-x^2}} (x^2 + y^2) \mathrm{d}y$$

$$= \pi - 4\int_0^1 x^2 \sqrt{1-x^2}\, \mathrm{d}x - \frac{4}{3}\int_0^1 (\sqrt{1-x^2})^3 \mathrm{d}x = \frac{\pi}{2}.$$

2. 在极坐标系下的计算公式

对某些区域和被积函数而言,使用极坐标计算二重积分可能会带来方便.现在我们导出用极坐标计算二重积分的公式.设 D 为有界闭区域,而 $z = f(x,y)$ 是 D 上的连续函数.

为了导出所要的公式,我们使用极坐标的坐标曲线网来分割 D.这里所谓极坐标的坐标曲线网是指曲线族 $\{(r,\theta) \mid r = \text{常数}\}$ 及曲线族 $\{(r,\theta) \mid \theta = \text{常数}\}$ 组成的网.换句话说,就是由以原点为心的一系列圆周及自原点发出的射线族组成的网.假定当 D 中所有的点用极坐标 (r,θ) 表示时,矢径 r 的最小值为 A,最大值为 B;极角 θ 的最小值为 α,最大值为 β.那么,区域 D 就落在扇形域 $S = \{(r,\theta) \mid A \leqslant r \leqslant B, \alpha \leqslant \theta \leqslant \beta\}$ 内.现在对于区间 $[A,B]$ 及

[α,β]分别做分割

$$A=r_0<r_1<\cdots<r_m=B,$$
$$\alpha=\theta_0<\theta_1<\cdots<\theta_n=\beta,$$

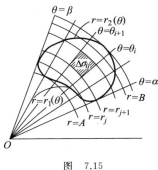

图　7.15

那么相应地就形成了一个对区域 D 的分割（见图 7.15）.曲线族$\{r=r_j,j=0,1,\cdots,m\}$及曲线族$\{\theta=\theta_i,i=0,1,\cdots,n\}$将区域 D 分割成若干个小的扇形区域①,记之为

$$D_{ij}=\{(r,\theta)\mid r_j\leqslant r<r_{j+1},\theta_i\leqslant\theta<\theta_{i+1}\}.$$

令 λ 是 D_{ij} 中直径之最大者,那么由 f 的可积性可知

$$\iint_D f(x,y)\mathrm{d}\sigma=\lim_{\lambda\to0}\sum_{i,j}f(P_{ij})\Delta\sigma_{ij},$$

其中 $\sum_{i,j}$ 表示对一切使 D_{ij} 被包含在 D 内的 i 与 j 求和,$\Delta\sigma_{ij}$ 表示 D_{ij} 的面积,P_{ij} 表示 D_{ij} 中的任意一点.

根据 f 的可积性,上述极限不依赖于 P_{ij} 点的取法.故特别地可以取

$$P_{ij}=(r_j\cos\theta_i,r_j\sin\theta_i),$$

这时即得到

$$\iint_D f(x,y)\mathrm{d}\sigma=\lim_{\lambda\to0}\sum_{i,j}f(r_j\cos\theta_i,r_j\sin\theta_i)\Delta\sigma_{ij}.$$

现在,我们来计算 $\Delta\sigma_{ij}$.设 $\Delta\theta_i=\theta_{i+1}-\theta_i,\Delta r_j=r_{j+1}-r_j$.那么,

$$\Delta\sigma_{ij}=\frac{1}{2}\Delta\theta_i(r_{j+1}^2-r_j^2)=\frac{1}{2}\Delta\theta_i(2r_j+\Delta r_j)\Delta r_j$$
$$=r_j\Delta r_j\Delta\theta_i+\frac{1}{2}(\Delta r_j)^2\Delta\theta_i.$$

当 $\lambda\to0$ 时,$\frac{1}{2}(\Delta r_j)^2\Delta\theta_i$ 是比 $\Delta r_j\Delta\theta_i$ 更高阶的无穷小量,故 $\Delta\sigma_{ij}$ 可以用近似值 $r_j\Delta r_j\Delta\theta_i$ 来代替.这时即有

$$\iint_D f(x,y)\mathrm{d}\sigma=\lim_{\lambda\to0}\sum_{i,j}f(r_j\cos\theta_i,r_j\sin\theta_i)r_j\Delta r_j\Delta\theta_i.$$

将上式中的 $f(r_j\cos\theta_i,r_j\sin\theta_i)r_j$ 看成 r,θ 的函数 $F(r,\theta)=f(r\cos\theta,r\sin\theta)r$ 在点(r_j,θ_i)的函数值,那么上述极限则是关于函数

① 严格地说,在 D 的边界附近,分割所得的小区域可能不是这样的扇形区域,但是当 λ 充分小时,这类小区域面积之和很小,可以不加考虑.

$$f(r\cos\theta,r\sin\theta)r$$

的二重积分. 于是, 有

$$\iint_D f(x,y)\mathrm{d}\sigma = \iint_{D'} f(r\cos\theta,r\sin\theta)r\mathrm{d}r\mathrm{d}\theta,$$

其中 $D'=\{(r,\theta)\,|\,(r\cos\theta,r\sin\theta)\in D\}$ 是区域 D 在以 r 为横轴, 以 θ 为纵轴的 $Or\theta$ 平面上所对应的区域. 比如, D 是扇形域 $\{(x,y)\,|\,r_1^2 \leqslant x^2+y^2 \leqslant r_2^2, 0 \leqslant y \leqslant x\}$, 则 D' 是 $Or\theta$ 平面上的矩形 $\{(r,\theta)\,|\,r_1 \leqslant r \leqslant r_2, 0 \leqslant \theta \leqslant \pi/4\}$, 见图 7.16.

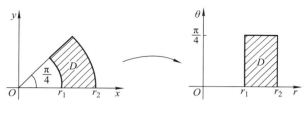

图 7.16

上面根据二重积分的定义导出了用极坐标来计算二重积分的公式, 其中最关键之处在于如何估计极坐标曲线网所形成的小区域 $\Delta\sigma$ 的面积. 其实, 这也可以用微元法来处理. 设想在点 (r,θ) 处 r 有一增量 $\mathrm{d}r$, 而 θ 有一增量 $\mathrm{d}\theta$ (见图 7.17). 设 $\Delta\sigma$ 是区域 $\{(\rho,\varphi)\,|\,r \leqslant \rho \leqslant r+\mathrm{d}r, \theta \leqslant \varphi \leqslant \theta+\mathrm{d}\theta\}$ 的面积. 与前面的计算类似, 我们有

$$\Delta\sigma = r\mathrm{d}r\mathrm{d}\theta + \frac{1}{2}(\mathrm{d}r)^2\mathrm{d}\theta.$$

忽略高阶无穷小量 $\frac{1}{2}(\mathrm{d}r)^2\mathrm{d}\theta$ 就得到 $\Delta\sigma$ 的主部: $\mathrm{d}\sigma = r\mathrm{d}r\mathrm{d}\theta$. 以此代入重积分便得到我们上面的公式.

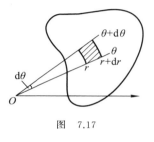

图 7.17

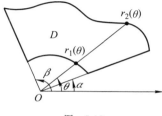

图 7.18

为了计算积分的值,我们还需要将上面公式中右端的积分进一步化成关于 r 及 θ 的累次积分.

比如,如果区域 D 可以表示成(见图 7.18):

$$D=\{(r,\theta)\,|\,\alpha\leqslant\theta\leqslant\beta,\ r_1(\theta)\leqslant r\leqslant r_2(\theta)\},$$

这时积分可以化成累次积分:

$$\iint\limits_{D}f(x,y)\mathrm{d}\sigma=\int_{\alpha}^{\beta}\mathrm{d}\theta\int_{r_1(\theta)}^{r_2(\theta)}f(r\cos\theta,r\sin\theta)r\,\mathrm{d}r.$$

在下面的许多实例中,读者会对使用极坐标计算二重积分有更具体的了解.这里我们应提醒读者,除了正确地确定累次积分的上、下限之外,被积函数已不再是 $f(x,y)$,而是 $f(r\cos\theta,r\sin\theta)r$.初学者有时会忘掉了最后的 r,应当留心.

下面是积分区域 D 的几种特殊情况:

(1) D 为环形域: $\{(r,\theta)\,|\,0\leqslant\theta\leqslant2\pi,R_1\leqslant r\leqslant R_2\}$ (见图7.19).这时公式为

$$\iint\limits_{D}f(x,y)\mathrm{d}\sigma=\int_{0}^{2\pi}\mathrm{d}\theta\int_{R_1}^{R_2}f(r\cos\theta,r\sin\theta)r\,\mathrm{d}r.$$

(2) D 为关于极点的星形域,即极点 O 在 D 的内部(见图 7.20),且 D 内任一点 P 与极点的连线 $\overline{OP}$ 也属于 D.设 D 的边界曲线的方程为

$$r=r(\theta)\quad(0\leqslant\theta\leqslant2\pi),$$

这时

$$\iint\limits_{D}f(x,y)\mathrm{d}\sigma=\int_{0}^{2\pi}\mathrm{d}\theta\int_{0}^{r(\theta)}f(r\cos\theta,r\sin\theta)r\,\mathrm{d}r.$$

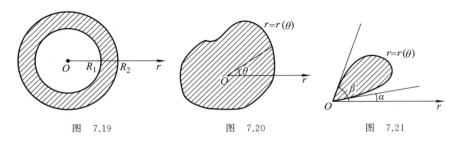

图 7.19   图 7.20   图 7.21

(3) 极点在 D 的边界曲线 $r=r(\theta)$ 上 (见图7.21),我们有

$$\iint\limits_{D}f(x,y)\mathrm{d}\sigma=\int_{\alpha}^{\beta}\mathrm{d}\theta\int_{0}^{r(\theta)}f(r\cos\theta,r\sin\theta)r\,\mathrm{d}r.$$

例 10　求二重积分

$$I = \iint\limits_{D} (x^2 + y)\mathrm{d}x\,\mathrm{d}y,$$

其中 $D = \{(x,y) \mid a^2 \leqslant x^2 + y^2 \leqslant b^2\}(0 < a < b)$.

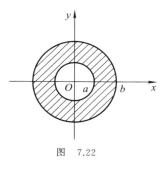

图　7.22

解　积分区域见图 7.22.利用极坐标变换,

$$I = \iint\limits_{D} (x^2 + y)\mathrm{d}x\,\mathrm{d}y$$

$$= \iint\limits_{D'} (r^2\cos^2\theta + r\sin\theta)r\,\mathrm{d}r\,\mathrm{d}\theta,$$

其中 $D' = \{(r,\theta) \mid 0 \leqslant \theta \leqslant 2\pi, a \leqslant r \leqslant b\}$,化成累次积分,

$$I = \int_0^{2\pi}\mathrm{d}\theta\int_a^b (r^2\cos^2\theta + r\sin\theta)r\,\mathrm{d}r$$

$$= \int_0^{2\pi}\mathrm{d}\theta\int_a^b r^3\cos^2\theta\,\mathrm{d}r + \int_0^{2\pi}\mathrm{d}\theta\int_a^b r^2\sin\theta\,\mathrm{d}r$$

$$= \int_0^{2\pi}\frac{1+\cos 2\theta}{2}\mathrm{d}\theta \cdot \int_a^b r^3\,\mathrm{d}r + \int_0^{2\pi}\sin\theta\,\mathrm{d}\theta \cdot \int_a^b r^2\,\mathrm{d}r$$

$$= \frac{\pi}{4}(b^4 - a^4).$$

例 11　将二重积分

$$\iint\limits_{D} f(x,y)\mathrm{d}\sigma$$

用极坐标化成累次积分,其中 D 分别为

(1) 圆形域: $D = \{(x,y) \mid x^2 + y^2 \leqslant ax \ (a > 0)\}$;

(2) 由直线 $y = x$,$y = 2x$ 及曲线 $x^2 + y^2 = 4x$,$x^2 + y^2 = 8x$ 所围成;

(3) 由直线 $y = 0$,$y = x$ 及 $x = 1$ 所围成.

解　(1) 作出 D 的图形(见图 7.23),其边界曲线的方程为

$$r = a\cos\theta \quad \left(-\frac{\pi}{2} \leqslant \theta \leqslant \frac{\pi}{2}\right).$$

所以

$$\iint\limits_{D} f(x,y)\mathrm{d}\sigma = \int_{-\pi/2}^{\pi/2}\mathrm{d}\theta\int_0^{a\cos\theta} f(r\cos\theta, r\sin\theta)r\,\mathrm{d}r.$$

(2) D 的图形如图 7.24 所示,

$$\iint\limits_{D} f(x,y)\mathrm{d}\sigma = \int_{\pi/4}^{\arctan 2}\mathrm{d}\theta\int_{4\cos\theta}^{8\cos\theta} f(r\cos\theta, r\sin\theta)r\,\mathrm{d}r.$$

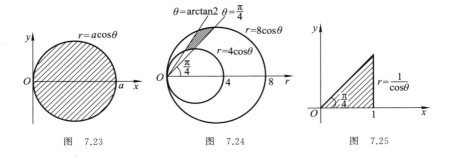

图 7.23   图 7.24   图 7.25

（3）D 的图形见图 7.25，

$$\iint\limits_{D} f(x,y)\mathrm{d}\sigma = \int_0^{\pi/4} \mathrm{d}\theta \int_0^{1/\cos\theta} f(r\cos\theta, r\sin\theta)r\,\mathrm{d}r.$$

极坐标变换为某些形式的二重积分的计算提供了方便，这主要取决于被积函数的特殊形式，或者其积分区域的特殊形式.下面的例子表明了这一点.

例 12   求二重积分

$$I = \iint\limits_{D} \frac{\mathrm{d}x\,\mathrm{d}y}{(a^2 + x^2 + y^2)^{3/2}},$$

其中 $D = \{(x,y) \mid 0 \leqslant x \leqslant a, 0 \leqslant y \leqslant a\}$.

解   本题的积分区域虽较简单，但从被积函数的形式看，用直角坐标求积分较麻烦，还是用极坐标较方便.由于在 θ 的不同范围内，D 的边界曲线的方程（见图 7.26）不同，所以要分成两项：

$$I = \int_0^{\pi/4} \mathrm{d}\theta \int_0^{\frac{a}{\cos\theta}} \frac{r\,\mathrm{d}r}{(a^2+r^2)^{3/2}} + \int_{\pi/4}^{\pi/2} \mathrm{d}\theta \int_0^{\frac{a}{\sin\theta}} \frac{r\,\mathrm{d}r}{(a^2+r^2)^{3/2}}$$

$$= \int_0^{\pi/4} \left(\frac{1}{a} - \frac{\cos\theta}{a\sqrt{1+\cos^2\theta}} \right) \mathrm{d}\theta + \int_{\pi/4}^{\pi/2} \left(\frac{1}{a} - \frac{\sin\theta}{a\sqrt{1+\sin^2\theta}} \right) \mathrm{d}\theta.$$

注意到

$$\int_{\pi/4}^{\pi/2} \frac{\sin\theta\,\mathrm{d}\theta}{\sqrt{1+\sin^2\theta}} \xlongequal{\varphi = \frac{\pi}{2} - \theta} \int_{\pi/4}^0 \frac{\cos\varphi(-\mathrm{d}\varphi)}{\sqrt{1+\cos^2\varphi}} = \int_0^{\pi/4} \frac{\cos\theta\,\mathrm{d}\theta}{\sqrt{1+\cos^2\theta}}$$

$$\xlongequal{t = \sin\theta} \int_0^{\sqrt{2}/2} \frac{\mathrm{d}t}{\sqrt{2-t^2}} = \arcsin\frac{t}{\sqrt{2}} \Big|_0^{\sqrt{2}/2} = \frac{\pi}{6}.$$

代入上式得

$$I = \frac{1}{a} \cdot \frac{\pi}{2} - \frac{2}{a} \cdot \frac{\pi}{6} = \frac{\pi}{6a}.$$

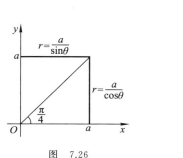

图 7.26

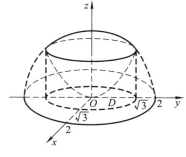

图 7.27

例 13 求曲面 $x^2+y^2+z^2=4$ 与 $x^2+y^2=3z$ 所围的 $z\geqslant0$ 部分的立体体积.

解 由图 7.27 看出,所求立体的体积可看成两个曲顶柱体体积之差. 两曲顶柱体分别以曲面

$$z=\sqrt{4-x^2-y^2} \quad 及 \quad z=\frac{1}{3}(x^2+y^2)$$

为顶并在 Oxy 平面上有公共的底,记为 D.所以

$$V=\iint\limits_{D}\left[\sqrt{4-x^2-y^2}-\frac{1}{3}(x^2+y^2)\right]\mathrm{d}\sigma.$$

D 的边界曲线应满足 $\sqrt{4-x^2-y^2}=\frac{1}{3}(x^2+y^2)$,由此解得 $x^2+y^2=3$,用极坐标表示,即 $r=\sqrt{3}$.所以

$$V=\int_0^{2\pi}\mathrm{d}\theta\int_0^{\sqrt{3}}\left(\sqrt{4-r^2}-\frac{1}{3}r^2\right)r\,\mathrm{d}r=\int_0^{2\pi}\frac{19}{12}\mathrm{d}\theta=\frac{19\pi}{6}.$$

例 14 求 $\iint\limits_{D}\mathrm{e}^{-x^2-y^2}\mathrm{d}\sigma$,其中 D 为圆 $x^2+y^2\leqslant a^2$ 在第一象限的部分.

解 用极坐标,D 的边界曲线方程为

$$r=a \quad (0\leqslant\theta\leqslant\pi/2),$$

于是

$$\iint\limits_{D}\mathrm{e}^{-x^2-y^2}\mathrm{d}\sigma=\int_0^{\pi/2}\mathrm{d}\theta\int_0^a\mathrm{e}^{-r^2}r\,\mathrm{d}r=\frac{\pi}{2}\cdot\left(-\frac{1}{2}\mathrm{e}^{-r^2}\right)\bigg|_0^a$$

$$=\frac{\pi}{4}(1-\mathrm{e}^{-a^2}).$$

这个题目要用直角坐标计算会遇到很大困难.它充分显示了极坐标变换给我们带来的方便.

另外,这个例题还导致了一个重要的积分公式

$$\int_0^{+\infty} \mathrm{e}^{-x^2}\,\mathrm{d}x = \frac{\sqrt{\pi}}{2}.$$

这个公式在概率论中是十分基本的.我们将这个公式的证明留作习题.

例 15   求二重积分 $\iint\limits_{D} x\,\mathrm{d}x\,\mathrm{d}y$,其中 D 为阿基米德螺线 $r=\theta$ 与半射线 $\theta=\pi$ 所围成的区域.

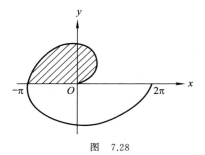

图 7.28

解   积分区域见图 7.28.

$$\iint\limits_{D} x\,\mathrm{d}x\,\mathrm{d}y$$
$$=\int_0^\pi \mathrm{d}\theta \int_0^\theta r\cos\theta \cdot r\,\mathrm{d}r$$
$$=\int_0^\pi \cos\theta \cdot \frac{1}{3}\theta^3\,\mathrm{d}\theta = \frac{1}{3}\int_0^\pi \theta^3 \cos\theta\,\mathrm{d}\theta.$$

利用分部积分公式,

$$\iint\limits_{D} x\,\mathrm{d}x\,\mathrm{d}y = \frac{1}{3}\left(\theta^3 \sin\theta \Big|_0^\pi - \int_0^\pi \sin\theta \cdot 3\theta^2\,\mathrm{d}\theta\right)$$

$$=\int_0^\pi \theta^2\,\mathrm{d}\cos\theta = \theta^2 \cos\theta \Big|_0^\pi - 2\int_0^\pi \theta\cos\theta\,\mathrm{d}\theta$$

$$=-\pi^2 - 2\int_0^\pi \theta\,\mathrm{d}\sin\theta = -\pi^2 - 2\theta\sin\theta \Big|_0^\pi + 2\int_0^\pi \sin\theta\,\mathrm{d}\theta$$

$$=4-\pi^2.$$

3. 二重积分的一般变量替换公式

从上面的讨论看出,某些二重积分利用极坐标计算比较简单.在实用中,有时还需要做其他的变量替换以简化计算.下面我们来讨论做一般变量替换时二重积分的计算公式.

设 $z=f(x,y)$ 在一个有界闭区域 D 内有定义.假定有一个 D 到 D' 的一一对应:$(x,y)\mapsto(\xi,\eta)$,其中

$$\begin{cases} \xi=\varphi(x,y), \\ \eta=\psi(x,y). \end{cases}$$

比如,在极坐标变换 $(x,y)\mapsto(r,\theta)$ 下,

$$r = \sqrt{x^2 + y^2}, \quad \theta = \arctan \frac{y}{x}$$

（这里的 r, θ 分别相当于前面的 ξ, η）.

现在，我们的问题是如何利用新的坐标 (ξ, η) 去计算二重积分 $\iint\limits_{D} f(x, y) \mathrm{d}x\,\mathrm{d}y$. 在极坐标变换下，我们有公式

$$\iint\limits_{D} f(x, y) \mathrm{d}x\,\mathrm{d}y = \iint\limits_{D'} f(r\cos\theta, r\sin\theta) r\,\mathrm{d}r\,\mathrm{d}\theta.$$

在一般变量替换 $(x, y) \mapsto (\xi, \eta)$ 下应该有一个怎样的公式呢？

假如变量替换 $(x, y) \mapsto (\xi, \eta)$ 的逆变换为 $x = x(\xi, \eta)$, $y = y(\xi, \eta)$, 那么

$$f(x, y) = f(x(\xi, \eta), y(\xi, \eta)).$$

可见，问题的关键是求出两个面积微元 $\mathrm{d}x\,\mathrm{d}y$ 与 $\mathrm{d}\xi\,\mathrm{d}\eta$ 之比率.

为了讨论这两个面积微元的比，我们先在 D' 中任意固定一点 (ξ_0, η_0), 记之为 P'_0. 假定与 (ξ_0, η_0) 对应的点是 $P_0(x_0, y_0)$. 取两个增量 $\mathrm{d}\xi > 0$ 及 $\mathrm{d}\eta > 0$, 并记 $(\xi_0 + \mathrm{d}\xi, \eta_0)$ 为 P'_1, $(\xi_0 + \mathrm{d}\xi, \eta_0 + \mathrm{d}\eta)$ 为 P'_2, $(\xi_0, \eta_0 + \mathrm{d}\eta)$ 为 P'_3 (见图 7.29). 这时，矩形 $P'_0 P'_1 P'_2 P'_3$ 所围的面积为 $\Delta\sigma' = \mathrm{d}\xi\,\mathrm{d}\eta$.

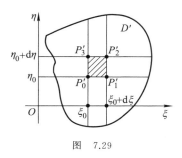

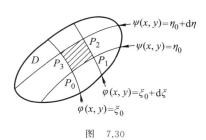

图 7.29　　　　　　　　　图 7.30

下面我们来考察矩形 $P'_0 P'_1 P'_2 P'_3$ 在变换 $x = x(\xi, \eta)$ 及 $y = y(\xi, \eta)$ 下的像的面积. 记 P'_0, P'_1, P'_2, P'_3 分别对应于 $P_0(x_0, y_0)$, $P_1(x_1, y_1)$, $P_2(x_2, y_2)$, $P_3(x_3, y_3)$. 这时，矩形 $P'_0 P'_1 P'_2 P'_3$ 对应的是以 P_0, P_1, P_2, P_3 为顶点的曲边四边形 (见图 7.30). 设该曲面四边形的面积为 $\Delta\sigma$. 那么，$\Delta\sigma$ 近似于 $|\overrightarrow{P_0 P_1} \times \overrightarrow{P_0 P_3}|$, 后者是以 P_0, P_1 及 P_3 为顶点的平行四边形的面积. 下面估计 $|\overrightarrow{P_0 P_1} \times \overrightarrow{P_0 P_3}|$ 的大小.

我们假定 $x = x(\xi, \eta)$ 及 $y = y(\xi, \eta)$ 在 D' 内有连续的偏导数. 因此，它

们是可微的.根据前面的记法,$x_0 = x(\xi_0, \eta_0)$ 及 $x_1 = x(\xi_0 + \mathrm{d}\xi, \eta_0)$.因此,我们有

$$x_1 - x_0 = x(\xi_0 + \mathrm{d}\xi, \eta_0) - x(\xi_0, \eta_0) = \frac{\partial x}{\partial \xi}(x_0, y_0)\mathrm{d}\xi + o(\rho),$$

其中 $\rho = (\mathrm{d}\xi^2 + \mathrm{d}\eta^2)^{\frac{1}{2}}$.类似地,我们又有

$$\begin{aligned} y_1 - y_0 &= y(\xi_0 + \mathrm{d}\xi, \eta_0) - y(\xi_0, \eta_0) \\ &= \frac{\partial y}{\partial \xi}(x_0, y_0)\mathrm{d}\xi + o(\rho); \\ x_3 - x_0 &= x(\xi_0, \eta_0 + \mathrm{d}\eta) - x(\xi_0, \eta_0) \\ &= \frac{\partial x}{\partial \eta}(\xi_0, \eta_0)\mathrm{d}\eta + o(\rho); \\ y_3 - y_0 &= y(\xi_0, \eta_0 + \mathrm{d}\eta) - y(\xi_0, \eta_0) \\ &= \frac{\partial y}{\partial \eta}(\xi_0, \eta_0)\mathrm{d}\eta + o(\rho). \end{aligned}$$

这样,我们得到

$$\begin{aligned} |\overrightarrow{P_0P_1} \times \overrightarrow{P_0P_3}| &= |(x_1 - x_0)(y_3 - y_0) - (y_1 - y_0)(x_3 - x_0)| \\ &\approx \left| \frac{\partial x}{\partial \xi} \cdot \frac{\partial y}{\partial \eta} - \frac{\partial x}{\partial \eta} \cdot \frac{\partial y}{\partial \xi} \right|_{(\xi_0, \eta_0)} \cdot \mathrm{d}\xi\mathrm{d}\eta \\ &= \left| \frac{\mathrm{D}(x, y)}{\mathrm{D}(\xi, \eta)} \right|_{(\xi_0, \eta_0)} \cdot \Delta\sigma', \end{aligned}$$

这里 $\dfrac{\mathrm{D}(x, y)}{\mathrm{D}(\xi, \eta)}$ 是变换 $x = x(\xi, \eta)$ 与 $y = y(\xi, \eta)$ 的雅可比行列式.上面证明了,变换前后面积微元的比率恰好是给定点的雅可比行列式的绝对值,也即 $\mathrm{d}\sigma = |J|\mathrm{d}\sigma'$.这样,我们证明了下面的定理.

定理 2   设 D 是一个有界闭区域.又设 D' 是另一个有界闭区域.假定 D' 到 D 有一个一一对应: $(\xi, \eta) \mapsto (x, y)$,其中 $x = x(\xi, \eta)$ 与 $y = y(\xi, \eta)$ 在 D' 内有连续偏导数,且变换的雅可比行列式处处不等于 0.又设 $z = f(x, y)$ 在 D 内连续,则

$$\iint\limits_{D} f(x, y)\mathrm{d}x\mathrm{d}y = \iint\limits_{D'} f(x(\xi, \eta), y(\xi, \eta))|J|\mathrm{d}\xi\mathrm{d}\eta,$$

其中 $J = \dfrac{\mathrm{D}(x, y)}{\mathrm{D}(\xi, \eta)}$ 是变换的雅可比行列式.

极坐标变换是这个定理的特殊情况.事实上,$x = r\cos\theta, y = r\sin\theta$.这时变换的雅可比行列式

$$J = \frac{D(x,y)}{D(r,\theta)} = \begin{vmatrix} \cos\theta & \sin\theta \\ -r\sin\theta & r\cos\theta \end{vmatrix} = r.$$

这时,二重积分的公式是

$$\iint\limits_{D} f(x,y)\mathrm{d}x\mathrm{d}y = \iint\limits_{D'} f(r\cos\theta, r\sin\theta)r\,\mathrm{d}r\mathrm{d}\theta,$$

与前面得到的关于极坐标变换的公式完全一致.

定理 2 为一般变换下计算二重积分提供了公式.但是,具体到某个二重积分要做怎样的变换,这要视被积函数与积分区域而定.

例 16 设 $D = \{(x,y) \mid 0 \leqslant x+y \leqslant 1, 0 \leqslant x-y \leqslant 1\}$,求二重积分

$$I = \iint\limits_{D} (x+y)^2 \mathrm{e}^{x^2-y^2}\mathrm{d}x\mathrm{d}y.$$

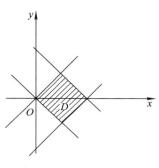

图 7.31

解 注意到区域的特点及被积函数的特征(见图 7.31):

$$(x+y)^2 \mathrm{e}^{x^2-y^2} = (x+y)^2 \mathrm{e}^{(x+y)(x-y)},$$

容易想到做变量替换

$$\xi = x+y, \quad \eta = x-y.$$

这时,区域 D 变成

$$D' = \{(\xi,\eta) \mid 0 \leqslant \xi \leqslant 1, 0 \leqslant \eta \leqslant 1\}.$$

变换 $(x,y) \mapsto (\xi,\eta)$ 的逆变换为

$$x = \frac{1}{2}(\xi+\eta), \quad y = \frac{1}{2}(\xi-\eta).$$

因而其雅可比行列式为

$$J = \frac{D(x,y)}{D(\xi,\eta)} = \begin{vmatrix} \dfrac{1}{2} & \dfrac{1}{2} \\ \dfrac{1}{2} & -\dfrac{1}{2} \end{vmatrix} = -\frac{1}{2}.$$

根据公式我们有

$$I = \iint\limits_{D} (x+y)^2 \mathrm{e}^{x^2-y^2}\mathrm{d}x\mathrm{d}y = \iint\limits_{D'} \xi^2 \mathrm{e}^{\xi\eta} \mid J \mid \mathrm{d}\xi\mathrm{d}\eta$$

$$= \frac{1}{2}\int_0^1 \mathrm{d}\xi \int_0^1 \xi^2 \mathrm{e}^{\xi\eta}\mathrm{d}\eta = \frac{1}{2}\int_0^1 \xi \mathrm{e}^{\xi\eta}\Big|_{\eta=0}^{\eta=1}\mathrm{d}\xi$$

$$= \frac{1}{2} \int_0^1 \xi(e^\xi - 1) d\xi = \frac{1}{4}.$$

例 17   计算二重积分

$$I = \iint\limits_{D} \sqrt{1 - \frac{x^2}{a^2} - \frac{y^2}{b^2}} \, dx \, dy,$$

其中 $a > 0, b > 0, D$ 为椭圆:

$$\frac{x^2}{a^2} + \frac{y^2}{b^2} \leqslant 1.$$

解   我们采用下列变换:

$$x = ar\cos\theta, \quad y = br\sin\theta,$$

其中 $r > 0, 0 \leqslant \theta < 2\pi$. 这时变换的雅可比行列式

$$J = \begin{vmatrix} a\cos\theta & b\sin\theta \\ -ar\sin\theta & br\cos\theta \end{vmatrix} = abr,$$

此时区域 D 对应的区域 D' 为

$$D' = \{(r, \theta) \mid 0 \leqslant r \leqslant 1, 0 \leqslant \theta \leqslant 2\pi\}.$$

于是,我们有

$$I = \iint\limits_{D} \sqrt{1 - \frac{x^2}{a^2} - \frac{y^2}{b^2}} \, dx \, dy = \iint\limits_{D'} \sqrt{1 - r^2} \cdot abr \, dr \, d\theta$$

$$= ab \int_0^{2\pi} d\theta \int_0^1 r\sqrt{1 - r^2} \, dr = \frac{2}{3}\pi ab.$$

这个例题中所用到的变换

$$\begin{cases} x = ar\cos\theta, \\ y = br\sin\theta \end{cases}$$

是一个常用的变换,通常称为**广义极坐标变换**.

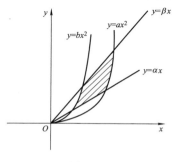

图   7.32

例 18   求由抛物线 $y = ax^2$, $y = bx^2$ 和直线 $y = \alpha x$, $y = \beta x$ (这里 $0 < a < b, 0 < \alpha < \beta$) 所围区域 D 的面积.

解   积分区域见图 7.32. 根据图形边界的特征,我们考虑变换

$$\xi = \frac{y}{x^2}, \quad \eta = \frac{y}{x},$$

此变换的逆变换是

$$x = \frac{\eta}{\xi}, \quad y = \frac{\eta^2}{\xi},$$

其雅可比行列式

$$J = \frac{D(x,y)}{D(\xi,\eta)} = \begin{vmatrix} -\dfrac{\eta}{\xi^2} & \dfrac{1}{\xi} \\[2ex] -\dfrac{\eta^2}{\xi^2} & \dfrac{2\eta}{\xi} \end{vmatrix} = -\frac{\eta^2}{\xi^3}.$$

根据定理 2,

$$\iint\limits_{D} \mathrm{d}x\,\mathrm{d}y = \iint\limits_{D'} |J|\,\mathrm{d}\xi\,\mathrm{d}\eta,$$

其中 $D' = \{(\xi,\eta) \mid a \leqslant \xi \leqslant b, \alpha \leqslant \eta \leqslant \beta\}$,于是 D 的面积为

$$\iint\limits_{D} \mathrm{d}x\,\mathrm{d}y = \int_a^b \mathrm{d}\xi \int_\alpha^\beta \frac{\eta^2}{\xi^3} \mathrm{d}\eta = \int_a^b \frac{1}{\xi^3} \mathrm{d}\xi \int_\alpha^\beta \eta^2 \mathrm{d}\eta$$

$$= \frac{1}{2}\left(\frac{1}{a^2} - \frac{1}{b^2}\right) \cdot \frac{1}{3}(\beta^3 - \alpha^3).$$

习　题　7.2

1. 将二重积分 $\iint\limits_{D} f(x,y)\mathrm{d}\sigma$ 化为累次积分,其中 D 分别为:

(1) 由 x 轴,直线 $x = 1$ 及 $y = x$ 所围之区域;

(2) 由直线 $y = 2x$ 及曲线 $y = x^2$ 所围之区域;

(3) 由直线 $x + y = 1, y - x = 1, y = 0$ 所围之区域;

(4) 区域:$x^2 + y^2 \leqslant 1$;

(5) 区域:$x^2 + y^2 \leqslant y$.

2. 改变下列二重积分的积分次序:

(1) $\int_0^1 \mathrm{d}y \int_y^{\sqrt{y}} f(x,y)\mathrm{d}x$;　　(2) $\int_{-1}^1 \mathrm{d}x \int_0^{\sqrt{1-x^2}} f(x,y)\mathrm{d}y$;

(3) $\int_0^2 \mathrm{d}x \int_{2x}^{6-x} f(x,y)\mathrm{d}y$;　　(4) $\int_1^2 \mathrm{d}x \int_x^{2x} f(x,y)\mathrm{d}y$;

(5) $\int_1^e \mathrm{d}x \int_0^{\ln x} f(x,y)\mathrm{d}y$;　　(6) $\int_0^5 \mathrm{d}y \int_y^{10-y} f(x,y)\mathrm{d}x$.

计算下列二重积分:

3. $\iint\limits_{D} y\mathrm{d}x\,\mathrm{d}y$,其中 D 由 $y = 0$ 及 $y = \sin x (0 \leqslant x \leqslant \pi)$ 所围.

4. $\iint\limits_{D} xy^2 \mathrm{d}x\,\mathrm{d}y$,$D$ 由 $x = 1, y^2 = 4x$ 所围.

5. $\iint\limits_{D} e^{x/y} \, dx \, dy$，$D$ 由 $y^2 = x$，$x = 0$，$y = 1$ 所围.

6. $\int_0^1 dy \int_{y^{1/3}}^1 \sqrt{1-x^4} \, dx$.

7. $\iint\limits_{D} (x^2 + y) \, dx \, dy$，$D$ 由 $y = x^2$，$y^2 = x$ 所围.

8. $\int_0^\pi dx \int_x^\pi \dfrac{\sin y}{y} \, dy$.

9. $\int_0^2 dx \int_x^2 2y^2 \sin(xy) \, dy$.

10. $\iint\limits_{D} y^2 \sqrt{1-x^2} \, d\sigma$，$D = \{(x,y) \mid x^2 + y^2 \leqslant 1\}$.

11. $\iint\limits_{D} (\mid x \mid + y) \, d\sigma$，$D = \{(x,y) \mid \mid x \mid + \mid y \mid \leqslant 1\}$.

12. $\iint\limits_{D} (x + y) \, d\sigma$，$D$ 为由 $x^2 + y^2 = 1$，$x^2 + y^2 = 2y$ 所围区域的中间的一块.

利用极坐标计算下列累次积分或二重积分：

13. $\int_0^1 dx \int_0^{\sqrt{1-x^2}} (x^2 + y^2) \, dy$.   14. $\int_{-1}^0 dx \int_{-\sqrt{1-x^2}}^0 \dfrac{2}{1 + \sqrt{x^2 + y^2}} \, dy$.

15. $\int_0^2 dx \int_0^{\sqrt{1-(x-1)^2}} 3xy \, dy$.   16. $\int_0^R dx \int_0^{\sqrt{R^2 - x^2}} \ln(1 + x^2 + y^2) \, dy$.

17. $\iint\limits_{D} \dfrac{1}{x^2} \, dx \, dy$，$D$ 是由 $y = \alpha x$，$y = \beta x$ $\left(\dfrac{\pi}{2} > \beta > \alpha > 0 \right)$，$x^2 + y^2 = a^2$，$x^2 + y^2 = b^2 (b > a > 0)$ 所围的在第一象限的部分.

18. $\iint\limits_{D} r \, d\sigma$，其中 D 是由心脏线 $r = a(1 + \cos\theta)$ 与圆周 $r = a(a > 0)$ 所围的不包含极点的区域.

19. 利用二重积分的几何意义证明：由射线 $\theta = \alpha$，$\theta = \beta$ 与曲线 $r = r(\theta)(\alpha \leqslant \theta \leqslant \beta)$ 所围区域 D 的面积可表示成 $\dfrac{1}{2} \int_\alpha^\beta [r(\theta)]^2 \, d\theta$.

20. 求心脏线 $r = a(1 + \cos\theta)$ $(a > 0, 0 \leqslant \theta < 2\pi)$ 所围区域之面积.

计算下列二重积分：

21. $\iint\limits_{D} (2x^2 - xy - y^2) \, dx \, dy$，其中 D 由 $y = -2x + 4$，$y = -2x + 7$，$y = x - 2$，$y = x + 1$ 所围.

22. $\iint\limits_{D} \left(\sqrt{\dfrac{y}{x}} + \sqrt{xy} \right) dx \, dy$，其中 D 由 $xy = 1$，$xy = 9$，$y = x$ 与 $y = 4x$ 所围.

23. $\iint\limits_{D} y\,\mathrm{d}x\,\mathrm{d}y$，$D$ 为圆域：$x^2 + y^2 \leqslant x + y$.

24. $\iint\limits_{\Omega} (x^2 + y^2)\,\mathrm{d}x\,\mathrm{d}y$，$\Omega$ 为椭圆：$\dfrac{x^2}{a^2} + \dfrac{y^2}{b^2} \leqslant 1$.

25. 设一平面薄板占有区域 D，其中 D 位于圆 $r = 3$ 之外部且在圆 $r = 6\sin\theta$ 之内部.已知该薄板的面密度 $\delta(x,y) = \dfrac{1}{r}\,(r = \sqrt{x^2 + y^2})$，求此薄板的质量.

26. 设 $a > 0$，并令

$$I(a) = \int_0^a \mathrm{e}^{-x^2}\,\mathrm{d}x, \quad J(a) = \iint\limits_{D_a} \mathrm{e}^{-x^2-y^2}\,\mathrm{d}x\,\mathrm{d}y,$$

其中 $D_a = \{(x,y) \mid x^2 + y^2 \leqslant a^2, x \geqslant 0, y \geqslant 0\}$.证明：

(1) $[I(a)]^2 = \iint\limits_{R_a} \mathrm{e}^{-x^2-y^2}\,\mathrm{d}x\,\mathrm{d}y$，其中 $R_a = \{(x,y) \mid 0 \leqslant x \leqslant a, 0 \leqslant y \leqslant a\}$；

(2) $J(a) \leqslant [I(a)]^2 \leqslant J(\sqrt{2}a)$；

(3) 利用本节例 14 的结果推出：

$$\lim_{a \to +\infty} \int_0^a \mathrm{e}^{-x^2}\,\mathrm{d}x = \frac{\sqrt{\pi}}{2}.$$

这一结果可以记作

$$\int_0^{+\infty} \mathrm{e}^{-x^2}\,\mathrm{d}x = \frac{\sqrt{\pi}}{2}.$$

§3 三重积分的概念与计算

三重积分是关于三元函数的积分.在计算密度分布不均匀的空间物体的质量、物体的质心以及空间物体绕某一轴的转动惯量等问题时,都需要用到三重积分的概念.下面我们给出三重积分的定义.

定义 设三元函数 $f(x,y,z)$ 在一个由有限个光滑曲面所围成的空间区域 Ω 上有定义.将 Ω 任意分割成 n 个互不重叠的小区域 Ω_i，并在 Ω_i 上任意取一个点 (x_i, y_i, z_i)，$i = 1, 2, \cdots, n$.做积分和 $\sigma = \sum\limits_{i=1}^n f(x_i, y_i, z_i)\Delta V_i$，这里 ΔV_i 表示小区域 Ω_i 的体积.令 $\lambda = \max\limits_{1 \leqslant i \leqslant n}\{\Omega_i$ 的直径$\}$.若对区域 Ω 的任意一种分割法以及中间点 (x_i, y_i, z_i) 的任意取法,积分和的极限

$$\lim_{\lambda \to 0} \sum_{i=1}^n f(x_i, y_i, z_i)\Delta V_i$$

总存在,则称此极限值为函数 $f(x,y,z)$ 在区域 Ω 上的**三重积分**,记作

$$\iiint\limits_{\Omega} f(x,y,z)\mathrm{d}V \quad 或 \quad \iiint\limits_{\Omega} f(x,y,z)\mathrm{d}x\,\mathrm{d}y\,\mathrm{d}z,$$

其中 $f(x,y,z)$ 称为**被积函数**，Ω 称为**积分区域**，$\mathrm{d}V$ 称为**体积元素**.

当极限 $\lim\limits_{\lambda \to 0}\sum\limits_{i=1}^{n} f(x_i,y_i,z_i)\Delta V_i$ 存在时，我们称函数 $f(x,y,z)$ 在区域 Ω 上是**可积的**.

我们指出，有界闭区域 Ω 上的连续函数或分块连续函数在 Ω 上是可积的.

由三重积分的定义不难看出：若一物体占有空间位置 Ω，又其体密度为 $\rho(x,y,z)$，则该物体的质量 M 可表示为 $\rho(x,y,z)$ 的三重积分

$$M = \iiint\limits_{\Omega} \rho(x,y,z)\mathrm{d}V.$$

另外，还很容易看出三重积分

$$V = \iiint\limits_{\Omega} \mathrm{d}V$$

恰好就是区域 Ω 的体积.

三重积分的基本性质与二重积分的性质完全类似，比如，关于被积函数的线性性质，关于积分区域的可加性，以及积分的中值定理等，对三重积分而言都是成立的.这里不再一一重述了.

下面我们着重讨论三重积分的计算.

1. 在直角坐标系下的计算公式

二重积分可以化成一个累次积分，即叠合在一起的两个关于一元函数的定积分.三重积分也可以类似地这样做，但是情况略微复杂些：这时的累

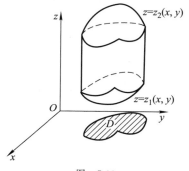

次积分是一个二重积分与一个关于一元函数的定积分叠合在一起；并有两种可能性：一种情况是外层积分为二重积分，而内层积分为关于一元函数的定积分，另一种情况是外层积分为关于一元函数的定积分，而内层积分为二重积分.下面我们分两种情况介绍其计算公式，而略去其证明.

（1）我们先讨论前一种情况，即外层积分为二重积分的情况.这时我们要求积分区域是一个柱面，而其底与顶可以是曲面：

图   7.33

$$\Omega = \{(x,y,z) \mid (x,y) \in D, z_1(x,y) \leqslant z \leqslant z_2(x,y)\},$$

这里 D 是 Oxy 平面上的一个闭区域.这时 Ω 是空间中以曲面 $z = z_1(x,y)$ 为底、以曲面 $z = z_2(x,y)$ 为顶的一个正柱面体,也即它的侧面的母线平行于 z 轴.区域 D 实际上是 Ω 在 Oxy 平面上的投影(见图 7.33).

定理 1 设 Ω 满足上述条件,并且其中的 $z = z_1(x,y)$ 及 $z = z_2(x,y)$ 是 D 上的连续函数.假定 $u = f(x,y,z)$ 是 Ω 上的连续函数,则有

$$\iiint\limits_{\Omega} f(x,y,z)\mathrm{d}x\,\mathrm{d}y\,\mathrm{d}z = \iint\limits_{D}\mathrm{d}x\,\mathrm{d}y\int_{z_1(x,y)}^{z_2(x,y)} f(x,y,z)\mathrm{d}z. \qquad (7.4)$$

现在我们来解释公式(7.4)右端积分的意义:对于任意一固定点 $(x,y) \in D$,我们先对 z 进行积分,

$$\int_{z_1(x,y)}^{z_2(x,y)} f(x,y,z)\mathrm{d}z.$$

这个积分值是依赖于点 (x,y) 的,将它记作 $F(x,y)$.公式(7.4)右端的积分便是 $F(x,y)$ 在 D 上的二重积分,也即

$$\iint\limits_{D} F(x,y)\mathrm{d}x\,\mathrm{d}y.$$

例 1 求三重积分

$$I = \iiint\limits_{\Omega} (x + y + z)\mathrm{d}x\,\mathrm{d}y\,\mathrm{d}z,$$

其中 Ω 是柱体 $\{(x,y,z) \mid 0 \leqslant z \leqslant 1, x^2 + y^2 \leqslant 1\}$.

解 Ω 在 Oxy 平面上的投影区域 D(见图 7.34)为 $\{(x,y) \mid x^2 + y^2 \leqslant 1\}$,底面为 $z = 0$,顶面为 $z = 1$.

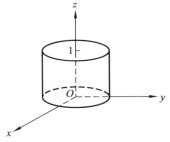

图 7.34

利用定理 1,

$$I = \iint\limits_{D}\mathrm{d}x\,\mathrm{d}y\int_0^1 (x + y + z)\mathrm{d}z = \iint\limits_{D}\left(x + y + \frac{1}{2}\right)\mathrm{d}x\,\mathrm{d}y$$

$$= \frac{1}{2}\pi + \iint\limits_{D}(x + y)\mathrm{d}x\,\mathrm{d}y.$$

再利用二重积分在极坐标系下的计算公式,

$$\iint\limits_{D}(x + y)\mathrm{d}x\,\mathrm{d}y = \int_0^{2\pi}\mathrm{d}\theta\int_0^1 (r\cos\theta + r\sin\theta) \cdot r\,\mathrm{d}r$$

$$= \int_0^{2\pi}(\cos\theta + \sin\theta)\mathrm{d}\theta \cdot \int_0^1 r^2\,\mathrm{d}r = 0.$$

于是 $I = \dfrac{1}{2}\pi$.

例 2　求三重积分

$$I = \iiint\limits_{\Omega} y\cos(x+z)\,\mathrm{d}x\,\mathrm{d}y\,\mathrm{d}z,$$

其中 Ω 由平面 $y=0,z=0,x+z=\dfrac{\pi}{2}$ 及柱面 $y=\sqrt{x}$ 围成.

解　Ω 是以平面 $x+z=\pi/2$ 为顶的曲顶柱体,它在 Oxy 平面上的投影区域 D 由直线 $y=0,x=\pi/2$ 及曲线 $y=\sqrt{x}$ 所围成(见图 7.35).由公式(7.4),

$$
\begin{aligned}
I &= \iint\limits_{D}\left[\int_0^{\pi/2-x}\cos(x+z)\,\mathrm{d}z\right]y\,\mathrm{d}x\,\mathrm{d}y\\
&= \iint\limits_{D}\sin(x+z)\Big|_0^{\pi/2-x}\,y\,\mathrm{d}x\,\mathrm{d}y\\
&= \iint\limits_{D}(1-\sin x)\,y\,\mathrm{d}x\,\mathrm{d}y\\
&= \int_0^{\pi/2}\mathrm{d}x\int_0^{\sqrt{x}}(1-\sin x)\,y\,\mathrm{d}y\\
&= \int_0^{\pi/2}\frac{1}{2}x(1-\sin x)\,\mathrm{d}x = \frac{1}{2}\left(\frac{\pi^2}{8}-1\right).
\end{aligned}
$$

（2）现在我们讨论第二种情况,即外层积分是一个关于一元函数的定积分.这时三重积分的积分区域 Ω 要满足下列要求: Ω 要介于平面 $z=a$ 及 $z=b$ 之间,其中 a 与 b 是两个给定的常数,并且对于任意 $z_0 \in [a,b]$,平面 $z=z_0$ 与 Ω 的交集是一个闭区域,我们记之为 D_{z_0}.相当多的积分区域 Ω 是满足这样的条件的(见图 7.36).

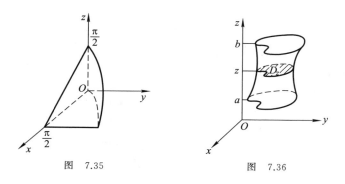

图　7.35　　　　　　　　　　图　7.36

定理 2 设 Ω 满足上述条件并假定 $u=f(x,y,z)$ 在 Ω 上连续,则有

$$\iiint\limits_{\Omega} f(x,y,z)\mathrm{d}x\mathrm{d}y\mathrm{d}z = \int_a^b \mathrm{d}z \iint\limits_{D_z} f(x,y,z)\mathrm{d}x\mathrm{d}y. \tag{7.5}$$

这里公式(7.5)右端积分的意义是:先任意固定一点 $z\in[a,b]$,对 $f(x,y,z)$ 做二重积分:

$$F(z)=\iint\limits_{D_z} f(x,y,z)\mathrm{d}x\mathrm{d}y,$$

然后对所得的函数 $F(z)$ 在 $[a,b]$ 上做定积分.

例 3 求三重积分

$$I=\iiint\limits_{\Omega} \mathrm{e}^{-z^2}\mathrm{d}V,$$

其中 Ω 由曲面 $z=x^2+y^2$ 及平面 $z=1$ 围成(见图 7.37).

解 我们应用公式(7.5),其中区域 $D(z)$ 即:$x^2+y^2\leqslant z$.

$$I=\int_0^1 \mathrm{d}z \iint\limits_{x^2+y^2\leqslant z} \mathrm{e}^{-z^2}\mathrm{d}x\mathrm{d}y = \int_0^1 \pi z\mathrm{e}^{-z^2}\mathrm{d}z$$

$$=-\frac{\pi}{2}\mathrm{e}^{-z^2}\Big|_0^1 = \frac{\pi}{2}(1-\mathrm{e}^{-1}).$$

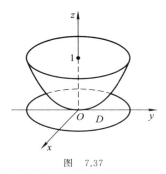

图 7.37

思考题 例 3 能否用定理 1 中公式(7.4)计算? 为什么?

计算三重积分时,也会遇到对称性的问题.我们指出下面一些规律:假设积分区域 Ω 关于 Oxy 平面对称.若 $f(x,y,z)$ 关于 z 是奇函数(即 $f(x,y,-z)=-f(x,y,z)$),则

$$\iiint\limits_{\Omega} f(x,y,z)\mathrm{d}V=0;$$

若 $f(x,y,z)$ 关于 z 是偶函数(即 $f(x,y,-z)=f(x,y,z)$),则

$$\iiint\limits_{\Omega} f(x,y,z)\mathrm{d}V=2\iiint\limits_{\Omega_1} f(x,y,z)\mathrm{d}V,$$

其中区域 $\Omega_1=\{(x,y,z)|(x,y,z)\in\Omega,z\geqslant 0\}$.其他的对称情形,可类推.请读者自己归纳.

例 4 求三重积分

$$I=\iiint\limits_{\Omega} (x+y+z)^2\mathrm{d}V,$$

其中 $\Omega: \dfrac{x^2}{a^2}+\dfrac{y^2}{b^2}+\dfrac{z^2}{c^2}\leqslant 1\ (a>0,b>0,c>0)$.

解

$$I=\iiint\limits_{\Omega}(x^2+y^2+z^2+2xy+2yz+2zx)\mathrm{d}V.$$

由于 Ω 关于 Oxy 平面对称,而 $2yz,2zx$ 关于 z 是奇函数,所以

$$\iiint\limits_{\Omega}2yz\,\mathrm{d}V=\iiint\limits_{\Omega}2zx\,\mathrm{d}V=0.$$

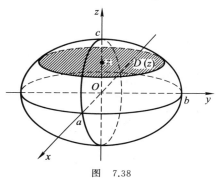

图 7.38

同理,Ω 关于 Oyz 平面对称,而 $2xy$ 是关于 x 的奇函数,故 $\iiint\limits_{\Omega}2xy\mathrm{d}V=0.$ 于是

$$I=\iiint\limits_{\Omega}(x^2+y^2+z^2)\mathrm{d}V.$$

分项求积,先求 $\iiint\limits_{\Omega}z^2\mathrm{d}V.$ 应用定理 2,其中区域 $D(z)$(见图 7.38)为

$$\frac{x^2}{a^2}+\frac{y^2}{b^2}=1-\frac{z^2}{c^2}\quad(\,|\,z\,|<c\,),$$

这是一个椭圆.它的两个半轴长分别为

$$a\sqrt{1-\frac{z^2}{c^2}}\quad 及 \quad b\sqrt{1-\frac{z^2}{c^2}}.$$

再注意对称性,有

$$\iiint\limits_{\Omega}z^2\mathrm{d}V=2\int_0^c\mathrm{d}z\iint\limits_{D(z)}z^2\mathrm{d}x\,\mathrm{d}y$$

$$=2\int_0^c z^2\pi ab\left(1-\frac{z^2}{c^2}\right)\mathrm{d}z=\frac{4\pi abc^3}{15}.$$

再由椭球方程关于 x,y,z 的某种对等性,用类比的方法不难推出

$$\iiint\limits_{\Omega}y^2\mathrm{d}V=\frac{4}{15}\pi ab^3c\,,\quad\iiint\limits_{\Omega}x^2\mathrm{d}V=\frac{4\pi}{15}a^3bc.$$

所以 $I=\dfrac{4\pi}{15}abc(a^2+b^2+c^2).$

例 5 改变累次积分

$$I=\int_0^1\mathrm{d}x\int_0^{1-x}\mathrm{d}y\int_0^{x+y}f(x,y,z)\mathrm{d}z$$

的积分次序为:先对 y,再对 x,最后对 z 求积分.

解 先将 I 写成 $I=\iint\limits_{D}\mathrm{d}x\,\mathrm{d}y\int_0^{x+y}f(x,y,z)\mathrm{d}z$,其中

$$D=\{(x,y)\mid 0\leqslant x\leqslant 1,0\leqslant y\leqslant 1-x\},$$

则 $I=\iiint\limits_{\Omega}f(x,y,z)\mathrm{d}x\,\mathrm{d}y\,\mathrm{d}z$,其中 Ω 是由 $z=x+y,z=0,x=0,y=0,x+y=1$ 所围成区域(见图 7.39),Ω 在 Oxy 平面投影为 D.$\forall z\in[0,1]$,D_z 为由 $x+y=1,x+y=z,x=0,y=0$ 所围平面区域(见图 7.40).利用定理 2,

$$I=\int_0^1\mathrm{d}z\iint\limits_{D_z}f(x,y,z)\mathrm{d}x\,\mathrm{d}y$$

$$=\int_0^1\mathrm{d}z\int_0^z\mathrm{d}x\int_{z-x}^{1-x}f(x,y,z)\mathrm{d}y+\int_0^1\mathrm{d}z\int_z^1\mathrm{d}x\int_0^{1-x}f(x,y,z)\mathrm{d}y.$$

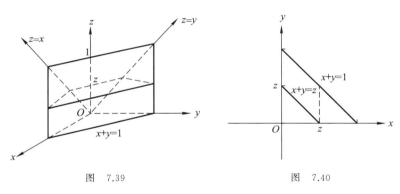

图 7.39   图 7.40

2. 在柱坐标下的计算公式

我们已经知道,有时利用极坐标来计算某些二重积分较为简便.对于三重积分,有时我们可用柱坐标或球坐标来简化计算.

我们先介绍空间点的柱坐标.

设 $P(x,y,z)$ 为 $Oxyz$ 空间中一点,并设 P 在 Oxy 平面上的投影 P_1 的极坐标为 (r,θ)(见图 7.41),则数组 (r,θ,z) 就称为点 P 的柱坐标.r,θ,z 的取值范围分别为

$$0\leqslant r<+\infty,\quad 0\leqslant\theta<2\pi,\quad -\infty<z<+\infty.$$

同一点的直角坐标 (x,y,z) 与柱坐标 (r,θ,z) 间的关系为

$$\begin{cases} x = r\cos\theta, \\ y = r\sin\theta, \\ z = z. \end{cases}$$

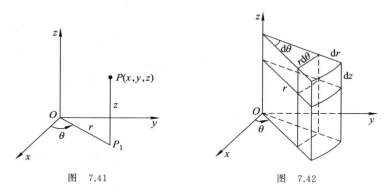

图　7.41   图　7.42

为了导出三重积分在柱坐标下的公式,我们需要求出在将直角坐标换成柱坐标时体积微元 $\mathrm{d}x\mathrm{d}y\mathrm{d}z$ 与 $\mathrm{d}r\mathrm{d}\theta\mathrm{d}z$ 的比率.为此,我们考察在一点 (r,θ,z) 处的增量 $\mathrm{d}r,\mathrm{d}\theta,\mathrm{d}z$ 所形成的微元体(见图7.42).为了简单起见,不妨假定 $\mathrm{d}r>0,\mathrm{d}\theta>0$ 且 $\mathrm{d}z>0$.很容易看出这个微元体的体积为

$$\mathrm{d}V = r\mathrm{d}r\mathrm{d}\theta\mathrm{d}z.$$

因此,三重积分在柱坐标下的计算公式是

$$\iiint\limits_{\Omega} f(x,y,z)\mathrm{d}V = \iiint\limits_{\Omega'} f(r\cos\theta,r\sin\theta,z)r\mathrm{d}r\mathrm{d}\theta\mathrm{d}z, \tag{7.6}$$

其中 $\Omega' = \{(r,\theta,z) \mid (r\cos\theta,r\sin\theta,z)\in\Omega\}$.

使用柱坐标的目的是为了使得积分区域或被积函数化简.常见的有下列两种情况:

(1) Ω 是一个正的柱体,在 Oxy 平面上的投影的极坐标区域为 D,其底曲面与顶曲面用柱坐标分别表为 $z=\varphi(r,\theta)$ 与 $z=\psi(r,\theta)$.

这时,我们有公式

$$\iiint\limits_{\Omega} f(x,y,z)\mathrm{d}x\mathrm{d}y\mathrm{d}z = \iint\limits_{D} r\mathrm{d}r\mathrm{d}\theta \int_{\varphi(r,\theta)}^{\psi(r,\theta)} f(r\cos\theta,r\sin\theta,z)\mathrm{d}z.$$

例6　求三重积分

$$I = \iiint\limits_{\Omega} x^2 y^2 z \mathrm{d}V,$$

其中 Ω 由曲面 $2z = x^2 + y^2$ 及平面 $z=2$ 所围(见图7.43).

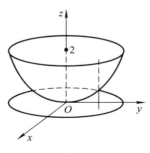

图　7.43

解　在这个题目中使用柱坐标的好处在于化简了积分区域.在直角坐标中,积分区域为

$$\Omega = \left\{(x,y,z) \,\middle|\, x^2 + y^2 \leqslant 4, \frac{1}{2}(x^2 + y^2) \leqslant z \leqslant 2 \right\},$$

而在柱坐标中,积分区域为

$$\Omega' = \left\{(r,\theta,z) \,\middle|\, 0 \leqslant \theta \leqslant 2\pi, 0 \leqslant r \leqslant 2, \frac{1}{2}r^2 \leqslant z \leqslant 2 \right\}.$$

这样,我们得到

$$I = \iiint\limits_{\Omega} x^2 y^2 z \,\mathrm{d}x\,\mathrm{d}y\,\mathrm{d}z = \iiint\limits_{\Omega'} z r^4 \cos^2\theta \sin^2\theta \cdot r \,\mathrm{d}r\,\mathrm{d}\theta\,\mathrm{d}z$$

$$= \iint\limits_{D} r^5 \cos^2\theta \sin^2\theta \,\mathrm{d}r\,\mathrm{d}\theta \int_{\frac{r^2}{2}}^{2} z\,\mathrm{d}z = \iint\limits_{D} r^5 \cos^2\theta \sin^2\theta \cdot \frac{1}{2}\left(4 - \frac{1}{4}r^4\right) \mathrm{d}r\,\mathrm{d}\theta,$$

其中 $D = \{(r,\theta) \,|\, 0 \leqslant \theta \leqslant 2\pi, 0 \leqslant r \leqslant 2\}$.于是

$$I = \frac{1}{2}\int_0^{2\pi} \cos^2\theta \sin^2\theta \,\mathrm{d}\theta \int_0^2 \left(4 - \frac{1}{4}r^4\right)r^5 \,\mathrm{d}r$$

$$= 2\int_0^{\frac{\pi}{2}} \cos^2\theta(1 - \cos^2\theta)\,\mathrm{d}\theta \cdot \frac{256}{15}$$

$$= 2 \cdot \frac{\pi}{4}\left(1 - \frac{3}{4}\right) \cdot \frac{256}{15} = \frac{32}{15}\pi.$$

(2) Ω 介于半平面 $\theta = \alpha$ 与 $\theta = \beta(0 \leqslant \alpha < \beta < 2\pi)$ 之间,且极角为 $\theta \in [\alpha, \beta]$ 的任一半平面与 Ω 相截得平面闭区域 $D(\theta)$(见图 7.44),则有计算公式:

$$\iiint\limits_{\Omega} f(x,y,z)\,\mathrm{d}V = \int_\alpha^\beta \mathrm{d}\theta \iint\limits_{D(\theta)} f(r\cos\theta, r\sin\theta, z)r\,\mathrm{d}r\,\mathrm{d}z. \tag{7.7}$$

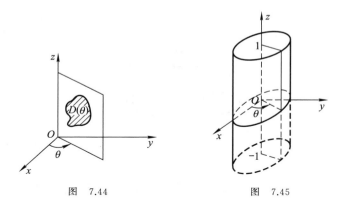

图 7.44   图 7.45

例 7 求三重积分

$$I = \iiint\limits_{\Omega} \frac{\mathrm{d}V}{\sqrt{x^2 + y^2 + (z-2)^2}},$$

其中 Ω 由柱面 $x^2 + y^2 = 1$ 及两平面 $z = -1, z = 1$ 所围.

解 在这个题目中,对任意取定的 $\theta \in [0, 2\pi)$,$D(\theta)$ 为矩形:$\{(z, r) \mid -1 \leqslant z \leqslant 1, 0 \leqslant r \leqslant 1\}$(见图 7.45),由公式(7.7)有

$$I = \int_0^{2\pi} \mathrm{d}\theta \iint\limits_{D(\theta)} \frac{r \, \mathrm{d}r \, \mathrm{d}z}{\sqrt{r^2 + (z-2)^2}} = 2\pi \int_{-1}^{1} \mathrm{d}z \int_0^1 \frac{r \, \mathrm{d}r}{\sqrt{r^2 + (z-2)^2}}$$

$$= 2\pi \int_{-1}^{1} \left(\sqrt{1 + (z-2)^2} - |z - 2| \right) \mathrm{d}z$$

$$= \pi \left[-\sqrt{2} + 3\sqrt{10} + \ln(\sqrt{2} - 1) - \ln(\sqrt{10} - 3) - 8 \right].$$

例 8 设 Ω 是 Oyz 平面上的圆盘

$$(y - a)^2 + z^2 \leqslant \rho^2 \quad (0 < \rho < a)$$

绕 z 轴旋转一周得到的区域.试求其体积 V.

解 显然,所求体积为

$$V = \iiint\limits_{\Omega} 1 \mathrm{d}x \, \mathrm{d}y \, \mathrm{d}z.$$

现在我们用柱坐标来计算这个三重积分

$$V = \int_0^{2\pi} \mathrm{d}\theta \iint\limits_{D(\theta)} r \, \mathrm{d}r \, \mathrm{d}z,$$

其中 $D(\theta)$ 是下列区域:

$$\{(r, z) \mid (r - a)^2 + z^2 \leqslant \rho^2\}.$$

可见，$D(\theta)$ 实际上与 θ 无关，记之为 D. 因此，我们有

$$V = 2\pi \iint\limits_{D} r\,\mathrm{d}r\,\mathrm{d}z = 2\pi \int_{a-\rho}^{a+\rho} r\,\mathrm{d}r \int_{-\sqrt{\rho^2-(r-a)^2}}^{\sqrt{\rho^2-(r-a)^2}} \mathrm{d}z$$

$$= 2\pi \int_{a-\rho}^{a+\rho} 2r\sqrt{\rho^2-(r-a)^2}\,\mathrm{d}r = 2\pi^2 a\rho^2.$$

3. 在球坐标下的计算公式

我们先介绍空间点的球坐标.

设 $P(x,y,z)$ 为空间中一点（见图 7.46），P 到原点的距离记作 ρ，向径 $\overrightarrow{OP}$ 与 z 轴正向的夹角记作 φ（$0 \leqslant \varphi \leqslant \pi$），$P$ 在 Oxy 平面上的投影点 P_1 的极角记作 θ（$0 \leqslant \theta < 2\pi$），则数组 (ρ,φ,θ) 与点 P 有一一对应的关系，我们称 (ρ,φ,θ) 为点 P 的球坐标. 同一点的直角坐标与球坐标之间有下列关系：

$$\begin{cases} x = \rho\sin\varphi\cos\theta, & 0 \leqslant \rho < +\infty, \\ y = \rho\sin\varphi\sin\theta, & 0 \leqslant \varphi \leqslant \pi, \\ z = \rho\cos\varphi, & 0 \leqslant \theta < 2\pi. \end{cases}$$

为了求得球坐标下计算三重积分的公式，我们应该先算出体积微元 $\mathrm{d}V$ 与 $\mathrm{d}\rho\,\mathrm{d}\varphi\,\mathrm{d}\theta$ 之比率. 我们在任意一点 (ρ,φ,θ) 考虑一个小的微元：它由半径为 ρ 和 $\rho+\mathrm{d}\rho$ 的球面，半顶角为 φ 和 $\varphi+\mathrm{d}\varphi$ 的圆锥面以及极角为 θ 和 $\theta+\mathrm{d}\theta$ 的半平面围成（见图 7.47）. 它的体积与一个三条棱长分别为

$$\rho\,\mathrm{d}\varphi, \quad \rho\sin\varphi\,\mathrm{d}\theta, \quad \mathrm{d}\rho$$

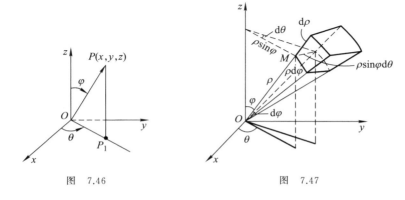

图 7.46   图 7.47

的长方体的体积近似,即

$$\Delta V \approx \rho^2 \sin\varphi \, \mathrm{d}\rho \, \mathrm{d}\varphi \, \mathrm{d}\theta.$$

因而在球坐标下,体积元素可表为 $\mathrm{d}V = \rho^2 \sin\varphi \, \mathrm{d}\rho \, \mathrm{d}\varphi \, \mathrm{d}\theta$,三重积分可表为

$$\iiint\limits_{\Omega} f(x,y,z) \, \mathrm{d}V = \iiint\limits_{\Omega'} f(\rho\sin\varphi\cos\theta, \rho\sin\varphi\sin\theta, \rho\cos\varphi) \rho^2 \sin\varphi \, \mathrm{d}\rho \, \mathrm{d}\varphi \, \mathrm{d}\theta,$$

其中 $\Omega' = \{(\rho,\varphi,\theta) \mid (\rho\sin\varphi\cos\theta, \rho\sin\varphi\sin\theta, \rho\cos\varphi) \in \Omega\}$.

当积分区域 Ω 界于半平面 $\theta = \alpha$ 及 $\theta = \beta (0 \leqslant \alpha < \beta < 2\pi)$ 之间,且任一极角为 θ 的平面与 Ω 相截得平面闭区域 $D(\theta)$ (ρ, φ 的变化范围),则有计算公式:

$$\iiint\limits_{\Omega} f(x,y,z) \, \mathrm{d}V$$

$$= \int_{\alpha}^{\beta} \mathrm{d}\theta \iint\limits_{D(\theta)} f(\rho\sin\varphi\cos\theta, \rho\sin\varphi\sin\theta, \rho\cos\varphi) \rho^2 \sin\varphi \, \mathrm{d}\rho \, \mathrm{d}\varphi.$$

$$(7.8)$$

特别地,若对任一 $\theta \in [\alpha, \beta]$,区域 $D(\theta)$ 为:$\varphi_1 \leqslant \varphi \leqslant \varphi_2, \rho_1 \leqslant \rho \leqslant \rho_2$(其中常数 $\varphi_1, \varphi_2 \in [0, \pi]$,常数 $\rho_1, \rho_2 \in [0, +\infty)$),则公式(7.8)简化为

$$\iiint\limits_{\Omega} f(x,y,z) \, \mathrm{d}V$$

$$= \int_{\alpha}^{\beta} \mathrm{d}\theta \int_{\varphi_1}^{\varphi_2} \mathrm{d}\varphi \int_{\rho_1}^{\rho_2} f(\rho\sin\varphi\cos\theta, \rho\sin\varphi\sin\theta, \rho\cos\varphi) \rho^2 \sin\varphi \, \mathrm{d}\rho.$$

$$(7.9)$$

例 9 求三重积分 $I = \iiint\limits_{\Omega} y^2 \, \mathrm{d}V$,其中

$$\Omega = \{(x,y,z) \mid x^2 + y^2 + z^2 \leqslant 2z\}.$$

解 Ω 的图形见图 7.48.由图可见 θ 的变化域为 $[0, 2\pi)$.又任意固定 $\theta \in [0, 2\pi)$,$D(\theta)$ 总是一个半圆.当将球坐标代入方程 $x^2 + y^2 + z^2 = 2z$ 时,得 $\rho = 2\cos\varphi \left(0 \leqslant \varphi \leqslant \dfrac{\pi}{2}, 0 \leqslant \theta < 2\pi\right)$.这就是 Ω 的边界球面的方程.任意固定 $\theta \in [0, 2\pi)$,$D(\theta)$ 的边界曲线由 z 轴及曲线 $\rho = 2\cos\varphi \left(0 \leqslant \varphi \leqslant \dfrac{\pi}{2}\right)$ 所围成(见图 7.49).由公式(7.9)得

$$I = \int_0^{2\pi} \mathrm{d}\theta \int_0^{\pi/2} \mathrm{d}\varphi \int_0^{2\cos\varphi} \rho^4 \sin^3\varphi \sin^2\theta \, \mathrm{d}\rho$$

$$= \int_0^{2\pi} \sin^2\theta \, \mathrm{d}\theta \int_0^{\pi/2} \frac{32}{5} \cos^5\varphi \sin^3\varphi \, \mathrm{d}\varphi = \frac{4}{15}\pi.$$

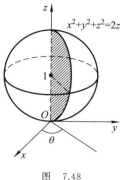

图　7.48

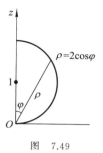

图　7.49

例 10　求三重积分

$$I = \iiint\limits_{\Omega} \frac{(x + y + z)^2}{(x^2 + y^2 + z^2)^2} \mathrm{d}V,$$

其中 Ω 是球面 $x^2 + y^2 + z^2 = 4$ 与抛物面 $3z = x^2 + y^2$ 所围的 $z \geqslant 0$ 部分的闭区域(见图 7.50).

解　由于 Ω 关于 Oyz 平面对称,所以

$$\iiint\limits_{\Omega} \frac{2xy}{(x^2 + y^2 + z^2)^2} \mathrm{d}V = \iiint\limits_{\Omega} \frac{2xz}{(x^2 + y^2 + z^2)^2} \mathrm{d}V = 0.$$

同理

$$\iiint\limits_{\Omega} \frac{2yz}{(x^2 + y^2 + z^2)^2} \mathrm{d}V = 0.$$

所以我们有

$$I = \iiint\limits_{\Omega} \frac{x^2 + y^2 + z^2}{(x^2 + y^2 + z^2)^2} \mathrm{d}V = \iiint\limits_{\Omega} \frac{1}{x^2 + y^2 + z^2} \mathrm{d}V.$$

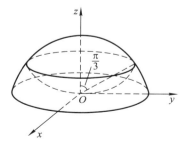

图　7.50

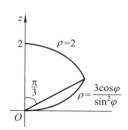

图　7.51

采用球坐标系.球面方程为 $\rho=2$,抛物面方程为 $\rho=\dfrac{3\cos\varphi}{\sin^2\varphi}$.此两曲面的交线的 φ 坐标应满足方程 $\dfrac{3\cos\varphi}{\sin^2\varphi}=2$.由此得 $\varphi=\dfrac{\pi}{3}$.任意固定 $\theta\in[0,2\pi)$,从图 7.51 可以看出,$D(\theta)$ 的边界由 z 轴及两曲线 $\rho=2(0\leqslant\varphi\leqslant\pi/3)$ 和

$$\rho=\frac{3\cos\varphi}{\sin^2\varphi}\quad\left(\frac{\pi}{3}<\varphi\leqslant\frac{\pi}{2}\right)$$

组成.由公式(7.9)得

$$I=\int_0^{2\pi}\mathrm{d}\theta\left(\int_0^{\pi/3}\mathrm{d}\varphi\int_0^2\frac{\rho^2\sin\varphi}{\rho^2}\mathrm{d}\rho+\int_{\pi/3}^{\pi/2}\mathrm{d}\varphi\int_0^{\frac{3\cos\varphi}{\sin^2\varphi}}\frac{\rho^2\sin\varphi}{\rho^2}\mathrm{d}\rho\right)$$

$$=2\pi\left(\int_0^{\pi/3}2\sin\varphi\ \mathrm{d}\varphi+\int_{\pi/3}^{\pi/2}\frac{3\cos\varphi}{\sin\varphi}\mathrm{d}\varphi\right)=2\pi\left(1-3\ln\frac{\sqrt3}{2}\right).$$

4. 在一般变量替换下的计算公式

除柱坐标及球坐标外,有时还需做其他的变量替换,以化简三重积分的计算.为了推导一般变量替换下的计算公式,关键是求出在变量替换下体积微元的变化率.在二重积分中面积微元的变化率恰好是变量替换的雅可比行列式的绝对值.因此很容易想到三重积分在变量替换下其体积微元的变化率也是变量替换的雅可比行列式的绝对值.事实上确实如此.下面直接给出计算公式而略去其证明.

定理 3 设函数 $f(x,y,z)$ 在有界闭区域 Ω 上连续.又设变换

$$\begin{cases}x=x(u,v,w),\\y=y(u,v,w),\quad(u,v,w)\in\Omega'\\z=z(u,v,w),\end{cases}$$

在 Ω' 上连续,有连续的一阶偏导数,将 Ω' 一一对应地变到 Ω,且变换的雅可比行列式

$$J=\frac{\mathrm{D}(x,y,z)}{\mathrm{D}(u,v,w)}\neq0,$$

则有公式

$$\iiint\limits_{\Omega}f(x,y,z)\mathrm{d}V=\iiint\limits_{\Omega'}f(x(u,v,w),y(u,v,w),z(u,v,w))\,|\,J\,|\,\mathrm{d}u\,\mathrm{d}v\,\mathrm{d}w.$$

$$(7.10)$$

这里所谓变换的雅可比行列式是指

$$J = \frac{D(x,y,z)}{D(u,v,w)} = \begin{vmatrix} \dfrac{\partial x}{\partial u} & \dfrac{\partial x}{\partial v} & \dfrac{\partial x}{\partial w} \\[2mm] \dfrac{\partial y}{\partial u} & \dfrac{\partial y}{\partial v} & \dfrac{\partial y}{\partial w} \\[2mm] \dfrac{\partial z}{\partial u} & \dfrac{\partial z}{\partial v} & \dfrac{\partial z}{\partial w} \end{vmatrix}.$$

三阶行列式的计算方法已在本书上册中讲过.

很容易计算球坐标变换

$$\begin{cases} x = \rho\sin\varphi\cos\theta, \\ y = \rho\sin\varphi\sin\theta, \\ z = \rho\cos\varphi \end{cases}$$

的雅可比行列式

$$J = \frac{D(x,y,z)}{D(\rho,\varphi,\theta)} = \begin{vmatrix} \sin\varphi\cos\theta & \rho\cos\varphi\cos\theta & -\rho\sin\varphi\sin\theta \\ \sin\varphi\sin\theta & \rho\cos\varphi\sin\theta & \rho\sin\varphi\cos\theta \\ \cos\varphi & -\rho\sin\varphi & 0 \end{vmatrix}$$

$$= \rho^2\sin^3\varphi\cos^2\theta + \rho^2\sin\varphi\cos^2\varphi\cos^2\theta + \rho^2\sin\varphi\sin^2\theta$$

$$= \rho^2\sin\varphi.$$

由此可见,前面讲过的球坐标计算三重积分的公式实质上是公式(7.10)的一种特殊情况.

此外,还不难计算柱坐标变换

$$\begin{cases} x = r\cos\theta, \\ y = r\sin\theta, \\ z = z \end{cases}$$

的雅可比行列式 $\dfrac{D(x,y,z)}{D(r,\theta,z)} = r$. 因此,前面讲过的柱坐标计算三重积分的公式也是公式(7.10)的特例.

在经常使用的坐标变换中还有一类变换称作**广义球坐标变换**:

$$\begin{cases} x = a\rho\sin\varphi\cos\theta, \\ y = b\rho\sin\varphi\sin\theta, \\ z = c\rho\cos\varphi, \end{cases}$$

其中 a,b,c 是常数.这个变换的雅可比行列式

$$J = \frac{D(x,y,z)}{D(\rho,\varphi,\theta)} = abc\rho^2\sin\varphi.$$

例 11 求三重积分

$$I = \iiint\limits_{\Omega} \left(\sqrt{1 - \frac{x^2}{a^2} - \frac{y^2}{b^2} - \frac{z^2}{c^2}} \right)^3 \mathrm{d}V,$$

其中 Ω: $\dfrac{x^2}{a^2} + \dfrac{y^2}{b^2} + \dfrac{z^2}{c^2} \leqslant 1$ $(a>0, b>0, c>0)$.

解　我们做坐标变换：

$$\begin{cases} x = a\rho\sin\varphi\cos\theta, & 0 \leqslant \rho \leqslant 1, \\ y = b\rho\sin\varphi\sin\theta, & 0 \leqslant \varphi \leqslant \pi, \\ z = c\rho\cos\varphi, & 0 \leqslant \theta < 2\pi. \end{cases}$$

于是由公式(7.10)得

$$I = \int_0^{2\pi} \mathrm{d}\theta \int_0^{\pi} \mathrm{d}\varphi \int_0^1 (\sqrt{1-\rho^2})^3 abc\rho^2 \sin\varphi \, \mathrm{d}\rho$$

$$= 2\pi abc \int_0^{\pi} \sin\varphi \, \mathrm{d}\varphi \int_0^1 (\sqrt{1-\rho^2})^3 \rho^2 \, \mathrm{d}\rho.$$

注意到 $\displaystyle\int_0^{\pi} \sin\varphi \, \mathrm{d}\varphi = 2$ 及

$$\int_0^1 (\sqrt{1-\rho^2})^3 \rho^2 \, \mathrm{d}\rho \xrightarrow{\rho = \sin t} \int_0^{\frac{\pi}{2}} \cos^4 t \sin^2 t \, \mathrm{d}t$$

$$= \int_0^{\frac{\pi}{2}} \cos^4 t \cdot (1 - \cos^2 t) \, \mathrm{d}t$$

$$= \frac{3}{4} \cdot \frac{\pi}{4} \left(1 - \frac{5}{6} \right) = \frac{\pi}{32},$$

我们得到 $I = \dfrac{\pi^2}{8} abc$.

例12　求三重积分 $I = \iiint\limits_{\Omega} y^4 \mathrm{d}V$，其中 Ω 由 $x = az^2, x = bz^2$ $(z > 0, 0 <$ $a < b)$, $x = \alpha y, x = \beta y (0 < \alpha < \beta)$ 以及 $x = h (h > 0)$ 围成.

解　由积分区域的特点，容易想到用变量替换

$$\begin{cases} u = x, \\ v = \dfrac{x}{z^2}, \\ w = \dfrac{x}{y}. \end{cases}$$

当 $(x, y, z) \in \Omega$ 时，$(u, v, w) \in \Omega'$，而

$$\Omega' = \{(u, v, w) \mid 0 \leqslant u \leqslant h, a \leqslant v \leqslant b, \alpha \leqslant w \leqslant \beta\}.$$

这个变换的逆变换为

$$\begin{cases} x = u, \\ y = \dfrac{u}{w}, \\ z = \sqrt{\dfrac{u}{v}}. \end{cases}$$

因而雅可比行列式

$$J = \frac{D(x,y,z)}{D(u,v,w)} = \begin{vmatrix} 1 & 0 & 0 \\ w^{-1} & 0 & -uw^{-2} \\ \frac{1}{2}u^{-\frac{1}{2}}v^{-\frac{1}{2}} & -\frac{1}{2}u^{\frac{1}{2}}v^{-\frac{3}{2}} & 0 \end{vmatrix} = -\frac{1}{2}u^{\frac{3}{2}}v^{-\frac{3}{2}}w^{-2}.$$

利用定理 3,

$$\begin{aligned} I &= \iiint_{\Omega'} \left(\frac{u}{w}\right)^4 \left| -\frac{1}{2}u^{\frac{3}{2}}v^{-\frac{3}{2}}w^{-2} \right| du\,dv\,dw \\ &= \frac{1}{2}\int_0^h du \int_a^b dv \int_a^\beta u^{\frac{11}{2}}v^{-\frac{3}{2}}w^{-6}\,dw \\ &= \frac{1}{2}\int_0^h u^{\frac{11}{2}}\,du \cdot \int_a^b v^{-\frac{3}{2}}\,dv \cdot \int_a^\beta w^{-6}\,dw \\ &= \frac{2}{65}h^{\frac{13}{2}}\left(\frac{1}{\sqrt{b}}-\frac{1}{\sqrt{a}}\right)\left(\frac{1}{\beta^5}-\frac{1}{\alpha^5}\right). \end{aligned}$$

习　题　7.3

计算下列三重积分:

1. $\displaystyle\iiint_\Omega (z+z^2)dV$, 其中 Ω 为单位球: $x^2+y^2+z^2 \leqslant 1$.

2. $\displaystyle\iiint_\Omega x^2y^2z\,dV$, 其中 Ω 是由 $2z = x^2+y^2, z = 2$ 所围成的区域.

3. $\displaystyle\iiint_\Omega x^2\sin x\,dx\,dy\,dz$, 其中 Ω 为由平面 $z = 0, y+z = 1$ 及柱面 $y = x^2$ 所围的区域.(提示:利用对称性.)

4. $\displaystyle\iiint_\Omega z\,dx\,dy\,dz$, 其中 Ω 由 $x^2+y^2 = 4, z = x^2+y^2$ 及 $z = 0$ 所围.

5. $\displaystyle\iiint_\Omega (x^2-y^2-z^2)dV$, $\Omega: x^2+y^2+z^2 \leqslant a^2$. $\Bigg($提示:注意积分区域关于 x,y,z 对称,故 $\displaystyle\iiint_\Omega x^2\,dV = \iiint_\Omega y^2\,dV = \iiint_\Omega z^2\,dV.\Bigg)$

6. $\iiint\limits_{\Omega}(x^2+y^2)\mathrm{d}V$,$\Omega$:$3\sqrt{x^2+y^2}\leqslant z\leqslant 3$.

7. $\iiint\limits_{\Omega}(y^2+z^2)\mathrm{d}V$,$\Omega$:$0\leqslant a^2\leqslant x^2+y^2+z^2\leqslant b^2$.

8. $\iiint\limits_{\Omega}(x^2+z^2)\mathrm{d}V$,$\Omega$:$x^2+y^2\leqslant z\leqslant 1$.

9. $\iiint\limits_{\Omega}z^2\mathrm{d}V$,$\Omega$:$x^2+y^2+z^2\leqslant R^2$,$x^2+y^2\leqslant Rx(R>0)$.

10. $\iiint\limits_{\Omega}(1+xy+yz+zx)\mathrm{d}V$,其中 Ω 由曲面 $x^2+y^2=2z$ 及 $x^2+y^2+z^2=8$ 所围且 $z\geqslant 0$ 的部分.

11. $\iiint\limits_{\Omega}(x^2+y^2)\mathrm{d}V$,$\Omega$ 由 $z=\sqrt{R^2-x^2-y^2}$ 与 $z=\sqrt{x^2+y^2}$ 所围.

12. $\iiint\limits_{\Omega}\sqrt{x^2+y^2+z^2}\mathrm{d}V$,$\Omega$ 由 $x^2+y^2+z^2=z$ 所围.

13. $\iiint\limits_{\Omega}z^2\mathrm{d}V$,$\Omega$:$\sqrt{3(x^2+y^2)}\leqslant z\leqslant\sqrt{1-x^2-y^2}$.

14. $\iiint\limits_{\Omega}\dfrac{z\,\mathrm{d}V}{\sqrt{x^2+y^2+z^2}}$,$\Omega$ 由 $x^2+y^2+z^2=2az$ 所围$(a>0)$.

15. $\iiint\limits_{\Omega}\dfrac{2xy+1}{x^2+y^2+z^2}\mathrm{d}V$,$\Omega$ 由 $x^2+y^2+z^2=2a^2$ 与 $az=x^2+y^2(a>0)$ 所围且 $z\geqslant 0$ 的部分.

16. $\iiint\limits_{\Omega}\dfrac{\mathrm{d}V}{\sqrt{x^2+y^2+(z-2)^2}}$,$\Omega$:$x^2+y^2+z^2\leqslant 1$.(提示:用球坐标,先对 φ 求积分.)

17. $\iiint\limits_{\Omega}(x^3+\sin y+z)\mathrm{d}V$,$\Omega$ 由 $x^2+y^2+z^2\leqslant 2az$,$\sqrt{x^2+y^2}\leqslant z(a>0)$ 所围.

18. $\iiint\limits_{\Omega}(x^2y+3xyz)\mathrm{d}V$,$\Omega$:$1\leqslant x\leqslant 2,0\leqslant xy\leqslant 2,0\leqslant z\leqslant 1$. (提示:做变量替换:$u=x$,$v=xy$,$w=3z$.)

19. $\iiint\limits_{\Omega}(x+1)(y+1)\mathrm{d}V$,$\Omega$:$\dfrac{x^2}{a^2}+\dfrac{y^2}{b^2}+\dfrac{z^2}{c^2}\leqslant 1$.

20. $\iiint\limits_{\Omega}(x+y+z)\mathrm{d}V$,$\Omega$:$(x-x_0)^2+(y-y_0)^2+(z-z_0)^2\leqslant a^2$.

21. 分别用柱坐标和球坐标,把三重积分
$$I=\iiint\limits_{\Omega}f(\sqrt{x^2+y^2+z^2})\mathrm{d}V$$
表示成累次积分,其中 Ω 为球体 $x^2+y^2+z^2\leqslant z$ 在锥面 $z=\sqrt{3x^2+3y^2}$ 上方的部分.

22*. 化累次积分

$$I = \int_0^a \mathrm{d}x \int_0^x \mathrm{d}y \int_0^y f(z)\mathrm{d}z$$

为定积分.(提示:先画出积分区域,参见图 7.52,交换积分次序,最后对 z 求积分.)

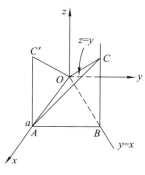

图 7.52

§4 重积分的应用举例

1. 重积分的几何应用

首先,由二重积分的定义可看出:

$$\iint_D 1\mathrm{d}\sigma = \lim_{\lambda \to 0} \sum_{i=1}^n \Delta\sigma_i = 平面区域\ D\ 的面积,$$

即被积函数为 1 的二重积分的数值,正好等于积分区域的面积.同样道理,

$$\iiint_\Omega 1\mathrm{d}V = \lim_{\lambda \to 0} \sum_{i=1}^n \Delta V_i = 空间区域\ \Omega\ 的体积,$$

即被积函数为 1 的三重积分的数值,正好等于积分区域 Ω 的体积.因此,重积分可以用来计算面积与体积.

例 1 求由心脏线 $r = a(1+\cos\theta)(a>0, 0 \leqslant \theta \leqslant 2\pi)$ 所围区域的面积.

解 记 D 为心脏线所围区域(见图 7.53),则所求面积 $S = \iint_D \mathrm{d}\sigma$. 再记 $D = D_上 \bigcup D_下$,其中 $D_上, D_下$ 分别为 D 位于 x 轴上方、下方的部分.利用 D 的对称性,

$$S = 2\iint_{D_上} \mathrm{d}\sigma = 2\int_0^\pi \mathrm{d}\theta \int_0^{a(1+\cos\theta)} r\,\mathrm{d}r$$

$$= \int_0^\pi a^2(1+\cos\theta)^2 \mathrm{d}\theta$$

$$= a^2 \int_0^\pi (1 + 2\cos\theta + \cos^2\theta) \mathrm{d}\theta$$

$$= a^2 \int_0^\pi \left(1 + 2\cos\theta + \frac{1 + \cos 2\theta}{2}\right) \mathrm{d}\theta$$

$$= \frac{3\pi a^2}{2}.$$

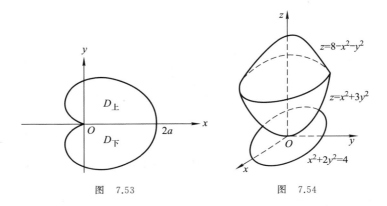

图 7.53   图 7.54

例 2 求两曲面 $z = x^2 + 3y^2$ 与 $z = 8 - x^2 - y^2$ 所围区域的体积.

解 所求体积可表为

$$V = \iiint\limits_\Omega \mathrm{d}V,$$

其中 Ω 由曲面 $z = x^2 + 3y^2$ 与 $z = 8 - x^2 - y^2$ 所围(见图 7.54). Ω 在 Oxy 平面上的投影区域 D 的边界的方程为

$$x^2 + 3y^2 = 8 - x^2 - y^2,$$

即

$$\frac{x^2}{4} + \frac{y^2}{2} = 1,$$

这是 Oxy 平面上的一个椭圆周. 于是

$$V = \iint\limits_D \mathrm{d}x\,\mathrm{d}y \int_{x^2+3y^2}^{8-x^2-y^2} \mathrm{d}z = 2\iint\limits_D (4 - x^2 - 2y^2)\,\mathrm{d}x\,\mathrm{d}y.$$

注意积分区域及被积函数的对称性,并做广义极坐标变换:

$$\begin{cases} x = 2r\cos\varphi, \\ y = \sqrt{2}\,r\sin\varphi, \end{cases} \quad 0 \leqslant \varphi < 2\pi,\ 0 \leqslant r \leqslant 1$$

(这时 $|J| = 2\sqrt{2}\,r$),则有

$$V = 16\sqrt{2}\int_0^{\pi/2}\mathrm{d}\varphi\int_0^1 4r(1-r^2)\mathrm{d}r = 8\sqrt{2}\,\pi.$$

二重积分还可以用来计算曲面的面积.下面我们来讨论如何用二重积分来表示曲面的面积.

设空间曲面 S 的方程为

$$z = f(x,y), \quad (x,y)\in D,$$

它在 Oxy 平面上的投影为闭区域 D.又设函数 $f(x,y)$ 在 D 上有连续的一阶偏导数.

为了求得计算曲面 S 的面积,我们考虑曲面上任意一点 $P(x,y,z)$,并且考虑增量 $\mathrm{d}x>0$ 及 $\mathrm{d}y>0$.记 $\Delta\sigma = \mathrm{d}x\,\mathrm{d}y$,并记 ΔS 为对应于这两个增量曲面 S 上微元的面积,如图 7.55 所示.

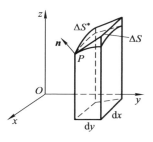

过 P 点作 S 的切平面.对应于微元 $\Delta\sigma$ 切平面上的微元的面积记为 ΔS^*.那么我们有

$$\Delta\sigma = |\cos\gamma|\,\Delta S^*,$$

其中 γ 是曲面 S 在 P 点的法向量 $\boldsymbol{n}$ 与 z 轴的夹角.

图 7.55

由第六章中的讨论可知,在 P 点的法向量可以表示为

$$\boldsymbol{n} = (f_x(x,y), f_y(x,y), -1).$$

因此

$$|\cos\gamma| = \frac{1}{\sqrt{1+f_x^2(x,y)+f_y^2(x,y)}},$$

从而,进一步得到

$$\Delta S^* = \sqrt{1+f_x^2(x,y)+f_y^2(x,y)}\,\Delta\sigma.$$

另一方面,当 $\Delta x^2 + \Delta y^2 \to 0$ 时,ΔS^* 与 ΔS 仅差一个高阶无穷小量.因此,

$$\mathrm{d}S = \sqrt{1+f_x^2(x,y)+f_y^2(x,y)}\,\mathrm{d}\sigma.$$

由此推出曲面 S 的面积公式:

$$S = \iint\limits_D \sqrt{1+f_x^2(x,y)+f_y^2(x,y)}\,\mathrm{d}\sigma.$$

例 3 求球面 $x^2+y^2+z^2 = R^2(R>0)$ 的面积.

解 根据对称性,只须计算球面在第一卦限的部分即可.

在第一卦限部分的球面由函数

$$f(x,y)=\sqrt{R^2-x^2-y^2}, \quad (x,y)\in D$$

表示,其中 $D=\{(x,y)\mid x^2+y^2\leqslant R^2, x\geqslant 0, y\geqslant 0\}$.我们有

$$f_x(x,y)=\frac{-x}{\sqrt{R^2-x^2-y^2}}, \quad f_y=\frac{-y}{\sqrt{R^2-x^2-y^2}},$$

从而

$$\sqrt{1+f_x^2(x,y)+f_y^2(x,y)}=\frac{R}{\sqrt{R^2-x^2-y^2}}.$$

利用曲面面积公式,球面面积

$$\begin{aligned}
S&=8\iint\limits_{D}\frac{R}{\sqrt{R^2-x^2-y^2}}\mathrm{d}x\,\mathrm{d}y\\
&=8R\int_0^R\mathrm{d}r\int_0^{\frac{\pi}{2}}\frac{1}{\sqrt{R^2-r^2}}r\,\mathrm{d}\theta\\
&=4\pi R\int_0^R\frac{r}{\sqrt{R^2-r^2}}\mathrm{d}r\\
&=4\pi R\cdot(-\sqrt{R^2-r^2})\Big|_{r=0}^{R}=4\pi R^2.
\end{aligned}$$

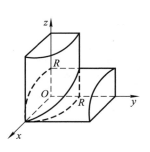

图 7.56

例 4 求圆柱面 $x^2+z^2=R^2(R>0)$ 被圆柱面 $x^2+y^2=R^2$ 所割部分的面积.

解 由对称性知,所求曲面面积是位于第一卦限中的曲面 S_1 的面积的 8 倍(参见图 7.56).S_1 在 Oxy 平面上的投影区域 $D=\{(x,y)\mid x^2+y^2\leqslant R^2, x\geqslant 0, y\geqslant 0\}$.$S_1$ 的方程为

$$z=\sqrt{R^2-x^2} \quad (0\leqslant x\leqslant R).$$

我们有

$$z_x=\frac{-x}{\sqrt{R^2-x^2}}, \quad z_y=0,$$

从而

$$\sqrt{1+z_x^2+z_y^2}=\frac{R}{\sqrt{R^2-x^2}}.$$

于是所求曲面面积为

$$S = 8 \iint\limits_{D} \sqrt{1 + z_x^2 + z_y^2}\, \mathrm{d}\sigma = 8 \int_0^R \mathrm{d}x \int_0^{\sqrt{R^2-x^2}} \frac{R}{\sqrt{R^2-x^2}}\, \mathrm{d}y$$

$$= 8 \int_0^R R\, \mathrm{d}x = 8R^2.$$

当曲面 S 由参数方程

$$\begin{cases} x = x(u,v), \\ y = y(u,v), \quad (u,v) \in D' \\ z = z(u,v), \end{cases}$$

给出时,曲面的面积同样可以用二重积分计算.由第六章的讨论知,S 的法向量

$$\boldsymbol{n} = \begin{vmatrix} \boldsymbol{i} & \boldsymbol{j} & \boldsymbol{k} \\ x_u & y_u & z_u \\ x_v & y_v & z_v \end{vmatrix} = A\boldsymbol{i} + B\boldsymbol{j} + C\boldsymbol{k},$$

其中

$$A = \frac{\mathrm{D}(y,z)}{\mathrm{D}(u,v)}, \quad B = \frac{\mathrm{D}(z,x)}{\mathrm{D}(u,v)}, \quad C = \frac{\mathrm{D}(x,y)}{\mathrm{D}(u,v)}.$$

于是

$$|\cos\gamma| = \frac{|\boldsymbol{n} \cdot \boldsymbol{k}|}{|\boldsymbol{n}| \cdot |\boldsymbol{k}|} = \frac{|C|}{\sqrt{A^2 + B^2 + C^2}},$$

$$\mathrm{d}S = \frac{\mathrm{d}\sigma}{|\cos\gamma|} = \frac{\sqrt{A^2 + B^2 + C^2}}{|C|}\, \mathrm{d}\sigma,$$

其中 $\mathrm{d}S$ 为曲面面积元素.又由本章 §2 的讨论知,

$$\mathrm{d}\sigma = |J|\, \mathrm{d}u\, \mathrm{d}v = \left| \frac{\mathrm{D}(x,y)}{\mathrm{D}(u,v)} \right| \mathrm{d}u\, \mathrm{d}v = |C|\, \mathrm{d}u\, \mathrm{d}v,$$

因而曲面面积元素

$$\mathrm{d}S = \sqrt{A^2 + B^2 + C^2}\, \mathrm{d}u\, \mathrm{d}v.$$

为便于计算,再将 $\sqrt{A^2+B^2+C^2}$ 变形,即令

$$\begin{cases} E = x_u^2 + y_u^2 + z_u^2, \\ F = x_u x_v + y_u y_v + z_u z_v, \\ G = x_v^2 + y_v^2 + z_v^2, \end{cases}$$

不难验证 $A^2 + B^2 + C^2 = EG - F^2$,于是

$$\mathrm{d}S = \sqrt{EG - F^2}\, \mathrm{d}u\, \mathrm{d}v,$$

从而曲面 S 的面积为

$$S = \iint\limits_{D'} \sqrt{EG - F^2}\, \mathrm{d}u\,\mathrm{d}v.$$

例 5   求螺旋曲面

$$\begin{cases} x = r\cos\theta, \\ y = r\sin\theta, \quad 0 \leqslant r \leqslant a, 0 \leqslant \theta < 2\pi \\ z = h\theta, \end{cases}$$

的面积.

解   由已知条件得

$$x_r = \cos\theta, \quad x_\theta = -r\sin\theta, \quad y_r = \sin\theta,$$
$$y_\theta = r\cos\theta, \quad z_r = 0, \quad z_\theta = h.$$

由此进一步计算得到 $E = 1$, $F = 0$, $G = r^2 + h^2$, 于是面积元素

$$\mathrm{d}S = \sqrt{r^2 + h^2}\, \mathrm{d}r\,\mathrm{d}\theta,$$

从而有

$$S = \int_0^{2\pi} \mathrm{d}\theta \int_0^a \sqrt{r^2 + h^2}\, \mathrm{d}r$$
$$= \pi\left[a\sqrt{a^2 + h^2} + h^2\ln\left(\frac{a + \sqrt{a^2 + h^2}}{h}\right) \right].$$

2. 重积分的物理应用

在这一段中我们将给出重积分在物理中的应用. 如果读者已在其他教程中熟悉了这些内容, 则可以跳过这一段.

利用二重积分及三重积分, 可以分别计算平面薄片及空间物体的质量, 质心, 转动惯量, 对质点的引力等.

(1) 质量

本章 §1 中已提到, 平面薄片的质量是

$$M = \iint\limits_{D} \rho(x, y)\, \mathrm{d}\sigma,$$

其中 $\rho(x, y)$ 是薄片 D 在 (x, y) 处的面密度. 类似地, 空间物体 Ω 的质量是

$$M = \iiint\limits_{\Omega} \rho(x, y, z)\, \mathrm{d}V,$$

其中 $\rho(x, y, z)$ 是物体 Ω 在点 (x, y, z) 处的体密度.

(2) 力矩与质心

我们先推导一个给定物体在重力场下中关于一定点的力矩公式, 然后

由此导出质心的公式.

设有一个给定的空间物体，它占有的空间区域为 Ω. 假定该物体在点 $P(x,y,z)$ 处的密度为 $\rho(x,y,z)$. 在点 $P(x,y,z) \in \Omega$ 处考虑一个微元 $\mathrm{d}V$，那么 $\mathrm{d}V$ 所受的重力近似为

$$g\rho(x,y,z)\mathrm{d}V,$$

其中 g 的模 $|g| = g$（重力加速度常数），而 g 的方向是 z 轴的负向.

另外，我们考虑一个固定点 $P_0(x_0,y_0,z_0)$ 并记 $\overrightarrow{OP_0}$ 为 r_0. 这样，物体微元 $\mathrm{d}V$ 所受重力关于 P_0 的力矩近似为

$$(r - r_0) \times g\rho(x,y,z)\mathrm{d}V,$$

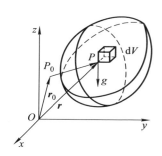

图 7.57

其中 r 的坐标为 (x,y,z)，如图 7.57 所示. 于是，物体所受重力关于 P_0 的力矩为

$$L = \iiint\limits_{\Omega} (r - r_0) \times g\rho(x,y,z)\mathrm{d}V.$$

因为向量 g 与点 (x,y,z) 无关，故

$$L = \iiint\limits_{\Omega} (r - r_0)\rho(x,y,z)\mathrm{d}V \times g.$$

假如上述定点 $P_0(x_0,y_0,z_0)$ 使得积分

$$\iiint\limits_{\Omega} (r - r_0)\rho(x,y,z)\mathrm{d}V = 0,$$

则称该点 $P_0(x_0,y_0,z_0)$ 为物体的**质心**.

根据前面的讨论，物体所受重力关于该物体的质心的力矩为 **0**.

根据上述质心的定义，质心坐标 (x_0,y_0,z_0) 满足下列方程组：

$$\iiint\limits_{\Omega} (x - x_0)\rho(x,y,z)\mathrm{d}V = 0,$$

$$\iiint\limits_{\Omega} (y - y_0)\rho(x,y,z)\mathrm{d}V = 0,$$

$$\iiint\limits_{\Omega} (z - z_0)\rho(x,y,z)\mathrm{d}V = 0.$$

于是，我们得到物体质心坐标 (x_0,y_0,z_0) 的公式：

$$x_0 = \frac{\displaystyle\iiint\limits_{\Omega} x\rho(x,y,z)\mathrm{d}V}{m},$$

$$y_0 = \frac{\iiint\limits_{\Omega} y\rho(x,y,z)\mathrm{d}V}{m},$$

$$z_0 = \frac{\iiint\limits_{\Omega} z\rho(x,y,z)\mathrm{d}V}{m},$$

其中 $m = \iiint\limits_{\Omega}\rho(x,y,z)\mathrm{d}V$ 是物体的质量.

假如给定的物体是一薄板,并假定它水平放置在 Oxy 平面上,且在 Oxy 平面占位是区域 D.另外,设该薄板的面密度为 $\rho(x,y)$.那么,该薄板的质心 (x_0,y_0) 公式为

$$x_0 = \frac{\iint\limits_{D} x\rho(x,y)\mathrm{d}\sigma}{m}, \quad y_0 = \frac{\iint\limits_{D} y\rho(x,y)\mathrm{d}\sigma}{m},$$

其中 $m = \iint\limits_{D}\rho(x,y)\mathrm{d}\sigma$ 为薄板质量.

(3) 物体的转动惯量

设有一空间物体,在空间中占有区域 Ω,其质量密度为 $\rho(x,y,z)$.任意取定一点 $(x,y,z)\in\Omega$ 及包含该点的一个微元 $\mathrm{d}V$.该微元物体对于 z 轴的转动惯量为

$$(x^2 + y^2)\rho(x,y,z)\mathrm{d}V.$$

因而整个物体对 z 轴的转动惯量为

$$J_z = \iiint\limits_{\Omega} (x^2 + y^2)\rho(x,y,z)\mathrm{d}V.$$

类似地,该物体关于 x 轴与 y 轴的转动惯量分别为

$$J_x = \iiint\limits_{\Omega} (y^2 + z^2)\rho(x,y,z)\mathrm{d}V,$$

$$J_y = \iiint\limits_{\Omega} (z^2 + x^2)\rho(x,y,z)\mathrm{d}V.$$

该物体关于一点 $P_0(x_0,y_0,z_0)$ 的转动惯量显然应该有下列公式:

$$J_{P_0} = \iiint\limits_{\Omega} [(x-x_0)^2 + (y-y_0)^2 + (z-z_0)^2]\rho(x,y,z)\mathrm{d}V.$$

特别地,该物体关于坐标原点 O 的转动惯量为

$$J_O = \iiint\limits_{\Omega} (x^2 + y^2 + z^2)\rho(x,y,z)\mathrm{d}V.$$

我们知道,一个质点关于一个平面的转动惯量是其质量乘以质点到该平面的最短距离之平方.类似前面的步骤,可以推出物体到三个坐标平面的转动惯量的公式如下:

$$J_{xy} = \iiint\limits_{\Omega} z^2\rho(x,y,z)\mathrm{d}V, \quad J_{yz} = \iiint\limits_{\Omega} x^2\rho(x,y,z)\mathrm{d}V,$$

$$J_{zx} = \iiint\limits_{\Omega} y^2\rho(x,y,z)\mathrm{d}V.$$

所有上述关于空间物体的这些公式,对于薄板情况就变成相应的二重积分的公式.这里不再一一叙述.

由上述讨论中我们看到下列事实:在中学物理中所学的有关质点的力学概念均可通过微元法和重积分来推广到空间物体或平面薄板上.最后,我们再举一个例子:空间物体对另一质点的引力的计算.

设有一空间物体,在空间中占有区域 Ω,并假定其质量密度函数为 $\rho(x,y,z)$.又设 P_0 是另外给定的一个质点,其坐标为 (x_0,y_0,z_0),质量为 m_0.试求物体 Ω 对 P_0 之引力.

在 Ω 中任意考虑一点 (x,y,z) 及其一个微元 $\mathrm{d}V$.那么该微元的质量应为 $\mathrm{d}m = \rho(x,y,z)\mathrm{d}V$.该微元体对于质点 P_0 的引力应为

$$\mathrm{d}\boldsymbol{F} = k\,\frac{m_0\mathrm{d}m}{r^2}\boldsymbol{r}^0,$$

其中 k 为万有引力常数,

$$\boldsymbol{r} = (x-x_0, y-y_0, z-z_0),$$
$$r = \sqrt{(x-x_0)^2 + (y-y_0)^2 + (z-z_0)^2},$$

而 $\boldsymbol{r}^0$ 是 $\boldsymbol{r}$ 的单位向量.这样,上式又可写成

$$\mathrm{d}\boldsymbol{F} = k\,\frac{m_0\rho(x,y,z)\mathrm{d}V}{r^3}\boldsymbol{r}.$$

因此,该物体对 P_0 的总引力为

$$\boldsymbol{F} = k\iiint\limits_{\Omega} \frac{m_0\boldsymbol{r}(x,y,z)\rho(x,y,z)\mathrm{d}V}{\left[\sqrt{(x-x_0)^2 + (y-y_0)^2 + (z-z_0)^2}\right]^3},$$

其中 $\boldsymbol{r}(x,y,z) = (x-x_0, y-y_0, z-z_0)$.将 $\boldsymbol{r}$ 的坐标分量代入公式,即可得到 $\boldsymbol{F}$ 的相应的坐标分量:

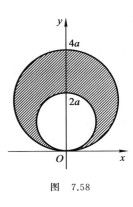

图 7.58

$$F_x = km_0 \iiint\limits_\Omega \frac{x - x_0}{r^3} \rho(x, y, z) \, dV,$$

$$F_y = km_0 \iiint\limits_\Omega \frac{y - y_0}{r^3} \rho(x, y, z) \, dV,$$

$$F_z = km_0 \iiint\limits_\Omega \frac{z - z_0}{r^3} \rho(x, y, z) \, dV.$$

例 6 求由两圆周
$$x^2 + (y - 2a)^2 = 4a^2,$$
$$x^2 + (y - a)^2 = a^2 \quad (a > 0)$$
所围的均匀薄片的质心(见图 7.58).

解 由于薄片所占闭区域 D 关于 y 轴对称,所以质心 (x_0, y_0) 必位于 y 轴上,即 $x_0 = 0$.又现在面密度 $\rho(x, y)$ 为常数,故

$$y_0 = \frac{1}{S} \iint\limits_D y \, d\sigma,$$

其中 S 为薄片的面积.由图 7.58 看出,
$$S = \pi[(2a)^2 - a^2] = 3a^2\pi.$$
又采用极坐标时,D 可表为:$0 \leqslant \theta \leqslant \pi$, $2a\sin\theta \leqslant r \leqslant 4a\sin\theta$.因而

$$\iint\limits_D y \, d\sigma = \int_0^\pi d\theta \int_{2a\sin\theta}^{4a\sin\theta} r^2 \sin\theta \, dr$$

$$= \frac{56a^3}{3} \int_0^\pi \sin^4\theta \, d\theta = 7a^3\pi.$$

于是 $y_0 = \dfrac{7a^3\pi}{3a^2\pi} = \dfrac{7}{3}a$.所求重心坐标为 $\left(0, \dfrac{7}{3}a\right)$.

例 7 求由平面
$$\frac{x}{a} + \frac{y}{b} + \frac{z}{c} = 1 \quad (a > 0, b > 0, c > 0)$$
及 $x = 0, y = 0, z = 0$ 所围之均匀物体对三个坐标面的转动惯量.

解 物体所占的空间闭区域 Ω 如图 7.59 所示.又设体密度为 ρ(常数).

$$J_{xy} = \iiint\limits_\Omega \rho z^2 \, dV = \iint\limits_D d\sigma \int_0^{c\left(1 - \frac{x}{a} - \frac{y}{b}\right)} \rho z^2 \, dz$$

$$= \frac{\rho c^3}{3} \iint\limits_D \left(1 - \frac{x}{a} - \frac{y}{b}\right)^3 d\sigma$$

$$= \frac{\rho c^3}{3} \int_0^a \mathrm{d}x \int_0^{b\left(1-\frac{x}{a}\right)} \left(1 - \frac{x}{a} - \frac{y}{b}\right)^3 \mathrm{d}y$$

$$= \frac{\rho b c^3}{12} \int_0^a \left(1 - \frac{x}{a}\right)^4 \mathrm{d}x = \frac{\rho a b c^3}{60}.$$

由对称性可推得

$$J_{yz} = \frac{\rho a^3 b c}{60}, \quad J_{zx} = \frac{\rho a b^3 c}{60}.$$

例 8　求半径为 R,密度为常数 ρ 的球体对一单位质点 P 的引力.

解　以球心为原点建立坐标系 $Oxyz$,并使 z 轴通过质点 P(见图 7.60),设 P 的坐标为 $(0,0,l)$ $(l>0)$.由对称性可知 $F_x = F_y = 0$.

$$F_z = k\rho \iiint\limits_{\Omega} \frac{z-l}{\left(\sqrt{x^2+y^2+(z-l)^2}\right)^3} \mathrm{d}V$$

$$= k\rho \int_{-R}^{R} \mathrm{d}z \iint\limits_{D(z)} \frac{z-l}{[x^2+y^2+(z-l)^2]^{3/2}} \mathrm{d}\sigma, \tag{7.11}$$

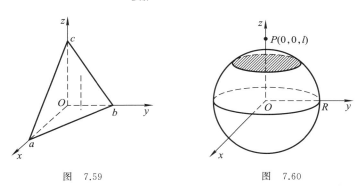

图　7.59　　　　　　图　7.60

其中 $D(z)$ 为圆域: $x^2+y^2 \leqslant R^2-z^2$ $(-R \leqslant z \leqslant R)$.用极坐标求二重积分得

$$\iint\limits_{D(z)} \frac{z-l}{[x^2+y^2+(z-l)^2]^{3/2}} \mathrm{d}\sigma = (z-l) \int_0^{2\pi} \mathrm{d}\theta \int_0^{\sqrt{R^2-z^2}} \frac{r\,\mathrm{d}r}{[r^2+(z-l)^2]^{3/2}}$$

$$= 2\pi(z-l)\left[-\frac{1}{[r^2+(z-l)^2]^{1/2}} \right]\Bigg|_0^{\sqrt{R^2-z^2}}$$

$$= 2\pi(z-l)\left[\frac{1}{|z-l|} - \frac{1}{\sqrt{R^2+l^2-2lz}} \right].$$

代入(7.11)式得

$$F_z = 2\pi k\rho \int_{-R}^{R} \left[\frac{z-l}{|z-l|} - \frac{z-l}{\sqrt{R^2+l^2-2lz}} \right] \mathrm{d}z. \tag{7.12}$$

现在先考虑(7.12)式中第一项的积分.当 $l \geqslant R$ 时,$z-l \leqslant 0$,因而

$$\int_{-R}^{R} \frac{z-l}{|z-l|}\mathrm{d}z = \int_{-R}^{R}(-1)\mathrm{d}z = -2R.$$

当 $l < R$ 时,由图 7.61 看出:当 $-R \leqslant z \leqslant l$ 时,$z-l<0$;当 $l<z\leqslant R$ 时,$z-l\geqslant 0$,这时

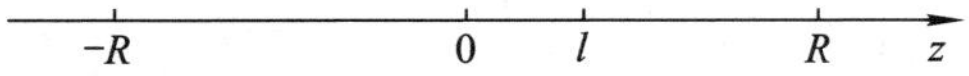

图   7.61

$$\int_{-R}^{R} \frac{z-l}{|z-l|}\mathrm{d}z = \int_{-R}^{l}(-1)\mathrm{d}z + \int_{l}^{R} 1 \cdot \mathrm{d}z = -(l+R)+R-l = -2l.$$

综合以上两种情况,得

$$\int_{-R}^{R} \frac{z-l}{|z-l|}\mathrm{d}z = \begin{cases} -2R, & \text{当 } l \geqslant R \text{ 时,} \\ -2l, & \text{当 } l < R \text{ 时.} \end{cases}$$

现在我们来考虑(7.12)式中第二项的积分,用分部积分法可得

$$\int_{-R}^{R} \frac{z-l}{\sqrt{R^2+l^2-2lz}}\mathrm{d}z$$

$$= -\frac{1}{l}\left[(z-l)\sqrt{R^2+l^2-2lz} + \frac{1}{3l}(R^2+l^2-2lz)^{3/2} \right]\Big|_{-R}^{R}$$

$$= -\frac{1}{l}\left\{ (R-l)\,|R-l| + (R+l)^2 + \frac{1}{3l}\big[\,|R-l|^3 - (R+l)^3\big] \right\}$$

$$= \begin{cases} \dfrac{2R^3}{3l^2} - 2R, & \text{当 } l \geqslant R \text{ 时,} \\ -\dfrac{4}{3}l, & \text{当 } l < R \text{ 时.} \end{cases}$$

综合前面的结果,我们得到

$$F_z = \begin{cases} -\dfrac{4k}{3}\pi R^3 \rho \cdot \dfrac{1}{l^2}, & \text{当 } l \geqslant R \text{ 时,} \\ -\dfrac{4k}{3}\pi l\rho, & \text{当 } l < R \text{ 时.} \end{cases}$$

上式中的负号说明引力指向球心.上式表明:当质点 P 位于球外或恰好在球面上(即 $l \geqslant R$)时,球体对质点的引力等于将球体的全部质量 $m=$

$\dfrac{4}{3}\pi R^3\rho$ 集中在球心时,球心对质点的引力.而当质点 P 位于球内时,引力与球体的半径 R 无关,这时引力等于半径为 l 的球体(密度同为 ρ)质量集中在球心时,球心对该球面上任一点的引力,即 $-\dfrac{4k}{3}\pi l^3\rho\cdot\dfrac{1}{l^2}$.

习　题　7.4

1. 求由上半球面 $z=\sqrt{3a^2-x^2-y^2}$ 及旋转抛物面 $x^2+y^2=2az$ 所围立体的表面积($a>0$).

2. 求锥面 $z=\sqrt{x^2+y^2}$ 被柱面 $z^2=2x$ 所割下部分的曲面面积.

3. 求由三个圆柱面 $x^2+y^2=R^2$,$x^2+z^2=R^2$,$y^2+z^2=R^2$ 所围立体的表面积(见图 7.62).

4. 求由三个柱面 $x^2+y^2=R^2$,$y^2+z^2=R^2$,$z^2+x^2=R^2$ 所围立体的体积.

5. 求 由 曲 面 $x^2=a^2-az$,$x^2+y^2=\left(\dfrac{a}{2}\right)^2$,$z=0$($a>0$)所围立体的体积.(提示:用柱坐标.)

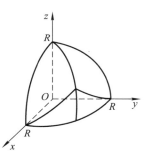

图　7.62

6. 设球体 $x^2+y^2+z^2\leqslant 2Rz$($R>0$)上任一点处的体密度等于该点到坐标原点之距离的平方,求该球体的质心坐标.

7. 求位于第一卦限中的部分椭球体

$$\frac{x^2}{a^2}+\frac{y^2}{b^2}+\frac{z^2}{c^2}\leqslant 1\quad (a>0,b>0,c>0)$$

的质心坐标,这里假定椭球体是均匀的.

8. 求均匀球体对通过其球心的轴的转动惯量.

9. 求质量为 M 的均匀椭圆柱体

$$\frac{x^2}{a^2}+\frac{y^2}{b^2}\leqslant 1,\quad 0\leqslant z\leqslant h$$

对各坐标轴的转动惯量.

10. 求质量为 M 的均匀椭球体

$$\frac{x^2}{a^2}+\frac{y^2}{b^2}+\frac{z^2}{c^2}\leqslant 1\quad (a>0,b>0,c>0)$$

对各坐标轴的转动惯量.

11. 求密度为 ρ 的均匀圆柱体:$x^2+y^2\leqslant a^2$,$0\leqslant z\leqslant b$,对位于 $(0,0,h)$ 处的单位质点的引力($h>b$).

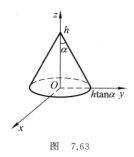

图　7.63

12. 求高为 h,顶角为 2α 的均匀圆锥体对位于其顶点的单位质点的引力(参见图7.63).

13. 证明等式:

$$I_l = I_{\bar{l}} + Md^2,$$

其中 I_l 为物体对 l 轴的转动惯量,$I_{\bar{l}}$ 为物体对通过其质心且与 l 轴平行的 $\bar{l}$ 轴的转动惯量,d 为两轴间的距离,M 是物体的质量.(提示:将 l 轴取成 z 轴.假定此时物体的质心坐标为 (x_0,y_0,z_0),则应有 $x_0^2 + y_0^2 = d^2$.)

第七章总练习题

1. 画出下列累次积分所对应的二重积分的积分区域的草图,并改变累次积分的积分次序:

(1) $\displaystyle\int_0^1 \mathrm{d}x \int_2^{4-2x} \mathrm{d}y$;　　　　　(2) $\displaystyle\int_0^1 \mathrm{d}y \int_y^{\sqrt{y}} \mathrm{d}x$;

(3) $\displaystyle\int_0^{3/2} \mathrm{d}x \int_0^{9-4x^2} 16x\,\mathrm{d}y$;　　　(4) $\displaystyle\int_0^1 \mathrm{d}y \int_{-\sqrt{1-y^2}}^{\sqrt{1-y^2}} 3y\,\mathrm{d}x$.

2. 求下列曲线所围之面积:

(1) 抛物线 $x = -y^2$ 与直线 $y = x + 2$;

(2) 抛物线 $x = y^2$ 与 $x = 2y - y^2$.

3. 画出下列累次积分所对应的二重积分的积分区域的草图,并求其面积:

(1) $\displaystyle\int_0^{\pi/4} \mathrm{d}x \int_{\sin x}^{\cos x} \mathrm{d}y$;　　　(2) $\displaystyle\int_{-1}^0 \mathrm{d}x \int_{-2x}^{1-x} \mathrm{d}y + \int_0^2 \mathrm{d}x \int_{-\frac{x}{2}}^{1-x} \mathrm{d}y$.

4. 求下列累次积分:

(1) $\displaystyle\int_0^1 \mathrm{d}y \int_{2y}^2 4\cos(x^2)\,\mathrm{d}x$;　　(2) $\displaystyle\int_0^8 \mathrm{d}x \int_{x^{1/3}}^2 \frac{\mathrm{d}y}{1+y^4}$.

5. 设函数 $f(x,y)$ 在区域 D 上可积,$f(x,y)$ 在 D 上的平均值定义为

$$f \text{ 在 } D \text{ 上的平均值} = \frac{1}{D \text{ 的面积}} \iint_D f(x,y)\,\mathrm{d}\sigma.$$

(1) 求 $f(x,y) = x\cos(xy)$ 在区域

$$D: 0 \leqslant x \leqslant \pi, \quad 0 \leqslant y \leqslant 1$$

上的平均值.

(2) 求 $f(x,y) = \sin(x+y)$ 在区域

$$D: 0 \leqslant x \leqslant \pi, \quad 0 \leqslant y \leqslant \pi/2$$

上的平均值.

6. 设一薄板由抛物线 $x = y - y^2$ 和直线 $x + y = 0$ 所围,其面密度为 $\rho(x,y) =$

$x+y$，求该薄板对 x 轴的转动惯量.

7. 求下列薄板的质心坐标：

(1) 薄板由直线 $y=x$，$y=2-x$ 及 y 轴所围，面密度为
$$\rho(x,y)=3(2x+y+1);$$

(2) 薄板位于心脏线
$$r=1+\cos\theta \quad (0\leqslant\theta<2\pi)$$

的内部且在圆
$$r=1 \quad (0\leqslant\theta<2\pi)$$

的外部，面密度为常数.

8. 求双纽线 $r^2=4\cos2\theta$ 所围区域的面积（见图 7.64）.

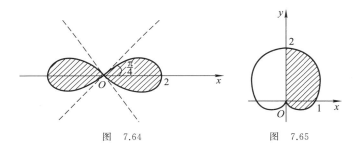

图　7.64　　　　　　　　　图　7.65

9. 将下列累次积分化为极坐标下的累次积分，并计算其值：

(1) $\displaystyle\int_0^1 \mathrm{d}y \int_0^{\sqrt{1-y^2}} (x^2+y^2)\mathrm{d}x$；　　　　(2) $\displaystyle\int_0^6 \mathrm{d}y \int_0^y x\,\mathrm{d}x$；

(3) $\displaystyle\int_0^2 \mathrm{d}x \int_0^{\sqrt{1-(x-1)^2}} 3xy\,\mathrm{d}y$；　　　　(4) $\displaystyle\int_{-1}^1 \mathrm{d}y \int_{-\sqrt{1-y^2}}^{\sqrt{1-y^2}} \ln(x^2+y^2+1)\mathrm{d}x$.

10. 求心脏线 $r=1+\sin\theta(0\leqslant\theta<2\pi)$ 所围区域中位于第一象限部分的面积（见图 7.65）.

11. 求圆 $x^2+y^2\leqslant a^2$ 上所有的点 (x,y) 到原点的平均距离.

12. 改变三重累次积分 $\displaystyle\int_{-1}^1 \mathrm{d}x \int_{x^2}^1 \mathrm{d}y \int_0^{1-y} \mathrm{d}z$ 的积分次序：

(1) 先对 y 求积，然后再对 z，x 求积；

(2) 先对 x 求积，然后再对 z，y 求积.

13. 将三重积分 $\displaystyle\iiint\limits_{\Omega} f(x,y,z)\mathrm{d}V$ 用柱坐标化为累次积分，其中积分区域 Ω 由柱面 $x^2+(y-1)^2=1$，抛物面 $z=x^2+y^2$ 及平面 $z=0$ 所围.

14. 写出三重累次积分 $\displaystyle\int_0^{2\pi} \mathrm{d}\theta \int_0^1 \mathrm{d}r \int_r^{\sqrt{2-r^2}} r\mathrm{d}z$ 之积分区域的边界曲面的方程（用直角坐标）.

15. 将三重积分 $\iiint\limits_{\Omega} f(r,\theta,z)r\mathrm{d}r\mathrm{d}\theta\,\mathrm{d}z$ 化为累次积分,其中 Ω 分别为:

(1) Ω 由圆柱面 $r=2\sin\theta$,平面 $z=4-y$ 及 $z=0$ 所围;

(2) Ω 由两柱面 $r=1+\cos\theta$ 及 $r=1$($r\geqslant1$ 的部分)与两平面 $z=0,z=4$ 所围;

(3) Ω 由平面 $y=0,y=x,x=1,z=0$ 及 $z=2-y$ 所围.

16. 设区域 Ω 由曲面 $z=\sqrt{r}$($0\leqslant\theta<2\pi$),柱面 $r=4$ 及平面 $z=0$ 所围,求占有区域 Ω 的均匀物体的质心的坐标.

17. 将三重积分

$$\iiint\limits_{\Omega} f(x,y,z)\mathrm{d}V$$

用球坐标化为累次积分,其中 Ω 由曲面 $\rho=2,\rho=\cos\varphi$ 以及 Oxy 平面所围.

18. 考虑三重累次积分

$$I=\int_0^{2\pi}\mathrm{d}\theta\int_0^{\sqrt{2}}\mathrm{d}r\int_r^{\sqrt{4-r^2}}3r\mathrm{d}z,$$

(1) 将 I 用直角坐标化为累次积分;

(2) 将 I 用球坐标化为累次积分;

(3) 求 I 的值.

19. 将三重累次积分

$$\int_{-1}^1\mathrm{d}x\int_{-\sqrt{1-x^2}}^{\sqrt{1-x^2}}\mathrm{d}y\int_{\sqrt{x^2+y^2}}^1\mathrm{d}z$$

用球坐标化为累次积分,并求其值.

20. 将三重累次积分

$$\int_0^{\frac{\pi}{2}}\mathrm{d}\theta\int_1^{\sqrt{3}}\mathrm{d}r\int_1^{\sqrt{4-r^2}}r^3\sin\theta\cdot\cos\theta\cdot z^2\mathrm{d}z$$

用直角坐标化为累次积分.

21. 设闭曲面 S 在球坐标下的方程为

$$\rho=2\sin\varphi\quad(0\leqslant\theta<2\pi,\ 0\leqslant\varphi\leqslant\pi),$$

求 S 所围立体的体积.

第八章　曲线积分与曲面积分

第七章所讲的二重积分与三重积分,是定积分的一种推广.本章要讲的曲线积分与曲面积分,也是定积分的推广:它们分别以一段曲线(包括平面的和空间的)或一张曲面为积分区域.这两类积分同样有很丰富的实际背景.依据物理或几何问题的不同要求,曲线积分与曲面积分都分两种类型,其中第一型曲线积分和曲面积分与方向无关,而第二型曲线积分和曲面积分与方向有关.

§1　第一型曲线积分

1. 第一型曲线积分的概念与性质

在考虑物质曲线的质量、质心、转动惯量等问题时,需要用第一型曲线积分的概念.

设有一条不均匀的物质曲线 L,以 A,B 为其两个端点,并设 L 上任一点 $M(x,y,z)$ 处的线密度为 $\rho(x,y,z)$,求 L 的质量 m.

我们仍用分割、近似代替、求和、取极限的方法求 m 的值.

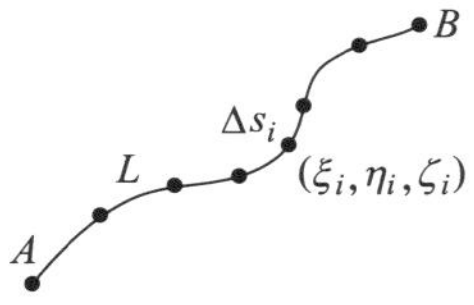

将曲线 L 任意分割成 n 段.设第 i 段的弧长为 Δs_i,在第 i 段上任取一点 (ξ_i,η_i,ζ_i) $(i=1,2,\cdots,n)$ (见图 8.1).当分割很细时,第 i 段上每点的密度都与 $\rho(\xi_i,\eta_i,\zeta_i)$ 相差很小,因而第 i 段的质量 Δm_i 近似为

$$\Delta m_i \approx \rho(\xi_i,\eta_i,\zeta_i)\Delta s_i,$$

图　8.1

求和便得整个曲线 L 的质量 m 的近似值:

$$m = \sum_{i=1}^{n} \Delta m_i \approx \sum_{i=1}^{n} \rho(\xi_i,\eta_i,\zeta_i)\Delta s_i.$$

令 $\lambda = \max_{1 \leqslant i \leqslant n}\{\Delta s_i\}$,若极限

$$\lim_{\lambda \to 0} \sum_{i=1}^{n} \rho(\xi_i,\eta_i,\zeta_i)\Delta s_i$$

存在,则我们认为此极限值就是曲线 L 的质量 m,即有

$$m = \lim_{\lambda \to 0} \sum_{i=1}^{n} \rho(\xi_i, \eta_i, \zeta_i) \Delta s_i.$$

实际中还有许多其他问题,也都需要求上面这种形式的和的极限.这就导致了第一型曲线积分的概念.

定义 设函数 $f(x, y, z)$ 在分段光滑的曲线段 L 上有定义.我们将 L 任意分成 n 段,第 i 段的弧长记作 $\Delta s_i (i = 1, 2, \cdots, n)$.在第 i 段上任取一点 (ξ_i, η_i, ζ_i).令 $\lambda = \max\limits_{1 \leqslant i \leqslant n} \{\Delta s_i\}$.若极限

$$\lim_{\lambda \to 0} \sum_{i=1}^{n} f(\xi_i, \eta_i, \zeta_i) \Delta s_i$$

对于曲线 L 的任意分割法及中间点 (ξ_i, η_i, ζ_i) 的任意取法都存在,则称此极限为函数 $f(x, y, z)$ 沿曲线 L 的**第一型曲线积分**,也叫作**对弧长的曲线积分**,记作

$$\int_L f(x, y, , z) \mathrm{d}s,$$

其中 $f(x, y, z)$ 称为**被积函数**,L 称为**积分曲线**,$\mathrm{d}s$ 称为**弧微分**.

由定义我们可看出,线密度为 $\rho(x, y, z)$ 的曲线 L 的质量 m 就等于函数 $\rho(x, y, z)$ 在 L 上的第一型曲线积分的值,即

$$m = \int_L \rho(x, y, z) \mathrm{d}s.$$

而积分

$$\int_L 1 \cdot \mathrm{d}s$$

恰好是曲线 L 的弧长 s.

在定义中我们要求曲线 L 是逐段光滑的.这样,曲线 L 上任何一段弧都有弧长可言,从而 Δs_i 是有意义的.

若定义中所说的极限 $\lim\limits_{\lambda \to 0} \sum\limits_{i=1}^{n} f(\xi_i, \eta_i, \zeta_i) \Delta s_i$ 存在,则称函数 $f(x, y, z)$ 在 L 上**可积**.

今后约定,我们称函数 $f(x, y, z)$ 在一条曲线 L 上连续,如果 $f(x, y, z)$ 在一个包含 L 的区域上连续.

我们不加证明地指出:若 $f(x, y, z)$ 在一条分段光滑的曲线 L 上连续,则 $f(x, y, z)$ 在 L 上可积.

当曲线 L 落在 Oxy 平面上且被积函数是二元函数 $f(x, y)$ 时,相应的第一型曲线积分有下列形式:

$$\int_L f(x,y)\mathrm{d}s,$$

并称为**平面第一型曲线积分**.

下面我们列出第一型曲线积分的性质而略去其证明.

(1) 设两函数 $f(x,y,z)$ 与 $g(x,y,z)$ 在 L 上可积,则对任意两个常数 C_1 与 C_2,函数 $C_1 f(x,y,z)+C_2 g(x,y,z)$ 也在 L 上可积,且有

$$\int_L \left[C_1 f(x,y,z)+C_2 g(x,y,z)\right]\mathrm{d}s$$

$$=C_1\int_L f(x,y,z)\mathrm{d}s+C_2\int_L g(x,y,z)\mathrm{d}s.$$

(2) 若曲线 L 由有限条分段光滑曲线段 $L_1,L_2,\cdots,L_m$ 组成,而它们彼此不重叠,并且 $f(x,y,z)$ 在每一个 $L_i(1\leqslant i\leqslant m)$ 上均可积,则 $f(x,y,z)$ 在 L 上可积,且有

$$\int_L f(x,y,z)\mathrm{d}s=\int_{L_1} f(x,y,z)\mathrm{d}s+\int_{L_2} f(x,y,z)\mathrm{d}s$$

$$+\cdots+\int_{L_m} f(x,y,z)\mathrm{d}s.$$

设 L 有两个端点 A 与 B.这时曲线 L 有两个走向:从 A 到 B,或从 B 到 A.第一型曲线积分与曲线的走向无关,即若用 $\displaystyle\int_{\widehat{AB}} f\mathrm{d}s$ 与 $\displaystyle\int_{\widehat{BA}} f\mathrm{d}s$ 分别表示沿 L 从 A 到 B 的积分与从 B 到 A 的积分,则有

$$\int_{\widehat{AB}} f(x,y,z)\mathrm{d}s=\int_{\widehat{BA}} f(x,y,z)\mathrm{d}s.$$

这是由于第一型曲线积分定义中的 $f(\xi_i,\eta_i,\zeta_i)$ 与曲线走向无关,而 Δs_i 是第 i 段小曲线的长度,也与曲线的走向无关.

第一型曲线积分的值不依赖于积分曲线的走向,这一性质是它区别于下面要讲的第二型曲线积分的重要特征.

2. 第一型曲线积分的计算

为了简单起见,我们先讨论平面上的第一型曲线积分的计算.

假定 L 是 Oxy 上的一条曲线,其方程由函数 $y=y(x)$ $(a\leqslant x\leqslant b)$ 给出,并假定 $y=y(x)$ 在 $[a,b]$ 上有连续的导数.又设 $f(x,y)$ 是给定在 L 上的一个连续函数.现在考察应该如何计算积分

$$I=\int_L f(x,y)\mathrm{d}s.$$

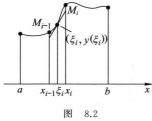

图　8.2

根据定义,这个积分是和式 $\displaystyle\sum_{i=1}^{m} f(\xi_i,\eta_i)\Delta s_i$ 的极限.在现在的情况下,对 L 的任意一个分割都相当于对区间 $[a,b]$ 的一种分割(见图 8.2).因此,上述和式可改写为

$$\sum_{i=1}^{m} f(\xi_i,\eta_i)\Delta s_i = \sum_{i=1}^{m} f(\xi_i,y(\xi_i))\Delta s_i.$$

另一方面,很容易看出:

$$\Delta s_i \approx \sqrt{\Delta x_i^2 + [y'(\xi_i)\Delta x_i]^2} = \sqrt{1+[y'(\xi_i)]^2}\,\Delta x_i$$
$$(\Delta x_i = x_i - x_{i-1}).$$

于是,上述和式又近似于

$$\sum_{i=1}^{m} f(\xi_i,y(\xi_i))\sqrt{1+[y'(\xi_i)]^2}\,\Delta x_i.$$

可以严格地证明,当 $\lambda = \max\limits_{1\leqslant i\leqslant m}\{\Delta s_i\} \to 0$ 时,必有 $\lambda' = \max\limits_{1\leqslant i\leqslant m}\{\Delta x_i\} \to 0$,并且当 $\lambda' = \max\limits_{1\leqslant i\leqslant m}\{\Delta x_i\} \to 0$ 时,上述和的极限就是我们的线积分 I,也即

$$I = \lim_{\lambda' \to 0}\sum_{i=1}^{m} f(\xi_i,y(\xi_i))\sqrt{1+[y'(\xi_i)]^2}\,\Delta x_i$$
$$= \int_a^b f(x,y(x))\sqrt{1+[y'(x)]^2}\,\mathrm{d}x.$$

总之,我们得到了公式

$$\int_L f(x,y)\mathrm{d}s = \int_a^b f(x,y(x))\sqrt{1+[y'(x)]^2}\,\mathrm{d}x.$$

它把第一型曲线积分的计算归结为一个定积分的计算.

实际上,上述公式是十分自然的.根据定义,第一型曲线积分

$$\int_L f(x,y)\mathrm{d}s$$

中被积函数定义在 L 上,而 L 由方程 $y=y(x)$ 给出,因而 $f(x,y)$ 自然换成 $f(x,y(x))$.另外,其中的 $\mathrm{d}s$ 是弧微分.根据以前的知识,

$$\mathrm{d}s = \sqrt{1+[y'(x)]^2}\,\mathrm{d}x.$$

我们将前面讨论的结果写成下面的定理形式.

定理 1　设曲线 L 是由函数 $y=y(x)$ ($a\leqslant x\leqslant b$) 给出,其中 $y=y(x)$ 在 $[a,b]$ 上有连续的导数.又假定函数 $f(x,y)$ 在 L 上连续,则我们有公式

$$\int_L f(x,y)\mathrm{d}s = \int_a^b f(x,y(x))\sqrt{1+[y'(x)]^2}\,\mathrm{d}x.$$

例1 计算下列平面第一型曲线积分.

$$I = \int_L y^2 \, \mathrm{d}s,$$

其中 L 是由 $y = \mathrm{e}^x \, (0 \leqslant x \leqslant 1)$ 所决定.

解 由定理1,有

$$I = \int_0^1 \mathrm{e}^{2x} \sqrt{1 + \mathrm{e}^{2x}} \, \mathrm{d}x = \frac{1}{3} (\sqrt{1 + \mathrm{e}^{2x}})^3 \Big|_0^1$$

$$= \frac{1}{3} (\sqrt{1 + \mathrm{e}^2})^3 - \frac{2}{3} \sqrt{2}.$$

定理1很容易推广到一般由参数方程给出的平面曲线的情况.假定曲线 L 由参数方程

$$L: \begin{cases} x = \varphi(t), \\ y = \psi(t) \end{cases} \quad (\alpha \leqslant t \leqslant \beta)$$

给出,这时,在计算积分

$$\int_L f(x, y) \, \mathrm{d}s$$

时,其中的 x 与 y 分别由 $\varphi(t)$ 与 $\psi(t)$ 替换,而弧微分

$$\mathrm{d}s = \sqrt{[\varphi'(t)]^2 + [\psi'(t)]^2} \, \mathrm{d}t.$$

这样,我们自然有下列定理.

定理2 设曲线 L 的参数方程是

$$\begin{cases} x = \varphi(t), \\ y = \psi(t) \end{cases} \quad (\alpha \leqslant t \leqslant \beta),$$

其中函数 $\varphi(t)$ 与 $\psi(t)$ 在 $[\alpha, \beta]$ 上有连续的一阶导数.若 $f(x, y)$ 在 L 上连续,则有计算公式:

$$\int_L f(x, y) \, \mathrm{d}s = \int_\alpha^\beta f(\varphi(t), \psi(t)) \sqrt{\varphi'^2(t) + \psi'^2(t)} \, \mathrm{d}t.$$

我们可以像证明定理1一样来证明定理2.这时,对曲线 L 的分割实际上对应于对参数区间 $[\alpha, \beta]$ 的一个分割:

$$t_0 = \alpha < t_1 < \cdots < t_{m-1} < t_m = \beta.$$

点 $(\varphi(t_i), \psi(t_i)) \, (0 \leqslant i \leqslant m)$ 构成了 L 的分割点.这时问题归结为求极限

$$\lim_{\lambda \to 0} \sum_{i=1}^m f(\varphi(\xi_i), \psi(\xi_i)) \Delta s_i,$$

其中 $\lambda = \max_{1 \leqslant i \leqslant m} \{\Delta t_i\}, \xi_i$ 是 $[t_{i-1}, t_i]$ 中任意一点,而 Δs_i 近似于

$$\sqrt{[\varphi'(\xi_i)]^2 + [\psi'(\xi_i)]^2} \, \Delta t_i.$$

注意到 ψ' 及 φ' 的连续性，可以证明 Δs_i 的上述近似的误差是比 λ 更高阶的无穷小量．因此，上述极限存在．这就证明了我们的公式．

例 2　设 L 的参数方程为

$$L:\begin{cases}x=R\cos\theta,\\ y=R\sin\theta\end{cases}\quad(0\leqslant\theta\leqslant\pi,R>0).$$

求下列第一型曲线积分：

$$I=\int_L x^2(1+y^2)\mathrm{d}s.$$

解　由定理 2，注意到 $\mathrm{d}s=\sqrt{R^2\sin^2\theta+R^2\cos^2\theta}\,\mathrm{d}\theta=R\mathrm{d}\theta$，我们有

$$\begin{aligned}I&=\int_0^\pi R^2\cos^2\theta(1+R^2\sin^2\theta)\cdot R\mathrm{d}\theta\\&=R^3\int_0^\pi\cos^2\theta\mathrm{d}\theta+R^5\int_0^\pi\cos^2\theta\sin^2\theta\mathrm{d}\theta\\&=R^3\cdot\frac{\pi}{2}+R^5\cdot\frac{\pi}{8}.\end{aligned}$$

在使用参数方程计算第一型曲线积分时，我们要特别注意上限与下限的选取：不论被积函数如何，在使用定理 2 中公式时总要保证上限 β 大于下限 α．这是因为在定义第一型曲线积分时，和式 $\sum\limits_{i=1}^m f(\xi_i,\eta_i)\Delta s_i$ 中的 Δs_i 是代表弧长，它应当总是正的．当我们借助于参数换成弧微分时 $\sqrt{[\varphi'(\xi_i)]^2+[\psi'(\xi_i)]^2}\,\Delta t_i$ 也应当是正的．这就要求上限大而下限小．（否则，将导致 $\Delta t_i=t_i-t_{i-1}<0$，从而使 $\sqrt{[\varphi'(\xi_i)]^2+[\psi'(\xi_i)]^2}\,\Delta t_i<0$，不能作为 Δs_i 的近似值．）

例 3　求曲线积分

$$\int_L xy^2\mathrm{d}s,$$

其中 L 是以 $O(0,0)$，$A(1,0)$，$B(1,1)$ 为顶点的三角形的边界（见图 8.3）．

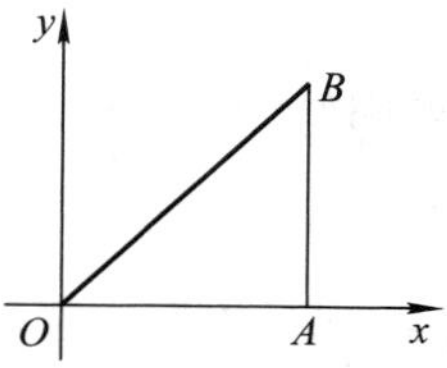

图　8.3

解　L 由三条直线段 OA，AB，BO 构成，它们的方程依次为

$$y=0,\ 0\leqslant x\leqslant 1;\quad x=1,\ 0\leqslant y\leqslant 1;$$
$$y=x,\quad 0\leqslant x\leqslant 1.$$

于是它们的弧微分依次为

$$\mathrm{d}s=\sqrt{1+0^2}\,\mathrm{d}x=\mathrm{d}x,\quad \mathrm{d}s=\sqrt{1+0^2}\,\mathrm{d}y=\mathrm{d}y,$$

$$\mathrm{d}s = \sqrt{1+1^2}\,\mathrm{d}x = \sqrt{2}\,\mathrm{d}x.$$

这样,我们有

$$\int_{OA} xy^2\,\mathrm{d}s = \int_0^1 0 \cdot \mathrm{d}x = 0,$$

$$\int_{AB} xy^2\,\mathrm{d}s = \int_0^1 1 \cdot y^2\,\mathrm{d}y = \frac{1}{3},$$

$$\int_{OB} xy^2\,\mathrm{d}s = \int_0^1 x^3 \cdot \sqrt{2}\,\mathrm{d}x = \frac{1}{4}\sqrt{2},$$

从而

$$\int_L xy^2\,\mathrm{d}s = \frac{1}{3} + \frac{1}{4}\sqrt{2}.$$

在这个例子中,当计算 OA 与 OB 上的积分时,我们选取 x 为参数,而在计算 AB 上的积分时我们选取了 y 为参数.并且在计算时,我们总使上限大于下限.

以上我们讨论了平面上的第一型曲线积分.下面我们给出空间曲线的第一型曲线积分的计算公式.

定理 3 设 L 为一空间曲线,其参数方程为

$$L: \begin{cases} x = x(t), \\ y = y(t), \quad (\alpha \leqslant t \leqslant \beta), \\ z = z(t) \end{cases}$$

并假定 $x(t), y(t)$ 及 $z(t)$ 在 $[\alpha,\beta]$ 上有连续的导数,又假定 $f(x,y,z)$ 在 L 上连续,则有下列公式:

$$\int_L f(x,y,z)\,\mathrm{d}s$$
$$= \int_\alpha^\beta f(x(t),y(t),z(t))\sqrt{[x'(t)]^2 + [y'(t)]^2 + [z'(t)]^2}\,\mathrm{d}t.$$

我们略去这个定理的证明,它与平面曲线情形的证明完全类似.

例 4 设 L 的参数方程为:

$$L: \begin{cases} x = t, \\ y = \frac{3}{\sqrt{2}}t^2, \quad (0 \leqslant t \leqslant 1), \\ z = t^3 \end{cases}$$

试求积分

$$I = \int_L (x+z)\,\mathrm{d}s.$$

解　我们先计算弧微分

$$ds = \sqrt{1 + (3\sqrt{2}\,t)^2 + (3t^2)^2}\,dt = \sqrt{1 + 18t^2 + 9t^4}\,dt.$$

这样,应用定理 3,我们得

$$I = \int_0^1 (t + t^3)\,\sqrt{1 + 18t^2 + 9t^4}\,dt$$

$$= \frac{1}{54}(1 + 18t^2 + 9t^4)^{3/2}\,\Big|_0^1 = \frac{1}{54}(56\sqrt{7} - 1).$$

例5　求螺旋曲线第一旋

$$L:\begin{cases} x = a\cos t, \\ y = a\sin t, \quad (0 \leqslant t \leqslant 2\pi) \\ z = bt \end{cases}$$

的弧长,其中 $a > 0, b > 0$.

解　曲线 L 的弧长是 $\displaystyle\int_L 1\,ds$,我们先计算弧微分

$$ds = \sqrt{(-a\sin t)^2 + (a\cos t)^2 + b^2}\,dt = \sqrt{a^2 + b^2}\,dt.$$

应用定理 3

$$\int_L 1\,ds = \int_0^{2\pi} \sqrt{a^2 + b^2}\,dt = 2\pi\sqrt{a^2 + b^2}.$$

例 6　求 $\displaystyle I = \int_L \sqrt{2y^2 + z^2}\,ds$,其中 L 为圆周

$$\begin{cases} x^2 + y^2 + z^2 = a^2, \\ y = x \end{cases} \quad (a > 0).$$

解　圆周 L 分成两个半圆 L_1 和 L_2 ,其中

$$L_1:\begin{cases} x^2 + y^2 + z^2 = a^2, \\ y = x \quad (x > 0), \end{cases}$$

$$L_2:\begin{cases} x^2 + y^2 + z^2 = a^2, \\ y = x \quad (x < 0). \end{cases}$$

L_1 的参数方程为

$$\begin{cases} x = a\sin\varphi\cos\dfrac{\pi}{4}, \\ y = a\sin\varphi\sin\dfrac{\pi}{4}, \quad (0 \leqslant \varphi \leqslant \pi), \\ z = a\cos\varphi \end{cases}$$

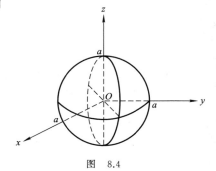

图　8.4

先计算弧微分

$$ds = \sqrt{\left(a\cos\varphi\cos\frac{\pi}{4}\right)^2 + \left(a\cos\varphi\sin\frac{\pi}{4}\right)^2 + (-a\sin\varphi)^2}\, d\varphi$$
$$= a\, d\varphi.$$

应用定理 3,

$$\int_{L_1}\sqrt{2y^2+z^2}\, ds = \int_0^\pi \sqrt{2\left(a\sin\varphi\sin\frac{\pi}{4}\right)^2 + (a\cos\varphi)^2}\cdot a\, d\varphi$$
$$= \int_0^\pi a\cdot a\, d\varphi = \pi a^2.$$

L_2 的参数方程为

$$\begin{cases} x = a\sin\varphi\cos\left(\pi-\dfrac{\pi}{4}\right), \\[2mm] y = a\sin\varphi\sin\left(\pi-\dfrac{\pi}{4}\right), \qquad (0\leqslant\varphi\leqslant\pi). \\[2mm] z = a\cos\varphi \end{cases}$$

同理可得 $ds = a\, d\varphi$,并且

$$\int_{L_2}\sqrt{2y^2+z^2}\, ds = \int_0^\pi \sqrt{2\left(a\sin\varphi\sin\left(\pi-\frac{\pi}{4}\right)\right)^2 + (a\cos\varphi)^2}\cdot a\, d\varphi$$
$$= \int_0^\pi a\cdot a\, d\varphi = \pi a^2.$$

因而 $I = \displaystyle\int_{L_1}\sqrt{2y^2+z^2}\, ds + \int_{L_2}\sqrt{2y^2+z^2}\, ds = 2\pi a^2.$

例 7 求 $I = \displaystyle\int_L y\, ds$,其中 L 为心形线 $r = a(1+\cos\theta)(a>0)$ 的上半部分.

解 将 θ 看作参数,L 的参数方程为

$$\begin{cases} x = r(\theta)\cos\theta, \\ y = r(\theta)\sin\theta \end{cases} \qquad (0\leqslant\theta\leqslant\pi),$$

其中 $r(\theta) = a(1+\cos\theta)$.于是

$$d\theta = \sqrt{r^2(\theta) + [r'(\theta)]^2}\, d\theta$$
$$= \sqrt{a^2(1+\cos\theta)^2 + (-a\sin\theta)^2}\, d\theta$$
$$= \sqrt{2a^2(1+\cos\theta)}\, d\theta = 2a\cos\frac{\theta}{2}\, d\theta,$$

则

$$I = \int_L y \, ds = \int_0^\pi a(1 + \cos\theta) \sin\theta \cdot 2a \cos\frac{\theta}{2} \, d\theta$$

$$= 8a^2 \int_0^\pi \cos^4\frac{\theta}{2} \, \sin\frac{\theta}{2} \, d\theta$$

$$= 8a^2 \left(-\frac{1}{5} \cos^5\frac{\theta}{2} \cdot 2 \right) \bigg|_0^\pi = \frac{16}{5} a^2.$$

习 题 8.1

1. 求 $\int_L (xy + yz + zx) \, ds$，其中 L 为过四点 $O(0,0,0), A(0,0,1), B(0,1,1)$, $C(1,1,1)$ 的折线.

2. 求 $\oint_L xy \, ds$，其中 L 是正方形：$|x| + |y| = a \ (a > 0)$ 的边界.

3. 求 $\int_L (1 + y^2) \, ds$，其中 L 为摆线段：$x = a(t - \sin t), y = a(1 - \cos t), 0 \leqslant t \leqslant 2\pi$.

4. 求 $\int_L \frac{1}{x^2 + y^2 + z^2} \, ds$，其中 L 为螺旋线段：$x = a\cos t, y = a\sin t, z = bt \ (0 \leqslant t \leqslant 2\pi, a > 0, b > 0)$.

5. 求 $\oint_C (x + y) \, ds$，其中 C 为双纽线 $r^2 = a^2 \cos 2\theta$ 的右面的一瓣 $(a > 0)$.(提示：先写出曲线的参数方程.)

6. 求 $\int_L xy \, ds$，其中 L 是椭圆周 $\frac{x^2}{a^2} + \frac{y^2}{b^2} = 1$ 位于第一象限中的那部分.

7. 求 $\int_L \sqrt{x^2 + y^2} \, ds$，其中 L 为曲线段：

$$x = a(\cos t + t\sin t), \quad y = a(\sin t - t\cos t) \quad (0 \leqslant t \leqslant 2\pi).$$

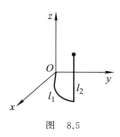

图 8.5

8. 求 $\int_L (x + \sqrt{y} - z^5) \, ds$，其中 L 由曲线段 L_1 与 L_2 组成（见图 8.5），L_1 与 L_2 的方程分别为

$$L_1: \begin{cases} y = x^2, \\ z = 0, \end{cases} \quad 0 \leqslant x \leqslant 1;$$

$$L_2: \begin{cases} x = 1, \\ y = 1, \end{cases} \quad 0 \leqslant z \leqslant 1.$$

9. 若椭圆周 $\frac{x^2}{a^2} + \frac{y^2}{b^2} = 1$ 上任一点 (x, y) 处的线密度为 $|y|$，求椭圆周的质量 $(0 < b < a)$.

10. 求均匀摆线段：$x = a(t - \sin t), y = a(1 - \cos t) \ (0 \leqslant t \leqslant \pi)$ 的质心（其中 $a > 0$）.

11. 求 $\int_L x^2 \mathrm{d}s$,其中 L 为圆周:$\begin{cases} x^2+y^2+z^2=a^2, \\ x+y+z=0. \end{cases}$ $\Bigg($ 提示:从所给两方程中消去

z 得 $x^2+xy+y^2=\dfrac{a^2}{2}$,再令 $x=x_1-y_1$,$y=x_1+y_1$,得 $3x_1^2+y_1^2=\dfrac{a^2}{2}$.由此推出 l 的参

数方程为

$$x=\frac{a}{\sqrt{2}}\left(\frac{1}{\sqrt{3}}\cos t-\sin t\right), \quad y=\frac{a}{\sqrt{2}}\left(\frac{1}{\sqrt{3}}\cos t+\sin t\right), \quad z=-\frac{\sqrt{2}}{\sqrt{3}}a\cos t, \quad 0\leqslant t\leqslant 2\pi. \Bigg)$$

§2 第二型曲线积分

某些物理量的计算导致第二型曲线积分的概念,其中一个典型的例子是一个受力的质点沿曲线移动所做的功.本节中我们先从这一实例出发,给出第二型曲线积分的定义,然后讨论它的计算方法.

1. 第二型曲线积分的概念

为简单起见,我们先讨论平面第二型曲线积分.

设有一条平面光滑曲线 L,并且给定了 L 的一个走向,其起点为 A,终点为 B.设想有一质点沿 L 移动,它在点 $(x,y)\in L$ 所受的外力为

$$\boldsymbol{F}(x,y)=(P(x,y),Q(x,y)).$$

我们要计算该质点沿 L 自 A 移动至 B 时外力 $\boldsymbol{F}$ 所做的功.

我们用分点 $A=A_0,A_1,\cdots,A_n=B$ 将曲线 $\overset{\frown}{AB}$ 任意分割成 n 段小弧

$$\overset{\frown}{A_{i-1}A_i} \quad (i=1,2,\cdots,n),$$

设第 i 小段的弧长为 Δs_i.当 Δs_i 很小时,$\boldsymbol{F}$ 在 $\overset{\frown}{A_{i-1}A_i}$ 上的变化不大,可近似地看作为常力 $\boldsymbol{F}(\xi_i,\eta_i)$,其中 (ξ_i,η_i) 为弧段 $\overset{\frown}{A_{i-1}A_i}$ 上任意取定的一点;同时可将质点的运动路径 $\overset{\frown}{A_{i-1}A_i}$ 近似地看作从 A_{i-1} 到 A_i 的直线(见图 8.6).于是力 $\boldsymbol{F}$ 在这段上所做的功 ΔW_i 近似为

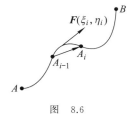

图 8.6

$$\Delta W_i \approx \boldsymbol{F}(\xi_i,\eta_i)\cdot\overrightarrow{A_{i-1}A_i}. \tag{8.1}$$

设 $\boldsymbol{F}(x,y)=P(x,y)\boldsymbol{i}+Q(x,y)\boldsymbol{j}$.又

$$\overrightarrow{A_{i-1}A_i}=\Delta x_i\boldsymbol{i}+\Delta y_i\boldsymbol{j},$$

其中 $\Delta x_i=x_i-x_{i-1}$,$\Delta y_i=y_i-y_{i-1}$ $(i=1,\cdots,n)$.于是(8.1)式可写成

$$\Delta W_i \approx P(\xi_i, \eta_i)\Delta x_i + Q(\xi_i, \eta_i)\Delta y_i, \quad i = 1, 2, \cdots, n.$$

所求总功 W 近似为

$$W = \sum_{i=1}^{n} \Delta W_i \approx \sum_{i=1}^{n} P(\xi_i, \eta_i)\Delta x_i + Q(\xi_i, \eta_i)\Delta y_i.$$

令 $\lambda = \max\limits_{1 \leqslant i \leqslant n}\{\Delta s_i\}$. 我们定义变力 $\boldsymbol{F}$ 沿 $\overset{\frown}{AB}$ 所做的功为

$$W = \lim_{\lambda \to 0} \sum_{i=1}^{n} [P(\xi_i, \eta_i)\Delta x_i + Q(\xi_i, \eta_i)\Delta y_i].$$

上式也是一类"和"的极限,和号中的每一项由两个向量点乘而得.现在,我们给出第二型曲线积分的一般定义.

定义　设 L 是从点 A 到 B 的一条分段光滑有向曲线,向量函数 $\boldsymbol{F}(x, y) = P(x, y)\boldsymbol{i} + Q(x, y)\boldsymbol{j}$ 在 L 上有定义.按照 L 的方向,依次用分点 $A = A_0(x_0, y_0), A_1(x_1, y_1), \cdots, A_{n-1}(x_{n-1}, y_{n-1}), A_n(x_n, y_n) = B$ 将 L 分成 n 个有向小弧段 $\overset{\frown}{A_{i-1}A_i}(i = 1, \cdots, n)$. $\overset{\frown}{A_{i-1}A_i}$ 的弧长记作 Δs_i,并令 $\lambda = \max\limits_{1 \leqslant i \leqslant n}\{\Delta s_i\}$. 在 $\overset{\frown}{A_{i-1}A_i}$ 上任取一点 (ξ_i, η_i). 若极限

$$\lim_{\lambda \to 0} \sum_{i=1}^{n} \boldsymbol{F}(\xi_i, \eta_i) \cdot \overrightarrow{A_{i-1}A_i} = \lim_{\lambda \to 0} \sum_{i=1}^{n} [P(\xi_i, \eta_i)\Delta x_i + Q(\xi_i, \eta_i)\Delta y_i]$$

(其中 $\Delta x_i = x_i - x_{i-1}$, $\Delta y_i = y_i - y_{i-1}$)存在(不依赖于对曲线 L 的分割法及中间点 (ξ_i, η_i) 的取法),则称此极限为向量函数 $\boldsymbol{F}(x, y)$ 沿曲线 L 从 A 到 B 的**第二型曲线积分**,也叫作**对坐标的曲线积分**,记作

$$\int_{\overset{\frown}{AB}} P\,\mathrm{d}x + Q\,\mathrm{d}y \quad \text{或} \quad \int_{\overset{\frown}{AB}} \boldsymbol{F}(x, y) \cdot \mathrm{d}\boldsymbol{r},$$

其中 $\mathrm{d}\boldsymbol{r} = (\mathrm{d}x, \mathrm{d}y)$. 有向曲线 $\overset{\frown}{AB}$ 称为**积分路径**.

由定义看出,外力 $\boldsymbol{F}$ 沿曲线 L 从 A 到 B 所做的功可表为第二型曲线积分

$$W = \int_{\overset{\frown}{AB}} \boldsymbol{F} \cdot \mathrm{d}\boldsymbol{r}.$$

需要注意的是,定义中的向量 $\overrightarrow{A_{i-1}A_i}$ 的指向是由曲线 L 的走向确定的.当 L 的指向相反时,$\overrightarrow{A_{i-1}A_i}$ 的指向也相反,因而第二型曲线积分是有方向性的.当 L 的走向改变时,第二型曲线积分的值就要改变符号.这是因为当曲线 L 的指向从 B 到 A 时,若仍用原先的分点 $A_i(i = 0, \cdots, n)$ 来分割曲线 L,则根据定义有

$$\int_{\overset{\frown}{BA}} \boldsymbol{F}(M) \cdot \mathrm{d}\boldsymbol{r} = \lim_{\lambda \to 0} \sum_{i=1}^{n} \boldsymbol{F} \cdot \overrightarrow{A_iA_{i-1}} = \lim_{\lambda \to 0} \sum_{i=1}^{n} \boldsymbol{F} \cdot (-\overrightarrow{A_{i-1}A_i})$$

$$=-\lim_{\lambda\to 0}\sum_{i=1}^{n}\boldsymbol{F}\cdot\overrightarrow{A_{i-1}A_i}=-\int_{\widehat{AB}}\boldsymbol{F}(M)\cdot\mathrm{d}\boldsymbol{r}.$$

这个性质若从变力做功这个例子的物理意义来看,则就很显然了.

类似地,可定义空间向量函数

$$\boldsymbol{F}(x,y,z)=(P(x,y,z),Q(x,y,z),R(x,y,z))$$

沿空间有向曲线 L 的第二型曲线积分

$$\int_{L}P(x,y,z)\mathrm{d}x+Q(x,y,z)\mathrm{d}y+R(x,y,z)\mathrm{d}z,$$

或

$$\int_{L}\boldsymbol{F}(x,y,z)\cdot\mathrm{d}\boldsymbol{r}.$$

以下我们用 $\boldsymbol{F}(M)$ 泛指二元向量函数 $\boldsymbol{F}(x,y)=(P(x,y),Q(x,y))$ 或三元向量函数 $\boldsymbol{F}(x,y,z)=(P(x,y,z),Q(x,y,z),R(x,y,z))$,用 $\mathrm{d}\boldsymbol{r}$ 泛指平面向量 $(\mathrm{d}x,\mathrm{d}y)$ 或空间向量 $(\mathrm{d}x,\mathrm{d}y,\mathrm{d}z)$.第二型曲线积分有下列性质.

设 $\boldsymbol{F}(M)$ 与 $\boldsymbol{G}(M)$ 沿曲线 $\widehat{AB}$ 的第二型曲线积分存在,则有

(1) $k_1\boldsymbol{F}(M)+k_2\boldsymbol{G}(M)$ 沿 $\widehat{AB}$ 的第二型曲线积分也存在,且

$$\int_{\widehat{AB}}[k_1\boldsymbol{F}(M)+k_2\boldsymbol{G}(M)]\cdot\mathrm{d}\boldsymbol{r}=k_1\int_{\widehat{AB}}\boldsymbol{F}(M)\cdot\mathrm{d}\boldsymbol{r}+k_2\int_{\widehat{AB}}\boldsymbol{F}(M)\cdot\mathrm{d}\boldsymbol{r},$$

其中 k_1,k_2 为任意常数.

(2) 若曲线 $\widehat{AB}$ 由 $\widehat{AC}$ 及 $\widehat{CB}$ 组成并且 $\widehat{AC}$ 与 $\widehat{CB}$ 的走向与 $\widehat{AB}$ 一致,则

$$\int_{\widehat{AB}}\boldsymbol{F}(M)\cdot\mathrm{d}\boldsymbol{r}=\int_{\widehat{AC}}\boldsymbol{F}(M)\cdot\mathrm{d}\boldsymbol{r}+\int_{\widehat{CB}}\boldsymbol{F}(M)\cdot\mathrm{d}\boldsymbol{r}.$$

(3) 积分路径方向相反则积分值的符号相反,即

$$\int_{\widehat{BA}}\boldsymbol{F}(M)\cdot\mathrm{d}\boldsymbol{r}=-\int_{\widehat{AB}}\boldsymbol{F}(M)\cdot\mathrm{d}\boldsymbol{r}.$$

性质(3)是第二型曲线积分与第一型曲线积分的重要区别.

2. 第二型曲线积分的计算

与第一型曲线积分类似,第二型曲线积分的计算也可归结为定积分的计算.只是现在我们需要注意曲线的走向.

定理 1 设曲线 L 的参数方程为

$$\begin{cases} x=\varphi(t),\\ y=\psi(t), \end{cases} \quad \alpha\leqslant t\leqslant\beta\ (\text{或}\ \beta\leqslant t\leqslant\alpha),$$

其中 $\varphi(t),\psi(t)$ 有连续的一阶导数.当 t 单调地(递增或递减)由 α 变到 β 时,曲线 L 上的点由 A 变到 B.若函数 $P(x,y),Q(x,y)$ 在曲线 L 上连续, 则有计算公式

$$\int_{\overset{\frown}{AB}}P(x,y)\mathrm{d}x + Q(x,y)\mathrm{d}y$$

$$=\int_\alpha^\beta \big[P(\varphi(t),\psi(t))\varphi'(t) + Q(\varphi(t),\psi(t))\psi'(t)\big]\mathrm{d}t. \quad (8.2)$$

证   我们先证明

$$\int_{\overset{\frown}{AB}}P(x,y)\mathrm{d}x = \int_\alpha^\beta P(\varphi(t),\psi(t))\varphi'(t)\mathrm{d}t.$$

按 L 的方向顺序用分点

$$A = A_0, \quad A_1, \quad \cdots, \quad A_n = B$$

将 L 任意分割成 n 段.设分点 $A_i(x_i,y_i)$ 对应于参数 $t_i(i=0,\cdots,n)$.由拉格朗日中值定理,有

$$\Delta x_i = \varphi(t_i) - \varphi(t_{i-1}) = \varphi'(\tau_i)\Delta t_i,$$

其中 τ_i 在 t_{i-1} 与 t_i 之间.于是,我们有

$$\sum_{i=1}^n P(\xi_i,\eta_i)\Delta x_i = \sum_{i=1}^n P(\varphi(\tau_i),\psi(\tau_i))\varphi'(\tau_i)\Delta t_i,$$

其中 $\xi_i = \varphi(\tau_i),\eta_i = \psi(\tau_i)$.

注意 $P(x,y)$ 在 L 上连续及 $P(\varphi(t),\psi(t))\varphi'(t)$ 在 $[\alpha,\beta]$ 或 $[\beta,\alpha]$ 上的连续性,并令 $\lambda = \max\limits_{1\leqslant i\leqslant n}\{\Delta s_i\}, \mu = \max\limits_{1\leqslant i\leqslant 1}\{\Delta t_i\}$,不难看出 $\mu \to 0$ 时 $\lambda \to 0$,并有

$$\lim_{\lambda\to 0}\sum_{i=1}^n P(\xi_i,\eta_i)\Delta x_i = \lim_{\mu\to 0}\sum_{i=1}^n P(\varphi(\tau_i),\psi(\tau_i))\varphi'(\tau_i)\Delta t_i.$$

由曲线积分及定积分的定义,上式即

$$\int_{\overset{\frown}{AB}}P(x,y)\mathrm{d}x = \int_\alpha^\beta P(\varphi(t),\psi(t))\varphi'(t)\mathrm{d}t.$$

同理可证

$$\int_{\overset{\frown}{AB}}Q(x,y)\mathrm{d}y = \int_\alpha^\beta Q(\varphi(t),\psi(t))\psi'(t)\mathrm{d}t.$$

将以上两式相加即得到所要的(8.2)式.证毕.

这个定理说明,为计算第二型曲线积分,只须将 $x,y,\mathrm{d}x,\mathrm{d}y$ 分别用参数表示式 $\varphi(t),\psi(t),\varphi'(t)\mathrm{d}t,\psi'(t)\mathrm{d}t$ 代入第二型曲线积分之中,就化成了对 t 求从 α 到 β 的定积分.

应该特别强调指出：第二型曲线积分与曲线给定的方向有关，在将第二型曲线积分化为关于参数的定积分时，定积分的下限应对应于曲线之起点，而上限应对应于曲线之终点.也就是说，不必考虑两端点对应的参数值的大小关系，总是将起点对应的参数值作为下限，而将终点对应的参数值作为上限.因而有时可能下限大于上限.

设 L 是由方程 $y=g(x)$ 给出，$a \leqslant x \leqslant b$（或 $b \leqslant x \leqslant a$），而积分方向是由 $A(a,g(a))$ 到 $B(b,g(b))$.这时可将 x 看作参数，上述的公式就变成

$$\int_{\widehat{AB}} P(x,y)\mathrm{d}x + Q(x,y)\mathrm{d}y$$
$$= \int_a^b [P(x,g(x)) + Q(x,g(x))g'(x)]\mathrm{d}x.$$

这就是说，当曲线由 $y=g(x)$ 给出时，我们只须将第二型曲线积分中的 y 及 $\mathrm{d}y$，分别换成 $g(x)$ 及 $g'(x)\mathrm{d}x$，再求从 a 到 b 的定积分，即得第二型曲线积分之值.这里再一次强调的是，不论 a 与 b 谁大谁小，总是起点 A 对应的 a 为定积分的下限，而终点 B 对应的 b 为上限.

同理，当曲线 L 的方程为

$$x=h(y), \quad c \leqslant y \leqslant d (\text{或} d \leqslant y \leqslant c)$$

且 $h'(y)$ 连续时，有计算公式

$$\int_{\widehat{AB}} P(x,y)\mathrm{d}x + Q(x,y)\mathrm{d}y$$
$$= \int_c^d [P(h(y),y)h'(y) + Q(h(y),y)]\mathrm{d}y,$$

其中起点 A 对应于 $y=c$，终点 B 对应于 $y=d$.

空间曲线的第二型曲线积分的计算，完全类似于平面曲线情况.现在，我们给出其计算公式而略去其证明.

设空间曲线 L 的参数方程为

$$\begin{cases} x=\varphi(t), \\ y=\psi(t), \quad \alpha \leqslant t \leqslant \beta (\text{或} \beta \leqslant t \leqslant \alpha), \\ z=\chi(t), \end{cases}$$

其中 $\varphi(t), \psi(t), \chi(t)$ 有连续的一阶导数.若 $P(x,y,z), Q(x,y,z)$, $R(x,y,z)$ 在 L 上连续，则有计算公式

$$\int_{\widehat{AB}} P(x,y,z)\mathrm{d}x + Q(x,y,z)\mathrm{d}y + R(x,y,z)\mathrm{d}z$$
$$= \int_\alpha^\beta [P(\varphi(t),\psi(t),\chi(t))\varphi'(t) + Q(\varphi(t),\psi(t),\chi(t))\psi'(t)$$

$$+ R(\varphi(t), \psi(t), \chi(t)) \chi'(t)] dt,$$

其中起点 A 对应于参数值 α,终点 B 对应于参数值 β.

例1   计算曲线积分

$$\int_L (x^2 + y^2) dx + (x^2 - y^2) dy,$$

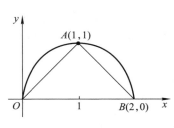

其中积分路径 L 分别为:

(1) 折线段 OAB;

(2) 直线段 OB;

(3) 半圆弧 $\overparen{OAB}$(见图 8.7).

这里 $A = (1,1), B = (2,0)$;O 为起点,B 为终点.

图 8.7

解   (1) 直线段 OA 的方程为

$$y = x, \quad 0 \leqslant x \leqslant 1,$$

这时 $dy = dx$.

直线段 AB 的方程为

$$y = 2 - x, \quad 1 \leqslant x \leqslant 2,$$

这时 $dy = -dx$.于是

$$\int_L (x^2 + y^2) dx + (x^2 - y^2) dy$$

$$= \int_{OA} (x^2 + y^2) dx + (x^2 - y^2) dy$$

$$\quad + \int_{AB} (x^2 + y^2) dx + (x^2 - y^2) dy$$

$$= \int_0^1 [(x^2 + x^2) + (x^2 - x^2)] dx + \int_1^2 [x^2 + (2 - x)^2] dx$$

$$\quad + \int_1^2 [x^2 - (2 - x)^2](-1) dx$$

$$= \int_0^1 2x^2 dx + \int_1^2 2(2 - x)^2 dx = \frac{2}{3} + \frac{2}{3} = \frac{4}{3}.$$

(2) 直线段 OB 的方程为

$$y = 0, \quad 0 \leqslant x \leqslant 2,$$

这时 $dy = 0$.于是

$$\int_L (x^2 + y^2) dx + (x^2 - y^2) dy = \int_0^2 x^2 dx = \frac{8}{3}.$$

(3) 半圆弧 $\overparen{OAB}$ 的极坐标方程为

$$r(\theta) = 2\cos\theta, \quad 0 \leqslant \theta \leqslant \pi/2,$$

其参数方程为

$$\begin{cases} x = r(\theta)\cos\theta = 2\cos^2\theta, \\ y = r(\theta)\sin\theta = 2\cos\theta\sin\theta, \end{cases} \quad 0 \leqslant \theta \leqslant \frac{\pi}{2}.$$

起点 $O(0,0)$ 对应于 $\theta = \pi/2$，终点 $B(2,0)$ 对应于 $\theta = 0$，于是

$$\int_{\overset{\frown}{OAB}} (x^2 + y^2)\mathrm{d}x + (x^2 - y^2)\mathrm{d}y$$

$$= \int_{\pi/2}^{0} \big[(4\cos^4\theta + 4\cos^2\theta\sin^2\theta) \cdot (-4\cos\theta\sin\theta)$$

$$+ (4\cos^4\theta - 4\cos^2\theta\sin^2\theta)2(\cos^2\theta - \sin^2\theta) \big]\mathrm{d}\theta$$

$$= \int_{\pi/2}^{0} \big[-16\cos^3\theta\sin\theta + 8\cos^2\theta(2\cos^2\theta - 1)^2 \big]\mathrm{d}\theta$$

$$= 4\cos^4\theta \bigg|_{\pi/2}^{0} - 8\int_{0}^{\pi/2} \cos^2\theta(4\cos^4\theta - 4\cos^2\theta + 1)\,\mathrm{d}\theta$$

$$= 4 - 8\left(4 \cdot \frac{5}{6} \cdot \frac{3}{4} - 4 \cdot \frac{3}{4} + 1\right)\frac{\pi}{4} = 4 - \pi.$$

本例中三条积分路径的起点与终点都相同,但积分的值却不相同.一般来说,第二型曲线积分的值不仅与起点及终点有关,还与积分路径有关.但也有特殊情况(参见例 2).

例 2　计算曲线积分

$$\int_{L} (x + y^3)\mathrm{d}x + 3xy^2\mathrm{d}y,$$

其中积分路径 L 分别为:

(1) 折线 AOB;(2) 折线 ACB;(3) 以原点为圆心的单位圆周上的圆弧 $\overset{\frown}{AB}$,其中 $A = (0,1)$,$B = (1,0)$,$C = (1,1)$(见图 8.8).上述三条路径均以 A 为起点,B 为终点.

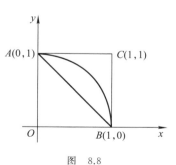

图　8.8

解　(1) 直线段 AO 的方程为

$$x = 0, \quad 0 \leqslant y \leqslant 1,$$

这时 $\mathrm{d}x = 0$.直线段 OB 的方程为

$$y = 0, \quad 0 \leqslant x \leqslant 1,$$

这时 $\mathrm{d}y = 0$.于是

$$\int_{AOB} (x + y^3)\mathrm{d}x + 3xy^2\mathrm{d}y$$

$$= \int_{AO} (x + y^3)\mathrm{d}x + 3xy^2 \mathrm{d}y$$

$$+ \int_{OB} (x + y^3)\mathrm{d}x + 3xy^2 \mathrm{d}y$$

$$= \int_1^0 0\mathrm{d}y + \int_0^1 x\mathrm{d}x = \frac{1}{2}.$$

（2）AC 的方程为

$$y = 1, \quad 0 \leqslant x \leqslant 1,$$

这时 $\mathrm{d}y = 0$. 又 CB 的方程为

$$x = 1, \quad 0 \leqslant y \leqslant 1,$$

这时 $\mathrm{d}x = 0$. 于是

$$\int_{ACB} (x + y^3)\mathrm{d}x + 3xy^2 \mathrm{d}y$$

$$= \int_{AC} (x + y^3)\mathrm{d}x + 3xy^2 \mathrm{d}y$$

$$+ \int_{CB} (x + y^3)\mathrm{d}x + 3xy^2 \mathrm{d}y$$

$$= \int_0^1 (x + 1)\mathrm{d}x + \int_1^0 3y^2 \mathrm{d}y$$

$$= \frac{3}{2} - 1 = \frac{1}{2}.$$

（3）圆弧 $\overset{\frown}{AB}$ 的参数方程为

$$\begin{cases} x = \cos t, \\ y = \sin t, \end{cases} \quad 0 \leqslant t \leqslant \frac{\pi}{2},$$

且 $A(0,1)$ 对应于参数 $t = \pi/2, B(1,0)$ 对应于参数 $t = 0$. 故

$$\int_{\overset{\frown}{AB}} (x + y^3)\mathrm{d}x + 3xy^2 \mathrm{d}y$$

$$= \int_{\pi/2}^0 \big[(\cos t + \sin^3 t)(-\sin t) + 3\cos t \sin^2 t \cdot \cos t \big] \mathrm{d}t$$

$$= \int_0^{\pi/2} \big[(\cos t \sin t + \sin^4 t) - 3\sin^2 t (1 - \sin^2 t) \big] \mathrm{d}t$$

$$= \frac{1}{2} \sin^2 t \Big|_0^{\pi/2} + \left(\frac{3}{4} - 3 + 3 \cdot \frac{3}{4} \right) \frac{\pi}{4} = \frac{1}{2}.$$

在本例中，沿着以 A 为起点、B 为终点的三条不同的积分路径，第二型曲线积分的值都相同. 实际上，读者可以试着任取一段以 A 为起点、以 B 为终点的分段光滑曲线 L，都可算出

$$\int_L (x+y^3)\mathrm{d}x + 3xy^2\mathrm{d}y = \frac{1}{2}.$$

本例说明,对于有些第二型曲线积分,其积分值只与起点及终点有关,而与积分路径的选取无关.下节我们将专门讨论这个问题.

在一条闭曲线上考虑第二型曲线积分有重要意义.我们先看一个例子.

例 3 计算

$$I = \oint_C \frac{-(x+y)\mathrm{d}x + (x-y)\mathrm{d}y}{x^2+y^2},$$

其中 C 为圆周 $x^2+y^2=a^2(a>0)$,按逆时针方向(记号 $\oint_C$ 表示积分路径 C 是一条封闭的曲线).

解 C 的参数方程为

$$\begin{cases} x = a\cos t, \\ y = a\sin t, \end{cases} \quad 0 \leqslant t \leqslant 2\pi.$$

当 t 由 0 增至 2π 时,C 按逆时针方向,所以应取 0 为下限,2π 为上限,于是

$$I = \int_0^{2\pi} \frac{-(a\cos t + a\sin t)(-a\sin t) + (a\cos t - a\sin t)(a\cos t)}{a^2}\mathrm{d}t$$

$$= \int_0^{2\pi} \mathrm{d}t = 2\pi.$$

顺便指出,当积分曲线为 Oxy 平面上的一条闭曲线时,通常规定逆时针方向作为闭曲线的正向.

例 4 求空间第二型曲线积分

$$I = \int_L y\mathrm{d}x + x\mathrm{d}y + (x+y+z)\mathrm{d}z,$$

其中 L 为自点 $A(2,3,4)$ 到点 $B(3,5,7)$ 的直线段.

解 $\overrightarrow{AB} = (1,2,3)$,所以 L 的参数方程为

$$\begin{cases} x = 2+t, \\ y = 3+2t, \quad 0 \leqslant t \leqslant 1. \\ z = 4+3t, \end{cases}$$

$$I = \int_0^1 \left[(3+2t) + (2+t)\cdot 2 + (2+t+3+2t+4+3t)\cdot 3\right]\mathrm{d}t$$

$$= \int_0^1 (22t+34)\mathrm{d}t = 45.$$

例 5 求空间第二型曲线积分

$$I = \oint_L xy\mathrm{d}x + yz\mathrm{d}y + zx\mathrm{d}z,$$

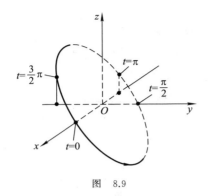

图 8.9

其中 L 为椭圆周

$$\begin{cases} x^2 + y^2 = 1, \\ x + y + z = 1, \end{cases}$$

积分方向如图 8.9 所标示.

解 L 的参数方程为

$$\begin{cases} x = \cos t, \\ y = \sin t, \\ z = 1 - \cos t - \sin t, \end{cases}$$

其中 $0 \leqslant t < 2\pi$. 当 t 从 0 增到 2π 时，相应点的移动方向恰是积分方向. 因此，我们有

$$I = \int_0^{2\pi} \big[\cos t \sin t (-\sin t) + \sin t (1 - \cos t - \sin t) \cos t$$

$$+ (1 - \cos t - \sin t) \cos t (\sin t - \cos t) \big] \mathrm{d}t$$

$$= \int_0^{2\pi} (-3 \cos t \sin^2 t + 2 \sin t \cos t - \sin t \cos^2 t - \cos^2 t + \cos^3 t) \mathrm{d}t$$

$$= -\int_0^{2\pi} \cos^2 t \, \mathrm{d}t = -4 \int_0^{\frac{\pi}{2}} \cos^2 t \, \mathrm{d}t = -\pi.$$

（这里用到 $\displaystyle\int_0^{2\pi} \cos t \sin^2 t \, \mathrm{d}t = 0$ 等）

最后我们指出第一型曲线积分与第二型曲线积分之间的联系. 虽然两类曲线积分的定义不同，但在一定条件下可以互相转化.

由第六章 §5 的讨论知，当曲线 L 用参数方程

$$\begin{cases} x = x(t), \\ y = y(t), \quad \alpha \leqslant t \leqslant \beta \\ z = z(t), \end{cases}$$

表出时，$(x'(t), y'(t), z'(t))$ 是曲线的切向量，因而

$$\mathrm{d}\boldsymbol{r} = (\mathrm{d}x, \mathrm{d}y, \mathrm{d}z) = (x'(t), y'(t), z'(t)) \, \mathrm{d}t$$

也是切向量，且其方向与积分路径的方向一致. 又 $\mathrm{d}\boldsymbol{r}$ 的模正好是弧微分，即

$$|\,\mathrm{d}\boldsymbol{r}\,| = \sqrt{(\mathrm{d}x)^2 + (\mathrm{d}y)^2 + (\mathrm{d}z)^2} = \mathrm{d}s.$$

设 $\mathrm{d}\boldsymbol{r}$ 的方向余弦为 $\cos\alpha, \cos\beta, \cos\gamma$，则有

$$(\cos\alpha, \cos\beta, \cos\gamma) = \frac{\mathrm{d}\boldsymbol{r}}{|\,\mathrm{d}\boldsymbol{r}\,|} = \left(\frac{\mathrm{d}x}{\mathrm{d}s}, \frac{\mathrm{d}y}{\mathrm{d}s}, \frac{\mathrm{d}z}{\mathrm{d}s} \right).$$

由此得

$$\mathrm{d}x = \cos\alpha \, \mathrm{d}s, \quad \mathrm{d}y = \cos\beta \, \mathrm{d}s, \quad \mathrm{d}z = \cos\gamma \, \mathrm{d}s.$$

因而

$$\int_{\widehat{AB}} P\,\mathrm{d}x + Q\,\mathrm{d}y + R\,\mathrm{d}z = \int_{\widehat{AB}} (P\cos\alpha + Q\cos\beta + R\cos\gamma)\,\mathrm{d}s,$$

其中 $\cos\alpha,\cos\beta,\cos\gamma$ 为曲线 $\widehat{AB}$ 上各点的切线（且其方向与积分方向一致）的方向余弦.

上式刻画了两类曲线积分的关系.需要注意的是,式中 $\cos\alpha,\cos\beta,\cos\gamma$ 与曲线的方向有关.当曲线的方向改变时,$\cos\alpha,\cos\beta,\cos\gamma$ 都要改变符号.

对于平面曲线,上述公式变成下列形式:

$$\int_{\widehat{AB}} P\,\mathrm{d}x + Q\,\mathrm{d}y = \int_{\widehat{AB}} (P\cos\alpha + Q\cos\beta)\,\mathrm{d}s,$$

其中 $\cos\alpha,\cos\beta$ 是曲线 $\widehat{AB}$ 上各点处与 $\widehat{AB}$ 同方向的切线的方向余弦.

例6　将第二型曲线积分 $I = \int_L y\,\mathrm{d}x + x\,\mathrm{d}y + xyz\,\mathrm{d}z$ 化成第一型曲线积分,其中 L 是曲线 $\begin{cases} x = 2t, \\ y = t^2, \\ z = t-1 \end{cases}$ 上从点 $A(0,0,-1)$ 到点 $B(2,1,0)$ 的一段.

解　$\mathrm{d}\boldsymbol{r} = (x'(t), y'(t), z'(t))\mathrm{d}t = (2, 2t, 1)\mathrm{d}t$.因为 L 的方向是参数从 $t=0$ 增加到 $t=1$ 的方向,则

$$(\cos\alpha, \cos\beta, \cos\gamma) = \frac{\mathrm{d}\boldsymbol{r}}{|\mathrm{d}\boldsymbol{r}|} = \left(\frac{2}{\sqrt{5+4t^2}}, \frac{2t}{\sqrt{5+4t^2}}, \frac{1}{\sqrt{5+4t^2}} \right)$$

与积分方向一致,又利用 $x=2t, y=t^2$,得到

$$(\cos\alpha, \cos\beta, \cos\gamma) = \left(\frac{2}{\sqrt{5+4y}}, \frac{x}{\sqrt{5+4y}}, \frac{1}{\sqrt{5+4y}} \right).$$

进而

$$I = \int_L y\,\mathrm{d}x + x\,\mathrm{d}y + xyz\,\mathrm{d}z$$

$$= \int_L \left(y \cdot \frac{2}{\sqrt{5+4y}} + x \cdot \frac{x}{\sqrt{5+4y}} + xyz \cdot \frac{1}{\sqrt{5+4y}} \right)\mathrm{d}s$$

$$= \int_L \frac{2y + x^2 + xyz}{\sqrt{5+4y}}\,\mathrm{d}s.$$

习　题　8.2

1. 求 $\int_L 2xy\,\mathrm{d}x - x^2\,\mathrm{d}y$,其中 L 沿下列不同路径从原点 $O(0,0)$ 到终点 $A(2,1)$（见

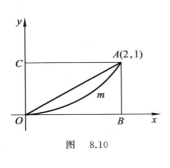

图 8.10

图 8.10)：

(1) 直线段 OA；

(2) 以 Oy 轴为对称轴的抛物线段 $\overset{\frown}{OmA}$；

(3) 折线段 OBA；

(4) 折线段 OCA.

2. 求 $\displaystyle\int_L \boldsymbol{F} \cdot \mathrm{d}\boldsymbol{r}$，其中 $\boldsymbol{F} = (x^2 + y, x + y^2)$，$L$ 沿下列各路径从点 $A(1,0)$ 到 $B(-1,0)$：

(1) 半圆周 $y = -\sqrt{1 - x^2}$；

(2) 直线段 AB；

(3) 折线段 ACB，其中 C 点的坐标为 $(0, -1)$.

3. 求 $\displaystyle\oint_L x^2 \mathrm{d}y - y^2 \mathrm{d}x$，其中积分路径为椭圆周 $\dfrac{x^2}{a^2} + \dfrac{y^2}{b^2} = 1$，按逆时针方向.

4. 求 $\displaystyle\int_L (x^2 - 2xy)\mathrm{d}x + (y^2 - 2xy)\mathrm{d}y$，其中 L 分别为：

(1) 曲线 $y = x^4$ 上由点 $(-1,1)$ 到点 $(1,1)$ 的一段；

(2) 由点 $(-1,1)$ 到点 $(1,1)$ 的直线段.

5. 求 $\displaystyle\oint_L y\mathrm{d}x + z\mathrm{d}y + x\mathrm{d}z$，其中 L 为螺旋线段：

$$x = a\cos t, \quad y = a\sin t, \quad z = bt \quad (0 \leqslant t \leqslant 2\pi, a > 0, b > 0).$$

6. 求 $\displaystyle\int_L (x^2 + y^2)\mathrm{d}x + (x^2 - y)\mathrm{d}y$，其中 L 是曲线 $y = |x|$ 上从点 $(-1,1)$ 到点 $(2,2)$ 的一段.

7. 求 $\displaystyle\oint_L \dfrac{\mathrm{d}x + \mathrm{d}y}{|x| + |y|}$，其中 L 是以 $A(2,0), B(0,2), C(-2,0), D(0,-2)$ 为顶点的正向正方形闭路.

8. 求 $\displaystyle\int_L (x^4 - z^2)\mathrm{d}x + 2xy^2\mathrm{d}y - y\mathrm{d}z$，其中 L 为依参数 t 增加方向的曲线：

$$x = t, \quad y = t^2, \quad z = t^3 \quad (0 \leqslant t \leqslant 1).$$

9. 求 $\displaystyle\oint_L (z^2 - y^2)\mathrm{d}x + (x^2 - z^2)\mathrm{d}y + (y^2 - x^2)\mathrm{d}z$，其中 L 为球面 $x^2 + y^2 + z^2 = 1$ 在第一卦限的边界，方向由 $A(1,0,0)$ 到 $B(0,1,0)$，到 $C(0,0,1)$ 再回到 A.

10. 求 $\displaystyle\oint_L x\mathrm{d}x + z\mathrm{d}y + y\mathrm{d}z$，其中闭曲线 L 由下列三曲线段（按参数 t 增加的方向）所围成：

$$L_1: \begin{cases} x = \cos t, \\ y = \sin t, \quad 0 \leqslant t \leqslant \dfrac{\pi}{2}, \\ z = t, \end{cases}$$

$$L_2: \begin{cases} x = 0, \\ y = 1, \\ z = \dfrac{\pi}{2}(1-t), \end{cases} \quad 0 \leqslant t \leqslant 1,$$

$$L_3: \begin{cases} x = t, \\ y = 1-t, \quad 0 \leqslant t \leqslant 1. \\ z = 0, \end{cases}$$

11. 求 $\displaystyle\int_L \boldsymbol{F} \cdot \mathrm{d}\boldsymbol{r}$，其中 $\boldsymbol{F} = (y-z, z-x, x-y)$，$L$ 为圆周

$$\begin{cases} x^2 + y^2 + z^2 = a^2, \\ y = x\tan\beta, \end{cases} \quad a > 0, 0 < \beta < \pi/2,$$

从 x 轴正向看去，L 沿逆时针方向.（提示：将 $y = x\tan\beta$ 代入球面方程，可推出所论圆周的参数方程为

$$\left.\begin{cases} x = a\cos\beta\cos t, \\ y = a\sin\beta\cos t, \quad 0 \leqslant t \leqslant 2\pi. \\ z = a\sin t, \end{cases}\right)$$

12. 设力 $\boldsymbol{F} = (y-x^2, z-y^2, x-z^2)$，今有一质点沿曲线

$$\begin{cases} x = t, \\ y = t^2, \quad 0 \leqslant t \leqslant 1 \\ z = t^3, \end{cases}$$

自点 $A(0,0,0)$ 移动至 $B(1,1,1)$，求 $\boldsymbol{F}$ 所做之功.

13. 设力 $\boldsymbol{F} = y\boldsymbol{i} - x\boldsymbol{j} + (x+y+z)\boldsymbol{k}$，求：

(1) 质点沿螺旋线 L_1：

$$x = a\cos t, \quad y = a\sin t, \quad z = \frac{c}{2\pi}t$$

从 $A(a,0,0)$ 到 $B(a,0,c)$ 时，力 $\boldsymbol{F}$ 所做的功.

(2) 质点沿直线 AB 由 A 到 B 时，$\boldsymbol{F}$ 所做的功，其中 A, B 与(1)中的相同.

14. 求 $\displaystyle\oint_L \frac{xy(y\mathrm{d}x - x\mathrm{d}y)}{x^2+y^2}$，其中 L 为双纽线 $r^2 = a^2\cos2\varphi$ $(a>0)$ 的右面的一瓣，沿逆时针方向.

§3 格林公式 • 平面第二型曲线积分
与路径无关的条件

我们在上节中曾看到，某些平面第二型曲线积分的值，只依赖于积分路径的起点与终点，而与积分路径的选取无关.本节我们将讨论，当函数

$P(x,y),Q(x,y)$ 满足什么条件时,曲线积分

$$\int_{\overset{\frown}{AB}} P(x,y)\mathrm{d}x + Q(x,y)\mathrm{d}y$$

与积分路径无关而只取决于起点 A 与终点 B? 为讨论这一问题,现在先做些准备工作.

　　在第六章 §1 中我们介绍了平面区域的概念.现在再进一步介绍单连通区域及多连通区域的概念.

　　我们说 L 是一条简单闭曲线,如果它是一个映射 $\varphi:[\alpha,\beta]\to \mathbf{R}^2$ 的像,其中 φ 在 $[\alpha,\beta]$ 上连续,φ 在 (α,β) 上是一一映射,且 $\varphi(\alpha)=\varphi(\beta)$.

　　从几何上看,一条简单闭曲线就是起点与终点相重合,而其他处不自交的曲线.

　　若尔当(Jordan)证明了下列著名的定理:若 L 是 $\mathbf{R}^2$ 中的一条简单闭曲线,则 $\mathbf{R}^2\backslash L$ 由两个连通的开集组成,其中一个为有界集合,另一个为无界集合.这个在直观上非常容易接受的事实在数学上的证明并非十分简单.

　　简单地说,一条简单闭曲线总是将平面分作两个区域,其中一个区域是有界的,而另一个是无界的.我们将其中有界的区域称作该**简单闭曲线的内部**.

　　一条简单闭曲线也称作**若尔当曲线**.

　　现在我们可以定义什么是单连通区域了.

　　定义 1　若平面区域 D 中的任意一条简单闭曲线的内部都包含于 D 之中,则称 D 为**单连通区域**;否则称作**多连通区域**.

　　显然,上半平面

$$H=\{(x,y)\,|\,y>0\}$$

是单连通区域.另外,一条简单闭曲线的内部(也即由一条简单闭曲线所围成的区域)是单连通的,如图 8.11 中的 D.如果在一个单连通区域内挖去一点 A,或挖去若干个点,或挖去若干个闭区域,那么所剩下的集合就不再是单连通的了,见图 8.12 与图 8.13.

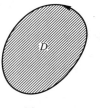

图　8.11

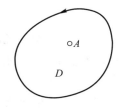

图　8.12

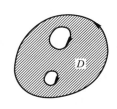

图　8.13

在本节讨论中,我们所涉及的区域都是有界区域,并且都是由一条或几条简单闭曲线所围成.我们将不涉及像前面提到的上半平面 H 这样的区域.

定义 2 设区域 D 的边界为 L,L 是由一条或几条简单闭曲线所组成.我们说边界曲线 L 的**正向**是指这样的方向,使得沿这个方向前进时区域总落在左侧.规定了正向的边界曲线 L 记作 L^+.

图 8.13 中 L^+ 的方向如箭头所示.最外层的边界曲线的正向是逆时针方向,而内层的几条边界曲线的正向则是顺时针的.

显然,由一条简单闭曲线所围的有界区域,其边界曲线之正向是逆时针方向,如图 8.11 所示.

1. 格林公式

格林公式揭示了在一个平面区域上的二重积分与沿其正向边界曲线的第二型曲线积分之间的关系.在数学形式上看,它相当于微积分基本定理在一定意义下的推广,这一点留待后面解释.而在自然界中,它又是许多物理现象的反映,成为许多平面物理场的研究基础.

定理 1(格林公式) 设函数 $P(x,y),Q(x,y)$ 在有界闭区域 D 上有连续的一阶偏导数,D 的边界 L 是逐段光滑的,则有格林公式:

$$\oint_{L^+} P\,\mathrm{d}x + Q\,\mathrm{d}y = \iint_D \left(\frac{\partial Q}{\partial x} - \frac{\partial P}{\partial y}\right)\mathrm{d}x\,\mathrm{d}y, \tag{8.3}$$

其中 L^+ 为区域 D 的正向边界.

证 先证

$$\oint_{L^+} P\,\mathrm{d}x = -\iint_D \frac{\partial P}{\partial y}\mathrm{d}x\,\mathrm{d}y. \tag{8.4}$$

根据区域 D 的不同,我们分三种情况进行证明.

(1) 区域 D 由曲线

$$y = y_1(x), \quad y = y_2(x)$$

($y_1(x) \leqslant y_2(x)$,当 $a \leqslant x \leqslant b$ 时)及直线 $x=a$,$x=b$ 所围成(见图 8.14).

根据曲线积分的计算公式,有

$$\oint_{L^+} P\,\mathrm{d}x = \int_{\widehat{A'B'}} P\,\mathrm{d}x + \int_{B'B} P\,\mathrm{d}x + \int_{\widehat{BA}} P\,\mathrm{d}x + \int_{AA'} P\,\mathrm{d}x$$

$$= \int_a^b P(x,y_1(x))\mathrm{d}x + 0 + \int_b^a P(x,y_2(x))\mathrm{d}x + 0$$

$$=-\int_a^b \left[P(x,y_2(x)) - P(x,y_1(x)) \right] \mathrm{d}x.$$

另一方面,根据二重积分的计算法,有

$$\iint\limits_D \frac{\partial P}{\partial y} \mathrm{d}x\,\mathrm{d}y = \int_a^b \mathrm{d}x \int_{y_1(x)}^{y_2(x)} \frac{\partial P}{\partial y} \mathrm{d}y = \int_a^b \left[P(x,y_2(x)) - P(x,y_1(x)) \right] \mathrm{d}x.$$

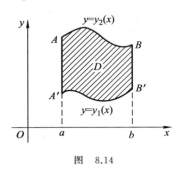

图   8.14

比较上面两式,即得所要的公式(8.4).

(2) D 是单连通区域,但 D 的边界线 L 与某些平行于 y 轴的直线之交点多于两个(见图 8.15).

这时,可引一些辅助线将 D 分成有限个小区域,使每个小区域由(1)中所述的曲线围成.在每个小区域上利用已证得的公式(8.4),然后再将所得的结果相加.注意到在所引的辅助线上,两次使用公式(8.4)时曲线积分方向正好相反,因而在这些辅助线上的曲线积分相互抵消.这就推出公式(8.4)对整个区域依然成立.比如,图 8.15 所示的区域 D,可以用辅助线分作 5 个小区域 $D_i(i=1,2,3,4,5)$.记每个 D_i 的边界为 L_i,那么我们有

$$\iint\limits_D -\frac{\partial P}{\partial y} \mathrm{d}x\,\mathrm{d}y = \sum_{i=1}^5 \iint\limits_{D_i} -\frac{\partial P}{\partial y} \mathrm{d}x\,\mathrm{d}y = \sum_{i=1}^5 \int_{L_i^+} P\,\mathrm{d}x = \oint_{L^+} P\,\mathrm{d}x.$$

(3) D 是多连通域.

这时仍然可以通过做辅助线的方法将 D 分作若干小区域,如图 8.16 所示.对于每个小区域使用上述公式(8.4),然后相加,即得出对于整个区域 D 上公式(8.4)成立.

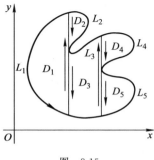

图   8.15

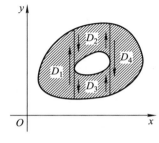

图   8.16

完全类似地,可以对由曲线

$$x = x_1(y), \quad x = x_2(y) \quad (c \leqslant y \leqslant d)$$

$(x_1(y) < x_2(y))$ 及直线 $y = c$ 与 $y = d$ 所围的区域 D 证明公式

$$\oint_{L^+} Q\,\mathrm{d}y = \iint_D \frac{\partial Q}{\partial x}\mathrm{d}x\,\mathrm{d}y, \tag{8.5}$$

其中 L 是 D 的边界. 再证对于一般区域 D, 公式(8.5)同样成立. 证明办法是用平行于 x 轴的直线段将 D 分割成若干小区域, 使得每个小区域的边界满足上述要求, 对每个小区域使用公式(8.5)然后再相加, 就得到一般区域上的公式(8.5).

将前面已证明的关于 $\oint_{L^+} P\,\mathrm{d}x$ 及 $\oint_{L^+} Q\,\mathrm{d}y$ 的公式相加, 即得到格林公式(8.3). 证毕.

格林公式为计算第二型曲线积分提供了一种办法.

例1 求

$$I = \oint_{L^+} y\,\mathrm{d}x + 2x\,\mathrm{d}y,$$

其中 L 为正方形 $ABCD$ 的边界, $A=(1,0)$, $B=(0,1)$, $C=(-1,0)$, $D=(0,-1)$ (见图 8.17).

解 利用格林公式,

$$I = \iint_D \left(\frac{\partial Q}{\partial x} - \frac{\partial P}{\partial y}\right)\mathrm{d}x\,\mathrm{d}y$$

$$= \iint_D (2-1)\mathrm{d}x\,\mathrm{d}y$$

$$= \text{区域 } D \text{ 的面积}$$

$$= (\sqrt{2})^2 = 2.$$

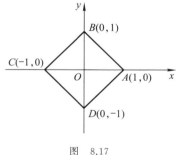

图 8.17

一般地说, 当 $\dfrac{\partial Q}{\partial x} - \dfrac{\partial P}{\partial y} = 1$ 时,

$$\oint_{L^+} P\,\mathrm{d}x + Q\,\mathrm{d}y = \text{曲线 } L \text{ 所围区域 } D \text{ 的面积}.$$

特别取 $P = -\dfrac{1}{2}y$, $Q = \dfrac{1}{2}x$ 时有 $\dfrac{\partial Q}{\partial x} - \dfrac{\partial P}{\partial y} = 1$, 因而有

$$D \text{ 的面积} = \frac{1}{2}\int_{L^+} x\,\mathrm{d}y - y\,\mathrm{d}x. \tag{8.6}$$

例2 求椭圆 $\dfrac{x^2}{a^2} + \dfrac{y^2}{b^2} \leqslant 1$ 的面积 D.

解   椭圆的边界方程为

$$\begin{cases} x = a\cos t, \\ y = b\sin t, \end{cases} \quad 0 \leqslant t < 2\pi.$$

由公式(8.6)得

$$D \text{ 的面积} = \frac{1}{2}\oint_{L^+} x\,\mathrm{d}y - y\,\mathrm{d}x$$

$$= \frac{1}{2}\int_0^{2\pi}\left[a\cos t \cdot b\cos t - b\sin t(-a\sin t)\right]\mathrm{d}t$$

$$= \frac{1}{2}\int_0^{2\pi}ab\,\mathrm{d}t = ab\pi.$$

例 3   求曲线积分

$$\oint_{L^+}\frac{-(x+y)\mathrm{d}x + (x-y)\mathrm{d}y}{x^2+y^2}, \quad \text{其中 } L^+ \text{ 为光滑的闭曲线.}$$

解   这里

$$P(x,y) = \frac{-(x+y)}{x^2+y^2}, \quad Q(x,y) = \frac{x-y}{x^2+y^2}.$$

$P(x,y),Q(x,y)$在原点处无定义,为利用格林公式,故须分两种情况讨论.

(1) 当 L 所围的区域 D 内不包含原点时,$P(x,y),Q(x,y)$ 在 D 内有连续的一阶偏导数,这时可用格林公式.不难算出

$$\frac{\partial Q}{\partial x} = \frac{\partial P}{\partial y} = \frac{y^2 + 2xy - x^2}{(x^2+y^2)^2},$$

也即 $\dfrac{\partial Q}{\partial x} - \dfrac{\partial P}{\partial y} = 0.$ 于是

$$\oint_{L^+}\frac{-(x+y)\mathrm{d}x + (x-y)\mathrm{d}y}{x^2+y^2} = \iint_D 0\,\mathrm{d}x\,\mathrm{d}y = 0.$$

(2) 当 L 所围的区域 D 包含原点作为其内点时,由于 $P(x,y),Q(x,y)$ 在 D 内一点(即原点)处无定义,也就不满足格林公式成立的条件,故不能在区域 D 上用格林公式.为了能用格林公式,需要把原点"挖掉".为此以原点为圆心,充分小的 $r(>0)$ 为半径作一小圆 C,使 C 整个包含在 D 内(见图 8.18).在挖掉小圆域 C 之后的多连通区域 D_1 上,可利用格林公

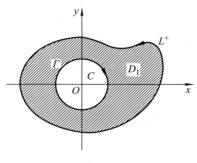

图   8.18

式.设 C 的边界曲线为 Γ,则有

$$\oint_{(L+\Gamma)^+} \frac{-(x+y)\mathrm{d}x+(x-y)\mathrm{d}y}{x^2+y^2} = \iint_{D_1} 0\,\mathrm{d}x\,\mathrm{d}y = 0,$$

这里 $(L+\Gamma)^+$ 表示多连通区域 D_1 的正向边界曲线.这时 L 按逆时针方向,而 Γ 按顺时针方向(见图 8.18).因而

$$\oint_{(L+\Gamma)^+} \frac{-(x+y)\mathrm{d}x+(x-y)\mathrm{d}y}{x^2+y^2}$$

$$= \oint_{L^+} \frac{-(x+y)\mathrm{d}x+(x-y)\mathrm{d}y}{x^2+y^2}$$

$$- \oint_{\Gamma^+} \frac{-(x+y)\mathrm{d}x+(x-y)\mathrm{d}y}{x^2+y^2},$$

由上式即可推出

$$\oint_{L^+} \frac{-(x+y)\mathrm{d}x+(x-y)\mathrm{d}y}{x^2+y^2} = \oint_{\Gamma^+} \frac{-(x+y)\mathrm{d}x+(x-y)\mathrm{d}y}{x^2+y^2}.$$

此式说明,沿任意一条将原点包围在其内部的光滑正向闭曲线 L 的积分,都等于沿以原点为圆心的正向圆周 Γ^+ 的积分.而后者不难求出:令 $x = r\cos t$,$y = r\sin t$,$0 \leqslant t < 2\pi$,有

$$\oint_{L^+} \frac{-(x+y)\mathrm{d}x+(x-y)\mathrm{d}y}{x^2+y^2}$$

$$= \frac{1}{r^2} \int_0^{2\pi} \left[-r^2(\cos t+\sin t)(-\sin t) + r^2(\cos t-\sin t)(\cos t) \right] \mathrm{d}t$$

$$= \int_0^{2\pi} 1\,\mathrm{d}t = 2\pi.$$

因而我们得到当原点在 L 内部时,

$$\oint_{L^+} \frac{-(x+y)\mathrm{d}x+(x-y)\mathrm{d}y}{x^2+y^2} = 2\pi.$$

这是一个非常典型的例题,它告诉我们格林公式的条件必须严格验证,即使在一点处不满足,也不能使用.

例 4 求 $I = \int_L \mathrm{e}^x(1-\cos y)\mathrm{d}x - \mathrm{e}^x(y-\sin y)\mathrm{d}y$,其中 L 为曲线 $y = \sin x$ 上从 $x=0$ 到 $x=\pi$ 方向(见图 8.19).

解 记 $O(0,0)$,$A(\pi,0)$,做定向辅助线段 $OA: y=0 (0 \leqslant x \leqslant \pi)$,$L$ 与 OA 围成区域,记为 D.

在这个例题中,$P(x,y) = \mathrm{e}^x(1-\cos y)$,$Q(x,y) = -\mathrm{e}^x(y-\sin y)$.利用格林公式,

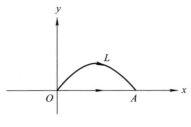

图　8.19

$$-\int_L P(x,y)\mathrm{d}x+Q(x,y)\mathrm{d}y+\int_{OA} P(x,y)\mathrm{d}x+Q(x,y)\mathrm{d}y$$

$$=\iint\limits_D\left(\frac{\partial Q}{\partial x}-\frac{\partial P}{\partial y}\right)\mathrm{d}x\,\mathrm{d}y,$$

$$I=\int_{OA} P(x,y)\mathrm{d}x+Q(x,y)\mathrm{d}y-\iint\limits_D\left(\frac{\partial Q}{\partial x}-\frac{\partial P}{\partial y}\right)\mathrm{d}x\,\mathrm{d}y.$$

注意到，在 OA 上 $y=0,\mathrm{d}y=0$,则

$$\int_{OA} P(x,y)\mathrm{d}x+Q(x,y)\mathrm{d}y=\int_0^\pi \mathrm{e}^x(1-\cos0)\mathrm{d}x=0.$$

$$\iint\limits_D\left(\frac{\partial Q}{\partial x}-\frac{\partial P}{\partial y}\right)\mathrm{d}x\,\mathrm{d}y=\iint\limits_D\left[-\mathrm{e}^x(y-\sin y)-\mathrm{e}^x\sin y\right]\mathrm{d}x\,\mathrm{d}y$$

$$=-\iint\limits_D\mathrm{e}^x y\,\mathrm{d}x\,\mathrm{d}y=-\int_0^\pi \mathrm{d}x\int_0^{\sin x}\mathrm{e}^x y\,\mathrm{d}y$$

$$=-\int_0^\pi \mathrm{e}^x\cdot\frac{1}{2}\sin^2 x\,\mathrm{d}x=-\int_0^\pi \mathrm{e}^x\cdot\frac{1}{2}\cdot\frac{1-\cos2x}{2}\mathrm{d}x$$

$$=\frac{1}{4}\int_0^\pi \mathrm{e}^x\cos2x\,\mathrm{d}x-\frac{1}{4}\int_0^\pi \mathrm{e}^x\mathrm{d}x$$

$$=\frac{1}{4}\cdot\frac{\mathrm{e}^x\cos2x+2\mathrm{e}^x\sin2x}{5}\bigg|_0^\pi-\frac{1}{4}\mathrm{e}^x\bigg|_0^\pi=-\frac{1}{5}(\mathrm{e}^\pi-1).$$

于是 $I=\dfrac{1}{5}(\mathrm{e}^\pi-1).$

　　若直接计算第二型曲线积分比较麻烦,一个有效的方法是利用格林公式,但曲线不封闭,则可以添加辅助线使之构成封闭曲线,以便用格林公式化为二重积分,再减去辅助线上的积分(易计算)即得结果.

　　例 5　设函数 $u(x,y)$ 在有界闭区域 D 上有连续的二阶偏导数,L 为 D 的边界且逐段光滑.证明:

$$\oint_{L^+}\frac{\partial u}{\partial \boldsymbol{n}}\mathrm{d}s=\iint_D \Delta u\,\mathrm{d}\sigma,$$

其中$\dfrac{\partial u}{\partial \boldsymbol{n}}$表示函数$u(x,y)$沿$L$的外法线方向的方向导数，$\Delta u=\dfrac{\partial^2 u}{\partial x^2}+\dfrac{\partial^2 u}{\partial y^2}$.

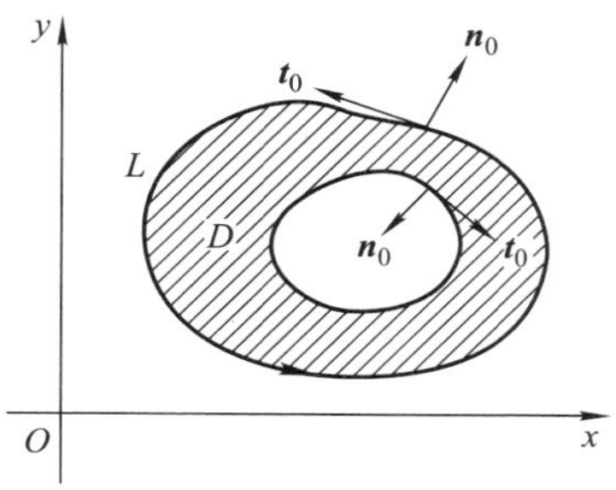

图 8.20

证 设$\boldsymbol{t}_0$为L^+的单位切向量，其方向余弦为$\cos\alpha,\cos\beta$.而$\boldsymbol{n}_0$为L的外法线方向的单位向量.设$\boldsymbol{n}_0=(a,b)$.$\boldsymbol{t}_0$与$\boldsymbol{n}_0$应满足(见图 8.20)

$$\boldsymbol{n}_0\cdot\boldsymbol{t}_0=0 \quad 及 \quad \boldsymbol{n}_0\times\boldsymbol{t}_0=\boldsymbol{k},$$

其中$\boldsymbol{k}$为z轴正方向的单位向量.由于

$$\boldsymbol{n}_0\times\boldsymbol{t}_0=\begin{vmatrix}\boldsymbol{i} & \boldsymbol{j} & \boldsymbol{k}\\ a & b & 0\\ \cos\alpha & \cos\beta & 0\end{vmatrix}=(a\cos\beta-b\cos\alpha)\boldsymbol{k},$$

故条件$\boldsymbol{n}_0\cdot\boldsymbol{t}_0=0$及$\boldsymbol{n}_0\times\boldsymbol{t}_0=\boldsymbol{k}$即表为

$$\begin{cases}a\cos\alpha+b\cos\beta=0,\\ a\cos\beta-b\cos\alpha=1,\end{cases}$$

由此解出$a=\cos\beta$，$b=-\cos\alpha$，即

$$\boldsymbol{n}_0=(\cos\beta,-\cos\alpha).$$

此式说明$\boldsymbol{n}_0$的方向余弦为$\cos\beta,-\cos\alpha$.于是由方向导数的定义，有

$$\begin{aligned}\oint_{L^+}\frac{\partial u}{\partial \boldsymbol{n}}\mathrm{d}s&=\oint_{L^+}\left(\frac{\partial u}{\partial x}\cos\beta-\frac{\partial u}{\partial y}\cos\alpha\right)\mathrm{d}s\\&=\oint_{L^+}\frac{\partial u}{\partial x}\mathrm{d}y-\frac{\partial u}{\partial y}\mathrm{d}x\\&=\iint_D\left[\frac{\partial}{\partial x}\left(\frac{\partial u}{\partial x}\right)-\frac{\partial}{\partial y}\left(-\frac{\partial u}{\partial y}\right)\right]\mathrm{d}x\,\mathrm{d}y\\&=\iint_D\Delta u\,\mathrm{d}x\,\mathrm{d}y.\end{aligned}$$

证毕.

例 6 设区域D的边界为闭曲线L.某稳定流体(即流体的流速与时间无关，只与点的位置有关)在$\overline{D}=D+L$上每一点(x,y)处的速度为

$$v(x,y) = (P(x,y), Q(x,y)),$$

其中函数 $P(x,y), Q(x,y)$ 在 $\overline{D}$ 上有一阶连续偏导数. 该流体通过闭曲线 L 的流量 Φ 定义为

$$\Phi = \oint_{L^+} v \cdot n \, ds,$$

其中 n 为 L 的外法线方向的单位向量. 试证明下列公式成立:

$$\oint_{L^+} v \cdot n \, ds = \iint_D \left(\frac{\partial P}{\partial x} + \frac{\partial Q}{\partial y} \right) d\sigma.$$

证 设 L^+ 的切向量的方向余弦为 $\cos\alpha, \cos\beta$. 由例 5 知

$$n = (\cos\beta, -\cos\alpha),$$

于是

$$\oint_{L^+} v \cdot n \, ds = \oint_{L^+} (P\cos\beta - Q\cos\alpha) \, ds = \oint_{L^+} P \, dy - Q \, dx.$$

又由格林公式可得

$$\oint_{L^+} P \, dy - Q \, dx = \iint_D \left(\frac{\partial P}{\partial x} + \frac{\partial Q}{\partial y} \right) d\sigma.$$

由上两式即可推出所要的公式. 证毕.

上述公式也可看作格林公式的另一种形式. 物理上称函数 $\left(\dfrac{\partial P}{\partial x} + \dfrac{\partial Q}{\partial y} \right)$ 为平面向量场 $v = (P(x,y), Q(x,y))$ 的**散度**. 于是上述公式的物理意义是: 稳定流体通过某一闭曲线的流量, 等于其散度在该闭曲线所包围的区域上的二重积分之值.

以后我们还将专门探讨散度的意义.

2. 平面第二型曲线积分与路径无关的条件

现在我们来讨论, 当函数 $P(x,y)$ 与 $Q(x,y)$ 满足什么条件时, 第二型曲线积分

$$\int_{\overset{\frown}{AB}} P \, dx + Q \, dy$$

的值只与起点 A、终点 B 的坐标有关, 而与联结 A, B 两点的积分路径无关.

首先指出一个事实:

命题 在区域 D 内任意取定两点 A, B. 曲线积分 $\displaystyle\int_{\overset{\frown}{AB}} P \, dx + Q \, dy$ 在区域 D 内与路径无关的充要条件是: 对于 D 内任意一条简单逐段光滑闭曲

线 C,沿 C 的曲线积分为零,即

$$\oint_{C^+} P\,\mathrm{d}x + Q\,\mathrm{d}y = 0.$$

证 **必要性** 在 D 内任取一条简单逐段光滑闭曲线 C,在 C 上任取两点 A,B(见图 8.21).设曲线 C 被分成 $\overparen{AnB}$ 与 $\overparen{AmB}$ 两段.由假设,有

$$\int_{\overparen{AnB}} P\,\mathrm{d}x + Q\,\mathrm{d}y = \int_{\overparen{AmB}} P\,\mathrm{d}x + Q\,\mathrm{d}y,$$

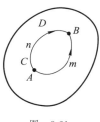

图 8.21

移项得

$$0 = \int_{\overparen{AmB}} P\,\mathrm{d}x + Q\,\mathrm{d}y - \int_{\overparen{AnB}} P\,\mathrm{d}x + Q\,\mathrm{d}y$$

$$= \int_{\overparen{AmB}} P\,\mathrm{d}x + Q\,\mathrm{d}y + \int_{\overparen{BnA}} P\,\mathrm{d}x + Q\,\mathrm{d}y$$

$$= \oint_{C^+} P\,\mathrm{d}x + Q\,\mathrm{d}y.$$

必要性证完.

充分性的证明本书从略,读者自己可以试着给出一个直观的证明.证毕.

下面我们给出曲线积分与路径无关的两个充要条件.

定理 2 设 D 是单连通区域,函数 $P(x,y)$ 与 $Q(x,y)$ 在 D 内有一阶连续偏导数,则对 D 内任意取定的两点 A 与 B,曲线积分

$$\int_{\overparen{AB}} P(x,y)\,\mathrm{d}x + Q(x,y)\,\mathrm{d}y$$

与路径无关的充要条件是等式

$$\frac{\partial P}{\partial y} = \frac{\partial Q}{\partial x}$$

在 D 内处处成立.

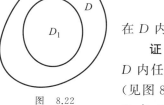

图 8.22

证 **充分性** 已知上述等式在 D 内处处成立.在 D 内任取一条简单闭曲线 C,记 C 所围之区域为 D_1(见图 8.22).由于 D 是单连通区域,因而 D_1 被包含在 D 内,于是在区域 D_1 上用格林公式得

$$\oint_{C^+} P\,\mathrm{d}x + Q\,\mathrm{d}y = \iint_{D_1} \left(\frac{\partial Q}{\partial x} - \frac{\partial P}{\partial y} \right) \mathrm{d}x\,\mathrm{d}y = \iint_{D_1} 0\,\mathrm{d}x\,\mathrm{d}y = 0.$$

再由上述命题即推出积分与路径无关.

必要性 我们假定上述积分与路径无关,要证明等式 $\dfrac{\partial P}{\partial y} = \dfrac{\partial Q}{\partial x}$ 在 D 内

处处成立.用反证法.设在 D 内一点 M_0 处上述等式不成立,不妨设

$$\left.\left(\frac{\partial Q}{\partial x}-\frac{\partial P}{\partial y}\right)\right|_{M_0}=a>0.$$

由假设可知函数 $\dfrac{\partial Q}{\partial x}-\dfrac{\partial P}{\partial y}$ 在 D 内连续.因而在 D 内存在以 M_0 为圆心,以充分小的正数 r 为半径的小圆域 D_0,使在整个 D_0 上,有

$$\frac{\partial Q}{\partial x}-\frac{\partial P}{\partial y}>\frac{a}{2}.$$

设 D_0 的边界线为 C_0,在 D_0 上用格林公式,有

$$\oint_{C_0^+}P\,\mathrm{d}x+Q\,\mathrm{d}y=\iint_{D_0}\left(\frac{\partial Q}{\partial x}-\frac{\partial P}{\partial y}\right)\mathrm{d}x\,\mathrm{d}y\geqslant\frac{a}{2}\cdot\pi r^2>0.$$

但 C_0 是 D 内的简单闭曲线,由证明假设及前面命题,应有

$$\oint_{C_0^+}P\,\mathrm{d}x+Q\,\mathrm{d}y=0.$$

于是发生矛盾. 证毕.

思考题 函数 $P(x,y)=\dfrac{-(x+y)}{x^2+y^2}$, $Q(x,y)=\dfrac{x-y}{x^2+y^2}$ 在环形域 D:

$0<\delta\leqslant x^2+y^2\leqslant 4$ 上有连续的一阶偏导数,且在 D 内处处成立等式

$$\frac{\partial Q}{\partial x}=\frac{\partial P}{\partial y}.$$

但由例 3 知,对于以原点为圆心,以 $r(\delta<r<2)$ 为半径的圆周 C(C 是 D 内的闭曲线),有

$$\oint_{C^+}P\,\mathrm{d}x+Q\,\mathrm{d}y=2\pi\neq 0.$$

这与定理 1 是否矛盾? 为什么?

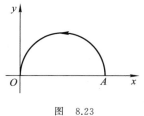

图 8.23

例 7 求曲线积分

$$\int_{\overset{\frown}{AO}}(x^2+y)\,\mathrm{d}x+(x+y^2\sin^3 y)\,\mathrm{d}y,$$

其中 $\overset{\frown}{AO}$ 是上半圆周 $y=\sqrt{x(2-x)}$($0\leqslant x\leqslant 2$),沿逆时针方向(见图 8.23).

解 这里 $P(x,y)=x^2+y$, $Q(x,y)=x+y^2\sin^3 y$.因为 $\dfrac{\partial Q}{\partial x}=1=\dfrac{\partial P}{\partial y}$,又它们在全平面上连续,所以积分与路径无关,就可换一条便于计算的积分路径.如可取下列直线段 AO 为积分路径:

$$y=0, \quad 0 \leqslant x \leqslant 2.$$

这时

$$\int_{\widehat{AO}} (x^2 + y)\mathrm{d}x + (x + y^2 \sin^3 y)\mathrm{d}y$$

$$= \int_{AO} (x^2 + y)\mathrm{d}x + (x + y^2 \sin^3 y)\mathrm{d}y = \int_2^0 x^2 \mathrm{d}x = -\frac{8}{3}.$$

当曲线积分 $\int_{\widehat{AB}} P\mathrm{d}x + Q\mathrm{d}y$ 与路径无关时,它只是起点 A 与终点 B 的函数,可记作

$$\int_A^B P\mathrm{d}x + Q\mathrm{d}y.$$

下面我们给出第二型曲线积分与路径无关的另一个充要条件.

定理 3 设函数 $P(x,y), Q(x,y)$ 在单连通区域 D 上有一阶连续偏导数,则等式

$$\frac{\partial Q}{\partial x} = \frac{\partial P}{\partial y}$$

在 D 内恒成立的充要条件是 $P\mathrm{d}x + Q\mathrm{d}y$ 恰是某个函数 $u(x,y)$ 的全微分,即有

$$\mathrm{d}u(x,y) = P\mathrm{d}x + Q\mathrm{d}y.$$

证 充分性 已知存在函数 $u(x,y)$,使 $\mathrm{d}u = P\mathrm{d}x + Q\mathrm{d}y$. 于是 $\frac{\partial u}{\partial x} = P, \frac{\partial u}{\partial y} = Q$. 由此可得

$$\frac{\partial P}{\partial y} = \frac{\partial^2 u}{\partial x \partial y}, \quad \frac{\partial Q}{\partial x} = \frac{\partial^2 u}{\partial y \partial x}.$$

于是 $\frac{\partial P}{\partial y}, \frac{\partial Q}{\partial x}$ 的连续性意味着 $\frac{\partial^2 u}{\partial x \partial y}$ 与 $\frac{\partial^2 u}{\partial y \partial x}$ 的连续性,从而这两个混合偏导数相等,即得 $\frac{\partial P}{\partial y} = \frac{\partial Q}{\partial x}$.

必要性 已知等式 $\frac{\partial Q}{\partial x} = \frac{\partial P}{\partial y}$ 在 D 内处处成立,由定理 2,曲线积分

$$\int_{\widehat{AB}} P\mathrm{d}x + Q\mathrm{d}y$$

与路径无关.现在我们固定起点 $A(x_0, y_0) \in D$,而终点 $B(x,y)$ 可在 D 内移动,则上述曲线积分就是终点 (x,y) 的函数,用 $u(x,y)$ 表示这个函数,即

令

$$u(x,y) = \int_{(x_0,y_0)}^{(x,y)} P\,dx + Q\,dy.$$

现在,我们来证明由上式所确定的函数 $u(x,y)$ 满足关系式:

$$\frac{\partial u}{\partial x} = P(x,y), \qquad \frac{\partial u}{\partial y} = Q(x,y).$$

我们只证 $\dfrac{\partial u}{\partial x} = P(x,y)$,而 $\dfrac{\partial u}{\partial y} = Q(x,y)$ 的证明完全类似.

在 D 内任意取定点 $B(x,y)$,再任取 $B'(x+\Delta x,y) \in D$,且使 BB' 也在 D 内(见图 8.24).由于积分与路径无关,从 A 到 B' 的积分可看成先从 A 到 B,再从 B 沿直线 BB' 到 B' 的积分.于是

$$u(x+\Delta x,y) - u(x,y)$$

$$= \int_{\widehat{AB'}} P\,dx + Q\,dy - \int_{\widehat{AB}} P\,dx + Q\,dy$$

$$= \int_{BB'} P\,dx + Q\,dy$$

$$= \int_x^{x+\Delta x} P(x,y)\,dx = P(\xi,y)\Delta x,$$

其中 ξ 介于 x 与 $x+\Delta x$ 之间.这里最后一个等式是应用积分中值定理的结果.再注意,当 P 在 D 内有一阶连续偏导数时,$P(x,y)$ 本身在 D 内也连续,因而有

$$\lim_{\Delta x \to 0} \frac{u(x+\Delta x,y) - u(x,y)}{\Delta x} = \lim_{\Delta x \to 0} P(\xi,y) = P(x,y),$$

即 $\dfrac{\partial u}{\partial x} = P(x,y)$.

另一方面,$P(x,y)$,$Q(x,y)$ 的连续性意味着 $\dfrac{\partial u}{\partial x}$,$\dfrac{\partial u}{\partial y}$ 的连续性,从而推出函数 $u(x,y)$ 在 D 内可微且

$$du = \frac{\partial u}{\partial x}dx + \frac{\partial u}{\partial y}dy = P\,dx + Q\,dy.$$

证毕.

推论   设函数 $P(x,y)$,$Q(x,y)$ 在单连通区域 D 内有连续的一阶偏导数.对任意两点 $A,B \in D$,曲线积分 $\displaystyle\int_{\widehat{AB}} P\,dx + Q\,dy$ 与路径无关的充要条件是:$P\,dx + Q\,dy$ 恰是某个函数 $u(x,y)$ 的全微分.此外,当 $P\,dx + Q\,dy$ 是

$u(x,y)$ 的全微分时,有

$$\int_{\widehat{AB}} P\,\mathrm{d}x + Q\,\mathrm{d}y = \int_A^B \mathrm{d}u = u(B) - u(A), \qquad (8.7)$$

其中 $u(A)$ 表示函数 $u(x,y)$ 在 A 点处的函数值,$u(B)$ 的含义类似.

证 推论的前半部分由定理 1 及定理 2 即能推出.现证公式(8.7).

过 A,B 两点在 D 内任做一曲线 $\widehat{AB}$,设 $\widehat{AB}$ 的参数方程为

$$\begin{cases} x = \varphi(t), \\ y = \psi(t), \end{cases} \quad \alpha \leqslant t \leqslant \beta,$$

其中 α,β 分别对应于 A 点及 B 点.这时我们有

$$\int_A^B P(x,y)\,\mathrm{d}x + Q(x,y)\,\mathrm{d}y$$

$$= \int_\alpha^\beta \left[P(\varphi(t),\psi(t))\varphi'(t) + Q(\varphi(t),\psi(t))\psi'(t) \right]\mathrm{d}t$$

$$= \int_\alpha^\beta \left(\frac{\partial u}{\partial x}\frac{\mathrm{d}x}{\mathrm{d}t} + \frac{\partial u}{\partial y}\frac{\mathrm{d}y}{\mathrm{d}t} \right)\mathrm{d}t = \int_\alpha^\beta \frac{\mathrm{d}u(\varphi(t),\psi(t))}{\mathrm{d}t}\mathrm{d}t$$

$$= u(\varphi(t),\psi(t)) \Big|_\alpha^\beta = u(B) - u(A).$$

证毕.

这个公式与牛顿-莱布尼茨公式十分相似.因此,我们也常把满足条件

$$\mathrm{d}u = P(x,y)\,\mathrm{d}x + Q(x,y)\,\mathrm{d}y$$

的 u 称作 $P\,\mathrm{d}x + Q\,\mathrm{d}y$ 的**原函数**.

例 8 求曲线积分

$$\int_{\widehat{AB}} \frac{y\,\mathrm{d}x - x\,\mathrm{d}y}{x^2},$$

其中 $A = (2,1)$,$B = (1,2)$,$\widehat{AB}$ 是圆周 $(x-1)^2 + (y-1)^2 = 1$ 上的一段圆弧(见图 8.25).

解 不难算出 $\dfrac{\partial Q}{\partial x} = \dfrac{1}{x^2} = \dfrac{\partial P}{\partial y}$,又 $P(x,y)$,$Q(x,y)$ 在任一包含点 A,B 且不与 y 轴相交的单连通区域 D 内有连续的一阶偏导数,所以曲线积分在 D 内与路径无关.且不难算出 $\dfrac{y\,\mathrm{d}x - x\,\mathrm{d}y}{x^2} = \mathrm{d}\left(-\dfrac{y}{x} \right)$,

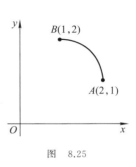

图 8.25

即 $\left(-\dfrac{y}{x}\right)$ 是 $\dfrac{y\,\mathrm{d}x-x\,\mathrm{d}y}{x^{2}}$ 的一个原函数,于是

$$\int_{\overset{\frown}{AB}}\frac{y\,\mathrm{d}x-x\,\mathrm{d}y}{x^{2}}=\int_{(2,1)}^{(1,2)}\mathrm{d}\left(-\frac{y}{x}\right)$$

$$=\left(-\frac{y}{x}\right)\bigg|_{(1,2)}-\left(-\frac{y}{x}\right)\bigg|_{(2,1)}=-\frac{3}{2}.$$

由上述例子可以看出,在具体计算一个第二型曲线积分时,如果能实际地求出 $P\,\mathrm{d}x+Q\,\mathrm{d}y$ 的原函数,那么问题就变得十分简单.现在,我们给出求原函数的一些办法.

设函数 $P(x,y)$,$Q(x,y)$ 在单连通域 D 中有连续的偏导数,且满足 $\dfrac{\partial Q}{\partial x}=\dfrac{\partial P}{\partial y}$.为了求得 $P\,\mathrm{d}x+Q\,\mathrm{d}y$ 的原函数,可以采用下列三种方法.

方法一   在 D 中取定一个特殊的点 (x_0,y_0) 作为积分的起始点.然后选取一条特殊的路径求曲线积分 $\displaystyle\int_{(x_0,y_0)}^{(x,y)}P\,\mathrm{d}x+Q\,\mathrm{d}y$,这里所谓特殊路径依具体问题而定,比如有时选择平行于坐标轴的折线作为积分路径往往很方便.通过在这种特殊路径上的曲线积分求得 $u(x,y)$.

方法二   先固定 y,将 $P(x,y)$ 看作 x 的函数.这时由 $\dfrac{\partial u}{\partial x}=P$ 求得 $P(x,y)$ 关于 x 的原函数,将其记作 $u_1(x,y)$.这样一来,$\dfrac{\partial u_1}{\partial x}=P(x,y)$,并有 $\dfrac{\partial(u-u_1)}{\partial x}=0$.我们令

$$u(x,y)=u_1(x,y)+\varphi(y),$$

其中 $\varphi(y)$ 是待定函数.再由 $\dfrac{\partial u}{\partial y}=Q$ 可知,$\varphi(y)$ 应满足

$$\frac{\partial u_1}{\partial y}+\varphi'(y)=Q(x,y),$$

这里,Q 及 u_1 都是已知函数.那么问题就归结求已知函数 $Q(x,y)-\dfrac{\partial u_1}{\partial y}$ 关于 y 的原函数 φ.求得了这样的 φ 之后,就得到要求的

$$u(x,y)=u_1(x,y)+\varphi(y).$$

注   这里应当说明,当我们由

$$\varphi'(y)=Q(x,y)-\frac{\partial u_1}{\partial y}$$

求 $\varphi(y)$ 时,不难证明上式右端实际上仅是 y 的函数,也即与 x 无关.事实上,对上式右端关于 x 求偏导数,我们有

$$\frac{\partial}{\partial x}\left[Q(x,y)-\frac{\partial u_1}{\partial y}\right]=\frac{\partial Q}{\partial x}-\frac{\partial^2 u_1}{\partial y \partial x}=\frac{\partial Q}{\partial x}-\frac{\partial P}{\partial y}\equiv 0,\quad (x,y)\in D,$$

这就表明 $Q(x,y)-\dfrac{\partial u_1}{\partial y}$ 仅是 y 的函数.

方法三　即凑全微分的方法,也就是说,从给定的 $P\,\mathrm{d}x+Q\,\mathrm{d}y$ 出发,利用全微分的法则,从形式上把它凑成某个函数的全微分.

下面通过一个例子更具体地介绍这三种方法.

例 9　设 $P(x,y)=x^4+4xy^3$, $Q(x,y)=6x^2y^2+5y^4$.

(1) 对平面上任意两点 A,B,证明 $\displaystyle\int_{\overset{\frown}{AB}}P\,\mathrm{d}x+Q\,\mathrm{d}y$ 与积分路径无关.

(2) 求 $P\,\mathrm{d}x+Q\,\mathrm{d}y$ 的原函数 $u(x,y)$.

(3) 求曲线积分 $\displaystyle\int_{(-2,-1)}^{(3,0)}P\,\mathrm{d}x+Q\,\mathrm{d}y$.

解　(1) 由于 $P(x,y),Q(x,y)$ 在全平面有一阶连续偏导数,且 $\dfrac{\partial Q}{\partial x}=12xy^2=\dfrac{\partial P}{\partial y}$,所以曲线积分与路径无关.

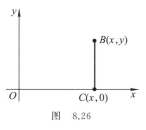

图　8.26

(2) **方法一**　用曲线积分法.选坐标原点为曲线积分的起点.对平面上任意一点 $B(x,y)$,取积分路径为折线 OCB,其中 $C=(x,0)$(见图 8.26).

$$\begin{aligned}
u(x,y)&=\int_O^B P\,\mathrm{d}x+Q\,\mathrm{d}y\\
&=\int_{OC}P\,\mathrm{d}x+Q\,\mathrm{d}y+\int_{CB}P\,\mathrm{d}x+Q\,\mathrm{d}y\\
&=\int_0^x x^4\,\mathrm{d}x+\int_0^y (6x^2y^2+5y^4)\,\mathrm{d}y\\
&=\frac{1}{5}x^5+2x^2y^3+y^5.
\end{aligned}$$

方法二　固定 y,关于 x^4+4xy^3 对 x 求不定积分,得其一原函数

$$u_1(x,y)=\frac{1}{5}x^5+2x^2y^3.$$

这样,$P\,\mathrm{d}x+Q\,\mathrm{d}y$ 的原函数 $u(x,y)$ 可表示成

$$u(x,y) = \frac{1}{5}x^5 + 2x^2y^3 + \varphi(y),$$

其中 $\varphi(y)$ 是一待定函数.再由

$$\frac{\partial u}{\partial y} = 6x^2y^2 + \varphi'(y) = Q(x,y) = 6x^2y^2 + 5y^4$$

得 $\varphi'(y) = 5y^4$,求原函数得 $\varphi(y) = y^5 + C$,其中 C 为任意常数.代入上述 u 的表示式得

$$u(x,y) = \frac{1}{5}x^5 + 2x^2y^3 + y^5 + C.$$

方法三　$(x^4 + 4xy^3)\mathrm{d}x + (6x^2y^2 + 5y^4)\mathrm{d}y$

$$= x^4\mathrm{d}x + (4xy^3\mathrm{d}x + 6x^2y^2\mathrm{d}y) + 5y^4\mathrm{d}y$$

$$= \mathrm{d}\left(\frac{1}{5}x^5\right) + \mathrm{d}(2x^2y^3) + \mathrm{d}(y^5)$$

$$= \mathrm{d}\left(\frac{1}{5}x^5 + 2x^2y^3 + y^5\right),$$

所以

$$u(x,y) = \frac{1}{5}x^5 + 2x^2y^3 + y^5.$$

(3)　$\displaystyle\int_{(-2,-1)}^{(3,0)} P\,\mathrm{d}x + Q\,\mathrm{d}y = u(x,y)\Big|_{(-2,-1)}^{(3,0)}$

$$= \left(\frac{1}{5}x^5 + 2x^2y^3 + y^5\right)\Big|_{(-2,-1)}^{(3,0)} = 64.$$

习　题　8.3

1. 应用格林公式计算下列曲线积分:

(1) $\displaystyle\oint_{L^+} (xy^2 + y^3)\mathrm{d}y - (x^3 + x^2y)\mathrm{d}x$,其中 L 为圆周: $x^2 + y^2 = a^2$;

(2) $\displaystyle\oint_{L^+} y^2\mathrm{d}x + x^2\mathrm{d}y$,其中 L^+ 为以 $O(0,0)$,$B(1,0)$,$C(0,1)$ 为顶点的三角形 OBC 的正向边界线;

(3) $\displaystyle\oint_{L^+} \sqrt{x^2+y^2}\,\mathrm{d}x + y[xy + \ln(x + \sqrt{x^2+y^2})]\mathrm{d}y$,其中 L 是以点 $A(1,1)$,$B(2,2)$ 和 $C(1,3)$ 为顶点的三角形的正向边界线;

(4) $\displaystyle\oint_{L^+} (x + \mathrm{e}^x\sin y)\mathrm{d}x + (x + \mathrm{e}^x\cos y)\mathrm{d}y$,其中 L 是双纽线 $r^2 = \cos2\theta$ 的右半支;

(5) $\displaystyle\int_{L^+} (\mathrm{e}^x\sin y + \sin x - 8y)\mathrm{d}x + (\mathrm{e}^x\cos y - \sin y)\mathrm{d}y$,其中 L 为上半圆 $0 \leqslant y \leqslant$

$\sqrt{ax - x^2}$ $(0 \leqslant x \leqslant a)$ 的边界.

2. 利用曲线积分计算下列闭曲线所围图形的面积:

(1) 星形线 $x = a\cos^3 t, y = a\sin^3 t$ $(a > 0, 0 \leqslant t \leqslant 2\pi)$;

(2) 心脏线

$$\begin{cases} x = a(1 - \cos t)\cos t, \\ y = a(1 - \cos t)\sin t, \end{cases} \quad 0 \leqslant t \leqslant 2\pi.$$

3. 证明:$\oint_{L^+} f(xy)(y\,dx + x\,dy) = 0$,其中 $f(u)$ 有连续的一阶导数,L 为光滑曲线.

4. 证明下列曲线积分与路径无关,并求积分值:

(1) $\int_{(0,0)}^{(1,1)} (x + y)\,dx + (x - y)\,dy$;

(2) $\int_{(a_1, b_1)}^{(a_2, b_2)} xy(1 + y)\,dx + x^2\left(\dfrac{1}{2} + y\right)\,dy$;

(3) $\int_{(0,0)}^{(a,b)} e^x \cos y\,dx - e^x \sin y\,dy$.

5. 求 $\int_{\overset{\frown}{AB}} (x^4 + 4xy^3)\,dx + (6x^2 y^2 - 5y^4)\,dy$ 的值,其中 $A(-2, -1), B(3, 0)$,$\overset{\frown}{AB}$ 为任意的路径.

6. 求满足下列等式的函数 $u(x, y)$:

(1) $du = (x^2 + 2xy - y^2)\,dx + (x^2 - 2xy - y^2)\,dy$;

(2) $du = (2x\cos y - y^2 \sin x)\,dx + (2y\cos x - x^2 \sin y)\,dy$.

7. 求常数 a, b,使

$$\frac{(y^2 + 2xy + ax^2)\,dx - (x^2 + 2xy + by^2)\,dy}{(x^2 + y^2)^2}$$

是某个函数 $u(x, y)$ 的全微分,并求 $u(x, y)$.

8. 求 $\int_{(0,1)}^{(1,1)} \left(\dfrac{x}{\sqrt{x^2 + y^2}} + y\right)\,dx + \left(\dfrac{y}{\sqrt{x^2 + y^2}} + x\right)\,dy$.

9. 求 $\int_{\overset{\frown}{AB}} (x^2 + y)\,dx + (x - y^2)\,dy$,其中 $\overset{\frown}{AB}$ 是由 $A(0,0)$ 至 $B(1,1)$ 的曲线段 $y^3 = x^2$.

10. 设 D 是平面有界闭区域,其边界线逐段光滑,函数 $P(x, y), Q(x, y)$ 在 D 上有连续的一阶偏导数.证明:

$$\oint_{L^+} [P\cos(\boldsymbol{n}, x) + Q\cos(\boldsymbol{n}, y)]\,ds = \iint\limits_D \left(\frac{\partial P}{\partial x} + \frac{\partial Q}{\partial y}\right)\,d\sigma,$$

其中 $\cos(\boldsymbol{n}, x), \cos(\boldsymbol{n}, y)$ 为曲线 L 的外法向量的方向余弦.

11. 求曲线积分

$$\oint_{L^+} (x\cos\langle \boldsymbol{n},\boldsymbol{i}\rangle + y\cos\langle \boldsymbol{n},\boldsymbol{j}\rangle)\mathrm{d}s,$$

其中 L 为一封闭曲线, $\boldsymbol{n}$ 为 L 的外法线方向的单位向量.

12. 设函数 $u(x,y),v(x,y)$ 在有界闭区域 D 上有连续的二阶偏导数, L 为 D 的边界, 分段光滑. 证明:

(1) $\displaystyle\iint_D v\Delta u\,\mathrm{d}\sigma = \oint_{L^+} v\,\frac{\partial u}{\partial \boldsymbol{n}}\mathrm{d}s - \iint_D \left(\frac{\partial u}{\partial x}\cdot\frac{\partial v}{\partial x} + \frac{\partial u}{\partial y}\cdot\frac{\partial v}{\partial y}\right)\mathrm{d}\sigma$, 其中 $\dfrac{\partial u}{\partial \boldsymbol{n}}$ 为 u 沿 L 的外法线方向的方向导数;

(2) $\displaystyle\iint_D (u\Delta v - v\Delta u)\mathrm{d}\sigma = \int_{L^+} \left(u\,\frac{\partial v}{\partial \boldsymbol{n}} - v\,\frac{\partial u}{\partial \boldsymbol{n}}\right)\mathrm{d}s.$

13. 设 $u(x,y)$ 是有界闭区域 D 上的调和函数, 即 $u(x,y)$ 有连续的二阶偏导数, 且满足

$$\frac{\partial^2 u}{\partial x^2} + \frac{\partial^2 u}{\partial y^2} = 0.$$

证明:

(1) $\displaystyle\oint_{L^+} u\,\frac{\partial u}{\partial \boldsymbol{n}}\mathrm{d}s = \iint_D \left[\left(\frac{\partial u}{\partial x}\right)^2 + \left(\frac{\partial u}{\partial y}\right)^2\right]\mathrm{d}\sigma$, 其中 L 为 D 的边界, $\boldsymbol{n}$ 为 L 的外法线方向;

(2) 若 $u(x,y)$ 在 L 上处处为零, 则 $u(x,y)$ 在 D 上也恒为零.

§4   第一型曲面积分

1. 第一型曲面积分的概念

自这一节开始我们讨论一个三元函数 $f(x,y,z)$ 在一个曲面上的积分, 称之为**曲面积分**. 与曲线积分类似, 曲面积分也有第一型曲面积分与第二型曲面积分之分. 这一节先讨论第一型曲面积分.

我们知道, 第一型曲线积分与积分路径之方向无关, 而第二型曲线积分则不然. 两种类型的曲面积分也有类似的差异.

无论是第一型曲面积分还是第二型曲面积分, 都是根据许多实际问题的需要而引入的.

曲面的质量、重心、转动惯量等计算问题导致了第一型曲面积分的概念. 我们先分析一个求曲面质量的问题.

设在空间有一张光滑曲面 S, 并要求在曲面上每点处都有切平面. 假定曲面上点 (x,y,z) 处的面密度为 $\rho(x,y,z)$, 函数 $\rho(x,y,z)$ 在 S 上连续.

求曲面 S 的质量 M.

用曲线网将 S 任意分成 n 小块 $\Delta S_i (i=1,2,\cdots,n$，同时也用 ΔS_i 表示小块的面积)，见图 8.27.在每一 ΔS_i 上任取一点 (ξ_i,η_i,ζ_i)，则小块 ΔS_i 的质量 Δm_i 近似等于 $\rho(\xi_i,\eta_i,\zeta_i)\Delta S_i$，因而

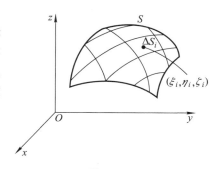

图 8.27

$$M \approx \sum_{i=1}^{n}\rho(\xi_i,\eta_i,\zeta_i)\Delta S_i.$$

令 $\lambda=\max\limits_{1\leqslant i\leqslant n}\{\Delta S_i$ 的直径$\}$，若极限

$$\lim_{\lambda\to 0}\sum_{i=1}^{n}\rho(\xi_i,\eta_i,\zeta_i)\Delta S_i$$

存在，则可认为此极限值就是曲面 S 的质量 M，即

$$M=\lim_{\lambda\to 0}\sum_{i=1}^{n}\rho(\xi_i,\eta_i,\zeta_i)\Delta S_i.$$

这里涉及一类和式的极限：和号内是一个三元函数限制在一个小曲面上的值与小曲面面积的乘积.由这类和式的极限我们抽象出第一型曲面积分的概念.

定义 设函数 $f(x,y,z)$ 在分片光滑的曲面 S 上有定义.我们把 S 任意分成 n 个互不重叠的小片 $\Delta S_i (i=1,2,\cdots,n$，同时也用它表示小块的面积)，令 $\lambda=\max\limits_{1\leqslant i\leqslant n}\{\Delta S_i$ 的直径$\}$.在 ΔS_i 上任取一点 (ξ_i,η_i,ζ_i)，若无论对曲面 S 怎样的分割及中间点 (ξ_i,η_i,ζ_i) 怎样的选取，极限

$$\lim_{\lambda\to 0}\sum_{i=1}^{n}f(\xi_i,\eta_i,\zeta_i)\Delta S_i$$

总存在，则称此极限值为函数 $f(x,y,z)$ 在曲面 S 上的**第一型曲面积分**，记作

$$\iint\limits_{S}f(x,y,z)\mathrm{d}S,$$

其中 S 称为**积分曲面**，$f(x,y,z)$ 称为**被积函数**.

由定义看出，不均匀曲面 S 的质量 M，等于其面密度函数 $\rho(x,y,z)$ 在 S 上的第一型曲面积分，即

$$M=\iint\limits_{S}\rho(x,y,z)\mathrm{d}S.$$

当 $P(x,y,z)\equiv 1$ 时，$M=\iint\limits_{S}\mathrm{d}S$ 即为曲面 S 的面积.

当 S 为一封闭曲面时, 习惯上把 $f(x,y,z)$ 在 S 上的第一型曲面积分记作

$$\oiint\limits_{S} f(x,y,z)\mathrm{d}S.$$

我们指出, 当 S 是分片光滑曲面, 且函数 $f(x,y,z)$ 在 S 上连续时, $f(x,y,z)$ 在 S 上的第一型曲面积分存在.

第一型曲面积分有下列性质:

(1) 若 $f(x,y,z)$ 与 $g(x,y,z)$ 在分片光滑曲面 S 上可积, 则对任意常数 C_1 与 C_2, 函数 $C_1 f + C_2 g$ 也在 S 上可积, 且有

$$\iint\limits_{S} [C_1 f(x,y,z) + C_2 g(x,y,z)] \mathrm{d}S$$

$$= C_1 \iint\limits_{S} f(x,y,z)\mathrm{d}S + C_2 \iint\limits_{S} g(x,y,z)\mathrm{d}S.$$

(2) 若 S 由 m 个互不重叠的光滑曲面 $S_i (i=1,2,\cdots,m)$ 所合并组成, 并假定 f 在 S 及每个 S_i 上可积, 则

$$\iint\limits_{S} f(x,y,z)\mathrm{d}S = \sum_{i=1}^{m} \iint\limits_{S_i} f(x,y,z)\mathrm{d}S.$$

在第一型曲面积分的定义中, 积分和只涉及函数值及 ΔS_i, 而 ΔS_i 表示小曲面的面积, 它们均与曲面的取向无关. 所以第一型曲面积分与曲面取向没有关系, 或说第一型曲面积分是无方向性的.

2. 第一型曲面积分的计算

第一型曲面积分的计算方法是设法将其转化为二重积分的计算. 下面我们给出其计算公式.

(1) 设曲面 S 由方程

$$z = g(x,y), \quad (x,y) \in D$$

给出, 且函数 $g(x,y)$ 在区域 D 上连续可微, 则有计算公式

$$\iint\limits_{S} f(x,y,z)\mathrm{d}S = \iint\limits_{D} f(x,y,g(x,y)) \sqrt{1 + g_x^2 + g_y^2}\,\mathrm{d}\sigma.$$

这个公式说明, 在现在的条件下, 在计算 $\iint\limits_{S} f(x,y,z)\mathrm{d}S$ 时, 只要把其中的 z 换成曲面方程中的函数 $g(x,y)$, 把曲面面积元素 $\mathrm{d}S$ 换成 $\sqrt{1 + g_x^2 + g_y^2}\,\mathrm{d}\sigma$, 再确定曲面 S 在 Oxy 平面上的投影区域 D, 然后计算在

D 上的二重积分即可.

当曲面 S 的方程为

$$y = h(z,x), \quad (z,x) \in D_1$$

或

$$x = j(y,z), \quad (y,z) \in D_2$$

时,请读者写出其相应的计算公式.

（2）当曲面 S 由参数方程

$$\begin{cases} x = x(u,v), \\ y = y(u,v), \quad (u,v) \in D \\ z = z(u,v), \end{cases}$$

给出时,由第七章 §4 的讨论知,曲面的面积元素可表示成 $dS = \sqrt{EG-F^2}\,du\,dv$,其中

$$\begin{cases} E = x_u^2 + y_u^2 + z_u^2, \\ F = x_u x_v + y_u y_v + z_u z_v, \\ G = x_v^2 + y_v^2 + z_v^2. \end{cases}$$

因而有下列计算公式:

$$\iint\limits_{S} f(x,y,z)dS = \iint\limits_{D} f(x(u,v),y(u,v),z(u,v))\sqrt{EG-F^2}\,du\,dv.$$

$$(8.8)$$

例 1　求曲面积分

$$I = \iint\limits_{S} x^2 y^2 dS,$$

其中 S 为上半球面: $z = \sqrt{R^2-x^2-y^2}$, $x^2+y^2 \leqslant R^2$.

解　S 在 Oxy 平面上的投影区域为 $D: 0 \leqslant x^2+y^2 \leqslant R^2$. 又 $z_x = \dfrac{-x}{z}$,

$z_y = \dfrac{-y}{z}$,所以

$$\sqrt{1+z_x^2+z_y^2} = \frac{R}{\sqrt{R^2-x^2-y^2}}, \quad dS = \frac{R}{\sqrt{R^2-x^2-y^2}}d\sigma.$$

这样,我们得到

$$\iint\limits_{S} x^2 y^2 \mathrm{d}S = \iint\limits_{D} x^2 y^2 \frac{R}{\sqrt{R^2 - x^2 - y^2}} \mathrm{d}\sigma$$

$$= \int_0^{2\pi} \mathrm{d}\theta \int_0^R r^5 \cos^2\theta \sin^2\theta \frac{R}{\sqrt{R^2 - r^2}} \mathrm{d}r$$

$$= R \int_0^{2\pi} \cos^2\theta \sin^2\theta \mathrm{d}\theta \int_0^R \frac{r^5}{\sqrt{R^2 - r^2}} \mathrm{d}r ,$$

其中

$$\int_0^R \frac{r^5}{\sqrt{R^2 - r^2}} \mathrm{d}r \xrightarrow{r = R\sin t} \int_0^{\pi/2} \frac{R^5 \sin^5 t}{R\cos t} R\cos t \, \mathrm{d}t$$

$$= R^5 \int_0^{\pi/2} \sin^5 t \, \mathrm{d}t = R^5 \cdot \frac{4}{5} \cdot \frac{2}{3} = \frac{8}{15} R^5 .$$

而

$$\int_0^{2\pi} \cos^2\theta \sin^2\theta \mathrm{d}\theta = 4 \int_0^{\pi/2} \cos^2\theta (1 - \cos^2\theta) \mathrm{d}\theta$$

$$= 4 \cdot \left(1 - \frac{3}{4}\right) \cdot \frac{\pi}{4} = \frac{\pi}{4} .$$

所以最后得到

$$I = R \cdot \frac{\pi}{4} \cdot \frac{8}{15} R^5 = \frac{2}{15} \pi R^6 .$$

例 2　求曲面积分

$$I = \iint\limits_{S} (x^2 + y^2 + z^2) \mathrm{d}S ,$$

其中 S 为圆柱面：$x^2 + y^2 = R^2$，$0 \leqslant z \leqslant H$.

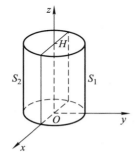

图　8.28

解　方法一　我们先求出 S 上的点 (x, y, z) 所满足的显函数表示式.因为对于 S 上的点 (x, y, z)，不论 x 与 y 在圆周 $x^2 + y^2 = R^2$ 上取什么值，z 总是可以取 $[0, H]$ 中的任意值，因此，这张曲面不可能用 $z = f(x, y)$ 的形式给出，而只能由 $y = h(z, x)$ 或 $x = g(y, z)$ 的形式给出.现在不妨采用 $y = h(z, x)$ 的形式.

曲面 S 可看成由两个曲面 S_1 与 S_2 组成（见图8.28），其中 S_1 的方程为

$$y = \sqrt{R^2 - x^2} \quad (-R \leqslant x \leqslant R, 0 \leqslant z \leqslant H),$$

S_2 的方程为

$$y = -\sqrt{R^2 - x^2} \quad (-R \leqslant x \leqslant R, 0 \leqslant z \leqslant H).$$

不论在 S_1 或 S_2 上,都有

$$\sqrt{1 + y_x^2 + y_z^2} = \sqrt{1 + \frac{x^2}{y^2}} = \frac{R}{\sqrt{R^2 - x^2}}, \quad 从而 \quad \mathrm{d}S = \frac{R}{\sqrt{R^2 - x^2}} \mathrm{d}\sigma.$$

令 D 表示它们在 Ozx 平面上的投影区域: $-R \leqslant x \leqslant R$, $0 \leqslant z \leqslant H$,则有

$$I = \iint\limits_{S_1} (x^2 + y^2 + z^2)\, \mathrm{d}S + \iint\limits_{S_2} (x^2 + y^2 + z^2)\, \mathrm{d}S$$

$$= \iint\limits_{D} (x^2 + R^2 - x^2 + z^2)\, \frac{R}{\sqrt{R^2 - x^2}} \mathrm{d}\sigma$$

$$+ \iint\limits_{D} (x^2 + R^2 - x^2 + z^2)\, \frac{R}{\sqrt{R^2 - x^2}} \mathrm{d}\sigma$$

$$= 2 \iint\limits_{D} (R^2 + z^2)\, \frac{R}{\sqrt{R^2 - x^2}} \mathrm{d}z\, \mathrm{d}x$$

$$= 2R \int_0^H (R^2 + z^2)\, \mathrm{d}z \int_{-R}^R \frac{\mathrm{d}x}{\sqrt{R^2 - x^2}}$$

$$= 2RH\pi \left(R^2 + \frac{H^2}{3} \right).$$

方法二 用参数方程:

$$\begin{cases} x = R\cos\theta, \\ y = R\sin\theta, \quad 0 \leqslant \theta < 2\pi, 0 \leqslant z \leqslant H \\ z = z, \end{cases}$$

(将 θ, z 看作参数).可算出 $\sqrt{EG - F^2} = R$,于是 $\mathrm{d}S = R\,\mathrm{d}\theta\,\mathrm{d}z$.由公式(8.8)得

$$I = \int_0^{2\pi} \mathrm{d}\theta \int_0^H (R^2 + z^2) R\, \mathrm{d}z = 2\pi R H \left(R^2 + \frac{H^2}{3} \right).$$

结合例 2,我们简单讨论一下对称性问题.在例 2 中,积分曲面 S 关于 Ozx 平面对称,又被积函数关于 y 是偶函数,从计算过程不难看出,有

$$\iint\limits_{S} (x^2 + y^2 + z^2)\mathrm{d}S = 2\iint\limits_{S_1} (x^2 + y^2 + z^2)\mathrm{d}S.$$

如果曲面 S 关于 Ozx 平面依然对称,而将被积函数换成关于 y 的奇函数,那么这时其第一型曲面积分必为零.

一般地说,我们有下列结论:当曲面 S 关于 Ozx 平面对称,且被积函数 $f(x,y,z)$ 关于 y 是偶函数时,有

$$\iint\limits_{S} f(x,y,z)\mathrm{d}S = 2\iint\limits_{S_1} f(x,y,z)\mathrm{d}S,$$

其中 $S_1 = \{(x,y,z) \mid (x,y,z) \in S \text{ 且 } y \geqslant 0\}$;当 S 关于 Ozx 平面对称,而被积函数 $f(x,y,z)$ 关于 y 是奇函数时,则

$$\iint\limits_{S} f(x,y,z)\mathrm{d}S = 0.$$

当曲面 S 关于其他两个坐标平面对称,且被积函数关于相应的自变量有奇偶性时,请读者写出类似的简化计算公式.

例 3　求螺旋曲面

$$\begin{cases} x = r\cos\theta, \\ y = r\sin\theta, \quad 0 \leqslant r \leqslant a, 0 \leqslant \theta \leqslant 2\pi \\ z = h\theta, \end{cases}$$

的面积,其中 h 是正常数.

解　在这个例题中,r,θ 是参数,有

$$x_r = \cos\theta, \qquad x_\theta = -r\sin\theta, \qquad y_r = \sin\theta,$$
$$y_\theta = r\cos\theta, \qquad z_r = 0, \qquad\qquad z_\theta = h.$$

进一步计算得到

$$E = x_r^2 + y_r^2 + z_r^2 = 1,$$
$$F = x_r x_\theta + y_r y_\theta + z_r z_\theta = 0,$$
$$G = x_\theta^2 + y_\theta^2 + z_\theta^2 = r^2 + h^2.$$

利用计算公式(8.8),螺旋曲面的 S 为

$$S = \int_0^{2\pi} \mathrm{d}\theta \int_0^a \sqrt{EG - F^2}\, \mathrm{d}r = \int_0^{2\pi} \mathrm{d}\theta \int_0^a \sqrt{r^2 + h^2}\, \mathrm{d}r$$
$$= 2\pi \cdot \left(\frac{1}{2}r\sqrt{r^2 + h^2} + \frac{h^2}{2}\ln(r + \sqrt{r^2 + h^2}) \right)\Big|_{r=0}^{a}$$
$$= \pi\left(a\sqrt{a^2 + h^2} + h^2\ln\frac{a + \sqrt{a^2 + h^2}}{h} \right).$$

例 4　求面密度为常数 ρ 的均匀球面:$x^2 + y^2 + z^2 = R^2$ 对位于点 $P(0,0,l)(0 < l \neq R)$ 处的单位质点的引力(见图 8.29).

解　由对称性知

$$F_x = 0, \quad F_y = 0.$$

$$F_z = k\rho \iint\limits_{S} \frac{z-l}{\left(\sqrt{x^2+y^2+(z-l)^2}\right)^3} \mathrm{d}S.$$

用参数方程来计算此曲面积分. 球面的参数方程为

$$\begin{cases} x = R\sin\varphi\cos\theta, \\ y = R\sin\varphi\sin\theta, \\ z = R\cos\varphi, \end{cases}$$

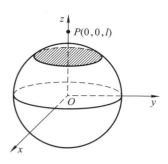

图 8.29

其中参数 φ,θ 的变化域为 $D: 0 \leqslant \varphi \leqslant \pi, 0 \leqslant \theta < 2\pi$. 由此算出 $E = R^2, F = 0, G = R^2\sin^2\varphi$, 因而

$$\sqrt{EG-F^2} = R^2|\sin\varphi|.$$

又这时 $x^2+y^2+(z-l)^2 = R^2+l^2-2Rl\cos\varphi$, 所以

$$F_z = k\rho \iint\limits_{D} \frac{R\cos\varphi-l}{(R^2+l^2-2Rl\cos\varphi)^{3/2}} R^2|\sin\varphi|\,\mathrm{d}\theta\mathrm{d}\varphi$$

$$= 2\pi k\rho R^2 \int_0^\pi \frac{(R\cos\varphi-l)\sin\varphi}{(R^2+l^2-2Rl\cos\varphi)^{3/2}}\,\mathrm{d}\varphi.$$

用分部积分法,

$$\int_0^\pi \frac{(R\cos\varphi-l)\sin\varphi}{(R^2+l^2-2Rl\cos\varphi)^{3/2}}\,\mathrm{d}\varphi$$

$$= -\frac{1}{Rl}\int_0^\pi (R\cos\varphi-l)\,\mathrm{d}(R^2+l^2-2Rl\cos\varphi)^{-1/2}$$

$$= -\frac{1}{Rl}\left[\frac{R\cos\varphi-l}{(R^2+l^2-2lR\cos\varphi)^{1/2}}\bigg|_0^\pi - \int_0^\pi \frac{\mathrm{d}(R\cos\varphi)}{(R^2+l^2-2Rl\cos\varphi)^{1/2}}\right]$$

$$= -\frac{1}{Rl}\left(-1-\frac{R-l}{|R-l|} + \frac{1}{l}(R^2+l^2-2Rl\cos\varphi)^{1/2}\bigg|_0^\pi\right)$$

$$= -\frac{1}{Rl}\left(-1-\frac{R-l}{|R-l|} + \frac{R+l}{l} - \frac{|R-l|}{l}\right)$$

$$= \begin{cases} -\dfrac{2}{l^2}, & \text{当 } l > R \text{ 时}, \\ 0, & \text{当 } 0 < l < R \text{ 时}. \end{cases}$$

代入上式得

$$F_z = \begin{cases} -k\,\dfrac{4\pi R^2 \cdot \rho}{l^2}, & \text{当 } l > R \text{ 时}, \\ 0, & \text{当 } l < R \text{ 时}. \end{cases}$$

上式表明, 当质点位于球外时, 质点所受的引力等于把球面的质量

$4\pi R^2 \rho$ 全部集中在球心时,球心对质点的引力;当质点位于球内时,不受球面的引力.

习   题   8.4

求下列第一型曲面积分:

1. $\iint\limits_S \left(2x + \dfrac{4}{3}y + z\right)\mathrm{d}S$,$S$ 为平面 $\dfrac{x}{2} + \dfrac{y}{3} + \dfrac{z}{4} = 1$ 在第一卦限中的部分.

2. $\iint\limits_S (y+z)\mathrm{d}S$,其中 S 为平面 $y+z=1$,$x=2$,以及三个坐标平面所围成之立体的表面.

3. $\iint\limits_S (x+y+z)\mathrm{d}S$,$S$ 为上半球面 $z = \sqrt{a^2 - x^2 - y^2}$.

4. $\oiint\limits_S (xy+z)^2\mathrm{d}S$,$S$ 为球面 $x^2 + y^2 + z^2 = R^2$.

5. $\iint\limits_S (x+y)^2\mathrm{d}S$,$S$ 为曲面 $z = \sqrt{x^2 + y^2}$ 及平面 $z=1$ 所围之立体的表面.

6. $\iint\limits_S [x(y+z) + z(x+y)]\mathrm{d}S$,$S$ 为圆锥面 $z = \sqrt{x^2 + y^2}$ 被曲面 $x^2 + y^2 = 2ax$ $(a > 0)$ 所割下的部分.

7. $\iint\limits_S yz\,\mathrm{d}S$,$S$ 为螺旋曲面

$$x = u\cos v, \quad y = u\sin v, \quad z = v \quad (0 \leqslant u \leqslant a, 0 \leqslant v \leqslant 2\pi).$$

8. $\iint\limits_S (x+y+z)z\,\mathrm{d}S$,$S$ 为圆锥面的一部分: $x = \rho\cos\theta\sin\alpha$, $y = \rho\sin\theta\sin\alpha$, $z = \rho\cos\alpha$ $(0 \leqslant \rho \leqslant a, 0 \leqslant \theta \leqslant 2\pi)$,其中 $\alpha \in (0, \pi/2)$ 为常数.

9. 求抛物面壳 $z = \dfrac{1}{2}(x^2 + y^2)$ $(0 \leqslant z \leqslant 1)$ 的质量,其面密度为 $\rho = x+y+z$.

10. 求面密度为 ρ_0 的均匀半球壳 $x^2 + y^2 + z^2 = a^2$ $(z \geqslant 0)$ 对 Oz 轴的转动惯量.

11. 求一均匀圆柱面 $x^2 + y^2 = R^2$ $(0 \leqslant z \leqslant h)$ 对位于 $(0, 0, h)$ 处一单位质点的引力(面密度为常数 1).

12. 求位于第一卦限中的球面 $x^2 + y^2 + z^2 = a^2$ 的质心坐标,设该球面的面密度为常数.

§5   第二型曲面积分

流体通过某截面之流量,电场中通过某曲面的电通量等都是第二型曲面积分的物理模型.

第二型曲面积分与第二型曲线积分一样,是有方向性的.曲面的方向性与选取曲面的哪一侧有关.比如,如果约定流体通过一截面流向截面某一侧的流量是正的,那么流向相反一侧的流量则是负的.由此可见,为了研究这类问题,对积分曲面提出了一定要求:要求曲面能区分两侧.这就需要引入双侧曲面的概念.

1. 双侧曲面

通常我们见到的曲面总有两侧.比如一张纸币有正面与反面,一张封闭的球面有里侧与外侧.对于这些有两侧的曲面,我们可以在曲面之两侧各涂上一种颜色,比如一侧为红色,而另一侧为蓝色.当一个动点在红色的一侧移动时,如果不经过曲面的边缘,是无论如何不会从红色一侧达到蓝色一侧的.

然而,并非所有曲面都能用两种颜色来涂在表面以区分其两侧.

首先发现这一现象的是默比乌斯(Möbius).他考虑一张长方形纸条 $ABCD$.设想让 AB 端保持不动,而将 CD 端扭转 $180°$,再将 B 与 D,A 与 C 粘起来,AB 与 CD 上的点也对应粘起来.这样就得一条带子,通常称作**默比乌斯带**.如图 8.30 所示.

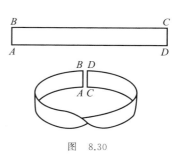

图 8.30

对于默比乌斯带,我们无法在它的表面涂上两种不同颜色,使得其表面不致在某处截然改换颜色.换句话说,我们只能用一种颜色为默比乌斯带表面连续着色.这种曲面称为**单侧曲面**.

如何用数学的语言来刻画双侧曲面与单侧曲面呢? 设 S 是我们所考虑的曲面,并假定 S 是光滑的正则曲面(第六章 §10).在 S 上考虑一个点 P.那么 S 在 P 点的法向量有两个相反的指向,任意取定其中一个指向后的法向量记作 $\boldsymbol{n}(P)$.设想点 P 在 S 上做任意的连续移动,而其法向量 $\boldsymbol{n}(P)$ 也随之连续变化(不允许突然改取相反的方向).如果曲面 S 有下列性质,则称为**双侧曲面**:不论 P 沿怎样的路线在 S 上连续移动(只要它不跨越 S 的边缘),当 P 返回其起始点时,$\boldsymbol{n}(P)$ 的指向没有改变.

不具备上述性质的曲面称为**单侧曲面**.

由上述定义我们看出:在双侧曲面上,任一点 P 处取定了法向量 $\boldsymbol{n} = \boldsymbol{n}(P)$,那么当 P 点在 S 上连续移动时,法向量 $\boldsymbol{n}(P)$ 也连续变化(见图

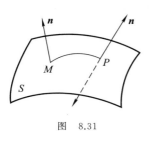

图 8.31

8.31).如果它自某点 M 开始,在 S 上沿任意一条路线(不能跨越曲面边界)再返回 M 点时,其法向量方向并不改变.

上述讨论表明,双侧曲面的两个不同的侧,可由其法向量的两个不同的指向来表示.

通常我们遇到的曲面都是双侧曲面.比如,设曲面 S 由方程

$$z = f(x,y), \quad (x,y) \in D$$

给出,其中 $f(x,y)$ 是区域 D 上有一阶连续偏导数的函数.它在每一点 $(x,y,z) \in S$ 都有两个法向量:

$$(f_x,f_y,-1) \quad \text{及} \quad (-f_x,-f_y,1).$$

这里前一个法向量的第三个坐标小于 0,因而它的指向与 z 轴的正向成钝角,故该法向量指向下方.而第二个法向量的第三个坐标大于 0,因而该法向量指向上方.因此,对于由这种形式表示的曲面 S,当我们在其上每一点 $P(x,y,z)$ 处

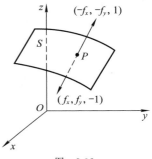

图　8.32

取 $n = (-f_x,-f_y,1)$ 时,我们称选定了曲面的**上侧**;而当在每点 $P(x,y,z) \in S$ 取 $n = (f_x,f_y,-1)$ 时,我们称选定了曲面的**下侧**.参见图 8.32.

对于我们通常见到的封闭曲面,如球面或椭球面,我们只要指出法线指向外,还是指向内就足够了.当法向量都选取向外时,我们称取曲面之**外侧**;而当法向量选取向内时,我们称取曲面之**内侧**.

2. 第二型曲面积分的概念

我们先研究一个实例.

设有一河道,并假定河道中每一点的水流速度与时间无关,只与点的位置有关.设在河道中每一点 (x,y,z) 处的水流速度向量为

$$v = (P(x,y,z),Q(x,y,z),R(x,y,z)).$$

又假定在河道中有一双侧曲面 S,并在 S 上选定一侧.求在单位时间内水流沿选定一侧的流量.

记 S 上每一点 M 处选定的单位法向量为 $n(M)$.我们将 S 用一定方式分割成互不重叠的 n 个小曲面片 $\Delta S_i(i=1,2,\cdots,n)$,同时也用 ΔS_i 表示这一小片的面积.在 ΔS_i 中任取一点 $M_i(\xi_i,\eta_i,\zeta_i)$,那么,在单位时间内穿

越 ΔS_i 的、沿 $\boldsymbol{n}(M_i)$ 方向的水流量为

$$\Delta m_i = |\boldsymbol{v}(M_i)| \Delta S_i \cos\langle \boldsymbol{v}(M_i), \boldsymbol{n}(M_i)\rangle$$
$$= \boldsymbol{v}(M_i) \cdot \boldsymbol{n}(M_i)\Delta S_i$$

（见图 8.33）.因而通过整个曲面 S、沿 $\boldsymbol{n}(M)$ 一侧的水流总量为

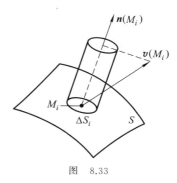

$$m \approx \sum_{i=1}^{n} \boldsymbol{v}(M_i) \cdot \boldsymbol{n}(M_i)\Delta S_i.$$

设 λ 是所有小片 ΔS_i 的直径的最大者.当 $\lambda \to 0$ 时,对上式取极限,即有

图　8.33

$$m = \lim_{\lambda \to 0}\sum_{i=1}^{n} \boldsymbol{v}(M_i) \cdot \boldsymbol{n}(M_i)\Delta S_i.$$

这里又出现了一种和式的极限,由于在很多问题中都要处理这类和式的极限,数学上就需要引进第二型曲面积分的概念.

现在我们给出第二型曲面积分的正式定义.

定义　设 S 是一个分片光滑的双侧曲面,在 S 上选定了一侧,记选定一侧的单位法向量为 $\boldsymbol{n}(P)$.假设在 S 上给定了一个向量函数 $\boldsymbol{F}(x,y,z)$.我们将 S 分割成 n 个不相重叠的小曲面片 $\Delta S_i(i=1,2,\cdots,n)$,其面积也用 ΔS_i 表示.在 ΔS_i 上任取一点 $M_i(\xi_i,\eta_i,\zeta_i)$,考虑和式

$$\sum_{i=1}^{n}\boldsymbol{F}(\xi_i,\eta_i,\zeta_i) \cdot \boldsymbol{n}(\xi_i,\eta_i,\zeta_i)\Delta S_i,$$

令 λ 是 ΔS_i 中直径的最大者.如果上述和式对 S 的任意一种分割及中间点 (ξ_i,η_i,ζ_i) 的任意的选取,当 $\lambda \to 0$ 时总有极限,那么称此极限为向量函数 $\boldsymbol{F}(x,y,z)$ 在 S 上的**第二型曲面积分**,并记作

$$\iint\limits_{S}\boldsymbol{F}(x,y,z) \cdot \boldsymbol{n}(x,y,z)\mathrm{d}S$$

或写成

$$\iint\limits_{S}\boldsymbol{F}(x,y,z) \cdot \mathrm{d}\boldsymbol{S} \quad (\mathrm{d}\boldsymbol{S} = \boldsymbol{n}(x,y,z)\mathrm{d}S).$$

从定义可以看出,第二型曲面积分强烈地依赖于曲面 S 的定向,而所谓 S 的定向就是在 S 上选定连续变动的单位法向量 $\boldsymbol{n}(M)$ 的指向,$\forall M \in S$.如果法向量的指向相反,则积分的值反号.

设曲面 S 为分片光滑的双侧曲面,有逐段光滑的边界,或者为封闭曲面.又设 $\boldsymbol{F}(x,y,z)$ 的三个分量 $P(x,y,z)$,$Q(x,y,z)$ 及 $R(x,y,z)$ 为定

义在 S 上的连续函数,那么在给定了曲面 S 的定向之后,第二型曲面积分

$$\iint_S \boldsymbol{F}(x,y,z) \cdot \boldsymbol{n}(x,y,z)\mathrm{d}S$$

存在.

第二型曲面积分有下列性质:

(1)$\iint_{S^+} \boldsymbol{F} \cdot \boldsymbol{n}\,\mathrm{d}S = -\iint_{S^-} \boldsymbol{F} \cdot \boldsymbol{n}\,\mathrm{d}S$,其中 S^+ 与 S^- 为同一个曲面的两个相反的定向.

(2)若积分 $\iint_S \boldsymbol{F}_1 \cdot \mathrm{d}\boldsymbol{S}$ 与 $\iint_S \boldsymbol{F}_2 \cdot \mathrm{d}\boldsymbol{S}$ 存在,则

$$\iint_S (k_1\boldsymbol{F}_1 + k_2\boldsymbol{F}_2) \cdot \mathrm{d}\boldsymbol{S} = k_1\iint_S \boldsymbol{F}_1 \cdot \mathrm{d}\boldsymbol{S} + k_2\iint_S \boldsymbol{F}_2 \cdot \mathrm{d}\boldsymbol{S},$$

其中 k_1,k_2 为任意常数.

(3)若将积分曲面 S 分解成互不重叠的两个曲面 S_1 及 S_2,而 S_1 及 S_2 的定向都是由 S 的定向继承而来,并且假定 $\iint_{S_1} \boldsymbol{F} \cdot \mathrm{d}\boldsymbol{S}$ 与 $\iint_{S_2} \boldsymbol{F} \cdot \mathrm{d}\boldsymbol{S}$ 存在,那么

$$\iint_S \boldsymbol{F} \cdot \mathrm{d}\boldsymbol{S} = \iint_{S_1} \boldsymbol{F} \cdot \mathrm{d}\boldsymbol{S} + \iint_{S_2} \boldsymbol{F} \cdot \mathrm{d}\boldsymbol{S}.$$

第二型曲面积分也可表示成第一型曲面积分的形式和坐标的形式.

设 $\boldsymbol{F}(x,y,z) = \{P(x,y,z), Q(x,y,z), R(x,y,z)\}$,单位法向量 $\boldsymbol{n}(x,y,z)$ 的方向余弦为 $\cos\alpha(x,y,z)$,$\cos\beta(x,y,z)$,$\cos\gamma(x,y,z)$,这时第二型曲面积分可写成

$$\iint_S \boldsymbol{F} \cdot \boldsymbol{n}\,\mathrm{d}S = \iint_S (P\cos\alpha + Q\cos\beta + R\cos\gamma)\mathrm{d}S.$$

这样,我们便把第二型曲面积分写成了第一型曲面积分的形式.为了得到第二型曲面积分的坐标形式,我们先来研究 $\cos\gamma\,\mathrm{d}S$ 的几何意义.这里 $\mathrm{d}S$ 是曲面 S 的一个面积微元,它是 S 上一小片曲面的面积.因为小片曲面很小,故可近似地看作垂直于 $\boldsymbol{n}(M)$ 的一小片平面,其中 M 为小片曲面中的一点(见图 8.34),这样 $|\cos\gamma(M)|\mathrm{d}S$ 就是 $\mathrm{d}S$ 在 Oxy 平面上的投影的面积(见图 8.34).

由于 $\cos\gamma$ 可正可负,我们称 $\cos\gamma\,\mathrm{d}S$ 为 $\mathrm{d}S$ 在 Oxy 平面上的**有向投影面积**,我们记之为 $\mathrm{d}x\mathrm{d}y$,也即 $\cos\gamma\,\mathrm{d}S = \mathrm{d}x\mathrm{d}y$.显然,$\mathrm{d}x\mathrm{d}y$ 的符号依赖于 γ:

$$\mathrm{d}x\mathrm{d}y \begin{cases} > 0, & \text{当 } 0 \leqslant \gamma < \pi/2 \text{ 时}, \\ < 0, & \text{当 } \pi/2 < \gamma \leqslant \pi \text{ 时}. \end{cases}$$

与此完全类似地,我们考虑 $\mathrm{d}S$ 到 Oyz 平面及 Ozx 平面的有向投影面积,并且记 $\cos\alpha\mathrm{d}S = \mathrm{d}y\mathrm{d}z, \cos\beta\mathrm{d}S = \mathrm{d}z\mathrm{d}x$.这里 $\mathrm{d}y\mathrm{d}z$ 与 $\mathrm{d}z\mathrm{d}x$ 的符号分别依赖于 α 与 β.

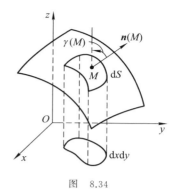

图 8.34

引入以上有向投影面积微元的记号后,第二型曲面积分也可写成下列形式:

$$\iint\limits_{S} \boldsymbol{F} \cdot \boldsymbol{n}\mathrm{d}S = \iint\limits_{S} P\mathrm{d}y\mathrm{d}z + Q\mathrm{d}z\mathrm{d}x + R\mathrm{d}x\mathrm{d}y.$$

上式右端称为第二型曲面积分的**坐标形式**.

应当注意第二型曲面积分的坐标形式与通常的重积分的区别.

比如,考虑 $P \equiv Q \equiv 0$ 的特殊情况,这时 S 上的第二型曲面积分为

$$\iint\limits_{S} R(x,y,z)\mathrm{d}x\mathrm{d}y.$$

它与在 Oxy 平面内某个区域上的二重积分有原则上的区别.这不仅表现在被积函数 $R(x,y,z)$ 是三元函数,其中的点 (x,y,z) 要约束在 S 上取值,而且还表现在记号 $\mathrm{d}x\mathrm{d}y$ 上.在二重积分中 $\mathrm{d}x\mathrm{d}y$ 表示面积元,它总是一个正的量,但在上述第二型曲面积分中,$\mathrm{d}x\mathrm{d}y$ 表示曲面上的微元 $\mathrm{d}S$ 在 Oxy 平面上的有向投影面积,它可能为正也可能为负,其符号由曲面的法向量的指向所决定.

3. 第二型曲面积分的计算

从上面关于第二型曲面积分概念的讨论中,我们自然会看出它的计算方法之一是将它化成第一型曲面积分.

比如,给定了积分曲面 S 的定向,那么就相当于在曲面上指定了单位法向量

$$\boldsymbol{n} = (\cos\alpha, \cos\beta, \cos\gamma).$$

这时 $\boldsymbol{F} = (P, Q, R)$ 在 S 上的第二型曲面积分可以表示成

$$\iint\limits_{S} \boldsymbol{F} \cdot \mathrm{d}\boldsymbol{S} = \iint\limits_{S} (P\cos\alpha + Q\cos\beta + R\cos\gamma)\mathrm{d}S. \tag{8.9}$$

这就是说,如果我们能够具体写出曲面 S 指定一侧法向量之方向余弦的话,那么第二型曲面积分的计算就归结为第一型曲面积分的计算.

公式(8.9)也告诉了我们第二型曲面积分与第一型曲面积分的关系.

例 1   求

$$\oiint_{S} \boldsymbol{F} \cdot \boldsymbol{n}\, \mathrm{d}S,$$

其中 $\boldsymbol{F}(x,y,z)=\dfrac{1}{(x^2+y^2+z^2)^{3/2}}(x,y,z)$,$S$ 为球面 $x^2+y^2+z^2=R^2$

的外侧.

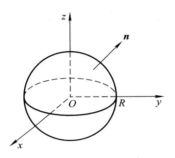

图 8.35

解   从几何直观上(见图 8.35)很容易看出:在球面上任意一点 (x,y,z) 的法向量可以取向量 (x,y,z),也可以取 $(-x,-y,-z)$.前者指向球面的外侧,而后者指向球面之内侧.现在曲面的定向为外侧法向量,故取法向量为 (x,y,z),那么单位法向量

$$\boldsymbol{n}=\frac{1}{\sqrt{x^2+y^2+z^2}}(x,y,z),$$

也即

$$\cos\alpha=\frac{x}{\sqrt{x^2+y^2+z^2}},\quad \cos\beta=\frac{y}{\sqrt{x^2+y^2+z^2}},$$

$$\cos\gamma=\frac{z}{\sqrt{x^2+y^2+z^2}}.$$

这样我们得到

$$\iint_{S}\boldsymbol{F}\cdot\boldsymbol{n}\,\mathrm{d}S=\iint_{S}\frac{x^2+y^2+z^2}{(x^2+y^2+z^2)^2}\,\mathrm{d}S=\iint_{S}\frac{1}{R^2}\,\mathrm{d}S$$

$$=\frac{1}{R^2}\iint_{S}\mathrm{d}S=\frac{1}{R^2}\cdot 4\pi R^2=4\pi.$$

这个例子有很大的特殊性,即将所求第二型曲面积分化成第一型曲面积分之后,被积函数恰好是一常数.这自然十分容易计算.但是,大多数情况并非如此.因为一般说来,先将第二型曲面积分化为第一型曲面积分,再将后者化为二重积分.

现在我们讨论如何将第二型曲面积分直接化成二重积分的办法.这里的关键是正确理解曲面的面积微元 $\mathrm{d}S$ 在坐标平面上的有向投影这一概念.

假定我们讨论的曲面是由方程

$$z=f(x,y),\quad (x,y)\in D$$

表出,其中 f 是定义在 Oxy 平面上的区域 D 中的函数,有一阶连续的偏导数.又设 $P(x,y,z),Q(x,y,z)$ 及 $R(x,y,z)$ 是曲面上的连续函数.这时曲面 S 上一点 (x,y,z) 处的法向量为

$$\pm(-f_x,-f_y,1),$$

其中取"+"号时法向量指向上侧,而取"−"号时法向量指向下侧,单位法向量的方向余弦是

$$(\cos\alpha,\cos\beta,\cos\gamma)=\frac{\pm1}{\sqrt{1+f_x^2+f_y^2}}(-f_x,-f_y,1).$$

这时我们有

$$\iint\limits_{S} P\,\mathrm{d}y\,\mathrm{d}z + Q\,\mathrm{d}z\,\mathrm{d}x + R\,\mathrm{d}x\,\mathrm{d}y = \iint\limits_{S}(P\cos\alpha+Q\cos\beta+R\cos\gamma)\mathrm{d}S$$

$$=\pm\iint\limits_{S}\frac{1}{\sqrt{1+f_x^2+f_y^2}}[P(-f_x)+Q(-f_y)+R]\mathrm{d}S.$$

另一方面,我们知道

$$\mathrm{d}S=\sqrt{1+f_x^2+f_y^2}\,\mathrm{d}\sigma,$$

其中 $\mathrm{d}\sigma$ 是 $\mathrm{d}S$ 在 Oxy 平面上的投影的面积.因此我们最后得到

$$\iint\limits_{S} P\,\mathrm{d}y\,\mathrm{d}z + Q\,\mathrm{d}z\,\mathrm{d}x + R\,\mathrm{d}x\,\mathrm{d}y$$

$$=\pm\iint\limits_{D}[P(x,y,f(x,y))(-f_x)+Q(x,y,f(x,y))(-f_y)$$

$$+R(x,y,f(x,y))]\mathrm{d}\sigma. \tag{8.10}$$

这样就将第二型曲面积分直接化成了二重积分,其中正、负号由 S 的定向决定:法向量指向上侧时取正号,否则取负号.

这个公式表明,为将第二型曲面积分化成二重积分,只须把 P,Q,R 中的 z 换成 $f(x,y)$,再将 P,Q,R 分别乘以 $-f_x,-f_y,1$ 后相加,就构成二重积分的被积函数.而二重积分的积分区域 D 是曲面 S 在 Oxy 平面上的投影.再根据 S 的指向,确定取"+"还是取"−".

例 2   求 $I=\iint\limits_{S}yz\,\mathrm{d}z\,\mathrm{d}x+zx\,\mathrm{d}x\,\mathrm{d}y$,其中 S 为上半球面 $z=\sqrt{R^2-x^2-y^2}$ 的上侧.

解   这里 $P=0,Q=yz,R=zx$,又 $f_x=\dfrac{-x}{z},f_y=-\dfrac{y}{z}$,于是

$$P(-f_x) + Q(-f_y) + R \cdot 1$$

$$= yz \cdot \frac{y}{z} + zx = y^2 + x\sqrt{R^2 - x^2 - y^2}.$$

又曲面 S 在 Oxy 平面上的投影 D 为圆：$x^2 + y^2 = R^2$．因取上半球面的上侧，故上述公式右端二重积分号前取"$+$"号．由公式得

$$I = \iint\limits_{D} \left(y^2 + x\sqrt{R^2 - x^2 - y^2} \right) \mathrm{d}\sigma$$

$$= \int_0^{2\pi} \mathrm{d}\theta \int_0^R \left(r^2\sin^2\theta + r\cos\theta\sqrt{R^2 - r^2} \right) r\,\mathrm{d}r.$$

注意，$\int_0^{2\pi} \sin^2\theta\,\mathrm{d}\theta = 4\int_0^{\pi/2}\sin^2\theta\,\mathrm{d}\theta = 4 \cdot \frac{\pi}{4} = \pi$，$\int_0^{2\pi}\cos\theta\,\mathrm{d}\theta = 0$，代入上式，得所求积分

$$I = \frac{1}{4}\pi R^4.$$

例 3   求

$$I = \iint\limits_{S} xyz\,\mathrm{d}x\,\mathrm{d}y,$$

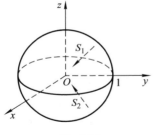

图 8.36

其中 S 是球面：$x^2 + y^2 + z^2 = 1$ 在 $x \geqslant 0, y \geqslant 0$ 部分的内侧.

解 S 由单位球面在第一卦限及第五卦限的部分组成，它们的方程分别为（见图 8.36）：

$$S_1: z = \sqrt{1 - x^2 - y^2}, \quad 0 \leqslant x^2 + y^2 \leqslant 1,$$

$$S_2: z = -\sqrt{1 - x^2 - y^2}, \quad 0 \leqslant x^2 + y^2 \leqslant 1.$$

由题设，S_1 的法向量的指向朝下，S_2 的法向量的指向朝上．S_1 与 S_2 在 Oxy 平面上的投影为同一区域

$$D = \{(x,y) \mid x^2 + y^2 \leqslant 1, x \geqslant 0, y \geqslant 0\}.$$

被积函数中 $P = Q = 0, R = xyz$，故化为二重积分时，被积函数为

$$P(-f_x) + Q(-f_y) + R \cdot 1 = R(x, y, z(x, y)).$$

于是根据曲面积分的可加性及公式(8.10)得

$$I = \iint\limits_{S_1} xyz\,\mathrm{d}x\,\mathrm{d}y + \iint\limits_{S_2} xyz\,\mathrm{d}x\,\mathrm{d}y$$

$$= -\iint\limits_{D} xy\sqrt{1 - x^2 - y^2}\,\mathrm{d}\sigma + \iint\limits_{D} xy\left(-\sqrt{1 - x^2 - y^2}\right)\mathrm{d}\sigma$$

$$= -2\iint\limits_{D} xy\sqrt{1-x^2-y^2}\,\mathrm{d}\sigma$$

$$= -2\int_0^{\pi/2}\mathrm{d}\theta\int_0^1 r^3\sin\theta\cos\theta\sqrt{1-r^2}\,\mathrm{d}r,$$

其中

$$\int_0^{\pi/2}\sin\theta\cos\theta\,\mathrm{d}\theta = \frac{1}{2}\sin^2\theta\,\Big|_0^{\pi/2} = \frac{1}{2},$$

$$\int_0^1 r^3\sqrt{1-r^2}\,\mathrm{d}r\xrightarrow{r=\sin t}\int_0^{\pi/2}\sin^3 t\cos^2 t\,\mathrm{d}t$$

$$= \int_0^{\pi/2}\sin^3 t\,(1-\sin^2 t)\,\mathrm{d}t$$

$$= \left(1-\frac{4}{5}\right)\cdot\frac{2}{3} = \frac{2}{15}.$$

代入上式得 $I = -\dfrac{2}{15}.$

从例 3 看出,当第二型曲面积分只有一项

$$\iint\limits_{S} R(x,y,z)\,\mathrm{d}x\,\mathrm{d}y$$

时,只须将其中的 z 用曲面方程代入,将积分曲面 S 换成它在 Oxy 平面上的投影区域 D,即化为二重积分,再根据曲面取上侧还是取下侧,确定二重积分前取"+"号还是取"−"号即可.

以上讨论了当曲面由方程 $z=f(x,y)$ 表出时的计算公式.

当光滑曲面 S 的方程可表为

$$y=y(z,x),\quad (z,x)\in D_{zx}$$

时(其中 D_{zx} 为 S 在 Ozx 平面上的投影),由类似的讨论可得计算公式

$$\iint\limits_{S}(P\mathrm{d}y\,\mathrm{d}z + Q\mathrm{d}z\,\mathrm{d}x + R\mathrm{d}x\,\mathrm{d}y)$$

$$= \pm\iint\limits_{D_{zx}}\big[(P(x,y(z,x),z)(-y_x)+Q(x,y(z,x),z)$$

$$+ R(x,y(z,x),z)(-y_z)\big]\mathrm{d}z\,\mathrm{d}x. \tag{8.11}$$

当 S 取右侧即法向量 $\boldsymbol{n}$ 与 y 轴正向成锐角时,上式右端二重积分前取"+"号,当 S 取左侧即 $\boldsymbol{n}$ 与 y 轴正向成钝角时,二重积分前取"−"号.特别有

$$\iint\limits_{S}Q(x,y,z)\mathrm{d}z\,\mathrm{d}x = \pm\iint\limits_{D_{zx}}Q(x,y(z,x),z)\mathrm{d}z\,\mathrm{d}x. \tag{8.12}$$

上式右端二重积分前"＋""－"号的选取由法向量指向右侧还是指向左侧而定.

当光滑曲面 S 的方程可表为

$$x = x(y,z), \quad (y,z) \in D_{yz}$$

时,其中 D_{yz} 为 S 在 Oyz 平面上的投影,有计算公式

$$\iint\limits_{S} P \, \mathrm{d}y\,\mathrm{d}z + Q\,\mathrm{d}z\,\mathrm{d}x + R\,\mathrm{d}x\,\mathrm{d}y$$

$$= \pm \iint\limits_{D_{yz}} \big[P(x(y,z),y,z) + Q(x(y,z),y,z)(-x_y)$$

$$+ R(x(y,z),y,z)(-x_z)\big]\mathrm{d}y\,\mathrm{d}z. \tag{8.13}$$

当 S 取前侧即其法向量 $\boldsymbol{n}$ 的指向与 x 轴正向成锐角时,上式右端取"＋"号;当 S 取后侧即 $\boldsymbol{n}$ 与 x 轴正向成钝角时,上式右端取"－"号.特别有

$$\iint\limits_{S} P \, \mathrm{d}y\,\mathrm{d}z = \pm \iint\limits_{D_{yz}} P(x(y,z),y,z)\mathrm{d}y\,\mathrm{d}z. \tag{8.14}$$

上式右端"＋"号或"－"号的选取由法向量指向前侧还是后侧而定.

例 4   求曲面积分

$$I = \iint\limits_{S} y(x-z)\mathrm{d}y\,\mathrm{d}z + x^2\mathrm{d}z\,\mathrm{d}x + (y^2+zx)\mathrm{d}x\,\mathrm{d}y,$$

其中 S 是立方体:$0 \leqslant x \leqslant a$,$0 \leqslant y \leqslant a$,$0 \leqslant z \leqslant a$ 的边界面的外侧(见图 8.37).

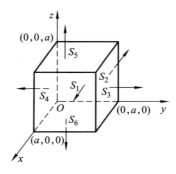

图   8.37

解 S 由六个面 S_1,S_2,S_3,S_4,S_5,S_6 组成,它们的方程分别为

$$S_1: x = a, \quad 0 \leqslant y \leqslant a, 0 \leqslant z \leqslant a;$$

$$S_2: x = 0, \quad 0 \leqslant y \leqslant a, 0 \leqslant z \leqslant a;$$

$$S_3: y=a, \quad 0\leqslant z\leqslant a, 0\leqslant x\leqslant a;$$
$$S_4: y=0, \quad 0\leqslant z\leqslant a, 0\leqslant x\leqslant a;$$
$$S_5: z=a, \quad 0\leqslant x\leqslant a, 0\leqslant y\leqslant a;$$
$$S_6: z=0, \quad 0\leqslant x\leqslant a, 0\leqslant y\leqslant a.$$

对曲面 S_1 与 S_2,应用公式(8.13)得

$$\iint_{S_1} y(x-z)\mathrm{d}y\,\mathrm{d}z + x^2\mathrm{d}z\,\mathrm{d}x + (y^2+zx)\,\mathrm{d}x\,\mathrm{d}y$$

$$=\iint_{D_{yz}} [y(a-z)+x^2\cdot 0+(y^2+zx)\cdot 0]\mathrm{d}y\,\mathrm{d}z$$

$$=\int_0^a\mathrm{d}y\int_0^a y(a-z)\mathrm{d}z=\int_0^a\frac{a^2}{2}y\,\mathrm{d}y=\frac{a^4}{4},$$

及

$$\iint_{S_2} y(x-z)\mathrm{d}y\,\mathrm{d}z + x^2\mathrm{d}z\,\mathrm{d}x + (y^2+zx)\,\mathrm{d}x\,\mathrm{d}y$$

$$=-\iint_{D_{yz}} -yz\,\mathrm{d}y\,\mathrm{d}z=\int_0^a\mathrm{d}y\int_0^a yz\,\mathrm{d}z=\frac{a^4}{4}.$$

对曲面 S_3,S_4,应用公式(8.11)得

$$\iint_{S_3} y(x-z)\mathrm{d}y\,\mathrm{d}z + x^2\mathrm{d}z\,\mathrm{d}x + (y^2+zx)\,\mathrm{d}x\,\mathrm{d}y$$

$$=\iint_{D_{zx}} [a(x-z)\cdot 0+x^2+(a^2+zx)\cdot 0]\mathrm{d}z\,\mathrm{d}x$$

$$=\int_0^a\mathrm{d}z\int_0^a x^2\mathrm{d}x=\frac{1}{3}a^4,$$

及

$$\iint_{S_4} y(x-z)\mathrm{d}y\,\mathrm{d}z + x^2\mathrm{d}z\,\mathrm{d}x + (y^2+zx)\,\mathrm{d}x\,\mathrm{d}y$$

$$=-\iint_{D_{zx}} (0\cdot 0+x^2+zx\cdot 0)\mathrm{d}z\,\mathrm{d}x$$

$$=-\int_0^a\mathrm{d}z\int_0^a x^2\mathrm{d}x=-\frac{a^4}{3}.$$

对 S_5,S_6 应用公式(8.10),有

$$\iint_{S_5} y(x-z)\mathrm{d}y\,\mathrm{d}z + x^2\mathrm{d}z\,\mathrm{d}x + (y^2+zx)\,\mathrm{d}x\,\mathrm{d}y$$

$$= \iint\limits_{D_{xy}} \left[y(x-a) \cdot 0 + x^2 \cdot 0 + (y^2+ax) \right] \mathrm{d}x\,\mathrm{d}y$$

$$= \iint\limits_{D_{xy}} (y^2+ax)\,\mathrm{d}x\,\mathrm{d}y,$$

及

$$\iint\limits_{S_6} y(x-z)\mathrm{d}y\,\mathrm{d}z + x^2\mathrm{d}z\,\mathrm{d}x + (y^2+zx)\mathrm{d}x\,\mathrm{d}y$$

$$= -\iint\limits_{D_{xy}} (yx \cdot 0 + x^2 \cdot 0 + y^2)\mathrm{d}x\,\mathrm{d}y = -\iint\limits_{D_{xy}} y^2 \mathrm{d}x\,\mathrm{d}y.$$

所以，我们得到

$$\iint\limits_{S_5+S_6} y(x-z)\mathrm{d}y\,\mathrm{d}z + x^2\mathrm{d}z\,\mathrm{d}x + (y^2+zx)\,\mathrm{d}x\,\mathrm{d}y$$

$$= \iint\limits_{D_{xy}} ax\,\mathrm{d}x\,\mathrm{d}y = \int_0^a \mathrm{d}x \int_0^a ax\,\mathrm{d}y = \frac{a^4}{2}.$$

将以上结果相加，得

$$I = \frac{a^4}{4} + \frac{a^4}{4} + \frac{a^4}{3} - \frac{a^4}{3} + \frac{a^4}{2} = a^4.$$

从这个例子中我们看到下列事实：当计算第二型曲面积分

$$\iint\limits_{S} P\,\mathrm{d}y\,\mathrm{d}z + Q\,\mathrm{d}z\,\mathrm{d}x + R\,\mathrm{d}x\,\mathrm{d}y$$

时，若曲面 S 在某一坐标平面上的投影为 0，比如在 Oyz 平面的投影为 0（如上例中的 S_5 与 S_6），那么其面积微元 $\mathrm{d}S$ 在 Oyz 平面的有向投影 $\mathrm{d}y\,\mathrm{d}z$ 也必为 0，从而相应的积分

$$\iint\limits_{S} P\,\mathrm{d}y\,\mathrm{d}z = 0.$$

注意到这一事实将化简某些计算.

例 5　求

$$I = \iint\limits_{S} (y-z)x\,\mathrm{d}y\,\mathrm{d}z + (x-y)\mathrm{d}x\,\mathrm{d}y,$$

其中 S 是柱面 $x^2+y^2=1$ 及平面 $z=0, z=3$ 所围立体之边界曲面的外侧（见图 8.38）.

解　曲面 S 由四个曲面 S_1, S_2, S_3, S_4 所组成，它们的方程分别为

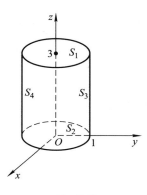

图　8.38

$$S_1: z=3, \ 0 \leqslant x^2+y^2 \leqslant 1;$$
$$S_2: z=0, \ 0 \leqslant x^2+y^2 \leqslant 1;$$
$$S_3: x=\sqrt{1-y^2}, \ -1 \leqslant y \leqslant 1, \ 0 \leqslant z \leqslant 3;$$
$$S_4: x=-\sqrt{1-y^2}, \ -1 \leqslant y \leqslant 1, \ 0 \leqslant z \leqslant 3.$$

曲面 S_1 与 S_2 在 Oyz 平面及 Ozx 平面的投影为直线段, 投影面积为 0, 故 $\mathrm{d}y\mathrm{d}z=\mathrm{d}z\mathrm{d}x=0$. 又据题意, S_1 取上侧而 S_2 取下侧, 于是

$$\iint\limits_{S_1}(y-z)x\mathrm{d}y\mathrm{d}z+(x-y)\mathrm{d}x\mathrm{d}y=\iint\limits_{0\leqslant x^2+y^2\leqslant 1}(x-y)\mathrm{d}x\mathrm{d}y,$$

$$\iint\limits_{S_2}(y-z)x\mathrm{d}y\mathrm{d}z+(x-y)\mathrm{d}x\mathrm{d}y=-\iint\limits_{0\leqslant x^2+y^2\leqslant 1}(x-y)\mathrm{d}x\mathrm{d}y,$$

显然

$$\iint\limits_{S_1+S_2}(y-z)x\mathrm{d}y\mathrm{d}z+(x-y)\mathrm{d}x\mathrm{d}y=0.$$

又 S_3 与 S_4 在 Oxy 平面上的投影面积为 0, 因而 $\mathrm{d}x\mathrm{d}y=0$. 据题意, S_3 取前侧而 S_4 取后侧, 于是

$$\iint\limits_{S_3}(y-z)x\mathrm{d}y\mathrm{d}z+(x-y)\mathrm{d}x\mathrm{d}y=\iint\limits_{D_{yz}}(y-z)\sqrt{1-y^2}\mathrm{d}y\mathrm{d}z,$$

$$\iint\limits_{S_4}(y-z)x\mathrm{d}y\mathrm{d}z+(x-y)\mathrm{d}x\mathrm{d}y=-\iint\limits_{D_{yz}}(y-z)\left(-\sqrt{1-y^2}\right)\mathrm{d}y\mathrm{d}z,$$

所以

$$\iint\limits_{S_3+S_4}(y-z)x\mathrm{d}y\mathrm{d}z+(x-y)\mathrm{d}x\mathrm{d}y=2\iint\limits_{D_{yz}}(y-z)\sqrt{1-y^2}\mathrm{d}y\mathrm{d}z$$

$$=2\int_0^3(-z)\mathrm{d}z\int_{-1}^1\sqrt{1-y^2}\mathrm{d}y=-\frac{9}{2}\pi.$$

$$I=\sum_{i=1}^4\iint\limits_{S_i}(y-z)x\mathrm{d}y\mathrm{d}z+(x-y)\mathrm{d}x\mathrm{d}y=-\frac{9}{2}\pi.$$

例 6 设流体的流速 $\boldsymbol{v}=(x-2z)\boldsymbol{i}+(x+3y+z)\boldsymbol{j}+(5x+y)\boldsymbol{k}$. 求单位时间内流过以点 $A(1,0,0), B(0,1,0), C(0,0,1)$ 为顶点的三角形 ABC 上侧的流量.

解 所求流量为

$$m=\iint\limits_S(x-2z)\mathrm{d}y\mathrm{d}z+(x+3y+z)\mathrm{d}z\mathrm{d}x+(5x+y)\mathrm{d}x\mathrm{d}y,$$

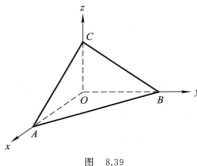

图 8.39

其中 S 为三角形 ABC,指向上侧.

三角形 ABC 所在平面方程为
$$x+y+z=1,$$
于是 S 是由方程
$$z=f(x,y)=1-x-y,\quad(x,y)\in D$$
给出的,其中 $D=\{(x,y)\mid 0\leqslant x\leqslant1,0\leqslant y\leqslant1-x\}$ 是 S 在 Oxy 平面上的投影区域,这时 S 上任意一点 (x,y,z) 的法向量为 $(1,1,1)$.我们有

$$m=\iint\limits_{D}\{[x-2(1-x-y)]+[x+3y+(1-x-y)]+(5x+y)\}\,\mathrm{d}x\,\mathrm{d}y$$

$$=\iint\limits_{D}(8x+5y-1)\,\mathrm{d}x\,\mathrm{d}y=\int_{0}^{1}\mathrm{d}x\int_{0}^{1-x}(8x+5y-1)\,\mathrm{d}y$$

$$=\int_{0}^{1}\left(4x-\frac{11}{2}x^{2}+\frac{3}{2}\right)\mathrm{d}x=\frac{5}{3}.$$

若我们讨论的光滑曲面 S 是由参数方程
$$\begin{cases}x=x(u,v),\\y=y(u,v),\quad(u,v)\in D\\z=z(u,v)\end{cases}$$
给出的,则 S 上任一点处的法向量的方向余弦为
$$\pm(\cos\alpha,\cos\beta,\cos\gamma)=\pm\frac{1}{\sqrt{EG-F^{2}}}(A,B,C),$$
其中 $A=\dfrac{\partial(y,z)}{\partial(u,v)}$,$B=\dfrac{\partial(z,x)}{\partial(u,v)}$,$C=\dfrac{\partial(x,y)}{\partial(u,v)}$.选定 S 的一侧,又设 $P(x,y,z)$,$Q(x,y,z)$,$R(x,y,z)$ 为 S 上的连续函数,则

$$\iint\limits_{S}P\,\mathrm{d}y\,\mathrm{d}z+Q\,\mathrm{d}z\,\mathrm{d}x+R\,\mathrm{d}x\,\mathrm{d}y$$

$$=\pm\iint\limits_{D}\big[P(x(u,v),y(u,v),z(u,v))A+Q(x(u,v),y(u,v),z(u,v))B$$

$$+R(x(u,v),y(u,v),z(u,v))C\big]\,\mathrm{d}u\,\mathrm{d}v.$$

式中正、负号的选取取决于 S 的侧:若 (A,B,C) 与 S 所选定的侧的法向量方向一致,则取"$+$"号;否则取"$-$"号.

例 7 求 $I = \iint\limits_{S} \mathrm{d}y\,\mathrm{d}z + \mathrm{d}z\,\mathrm{d}x + \mathrm{d}x\,\mathrm{d}y$，其中 S 是单位球面 $x^2 + y^2 + z^2 = 1$，在 $x \geqslant 0, y \geqslant 0$ 部分内侧.

解 S 由单位球面在第一卦限及第五卦限的部分组成. S 的参数方程为

$$\begin{cases} x = \sin\varphi\cos\theta, \\ y = \sin\varphi\sin\theta, \quad (\varphi, \theta) \in D, \\ z = \cos\varphi, \end{cases}$$

其中 $D = \left\{ (\varphi, \theta) \,\middle|\, 0 \leqslant \varphi \leqslant \pi, 0 \leqslant \theta \leqslant \dfrac{\pi}{2} \right\}$. 计算行列式

$$A = \frac{\partial(y, z)}{\partial(\varphi, \theta)} = \sin^2\varphi\cos\theta, \quad B = \frac{\partial(z, x)}{\partial(\varphi, \theta)} = \sin^2\varphi\sin\theta,$$

$$C = \frac{\partial(x, y)}{\partial(\varphi, \theta)} = \sin\varphi\cos\varphi.$$

因为当 $0 < \varphi < \dfrac{\pi}{2}$ 时，$C > 0$；当 $\dfrac{\pi}{2} < \varphi < \pi$ 时，$C < 0$. 所以 (A, B, C) 的方向与 S 内侧的法向量方向相反. 于是

$$I = -\iint\limits_{D} (\sin^2\varphi\cos\theta + \sin^2\varphi\sin\theta + \sin\varphi\cos\varphi)\,\mathrm{d}\varphi\,\mathrm{d}\theta$$

$$= -\int_0^\pi \mathrm{d}\varphi \int_0^{\frac{\pi}{2}} [\sin^2\varphi(\cos\theta + \sin\theta) + \sin\varphi\cos\varphi]\,\mathrm{d}\theta$$

$$= -\int_0^\pi \left(2\sin^2\varphi + \frac{\pi}{2}\sin\varphi\cos\varphi \right) \mathrm{d}\varphi = -\pi.$$

习 题 8.5

求下列第二型曲面积分：

1. 求 $\iint\limits_{S} yz\,\mathrm{d}y\,\mathrm{d}z + xz\,\mathrm{d}z\,\mathrm{d}x + xy\,\mathrm{d}x\,\mathrm{d}y$ 其中 S 为平面 $x = 0, y = 0, z = 0$ 及 $x + y + z = a(a > 0)$ 所围四面体的表面外侧.

2. 求 $\iint\limits_{S} xz\,\mathrm{d}y\,\mathrm{d}z + xy\,\mathrm{d}z\,\mathrm{d}x + yz\,\mathrm{d}x\,\mathrm{d}y$，其中 S 是圆柱面 $x^2 + y^2 = R^2$ 与平面 $x = 0, y = 0, z = 0$ 及 $z = h(h > 0)$ 所围的在第一卦限中的立体的表面外侧.

3. 求 $\iint\limits_{S} x^2 y^2 z\,\mathrm{d}x\,\mathrm{d}y$，$S$ 是球面 $x^2 + y^2 + z^2 = R^2$ 下半部的下侧.

4. 求 $\iint\limits_{S} z^2\,\mathrm{d}y\,\mathrm{d}z + x\,\mathrm{d}z\,\mathrm{d}x - 3z\,\mathrm{d}x\,\mathrm{d}y$，其中 S 为由曲面 $z = 4 - y^2$，平面 $x = 0, x =$

$1,z=0$ 所围立体之表面外侧.

5. 求 $\iint\limits_{S}xy^2\,\mathrm{d}y\mathrm{d}z+yz^2\,\mathrm{d}z\mathrm{d}x+zx^2\,\mathrm{d}x\mathrm{d}y$，其中 S 为椭球面 $\dfrac{x^2}{a^2}+\dfrac{y^2}{b^2}+\dfrac{z^2}{c^2}=1$ 的外侧.

6. 求 $\iint\limits_{S}(y-z)\mathrm{d}y\mathrm{d}z+(z-x)\mathrm{d}z\mathrm{d}x+(x-y)\mathrm{d}x\mathrm{d}y$，其中 S 是上半球面 $x^2+y^2+z^2=2Rx(z\geqslant 0)$ 被柱面 $x^2+y^2=2rx(0<r<R)$ 所截部分的上侧.（提示：化为二重积分后利用对称性化简.）

7. 求 $\iint\limits_{S}(x+a)\mathrm{d}y\mathrm{d}z+(y+b)\mathrm{d}z\mathrm{d}x+(z+c)\mathrm{d}x\mathrm{d}y$，其中 S 为球面 $x^2+y^2+z^2=R^2$ 的外侧，a,b,c 为常数.

8. 求 $\iint\limits_{S}x\,\mathrm{d}y\mathrm{d}z+y\mathrm{d}z\mathrm{d}x+z\mathrm{d}x\mathrm{d}y$，其中 S 为椭球面 $\dfrac{x^2}{a^2}+\dfrac{y^2}{b^2}+\dfrac{z^2}{c^2}=1$ 的外侧.

9. 求 $\iint\limits_{S}-2\mathrm{d}y\mathrm{d}z+2y\mathrm{d}z\mathrm{d}x+\mathrm{e}^z\sin(x+2y)\mathrm{d}x\mathrm{d}y$，其中 S 是曲面 $y=\mathrm{e}^x$，$1\leqslant y\leqslant 2,0\leqslant z\leqslant 2$ 的前侧.

10. 求 $\iint\limits_{S}x\,\mathrm{d}y\mathrm{d}z+y\mathrm{d}z\mathrm{d}x+z\mathrm{d}x\mathrm{d}y$，其中 S 为螺旋面 $x=u\cos v,y=u\sin v,z=cv$ $(0\leqslant a\leqslant u\leqslant b,0\leqslant v\leqslant 2\pi)$ 的上侧.（提示：先化为第一型曲面积分.）

§6　高斯公式与斯托克斯公式

本节将要讲的两个公式，在一定意义上讲它们都是格林公式的推广.格林公式建立了平面上沿闭的回路的第二型曲线积分与回路所围的平面区域上的二重积分之间的关系，而高斯公式建立了在封闭的曲面上的第二型曲面积分与曲面所围的空间区域上的三重积分之间的联系.斯托克斯公式则是把格林公式中的曲线由平面曲线推广到空间曲线，把格林公式中在平面区域上的二重积分推广为在以该空间曲线为边界的曲面上的积分.

1. 高斯公式

高斯公式也称为发散量定理.这一定理是由俄国数学家奥斯特洛格拉特斯基（Ostrogradsky，1801—1862）首先登文发表的，但高斯（Gauss）在奥斯特洛格拉特斯基之前早已发明了此定理，只是没有及时发表.故有些书上也称此定理为奥斯特洛格拉特斯基公式或奥-高公式.

定理 1（高斯公式）　设空间区域 Ω 的边界是分片光滑的封闭曲面 S，

函数 $P(x,y,z),Q(x,y,z),R(x,y,z)$ 在 $\Omega \cup S$ 上有一阶连续偏导数,则有高斯公式

$$\oiint\limits_{S^+} P\,\mathrm{d}y\,\mathrm{d}z + Q\,\mathrm{d}z\,\mathrm{d}x + R\,\mathrm{d}x\,\mathrm{d}y = \iiint\limits_{\Omega}\left(\frac{\partial P}{\partial x} + \frac{\partial Q}{\partial y} + \frac{\partial R}{\partial z}\right)\mathrm{d}V, \quad (8.15)$$

其中 S^+ 为边界曲面 S 的外侧.

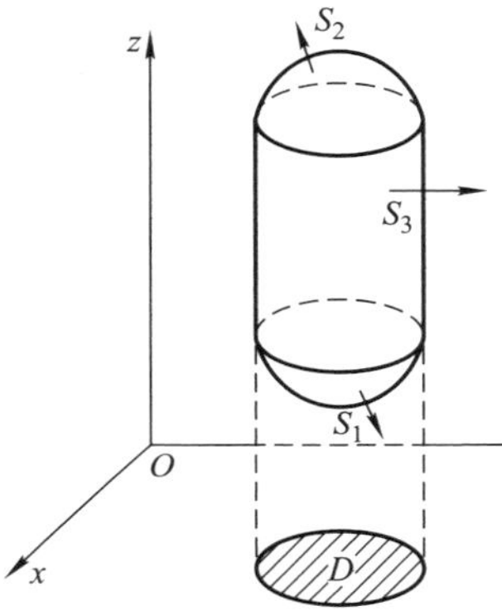

证 我们先对某些特殊情况证明这个公式.

设空间区域 Ω 是以曲面 S_1 为底,曲面 S_2 为顶,母线平行于 z 轴的柱体,并假定它在 Oxy 平面上的投影区域为 D(见图 8.40), S_1,S_2 的方程分别为

$$S_1: z = f_1(x,y), \quad (x,y) \in D;$$
$$S_2: z = f_2(x,y), \quad (x,y) \in D.$$

由三重积分的计算公式知,这时

图 8.40

$$\iiint\limits_{\Omega}\frac{\partial R}{\partial z}\mathrm{d}V = \iint\limits_{D}\mathrm{d}\sigma\int_{f_1(x,y)}^{f_2(x,y)}\frac{\partial R}{\partial z}\mathrm{d}z$$

$$= \iint\limits_{D}\left[R(x,y,f_2(x,y)) - R(x,y,f_1(x,y))\right]\mathrm{d}\sigma. \quad (8.16)$$

另一方面,这时 Ω 的边界曲面 S 由 S_1,S_2 及 S_3 组成,其中 S_3 为柱体之侧表面(见图 8.40).由曲面积分的计算公式知

$$\oiint\limits_{S^+}R\,\mathrm{d}x\,\mathrm{d}y = \iint\limits_{S_1^+}R\,\mathrm{d}x\,\mathrm{d}y + \iint\limits_{S_2^+}R\,\mathrm{d}x\,\mathrm{d}y + \iint\limits_{S_3^+}R\,\mathrm{d}x\,\mathrm{d}y$$

$$= -\iint\limits_{D}R(x,y,f_1(x,y))\mathrm{d}x\,\mathrm{d}y + \iint\limits_{D}R(x,y,f_2(x,y))\mathrm{d}x\,\mathrm{d}y + 0$$

$$= \iint\limits_{D}\left[R(x,y,f_2(x,y)) - R(x,y,f_1(x,y))\right]\mathrm{d}x\,\mathrm{d}y. \quad (8.17)$$

(8.16)式和(8.17)式的右端为同一个二重积分,所以

$$\oiint\limits_{S^+}R\,\mathrm{d}x\,\mathrm{d}y = \iiint\limits_{\Omega}\frac{\partial R}{\partial z}\mathrm{d}V. \quad (8.18)$$

对于一般的区域 Ω,可作一些辅助曲面将 Ω 分成若干个如图 8.40 所示的小区域,则在每个小区域上(8.18)式成立.然后将在各小区域上的等式相加就可推出在整个 Ω 上(8.18)式仍然成立.同理可证

$$\oiint\limits_{S} P\,\mathrm{d}y\,\mathrm{d}z = \iiint\limits_{\Omega} \frac{\partial P}{\partial x}\mathrm{d}V,$$

$$\oiint\limits_{S} Q\,\mathrm{d}z\,\mathrm{d}x = \iiint\limits_{\Omega} \frac{\partial Q}{\partial y}\mathrm{d}V.$$

(8.19)

将(8.18)式,(8.19)式相加,即得到高斯公式.证毕.

顺便指出,我们定义 $\dfrac{\partial P}{\partial x}+\dfrac{\partial Q}{\partial y}+\dfrac{\partial R}{\partial z}$ 为向量函数

$$\boldsymbol{F} = (P(x,y,z),Q(x,y,z),R(x,y,z))$$

的**散度**,记作 $\mathrm{div}\boldsymbol{F}$.这样公式可写成

$$\oiint\limits_{S^{+}} \boldsymbol{F}\cdot\boldsymbol{n}\,\mathrm{d}S = \iiint\limits_{\Omega} \mathrm{div}\boldsymbol{F}\mathrm{d}V.$$

物理上称曲面积分 $\iint\limits_{S^{+}}\boldsymbol{F}\cdot\boldsymbol{n}\,\mathrm{d}S$ 为向量场 $\boldsymbol{F}(x,y,z)$ 通过曲面 S 的通量.上述公式说明,$\boldsymbol{F}$ 通过闭曲面 S 的通量,等于其散度在 S 所包围的区域 Ω 上的三重积分.

利用高斯公式(8.15),我们可将第二型曲面积分的计算转化为三重积分的计算,一般说来,后者比前者好算.

例 1　求

$$I = \oiint\limits_{S^{+}} x^{4}\mathrm{d}y\,\mathrm{d}z + y^{4}\mathrm{d}z\,\mathrm{d}x + (z^{4}+z)\mathrm{d}x\,\mathrm{d}y,$$

其中 S^{+} 是球面 $x^{2}+y^{2}+z^{2}=R^{2}$ 的外侧.

解　记球面 $x^{2}+y^{2}+z^{2}=R^{2}$ 所包围的球体为 Ω,则被积函数在 $\Omega\bigcup S$ 上有连续的一阶偏导数,由高斯公式,有

$$I = \iiint\limits_{\Omega}(4x^{3}+4y^{3}+4z^{3}+1)\mathrm{d}V.$$

由于球体关于 Oyz 平面对称,且 $4x^{3}$ 是 x 的奇函数,因此

$$\iiint\limits_{\Omega} 4x^{3}\mathrm{d}V = 0.$$

同理有

$$\iiint\limits_{\Omega} 4y^{3}\mathrm{d}V = \iiint\limits_{\Omega} 4z^{3}\mathrm{d}V = 0.$$

于是

$$I = \iiint\limits_{\Omega} 1\mathrm{d}V = \frac{4}{3}\pi R^{3}.$$

例 2 求曲面积分

$$I = \iint\limits_{S^+} (y-z)\mathrm{d}y\mathrm{d}z + (z-x)\mathrm{d}z\mathrm{d}x$$

$$+ (x-y^2)\mathrm{d}x\mathrm{d}y,$$

其中 S^+ 是锥面 $x^2 + y^2 = z^2$ 在 $0 \leqslant z \leqslant 1$ 中的部分的外侧.

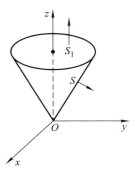

图 8.41

解 这里 S 不是封闭曲面,为利用高斯公式,必须再添一些曲面,使它们组成闭曲面.考虑曲面

$$S_1: z = 1, \quad 0 \leqslant x^2 + y^2 \leqslant 1,$$

则 $S \cup S_1$ 组成闭曲面.记 $S \cup S_1$ 围成的区域为 Ω（见图 8.41），于是有

$$\oiint\limits_{(S \cup S_1)^+} (y-z)\mathrm{d}y\mathrm{d}z + (z-x)\mathrm{d}z\mathrm{d}x + (x-y^2)\mathrm{d}x\mathrm{d}y$$

$$= \iiint\limits_{\Omega} (0+0+0)\mathrm{d}V = 0.$$

这里 $(S \cup S_1)^+$ 表示区域 Ω 的边界曲面的外侧,这时曲面 S_1 指向上侧,记作 S_1^+,曲面 S 指向外侧,正好与题设中的 S^+ 一致,因而有

$$\iint\limits_{(S \cup S_1)^+} \sim = \iint\limits_{S^+} \sim + \iint\limits_{S_1^+} \sim.$$

于是由上式得

$$\iint\limits_{S^+} (y-z)\mathrm{d}y\mathrm{d}z + (z-x)\mathrm{d}z\mathrm{d}x + (x-y^2)\mathrm{d}x\mathrm{d}y$$

$$= -\iint\limits_{S_1^+} (y-z)\mathrm{d}y\mathrm{d}z + (z-x)\mathrm{d}z\mathrm{d}x + (x-y^2)\mathrm{d}x\mathrm{d}y$$

$$= 0 + 0 - \iint\limits_{S_1^+} (x-y^2)\mathrm{d}x\mathrm{d}y = -\iint\limits_{D} (x-y^2)\mathrm{d}x\mathrm{d}y,$$

其中 D 为平面区域: $0 \leqslant x^2 + y^2 \leqslant 1$.

由对称性知 $\iint\limits_{D} x\,\mathrm{d}x\mathrm{d}y = 0.$ 又

$$\iint\limits_{D} y^2\,\mathrm{d}x\mathrm{d}y = \int_0^{2\pi}\mathrm{d}\theta \int_0^1 r^3 \sin^2\theta\,\mathrm{d}r = \frac{\pi}{4}.$$

最后得 $I = \pi/4$.

例 3   求 $I = \iint\limits_{S^+} x \, dy \, dz + y \, dz \, dx + z \, dx \, dy$，其中 S^+ 是柱面 $x^2 + y^2 = 1$ 被平面 $z = 0$ 与 $z = 3$ 所截部分的外侧.

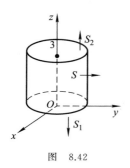

图 8.42

解 S 不是封闭曲面，为利用高斯公式，我们添加两个平面 S_1 和 S_2，使 $S \cup S_1 \cup S_2$ 组成闭曲面，其中

$$S_1 : z = 0, \quad x^2 + y^2 \leqslant 1;$$
$$S_2 : z = 3, \quad x^2 + y^2 \leqslant 1.$$

记 $S \cup S_1 \cup S_2$ 围成的区域为 Ω. $(S \cup S_1 \cup S_2)^+$ 表示 Ω 边界曲面的外侧，这时 $(S \cup S_1 \cup S_2)^+ = S^+ \cup S_1^- \cup S_2^+$，其中"+"表示曲面指向上侧，"-"表示曲面指向下侧.

利用高斯公式，

$$I + \iint\limits_{S_2^+} x \, dy \, dz + y \, dz \, dx + z \, dx \, dy + \iint\limits_{S_1^-} x \, dy \, dz + y \, dz \, dx + z \, dx \, dy$$

$$= \iiint\limits_{\Omega} (1 + 1 + 1) dV = 3 \times 3\pi = 9\pi.$$

于是

$$I = 9\pi - \iint\limits_{S_2^+} x \, dy \, dz + y \, dz \, dx + z \, dx \, dy - \iint\limits_{S_1^-} x \, dy \, dz + y \, dz \, dx + z \, dx \, dy$$

$$= 9\pi - \iint\limits_{D} (x \cdot 0 + y \cdot 0 + 3 \cdot 1) dx \, dy$$

$$- \iint\limits_{D} [x \cdot 0 + y \cdot 0 + 0 \cdot (-1)] dx \, dy$$

$$= 9\pi - \iint\limits_{D} 3 dx \, dy = 9\pi - 3\pi = 6\pi,$$

其中 $D = \{(x, y) \mid x^2 + y^2 \leqslant 1\}$.

例 4   设 $\boldsymbol{F} = \dfrac{1}{(x^2 + y^2 + z^2)^{3/2}} (x, y, z)$. 求

$$I = \oiint\limits_{S^+} \boldsymbol{F} \cdot \boldsymbol{n} \, dS,$$

其中 S^+ 为闭曲面 S 的外侧，分下列两种情况：

（1）S 及其所围的区域 Ω 不包含坐标原点；

（2）S 所围的区域 Ω 包含坐标原点.

解 记 $\boldsymbol{F}$ 的三个分量为 P,Q,R，即

$$P = \frac{x}{(x^2 + y^2 + z^2)^{\frac{3}{2}}}, \quad Q = \frac{y}{(x^2 + y^2 + z^2)^{\frac{3}{2}}},$$

$$R = \frac{z}{(x^2 + y^2 + z^2)^{\frac{3}{2}}},$$

则有

$$\frac{\partial P}{\partial x} = \frac{y^2 + z^2 - 2x^2}{(x^2 + y^2 + z^2)^{\frac{5}{2}}}, \quad \frac{\partial Q}{\partial y} = \frac{x^2 + z^2 - 2y^2}{(x^2 + y^2 + z^2)^{\frac{5}{2}}},$$

$$\frac{\partial R}{\partial z} = \frac{x^2 + y^2 - 2z^2}{(x^2 + y^2 + z^2)^{\frac{5}{2}}}.$$

于是

$$\frac{\partial P}{\partial x} + \frac{\partial Q}{\partial y} + \frac{\partial R}{\partial z} = 0.$$

（1）这时 P,Q,R 在 $\Omega \cup S$ 上有连续的一阶偏微商，故可用高斯公式，有

$$\oiint\limits_{S^+} \boldsymbol{F} \cdot \mathrm{d}\boldsymbol{S} = \iiint\limits_{\Omega} 0 \mathrm{d}V = 0.$$

（2）由于 Ω 内含原点，P,Q,R 在 Ω 内不满足定理 1 的条件，故不能直接用高斯公式. 我们设法将原点"挖掉". 为此，以原点为球心、以充分小的 r 为半径做一小球，使小球整个包含在区域 Ω 内. 记小球的球面为 S_1，则 $P,Q,$ R 在由小球面 S_1 及曲面 S 包围的区域 Ω_1（见图 8.43）内满足定理 1 的条件. 于是有

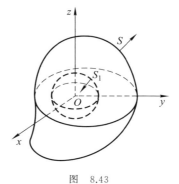

$$\iint\limits_{(S \cup S_1)^+} \boldsymbol{F} \cdot \mathrm{d}\boldsymbol{S} = \iiint\limits_{\Omega_1} 0 \mathrm{d}V = 0.$$

图 8.43

注意 $(S \cup S_1)^+$ 表示 Ω_1 的边界曲面的外侧，这时曲面 S 指向外侧，而曲面 S_1 指向内侧，与 S_1 作为小球的边界的外侧 S_1^+ 的指向正好相反. 故上式为

$$\iint\limits_{(S \cup S_1)^+} \boldsymbol{F} \cdot \mathrm{d}\boldsymbol{S} = \iint\limits_{S^+} \boldsymbol{F} \cdot \mathrm{d}\boldsymbol{S} - \iint\limits_{S_1^+} \boldsymbol{F} \cdot \mathrm{d}\boldsymbol{S} = 0,$$

即

$$\iint\limits_{S^+} \boldsymbol{F} \cdot \mathrm{d}\boldsymbol{S} = \iint\limits_{S_1^+} \boldsymbol{F} \cdot \mathrm{d}\boldsymbol{S} = 4\pi (见本章 \S 5 例 1).$$

例 5 求 $I = \iint\limits_{S^+} \dfrac{x\,\mathrm{d}y\,\mathrm{d}z + y\,\mathrm{d}z\,\mathrm{d}x + z\,\mathrm{d}x\,\mathrm{d}y}{(x^2 + y^2 + z^2)^{\frac{3}{2}}}$，$S^+$ 为在 Oxy 平面上方 $z = 2(1 - x^2 - y^2)$ 的上侧.

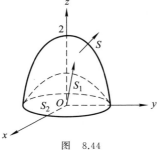

图 8.44

解 本题中的被积函数 P, Q, R 与前面例题一样，但曲面 S 不是封闭曲面，添加辅助面 $S_1: z = \sqrt{1 - x^2 - y^2}$. 注意不能添加 $S_2: z = 0$（$x^2 + y^2 \leqslant 1$）为辅助面. $S \cup S_1$ 组成闭曲面，所围区域记为 Ω_1，Ω_1 不包含原点，在 Ω_1 内，$\dfrac{\partial P}{\partial x} + \dfrac{\partial Q}{\partial y} + \dfrac{\partial R}{\partial z} = 0$，则

$$\iint\limits_{(S \cup S_1)^+} \frac{x\,\mathrm{d}y\,\mathrm{d}z + y\,\mathrm{d}z\,\mathrm{d}x + z\,\mathrm{d}x\,\mathrm{d}y}{(x^2 + y^2 + z^2)^{\frac{3}{2}}} = \iiint\limits_{\Omega_1} 0\,\mathrm{d}V = 0,$$

其中 $(S \cup S_1)^+$ 表示 Ω_1 边界曲面的外侧. 类似于前面例题，用"+"表示曲面指向上侧，"−"表示曲面指向下侧，$(S \cup S_1)^+ = S^+ \cup S_1^-$，则

$$I = -\iint\limits_{S_1^-} \frac{x\,\mathrm{d}y\,\mathrm{d}z + y\,\mathrm{d}z\,\mathrm{d}x + z\,\mathrm{d}x\,\mathrm{d}y}{(x^2 + y^2 + z^2)^{\frac{3}{2}}}$$

$$= -\iint\limits_{S_1^-} x\,\mathrm{d}y\,\mathrm{d}z + y\,\mathrm{d}z\,\mathrm{d}x + z\,\mathrm{d}x\,\mathrm{d}y$$

$$= \iint\limits_{S_1^+} x\,\mathrm{d}y\,\mathrm{d}z + y\,\mathrm{d}z\,\mathrm{d}x + z\,\mathrm{d}x\,\mathrm{d}y.$$

这个第二型曲面积分可直接计算，也可以再利用高斯公式，添加辅助面 $S_2: z = 0$（$x^2 + y^2 \leqslant 1$）. $S_1 \cup S_2$ 围成区域记为 $\Omega_2: x^2 + y^2 + z^2 \leqslant 1$（$z \geqslant 0$）. 利用高斯公式，

$$\iint\limits_{(S_1 \cup S_2)^+} x\,\mathrm{d}y\,\mathrm{d}z + y\,\mathrm{d}z\,\mathrm{d}x + z\,\mathrm{d}x\,\mathrm{d}y = \iiint\limits_{\Omega_2} (1 + 1 + 1)\,\mathrm{d}V$$

$$= 3\iiint\limits_{\Omega_2} \mathrm{d}V = 3 \cdot \frac{2\pi}{3} = 2\pi.$$

由于 $(S_1 \bigcup S_2)^+ = S_1^+ \bigcup S_2^-$，于是

$$I = 2\pi - \iint\limits_{S_2^-} x \, \mathrm{d}y \, \mathrm{d}z + y \, \mathrm{d}z \, \mathrm{d}x + z \, \mathrm{d}x \, \mathrm{d}y$$

$$= 2\pi - \iint\limits_{D} [x \cdot 0 + y \cdot 0 + 0 \cdot (-1)] \mathrm{d}x \, \mathrm{d}y = 2\pi,$$

其中 $D = \{(x,y) \mid x^2 + y^2 \leqslant 1\}$.

2. 斯托克斯公式

我们曾指出,斯托克斯(Stokes)公式是格林公式的一种推广:把格林公式中的平面区域推广到空间曲面,格林公式中的区域的边界曲线就自然推广为空间曲线.因而斯托克斯公式是联系空间曲面上的第二型曲面积分与在该曲面的边界线上的第二型曲线积分之间的关系式.

定理 2 (斯托克斯公式)　设 S 为分片光滑的双侧曲面,其边界 L 是一条或几条分段光滑的闭曲线.假定在 S 上取定一侧的单位法向量为 $\boldsymbol{n}$,再规定 L 的定向,使得 L 的定向与 $\boldsymbol{n}$ 的指向构成右手系(即将右手握拳,当拇指指向 $\boldsymbol{n}$ 时,其他四个手指的指向与 L 的定向一致).记 S^+ 及 L^+ 分别为给定上述定向后的 S 及 L.若 $P(x,y,z)$，$Q(x,y,z)$ 及 $R(x,y,z)$ 是 $S+L$ 上的有一阶连续偏导数的函数,则有斯托克斯公式:

$$\oint_{L^+} P \, \mathrm{d}x + Q \, \mathrm{d}y + R \, \mathrm{d}z$$

$$= \iint\limits_{S^+} \left(\frac{\partial R}{\partial y} - \frac{\partial Q}{\partial z}\right) \mathrm{d}y \, \mathrm{d}z + \left(\frac{\partial P}{\partial z} - \frac{\partial R}{\partial x}\right) \mathrm{d}z \, \mathrm{d}x + \left(\frac{\partial Q}{\partial x} - \frac{\partial P}{\partial y}\right) \mathrm{d}x \, \mathrm{d}y.$$

$$(8.20)$$

证　为了证明定理,只须证明下列三个式子成立:

$$\oint_{L^+} P(x,y,z) \mathrm{d}x = \iint\limits_{S^+} \frac{\partial P}{\partial z} \mathrm{d}z \, \mathrm{d}x - \frac{\partial P}{\partial y} \mathrm{d}x \, \mathrm{d}y, \qquad (8.21)$$

$$\oint_{L^+} Q(x,y,z) \mathrm{d}y = \iint\limits_{S^+} \frac{\partial Q}{\partial x} \mathrm{d}x \, \mathrm{d}y - \frac{\partial Q}{\partial z} \mathrm{d}y \, \mathrm{d}z, \qquad (8.22)$$

$$\oint_{L^+} R(x,y,z) \mathrm{d}z = \iint\limits_{S^+} \frac{\partial R}{\partial y} \mathrm{d}y \, \mathrm{d}z - \frac{\partial R}{\partial x} \mathrm{d}z \, \mathrm{d}x. \qquad (8.23)$$

我们先证明(8.21)式.

首先,假设 L 是一条闭曲线并且曲面 S 可由下列方程表出:

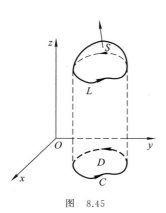

图 8.45

$$z = f(x, y), \quad (x, y) \in D, \qquad (8.24)$$

其中 D 为曲面 S 在 Oxy 平面上的投影.记 D 的边界曲线为 C,C 也是 S 的边界曲线 L 在 Oxy 平面上的投影.不妨设 S 取上侧,则曲线 L^+ 的定向如图 8.45 所示,而 C 的指向是逆时针的方向(见图 8.45).在以上假设下,显然有

$$\oint_{L^+} P(x, y, z)\mathrm{d}x = \oint_{C^+} P(x, y, f(x, y))\mathrm{d}x,$$

上式左端为空间曲线积分,而右端为平面曲线积分.

由上式及格林公式可推得

$$\oint_{L^+} P(x, y, z)\mathrm{d}x = \oint_{C^+} P(x, y, f(x, y))\mathrm{d}x$$

$$= \iint_D \left[-\frac{\partial}{\partial y} P(x, y, f(x, y)) \right] \mathrm{d}x\,\mathrm{d}y = -\iint_D \left(\frac{\partial P}{\partial y} + \frac{\partial P}{\partial z} f_y \right) \mathrm{d}x\,\mathrm{d}y.$$

$$(8.25)$$

另一方面,由本章 §5 中第二型曲面积分的计算公式(8.10),可得

$$\iint_{S^+} \frac{\partial P}{\partial z}\mathrm{d}z\,\mathrm{d}x - \frac{\partial P}{\partial y}\mathrm{d}x\,\mathrm{d}y = \iint_D \left[\frac{\partial P}{\partial z}(-f_y) + \left(-\frac{\partial P}{\partial y} \right) \right] \mathrm{d}x\,\mathrm{d}y$$

$$= -\iint_D \left(\frac{\partial P}{\partial z} f_y + \frac{\partial P}{\partial y} \right) \mathrm{d}x\,\mathrm{d}y. \qquad (8.26)$$

(8.25)式和(8.26)式表明要证的等式(8.21)成立.

其次,当曲面 S 可由方程

$$y = g(z, x), \quad (z, x) \in D_1, \qquad (8.27)$$

或

$$x = h(y, z), \quad (y, z) \in D_2 \qquad (8.28)$$

表出时,用类似的方法可证明(8.21)式仍成立.

最后,对于一般的分片光滑曲面 S,我们总可将其分成有限个小曲面,使这些小曲面可由上述的三种方程(8.24),(8.27)和(8.28)中至少一个表示.于是可证在这些小曲面上,公式(8.21)成立.再由曲线积分与曲面积分的可加性,即可推出对曲面 S,公式(8.21)成立.

用类似的方法,可证等式(8.22),(8.23)成立.再将三式相加,即得斯托克斯公式(8.20).证毕.

为便于记忆,斯托克斯公式也可写成

$$\oint_{L^+} P\,\mathrm{d}x + Q\,\mathrm{d}y + R\,\mathrm{d}z = \iint_{S^+} \begin{vmatrix} \mathrm{d}y\,\mathrm{d}z & \mathrm{d}z\,\mathrm{d}x & \mathrm{d}x\,\mathrm{d}y \\ \dfrac{\partial}{\partial x} & \dfrac{\partial}{\partial y} & \dfrac{\partial}{\partial z} \\ P & Q & R \end{vmatrix}, \qquad (8.29)$$

其中记号

$$\begin{vmatrix} \mathrm{d}y\,\mathrm{d}z & \mathrm{d}z\,\mathrm{d}x & \mathrm{d}x\,\mathrm{d}y \\ \dfrac{\partial}{\partial x} & \dfrac{\partial}{\partial y} & \dfrac{\partial}{\partial z} \\ P & Q & R \end{vmatrix}$$

可形式地看成一个三阶行列式,按第一行展开.

如果我们记 $\boldsymbol{F} = (P, Q, R)$,并定义

$$\mathrm{rot}\boldsymbol{F} = \left(\frac{\partial R}{\partial y} - \frac{\partial Q}{\partial z}, \ \frac{\partial P}{\partial z} - \frac{\partial R}{\partial x}, \ \frac{\partial Q}{\partial x} - \frac{\partial P}{\partial y} \right),$$

那么斯托克斯公式又可写成

$$\oint_{L^+} P\,\mathrm{d}x + Q\,\mathrm{d}y + R\,\mathrm{d}z = \iint_{S^+} \mathrm{rot}\boldsymbol{F} \cdot \mathrm{d}\boldsymbol{S}. \qquad (8.30)$$

为了便于记忆,也可以将 $\mathrm{rot}\boldsymbol{F}$ 用三阶行列式表出:

$$\mathrm{rot}\boldsymbol{F} = \begin{vmatrix} \boldsymbol{i} & \boldsymbol{j} & \boldsymbol{k} \\ \dfrac{\partial}{\partial x} & \dfrac{\partial}{\partial y} & \dfrac{\partial}{\partial z} \\ P & Q & R \end{vmatrix},$$

其中 $\boldsymbol{i}, \boldsymbol{j}, \boldsymbol{k}$ 是三个单位坐标向量.

$\mathrm{rot}\boldsymbol{F}$ 称作向量场 $\boldsymbol{F}$ 的**旋度**,其物理意义留待本章 §7 讲解.

假如已知 S^+ 指定一侧的法向量之方向余弦为 $(\cos\alpha, \cos\beta, \cos\gamma)$,那么

$$\mathrm{d}\boldsymbol{S} = (\cos\alpha, \cos\beta, \cos\gamma)\,\mathrm{d}S.$$

而公式(8.30)又可写成

$$\oint_{L} P\,\mathrm{d}x + Q\,\mathrm{d}y + R\,\mathrm{d}z = \iint_{S^+} \begin{vmatrix} \cos\alpha & \cos\beta & \cos\gamma \\ \dfrac{\partial}{\partial x} & \dfrac{\partial}{\partial y} & \dfrac{\partial}{\partial z} \\ P & Q & R \end{vmatrix} \mathrm{d}S. \qquad (8.31)$$

若直接求空间的第二型曲线积分不方便时,可考虑用斯托克斯公式将它转化为求曲面积分.

例 6　求 $I=\displaystyle\int_{L^{+}} y\,\mathrm{d}x + z\,\mathrm{d}y + x\,\mathrm{d}z$，其中 L 是平面 $x+y+z=1$ 被三个坐标平面所截三角形 S 的边界，从 Ox 轴正向看去，L^{+} 为逆时针方向.

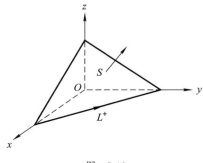

图 8.46

解　取三角形 S 的上侧为 S^{+}（见图 8.46），利用斯托克斯公式（8.29），

$$I=\iint_{S^{+}}\begin{vmatrix} \mathrm{d}y\,\mathrm{d}z & \mathrm{d}z\,\mathrm{d}x & \mathrm{d}x\,\mathrm{d}y \\[4pt] \dfrac{\partial}{\partial x} & \dfrac{\partial}{\partial y} & \dfrac{\partial}{\partial z} \\[6pt] y & z & x \end{vmatrix}$$

$$=\iint_{S^{+}}(-\,\mathrm{d}y\,\mathrm{d}z - \mathrm{d}z\,\mathrm{d}x - \mathrm{d}x\,\mathrm{d}y)$$

$$=-\iint_{S^{+}}\mathrm{d}y\,\mathrm{d}z + \mathrm{d}z\,\mathrm{d}x + \mathrm{d}x\,\mathrm{d}y.$$

S 的方程为 $z=1-x-y$，其中 (x,y) 在区域

$$D=\{(x,y)\mid 0\leqslant x\leqslant 1, 0\leqslant y\leqslant 1-x\}$$

内变化.注意到 $z_x=-1$，$z_y=-1$，代入本章 §5 中公式（8.10），就得到

$$I=-\iint_{D}(1+1+1)\,\mathrm{d}x\,\mathrm{d}y = -3\iint_{D}\mathrm{d}x\,\mathrm{d}y = -\frac{3}{2}.$$

这道题还可以利用公式（8.30）去求，L^{+} 是平面曲线.L^{+} 所围三角形 S^{+} 的法向量为 $(1,1,1)$，故其单位法向量是 $\left(\dfrac{1}{\sqrt{3}},\dfrac{1}{\sqrt{3}},\dfrac{1}{\sqrt{3}}\right)$，则

$$(\cos\alpha,\cos\beta,\cos\gamma)=\left(\frac{1}{\sqrt{3}},\frac{1}{\sqrt{3}},\frac{1}{\sqrt{3}}\right).$$

利用公式（8.30），

$$I=\iint_{S}\begin{vmatrix} \cos\alpha & \cos\beta & \cos\gamma \\[4pt] \dfrac{\partial}{\partial x} & \dfrac{\partial}{\partial y} & \dfrac{\partial}{\partial z} \\[6pt] y & z & x \end{vmatrix}\mathrm{d}S=\iint_{S}(-\cos\alpha-\cos\beta-\cos\gamma)\,\mathrm{d}S$$

$$=-\sqrt{3}\iint_{S}\mathrm{d}S.$$

这里，第一型曲面积分 $\displaystyle\iint_{S}\mathrm{d}S$ 为三角形 S 的面积，而 S 是边长为 $\sqrt{2}$ 的等边三角形，它的面积是 $\dfrac{\sqrt{3}}{2}$，则

$$I = -\sqrt{3} \times \frac{\sqrt{3}}{2} = -\frac{3}{2}.$$

例 7 求

$$I = \oint_{L^+} (y^2 + z^2)\mathrm{d}x + (x^2 + z^2)\mathrm{d}y + (x^2 + y^2)\mathrm{d}z,$$

其中 L 为球面 $x^2 + y^2 + z^2 = 2Rx$ 与柱面 $x^2 + y^2 = 2rx$（$0 < r < R, z > 0$）的交线，且 L^+ 与球面的上侧成右手系（见图 8.47）.

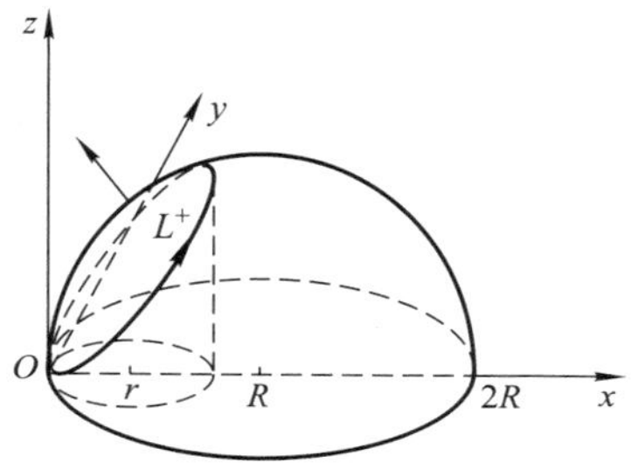

解 记 L 所围的球面部分为 S（见图 8.47）并取 S 的上侧为 S^+. S 的方程为

$$z = f(x,y) = \sqrt{2Rx - x^2 - y^2},$$

其中 (x,y) 在区域

$$D = \{(x,y) \mid x^2 + y^2 \leqslant 2rx\}$$

内变化.

图 8.47

由斯托克斯公式（8.31），我们有

$$I = \iint_{S^+} \begin{vmatrix} \mathrm{d}y\,\mathrm{d}z & \mathrm{d}z\,\mathrm{d}x & \mathrm{d}x\,\mathrm{d}y \\ \dfrac{\partial}{\partial x} & \dfrac{\partial}{\partial y} & \dfrac{\partial}{\partial z} \\ y^2 + z^2 & x^2 + z^2 & x^2 + y^2 \end{vmatrix}$$

$$= 2\iint_{S^+} (y - z)\mathrm{d}y\,\mathrm{d}z + (z - x)\mathrm{d}z\,\mathrm{d}x + (x - y)\mathrm{d}x\,\mathrm{d}y.$$

为了计算这个第二型曲面积分，注意 $f_x = \dfrac{R - x}{z}$，$f_y = \dfrac{-y}{z}$，代入公式 (8.10) 立即得

$$I = 2\iint_D \Big[\big(y - \sqrt{2Rx - x^2 - y^2}\big)\frac{x - R}{\sqrt{2Rx - x^2 - y^2}}$$

$$+ \big(\sqrt{2Rx - x^2 - y^2} - x\big)\frac{y}{\sqrt{2Rx - x^2 - y^2}}$$

$$+ (x - y)\Big]\mathrm{d}x\,\mathrm{d}y,$$

其中区域 D 为 $\{(x,y) \mid x^2 + y^2 \leqslant 2rx\}$. 由于 D 关于 x 轴对称，故被积函数中关于 y 的奇函数的部分为 0. 于是

$$I = 2\iint_D \big[(R - x) + x\big]\mathrm{d}x\,\mathrm{d}y = 2\iint_D R\,\mathrm{d}x\,\mathrm{d}y = 2R\pi r^2.$$

例 8 求

$$I = \oint_{L^+} (y-z)\mathrm{d}x + (z-x)\mathrm{d}y + (x-y)\mathrm{d}z,$$

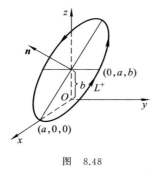

图 8.48

其中 L 为椭圆周：$x^2 + y^2 = a^2$，$\dfrac{x}{a} + \dfrac{z}{b} = 1$ $(a>0, b>0)$，从 x 轴正向看去，L^+ 为逆时针方向（见图 8.48）.

解 记 L 所围的椭圆为 S，取 S 的上侧，即 S 的法方向与 z 轴成锐角，这时 L 的正向与 S 指定一侧的法向量成右手系. 又因 S 是平面，其上各点的法向量都相等，即为常向量 $\left(\dfrac{1}{a}, 0, \dfrac{1}{b}\right)$，故其单位法向量为

$$\boldsymbol{n} = \frac{1}{\sqrt{\dfrac{1}{a^2} + \dfrac{1}{b^2}}} \left(\frac{1}{a}, 0, \frac{1}{b}\right) = \frac{1}{\sqrt{a^2+b^2}}(b, 0, a)$$

$$\xlongequal{\text{def}} (\cos\alpha, \cos\beta, \cos\gamma).$$

由斯托克斯公式(8.31)，并注意椭圆 S 的长、短半轴分别为 $\sqrt{a^2+b^2}$ 及 a （见图 8.48），则有

$$
\begin{aligned}
I &= \iint_{S^+}
\begin{vmatrix}
\cos\alpha & \cos\beta & \cos\gamma \\[2mm]
\dfrac{\partial}{\partial x} & \dfrac{\partial}{\partial y} & \dfrac{\partial}{\partial z} \\[2mm]
y-z & z-x & x-y
\end{vmatrix} \mathrm{d}S \\[3mm]
&= \iint_{S}
\begin{vmatrix}
\dfrac{b}{\sqrt{a^2+b^2}} & 0 & \dfrac{a}{\sqrt{a^2+b^2}} \\[2mm]
\dfrac{\partial}{\partial x} & \dfrac{\partial}{\partial y} & \dfrac{\partial}{\partial z} \\[2mm]
y-z & z-x & x-y
\end{vmatrix} \mathrm{d}S \\[3mm]
&= \iint_{S} \left[\frac{b}{\sqrt{a^2+b^2}}(-2) + \frac{a}{\sqrt{a^2+b^2}}(-2) \right] \mathrm{d}S \\[3mm]
&= \frac{-2(a+b)}{\sqrt{a^2+b^2}} \pi a \sqrt{a^2+b^2} = -2\pi a(a+b).
\end{aligned}
$$

例 9　求 $I = \int_{L^+} (x^2 + y + z)\mathrm{d}x + (y^2 + x + z)\mathrm{d}y + (z^2 + x + y)\mathrm{d}z$，其中 L 是联结 $O(0,0,0)$ 和 $A(1,1,1)$ 的一条光滑曲线，方向是从 O 到 A.

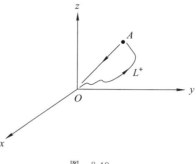

图　8.49

解　L 不是闭曲线，添加联结 A,O 两点的直线段组成闭曲线. 再取 S 为以 $L \cup AO$ 为边界的一张光滑曲面，S^+ 的定向与 $L^+ \cup AO$ 构成右手系. 利用斯托克斯公式，

$$\int_{L^+ \cup AO} (x^2 + y + z)\mathrm{d}x + (y^2 + x + z)\mathrm{d}y + (z^2 + x + y)\mathrm{d}z$$

$$= \iint_{S^+} \begin{vmatrix} \mathrm{d}y\,\mathrm{d}z & \mathrm{d}z\,\mathrm{d}x & \mathrm{d}x\,\mathrm{d}y \\ \dfrac{\partial}{\partial x} & \dfrac{\partial}{\partial y} & \dfrac{\partial}{\partial z} \\ x^2 + y + z & y^2 + x + z & z^2 + x + y \end{vmatrix}$$

$$= \iint_{S^+} (0 \cdot \mathrm{d}y\,\mathrm{d}z - 0 \cdot \mathrm{d}z\,\mathrm{d}x + 0 \cdot \mathrm{d}x\,\mathrm{d}y) = 0.$$

于是

$$I = \int_{OA} (x^2 + y + z)\mathrm{d}x + (y^2 + x + z)\mathrm{d}y + (z^2 + x + y)\mathrm{d}z.$$

AO 的方程为 $\begin{cases} x = t, \\ y = t, \\ z = t \end{cases} (0 \leqslant t \leqslant 1)$，则

$$I = \int_0^1 [(t^2 + t + t) \cdot 1 + (t^2 + t + t) \cdot 1 + (t^2 + t + t) \cdot 1]\mathrm{d}t$$

$$= \int_0^1 (3t^2 + 6t)\mathrm{d}t = 4.$$

最后指出斯托克斯公式的一个特殊情况：当曲线 L 恰好是 Oxy 平面上的一条平面曲线，L 所围的曲面 S 恰好是 Oxy 平面上的一个区域时，L 的切向量的第三个分量 $\mathrm{d}z = 0$，$\mathrm{d}S$ 在 Oyz 平面及 Ozx 平面上的有向投影 $\mathrm{d}y\,\mathrm{d}z$ 及 $\mathrm{d}z\,\mathrm{d}x$ 也都等于 0，这时，斯托克斯公式简化为

$$\oint_{L^+} P\mathrm{d}x + Q\mathrm{d}y = \iint_D \left(\frac{\partial Q}{\partial x} - \frac{\partial P}{\partial y} \right) \mathrm{d}x\,\mathrm{d}y,$$

上式即为格林公式. 故格林公式可看成斯托克斯公式的特例.

习 题 8.6

1. 利用高斯公式,求第二型曲面积分

$$\iint\limits_{S} x^2\,\mathrm{d}y\,\mathrm{d}z + y^2\,\mathrm{d}z\,\mathrm{d}x + z^2\,\mathrm{d}x\,\mathrm{d}y,$$

其中 S 分别为

(1) 圆柱面 $x^2 + y^2 = a^2$ $(0 \leqslant z \leqslant h)$ 的外侧;

(2) 圆锥体 $\dfrac{x^2}{a^2} + \dfrac{y^2}{a^2} - \dfrac{z^2}{b^2} \leqslant 0$ $(0 \leqslant z \leqslant b)$ 的全表面的外侧.

利用高斯公式,计算下列曲面积分:

2. 求 $\oiint\limits_{S^+} xz^2\,\mathrm{d}y\,\mathrm{d}z + (x^2 y - z^3)\,\mathrm{d}z\,\mathrm{d}x + (2xy + y^2 z)\,\mathrm{d}x\,\mathrm{d}y$,其中 S^+ 是 $z = \sqrt{a^2 - x^2 - y^2}$ 和 $z = 0$ 所围的半球区域的全表面的外侧.

3. 求 $\oiint\limits_{S^+} x^2\,\mathrm{d}y\,\mathrm{d}z + y^2\,\mathrm{d}z\,\mathrm{d}x + z^2\,\mathrm{d}x\,\mathrm{d}y$,其中 S^+ 为平面 $x = 0, y = 0, z = 0, x = a$, $y = a, z = a$ 所围立体之表面外侧.

4. 求 $\oiint\limits_{S^+} x^3\,\mathrm{d}y\,\mathrm{d}z + y^3\,\mathrm{d}z\,\mathrm{d}x + z^3\,\mathrm{d}x\,\mathrm{d}y$,其中 S^+ 为球面 $x^2 + y^2 + z^2 = a^2$ 的外侧.

5. 求 $\oiint\limits_{S^+} y\,\mathrm{d}y\,\mathrm{d}z + xy\,\mathrm{d}z\,\mathrm{d}x - z\,\mathrm{d}x\,\mathrm{d}y$,其中 S^+ 是圆柱 $x^2 + y^2 \leqslant 4$ 被 $z = 0$ 及 $z = x^2 + y^2$ 所截部分立体之表面外侧.

6. 求 $\iint\limits_{S^+} \boldsymbol{F} \cdot \boldsymbol{n}\,\mathrm{d}S$,其中 $\boldsymbol{F} = (x^4, y^4, z^4)$,$S^+$ 是锥面 $x^2 + y^2 = z^2$ 在 $0 \leqslant z \leqslant h$ 部分的外侧.

7. 求 $\oiint\limits_{S^+} (xy^2 + y + z)\,\mathrm{d}y\,\mathrm{d}z + (yz^2 + xz)\,\mathrm{d}z\,\mathrm{d}x + (zx^2 + 5x^2 y^2)\,\mathrm{d}x\,\mathrm{d}y$,其中 S^+ 为椭球面 $\dfrac{x^2}{a^2} + \dfrac{y^2}{b^2} + \dfrac{z^2}{c^2} = 1$ 的外侧.

8. 求第二型曲面积分 $\iint\limits_{S^+} \boldsymbol{F} \cdot \boldsymbol{n}\,\mathrm{d}S$,其中 $\boldsymbol{F} = \sqrt{x^2 + y^2 + z^2}\,(x, y, z)$,$S^+$ 是区域 $\{(x, y, z) \mid 1 \leqslant x^2 + y^2 + z^2 \leqslant 2\}$ 的边界面,指向外侧.

9. 设向量函数 $\boldsymbol{F}(x, y, z) = (\cos z, \sin z, 1)$,$S$ 为封闭的简单曲面,证明:

$$\oiint\limits_{S^+} \cos(\boldsymbol{F}, \boldsymbol{n})\,\mathrm{d}S = 0,$$

其中 $\boldsymbol{n}$ 为曲面 S 的外法线方向的单位向量.

10. 求 $\oiint\limits_{S^+} \dfrac{\cos\langle \boldsymbol{r}, \boldsymbol{n} \rangle}{|\boldsymbol{r}|^2}\,\mathrm{d}S$,其中 $\boldsymbol{r} = (x, y, z)$,$\boldsymbol{n}$ 为闭曲面 S 的外侧单位法向量,S 分别

为：

(1) 球面：$x^2 + y^2 + z^2 = R^2$；

(2) 椭球面：$\dfrac{x^2}{a^2} + \dfrac{y^2}{b^2} + \dfrac{z^2}{c^2} = 1$；

(3) 不包含原点的任意光滑闭曲面.

11. 设 $u(x,y,z)$ 是三维调和函数，即 u 有连续二阶偏导数，且满足 $\dfrac{\partial^2 u}{\partial x^2} + \dfrac{\partial^2 u}{\partial y^2} + \dfrac{\partial^2 u}{\partial z^2} = 0$. 又设 S 为一光滑闭曲面，S 所围区域为 Ω. 证明：

(1) $\oiint\limits_{S^+} u \dfrac{\partial u}{\partial \boldsymbol{n}} \mathrm{d}S = \iiint\limits_{\Omega} (u_x^2 + u_y^2 + u_z^2)\, \mathrm{d}V$，其中 $\dfrac{\partial u}{\partial \boldsymbol{n}}$ 为 u 沿 S 的外法线方向的方向导数；

(2) 若 $u(x,y,z)$ 在 S 上恒为零，则 $u(x,y,z)$ 在区域 Ω 上也恒为零.

用斯托克斯公式计算下列曲线积分：

12. 求 $\oint_{L^+} y^2 \mathrm{d}x + xy\mathrm{d}y + xz\mathrm{d}z$，其中 L 是圆柱面 $x^2 + y^2 = 2y$ 与平面 $y = z$ 的交线，逆时针方向.

13. 求 $\oint_{L^+} (y^2 + z^2 - x^2)\mathrm{d}x + (x^2 + z^2 - y^2)\mathrm{d}y + (x^2 + y^2 - z^2)\mathrm{d}z$，其中 L 为球面 $z = \sqrt{2Rx - x^2 - y^2}$ 与柱面 $x^2 + y^2 = 2rx\,(0 < r < R, z \geqslant 0)$ 的交线，L^+ 与球面上侧成右手系.

14. 求 $\oint_{L^+} (y^2 - z^2 + x^2)\mathrm{d}x + (z^2 - x^2 + y^2)\mathrm{d}y + (x^2 - y^2 + z^2)\mathrm{d}z$，其中 L 是平面 $x + y + z = \dfrac{3}{2}R$ 与立方体 $\{(x,y,z) \mid 0 \leqslant x \leqslant R, 0 \leqslant y \leqslant R, 0 \leqslant z \leqslant R\}$ 的交线，从 x 轴正向看去，L^+ 沿逆时针方向（见图 8.50）.

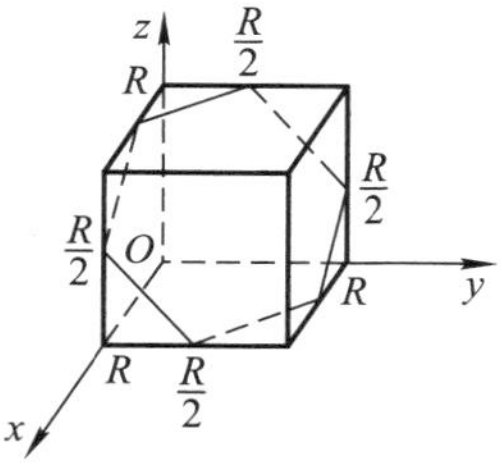

图 8.50

15. 求 $\oint_{L^+} (y - z + x)\mathrm{d}x + (z - x + y)\mathrm{d}y + (x - y + z)\mathrm{d}z$，其中 L^+ 为椭圆周：$x^2 + y^2 = 1, x + z = 1$，沿顺时针方向.

16. 求 $\oint_{L^+} xz\mathrm{d}x + xy\mathrm{d}y + 3xz\mathrm{d}z$，其中 L 为平面 $2x + y + z = 2$ 在第一卦限部分的边界，从 x 轴正向看去，沿逆时针方向.

*§7 场 论 初 步

1. 场的概念

在物理学中我们遇到过各式各样的场，如电场、磁场、引力场、温度场等等.如果忽略其物理意义,单纯从数学上看,所谓场无外乎是一种数量(标量)或向量在空间中的分布.更确切地说,若三维空间某区域 Ω 中每一点 $M(x,y,z)$ 都有一个唯一确定的量

$$u = f(M) \equiv f(x,y,z)$$

或向量

$$\boldsymbol{u} = \boldsymbol{F}(M) \equiv P(M)\boldsymbol{i} + Q(M)\boldsymbol{j} + R(M)\boldsymbol{k}$$

与之对应,则称 $u = f(M)$ 或 $\boldsymbol{u} = \boldsymbol{F}(M)$ 是 Ω 上的一个场,前者称作**数量场**,而后者称作**向量场**.

物理中的场常常是依赖于时间的.换句话说,上述的数量分布或向量分布不仅是 M 的函数而且还是 t 的函数:$u = f(M,t)$ 或 $\boldsymbol{u} = \boldsymbol{F}(M,t)$.

不依赖于时间的场称为**稳定场**或**定常场**,否则称为**不稳定场**或**不定常场**.在这一节中我们只考察稳定场.

2. 数量场的等值面与梯度

设有一数量场 $u = f(x,y,z)$.对于任意常数 C,所有使 f 的函数值为 C 的点的集合,也即

$$M_C = \{(x,y,z) \mid f(x,y,z) = C\},$$

称为该数量场的一个**等值面**.

当然,M_C 可能是空集.集合 M_C 依赖于函数 f 及 C 的大小.在个别情况下,M_C 也可能是三维空间中的一个区域(比如,f 是定义在区域 Ω 上的一个常数函数,而 C 恰好就是这个常数).但是,在很多情况下,M_C 是一个曲面.

回顾隐函数存在定理,不难说明在 f 有连续一阶偏导数且 f_x, f_y, f_z 不同时为零的条件下,如果 $M_C \neq \varnothing$,则 M_C 必为一张曲面.

对于平面数量场 $u = f(x,y)$ 自然也可以考虑集合

$$M_C = \{(x,y) \mid f(x,y) = C\},$$

但这时一般说来 M_C 不再是一张曲面,而是一条曲线.因此,对于平面数量场而言,我们有等值线的概念.通常地图中的等高线就是以地表面每点的海拔高度为数量场的等值线(见图 8.51).

对于数量场而言一个重要的量就是**梯度**:

$$\mathrm{grad} f = \left(\frac{\partial f}{\partial x}, \frac{\partial f}{\partial y}, \frac{\partial f}{\partial z} \right).$$

由于 $\mathrm{grad} f$ 不再是一个数量,而是一个向量,所以每一个数量场 f 都有一个向量场 $\mathrm{grad} f$ 与之对应.$\mathrm{grad} f$ 称为数量场 f 的**梯度场**.

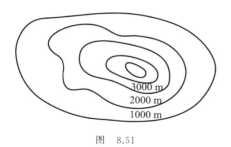

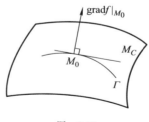

图　8.51　　　　　　　　　　　　　图　8.52

现在我们来说明梯度场的几何意义.

我们假定 f_x,f_y,f_z 不同时为零,并且假定对于常数 C,等值面 M_C 非空.根据前面的说明,这时 M_C 是一张曲面.设点 $M_0(x_0,y_0,z_0)$ 为 M_C 上的一点.我们要证明,在该点的梯度

$$\mathrm{grad}f\mid_{(x_0,y_0,z_0)}=\left(\frac{\partial f}{\partial x},\frac{\partial f}{\partial y},\frac{\partial f}{\partial z}\right)\Big|_{(x_0,y_0,z_0)}$$

恰好就是 M_C 在点 (x_0,y_0,z_0) 处的法向量.也就是说,$\mathrm{grad}f\mid_{(x_0,y_0,z_0)}$ 垂直于 M_C 上一切过点 (x_0,y_0,z_0) 的曲线在该点之切线(见图 8.52).

设 Γ 是 M_C 上过点 (x_0,y_0,z_0) 的一条曲线,其参数方程为

$$\Gamma:\begin{cases}x=x(t),\\y=y(t),\quad \alpha<t<\beta,\\z=z(t),\end{cases}$$

且 $x_0=x(t_0),y_0=y(t_0),z=z(t_0)$.因为 Γ 在 M_C 上,故有

$$f(x(t),y(t),z(t))\equiv C,\quad \alpha<t<\beta.$$

这样

$$\frac{\partial f}{\partial x}x'(t)+\frac{\partial f}{\partial y}y'(t)+\frac{\partial f}{\partial z}z'(t)\equiv 0.$$

特别地,上式在 $t=t_0$ 点成立,也即

$$\frac{\partial f}{\partial x}(x_0,y_0,z_0)x'(t_0)+\frac{\partial f}{\partial y}(x_0,y_0,z_0)y'(t_0)+\frac{\partial f}{\partial z}(x_0,y_0,z_0)z'(t_0)=0,$$

或写成向量的内积形式:

$$\mathrm{grad}f\mid_{(x_0,y_0,z_0)}\bullet(x'(t_0),y'(t_0),z'(t_0))=0.$$

这里向量 $(x'(t_0),y'(t_0),z'(t_0))$ 恰好是曲线 Γ 在点 (x_0,y_0,z_0) 处的切线方向.这就证明了我们所要的结论:数量场在一点处的梯度恰好是通过该点的等值面的法向量.

平面数量场 $u=f(x,y)$ 的梯度是相应的等值线的法向量.

在电场中,空间中每点之电势形成了一个数量场 $U=U(x,y,z)$.它的负梯度 $\boldsymbol{E}=-\operatorname{grad}U$ 就是该电场之电场强度.上面的结论告诉我们:一点的电场强度总是垂直于通过该点的电势的等位面的.

在数学或物理学中,梯度 grad 还可用 $\boldsymbol{\nabla}$(nabla)表示,即

$$\boldsymbol{\nabla}u=\operatorname{grad}u.$$

它有如下的运算法则:

(1) $\boldsymbol{\nabla}C=\boldsymbol{0}$($C$ 为常数);

(2) $\boldsymbol{\nabla}(u\pm v)=\boldsymbol{\nabla}u\pm\boldsymbol{\nabla}v$;

(3) $\boldsymbol{\nabla}(uv)=u\,\boldsymbol{\nabla}v+v\,\boldsymbol{\nabla}u$;

(4) $\boldsymbol{\nabla}\left(\dfrac{u}{v}\right)=\dfrac{1}{v^2}(v\,\boldsymbol{\nabla}u-u\,\boldsymbol{\nabla}v)$.

这与求导的公式很相似.但是,我们应提醒读者,上述等式是向量等式,而不是数量等式.

比上述运算规则更为一般的是

(5) $\boldsymbol{\nabla}\varphi(u)=\varphi'(u)\boldsymbol{\nabla}u$;

(6) $\boldsymbol{\nabla}\psi(u,v)=\psi'_u\boldsymbol{\nabla}u+\psi'_v\boldsymbol{\nabla}v$.

有了这些公式,计算梯度就方便些了.

例 设 $r=\sqrt{x^2+y^2+z^2}$,求数量场 $u=\varphi(r)$ 在一点 (x_0,y_0,z_0) 的梯度,其中 x_0,y_0,z_0 不全为零.

解 根据前面的公式,$\boldsymbol{\nabla}u=\varphi'(r)\boldsymbol{\nabla}r$.而 $\boldsymbol{\nabla}r=\left(\dfrac{x}{r},\dfrac{y}{r},\dfrac{z}{r}\right)$.因此,$u=\varphi(r)$ 在 (x_0,y_0,z_0) 处的梯度是

$$\boldsymbol{\nabla}u\mid_{(x_0,y_0,z_0)}=\varphi'(r_0)\frac{1}{r_0}(x_0,y_0,z_0),$$

其中 $r_0=\sqrt{x_0^2+y_0^2+z_0^2}$.

有时将梯度运算写成向量形式

$$\boldsymbol{\nabla}u=\frac{\partial u}{\partial x}\boldsymbol{i}+\frac{\partial u}{\partial y}\boldsymbol{j}+\frac{\partial u}{\partial z}\boldsymbol{k}\quad\text{或}\quad\boldsymbol{\nabla}=\frac{\partial}{\partial x}\boldsymbol{i}+\frac{\partial}{\partial y}\boldsymbol{j}+\frac{\partial}{\partial z}\boldsymbol{k},$$

其中 $\boldsymbol{i},\boldsymbol{j},\boldsymbol{k}$ 分别是 x 轴,y 轴及 z 轴的单位向量.

在一个向量场 $\boldsymbol{F}$ 中,若曲线 Γ 上的每一点 M 处的切线都与向量场 $\boldsymbol{F}$ 在 M 点的向量 $\boldsymbol{F}\mid_M$ 共线,则 Γ 被称为**向量线**,如图 8.53 所示.

图 8.53

电场中的电力线及磁场中的磁力线都是向量线的例子.

显然,若 u 为一数量场,那么它的梯度 $\mathrm{grad}\,u$ 所形成的向量场的向量线与它穿越的 u 的等值面垂直.

建议读者联系物理中常见的数量场说明这一结论.

3. 向量场的通量与散度

设 $u = F(M)$ 是给定的一个向量场.又假定 S 是一个双侧曲面,并取定了一侧.设 n 是 S 在指定一侧的单位法向量,那么 $F(M)$ 在 S 上按指定一侧的第二型曲面积分

$$\iint\limits_{S} F \cdot n\,\mathrm{d}S$$

的值通常称作向量场 F 通过曲面 S 在指定一侧的**通量**.

之所以称为通量是将向量场 F 看作流速场的结果.当 F 是流速场时,上述积分的值恰好是在单位时间内流过 S 的流量的代数和.这是因为 $F \cdot n = |F|\cos\langle F, n\rangle$ 有可能为正,有可能为负,这要由向量场 F 与法向量 n 的夹角是否是锐角来决定.

当 S 是一个闭曲面,而法向量取成外法向量时,通量实际上就是曲面上整体的流出量与流入量之差.当通量大于零时,意味着流出的量多于流入的量,而通量小于零时则相反.通量为零意味着流入量等于流出量.

现在我们用通量来解释散度的概念.

设 $M_0(x_0, y_0, z_0)$ 是向量场 $F = (P, Q, R)$ 中的一点,又设 V 是包含 M_0 的一个区域,其边界 S 是光滑曲面,在 S 上取定单位外法向量 n.当 P, Q, R 满足高斯定理的条件时便有

$$\oiint\limits_{S} F \cdot n\,\mathrm{d}S = \iiint\limits_{V} \left(\frac{\partial P}{\partial x} + \frac{\partial Q}{\partial y} + \frac{\partial R}{\partial z} \right) \mathrm{d}V,$$

或写成

$$\oiint\limits_{S} F \cdot n\,\mathrm{d}S = \iiint\limits_{V} \mathrm{div}\,F\,\mathrm{d}V.$$

由积分中值定理立刻推出,

$$\iiint\limits_{V} \mathrm{div}\,F\,\mathrm{d}V = \mathrm{div}\,F\,\big|_{(\bar{x}, \bar{y}, \bar{z})} \cdot m(V),$$

其中 $(\bar{x}, \bar{y}, \bar{z})$ 是 V 之一点,而 $m(V)$ 表示 V 的体积.这样,当积分区域 V 缩成一点 $M_0(x_0, y_0, z_0)$ 时,通量的平均值的极限即是 $\mathrm{div}\,F$ 在 M_0 的值:

$$\text{div}\boldsymbol{F}\bigg|_{M_0} = \lim_{V \to M_0} \frac{\oiint\limits_{S} \boldsymbol{F} \cdot \boldsymbol{n} \, \mathrm{d}S}{m(V)}.$$

由此可见,散度在一点的值在一定意义上可看作在该点附近单位体积内的通量.若散度在一点大于零,表明在该点附近流向该点的量少于自该点流出的量,我们称该点为"源".而若散度在一点处小于零,则表明在该点附近流向该点的量多于自该点流出的量,我们称该点为"漏".散度为零的点则既非"源"也非"漏".

若向量场 $\boldsymbol{F}$ 使得散度 $\text{div}\boldsymbol{F}(M) \equiv 0$,则向量场 $\boldsymbol{F}$ 称为**无源场**,也称为**管形场**.

若 $\boldsymbol{F}$ 为无源场,则通过该场中任何一个闭曲面沿外法向之通量为零.从数学上看这是高斯公式之推论.从物理上看,在无源无漏的场中流入一个闭曲面的量等于流出这个闭曲面的量.这便是物质不灭定律的反映.

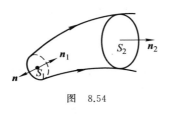

图   8.54

我们之所以把散度恒为零的场称为管形场,是因为在这样的场中,任取一个向量管(即由向量线所组成的管形曲面,见图 8.54),穿越这个向量管的任意一个截面的通量是一个常数.也即,若 $\boldsymbol{F}$ 是一个无源向量场,并假定 S_1 及 S_2 是其中一个向量管的两个截面,如图 8.54 所示.在 S_1 及 S_2 上分别选定单位法向量 $\boldsymbol{n}_1$ 及 $\boldsymbol{n}_2$,其指向与 $\boldsymbol{F}$ 在 S_1 或 S_2 上的指向相同,则通过 S_1 及 S_2 的通量相等,也即

$$\iint\limits_{S_1} \boldsymbol{F} \cdot \boldsymbol{n}_1 \, \mathrm{d}S = \iint\limits_{S_2} \boldsymbol{F} \cdot \boldsymbol{n}_2 \, \mathrm{d}S.$$

事实上,设 V 是 S_1 及 S_2 所夹向量管的部分,又设 S 为 V 之表面,$\boldsymbol{n}$ 为 S 的单位外法量.这时在 S_1(或 S_2)上 $\boldsymbol{n}$ 与 $\boldsymbol{n}_1$(或 $\boldsymbol{n}_2$)方向相反,不妨设在 S_1 上 $\boldsymbol{n} = -\boldsymbol{n}_1$.由高斯公式有

$$\iint\limits_{S} \boldsymbol{F} \cdot \boldsymbol{n} \, \mathrm{d}S = \iiint\limits_{V} \text{div}\boldsymbol{F} \, \mathrm{d}V = 0,$$

也即

$$-\iint\limits_{S_1} \boldsymbol{F} \cdot \boldsymbol{n}_1 \, \mathrm{d}S + \iint\limits_{S_2} \boldsymbol{F} \cdot \boldsymbol{n}_2 \, \mathrm{d}S + \iint\limits_{S'} \boldsymbol{F} \cdot \boldsymbol{n} \, \mathrm{d}S = 0,$$

其中 S' 是 V 之侧面(即 $S' = S \backslash \{S_1 \cup S_2\}$).很容易看出在 S' 上 $\boldsymbol{F}$ 与 $\boldsymbol{n}$ 垂直,故上述等式中第三个积分为零.这就证实了我们的结论.

根据记号

$$\boldsymbol{\nabla} = \frac{\partial}{\partial x}\boldsymbol{i} + \frac{\partial}{\partial y}\boldsymbol{j} + \frac{\partial}{\partial z}\boldsymbol{k},$$

可将向量场 $\boldsymbol{F} = P\boldsymbol{i} + Q\boldsymbol{j} + R\boldsymbol{k}$ 的散度

$$\mathrm{div}\boldsymbol{F} = \frac{\partial P}{\partial x} + \frac{\partial Q}{\partial y} + \frac{\partial R}{\partial z}$$

形式地写成 $\boldsymbol{\nabla}$ 点乘 $\boldsymbol{F}$，即

$$\mathrm{div}\boldsymbol{F} = \boldsymbol{\nabla} \cdot \boldsymbol{F}.$$

散度的运算有以下基本规则：

（1）$\mathrm{div}(\lambda\boldsymbol{F}) = \lambda\,\mathrm{div}\boldsymbol{F}$，$\forall \lambda \in \mathbf{R}$；

（2）$\mathrm{div}(\boldsymbol{F}_1 \pm \boldsymbol{F}_2) = \mathrm{div}\boldsymbol{F}_1 \pm \mathrm{div}\boldsymbol{F}_2$；

（3）$\mathrm{div}(\varphi\boldsymbol{F}) = \varphi\,\mathrm{div}\boldsymbol{F} + \boldsymbol{F} \cdot \mathrm{grad}\varphi$，其中 φ 是一个数量场；

（4）$\mathrm{div}\,\mathrm{grad}\varphi = \frac{\partial^2\varphi}{\partial x^2} + \frac{\partial^2\varphi}{\partial y^2} + \frac{\partial^2\varphi}{\partial z^2}$ 或写成

$$\boldsymbol{\nabla} \cdot \boldsymbol{\nabla}\varphi = \Delta\varphi,$$

其中 Δ 为拉普拉斯算子：

$$\Delta = \frac{\partial^2}{\partial x^2} + \frac{\partial^2}{\partial y^2} + \frac{\partial^2}{\partial z^2}.$$

这里的规则（1）与（2）是显然的事实，而（3）与（4）可以直接计算验证.

4. 向量场的环量与旋度

设 $\boldsymbol{F} = P\boldsymbol{i} + Q\boldsymbol{j} + R\boldsymbol{k}$ 是一个向量场，而 L 是向量场中给定的一条有定向的闭曲线.我们称曲线积分

$$I = \oint_L P\,\mathrm{d}x + Q\,\mathrm{d}y + R\,\mathrm{d}z$$

为向量场 $\boldsymbol{F}$ 沿 L 的**环量**.积分 I 又可写成

$$I = \oint_L \boldsymbol{F} \cdot \mathrm{d}\boldsymbol{r},$$

其中 $\mathrm{d}\boldsymbol{r} = (\mathrm{d}x, \mathrm{d}y, \mathrm{d}z)$.

当 $\boldsymbol{F}$ 是一个静力场时，其环量 I 是 $\boldsymbol{F}$ 沿曲线 L 作用一周时所做的功.当 $\boldsymbol{F}$ 是一个流速场时，$\boldsymbol{F} \cdot \mathrm{d}\boldsymbol{r}$ 则是曲线 L 上一点处的流速在 L 切线方向的投影乘以相应的弧微分.因此，在流速场中沿一条有向闭曲线之环量是流速沿曲线切线方向投影的某种代数和.它的物理意义在于表明这个闭曲线整体上看是否旋转.在某些特殊情形下，这一点看得十分清楚.比如，设 $\boldsymbol{F}$ 是一

个流速场,其流线(即向量线)如图 8.55 所示.取其中一条封闭的向量线 L (其指向与 $\boldsymbol{F}$ 的一致)作为环量定义中的曲线,则由于 $\boldsymbol{F}$ 与 d$\boldsymbol{r}$ 同向,$\boldsymbol{F} \cdot \mathrm{d}\boldsymbol{r}$ 恒大于 0,因而 $I = \oint_L \boldsymbol{F} \cdot \mathrm{d}\boldsymbol{r} > 0$.另一方面,从流线图 8.55 不难看出,沿着曲线 L,该流速场有"旋转".此例说明,当沿着曲线 L 流速场有旋转时,则沿 L 的环量不等于 0.

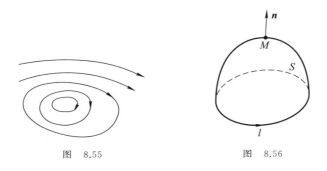

图 8.55   图 8.56

为了研究向量场中每一点附近的"旋转"情况.引进环量面密度的概念.

在向量场 $\boldsymbol{F}$ 中任意取定一点 M.在 M 处任意取定一个单位向量 $\boldsymbol{n}$,过点 M 任做一小曲面 S(S 在 M 处的法向量为 $\boldsymbol{n}$),并设 L 为曲面 S 的正向边界,与 $\boldsymbol{n}$ 组成右手系(见图 8.56).当曲面 S 收缩成一点 M 时,即当 S 的直径 $\lambda(S) \to 0$ 时,若极限

$$\frac{\lim\limits_{\lambda(S) \to 0} \oint_L \boldsymbol{F} \cdot \mathrm{d}\boldsymbol{r}}{m(S)}$$

存在(其中 $m(S)$ 为曲面 S 的面积),则称该极限值为向量场 $\boldsymbol{F}$ 在 M 点绕方向 $\boldsymbol{n}$ 之**环量面密度**,或称为**方向旋量**.

现在我们给出计算方向旋量的公式.

当 P, Q, R 满足斯托克斯公式的条件时,有

$$\oint_L \boldsymbol{F} \cdot \mathrm{d}\boldsymbol{r} = \iint_S \left[\left(\frac{\partial R}{\partial y} - \frac{\partial Q}{\partial z} \right) \cos\alpha + \left(\frac{\partial P}{\partial z} - \frac{\partial R}{\partial x} \right) \cos\beta \right.$$
$$\left. + \left(\frac{\partial Q}{\partial x} - \frac{\partial P}{\partial y} \right) \cos\gamma \right] \mathrm{d}S,$$

其中 $\cos\alpha, \cos\beta, \cos\gamma$ 是 S 的法向量的方向余弦.利用积分中值定理,我们又有

$$\oint_L \boldsymbol{F} \cdot \mathrm{d}\boldsymbol{r} = \left[\left(\frac{\partial R}{\partial y} - \frac{\partial Q}{\partial z} \right) \cos\alpha + \left(\frac{\partial P}{\partial z} - \frac{\partial R}{\partial x} \right) \cos\beta \right.$$
$$\left. + \left(\frac{\partial Q}{\partial x} - \frac{\partial P}{\partial y} \right) \cos\gamma \right] \Big|_{\widetilde{M}} \cdot m(S),$$

其中 $\widetilde{M}$ 是 S 上的一点. 显然, 当 S 缩为一点 M 时, $\widetilde{M}$ 也即趋于 M. 于是

$$\frac{\displaystyle\lim_{\lambda(S) \to 0} \oint_L \boldsymbol{F} \cdot \mathrm{d}\boldsymbol{r}}{m(S)} = \left[\left(\frac{\partial R}{\partial y} - \frac{\partial Q}{\partial z} \right) \cos\alpha + \left(\frac{\partial P}{\partial z} - \frac{\partial R}{\partial x} \right) \cos\beta \right.$$
$$\left. + \left(\frac{\partial Q}{\partial x} - \frac{\partial P}{\partial y} \right) \cos\gamma \right] \Big|_M$$
$$= \begin{vmatrix} \cos\alpha & \cos\beta & \cos\gamma \\ \dfrac{\partial}{\partial x} & \dfrac{\partial}{\partial y} & \dfrac{\partial}{\partial z} \\ P & Q & R \end{vmatrix}_M.$$

这就是向量场 $\boldsymbol{F} = (P, Q, R)$ 在一点 M 处沿方向 $\boldsymbol{n}$ 的方向旋量公式, 其中 $\cos\alpha, \cos\beta, \cos\gamma$ 在 M 点的值恰好就是 $\boldsymbol{n}$ 的方向余弦.

上述公式又可以进一步改写为

$$\frac{\displaystyle\lim_{\lambda(S) \to 0} \oint_L \boldsymbol{F} \cdot \mathrm{d}\boldsymbol{r}}{m(S)} = \begin{vmatrix} \boldsymbol{i} & \boldsymbol{j} & \boldsymbol{k} \\ \dfrac{\partial}{\partial x} & \dfrac{\partial}{\partial y} & \dfrac{\partial}{\partial z} \\ P & Q & R \end{vmatrix}_M \cdot \boldsymbol{n}.$$

我们称向量

$$\begin{vmatrix} \boldsymbol{i} & \boldsymbol{j} & \boldsymbol{k} \\ \dfrac{\partial}{\partial x} & \dfrac{\partial}{\partial y} & \dfrac{\partial}{\partial z} \\ P & Q & R \end{vmatrix}_M$$

为向量场 $\boldsymbol{F}$ 在一点 M 处的旋度, 并记为 $\mathrm{rot}\boldsymbol{F}$. 那么, $\boldsymbol{F}$ 在一点 M 处沿任一方向 $\boldsymbol{n}$ 之方向旋量为

$$\mathrm{rot}\boldsymbol{F} \cdot \boldsymbol{n} = |\ \mathrm{rot}\boldsymbol{F}\ | \cos\langle \boldsymbol{n}, \mathrm{rot}\boldsymbol{F} \rangle.$$

也就说, 沿 $\boldsymbol{n}$ 之方向的方向旋量恰好等于旋度 $\mathrm{rot}\boldsymbol{F}$ 在 $\boldsymbol{n}$ 上的投影.

由此又推出, 方向旋量沿旋度的方向达到最大值. 或者等价地说, 旋度的方向是使方向旋量最大的方向.

旋度作为一个向量, 其模恰好是沿各个方向的方向旋量中的最大值.

方向旋量与旋度的这种关系和方向导数与梯度的关系很相似.

旋度的运算有以下规则:

设 **F**,**G** 为向量场,u 为数量场,C 为常数,**F**,**G**,u 足够阶可微,则有

(1) $\mathrm{rot}(C\boldsymbol{F})=C\mathrm{rot}\boldsymbol{F}$;

(2) $\mathrm{rot}(\boldsymbol{F}\pm\boldsymbol{G})=\mathrm{rot}\boldsymbol{F}\pm\mathrm{rot}\boldsymbol{G}$;

(3) $\mathrm{rot}(u\boldsymbol{F})=u\mathrm{rot}\boldsymbol{F}+\mathrm{grad}u\times\boldsymbol{F}$;

(4) $\mathrm{div}(\boldsymbol{F}\times\boldsymbol{G})=\boldsymbol{G}\cdot\mathrm{rot}\boldsymbol{F}-\boldsymbol{F}\cdot\mathrm{rot}\boldsymbol{G}$;

(5) $\mathrm{rot}(\mathrm{grad}u)=0$;

(6) $\mathrm{div}(\mathrm{rot}\boldsymbol{F})=0$.

这些规则的证明,请读者自己完成.

5. 保守场

保守场在物理中是一种十分重要的场,而且许多场,如重力场,或某些静电场都是保守场.保守场的基本特征是在这种场中第二型曲线积分与路径无关,而只依赖于积分的起点与终点.现在我们给出更确切的定义.

设 $\boldsymbol{F}=P\boldsymbol{i}+Q\boldsymbol{j}+R\boldsymbol{k}$ 是定义在区域 $D\subset\mathbf{R}^3$ 中的一个向量场.若沿 D 中任意一条曲线 $\widehat{AB}$ 的积分

$$\int_{\widehat{AB}}\boldsymbol{F}\cdot\mathrm{d}\boldsymbol{r}=\int_{\widehat{AB}}P\mathrm{d}x+Q\mathrm{d}y+R\mathrm{d}z$$

只与曲线的起点 A 及终点 B 有关,而与曲线 $\widehat{AB}$ 的路径无关,则称向量场 **F** 在 D 内是一个**保守场**.

现在我们给出一个向量场是保守场的几个等价条件(对于一种特殊情况,即对平面保守场的等价条件,在本章 §3 中已讨论过).为此,我们引入区域的线单连通性的概念.

在空间的区域 D 中,若任意给出一条简单闭曲线 $\varGamma$,我们都能在 D 中找到一个曲面 $S\subset D$ 使得 S 的边界恰好就是 $\varGamma$,那么 D 就被称为是**线单连通的**.

空心球是线单连通的,而环面体(比如汽车的轮胎)则不是线单连通的.

定理 1 设 D 是一个线单连通域,而 $\boldsymbol{F}=P\boldsymbol{i}+Q\boldsymbol{j}+R\boldsymbol{k}$ 是定义在 D 上的一个向量场,其中 P,Q,R 在 D 内有一阶连续偏导数.那么,下列三个条件是等价的:

(1) **F** 在 D 内是保守场;

(2) **F** 在 D 内沿任意闭曲线 $\varGamma$ 的环量为零,即

$$\oint_{\varGamma}\boldsymbol{F}\cdot\mathrm{d}\boldsymbol{r}=0;$$

(3) $\boldsymbol{F}$ 是无旋场,即 $\mathrm{rot}\boldsymbol{F}=0$.

证 为了证明这三个条件彼此等价,我们只要由(1)推出(2),再由(2)推出(3),最后由(3)推出(1)即可.

(1)$\Longrightarrow$(2) 设 Γ 是 D 中任意一条有向闭曲线,并在 Γ 上任意取定两个点 A 与 B.假定自 A 点开始沿着 Γ 的定向走至点 B 所经过的弧记作 L_1,而自 A 开始沿着与 Γ 定向相反的方向走至 B 所走过的弧为 L_2,那么根据条件(1)有

$$\int_{L_1}\boldsymbol{F}\cdot\mathrm{d}\boldsymbol{r}=\int_{L_2}\boldsymbol{F}\cdot\mathrm{d}\boldsymbol{r}.$$

注意到 L_2 的走向与 Γ 的定向相反,立即得到

$$\oint_{\Gamma}\boldsymbol{F}\cdot\mathrm{d}\boldsymbol{r}=\int_{L_1}\boldsymbol{F}\cdot\mathrm{d}\boldsymbol{r}-\int_{L_2}\boldsymbol{F}\cdot\mathrm{d}\boldsymbol{r}=0.$$

(2)$\Longrightarrow$(3) 在(2)的假定下,向量场 $\boldsymbol{F}$ 在 D 内任意一点沿任意一个方向的方向旋量均为零,因此其旋度为零.

(3)$\Longrightarrow$(1) 设 $\boldsymbol{F}$ 的旋度 $\mathrm{rot}\boldsymbol{F}=0$.又设 A 与 B 是 D 内任意两点,而 Γ_1 与 Γ_2 是在 D 内的、以 A 为始点、B 为终点的任意两条弧.假若 Γ_1 与 Γ_2 不相交,那么 Γ_1 与反向的 Γ_2 组成一条有向的闭曲线,记为 L.根据 D 是线单连通域的假定,这条闭曲线一定是某曲面 $S\subset D$ 之边界.于是,由斯托克斯公式

$$\oint_{L}\boldsymbol{F}\cdot\mathrm{d}\boldsymbol{r}=\iint_{S}\mathrm{rot}\boldsymbol{F}\cdot\boldsymbol{n}\,\mathrm{d}S=0,$$

也即

$$\int_{\Gamma_1}\boldsymbol{F}\cdot\mathrm{d}\boldsymbol{r}-\int_{\Gamma_2}\boldsymbol{F}\cdot\mathrm{d}\boldsymbol{r}=0.$$

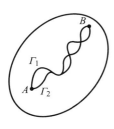

图 8.57

当 Γ_1 与 Γ_2 有交点时,那么它们围成若干个闭的回路乃至有若干个相重合的子弧(如图 8.57 所示).在那些相重合的子弧上积分自然相等,而在那些围成闭回路的子弧上,根据前面的讨论积分也相等.总之

$$\int_{\Gamma_1}\boldsymbol{F}\cdot\mathrm{d}\boldsymbol{r}=\int_{\Gamma_2}\boldsymbol{F}\cdot\mathrm{d}\boldsymbol{r}.$$

这就证明了积分与路径无关,只与起始点有关.因此,$\boldsymbol{F}$ 是保守场.证毕.

与保守场相关的是有势场.如果对于向量场 $\boldsymbol{F}$,存在一个函数 f 使得其负梯度恰好是 $\boldsymbol{F}$,也即

$$F = -\mathrm{grad} f,$$

那么称 F 为**有势场**,而称 f 为 F 的**势函数**.

重力场是有势场,其势能为势函数.静电场是有势场,其电势为势函数.

定理 2 设 F 为定义在一个区域 D 上的一个光滑向量场,则 F 在 D 内为保守场的充要条件是 F 是有势场.

证 设 F 为保守场.在 D 中任意取定一点 A.对于 D 中任意一点 $M \in D$,我们任取一条曲线弧 $\overset{\frown}{AM} \subset D$,并考虑积分

$$\int_{\overset{\frown}{AM}} F \cdot \mathrm{d} r.$$

由 F 为保守场知,这个积分与曲线弧 $\overset{\frown}{AM}$ 的选择无关,而只依赖于 A 与 M. 但 A 是取定不动的,故上述积分只是点 M 的函数,记作

$$f(M) = \int_{\overset{\frown}{AM}} F \cdot \mathrm{d} r = \int_{\overset{\frown}{AM}} P \mathrm{d} x + Q \mathrm{d} y + R \mathrm{d} z,$$

其中 P, Q, R 是 F 的三个分量.

现在我们来验证 $-f$ 是 F 的势函数.为此,我们将 $f(M)$ 记作 $f(x, y, z)$,这里 (x, y, z) 是 M 的坐标.

首先,我们要证明对于任意一点 $M(x, y, z) \in D$,

$$\frac{\partial f}{\partial x} = P(x, y, z).$$

我们考虑充分小的 Δx.这时记 $(x + \Delta x, y, z)$ 为 M',并设 $MM' \subset D$,这时有

$$f(x + \Delta x, y, z) - f(x, y, z) = \int_{\overset{\frown}{MM'}} P \mathrm{d} x + Q \mathrm{d} y + R \mathrm{d} z.$$

特别地选择 $\overset{\frown}{MM'}$ 是自点 M 到 M' 的直线段,该直线段平行于 x 轴,在其上 y 及 z 坐标没有增量.可见

$$f(x + \Delta x, y, z) - f(x, y, z) = \int_x^{x + \Delta x} P(t, y, z) \mathrm{d} t,$$

由此立即推出 $\dfrac{\partial f}{\partial x} = P(x, y, z)$.

类似的讨论可以证明 $\dfrac{\partial f}{\partial y} = Q(x, y, z)$, $\dfrac{\partial f}{\partial z} = R(x, y, z)$.总之,$\mathrm{grad} f = F$.因此,$F$ 是有势场.证毕.

以上证明了任何保守场都是有势场.

下面我们要证明有势场都是保守场.假定 F 是有势场,其势函数为 $-f$. 设 F 的三个分量为 P, Q, R,那么 $F = \mathrm{grad} f$,也即

$$P = \frac{\partial f}{\partial x}, \quad Q = \frac{\partial f}{\partial y}, \quad R = \frac{\partial f}{\partial z}$$

或写成

$$\mathrm{d}f = P\,\mathrm{d}x + Q\,\mathrm{d}y + R\,\mathrm{d}z.$$

换句话说，$P\,\mathrm{d}x + Q\,\mathrm{d}y + R\,\mathrm{d}z$ 是一个全微分.这样对于 D 中任意一条曲线 Γ,其起始点为 A,而终点为 B,都有

$$\int_{\Gamma} P\,\mathrm{d}x + Q\,\mathrm{d}y + R\,\mathrm{d}y = \int_{\Gamma} \mathrm{d}f = f(B) - f(A).$$

这表明积分与路径无关,因而 $\boldsymbol{F}$ 是保守场.证毕.

习　题　8.7

1. 求下列向量场在指定点的散度：

(1) $\boldsymbol{F} = \left(5xy, \dfrac{xy}{z}, 3\ln(xz)\right)$，在 $(6,1,3)$ 处；

(2) $\boldsymbol{F} = \sqrt{x^2+y^2}\,\boldsymbol{i} + \ln(y + \sqrt{y^2+z^2})\boldsymbol{j} + \sqrt{y^2+z^2}\,\boldsymbol{k}$，在 $(3,4,3)$ 处.

2. 设 $\boldsymbol{a}$ 为常向量,$\boldsymbol{r} = (x,y,z), r = |\boldsymbol{r}|, f(r)$ 为 r 的可微函数,求下列各式之值：

(1) $\nabla \cdot (r\boldsymbol{a})$;　　　　　　　　(2) $\nabla \cdot (r^2 \boldsymbol{a})$;

(3) $\nabla \cdot (r^n \boldsymbol{a})$($n$ 为正整数)；　(4) $\nabla \cdot \left(\dfrac{\boldsymbol{r}}{r^3}\right)$;

(5) $\nabla \cdot [f(r)\boldsymbol{a}]$;　　　　　　(6) $\nabla \cdot [\mathrm{grad} f(r)]$;

(7) $\nabla \cdot [f(r)\boldsymbol{r}]$.

3. 求向量场 $\boldsymbol{F} = xyz(x\boldsymbol{i} + y\boldsymbol{j} + z\boldsymbol{k})$ 在点 $(1,3,2)$ 处的旋度,以及在这点沿方向 $\boldsymbol{n} = (1,2,2)$ 的方向旋量.

4. 求下列向量场的旋度：

(1) $\boldsymbol{F} = (y^2 + x^2, z^2 + y^2, x^2 + z^2)$;　　(2) $\boldsymbol{F} = (yz, zx, xy)$.

5. 设数量场 $u(x,y,z)$ 及向量场 $\boldsymbol{F}$ 的各分量都有连续的二阶偏导数,证明：

(1) $\mathrm{rot}(\mathrm{grad}u) = \boldsymbol{0}$;　　　　　　(2) $\mathrm{div}(\mathrm{rot}\boldsymbol{F}) = 0$;

(3) $\mathrm{rot}(u\boldsymbol{F}) = u\,\mathrm{rot}\boldsymbol{F} + \nabla u \times \boldsymbol{F}$.

6. 证明：向量场 $\boldsymbol{F} = \mathrm{e}^x(\cos y \sin z\boldsymbol{i} - \sin y \sin z\boldsymbol{j} + \cos y \cos z\boldsymbol{k})$ 是保守场,并求从点 $A\left(0,0,\dfrac{\pi}{2}\right)$ 到 $B\left(1,\pi,\dfrac{\pi}{2}\right)$ 的曲线积分 $\int_{\overset{\frown}{AB}} \boldsymbol{F} \cdot \mathrm{d}\boldsymbol{r}$.

7. 证明下列向量场为有势场,并求其势函数：

(1) $\boldsymbol{F} = (-z\sin(xz) - y\cos(xy), -x\cos(xy), -x\sin(xz))$;

(2) $\boldsymbol{F} = \left(yz\ln(1+z^2), xz\ln(1+z^2), xy\left[\ln(1+z^2) + \dfrac{2z^2}{1+z^2}\right]\right)$.

8*. 设 $\boldsymbol{r} = (x,y,z), r = |\boldsymbol{r}|$,求：

(1) 使 $\mathrm{div}[f(r)\boldsymbol{r}]=0$ 的 $f(r)$;

(2) 使 $\mathrm{div}[\mathrm{grad}f(r)]=0$ 的 $f(r)$.

(提示:可利用第 2 题中(6),(7)两题的结果.)

*§8   外微分形式与一般形式的斯托克斯公式①

1. 外微分形式的概念

在前面的几节中,我们引进了曲线积分、曲面积分及体积分,并证明了格林公式、高斯公式及斯托克斯公式:

$$\oint_{L^+} P\,\mathrm{d}x + Q\,\mathrm{d}y = \iint_D \left(\frac{\partial Q}{\partial x} - \frac{\partial P}{\partial y}\right)\mathrm{d}x\,\mathrm{d}y,$$

$$\oiint_{S^+} P\,\mathrm{d}y\,\mathrm{d}z + Q\,\mathrm{d}z\,\mathrm{d}x + R\,\mathrm{d}x\,\mathrm{d}y = \iiint_\Omega \left(\frac{\partial P}{\partial x} + \frac{\partial Q}{\partial y} + \frac{\partial R}{\partial z}\right)\mathrm{d}x\,\mathrm{d}y\,\mathrm{d}z,$$

$$\oint_{L^+} P\,\mathrm{d}x + Q\,\mathrm{d}y + P\,\mathrm{d}z = \iint_{S^+} \left(\frac{\partial R}{\partial y} - \frac{\partial Q}{\partial z}\right)\mathrm{d}y\,\mathrm{d}z + \left(\frac{\partial P}{\partial z} - \frac{\partial R}{\partial x}\right)\mathrm{d}z\,\mathrm{d}x$$
$$+ \left(\frac{\partial Q}{\partial x} - \frac{\partial P}{\partial y}\right)\mathrm{d}x\,\mathrm{d}y,$$

其中积分限 L^+,D,S,Ω 以及被积函数 P,Q,R 所满足的条件同于前面,此处不再一一叙述.

仔细观察这些公式,不难发现公式左端积分的积分限恰好是右端积分的积分限的边界;其次,公式右端积分中的被积函数是左端积分中被积函数的某种形式的"微分".

我们希望有一种统一的观点,把这些公式统一成一个公式.这样的处理不仅便于记忆这些公式,更重要的是,便于将这些公式推广到高维空间乃至一般流形上.实现这一想法的主要途径是引入外微分形式.

为了方便起见,在本节的讨论中我们始终假定所涉及的函数都是充分光滑的,即它们具有我们所需要的阶数的连续偏导数.

定义 1   设 D 是 $\mathbf{R}^n$ 中的一个区域,又设 $f_j:D\rightarrow\mathbf{R}$ 是 D 中的函数,$j=1,2,\cdots,n$.那么,我们称表达式

$$f_1(x_1,\cdots,x_n)\,\mathrm{d}x_1 + \cdots + f_n(x_1,\cdots,x_n)\,\mathrm{d}x_n$$

为 D 中的一个**一阶外微分形式**,或简称为**一阶微分形式**.这里 $f_1,\cdots,f_n$ 称

---

①   这一节内容超出教学基本要求,学时较紧时可以不讲.

为微分形式的系数.

很明显,在前述的格林公式及斯托克斯公式中,曲线积分的被积函数就是一个一阶微分形式.

另外,假如我们在区域 D 中已知一个光滑函数 $F = F(x_1, \cdots, x_n)$,那么它的全微分

$$\mathrm{d}F = \sum_{j=1}^{n} \frac{\partial F}{\partial x_j}(x_1, \cdots, x_n)\,\mathrm{d}x_j$$

显然是一个一阶微分形式.

然而,并非所有的一阶微分形式都是某个函数的全微分.比如,在 $\mathbf{R}^2$ 中的一个一阶微分形式

$$P(x, y)\mathrm{d}x + Q(x, y)\mathrm{d}y$$

是某函数 $F(x, y)$ 之全微分,要求

$$\frac{\partial P}{\partial y} = \frac{\partial Q}{\partial x}.$$

这就是说,只要 P 与 Q 不满足这一条件,它们所决定的一阶微分形式 $P\mathrm{d}x + Q\mathrm{d}y$ 就不可能是某函数之全微分.

因此,我们应当把微分形式与一个函数的全微分加以区分:前者是系数任意给定的一个微分表达式,而后者是由一个函数求得的全微分.函数的全微分是一种一阶微分形式,但并非一阶微分形式的全部.

如果一个一阶微分形式 $f_1\mathrm{d}x_1 + \cdots + f_n\mathrm{d}x_n$ 恰好是某个函数 F 的全微分 $\mathrm{d}F$,则称该一阶微分形式为**恰当微分**.

微分形式 $f_1\mathrm{d}x_1 + \cdots + f_n\mathrm{d}x_n$ 是恰当微分的必要条件是

$$\frac{\partial f_j}{\partial x_i} = \frac{\partial f_i}{\partial x_j}, \quad \forall\, i \neq j;\; i, j = 1, \cdots, n.$$

今后我们将区域 $D \subset \mathbf{R}^n$ 中的所有一阶微分形式组成的集合记作 $\Lambda_1(D)$,或简记为 Λ_1.这时在 $\Lambda_1(D)$ 中可以定义加法运算.若

$$\lambda = f_1\mathrm{d}x_1 + \cdots + f_n\mathrm{d}x_n \in \Lambda_1(D),$$
$$\mu = g_1\mathrm{d}x_1 + \cdots + g_n\mathrm{d}x_n \in \Lambda_1(D),$$

我们定义 $\lambda + \mu$ 是一阶微分形式

$$(f_1 + g_1)\mathrm{d}x_1 + \cdots + (f_n + g_n)\mathrm{d}x_n.$$

此外,我们还可定义 Λ_1 中的元素 λ 与一个实数 r 的数乘运算.设 $\lambda = f_1\mathrm{d}x_1 + \cdots + f_n\mathrm{d}x_n$,则我们定义:

$$r\lambda = rf_1\mathrm{d}x_1 + \cdots + rf_n\mathrm{d}x_n.$$

在这样的加法运算及数乘运算之下,$\Lambda_1(D)$组成了一个线性空间.

下面我们讨论高阶外微分形式的定义.

很自然会想到一个二阶微分形式应该是形如 $f_{ij}\mathrm{d}x_i\mathrm{d}x_j$ 项的和,就像在格林公式、高斯公式及斯托克斯公式中二重积分及曲面积分的被积函数那样.

首先我们注意到,在上述公式中只包含带 $\mathrm{d}x\mathrm{d}y,\mathrm{d}y\mathrm{d}z$ 及 $\mathrm{d}z\mathrm{d}x$ 的项,而不包括 $\mathrm{d}x\mathrm{d}x,\mathrm{d}y\mathrm{d}y$ 及 $\mathrm{d}z\mathrm{d}z$ 的项.这是因为从几何上看,$\mathrm{d}x$ 与它自己所构成的"面积元"应该是零.

另外,在上述公式中 $\mathrm{d}x\mathrm{d}y,\mathrm{d}y\mathrm{d}z,\mathrm{d}z\mathrm{d}x$ 中的自变量的次序也是十分重要的.回顾在三维空间中第二型曲面积分的定义,就会看到这一点.通常在三维空间中所取定的直角坐标系 $Oxyz$ 是一个右手系.为了定义曲面 S 的面积分,须事先给出曲面 S 的定向,即选定法向量 $\boldsymbol{n}$.点 $P\in S$ 处的曲面面积元素 $\mathrm{d}S$ 所对应的三个有向投影分别是

$$\mathrm{d}x\mathrm{d}y = \mathrm{d}S\cdot\cos\gamma,\quad \mathrm{d}y\mathrm{d}z = \mathrm{d}S\cdot\cos\alpha,\quad \mathrm{d}z\mathrm{d}x = \mathrm{d}S\cdot\cos\beta.$$

这里 $\cos\alpha,\cos\beta,\cos\gamma$ 是点 P 处的法向量 $\boldsymbol{n}$ 的方向余弦.可见 $\mathrm{d}S$ 的有向投影 $\mathrm{d}x\mathrm{d}y,\mathrm{d}y\mathrm{d}z$ 及 $\mathrm{d}z\mathrm{d}x$ 完全依赖于坐标轴的选取.如果 x 轴与 y 轴对调,那么为保持坐标系为右手系,z 轴的方向应当反向,而这时的 $\cos\gamma$ 则改变符号.这就是说,在自变量对换位置时,$\mathrm{d}S$ 的有向投影将改变其符号.比如,$\mathrm{d}x\mathrm{d}y$ 应该是 $-\mathrm{d}y\mathrm{d}x$.

为了 $\mathrm{d}S$ 的有向投影的上述性质,我们引入两个自变量的微分的外积的记号 $\mathrm{d}x_i\wedge\mathrm{d}x_j$ 来替代通常的写法 $\mathrm{d}x_i\mathrm{d}x_j$.我们做如下的约定:

(1) $\mathrm{d}x_i\wedge\mathrm{d}x_i=0(i=1,\cdots,n)$,即相同自变量微分的外积为零;

(2) $\mathrm{d}x_i\wedge\mathrm{d}x_j=-\mathrm{d}x_j\wedge\mathrm{d}x_i(i\neq j;\ i,j=1,\cdots,n)$,即交换不同自变量的微分的次序时它们的外积改变符号.

现在我们引入二阶外微分形式的定义.

定义 2　设 D 为 $\mathbf{R}^n$ 中的一个区域,f_{ij} 为 D 中的函数.我们称表达式

$$\sum_{i,j=1}^n f_{ij}\mathrm{d}x_i\wedge\mathrm{d}x_j$$

为 D 上的一个**二阶外微分形式**,或简称为**二阶微分形式**,其中 f_{ij} 被称为**微分形式的系数**.

根据前面的两条约定,$D\subset\mathbf{R}^n$ 中的一个二阶外微分形式在经过整理后至多有 $\dfrac{1}{2}n(n-1)$ 个非零项.在三维欧氏空间中,一个二阶外微分形式可由三个系数确定,即

$$P \, \mathrm{d}x \wedge \mathrm{d}y + Q \, \mathrm{d}y \wedge \mathrm{d}z + R \, \mathrm{d}z \wedge \mathrm{d}x.$$

显然,我们可以类似地定义三阶或更高阶的外微分形式,只要我们考虑自变量微分的三重外积 $\mathrm{d}x_i \wedge \mathrm{d}x_j \wedge \mathrm{d}x_l$ 或更高重数的外积就够了.当然,我们应当约定在这种多重外积 $\mathrm{d}x_{i_1} \wedge \mathrm{d}x_{i_2} \wedge \cdots \wedge \mathrm{d}x_{i_k}$ 中:

(1) 只要有两个自变量相同,则为零;

(2) 当交换相邻自变量的位置时,改变符号.

我们用 $\Lambda_m(D)$ 表示区域 $D \subset \mathbf{R}^n$ 中全体 m 阶外微分形式之集合.特别地,我们用 $\Lambda_0(D)$ 表示 D 中全体光滑函数的集合,并把每一个这样的函数称作一个**零阶外微分形式**.

显然,可以在每一个 $\Lambda_m(D) \, (m \geqslant 0)$ 中定义加法及数乘运算,并使 $\Lambda_m(D)$ 构成一个线性空间,就像对 $\Lambda_1(D)$ 所做的那样.

2. 微分形式的外微分运算

一个函数(即零阶微分形式)F 通过微分运算而得到一个一阶微分形式

$$\mathrm{d}F = \frac{\partial F}{\partial x_1} \mathrm{d}x_1 + \cdots + \frac{\partial F}{\partial x_n} \mathrm{d}x_n.$$

那么,一个一阶微分形式通过微分运算就得到一个二阶微分形式,其确切定义如下.设 $\omega = f_1 \mathrm{d}x_1 + \cdots + f_n \mathrm{d}x_n$,我们定义 ω 的外微分 $\mathrm{d}\omega$ 由下式确定:

$$\mathrm{d}\omega = \mathrm{d}f_1 \wedge \mathrm{d}x_1 + \cdots + \mathrm{d}f_n \wedge \mathrm{d}x_n,$$

其中 $\mathrm{d}f_i$ 是函数 f_i 的全微分,$i = 1, 2, \cdots, n$.

例 1 在二维欧氏空间的区域 D 中一个一阶微分形式 $\omega = P \mathrm{d}x + Q \mathrm{d}y$ 的外微分

$$\begin{aligned}
\mathrm{d}\omega &= \mathrm{d}P \wedge \mathrm{d}x + \mathrm{d}Q \wedge \mathrm{d}y \\
&= \left(\frac{\partial P}{\partial x} \mathrm{d}x + \frac{\partial P}{\partial y} \mathrm{d}y \right) \wedge \mathrm{d}x + \left(\frac{\partial Q}{\partial x} \mathrm{d}x + \frac{\partial Q}{\partial y} \mathrm{d}y \right) \wedge \mathrm{d}y \\
&= \frac{\partial P}{\partial y} \mathrm{d}y \wedge \mathrm{d}x + \frac{\partial Q}{\partial x} \mathrm{d}x \wedge \mathrm{d}y \\
&= \left(\frac{\partial Q}{\partial x} - \frac{\partial P}{\partial y} \right) \mathrm{d}x \wedge \mathrm{d}y.
\end{aligned}$$

例 2 在三维欧氏空间中的一个一阶外微分形式 $\omega = P \mathrm{d}x + Q \mathrm{d}y + R \mathrm{d}z$ 的外微分是

$$\mathrm{d}\omega = \mathrm{d}P \wedge \mathrm{d}x + \mathrm{d}Q \wedge \mathrm{d}y + \mathrm{d}R \wedge \mathrm{d}z.$$

另外一方面,

$$\mathrm{d}P = \frac{\partial P}{\partial x}\mathrm{d}x + \frac{\partial P}{\partial y}\mathrm{d}y + \frac{\partial P}{\partial z}\mathrm{d}z,$$

$$\mathrm{d}Q = \frac{\partial Q}{\partial x}\mathrm{d}x + \frac{\partial Q}{\partial y}\mathrm{d}y + \frac{\partial Q}{\partial z}\mathrm{d}z,$$

$$\mathrm{d}R = \frac{\partial R}{\partial x}\mathrm{d}x + \frac{\partial R}{\partial y}\mathrm{d}y + \frac{\partial R}{\partial z}\mathrm{d}z.$$

将这些代入 $\mathrm{d}\omega$ 就得到

$$\mathrm{d}\omega = \left(\frac{\partial Q}{\partial x} - \frac{\partial P}{\partial y}\right)\mathrm{d}x \wedge \mathrm{d}y + \left(\frac{\partial R}{\partial y} - \frac{\partial Q}{\partial z}\right)\mathrm{d}y \wedge \mathrm{d}z$$
$$+ \left(\frac{\partial P}{\partial z} - \frac{\partial R}{\partial x}\right)\mathrm{d}z \wedge \mathrm{d}x.$$

例 3 设

$$\omega = P\,\mathrm{d}y \wedge \mathrm{d}z + Q\,\mathrm{d}z \wedge \mathrm{d}x + R\,\mathrm{d}x \wedge \mathrm{d}y$$

是三维欧氏空间中某一区域内的一个二阶外微分形式,则它的外微分为

$$\mathrm{d}\omega = \mathrm{d}P \wedge \mathrm{d}y \wedge \mathrm{d}z + \mathrm{d}Q \wedge \mathrm{d}z \wedge \mathrm{d}x + \mathrm{d}R \wedge \mathrm{d}x \wedge \mathrm{d}y$$
$$= \frac{\partial P}{\partial x}\mathrm{d}x \wedge \mathrm{d}y \wedge \mathrm{d}z + \frac{\partial Q}{\partial y}\mathrm{d}y \wedge \mathrm{d}z \wedge \mathrm{d}x$$
$$+ \frac{\partial R}{\partial z}\mathrm{d}z \wedge \mathrm{d}x \wedge \mathrm{d}y$$
$$= \left(\frac{\partial P}{\partial x} + \frac{\partial Q}{\partial y} + \frac{\partial R}{\partial z}\right)\mathrm{d}x \wedge \mathrm{d}y \wedge \mathrm{d}z.$$

在一阶微分形式中我们定义过恰当微分的概念.其实这一概念也可推广到一般的外微分形式.

定义 3 设 ω 是 $\mathbf{R}^n$ 中某区域 D 中的一个 m 阶外微分形式,也即 $\omega \in \Lambda_m(D)$,这里 m 是一个自然数.若存在一个 $\Omega \in \Lambda_{m-1}(D)$ 使得 $\mathrm{d}\Omega = \omega$,则称 ω 是一个(m 阶)**恰当微分**.

除了恰当微分之外,还有一个常用的词:**闭的微分形式**.

定义 4 设 $\omega \in \Lambda_m(D)$.我们称 ω 是**闭的外微分形式**,如果其外微分

$$\mathrm{d}\omega = 0.$$

根据上述定义及例 1 中的计算,在平面区域中的一阶外微分形式

$$\omega = P\,\mathrm{d}x + Q\,\mathrm{d}y$$

是闭的,当且仅当 P 与 Q 满足方程

$$\frac{\partial P}{\partial y} - \frac{\partial Q}{\partial x} = 0.$$

同理,三维欧氏空间中某区域内的二阶外微分形式 $\omega = P\,\mathrm{d}y \wedge \mathrm{d}z + Q\,\mathrm{d}z \wedge \mathrm{d}x + R\,\mathrm{d}x \wedge \mathrm{d}y$ 是闭的,当且仅当 P,Q 与 R 满足

$$\frac{\partial P}{\partial x} + \frac{\partial Q}{\partial y} + \frac{\partial R}{\partial z} = 0.$$

而三维欧氏空间中某区域内的一阶外微分形式 $P\,\mathrm{d}x + Q\,\mathrm{d}y + R\,\mathrm{d}z$ 是闭的外微分形式,则需要满足三个条件:

$$\frac{\partial Q}{\partial x} - \frac{\partial P}{\partial y} = 0, \quad \frac{\partial R}{\partial y} - \frac{\partial Q}{\partial z} = 0, \quad \frac{\partial P}{\partial z} - \frac{\partial R}{\partial x} = 0.$$

命题　恰当微分是闭的.

这条命题也可以表述成下列形式:若 Ω 为一个外微分形式,则 $\mathrm{dd}\Omega = 0$. 换句话说,任意的一个外微分形式求两次外微分必为零.

现在我们先来解释为什么前面的命题可以表述成这种形式.事实上,假定 ω 为一恰当微分,那么即存在一个外微分形式 Ω 使得 $\mathrm{d}\Omega = \omega$.这样,命题中的结论 ω 是闭的(也即 $\mathrm{d}\omega = 0$)就意味着 $\mathrm{dd}\Omega = 0$.

这条命题有时被称作庞加莱(Poincaré)引理.

现在我们证明这一命题.为了简单起见,我们的证明仅限于三维空间的情况.因为在三维空间中三阶以上的外微分形式是 0,所以只须验证一阶及二阶的恰当微分的外微分为零就足够了.

设 $\omega = P\,\mathrm{d}x + Q\,\mathrm{d}y + R\,\mathrm{d}z$ 是一个恰当微分.那么存在一个函数 $F = F(x,y,z)$ 使得

$$P = \frac{\partial F}{\partial x}, \quad Q = \frac{\partial F}{\partial y}, \quad R = \frac{\partial F}{\partial z}.$$

也就是说,$\omega = \dfrac{\partial F}{\partial x}\mathrm{d}x + \dfrac{\partial F}{\partial y}\mathrm{d}y + \dfrac{\partial F}{\partial z}\mathrm{d}z$.这样一来,

$$\begin{aligned}
\mathrm{d}\omega &= \mathrm{d}\!\left(\frac{\partial F}{\partial x}\right) \wedge \mathrm{d}x + \mathrm{d}\!\left(\frac{\partial F}{\partial y}\right) \wedge \mathrm{d}y + \mathrm{d}\!\left(\frac{\partial F}{\partial z}\right) \wedge \mathrm{d}z \\
&= \left(\frac{\partial^2 F}{\partial x^2}\mathrm{d}x + \frac{\partial^2 F}{\partial x\partial y}\mathrm{d}y + \frac{\partial^2 F}{\partial x\partial z}\mathrm{d}z\right) \wedge \mathrm{d}x \\
&\quad + \left(\frac{\partial^2 F}{\partial y\partial x}\mathrm{d}x + \frac{\partial^2 F}{\partial y^2}\mathrm{d}y + \frac{\partial^2 F}{\partial y\partial z}\mathrm{d}z\right) \wedge \mathrm{d}y \\
&\quad + \left(\frac{\partial^2 F}{\partial z\partial x}\mathrm{d}x + \frac{\partial^2 F}{\partial z\partial y}\mathrm{d}y + \frac{\partial^2 F}{\partial z^2}\mathrm{d}z\right) \wedge \mathrm{d}z.
\end{aligned}$$

注意到

$$\mathrm{d}x \wedge \mathrm{d}x = \mathrm{d}y \wedge \mathrm{d}y = \mathrm{d}z \wedge \mathrm{d}z = 0,$$

$$\mathrm{d}x \wedge \mathrm{d}y = -\mathrm{d}y \wedge \mathrm{d}x, \quad \mathrm{d}y \wedge \mathrm{d}z = -\mathrm{d}z \wedge \mathrm{d}y,$$
$$\mathrm{d}x \wedge \mathrm{d}z = -\mathrm{d}z \wedge \mathrm{d}x,$$

我们立即推出

$$\mathrm{d}\omega = \left(\frac{\partial^2 F}{\partial y \partial x} - \frac{\partial^2 F}{\partial x \partial y}\right) \mathrm{d}x \wedge \mathrm{d}y + \left(\frac{\partial^2 F}{\partial z \partial y} - \frac{\partial^2 F}{\partial y \partial z}\right) \mathrm{d}y \wedge \mathrm{d}z$$
$$+ \left(\frac{\partial^2 F}{\partial x \partial z} - \frac{\partial^2 F}{\partial z \partial x}\right) \mathrm{d}z \wedge \mathrm{d}x.$$

在本节一开头我们就约定,本节讨论中所涉及的函数有足够的光滑性.当 F 有二阶连续偏导数时,我们有

$$\frac{\partial^2 F}{\partial x \partial y} = \frac{\partial^2 F}{\partial y \partial x}, \quad \frac{\partial^2 F}{\partial y \partial z} = \frac{\partial^2 F}{\partial z \partial y}, \quad \frac{\partial^2 F}{\partial z \partial x} = \frac{\partial^2 F}{\partial x \partial z}.$$

于是 $\mathrm{d}\omega = 0$,也即 ω 是闭的.

现在假定 ω 是一个二阶恰当微分形式.这时存在一个一阶外微分形式 $P\mathrm{d}x + Q\mathrm{d}y + R\mathrm{d}z$ 使得 $\omega = \mathrm{d}P \wedge \mathrm{d}x + \mathrm{d}Q \wedge \mathrm{d}y + \mathrm{d}R \wedge \mathrm{d}z$,也即

$$\omega = \left(\frac{\partial Q}{\partial x} - \frac{\partial P}{\partial y}\right) \mathrm{d}x \wedge \mathrm{d}y + \left(\frac{\partial R}{\partial y} - \frac{\partial Q}{\partial z}\right) \mathrm{d}y \wedge \mathrm{d}z$$
$$+ \left(\frac{\partial P}{\partial z} - \frac{\partial R}{\partial x}\right) \mathrm{d}z \wedge \mathrm{d}x.$$

这样

$$\mathrm{d}\omega = \mathrm{d}\left(\frac{\partial Q}{\partial x} - \frac{\partial P}{\partial y}\right) \wedge \mathrm{d}x \wedge \mathrm{d}y + \mathrm{d}\left(\frac{\partial R}{\partial y} - \frac{\partial Q}{\partial z}\right) \wedge \mathrm{d}y \wedge \mathrm{d}z$$
$$+ \mathrm{d}\left(\frac{\partial P}{\partial z} - \frac{\partial R}{\partial x}\right) \wedge \mathrm{d}z \wedge \mathrm{d}x$$
$$= \left(\frac{\partial^2 Q}{\partial x \partial z} - \frac{\partial^2 P}{\partial y \partial z} + \frac{\partial^2 R}{\partial y \partial x} - \frac{\partial^2 Q}{\partial z \partial x} - \frac{\partial^2 R}{\partial x \partial y} + \frac{\partial^2 P}{\partial z \partial y}\right) \mathrm{d}x \wedge \mathrm{d}y \wedge \mathrm{d}z$$
$$= 0.$$

这就证明了我们的命题.

上述命题的逆命题是否成立呢? 也就是说,任意一个闭微分是否总是恰当微分呢?

一般说来,这要依赖于外微分的定义域.如在三维空间中,线单连通域内的一阶闭微分总是恰当的.

3. 一般形式的斯托克斯公式

有了外微分形式的概念及其外微分运算,格林公式、高斯公式及斯托克

斯公式就可以统一成一个表达形式.

首先看格林公式:

$$\oint_L P\,\mathrm{d}x + Q\,\mathrm{d}y = \iint_D \left(\frac{\partial Q}{\partial x} - \frac{\partial P}{\partial y}\right)\mathrm{d}x\,\mathrm{d}y.$$

如果我们把 $P\,\mathrm{d}x+Q\,\mathrm{d}y$ 看作区域 $D\subset\mathbf{R}^2$ 中的一个一阶外微分形式,而把二重积分中的被积表达式看作一个二阶外微分形式,这时上述公式中右端被积表达式恰好是左端被积部分的外微分.也就是说,格林公式可以写成

$$\int_L \omega = \iint_D \mathrm{d}\omega,$$

其中 ω 是 D 中的一个一阶微分形式.

其次,我们来看高斯公式

$$\oiint_S P\,\mathrm{d}y\,\mathrm{d}z + Q\,\mathrm{d}z\,\mathrm{d}x + R\,\mathrm{d}x\,\mathrm{d}y = \iiint_\Omega \left(\frac{\partial P}{\partial x} + \frac{\partial Q}{\partial y} + \frac{\partial R}{\partial z}\right)\mathrm{d}x\,\mathrm{d}y\,\mathrm{d}z.$$

如果我们将公式两端的被积表达式都看作外微分形式的话,那么右端被积表达式是左端被积表达式的外微分(见例3).于是,高斯公式可以写成下列形式:

$$\iint_S \omega = \iiint_\Omega \mathrm{d}\omega,$$

其中 ω 是一个二阶外微分形式.

类似地,利用外微分运算(见例2),可以将斯托克斯公式写成

$$\int_L \omega = \iint_S \mathrm{d}\omega,$$

其中 ω 为一阶外微分形式.

在上述这些公式中左端积分的积分限恰好是右端积分的积分限之边界集合.因此,上述三个公式可以统一表述为

$$\int_{\partial\Sigma} \omega = \int_\Sigma \mathrm{d}\omega, \tag{8.32}$$

其中 $\partial\Sigma$ 是 Σ 的边界,ω 是一个外微分形式,在 $\Sigma\bigcup\partial\Sigma$ 上光滑.在上述表述中,我们没有特别限定外微分 ω 的阶数,也没有用多重积分的记号.但是事实上上述表述中左端积分的重数与 ω 的阶数相同,而右端积分重数要比左端积分重数多一重.另外,还应指出在上述公式中,积分是依赖于 Σ 及 $\partial\Sigma$ 的定向的.

公式(8.32)被称为一般形式的斯托克斯公式,它可以推广到高维欧氏空间甚至流形上.

公式(8.32)也包括了牛顿-莱布尼茨公式作为特例,只要我们对零阶微分形式的积分做适当定义即可.事实上,牛顿-莱布尼茨公式告诉我们:

$$\int_a^b f(x)\mathrm{d}x = F(b) - F(a),$$

其中 F 是 f 的原函数,也即 $F'(x) = f(x)$.它可以改写成

$$\int_a^b \mathrm{d}F = F(b) - F(a).$$

如果我们将积分区间 (a,b) 记作 Σ,那么 Σ 的边界则是 a 与 b 两点构成的集合,也即 $\partial\Sigma = \{a,b\}$.上述公式的左端可以看成一阶外微分形式 $\mathrm{d}F$ 在 Σ 上的积分,而其右端则可看作零阶外微分形式 F 在 $\partial\Sigma$ 上的积分.

从这个意义上讲,一般形式的斯托克斯公式是牛顿-莱布尼茨公式之推广,是高维空间中的微积分基本定理.

外微分运算的引入不仅在形式上统一了以往的一些公式,而外微分运算本身也具有一定的物理意义.

我们知道一个零阶微分形式 $\omega = F$ 的外微分

$$\mathrm{d}F = \frac{\partial F}{\partial x}\mathrm{d}x + \frac{\partial F}{\partial y}\mathrm{d}y + \frac{\partial F}{\partial z}\mathrm{d}z,$$

而 F 的梯度

$$\mathrm{grad}F = \left(\frac{\partial F}{\partial x}, \frac{\partial F}{\partial y}, \frac{\partial F}{\partial z}\right).$$

可见 F 的梯度的三个分量恰好是零阶微分形式 $\omega = F$ 的外微分的系数.所以可以说,梯度相当于零阶微分形式的外微分运算.

比较一阶微分形式 $\omega = P\mathrm{d}x + Q\mathrm{d}y + R\mathrm{d}z$ 的外微分公式与向量 (P,Q,R) 的旋度公式就会发现,$\mathrm{d}\omega$ 关于 $\mathrm{d}y \wedge \mathrm{d}z, \mathrm{d}z \wedge \mathrm{d}x, \mathrm{d}x \wedge \mathrm{d}y$ 的三个系数恰好就是向量 (P,Q,R) 的旋度的三个坐标分量.事实上,

$$\mathrm{d}\omega = \left(\frac{\partial R}{\partial y} - \frac{\partial Q}{\partial z}\right)\mathrm{d}y \wedge \mathrm{d}z + \left(\frac{\partial P}{\partial z} - \frac{\partial R}{\partial x}\right)\mathrm{d}z \wedge \mathrm{d}x$$

$$+ \left(\frac{\partial Q}{\partial x} - \frac{\partial P}{\partial y}\right)\mathrm{d}x \wedge \mathrm{d}y,$$

$$\mathrm{rot}(P,Q,R) = \left(\frac{\partial R}{\partial y} - \frac{\partial Q}{\partial z}\right)\boldsymbol{i} + \left(\frac{\partial P}{\partial z} - \frac{\partial R}{\partial x}\right)\boldsymbol{j} + \left(\frac{\partial Q}{\partial x} - \frac{\partial P}{\partial y}\right)\boldsymbol{k}.$$

在这个意义上旋度相当于一阶微分形式的外微分.

二阶微分形式 $\omega = P\mathrm{d}y \wedge \mathrm{d}z + Q\mathrm{d}z \wedge \mathrm{d}x + R\mathrm{d}x \wedge \mathrm{d}y$ 的外微分

$$\mathrm{d}\omega = \left(\frac{\partial P}{\partial x} + \frac{\partial Q}{\partial y} + \frac{\partial R}{\partial z}\right)\mathrm{d}x \wedge \mathrm{d}y \wedge \mathrm{d}z$$

的系数恰好就是 ω 的三个系数构成的向量 (P,Q,R) 的散度.因此,求散度相当于求二阶微分形式的外微分.

　　总之,在场论中的梯度、旋度、散度在一定意义下分别相当于零阶、一阶及二阶的微分形式的外微分运算.

　　根据这样的说明,Poincaré 引理 dd$\omega=0$ 可以写成

$$\text{rotgrad} f = 0 \quad (当 \omega=f 时);$$
$$\text{divrot} \boldsymbol{a} = 0 \quad (当 \omega=P\mathrm{d}x+Q\mathrm{d}y+R\mathrm{d}z 时),$$

其中 $\boldsymbol{a}=(P,Q,R)$.

　　闭的外微分形式也有其物理意义.比如,设 $\omega=P\mathrm{d}x+Q\mathrm{d}y+R\mathrm{d}z$ 是闭的一阶外微分,定义在区域 D 内,也就是说,在 D 内 $\mathrm{d}\omega=0$.如果把 (P,Q,R) 作为一个向量场 $\boldsymbol{F}$,那么 $\mathrm{d}\omega=0$ 相当于 $\text{rot}\boldsymbol{F}=0$.在上一段中讨论过闭的外微分与恰当微分的关系,指出任意一个恰当微分都是闭的,并在线单连通域的情况下,一阶闭微分总是恰当的.这些结论翻译成场论的语言:有势场总是无旋场,并在线单通域中,无旋场也是有势场.

习　题　8.8

求下列外微分:

1. $\mathrm{d}[y^2\mathrm{d}x-(\mathrm{e}^{y^3}+\sin x)\mathrm{d}y]$.

2. $\mathrm{d}(2xy\mathrm{d}x+x^2\mathrm{d}y)$.

3. $\mathrm{d}(z\mathrm{e}^{(x+y)}\mathrm{d}x\wedge\mathrm{d}y+y\tan(x^2z^3)\mathrm{d}x\wedge\mathrm{d}z)$.

4. 设 f 是一个零阶外微分形式,即光滑函数.又设 ω 是一个一阶外微分形式.证明:
$$\mathrm{d}(f\cdot\omega)=\mathrm{d}f\wedge\omega+f\mathrm{d}\omega.$$

第八章总练习题

1. 设一细金属线的形状可由参数方程

$$\begin{cases} x=t, \\ y=\dfrac{2\sqrt{2}}{3}t^{\frac{3}{2}}, \quad 0\leqslant t\leqslant 2 \\ z=\dfrac{t^2}{2}, \end{cases}$$

表示,在 t 对应点处的密度为 $\dfrac{1}{1+t}$.求该细金属线的重心坐标.

求下列曲线积分(第 2 题~第 5 题):

2. $\displaystyle\int_{(3,4)}^{(5,12)}\dfrac{x\mathrm{d}x+y\mathrm{d}y}{\sqrt{x^2+y^2}}$,沿不通过坐标原点的积分路径.

3. $\int_{(x_1,y_1)}^{(x_2,y_2)} f(x)\mathrm{d}x + g(y)\mathrm{d}y$，其中 $f(x),g(y)$ 为连续函数.

4. $\int_{(1,2)}^{(5,6)} \dfrac{x\,\mathrm{d}y - y\,\mathrm{d}x}{(x-y)^2}$，沿不与直线 $y=x$ 相交的积分路径.

5. $\int_{(1,2\pi)}^{(2,\pi)} \left(1 - \dfrac{y^2}{x^2}\cos\dfrac{y}{x}\right)\mathrm{d}x + \left(\sin\dfrac{y}{x} + \dfrac{y}{x}\cos\dfrac{y}{x}\right)\mathrm{d}y$，沿不与 y 轴相交的积分路径.

6. 设 $f(t)$ 为连续函数，L 为分段光滑的闭曲线，证明：
$$\oint_L f(xy)(y\mathrm{d}x + x\mathrm{d}y) = 0.$$

7. 证明下列估计式：
$$\left|\int_l P(x,y)\mathrm{d}x + Q(x,y)\mathrm{d}y\right| \leqslant LM,$$
其中 L 为积分路径 l 之长度，$M = \max\limits_{(x,y)\in l}\sqrt{P^2+Q^2}$.

（提示：对向量函数 $\boldsymbol{F}(x,y)$，有 $|\boldsymbol{F}\cdot\mathrm{d}\boldsymbol{r}| \leqslant |\boldsymbol{F}|\cdot|\mathrm{d}\boldsymbol{r}|$，其中 $\mathrm{d}\boldsymbol{r} = (\mathrm{d}x,\mathrm{d}y)$.）

8. 估计积分
$$I_a = \oint_{x^2+y^2=a^2} \frac{y\mathrm{d}x - x\mathrm{d}y}{(x^2+xy+y^2)^2}$$
之值的范围.$\left(\text{提示：} x^2+xy+y^2 = \dfrac{1}{2}(x^2+y^2) + \dfrac{1}{2}(x+y)^2.\right)$

9. 求曲线积分
$$I = \oint_{L^+} \sqrt{x^2+y^2}\,\mathrm{d}x + y[xy + \ln(x+\sqrt{x^2+y^2})]\mathrm{d}y,$$
其中 L 为圆周：$x^2+y^2=1$.

10. 设 $u=u(x,y)$ 为可微分两次的函数.若 $\Delta u = \dfrac{\partial^2 u}{\partial x^2} + \dfrac{\partial^2 u}{\partial y^2} \equiv 0$，则称 u 为调和函数.证明：$u(x,y)$ 为调和函数的充要条件是：对任意闭曲线 L，都有
$$\oint_L \frac{\partial u}{\partial \boldsymbol{n}}\mathrm{d}s = 0,$$
其中 $\boldsymbol{n}$ 表示 L 的外法线方向.

11. 求两积分
$$I_1 = \iint_{S_1}(x^2+y^2+z^2)\mathrm{d}S \quad \text{与} \quad I_2 = \iint_{S_2}(x^2+y^2+z^2)\mathrm{d}S$$
之差，其中 S_1 为球面：$x^2+y^2+z^2=a^2(a>0)$，S_2 为内接于此球的八面体：
$$|x|+|y|+|z|=a.$$

12. 求积分 $F(a) = \iint_S f(x,y,z)\mathrm{d}S$，其中曲面 S 为球面：$x^2+y^2+z^2=a^2(a>0)$，被积函数

$$f(x,y,z)=\begin{cases}x^2+y^2, & 若\ z\geqslant\sqrt{x^2+y^2},\\ 0, & 若\ z<\sqrt{x^2+y^2}.\end{cases}$$

13. 设 L 是平面 $2x+2y+z=2$ 上的一条光滑的简单闭曲线.证明:曲线积分

$$\oint_{L^+}2y\,\mathrm{d}x+3z\,\mathrm{d}y-x\,\mathrm{d}z$$

只与 L 所围区域的面积有关,而与 L 的形状及位置无关.

14. 设有向量函数

$$\boldsymbol{F}(x,y,z)=\frac{-y}{x^2+y^2}\boldsymbol{i}+\frac{x}{x^2+y^2}\boldsymbol{j}+z\boldsymbol{k}.$$

证明:

(1) $\mathrm{rot}\boldsymbol{F}=\boldsymbol{0}$;

(2) 当 L 为 Oxy 平面上的圆周 $x^2+y^2=1$ 时,

$$\int_{L^+}\boldsymbol{F}\cdot\mathrm{d}\boldsymbol{r}\neq 0.$$

问:以上两结果,与斯托克斯公式是否有矛盾? 为什么?

15. 设 L 为平面

$$x\cos\alpha+y\cos\beta+z\cos\gamma=d$$

上的一条光滑的简单闭曲线,其中 $\cos^2\alpha+\cos^2\beta+\cos^2\gamma=1.L$ 所围区域的面积为 S,求线积分

$$\oint_{L^+}\begin{vmatrix}\mathrm{d}x & \mathrm{d}y & \mathrm{d}z\\ \cos\alpha & \cos\beta & \cos\gamma\\ x & y & z\end{vmatrix}$$

之值.(提示:用斯托克斯公式.)

16. 证明公式:

$$\iiint_\Omega\frac{\mathrm{d}x\,\mathrm{d}y\,\mathrm{d}z}{r}=\frac{1}{2}\oiint_{S^+}\cos(\boldsymbol{r},\boldsymbol{n})\mathrm{d}S,$$

其中 S 为光滑的简单闭曲面,Ω 为 S 所围之区域.$\boldsymbol{n}$ 为 S 上的点 (x,y,z) 处的外法线,$r=\sqrt{(x-x_0)^2+(y-y_0)^2+(z-z_0)^2}$,$\boldsymbol{r}$ 为从点 (x_0,y_0,z_0) 到点 (x,y,z) 的向量,其中点 (x_0,y_0,z_0) 在闭曲面 S 之外部.

17. 给定数量场 $u=\ln\dfrac{1}{r}$,其中 $r=\sqrt{(x-x_0)^2+(y-y_0)^2+(z-z_0)^2}$,$(x_0,y_0,z_0)$ 为一个定点.问:在空间 $Oxyz$ 中哪些点处使 $|\mathrm{grad}u|=1$?

第九章 常微分方程

常微分方程理论已有悠久的发展历史.它几乎是与微积分同时产生的,并且一直是数学联系实际的一个重要的分支.在自然科学及工程技术中,很多问题的数学模型是常微分方程.因此,常微分方程是研究某些科学技术问题,特别是许多力学和物理问题的重要工具.本章将介绍常微分方程的一些基本概念及求解常微分方程的一些基本方法.

§1 基 本 概 念

在很多物理及力学问题的研究中,我们往往并不能直接确定未知函数对于自变量的依赖关系,但却可以列出关于自变量、未知函数及未知函数的导函数之间满足的方程式.例如,设一质量为 m 的物体在常力 F 的作用下沿力所在方向作直线运动,要求物体的运动规律 $s(t)$.这里 $s(t)$ 表示时刻 t 时物体的位置,是未知函数.由于其加速度 $a(t) = \dfrac{\mathrm{d}^2 s}{\mathrm{d} t^2}$,于是由牛顿第二定律得

$$m \frac{\mathrm{d}^2 s}{\mathrm{d} t^2} = F. \tag{9.1}$$

上式就是未知函数 $s(t)$ 的二阶导函数所满足的方程.又比如镭的衰变率与镭的现存量成正比.设 $R(t)$ 是 t 时刻镭的质量,那么,$R(t)$ 满足下列方程:

$$\frac{\mathrm{d} R}{\mathrm{d} t} = -a R(t), \tag{9.2}$$

其中 $a > 0$ 是常数.在这些例子中,$s(t)$ 及 $R(t)$ 都是未知函数,而所列出的方程不仅包含未知函数,而且还包含未知函数的导数.粗略地讲,一个包含未知函数(一元函数)及其导函数的方程,称作一个常微分方程.

在方程(9.1)中未知函数的导数是二阶的,而在方程(9.2)中未知函数的导数是一阶的.故前者称作二阶常微分方程,后者称作一阶常微分方程.

我们之所以在微分方程之前冠以"常"字,这是为了有别于偏微分方程.一个偏微分方程是指一个包含未知函数及其偏导数的方程.如拉普拉斯方

程

$$\frac{\partial^2 u}{\partial x^2} + \frac{\partial^2 u}{\partial y^2} + \frac{\partial^2 u}{\partial z^2} = 0$$

是偏微分方程.

一般说来,一个联系自变量 x,未知的一元函数 $y = y(x)$ 及其导数 $y^{(j)}(x)(0 < j \leqslant n)$ 的方程(其中导数的最高阶数为 n)

$$F(x, y, y', \cdots, y^{(n)}) = 0 \tag{9.3}$$

称作一个 **n 阶常微分方程**.

如果在区间 (a, b) 上存在一个函数 $y = y(x)$,它有 n 阶导数,代入(9.3)式后使得(9.3)式变成一个关于 x 的恒等式:

$$F(x, y(x), y'(x), \cdots, y^{(n)}(x)) \equiv 0, \quad \forall x \in (a, b),$$

那么,我们称 $y = y(x)$ 是方程(9.3)在 (a, b) 上的一个**解**.

很容易证明,$y = \sin x$ 是微分方程

$$y'' + y = 0 \tag{9.4}$$

在 $(-\infty, +\infty)$ 上的一个解.还很容易看出 $y = \cos x$ 也是它的一个解.不仅如此,$y = C_1 \sin x + C_2 \cos x$,其中 C_1 与 C_2 是任意常数,都是方程(9.4)在 $(-\infty, +\infty)$ 上的解.由这个例子可以看出一个常微分方程可以有无穷多个解.

对于常微分方程而言,这种现象并非个别的,而是一般现象.一般说来,它们都有无穷多个解.在上面例子中方程(9.4)有解

$$y = C_1 \sin x + C_2 \cos x,$$

其中包含两个任意常数.而对于镭的衰变方程(9.2),我们不难验证它有解

$$y = C e^{-at},$$

其中 C 是一个任意常数.

观察这两个例子我们不仅发现了常微分方程的解可以有无穷多个,而且我们发现二阶常微分方程(9.4)的解可以包含两个任意常数,而一阶常微分方程(9.2)的解可以含有一个任意常数.我们希望这一观察结论有一般性,并且希望这种包含若干常数的解能代表方程的大多数解.

现在我们引入微分方程通解的概念.

定义 若 n 阶常微分方程(9.3)有解

$$y = \varphi(x; C_1, \cdots, C_n),$$

其中 $C_1, \cdots, C_n$ 是 n 个独立的任意常数,则我们称它是(9.3)的一个**通解**.

这里我们要注意通解中独立的任意常数的个数恰是方程的阶数.

　　与通解相对立的是特解.方程(9.3)的任何一个不包含任意常数的解，都称作**特解**.

　　什么叫解 $y = \varphi(x; C_1, \cdots, C_n)$ 中的常数是独立的呢？意思是说,其中每一个常数 C_j 对解的影响是其他常数所不能替代的.这样说仍然不足以准确地表达独立常数的作用.用更精确的数学语言表达这种独立性如下:

　　称 $\varphi(x, C_1, \cdots, C_n)$ 中的 n 个任意常数是**独立的**,若 $\varphi, \varphi', \varphi^{(n-1)}$ 关于 $C_1, \cdots, C_n$ 的雅可比行列式不等于零,即

$$\frac{D(\varphi, \varphi', \cdots, \varphi^{(n-1)})}{D(C_1, C_2, \cdots, C_n)} \neq 0, \quad x \in (a, b),$$

这里我们将 $\varphi^{(j)}(x; C_1, \cdots, C_n)(j = 0, 1, \cdots, n-1)$ 看作 $C_1, \cdots, C_n$ 的函数.

　　现在,我们验证一下方程(9.4)的解 $y = C_1 \sin x + C_2 \cos x$ 是否是通解.因为

$$\frac{D(y, y')}{D(C_1, C_2)} = \begin{vmatrix} \sin x & \cos x \\ \cos x & -\sin x \end{vmatrix} = -1 \neq 0,$$

所以 C_1, C_2 是两个独立的任意常数,故 $y = C_1 \sin x + C_2 \cos x$ 是方程(9.4)的通解.

　　我们很自然地会问一个问题：通解是否包含了原方程之一切特解.换句话说,若 $y = \varphi(x; C_1, \cdots, C_n)$ 是方程(9.3)的一个通解,是否对每个特解 $y = y(x)$,总能找到适当的一组常数 $(C_1^0, \cdots, C_n^0)$ 使得 $\varphi(x; C_1^0, \cdots, C_n^0)$ 就是 $y(x)$？

　　这个问题的答案是否定的.比如考虑微分方程

$$y^2(x) + y'^2(x) = 1,$$

不难看出, $y = \sin(x + C)(x \in (-\infty, +\infty)$, C 为任意常数) 是其通解.又 $y(x) \equiv 1$ 是其一个特解.但这个特解并不能由通解中的任意常数 C 取某一特定值而得到.

　　尽管如此,一个方程之通解仍然代表着方程式的大多数解,而不能用通解表示的解是个别的.

　　有时候通解不是用显函数的形式给出,而是用一种隐函数的形式 $\Phi(x, y; C_1, \cdots, C_n) = 0$ 给出.这时我们把 $\Phi(x, y; C_1, \cdots, C_n) = 0$ 称作方程的**通积分**.

　　通常求解一个常微分方程就是要求出它的通解,并寻求那些不能用通解表出的"奇解"(如果有"奇解"的话).

除了求微分方程的通解之外,往往在实际问题中更关心满足某些条件的特解.最常见的问题是所谓**初值问题**.它的一般提法是求出方程

$$F(x;y,y',\cdots,y^{(n)})=0$$

满足初始条件

$$\begin{cases} y(x_0)=y_0, \\ y'(x_0)=y_1, \\ \cdots\cdots\cdots\cdots \\ y^{(n-1)}(x_0)=y_{n-1} \end{cases}$$

的解,这里 $x_0,y_0,y_1,\cdots,y_{n-1}$ 是预先给定的常数.

比如,已知镭在 $t=0$ 时质量为 R_0.这时镭的蜕变问题即可写成一个常微分方程的初值问题:

$$\begin{cases} \dfrac{\mathrm{d}R}{\mathrm{d}t}=-aR(t), \\ R(0)=R_0. \end{cases}$$

我们知道, $\dfrac{\mathrm{d}R}{\mathrm{d}t}=-aR(t)$ 的通解为

$$R(t)=Ce^{-at}.$$

为了得到初值问题的解,将 $t=0$ 代入上式两端并注意 $R(0)=R_0$,即可定出 C 的值:

$$R_0=Ce^{-a\cdot 0}=C.$$

因此, $R(t)=R_0e^{-at}$ 是上述初值问题的解.

由这个例子可以看出,求出通解是求初值问题解的基础.

再看一个二阶常微分方程初值问题的例子:

$$\begin{cases} \dfrac{\mathrm{d}^2 y}{\mathrm{d}t^2}=y+t^3, \\ y(0)=1,y'(0)=-6. \end{cases}$$

可以直接验证

$$y=C_1e^t+C_2e^{-t}-t^3-6t$$

是方程 $y''=y+t^3$ 的解,其中 C_1 与 C_2 是任意常数.因为

$$\frac{\mathrm{D}(y,y')}{\mathrm{D}(C_1,C_2)}=\begin{vmatrix} e^t & e^{-t} \\ e^t & -e^{-t} \end{vmatrix}=-2\neq 0,$$

可见这个解是通解.将初值条件代入通解:

$$\begin{cases} y(0)=C_1+C_2=1, \\ y'(0)=C_1-C_2-6=-6. \end{cases}$$

由此解出 $C_1 = C_2 = \dfrac{1}{2}$. 这样初值问题的解为

$$y(t) = \frac{1}{2}(e^t + e^{-t}) - t^3 - 6t.$$

一般说来,为求解初值问题
$$
\begin{cases}
F(x; y, y', \cdots, y^{(n)}) = 0, \\
y(x_0) = y_0, y'(x_0) = y_1, \cdots, y^{(n-1)}(x_0) = y_{n-1},
\end{cases}
$$
在已知通解 $y = \varphi(x; C_1, \cdots, C_n)$ 的条件下,将问题归结为求解方程组
$$
\begin{cases}
\varphi(x_0, C_1, \cdots, C_n) = y_0, \\
\varphi'(x_0, C_1, \cdots, C_n) = y_1, \\
\cdots\cdots\cdots\cdots\cdots\cdots\cdots\cdots\cdots \\
\varphi^{(n-1)}(x_0, C_1, \cdots, C_n) = y_{n-1}.
\end{cases}
$$
从这个方程组可确定出 n 个常数 $C_1^0, C_2^0, \cdots, C_n^0$,将它们代入通解的表达式,即得初值问题的特解 $y = \varphi(x; C_1^0, C_2^0, \cdots, C_n^0)$.

初值问题又叫**柯西问题**.常微分方程的解的图形称作**积分曲线**.

例 验证下列函数是相应的微分方程的解,是特解还是通解?

(1) $y = \dfrac{e^x + Ce^{-x}}{2x}$, $xy' + (1+x)y = e^x$;

(2) $x^2 - xy + y^2 = C$, $(x-2y)y' = 2x - y$;

(3) $y = 3\sin x + 4\cos x$, $y'' + y = 0$.

解 (1) $y = \dfrac{e^x + Ce^{-x}}{2x}$ 可以转化成 $xye^x = \dfrac{e^{2x} + C}{2}$,然后关于 x 求导,其中 y 是 x 的函数,有

$$ye^x + xy'e^x + xye^x = e^{2x},$$

即得

$$xy' + (1+x)y = e^x.$$

因此 $y = \dfrac{e^x + Ce^{-x}}{2x}$ 是一阶方程 $xy' + (1+x)y = e^x$ 的解,又该解含有一个任意常数 C,因而是通解.

(2) 方程 $x^2 - xy + y^2 = C$ 关于 x 求导,其中 y 是 x 的函数,有

$$2x - y - xy' + 2yy' = 0,$$

即得

$$(x - 2y)y' = 2x - y.$$

因此由 $x^2 - xy + y^2 = C$ 所确定的隐函数是一阶方程的解,又该解含有一

个任意常数 C，因而是通解.

（3）$y=3\sin x+4\cos x$ 关于 x 求导，有

$$y'=3\cos x-4\sin x,$$
$$y''=-3\sin x-4\cos x.$$

容易验证，$y''+y=0$，则 $y=3\sin x+4\cos x$ 是微分方程的一个特解.

习 题 9.1

1. 指出下列微分方程的阶：

（1）$\dfrac{\mathrm{d}y}{\mathrm{d}x}=xy^2+y^6$；　（2）$(y'')^2+2(y')^6-x^5=0$；

（3）$y'''+2(y'')^3+y^2+x^5=0$.

2. 指出下列函数中的任意常数是否独立？

（1）$y=C_1\cos ax+C_2\sin ax\ (a>0)$；

（2）$y=C_1(1-\cos 2x)+C_2\sin^2 x$；

（3）$y=C_1\mathrm{e}^{\lambda_1 x}+C_2\mathrm{e}^{\lambda_2 x}$，$\lambda_1\neq\lambda_2$；

（4）$y=C_1\mathrm{e}^{\lambda x}+C_2 x\mathrm{e}^{\lambda x}$；

（5）$y=C_1 x+C_2 x^2+C_3(x^2+x)$.

3. 验证下列函数是相应的微分方程的解，是特解还是通解？

（1）$y=\sin 2x$，$y''+4y=0$；

（2）$y=C_1\cos ax+C_2\sin ax$，$y''+a^2 y=0\ (a>0)$；

（3）$y=C_1\mathrm{e}^{\lambda_1 x}+C_2\mathrm{e}^{\lambda_2 x}$，$y''-(\lambda_1+\lambda_2)y'+\lambda_1\lambda_2 y=0$，$\lambda_1\neq\lambda_2$；

（4）$y=C_1\mathrm{e}^{\lambda x}+C_2 x\mathrm{e}^{\lambda x}$，$y''-2\lambda y'+\lambda^2 y=0$；

（5）$y=C\mathrm{e}^{3x}\ (C\text{ 为任意常数})$，$y''-9y=0$；

（6）$y=x\left(\displaystyle\int_1^x \dfrac{\mathrm{e}^x}{x}\mathrm{d}x+C\right)$，$xy'-y=x\mathrm{e}^x$.

4. 验证函数 $x(t)=\cos t+2\sin t-2t\cos t$ 是初值问题

$$\begin{cases}\dfrac{\mathrm{d}^2 x}{\mathrm{d}t^2}+x=4\sin t,\\[2mm] x(0)=1,\ x'(0)=0\end{cases}$$

的解.

5. 求下列初值问题的解：

（1）$\begin{cases}\dfrac{\mathrm{d}x}{\mathrm{d}t}=\cos\omega t\ (\omega\neq 0,\text{为常数}),\\[2mm] x(0)=10;\end{cases}$

（2）$\begin{cases}\dfrac{\mathrm{d}^2 y}{\mathrm{d}x^2}=12x^2,\\[2mm] y(0)=0,y'(0)=1;\end{cases}$

(3) $\begin{cases} y''' = x, \\ y(0) = a_0, y'(0) = a_1, y''(0) = a_2. \end{cases}$

§2 初等积分法

微分方程研究的中心问题之一,是求解微分方程的问题.人们已经知道了许多求解微分方程的办法,但并不是所有微分方程都能用初等积分法求解的.如早在 1686 年,微积分的发明者之一,著名的数学家莱布尼茨就提出一个一阶微分方程

$$\frac{\mathrm{d}y}{\mathrm{d}x} = x^2 + y^2$$

的求解问题.这个形式上很简单的方程曾吸引了许多数学家的兴趣.经过 150 多年的探索,到 1838 年,刘维尔(Liouville)证明了上述微分方程是不可能用初等积分法求解的,亦即不可能用初等函数或它们的积分来表示这个方程的解.因此,我们不能奢望用初等积分法来求出所有微分方程的解.但对于某些特殊类型的微分方程,却是可以用初等积分法来求解的.本节的主要内容是介绍这些初等解法.

1. 变量分离的方程

变量分离的常微分方程是最基本的一类可以用初等方法求解的方程.一个形如

$$\frac{\mathrm{d}y}{\mathrm{d}x} = f(x) \cdot g(y) \tag{9.5}$$

的常微分方程称为**变量分离的方程**.其特点是方程右端可表示成 x 的函数 $f(x)$ 与 y 的函数 $g(y)$ 的乘积.例如

$$y' = y \cdot \cos x; \quad y' = -\frac{x}{1+y^2};$$

$$y' = \mathrm{e}^{x+y}; \quad \frac{\mathrm{d}y}{\mathrm{d}x} = \frac{y^2+1}{x^2+1}$$

等都是变量分离的方程.而方程

$$\frac{\mathrm{d}y}{\mathrm{d}x} = x^5 \cos y + y \sin x$$

则不是变量分离的方程.

为求解变量分离的方程(9.5),我们先做一些分析.设 $y = y(x)$

$(a<x<b)$是方程(9.5)的解,则有

$$\frac{\mathrm{d}y(x)}{\mathrm{d}x} \equiv f(x)g(y(x)), \quad a < x < b.$$

若$g(y(x))\neq0(a<x<b)$,则上式可化为

$$\frac{\mathrm{d}y(x)}{g(y(x))} = f(x)\mathrm{d}x.$$

再若已知$F'(x)=f(x),G'(y)=\dfrac{1}{g(y)}(g(y)\neq0)$,则由一阶微分形式的不变性,上式可写成

$$\mathrm{d}G(y(x)) = \mathrm{d}F(x),$$

于是有

$$G(y(x)) = F(x) + C, \tag{9.6}$$

其中C为任意常数.即微分方程(9.5)的使$g(y(x))\neq 0$的解$y(x)$必满足方程(9.6).反过来,若由函数方程

$$G(y) = F(x) + C$$

能确定出隐函数$y(x)$(其中$G(y)$与$F(x)$分别是$\dfrac{1}{g(y)}$与$f(x)$的原函数),则$y(x)$就是微分方程(9.5)的解.因此当$g(y)\neq0$时,为求微分方程(9.5)的解,只须求隐函数方程

$$\int\frac{\mathrm{d}y}{g(y)} = \int f(x)\mathrm{d}x$$

的解.

根据上面的分析,我们可以通过下列步骤来求微分方程(9.5)的解:当$g(y)\neq0$时,首先,将(9.5)式分离变量得

$$\frac{\mathrm{d}y}{g(y)} = f(x)\mathrm{d}x, \quad g(y) \neq 0,$$

即使等式的一端是变量y及其微分而另一端只含变量x及其微分.然后将上式两边求积分,得

$$\int\frac{\mathrm{d}y}{g(y)} = \int f(x)\mathrm{d}x.$$

假若我们能求得$\dfrac{1}{g(y)}$与$f(x)$的原函数,即

$$\int\frac{\mathrm{d}y}{g(y)} = G(y) + C_1, \quad \int f(x)\mathrm{d}x = F(x) + C_2,$$

其中 C_1,C_2 为任意常数,则微分方程(9.5)的通积分为 $G(y)=F(x)+C$,其中 C 为任意常数.假若我们能够从 $G(y)=F(x)+C$ 中解出 $y=\varphi(x,C)$,那么 $y=\varphi(x,C)$ 就是原方程之显式解,该解包含一个任意常数.一般地说,$y=\varphi(x,C)$ 是一个通解.以上讨论了 $g(y)\neq0$ 的情况.假若 $g(y)=0$ 有根 y_0,即 $g(y_0)=0$,这时可直接验证常数函数 $y(x)\equiv y_0$ 也是方程(9.5)的一个解.在某些情况下这样的解 $y(x)=y_0$ 并不包含于通解之中.此时称之为奇解(见例2).

例 1 求解微分方程

$$y'=-ky, \quad \text{其中常数 } k>0.$$

解 当 $y\neq0$ 时,分离变量得

$$\frac{\mathrm{d}y}{y}=-k\,\mathrm{d}x,$$

两边积分得 $\ln|y|=-kx+C_1$,C_1 为任意常数,即

$$|y|=\mathrm{e}^{C_1}\cdot\mathrm{e}^{-kx}, \tag{9.7}$$

去绝对值得 $y=\pm\mathrm{e}^{C_1}\cdot\mathrm{e}^{-kx}$.不难看出,当 $C_1\in(-\infty,+\infty)$ 时,$\pm\mathrm{e}^{C_1}\in(-\infty,+\infty)\backslash\{0\}$.故若令 $C_2=\pm\mathrm{e}^{C_1}$,则(9.7)式可写成

$$y(x)=C_2\mathrm{e}^{-kx}, \quad \text{其中 } C_2\in(-\infty,+\infty)\backslash\{0\}. \tag{9.8}$$

又 $y\equiv0$ 显然也是方程的一个解,这个解也可表示成 $y=C_2\mathrm{e}^{-kx}(C_2=0)$.因而将此解与(9.8)式表示的解合并,得所求方程的通解为

$$y(x)=C\mathrm{e}^{-kx}, \quad \text{其中 } C \text{ 为任意常数.}$$

例 2 求解微分方程 $y'=4xy$.

解 当 $y\neq0$ 时,分离变量得

$$\frac{\mathrm{d}y}{y}=4x\,\mathrm{d}x.$$

两边积分,得

$$\int\frac{\mathrm{d}y}{y}=\int4x\,\mathrm{d}x,$$

故通解为

$$\ln|y|=2x^2+C_1, \quad |y|=\mathrm{e}^{C_1}\cdot\mathrm{e}^{2x^2},$$

其中 C_1 是任意常数,与例1同理,所求微分方程的通解为

$$y=C\mathrm{e}^{2x^2}, \quad C \text{ 为任意常数.}$$

例 3 求

$$\frac{\mathrm{d}y}{\mathrm{d}x}=\sqrt[4]{y^3}, \quad 0\leqslant y<+\infty \tag{9.9}$$

的全部解,并做积分曲线的图形.

解　当 $y \neq 0$ 时,分离变量得

$$\frac{\mathrm{d}y}{\sqrt[4]{y^3}} = \mathrm{d}x,$$

两边积分得

$$4\sqrt[4]{y} = x + C,$$

故通解为

$$y = \frac{1}{256}(x+C)^4, \quad x \geqslant -C, \ C \text{ 为任意常数}.$$

又 $y=0$ 时 $\sqrt{y}=0$,故 $y \equiv 0 (-\infty < x < +\infty)$ 也是其一个解.这个解不包含在通解中.

方程(9.9)的全部积分曲线的图形如图 9.1 所示.

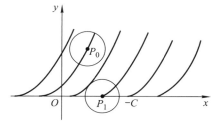

图　9.1

从图 9.1 看出,过上半平面内任一点 $P_0(x_0,y_0)(y_0>0)$,在局部范围内有且只有一条积分曲线通过,也就是方程(9.9)的满足初值条件 $y(x_0)=y_0(y_0>0)$ 的解是局部唯一的;而过 x 轴上任一点 $P_1(x_1,0)$,在 P_1 的任意小的邻域内,过 P_1 的积分曲线总有两条,亦即方程(9.9)的满足初值条件 $y(x_1)=0$ 的解不是局部唯一的.这一现象我们将在本章§3中做一般性的讨论.

例 4　有一圆柱形油罐,高 20 m,直径 20 m,装满汽油.油罐底部有一直径为 10 cm 的出口,问打开出口阀后需多少时间,罐内的油全部流完.

解　设 t 时刻罐内油面的高度为 $h(t)(\mathrm{cm})$.这时油的体积为 $V(t) = \pi(1000)^2 h(t)(\mathrm{cm}^3)$.考虑由 t 到 $t+\mathrm{d}t$ 这一小段时间内的一个等量关系:

油体积的改变量=自出口处流出的量.

油体积的改变量近似等于

$$dV(t) = V'(t)dt = \pi(1000)^2 h'(t)dt.$$

由水力学定律,液体从距自由面深度为 h 的孔流出时,它的流速为 $v = c\sqrt{2gh}$,其中 c 为常数:$c = 0.6$.故自出口处流出的量近似等于

$$\pi \cdot 5^2 \cdot 0.6\sqrt{2gh}\,dt \approx 664\pi\sqrt{h}\,dt.$$

注意到 $h(t)$ 是递减的,即 $h'(t) < 0$,由以上各式可得函数 $h(t)$ 满足微分方程:

$$-\pi(1000)^2 h'(t) = 664\pi\sqrt{h}.$$

分离变量得

$$\frac{dh}{\sqrt{h}} = -\frac{664}{(1000)^2}dt,$$

积分得

$$2\sqrt{h(t)} = -\frac{664}{(1000)^2}t + C.$$

又已知 $h(0) = 2000$,代入上式求得

$$C = 2\sqrt{2000} \approx 89.4.$$

所以

$$\sqrt{h(t)} = -\frac{332}{(1000)^2}t + 44.7.$$

当油流完时 $h(t) = 0$,代入上式得

$$t = \frac{(1000)^2}{332} \cdot 44.7 = 134639(\text{s}) \approx 37.4(\text{h}),$$

即经过将近 37.4 h,油全部流完.

2. 可化为变量分离方程的几类方程

有些方程本身并不是变量分离的方程,但它们可以通过适当的变量替换后,化为变量分离的方程,从而可以用分离变量法求解.

下列方程是最典型的几类可通过做变量替换化为变量分离方程的方程.

(1) 形如

$$\frac{dy}{dx} = f(ax + by + c) \quad (a, b, c \text{ 为常数}) \tag{9.10}$$

的方程.这时我们做变量替换 $z = ax + by + c$,这里 z 为新的未知函数.即得到

$$\frac{\mathrm{d}z}{\mathrm{d}x} = a + b\,\frac{\mathrm{d}y}{\mathrm{d}x} = a + bf(z).$$

显然该方程是关于新未知函数 z 的变量分离方程.

例 5　求 $y' = \sin(x + y + 1)$ 的全部解.

解　令 $z = x + y + 1$,则

$$z' = 1 + y' = 1 + \sin z. \tag{9.11}$$

当 $\sin z \neq -1$ 即 $z \neq 2k\pi + \dfrac{3\pi}{2}(k = 0, \pm 1, \pm 2, \cdots)$ 时,分离变量并积分得

$$\int \frac{\mathrm{d}z}{1 + \sin z} = \int \mathrm{d}x,$$

即

$$-\tan\left(\frac{\pi}{4} - \frac{z}{2}\right) = x + C.$$

将 z 用 x, y 表示,得原方程的通积分

$$x + C + \tan\left(\frac{\pi}{4} - \frac{x + y + 1}{2}\right) = 0,$$

其中 C 为任意常数.

又可看出 $z \equiv \dfrac{3\pi}{2} + 2k\pi(k = 0, \pm 1, \pm 2, \cdots)$ 也是方程(9.11)的解.故原方程还有特解

$$x + y + 1 \equiv \frac{3\pi}{2} + 2k\pi \quad (k = 0, \pm 1, \pm 2, \cdots).$$

(2) 形如

$$\frac{\mathrm{d}y}{\mathrm{d}x} = f(x, y) \tag{9.12}$$

的方程,其中右端的函数 $f(x, y)$ 是齐次函数.

所谓 $f(x, y)$ 是齐次函数,是指该函数有下列性质:对于任意的 $t \neq 0$, $f(tx, ty) \equiv f(x, y)$.若 $f(x, y)$ 可以写成 $\dfrac{y}{x}$ 的函数 $h\left(\dfrac{y}{x}\right)$,则它一定是齐次函数.可以证明,反之亦然.例如

$$y' = \frac{x + 2y}{2x - y}, \quad y' = \frac{x^2 + y^2 \sin y/x}{x^2 + 2y^2}$$

等都是齐次方程,因为它们可分别改写为

$$y' = \frac{1 + 2\left(\dfrac{y}{x}\right)}{2 - \left(\dfrac{y}{x}\right)}, \quad y' = \frac{1 + \left(\dfrac{y}{x}\right)^2 \sin\dfrac{y}{x}}{1 + 2\left(\dfrac{y}{x}\right)^2}, \quad x \neq 0.$$

对于齐次方程(9.12),我们先将它改写为形式

$$y' = h\left(\frac{y}{x}\right) \quad (x \neq 0), \tag{9.13}$$

再做变量替换 $u = \dfrac{y}{x}$ 或 $y = xu$,这里 u 是新的未知函数.这时有

$$y' = u + xu'.$$

代入(9.13)式得 $u + xu' = h(u)$,亦即

$$\frac{\mathrm{d}u}{\mathrm{d}x} = \frac{h(u) - u}{x}.$$

上式关于新未知函数 u 是变量分离方程.

例 6　求解方程

$$xy' = y + x\mathrm{e}^{\frac{y}{x}} \quad (x > 0).$$

解　首先将方程写作

$$y' = \frac{y}{x} + \mathrm{e}^{\frac{y}{x}} \quad (x > 0).$$

令 $u = y/x$,这时 $y = xu, y' = u + xu'$,于是上述方程化为

$$u + xu' = u + \mathrm{e}^u \quad (x > 0),$$

也即

$$xu' = \mathrm{e}^u \quad (x > 0).$$

这是一个变量分离方程,它可写成

$$\frac{\mathrm{d}u}{\mathrm{e}^u} = \frac{\mathrm{d}x}{x} \quad (x > 0).$$

两端进行积分,得到

$$-\mathrm{e}^{-u} = \ln x + C \quad (x > 0),$$

其中 C 为任意常数.这样我们得到

$$\ln x + \mathrm{e}^{-\frac{y}{x}} = C$$

是原方程之通积分.

例 7　求解方程

$$xy' = \sqrt{x^2 - y^2} + y, \quad x > 0.$$

解 上述方程可改写为

$$y' = \sqrt{1 - \left(\frac{y}{x}\right)^2} + \frac{y}{x}.$$

令 $u = \frac{y}{x}$，方程可化为

$$u + xu' = \sqrt{1 - u^2} + u,$$

即

$$\frac{du}{dx} = \frac{\sqrt{1 - u^2}}{x}. \tag{9.14}$$

当 $u \neq \pm 1$ 时，有

$$\int \frac{du}{\sqrt{1 - u^2}} = \int \frac{dx}{x},$$

积分得

$$\arcsin u + C_1 = \ln x,$$

即

$$x = e^{C_1} \cdot e^{\arcsin u} = C e^{\arcsin u}, \quad C > 0.$$

又 $u \equiv \pm 1 (x > 0)$ 也是方程(9.14)的解.将 u 换成 y/x，即得原方程的解为

$$x = C e^{\arcsin(y/x)} \quad (x > 0, C > 0),$$

及 $y = \pm x (x > 0)$.

（3）形如

$$\frac{dy}{dx} = f\left(\frac{a_1 x + b_1 y + c_1}{a_2 x + b_2 y + c_2}\right) \quad (a_i, b_i, c_i \text{ 为常数}, i = 1, 2) \tag{9.15}$$

的方程.

当 $c_1 = c_2 = 0$ 时，方程(9.15)的右端为 x, y 的齐次函数.由上面的讨论知，它可化为变量分离的方程.

当 c_1, c_2 中至少有一个不等于零时，分下面两种情况讨论.

（i）$\Delta = \begin{vmatrix} a_1 & b_1 \\ a_2 & b_2 \end{vmatrix} \neq 0$.

这时联立方程

$$\begin{cases} a_1 x + b_1 y + c_1 = 0, \\ a_2 x + b_2 y + c_2 = 0 \end{cases}$$

有唯一解.记此解为 (x_0, y_0)，即 (x_0, y_0) 满足

$$c_i = -(a_i x_0 + b_i y_0), \quad i = 1, 2.$$

于是

$$a_1 x + b_1 y + c_1 = a_1 (x - x_0) + b_1 (y - y_0),$$
$$a_2 x + b_2 y + c_2 = a_2 (x - x_0) + b_2 (y - y_0).$$

做变量替换 $u = x - x_0, v = y - y_0$. 这里 u 为新的自变量, v 为新的未知函数, 方程(9.15)化为

$$\frac{\mathrm{d}v}{\mathrm{d}u} = f\left(\frac{a_1 u + b_1 v}{a_2 u + b_2 v}\right),$$

这是关于 u, v 的齐次方程.

(ii) $\Delta = \begin{vmatrix} a_1 & b_1 \\ a_2 & b_2 \end{vmatrix} = 0.$

当 $a_1 \cdot b_1 \neq 0$ 时, 存在常数 k, 使 $(a_2, b_2) = k(a_1, b_1)$. 令 $z = a_1 x + b_1 y$, 则

$$\frac{\mathrm{d}z}{\mathrm{d}x} = a_1 + b_1 \frac{\mathrm{d}y}{\mathrm{d}x} = a_1 + b_1 f\left(\frac{z + c_1}{kz + c_2}\right).$$

上式是变量分离的方程.

当 $a_1 \neq 0, b_1 = 0$ 时, 由 $\Delta = 0$ 推出 $b_2 = 0$. 这时方程(9.15)为

$$y' = f\left(\frac{a_1 x + c_1}{a_2 x + c_2}\right).$$

这即变量分离的方程. ($a_1 = 0, b_1 \neq 0$ 的情况可类似讨论.)

当 $a_1 = b_1 = 0$ 时, 方程为

$$y' = f\left(\frac{c_1}{a_2 x + b_2 y + c_2}\right).$$

这即形如(9.10)的方程.

例 8 求解方程

$$y' = \frac{2x + y + 1}{4x + 2y - 3}.$$

解 这里分子分母中的 x, y 项的系数成比例. 故令 $z = 2x + y$, 则

$$z' = 2 + y' = 2 + \frac{z + 1}{2z - 3} = \frac{5(z - 1)}{2z - 3}.$$

分离变量并积分得

$$\int \frac{2z - 3}{z - 1} \mathrm{d}z = \int 5 \mathrm{d}x,$$

由此可求出通积分

$$z - 1 = C \mathrm{e}^{2z - 5x}.$$

再用 x,y 表示 z,得原方程的通积分
$$2x + y - 1 = Ce^{2y-x}, \quad \text{其中 } C \text{ 为任意常数.}$$

3. 一阶线性微分方程

形如
$$\frac{\mathrm{d}y}{\mathrm{d}x} + P(x)y = Q(x) \tag{9.16}$$
的方程称为**一阶线性方程**.以下设其中的函数 $P(x),Q(x)$ 在区间 (a,b) 上连续.方程(9.16)的特点是:它关于未知函数 y 与其导函数 $\frac{\mathrm{d}y}{\mathrm{d}x}$ 都是线性的.因此我们才把它称作一阶线性方程.

如方程
$$y' = x + 2y, \quad y' = y\sin^2 x, \quad \frac{\mathrm{d}x}{\mathrm{d}t} = t^2 + x\cos t$$
等都是线性方程,而
$$y' = e^x + y^2, \quad \frac{\mathrm{d}x}{\mathrm{d}t} = e^{x+t}, \quad \frac{\mathrm{d}y}{\mathrm{d}x} = \sqrt{y}$$
等都是非线性方程.

下面分两种情况来介绍线性微分方程的解法.

(1) 当 $Q(x) \equiv 0$ 时,方程(9.16)为
$$\frac{\mathrm{d}y}{\mathrm{d}x} + P(x)y = 0. \tag{9.17}$$
此方程称为**线性齐次微分方程**.这个方程也是变量分离的方程,用分离变量法可求出其通解
$$y = Ce^{-\int_{x_0}^{x} P(t)\mathrm{d}t}, \quad x \in (a,b), \tag{9.18}$$
其中 x_0 为 (a,b) 中任意取定的一点,C 为任意常数.

例如,方程
$$y' + ky = 0 \quad (k \text{ 为常数})$$
的通解为 $y = Ce^{-kx}$,C 为任意常数.

可以证明:一阶线性齐次微分方程的上述通解,包含了它的一切解.为此只要证明:线性齐次方程(9.17)的任意一个解,都包含在函数族(9.18)中.事实上,设 $y^*(x)$ 是齐次方程(9.17)的任意一个取定的解,则它满足方程
$$\frac{\mathrm{d}y^*}{\mathrm{d}x} + P(x)y^* \equiv 0, \quad x \in (a,b),$$

在方程两端乘以 $\mathrm{e}^{\int_{x_0}^{x} P(t)\mathrm{d}t}$ 得

$$\mathrm{e}^{\int_{x_0}^{x} P(t)\mathrm{d}t}\frac{\mathrm{d}y^*}{\mathrm{d}x}+P(x)\mathrm{e}^{\int_{x_0}^{x} P(t)\mathrm{d}t}y^*\equiv 0,\quad x\in(a,b),$$

上式即

$$\frac{\mathrm{d}}{\mathrm{d}x}(y^*\mathrm{e}^{\int_{x_0}^{x} P(t)\mathrm{d}t})\equiv 0,\quad x\in(a,b).$$

由此知

$$y^*\mathrm{e}^{\int_{x_0}^{x} P(t)\mathrm{d}t}\equiv C_0,\quad C_0\ \text{为某一常数},x\in(a,b),$$

即

$$y^*(x)=C_0\mathrm{e}^{-\int_{x_0}^{x} P(t)\mathrm{d}t}.$$

这说明 $y^*(x)$ 包含在函数族(9.18)中.

由线性齐次方程的通解(9.18)可看出,线性齐次方程的解或者恒等于零(通解中 $C=0$ 时对应的解),或者恒不等于零(通解中 $C\neq 0$ 时对应的解).

(2) 当 $Q(x)\not\equiv 0$ 时,方程(9.16)称为**线性非齐次方程**.在非齐次方程的求解过程中,仍须考虑线性齐次方程(9.17),我们称方程(9.17)为方程(9.16)**对应的齐次方程**.

下面介绍求解线性非齐次方程(9.16)的所谓**常数变易法**.

此法的要点是:将方程(9.16)对应的齐次方程(9.17)的通解(9.18)中的任意常数 C,换成一个新的未知函数 $u(x)$,即做变量替换

$$y(x)=u(x)\mathrm{e}^{-\int_{x_0}^{x} P(t)\mathrm{d}t}.\tag{9.19}$$

求导得

$$y'=u'(x)\mathrm{e}^{-\int_{x_0}^{x} P(t)\mathrm{d}t}-u(x)P(x)\mathrm{e}^{-\int_{x_0}^{x} P(t)\mathrm{d}t},$$

将前述 $y(x),y'(x)$ 的表达式代入方程(9.16),化简后得

$$u'(x)\mathrm{e}^{-\int_{x_0}^{x} P(t)\mathrm{d}t}=Q(x),$$

即

$$u'(x)=Q(x)\mathrm{e}^{\int_{x_0}^{x} P(t)\mathrm{d}t}.$$

积分得

$$u(x)=\int_{x_0}^{x} Q(t)\mathrm{e}^{\int_{x_0}^{t} P(s)\mathrm{d}s}\mathrm{d}t+C,$$

其中 C 为任意常数.将上式代入(9.19)式即得方程(9.16)的通解

$$y(x)=\left(\int_{x_0}^{x} Q(t)\mathrm{e}^{\int_{x_0}^{t} P(s)\mathrm{d}s}\mathrm{d}t+C\right)\mathrm{e}^{-\int_{x_0}^{x} P(t)\mathrm{d}t},$$

其中 C 为任意常数.

上式中右端第一项是非齐次方程的一个特解,而第二项是齐次方程的通解.由此看出:非齐次方程的通解,由非齐次方程的一个特解加上对应的齐次方程的通解构成.

读者不必死记这个通解的公式,但应掌握上述求解的方法.在求解具体方程时,按上述步骤求解即可.

例 9 求解微分方程 $\dfrac{\mathrm{d}y}{\mathrm{d}x} + xy = x$.

解 *方法一* 常数变易法.

先求解方程所对应的齐次方程

$$\frac{\mathrm{d}y}{\mathrm{d}x} + xy = 0,$$

分离变量得

$$\frac{\mathrm{d}y}{y} = -x\,\mathrm{d}x,$$

两边积分得到

$$\ln|y| = -\frac{1}{2}x^2 + C_1, \quad 即 \quad |y| = \mathrm{e}^{C_1}\mathrm{e}^{-\frac{1}{2}x^2},$$

即得到齐次方程的通解

$$y = C\mathrm{e}^{-\frac{1}{2}x^2}, \quad 其中 C 为任意常数.$$

令 $y(x) = u(x)\mathrm{e}^{-\frac{1}{2}x^2}$,求导得

$$\frac{\mathrm{d}y}{\mathrm{d}x} = u'(x)\mathrm{e}^{-\frac{1}{2}x^2} + u(x)\mathrm{e}^{-\frac{1}{2}x^2}(-x)$$

$$= u'(x)\mathrm{e}^{-\frac{1}{2}x^2} - xu(x)\mathrm{e}^{-\frac{1}{2}x^2}.$$

将 y, y' 的表达式代入原方程,有

$$u'(x)\mathrm{e}^{-\frac{1}{2}x^2} - xu(x)\mathrm{e}^{-\frac{1}{2}x^2} - xu(x)\mathrm{e}^{-\frac{1}{2}x^2} = x,$$

整理得

$$u'(x) = x\mathrm{e}^{\frac{1}{2}x^2},$$

解得

$$u(x) = \mathrm{e}^{\frac{1}{2}x^2} + C, \quad C 为任意常数.$$

于是得到原方程的通解

$$y = (\mathrm{e}^{\frac{1}{2}x^2} + C)\mathrm{e}^{-\frac{1}{2}x^2} = 1 + C\mathrm{e}^{-\frac{1}{2}x^2}.$$

方法二 积分因子法.

一阶线性微分方程的标准形式是

$$\frac{\mathrm{d}y}{\mathrm{d}x} + P(x)y = Q(x)$$

先取 $k(x)$,使得 $k'(x) = P(x)$,方程两边同乘 $\mu(x) = \mathrm{e}^{k(x)}$,有

$$\mathrm{e}^{k(x)}\frac{\mathrm{d}y}{\mathrm{d}x} + P(x)\mathrm{e}^{k(x)}y = \mathrm{e}^{k(x)}Q(x).$$

注意观察上述方程左边,恰好是 $\mathrm{e}^{k(x)} \cdot y$ 的导数,则有

$$\frac{\mathrm{d}(\mathrm{e}^{k(x)}y)}{\mathrm{d}x} = Q(x)\mathrm{e}^{k(x)},$$

即

$$\mathrm{e}^{k(x)}y = \int Q(x)\mathrm{e}^{k(x)}\,\mathrm{d}x.$$

于是方程的通解为

$$y = \mathrm{e}^{-k(x)}\int Q(x)\mathrm{e}^{k(x)}\,\mathrm{d}x,$$

其中 $\mu(x) = \mathrm{e}^{k(x)}$ 称为积分因子.

此题中 $P(x) = x$,$Q(x) = x$,取 $k(x) = \frac{1}{2}x^2$,方程两边同乘积分因子 $\mu(x) = \mathrm{e}^{\frac{1}{2}x^2}$,有

$$\mathrm{e}^{\frac{1}{2}x^2}\frac{\mathrm{d}y}{\mathrm{d}x} + \mathrm{e}^{\frac{1}{2}x^2} \cdot xy = \mathrm{e}^{\frac{1}{2}x^2} \cdot x,$$

则

$$\left(\mathrm{e}^{\frac{1}{2}x^2}y\right)' = x\mathrm{e}^{\frac{1}{2}x^2},$$

$$\mathrm{e}^{\frac{1}{2}x^2}y = \int x\mathrm{e}^{\frac{1}{2}x^2}\,\mathrm{d}x = \mathrm{e}^{\frac{1}{2}x^2} + C.$$

方程通解为

$$y = 1 + C\mathrm{e}^{\frac{1}{2}x^2}, \quad C \text{ 为任意常数.}$$

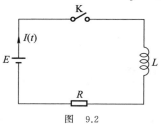

图 9.2

在本节的第 4 部分,将介绍积分因子法,用于求解某些特殊类型的微分方程,而一阶线性微分方程是这些类型之一.

例 10 设有一 RL 串联电路如图 9.2 所示,其中电阻 R、电感 L 及电源电压降 E 都是正的常数.求开关 K 合上后电路中的电流 I 随

时间 t 的变化规律 $I(t)$.

    解 由基尔霍夫定律可得方程

$$L\frac{\mathrm{d}I}{\mathrm{d}t}+RI=E. \tag{9.20}$$

这是一阶线性非齐次方程,其对应的齐次方程

$$L\frac{\mathrm{d}I}{\mathrm{d}t}+RI=0$$

的通解为 $I(t)=Ce^{-\frac{R}{L}t}$,其中 C 为任意常数.令

$$I(t)=u(t)e^{-\frac{R}{L}t}, \tag{9.21}$$

$u(t)$ 为新的未知函数.于是 $I'(t)=\left[u'(t)-\dfrac{R}{L}u\right]e^{-\frac{R}{L}t}$,代入(9.20)式化简得

$$u'(t)=\frac{E}{L}e^{\frac{R}{L}t},$$

积分得 $u(t)=\dfrac{E}{R}e^{\frac{R}{L}t}+C$,代入(9.21)式得

$$I(t)=\frac{E}{R}+Ce^{-\frac{R}{L}t}, \tag{9.22}$$

其中 C 为任意常数.再由初值条件 $I(0)=0$ 推出 $C=-\dfrac{E}{R}$,代入(9.22)式得

$$I(t)=\frac{E}{R}(1-e^{-\frac{R}{L}t}).$$

可见当 $t\to+\infty$ 时,$I(t)\to E/R$.

    现在我们分析通解(9.22)的结构.其中第一项 E/R 显然是方程(9.20)的一个特解,而第二项 $Ce^{-\frac{R}{L}t}$ 则是(9.20)对应的齐次方程的通解.这反映了线性微分方程通解的一个规律:线性非齐次方程的一个特解与相应的齐次方程的通解之和,构成非齐次方程的通解.这个规律的证明,请读者完成.

    有些微分方程,可通过做变量替换而化为线性方程.

    例 11 求解伯努利方程

$$\frac{\mathrm{d}y}{\mathrm{d}x}+P(x)y=Q(x)y^{\alpha}\quad(\alpha\neq0,1,\ \alpha\ \text{为常数}),$$

其中 $P(x),Q(x)$ 在区间 (a,b) 上连续.

    解 当 $y\neq0$ 时用 y^{α} 除方程两端,得

$$y^{-\alpha}\frac{\mathrm{d}y}{\mathrm{d}x} + P \cdot y^{1-\alpha} = Q(x).$$

注意 $y^{-\alpha}\dfrac{\mathrm{d}y}{\mathrm{d}x} = \dfrac{1}{1-\alpha} \cdot \dfrac{\mathrm{d}}{\mathrm{d}x}(y^{1-\alpha})$，令 $z = y^{1-\alpha}$，上式为

$$\frac{1}{1-\alpha}\frac{\mathrm{d}z}{\mathrm{d}x} + P(x)z = Q(x),$$

即

$$\frac{\mathrm{d}z}{\mathrm{d}x} + (1-\alpha)P(x)z = (1-\alpha)Q(x).$$

这是关于函数 $z(x)$ 的线性微分方程，先求出 $z(x)$，再由 $y = z^{\frac{1}{1-\alpha}}$ 求 $y(x)$.

4. 全微分方程与积分因子

下面我们讨论一类特殊形式的方程：

$$\frac{\mathrm{d}y}{\mathrm{d}x} = \frac{-P(x,y)}{Q(x,y)},$$

它可写成 $P(x,y)\mathrm{d}x + Q(x,y)\mathrm{d}y = 0$ 的形式，而方程左端恰好是某个二元函数之全微分，或者乘以适当函数后恰好如此.

(1) 全微分方程

我们考虑对称形式的一阶微分方程

$$P(x,y)\mathrm{d}x + Q(x,y)\mathrm{d}y = 0, \tag{9.23}$$

其中 $P(x,y)$ 及 $Q(x,y)$ 是定义在一个区域 D 中的光滑函数. 若存在一个可微函数 $u(x,y)$，使

$$\mathrm{d}u(x,y) = P(x,y)\mathrm{d}x + Q(x,y)\mathrm{d}y, \tag{9.24}$$

则称方程(9.23)为**全微分方程**，或**恰当方程**.

当方程(9.23)是全微分方程时，则

$$u(x,y) = C \quad (C \text{ 为任意常数}) \tag{9.25}$$

就是方程(9.23)的通积分. 事实上，任意取定常数 C，设 $y = \varphi(x;C)$ 是(9.25)式确定的隐函数，即

$$u(x, \varphi(x;C)) \equiv C,$$

于是 $\mathrm{d}u(x, \varphi(x;C)) \equiv 0$，即

$$P(x, \varphi(x;C))\mathrm{d}x + Q(x, \varphi(x;C))\mathrm{d}\varphi(x;C) \equiv 0,$$

这说明 $\varphi(x;C)$ 就是方程(9.23)的解.

还可以证明，全微分方程(9.23)的通解(9.25)包含了它的一切解. 事实

上,设 $y(x)$ 是方程(9.23)的一个特解,则有

$$P(x,y(x))\mathrm{d}x + Q(x,y(x))\mathrm{d}y(x) \equiv 0,$$

即 $\mathrm{d}u(x,y(x)) \equiv 0$,由此知

$$u(x,y(x)) \equiv C_0,$$

其中 C_0 为某一常数,说明 $y(x)$ 是由方程

$$u(x,y) = C_0$$

确定的隐函数,因而它包含在函数族(9.25)中.

由此看出,对于全微分方程(9.23),只要能求出满足(9.24)式的原函数 $u(x,y)$,则其通积分也就能写出了.

例 12 求解微分方程

$$2xy^4\mathrm{d}x + 4x^2y^3\mathrm{d}y = 0.$$

解 容易看出,方程左端为函数 $u(x,y) = x^2y^4$ 的全微分,因而有 $\mathrm{d}(x^2y^4)=0$,故其通积分为

$$x^2y^4 = C, \quad C \text{ 为任意常数}.$$

例 12 中的方程比较简单,很容易求出原函数 $u(x,y)$.对于一般的形如(9.23)的方程,如何判别它是否是全微分方程? 当它是全微分方程时,如何求出 $P\mathrm{d}x + Q\mathrm{d}y$ 的原函数 $u(x,y)$?

回顾在第八章 §3 中讨论平面第二型曲线积分与路径无关时,得到如下结论:当函数 $P(x,y),Q(x,y)$ 在单连通区域 D 上连续,有一阶连续的偏导数,则等式

$$\frac{\partial P}{\partial y} \equiv \frac{\partial Q}{\partial x}, \quad (x,y) \in D \tag{9.26}$$

成立的充要条件是,存在函数 $u(x,y)$,使 $\mathrm{d}u(x,y) = P\mathrm{d}x + Q\mathrm{d}y$.又当(9.26)式成立时,至少有三种方法,可求出原函数 $u(x,y)$.因此,我们可利用(9.26)式来判别方程(9.23)是否是全微分方程.

例 13 求解微分方程

$$(x\cos y + 2xy^2)\mathrm{d}x + \left(-\frac{1}{2}x^2\sin y + 2x^2y + y^2\right)\mathrm{d}y = 0. \tag{9.27}$$

解 因为

$$\frac{\partial P}{\partial y} = -x\sin y + 4xy = \frac{\partial Q}{\partial x}, \quad (x,y) \in \mathbf{R}^2,$$

且它们在全平面上连续,所以方程(9.27)为全微分方程.下面我们来求原函数 $u(x,y)$.由 $\dfrac{\partial u}{\partial x} = P(x,y) = x\cos y + 2xy^2$,对 x 积分得

$$u(x,y) = \frac{1}{2}x^2 \cos y + x^2 y^2 + \varphi(y), \tag{9.28}$$

其中 $\varphi(y)$ 为待定的可微函数.上式对 y 求偏导数得

$$\frac{\partial u}{\partial y} = -\frac{1}{2}x^2 \sin y + 2x^2 y + \varphi'(y).$$

另一方面,

$$\frac{\partial u}{\partial y} = Q(x,y) = -\frac{1}{2}x^2 \sin y + 2x^2 y + y^2,$$

比较上两式得 $\varphi'(y) = y^2$,因而 $\varphi(y) = \frac{1}{3}y^3$(这里省略了积分常数,由下面通积分的表达式可知,这样并不影响通积分的表示式).代入(9.28)式得

$$u(x,y) = \frac{1}{2}x^2 \cos y + x^2 y^2 + \frac{1}{3}y^3,$$

所以方程(9.27)的通积分为

$$\frac{1}{2}x^2 \cos y + x^2 y^2 + \frac{1}{3}y^3 = C, \quad \text{其中 } C \text{ 为任意常数.}$$

(2) 积分因子

有时给出的微分方程并不是全微分方程,但乘上一个非零因子后,就是全微分方程了.例如,考虑微分方程

$$(x - y\sqrt{1+x^2})\,\mathrm{d}x - x\sqrt{1+x^2}\,\mathrm{d}y = 0, \tag{9.29}$$

由于 $\dfrac{\partial P}{\partial y} \neq \dfrac{\partial Q}{\partial x}$,所以(9.29)不是全微分方程.但在方程两边乘 $\dfrac{1}{\sqrt{1+x^2}}$,得

$$\left(\frac{x}{\sqrt{1+x^2}} - y\right)\mathrm{d}x - x\,\mathrm{d}y = 0. \tag{9.30}$$

方程(9.30)就是一个全微分方程,且不难看出其通积分为

$$\sqrt{1+x^2} - xy = C. \tag{9.31}$$

又不难证明,(9.31)式也是原方程(9.29)的通积分.

定义   设方程

$$M(x,y)\mathrm{d}x + N(x,y)\mathrm{d}y = 0 \tag{9.32}$$

不是全微分方程.若存在函数 $\mu(x,y) \neq 0$,使

$$\mu M \mathrm{d}x + \mu N \mathrm{d}y = 0 \tag{9.33}$$

是全微分方程,则称 $\mu(x,y)$ 为方程(9.32)的**积分因子**.

因为方程(9.32)与(9.33)是等价的,且方程(9.33)的求解问题已解决,

所以若能找到(9.32)的一个积分因子,则(9.32)的求解问题就解决了.但一般说来,实际求得积分因子并不容易.因为积分因子必须满足偏微分方程

$$\frac{\partial(\mu M)}{\partial y} = \frac{\partial(\mu N)}{\partial x},$$

即

$$N\frac{\partial \mu}{\partial x} - M\frac{\partial \mu}{\partial y} = \mu\left(\frac{\partial M}{\partial y} - \frac{\partial N}{\partial x}\right), \tag{9.34}$$

而求解此方程并非易事.但是,对某些特殊类型的微分方程,求积分因子的方法是可行而有效的.

下面分析两类特殊的情况.

设方程(9.32)有一个只依赖于 x 的积分因子 $\mu(x)$,这时 $\frac{\partial \mu}{\partial y} = 0$,(9.34)式化为

$$\frac{1}{\mu(x)} \cdot \frac{\mathrm{d}\mu}{\mathrm{d}x} = \left(\frac{\partial M}{\partial y} - \frac{\partial N}{\partial x}\right)\Big/ N, \tag{9.35}$$

由于上式左端只是 x 的函数,所以其右端也应该只是 x 的函数而与 y 无关.

反过来,若(9.35)式的右端函数

$$\frac{\dfrac{\partial M}{\partial y} - \dfrac{\partial N}{\partial x}}{N(x,y)} \tag{9.36}$$

只是 x 的函数,记之为 $F(x)$,则微分方程(9.35)的一个解

$$\mu(x) = \mathrm{e}^{\int_{x_0}^{x} F(t)\mathrm{d}t} \tag{9.37}$$

就是方程(9.32)的一个积分因子.

以上我们实际上证明了下述命题,

命题 1 若方程(9.32)中的函数 M,N 所确定的表达式(9.36)只依赖于 x,记之为 $F(x)$,则由(9.37)式表示的一元函数 $\mu(x)$,就是方程(9.32)的一个积分因子.

类似地有下列的命题.

命题 2 若表达式

$$\frac{\dfrac{\partial N}{\partial x} - \dfrac{\partial M}{\partial y}}{M(x,y)} \tag{9.38}$$

只依赖于 y,记之为 $G(y)$,则一元函数

$$\mu(y) = \mathrm{e}^{\int_{y_0}^{y} G(t)\mathrm{d}t} \tag{9.39}$$

就是方程(9.32)的一个积分因子.

例 14 求解方程

$$(2xy^2 - y)dx + (x + 3y^3)dy = 0. \tag{9.40}$$

解 $\dfrac{\partial N}{\partial x} - \dfrac{\partial M}{\partial y} = 1 - (4xy - 1) = 2(1 - 2xy) \neq 0$,因而方程(9.40)不是

全微分方程,但 $\dfrac{\dfrac{\partial N}{\partial x} - \dfrac{\partial M}{\partial y}}{M} = -\dfrac{2}{y}$,它只依赖于 y.由命题 2,所论方程有只依

赖于 y 的积分因子

$$\mu(y) = e^{\int_1^y -\frac{2}{t}dt} = e^{-2\ln|y|} = \frac{1}{y^2}, \quad y \neq 0.$$

以 $\mu(y) = \dfrac{1}{y^2}$ 乘(9.40)式的两边,得全微分方程

$$2x\,dx + 3y\,dy + \frac{x\,dy - y\,dx}{y^2} = 0.$$

由此求出通积分

$$x^2 + \frac{3}{2}y^2 - \frac{x}{y} = C, \quad C \text{ 为任意常数}.$$

有时也可用观察法求积分因子.

例 15 求解

$$(x - y)dx + (x + y)dy = 0.$$

解 因为

$$(x - y)dx + (x + y)dy = (x\,dx + y\,dy) - (y\,dx - x\,dy)$$
$$= \frac{1}{2}d(x^2 + y^2) - (x^2 + y^2)d\arctan\frac{x}{y},$$

容易看出 $\mu(x, y) = \dfrac{1}{x^2 + y^2}((x, y) \neq (0, 0))$ 是一个积分因子.用 $\mu(x, y)$

乘微分方程的两边,得

$$\mu(x, y)(x - y)dx + \mu(x, y)(x + y)dy$$
$$= \frac{1}{2} \cdot \frac{d(x^2 + y^2)}{x^2 + y^2} - d\arctan\frac{x}{y}$$
$$= d\left(\ln\sqrt{x^2 + y^2} - \arctan\frac{x}{y}\right)$$
$$= 0.$$

由此得原方程的隐式解

$$\sqrt{x^2 + y^2} = C\mathrm{e}^{\arctan\frac{x}{y}}, \quad y \neq 0,\ \text{其中常数}\ C > 0.$$

5. 可降阶的二阶微分方程

以上讨论了一阶常微分方程的若干初等解法.下面讨论二阶常微分方程的解法.我们的着眼点是如何通过适当的变量替换将其化成一个一阶常微分方程.

下列两类二阶微分方程,可通过做变量替换而转化为一阶微分方程.

(1) 不显含未知函数 y 的方程

$$F(x, y', y'') = 0.$$

这时我们令 $z = y'$,则方程化为关于新未知函数 z 的一阶方程

$$F(x, z, z') = 0. \tag{9.41}$$

若求出方程(9.41)的通积分为

$$\Phi(x, z, C_1) = 0, \quad \text{其中}\ C_1\ \text{为任意常数},$$

则再求解一阶微分方程

$$\Phi\left(x, \frac{\mathrm{d}y}{\mathrm{d}x}, C_1\right) = 0$$

即可.

例 16 求解方程

$$y'' = \sqrt{1 + (y')^2}. \tag{9.42}$$

解 方程不显含未知函数 y.令 $z = y'$,则方程(9.42)降为一阶方程

$$z' = \sqrt{1 + z^2}. \tag{9.43}$$

用分离变量法可求出方程(9.43)的通积分为

$$\ln\left(z + \sqrt{1 + z^2}\right) = x + C_1, \quad C_1\ \text{为任意常数},$$

亦即

$$z = \mathrm{sh}(x + C_1).$$

注意到 $z = y'$,于是有

$$\frac{\mathrm{d}y}{\mathrm{d}x} = \mathrm{sh}(x + C_1).$$

对上式两端积分得原方程的通解为

$$y(x) = \mathrm{ch}(x + C_1) + C_2,$$

其中 C_1, C_2 为任意常数.

(2) 不显含自变量 x 的方程

$$F(y, y', y'') = 0. \tag{9.44}$$

这时我们令 $p = y'$，并将 y 看作自变量.这样

$$y'' = \frac{\mathrm{d}p}{\mathrm{d}x} = \frac{\mathrm{d}p}{\mathrm{d}y} \cdot \frac{\mathrm{d}y}{\mathrm{d}x} = p\,\frac{\mathrm{d}p}{\mathrm{d}y}.$$

代入(9.44)式,使之降为一阶方程

$$F\left(y, p, p\,\frac{\mathrm{d}p}{\mathrm{d}y}\right) = 0, \tag{9.45}$$

其中 y 为自变量,p 为未知函数.若能求出方程(9.45)的通积分

$$G(p, y, C_1) = 0, \quad \text{其中 } C_1 \text{ 为任意常数,}$$

于是函数 $y(x)$ 满足一阶微分方程

$$G\left(\frac{\mathrm{d}y}{\mathrm{d}x}, y, C_1\right) = 0, \tag{9.46}$$

再求解一阶微分方程(9.46)即可.

例 17   求初值问题

$$\begin{cases} 1 + y'^2 = 2yy'', \\ y(1) = 1, \ y'(1) = -1 \end{cases}$$

的解.

解   方程中不显含自变量 x.令 $p = y'$,并将 y 看作自变量,有 $y'' = p\,\dfrac{\mathrm{d}p}{\mathrm{d}y}$,代入方程得关于 p 的一阶方程

$$1 + p^2 = 2yp\,\frac{\mathrm{d}p}{\mathrm{d}y}.$$

这是变量分离方程,不难求出其通积分为

$$1 + p^2 = C_1 y, \quad C_1 \text{ 为任意常数.}$$

由初值条件:$y = 1$ 时 $p = -1$,可定出 $C_1 = 2$.因而上式为 $p^2 = 2y - 1$,注意初值条件,有

$$p = -\sqrt{2y - 1}.$$

于是 $y(x)$ 满足一阶方程

$$\frac{\mathrm{d}y}{\mathrm{d}x} = -\sqrt{2y - 1}.$$

再次用分离变量法得

$$\sqrt{2y - 1} = -x + C_2, \quad C_2 \text{ 为任意常数.}$$

利用初值条件 $y(1) = 1$ 得 $C_2 = 2$,故所求特解为

$$\sqrt{2y-1}=2-x,$$

即

$$y=\frac{1}{2}(x^2-4x+5).$$

◈◈◈ **历史的注记** ◈◈◈

常微分方程的研究几乎是在微积分创立的同时就开始了.人们在很长一段时间内把注意力放在求常微分方程的通解,并且希望这种解有一个初等的表达式.在 17 世纪至 18 世纪之间,其主要研究成果有:莱布尼茨研究了线性齐次方程的通解;欧拉给出了常系数线性常微分方程的通解,并通过变换将形如

$$a_0x^ny^{(n)}+a_1x^{n-1}y^{(n-1)}+\cdots+a_ny=0 \quad (欧拉方程)$$

的方程化成常系数线性方程;伯努利研究了一种非线性方程

$$y'+P(x)y=Q(x)y^n \quad (伯努利方程).$$

直到 19 世纪初柯西首次提出了初值问题之后,人们的注意力才由求通解转移到求满足一定条件的特解.后来又根据其他方面的需要,进一步开展了边界值问题与特征值问题的研究.

习　题　9.2

1. 求下列微分方程的通积分:

(1) $\dfrac{dy}{dx}=\dfrac{1+y^2}{(1+x^2)xy}$;

(2) $a\left(x\dfrac{dy}{dx}+2y\right)=xy\dfrac{dy}{dx} \quad (a>0)$;

(3) $\sqrt{1+x^2}\,dy-\sqrt{1-y^2}\,dx=0$;

(4) $(x+2y)dx+(2x-3y)dy=0$;

(5) $(3x+5y)dx+(4x+6y)dy=0$;

(6) $2x\,dz-2z\,dx=\sqrt{x^2+4z^2}\,dx \quad (x>0)$;

(7) $(2x^2+y^2)dx+(2xy+3y^2)dy=0$;

(8) $y'=(x+y+2)^2$;

(9) $(2x+3y-1)dx+(4x+6y-5)dy=0$;

(10) $(2x-y+4)dy+(x-2y+5)dx=0$.

2. 求下列初值问题的解:

(1) $\dfrac{\mathrm{d}x}{y}+\dfrac{4\mathrm{d}y}{x}=0$，$y(4)=2$；　　　　(2) $x\mathrm{d}x+y\mathrm{e}^{-x}\mathrm{d}y=0$，$y(0)=1$；

(3) $\sqrt{1+x^2}\dfrac{\mathrm{d}y}{\mathrm{d}x}=xy^3$，$y(0)=1$；　　　　(4) $x\dfrac{\mathrm{d}y}{\mathrm{d}x}+2y=\sin x$，$y(\pi)=\dfrac{1}{\pi}$.

3. 求下列微分方程的通解：

(1) $x\dfrac{\mathrm{d}y}{\mathrm{d}x}-y=(x-1)\mathrm{e}^x$；　　　　(2) $\dfrac{\mathrm{d}y}{\mathrm{d}x}-\dfrac{2y}{x+1}=(x+1)^{5/2}$；

(3) $(x+1)\dfrac{\mathrm{d}y}{\mathrm{d}x}-ny=\mathrm{e}^x(x+1)^{n+1}$；　　　　(4) $\dfrac{\mathrm{d}y}{\mathrm{d}x}+2y=x\mathrm{e}^{-x}$.

4. 求下列微分方程的通积分：

(1) $y'+\dfrac{y}{x}=y^3$；　　　　(2) $xy'+y=2\sqrt{xy}$；

(3) $nxy'+2y=xy^{n+1}$；　　　　(4) $3xy'-y-3xy^4\ln x=0$；

(5) $y'-3xy-xy^2=0$.

5. 将下列微分方程化为线性微分方程：

(1) $\dfrac{\mathrm{d}y}{\mathrm{d}x}=\dfrac{x^2+y^2}{2y}$；　　　　(2) $\dfrac{\mathrm{d}y}{\mathrm{d}x}=\dfrac{y}{x+y^2}$；

(3) $3xy^2\dfrac{\mathrm{d}y}{\mathrm{d}x}+y^3+x^3=0$；　　　　(4) $\dfrac{\mathrm{d}y}{\mathrm{d}x}=\dfrac{1}{\cos y}+x\tan y$.

6. 一曲线在点(x,y)处的斜率等于$\dfrac{2y+x+1}{x}$，且通过点$(1,0)$，试求此曲线的表达式.

7. 物体在冷却过程中的温度变化率与它本身的温度和环境的温度之差成正比. 今有一温度为 95℃ 的物体，放入温度恒为 20℃ 的房内，10 分钟后物体的温度降至 55℃，问：需多长时间，使该物体的温度降至 20℃.（提示：先列出温度函数 $u(t)$ 应满足的初值问题.）

8. 镭的衰变速率与其现存量成正比. 经测定，一块镭经过 1600 年后，只剩原始量 R_0 的一半，问：1 克镭经过一年后衰变多少毫克？

9. 求解积分方程

$$\int_0^1 \varphi(tx)\mathrm{d}t = n\varphi(x),$$

其中 $\varphi(x)$ 为可微函数.（提示：对左端积分做变量替换 $u=xt$，再两边求导得关于 $\varphi(x)$ 的微分方程.）

10. 设 $y_1(x)$ 与 $y_0(x)$ 分别是线性非齐次方程(9.16)与其对应的齐次方程(9.17)的解，证明：$y_1(x)+y_0(x)$ 也是非齐次方程(9.16)的解.

11. 设 $y_1(x)$，$y_2(x)$ 是非齐次方程(9.16)的两个解，证明：$y_1(x)-y_2(x)$ 是(9.16)对应的齐次方程(9.17)的解.

12. 证明：线性非齐次方程(9.16)的通解

$$y_1(x)+C\mathrm{e}^{-\int_{x_0}^x P(t)\mathrm{d}t}\quad\text{（其中 }C\text{ 为任意常数）}$$

包含了其一切解.

13. 求解下列微分方程：

(1) $x^2y''=y'^2$;

(2) $y'^2+2yy''=0$;

(3) $y''(e^x+1)+y'=0$;

(4) $y'''=2(y''-1)\cot x$.

14. 判断下列方程是否是全微分方程，若是，求出其通积分.

(1) $(3x^2+4y)dx+(2x+1)dy=0$;

(2) $(x+2y)dx+(2x-y)dy=0$;

(3) $e^ydx+(xe^y-2y)dy=0$;

(4) $(1+x\sqrt{x^2+y^2})dx+(-1+\sqrt{x^2+y^2})ydy=0$;

(5) $(x+2y)dx+(2x+3y)dy=0$;

(6) $(ax-by)dx+(bx-cy)dy=0$ $(b\neq0)$;

(7) $(ye^x+2e^x+y^2)dx+(e^x+2xy)dy=0$;

(8) $(ax^2+by^2)dx+lxydy=0$ $(a,b,l$ 为常数$)$.

15. 用观察法求下列各方程的积分因子，并求其通积分.

(1) $(x+y)^2(dx-dy)=dx+dy$ $(x+y\neq0)$;

(2) $(1+x^2+y^2+x)dx+ydy=0$;

(3) $\sin ydx+\cos ydy=0$;

(4) $(x^2+y^2+y)dx-xdy=0$;

(5) $(xdy+ydx)\sqrt{1-y^2}+xydy=0$ $(xy\neq0,y\neq\pm1)$.

16. 利用积分因子，求解下列微分方程：

(1) $xdx=(2xy^3dx+3x^2y^2dy)\sqrt{1+x^2}$;

(2) $(x^2+y)dx-xdy=0$;

(3) $y(x+1)dx+x(y+1)dy=0$ $(xy\neq0)$;

(4) $(3x^2y+2xy+y^3)dx+(x^2+y^2)dy=0$;

(5) $2xy^3dx+(x^2y^2-1)dy=0$;

(6) $e^xdx+(e^x\cot y+2y\cos y)dy=0$.

§3 微分方程解的存在和唯一性定理①

前面我们介绍了可用初等积分法求解的几类特殊的一阶微分方程，但正像前面已指出的，大多数微分方程是不能用初等积分法求解的.自然会产生一个问题：那些不能用初等积分法求解的微分方程，到底有没有解？尤

① 这一节中有关微分方程解的存在和唯一性定理的证明不作为教学的基本要求，但其中的皮卡序列的构造应当知道.

其是人们更关心满足初值条件的解,因此要问:初值问题

$$\begin{cases} y' = f(x,y), \\ y(x_0) = y_0 \end{cases} \tag{9.47}$$

的解是否存在? 当有解时,有多少个解? 若能在理论上肯定初值问题 (9.47)有唯一的解,那么,尽管不能用初等积分法来求解,但可设法用其他 方法来求它的近似解.

19 世纪 20 年代,柯西第一个给出了初值问题(9.47)存在唯一解的充分 条件(为此,后人把初值问题也称为柯西问题).1876 年,利普希茨给出了一 个比柯西条件更弱的充分条件.1893 年,皮卡(Picard)在利普希茨的充分条 件下,用逐次逼近法,对解的存在和唯一性定理做了一个新的证明.皮卡逐 次逼近法在证明解的存在和唯一性定理的同时,也给出了求解的一种方法. 因此它无论在理论上或应用上,均受重视.

本节着重介绍解的存在和唯一性定理的利普希茨的充分条件,以及皮 卡逐次逼近法,并给出证明的主要步骤.

首先,我们介绍一个概念.若函数 $f(x,y)$ 在区域 D 内满足

$$|f(x,y_1) - f(x,y_2)| \leqslant L|y_1 - y_2|, \quad (x,y_i) \in D, i = 1,2, \tag{9.48}$$

其中 L 为常数,则称函数 $f(x,y)$ 在区域 D 内对 y 满足**利普希茨条件**, (9.48)式中的 L 称为**利普希茨常数**.

很多函数满足利普希茨条件.例如,若区域 D 是凸区域,而 $f(x,y)$ 关 于 y 有偏导数,且 $|f_y|$ 在 D 内有界,则 $f(x,y)$ 在 D 内关于 y 满足利普希 茨条件.这一结论可用拉格朗日中值定理证明.

其次,我们指出,初值问题(9.47)与积分方程

$$y = y_0 + \int_{x_0}^{x} f(x,y) \mathrm{d}x \tag{9.49}$$

等价.

事实上,设 $y = y(x)(x \in (a,b))$ 是初值问题(9.47)的解,则有

$$y'(x) \equiv f(x,y(x)), \quad x \in (a,b).$$

将上式两边积分得

$$y(x) - y(x_0) = \int_{x_0}^{x} f(x,y(x)) \mathrm{d}x,$$

注意初值条件,移项即得

$$y(x) = y_0 + \int_{x_0}^{x} f(x, y(x)) dx.$$

这说明 $y(x)$ 是积分方程(9.49)的解.

反过来,若 $y(x)$ 是积分方程(9.49)的解.由(9.49)式即可看出 $y(x)$ 满足初值条件 $y(x_0) = y_0$.再将 $y(x)$ 代入(9.49)式后对(9.49)式两边求导,即可看出 $y(x)$ 满足(9.47)中的微分方程.所以 $y(x)$ 是初值问题(9.47)的解.

下面给出初值问题(9.47)有局部唯一解的一个充分条件.

定理　设初值问题(9.47)中的函数 $f(x, y)$ 在闭矩形域

$$R = \{(x, y) \mid |x - x_0| \leqslant a, |y - y_0| \leqslant b\}$$

上连续,且对 y 满足利普希茨条件,则初值问题(9.47)在区间 $[x_0 - h, x_0 + h]$ 上有且只有一个解,其中常数

$$h = \min(a, b/M), \quad M = \max\{|f(x, y)| \mid (x, y) \in R\}.$$

我们先从直观上对定理做一点解释.首先,虽然函数 $f(x, y)$ 在矩形 $R = \{(x, y) \mid x_0 - a \leqslant x \leqslant x_0 + a, y_0 - b \leqslant y \leqslant y_0 + b\}$ 上有定义,但柯西问题的解不一定在区间 $[x_0 - a, x_0 + a]$ 上都存在.事实上,这时解的图形可能通过 R 的上下边界穿出 R,如图 9.3 所示.在图 9.3 所示的情况发生时,当 $x < x_1$ 或 $x > x_2(x_1$ 与 x_2 的位置见图 9.3),积分曲线超出了 R,因而 $f(x, y)$ 没有定义.

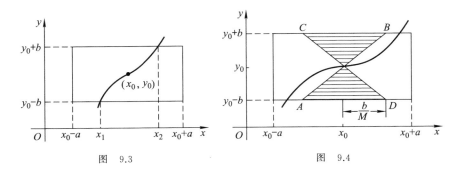

图　9.3　　　　　　　　　图　9.4

另一方面,当 $(x, y) \in R$ 时,$|f(x, y)| \leqslant M$.这样,柯西问题如果有解 $y = y(x)$,那么 $|y'(x)| \leqslant M$;也就是说,积分曲线的斜率之绝对值不超过 M.我们过 (x_0, y_0) 做两条直线 AB 与 CD,使它们的斜率分别为 M 及 $-M$,并分别交直线 $y = y_0 + b$ 与 $y = y_0 - b$ 于 B, C 与 A, D,如图 9.4 所示.这时积分曲线不可能进入图 9.4 中带阴影的部分.注意到 A, B, C, D 四点到

(x_0, y_0)的水平距离为b/M,可见积分曲线的定义区间应不小于$[x_0-h, x_0+h]$,其中$h=\min(a, b/M)$.

定理的证明   证明分四步进行.

第一步   做皮卡序列.

由于初值问题(9.47)等价于积分方程(9.49).我们可做积分方程(9.49)的一系列的近似解.首先,将常数函数

$$y(x) \equiv y_0, \quad x \in [x_0-h, x_0+h]$$

代入积分方程(9.49)的右端,得一次近似解

$$y_1(x) = y_0 + \int_{x_0}^{x} f(x, y_0) \mathrm{d}x, \quad x \in [x_0-h, x_0+h]. \quad (9.50)$$

由此式我们得到

$$|y_1(x) - y_0| = \left| \int_{x_0}^{x} f(x, y_0) \mathrm{d}x \right| \leqslant M \cdot |x-x_0| \leqslant Mh \leqslant b.$$

因而$(x, y_1(x))$也在$f(x, y)$的定义域内,从而可做二次近似解

$$y_2(x) = y_0 + \int_{x_0}^{x} f(x, y_1(x)) \mathrm{d}x, \quad x \in [x_0-h, x_0+h].$$

显然$y_2(x)$在$[x_0-h, x_0+h]$上连续,且同理可得$|y_2(x)-y_0| \leqslant b$,因而$(x, y_2(x)) \in R$,于是又可做三次近似解,以此类推,我们可得到n次近似解

$$y_n(x) = y_0 + \int_{x_0}^{x} f(x, y_{n-1}(x)) \mathrm{d}x,$$
$$x \in [x_0-h, x_0+h], \quad n=1, 2, \cdots, \quad (9.51)$$

并有$|y_n(x)-y_0| \leqslant b \ (n=1, 2, \cdots)$.

上述近似解序列$y_1, y_2, \cdots, y_n, \cdots$,称为**皮卡序列**.

第二步   证明当$n \to \infty$时皮卡序列的极限函数存在,并令此极限函数为$\varphi(x)$,即有

$$\lim_{n \to \infty} y_n(x) = \varphi(x), \quad x \in [x_0-h, x_0+h].$$

第三步   证明可对(9.51)式两端同时求极限,即有

$$\varphi(x) = y_0 + \int_{x_0}^{x} f(x, \varphi(x)) \mathrm{d}x. \quad (9.52)$$

(9.52)式说明$\varphi(x)$是积分方程(9.49)的解,从而也是初值问题(9.47)的解.

第二步及第三步的证明要用级数的理论和积分号下取极限的理论,而这是第十章讨论的主题.故这两步的证明略去.

第四步   证明初值问题(9.47)的解的唯一性.

设初值问题(9.47)另有一解

$$y = \psi(x), \quad x \in I = [x_0 - h, x_0 + h].$$

我们只须证明

$$\varphi(x) \equiv \psi(x), \quad x \in I.$$

事实上,这时 $\psi(x)$ 也满足积分方程

$$\psi(x) = y_0 + \int_{x_0}^x f(x, \psi(x)) \mathrm{d}x, \tag{9.53}$$

将(9.52),(9.53)两式相减,并注意 $f(x,y)$ 满足利普希茨条件,有

$$|\varphi(x) - \psi(x)| \leqslant L \left| \int_{x_0}^x |\varphi(x) - \psi(x)| \mathrm{d}x \right|, \quad x \in I. \tag{9.54}$$

由于 $|\varphi(x) - \psi(x)|$ 在闭区间 I 上连续,必有上界,取一个上界 $A(>0)$,即有

$$|\varphi(x) - \psi(x)| \leqslant A, \quad x \in I. \tag{9.55}$$

将(9.55)式代入(9.54)式右端,积分可得

$$|\varphi(x) - \psi(x)| \leqslant LA|x - x_0|, \quad x \in I. \tag{9.56}$$

再将(9.56)式代入(9.54)式的右端,积分得

$$|\varphi(x) - \psi(x)| \leqslant A \cdot \frac{(L|x - x_0|)^2}{2!}.$$

以此类推,用归纳法可证

$$|\varphi(x) - \psi(x)| \leqslant A \cdot \frac{1}{n!}(L|x - x_0|)^n \leqslant A \cdot \frac{(Lh)^n}{n!},$$
$$x \in I, \quad n = 1, 2, \cdots.$$

由 $\lim\limits_{n \to \infty} A \cdot \dfrac{(Lh)^n}{n!} = 0$ 推得 $\lim\limits_{n \to \infty} |\varphi(x) - \psi(x)| = 0$,即

$$\varphi(x) - \psi(x) \equiv 0, \quad x \in I.$$

证毕.

推论 考虑微分方程

$$y' = f(x, y), \quad (x, y) \in D. \tag{9.57}$$

若函数 $f(x,y)$ 及 $f_y(x,y)$ 在区域 D 上连续,则过 D 内任一点 (x_0, y_0),有且只有一条方程(9.57)的积分曲线通过.

证 注意到 $f_y(x,y)$ 在 D 中的连续性,可知函数 $f(x,y)$ 在 D 中的任意一个闭矩形中都关于 y 满足利普希茨条件.特别地,以 (x_0, y_0) 为心,取一个闭矩形 R,使之包含于 D,那么函数 $f(x,y)$ 在 R 上关于 y 满足利普希茨条件,并且 $f(x,y)$ 在 R 上连续.根据上述定理,存在一个常数 $h>0$ 及一

个函数 $y=y(x)$,其定义区间为 $[x_0-h,x_0+h]$,使得

$$y'(x)\equiv f(x,y(x)),\quad x\in[x_0-h,x_0+h]$$

且 $y(x_0)=y_0$.这表明至少有一条积分曲线通过 (x_0,y_0).再由定理的唯一性部分可知,这样的积分曲线是唯一的.证毕.

附带指出,虽然上述过 (x_0,y_0) 的积分曲线 $y=y(x)$ 是在一个小范围内的,但是其端点,比如 $(x_0+h,y(x_0+h))\equiv(x_1,y_1)$,仍在 D 内.再次应用上述定理,存在一条积分曲线过点 (x_1,y_1).这样,$y=y(x)$ 在端点 x_0+h 处得到延拓.不断地应用上述定理,便可以得到一条较大范围的积分曲线.

皮卡逐次迭代的方法,不仅可以用来证明上述定理,而且还提供了近似求解的方法.皮卡序列中的每一项实际上都是一个近似解,项数越靠后,其精确的程度越高.

一般说来,若函数 $f(x,y)$ 在区域 D 内连续,但对 y 不满足利普希茨条件.这时,过区域 D 内任一点,微分方程(9.57)仍然有解.但这样的解可能不唯一.

例　考虑初值问题

$$\begin{cases}y'=x^2+y^2,\\y(0)=y_0=0.\end{cases}$$

试求出该初值问题的皮卡序列的前三项.

解　与上述初值问题等价的是积分方程

$$y=0+\int_0^x(x^2+y^2)\mathrm{d}x.$$

把上式中积分部分被积函数中的 y 用 $y_0=0$ 代入得到

$$y_1=\int_0^x x^2\mathrm{d}x=\frac{1}{3}x^3.$$

然后再用 $y=y_1(x)$ 代入积分方程之右端,又得

$$y_2=\int_0^x\left[x^2+\left(\frac{1}{3}x^3\right)^2\right]\mathrm{d}x$$

$$=\frac{1}{3}x^3+\frac{1}{63}x^7.$$

再以 $y=y_2(x)$ 代入,又得

$$y_3=\int_0^x\left[x^2+\left(\frac{1}{3}x^3+\frac{1}{63}x^7\right)^2\right]\mathrm{d}x$$

$$=\frac{1}{3}x^3+\frac{1}{63}x^7+\frac{2}{2079}x^{11}+\frac{1}{59535}x^{15}.$$

可以证明,这个皮卡序列是有极限的,但是其极限不是初等函数.

习 题 9.3

1. 设函数 $f(x,y)$ 关于 y 的偏导数 $f_y(x,y)$ 在闭矩形域 R 上有界,证明:$f(x,y)$ 在 R 上对 y 满足利普希茨条件.

2. 下列函数在相应的闭区域上是否满足利普希茨条件?

(1) $f(x,y)=\sqrt{y}$,R:$|x|\leqslant a$,$0\leqslant y\leqslant b$;

(2) $f(x,y)=\sqrt{y}$,R:$|x|\leqslant a$,$0<\delta\leqslant y\leqslant b$;

(3) $f(x,y)=xy^n$ (n 为正整数),R:$|x|\leqslant a$,$|y|\leqslant b$;

(4) $f(x,y)=xy^2$,D:$|x|\leqslant a$,$-\infty<y<+\infty$.

3. 我们将本节中的存在和唯一性定理应用于下列情况:$f(x,y)=x^2y+x$,$x_0=0$,$y_0=0$,$R=\{(x,y)\,|\,|x|\leqslant 1,|y|\leqslant 1\}$.试估计利普希茨常数 L 及 $M=\max\limits_{R}|f(x,y)|$ 的值,并给出定理中解存在的区间长度 $2h$ 的估计值.

4. 求初值问题

$$\begin{cases} \dfrac{\mathrm{d}y}{\mathrm{d}x}=x+y, \\ y(0)=-2 \end{cases}$$

的皮卡序列及其极限.

5. 求初值问题

$$\begin{cases} \dfrac{\mathrm{d}y}{\mathrm{d}x}=x-y^2, \\ y(0)=0 \end{cases}$$

的皮卡序列的近似解:$y_0(x)$,$y_1(x)$ 及 $y_2(x)$.

6. 根据解的存在和唯一性定理,指出下列各初值问题的解的存在区间:

(1) $\begin{cases} y'=\sqrt{x-y}, \\ y(4)=1, \end{cases}$ R:$|x-4|\leqslant 2$,$|y-1|\leqslant 1$;

(2) $\begin{cases} y'=\dfrac{\sqrt{y}-x}{x-2}, \\ y(0)=3, \end{cases}$ R:$|x|\leqslant 1$,$|y-3|\leqslant 1$;

(3) $\begin{cases} \dfrac{\mathrm{d}y}{\mathrm{d}x}=x+\mathrm{e}^y, \\ y(1)=0, \end{cases}$ R:$|x-1|\leqslant 1$,$|y|\leqslant 1$.

§4 高阶线性微分方程

前面我们介绍了一阶微分方程的几种初等积分法,以及解的存在和唯一性定理.在实际应用中,还有许多微分方程是高阶的.本节讨论一类特殊的高阶微分方程——高阶线性方程.为简明起见,着重讨论二阶线性微分方程.

粗略地说,未知函数及其各阶导数都以一次方幂出现的微分方程,称为**线性微分方程**.更确切地说 n 阶线性微分方程是形式为

$$y^{(n)}(x) + p_1(x)y^{(n-1)}(x) + \cdots + p_{n-1}(x)y'(x)$$
$$+ p_n(x)y(x) = f(x) \tag{9.58}$$

的方程,其中函数 $p_i(x)(i=1,2,\cdots,n)$ 在区间 (a,b) 上连续.

二阶线性微分方程的形式为

$$y''(x) + p(x)y'(x) + q(x)y(x) = f(x), \tag{9.59}$$

其中函数 $p(x),q(x)$ 在区间 (a,b) 上连续.一般来说,不能用初等积分法求高阶线性微分方程的通解.本节的重点是讨论高阶线性微分方程的通解的结构.

首先介绍二阶线性微分方程解的存在和唯一性定理.

定理 1 设函数 $p(x),q(x),f(x)$ 在区间 $[a,b]$ 上连续,则初值问题

$$\begin{cases} y'' + p(x)y' + q(x)y = f(x), \\ y(x_0) = y_0, \ y'(x_0) = y_1 \quad (x_0 \in (a,b)) \end{cases} \tag{9.60}$$

在区间 $[a,b]$ 内存在唯一的解 $y(x)$.

定理 1 的证明从略.这个定理很容易推广到一般 n 阶线性微分方程上,其中初值条件为 $y(x_0)=y_0,y'(x_0)=y_1,\cdots,y^{(n-1)}(x_0)=y_{n-1}$.

现在,引进函数组线性相关与线性无关的概念.

定义 设 m 个函数 $\varphi_1(x),\varphi_2(x),\cdots,\varphi_m(x)$ 在区间 $[a,b]$ 上有定义,若存在 m 个不全为零的常数 $k_1,k_2,\cdots,k_m$,使

$$k_1\varphi_1(x) + k_2\varphi_2(x) + \cdots + k_m\varphi_m(x) \equiv 0, \quad x \in [a,b],$$

则称函数组 $\varphi_1(x),\varphi_2(x),\cdots,\varphi_m(x)$ 在区间 $[a,b]$ 上**线性相关**,否则称函数组 $\varphi_1(x),\varphi_2(x),\cdots,\varphi_m(x)$ 在区间 $[a,b]$ 上**线性无关**.

例如,函数组

$$1, \ \cos^2 x, \ \sin^2 x$$

在区间 $(-\infty,+\infty)$ 上线性相关,而函数组

$$1, \ \cos x, \ \sin x$$

在区间 $(-\infty,+\infty)$ 上是线性无关的.事实上,设有常数 k_1,k_2,k_3,使

$$k_1 + k_2\cos x + k_3\sin x \equiv 0, \quad x \in (-\infty,+\infty).$$

分别令 $x=0,\pi/2,\pi$,得三个方程:

$$k_1 + k_2 = 0, \quad k_1 + k_3 = 0, \quad k_1 - k_2 = 0.$$

不难看出，只有当 $k_1 = k_2 = k_3 = 0$ 时，以上三个方程才能同时成立.这说明 $1, \cos x, \sin x$ 线性无关.

类似可以验证：$1, x, x^2$ 在 $(-\infty, +\infty)$ 上线性无关，$e^{\alpha x}, e^{\beta x}$ 在 $(-\infty, +\infty)$ 上线性无关，其中 $\alpha \neq \beta$.

下面讨论线性方程解的结构.当方程(9.59)中的 $f(x) \not\equiv 0$ 时，方程 (9.59)称为线性非齐次方程；当 $f(x) \equiv 0$ 时，方程(9.59)形如

$$y''(x) + p(x)y'(x) + q(x)y(x) = 0, \qquad (9.61)$$

称方程(9.61)为相应于方程(9.59)的线性齐次方程.

1. 二阶线性齐次方程通解的结构

这一段中我们讨论二阶线性齐次方程的解的结构.这里的结果很容易推广到一般 n 阶齐次线性方程中去.

定理 2 若 $y_1(x), y_2(x)$ 是线性齐次方程(9.61)的两个解，则它们的任意一个线性组合

$$C_1 y_1(x) + C_2 y_2(x), \quad C_1, C_2 \text{ 为任意常数} \qquad (9.62)$$

也是方程(9.61)的解.

证 只要证函数(9.62)满足方程(9.61).事实上，

$$
\begin{aligned}
(C_1 y_1 + C_2 y_2)'' &+ p(x)(C_1 y_1 + C_2 y_2)' + g(x)(C_1 y_1 + C_2 y_2) \\
&= C_1(y_1'' + p(x)y_1' + q(x)y_1) \\
&\quad + C_2(y_2'' + p(x)y_2' + q(x)y_2) \\
&= C_1 \cdot 0 + C_2 \cdot 0 = 0.
\end{aligned}
$$

证毕.

定理 2 说明，方程(9.61)的任意两个解的线性组合，仍是(9.61)的解.为了求出(9.61)的通解，还须引用下列事实.

引理 设 $\varphi_1(x)$ 与 $\varphi_2(x) (x \in (a, b))$ 是线性齐次方程(9.61)的两个解.$\varphi_1(x)$ 与 $\varphi_2(x)$ 在 (a, b) 上线性相关的充要条件是：它们确定的朗斯基(Wronski)行列式

$$W(x) = \begin{vmatrix} \varphi_1(x) & \varphi_2(x) \\ \varphi_1'(x) & \varphi_2'(x) \end{vmatrix} \equiv 0, \quad x \in (a, b).$$

证 必要性 由 $\varphi_1(x), \varphi_2(x)$ 线性相关，故存在不全为零的常数 C_1, C_2, 使

$$C_1 \varphi_1(x) + C_2 \varphi_2(x) \equiv 0, \quad x \in (a, b). \qquad (9.63)$$

将上式两边求导得

$$C_1\varphi_1'(x) + C_2\varphi_2'(x) \equiv 0, \quad x \in (a,b). \tag{9.64}$$

(9.63)与(9.64)式表明,对(a,b)中任意取定的一个x,方程组

$$\begin{cases} \varphi_1(x)k_1 + \varphi_2(x)k_2 = 0, \\ \varphi_1'(x)k_1 + \varphi y_2'(x)k_2 = 0 \end{cases}$$

有非零解C_1,C_2.故其系数行列式必为零,即

$$\begin{vmatrix} \varphi_1(x) & \varphi_2(x) \\ \varphi_1'(x) & \varphi_2'(x) \end{vmatrix} = 0.$$

由于x是(a,b)中任意一点,故有

$$W(x) \equiv 0, \quad x \in (a,b).$$

充分性 任取$x_0 \in (a,b)$,有$W(x_0)=0$,于是方程组

$$\begin{cases} \varphi_1(x_0)k_1 + \varphi_2(x_0)k_2 = 0, \\ \varphi_1'(x_0)k_1 + \varphi_2'(x_0)k_2 = 0 \end{cases} \tag{9.65}$$

有非零解$k_1=C_1,k_2=C_2$.再以C_1,C_2为系数做$\varphi_1(x)$与$\varphi_2(x)$的线性组合,即令$y(x)=C_1\varphi_1(x)+C_2\varphi_2(x)$,由定理2知$y(x)$也是线性齐次方程(9.61)的一个解,且由方程组(9.65)知$y(x)$满足初值条件$y(x_0)=0$,$y'(x_0)=0$.另一方面,函数$u(x)\equiv0(x\in(a,b))$也是(9.61)的一个解且也满足初值条件$u(x_0)=0,u'(x_0)=0$.由解的存在和唯一性定理,推出

$$y(x) \equiv u(x) \equiv 0, \quad x \in (a,b),$$

即有

$$C_1\varphi_1(x) + C_2\varphi_2(x) \equiv 0, \quad x \in (a,b),$$

其中C_1,C_2不全为零.这说明$\varphi_1(x)$与$\varphi_2(x)$在(a,b)上线性相关.证毕.

从引理的证明可以看出:只要在一点$x_0\in(a,b)$朗斯基行列式$W(x_0)=0$,则$\varphi_1(x)$及$\varphi_2(x)$线性相关.因此,我们有下列结论.

推论 设$\varphi_1(x)$与$\varphi_2(x)$是齐次方程(9.61)的两个解.$\varphi_1(x)$与$\varphi_2(x)$线性无关的充要条件是:它们的朗斯基行列式$W(x)\neq0$,$x\in(a,b)$.

定理3 若$\varphi_1(x)$与$\varphi_2(x)(x\in(a,b))$是齐次方程(9.61)的两个线性无关的解,则

$$C_1\varphi_1(x) + C_2\varphi_2(x), \quad x \in (a,b) \tag{9.66}$$

就是(9.61)的通解,其中C_1,C_2为任意常数.

证 根据通解的定义,只要证解

$$y(x) = C_1\varphi_1(x) + C_2\varphi_2(x)$$

中的两个任意常数 C_1, C_2 是独立的即可.即只要证 $\dfrac{D(y, y')}{D(C_1, C_2)} \neq 0, x \in$

(a, b).而这是显然的,因为 $\dfrac{D(y, y')}{D(C_1, C_2)} = \begin{vmatrix} \varphi_1(x) & \varphi_2(x) \\ \varphi_1'(x) & \varphi_2'(x) \end{vmatrix} = W(x)$,由定理

2 的推论知,这时 $W(x) \neq 0, x \in (a, b)$.证毕.

我们曾经指出:一般说来,通解并不意味着它包含了一切解.然而,具体到现在的二阶线性齐次方程的情况,通解

$$y = C_1 \varphi_1(x) + C_2 \varphi_2(x)$$

包含了一切解.事实上,若 $y = \varphi(x)$ 是齐次方程(9.61)的任意一个解,那么考虑初值问题

$$\begin{cases} y'' + p(x)y' + q(x)y = 0, \\ y(x_0) = \varphi(x_0), y'(x_0) = \varphi'(x_0), \end{cases}$$

其中 $x_0 \in (a, b)$.由这个初值问题解的唯一性,可知 $y = \varphi(x)$ 是这个初值问题的唯一解.另外,由于 φ_1 及 φ_2 是齐次方程的线性无关解,于是

$$W(x_0) = \begin{vmatrix} \varphi_1(x_0) & \varphi_2(x_0) \\ \varphi_2'(x_0) & \varphi_2'(x_0) \end{vmatrix} \neq 0.$$

这表明方程组

$$\begin{cases} C_1 \varphi_1(x_0) + C_2 \varphi_2(x_0) = \varphi(x_0), \\ C_1 \varphi_1'(x_0) + C_2 \varphi_2'(x_0) = \varphi'(x_0) \end{cases}$$

必定有解,设解为 (C_1^0, C_2^0).那么,这个解 (C_1^0, C_2^0) 所对应的函数

$$y = C_1^0 \varphi_1(x) + C_2^0 \varphi_2(x)$$

必定也是上述初值问题的解.再由柯西问题解的唯一性,即推出

$$\varphi(x) = C_1^0 \varphi_1(x) + C_2^0 \varphi_2(x).$$

这就表明 $\varphi(x)$ 可表示成 φ_1 及 φ_2 的线性组合.

对于一般 n 阶线性齐次方程而言,这一结论同样成立.

定理 4　若 $\varphi_1(x), \varphi_2(x), \cdots, \varphi_n(x)$ 是线性齐次方程

$$y^{(n)} + p_1(x)y^{(n-1)} + \cdots + p_{n-1}(x)y'(x) + p_n(x)y = 0 \qquad (9.67)$$

的 n 个线性无关的解,则

$$C_1 \varphi_2(x) + C_2 \varphi_2(x) + \cdots + C_n \varphi_n(x) \qquad (9.68)$$

是(9.67)的通解,其中 $C_1, C_2, \cdots, C_n$ 是任意常数,且(9.67)的任一解都包含在通解(9.68)中.

定理 4 的证明与上述 $n = 2$ 的情况相似.

顺便指出,关于 n 个函数 $\varphi_1,\cdots,\varphi_n$ 的朗斯基行列式定义为一个 n 阶行列式:

$$W(x) = \begin{vmatrix} \varphi_1(x) & \cdots & \varphi_n(x) \\ \varphi_1'(x) & \cdots & \varphi_n'(x) \\ \vdots & & \vdots \\ \varphi_1^{(n-1)}(x) & \cdots & \varphi_n^{(n-1)}(x) \end{vmatrix}.$$

前面的引理可以推广到一般 n 阶线性齐次方程的情况:即若 $\varphi_1,\cdots,\varphi_n$ 是方程(9.67)的 n 个解,它们线性相关的充要条件是它们的朗斯基行列式 $W(x) \equiv 0$.

例 1   设 $\varphi_1(x) = e^x, \varphi_2(x) = e^{3x}$ 是二阶线性齐性方程的两个解,试确定此方程的表示式,并求出通解.

解   二阶线性齐次方程的形式为(9.61),即

$$y''(x) + p(x)y'(x) + q(x)y(x) = 0.$$

分别将 $\varphi_1(x), \varphi_2(x)$ 代入上式得到

$$\begin{cases} e^x + p(x)e^x + q(x)e^x = 0, \\ 9e^{3x} + 3p(x)e^{3x} + q(x)e^{3x} = 0. \end{cases}$$

解得,$p(x) = -4, q(x) = 3$.以 $\varphi_1(x), \varphi_2(x)$ 为解的二阶线性齐次方程的表示式是 $y''(x) - 4y'(x) + 3y(x) = 0$,它的通解是 $y = C_1 e^x + C_2 e^{3x}$.

例 2   设 $\varphi_1(x) = 1, \varphi_2(x) = x$ 是二阶线性齐次微分方程的两个解,求此方程满足初值条件:$y|_{x=1} = 1, y'|_{x=1} = 2$ 的特解.

解   方程的通解为 $y = C_1 + C_2 x$.求导得 $y' = C_2$.将初值条件代入得到

$$\begin{cases} C_1 + C_2 = 1, \\ C_2 = 2, \end{cases}$$

解得 $C_1 = -1, C_2 = 2$.所求特解为 $y = 2x - 1$.

2. 二阶线性非齐次方程通解的结构

定理 5   若 $y^*(x)$ 是线性非齐次方程(9.59)的一个特解,又 $C_1\varphi_1(x) + C_2\varphi_2(x)$ 是(9.59)对应的齐次方程(9.61)的通解,则

$$y(x) = C_1\varphi_1(x) + C_2\varphi_2(x) + y^*(x) \tag{9.69}$$

是非齐次方程(9.59)的通解.

证   先证(9.69)是(9.59)的解.事实上,

$$y'' + p(x)y' + q(x)y$$
$$= [(C_1\varphi_1(x) + C_2\varphi_2(x))'' + p(x)(C_1\varphi_1(x) + C_2\varphi_2(x))'$$
$$+ q(x)(C_1\varphi_1 + C_2\varphi_2(x))] + y^{*''} + p(x)y^{*'} + q(x)y^*$$
$$= 0 + f(x) = f(x).$$

因而(9.69)是方程(9.59)的解.又(9.69)式中的两个任意常数是独立的,因而是方程(9.59)的通解.证毕.

显然,上述非齐次方程之通解包含方程之一切解(请读者证明这一结论).

定理5说明,只要找出非齐次方程(9.59)的一个特解以及它所对应的齐次方程的两个线性无关的解,就能写出非齐次方程(9.59)的通解.但对于一般的线性方程而言,做到以上两点也并非易事.下节我们将对常系数的线性齐次方程给出求通解的一般方法,并对几类带特殊非齐次项的非齐次方程给出求特解的方法.

非齐次方程的解还有下列性质.

定理6　设函数 $y_1(x)$ 与 $y_2(x)$ 分别是非齐次方程
$$y'' + py' + qy = f_1(x)$$
与
$$y'' + py' + qy = f_2(x)$$
的解,则函数 $y = y_1(x) + y_2(x)$ 是非齐次方程
$$y'' + py' + qy = f_1(x) + f_2(x)$$
的解.

证　$(y_1 + y_2)'' + p(y_1 + y_2)' + q(y_1 + y_2)$
$$= (y_1'' + py_1' + qy_1) + (y_1'' + py_2 + qy_2)$$
$$= f_1(x) + f_2(x).$$
证毕.

这个定理告诉我们:求方程
$$y'' + 3y' + 5y = e^x + \sin x$$
的一个特解可以化归为求下面两个方程的特解:
$$y'' + 3y' + 5y = e^x,$$
$$y'' + 3y' + 5y = \sin x.$$
而后面两个方程可能比原方程容易求解(见本章§5).

例3　设二阶线性非齐次微分方程有三个特解:
$$y_1(x) = e^x + 3e^{-x}, \quad y_2(x) = e^x + 2e^{\frac{x}{2}}, \quad y_3(x) = e^x.$$

求此方程的通解.

解 记

$$\varphi_1(x) = \frac{1}{3}(y_1(x) - y_3(x)) = e^{-x},$$

$$\varphi_2(x) = \frac{1}{2}(y_2(x) - y_3(x)) = e^{\frac{x}{2}},$$

则 $\varphi_1(x), \varphi_2(x)$ 是对应齐次方程的解,又 $\varphi_1(x), \varphi_2(x)$ 线性无关,根据定理 4 和定理 5,所求方程的通解是

$$y = C_1\varphi_1(x) + C_2\varphi_2(x) + y_3(x)$$
$$= C_1 e^{-x} + C_2 e^{\frac{x}{2}} + e^x.$$

习　题　**9.4**

1. 证明下列函数组线性无关:

(1) $e^{\lambda x}, x e^{\lambda x}$;　　　　(2) $\cos\beta x, \sin\beta x$;　　　　(3) $e^{\alpha x}\cos\beta x, e^{\alpha x}\sin\beta x$.

2. 设 $\varphi_1(x), \varphi_2(x)$ 是微分方程

$$y'' + q(x)y = 0$$

的任意两个解,其中 $q(x)$ 在 (a,b) 上连续.证明: $\varphi_1(x)$ 与 $\varphi_2(x)$ 的朗斯基行列式

$$W(x) \equiv 常数, \quad x \in (a,b).$$

3. 设 $y = \varphi(x)$ 是线性齐次微分方程(9.61)的一个非零解(即 $\varphi(x) \not\equiv 0, x \in (a,b)$),若有 $x_0 \in (a,b)$ 使 $\varphi(x_0) = 0$,证明: $\varphi'(x_0) \neq 0$.

4. 设 $\varphi_1(x)$ 与 $\varphi_2(x)$ 是线性齐次微分方程(9.61)的两个线性无关的解.证明:它们没有公共的零点.

5. 证明:线性齐次微分方程(9.61)存在两个线性无关的解 $y = \varphi_1(x)$ 及 $y = \varphi_2(x)$.

6. 证明:线性非齐次微分方程(9.59)的任一解,都包含在它的通解(9.69)式中.

§5　二阶线性常系数微分方程

上节讨论了线性微分方程的通解结构.现在对二阶常系数的线性方程,给出求通解的方法.我们先讨论齐次方程.

1. 线性常系数齐次方程

考虑方程

$$y'' + py' + qy = 0, \tag{9.70}$$

其中 p,q 为给定的常数.

我们考虑方程(9.70)的形如

$$y = e^{\lambda x} \qquad (9.71)$$

的解,其中 λ 是待定常数.将它代入方程(9.70)得

$$(\lambda^2 + p\lambda + q)e^{\lambda x} \equiv 0.$$

由于 $e^{\lambda x} \neq 0$,由上式推出 λ 必须满足一个二次多项式方程

$$\lambda^2 + p\lambda + q = 0. \qquad (9.72)$$

这样,求解微分方程的问题就归结为求解代数方程的问题.方程(9.72)被称为线性齐次微分方程(9.70)的**特征方程**,方程(9.72)的根

$$\lambda_1 = \frac{1}{2}\left(-p + \sqrt{p^2 - 4q}\right), \quad \lambda_2 = \frac{1}{2}\left(-p - \sqrt{p^2 - 4q}\right)$$

被称为方程(9.70)的**特征根**.

从以上分析看出,若函数 $y = e^{\lambda x}$(λ 为取定的常数)是微分方程(9.70)的一个解,则常数 λ 必是其特征根.反之,当 λ 是方程(9.70)的特征根时,则函数 $e^{\lambda x}$ 必是(9.70)的解.因此,只要求出方程(9.70)的特征根,就能求出它的解.下面分三种情况进行讨论.

(1) 当特征根为两个相异的实根 λ_1,λ_2 时,$y_1(x) = e^{\lambda_1 x}$ 与 $y_2(x) = e^{\lambda_2 x}$ 都是方程(9.70)的解,且它们的朗斯基行列式

$$W(x) = \begin{vmatrix} e^{\lambda_1 x} & e^{\lambda_2 x} \\ \lambda_1 e^{\lambda_1 x} & \lambda_2 e^{\lambda_2 x} \end{vmatrix} = e^{(\lambda_1 + \lambda_2)x}(\lambda_2 - \lambda_1) \neq 0,$$

因而它们线性无关.由本章 §4 定理 3 可知,方程(9.70)的通解为

$$y(x) = C_1 e^{\lambda_1 x} + C_2 e^{\lambda_2 x},$$

其中 C_1, C_2 为任意常数.

(2) 当特征根为二重根 λ_1 时.首先,可得方程(9.70)的一个解 $y_1(x) = e^{\lambda_1 x}$.其次,我们可验证这时函数 $y_2(x) = x e^{\lambda_1 x}$ 也是(9.70)的一个解.事实上,$y_2'(x) = (1 + \lambda_1 x)e^{\lambda_1 x}$,$y_2''(x) = (2\lambda_1 + \lambda_1^2 x)e^{\lambda_1 x}$,代入(9.70),整理得

$$y_2'' + p y_2' + q y_2 = [(\lambda_1^2 + p\lambda_1 + q)x + 2\lambda_1 + p]e^{\lambda_1 x}.$$

由于 λ_1 是方程(9.72)的二重根,由根与系数的关系知 $2\lambda_1 = -p$,因而上式右端方括号内的值恒等于零.也就有 $y_2'' + p y_2' + q y_2 \equiv 0$,这说明 $y_2(x)$ 是方程(9.70)的一个解.此外,$e^{\lambda_1 x}$ 与 $x e^{\lambda_1 x}$ 线性无关.事实上,它们的朗斯基行列式

$$W(x) = \begin{vmatrix} e^{\lambda_1 x} & x e^{\lambda_1 x} \\ \lambda e^{\lambda_1 x} & e^{\lambda_1 x} + \lambda_1 x e^{\lambda_1 x} \end{vmatrix} = e^{2\lambda_1 x} \neq 0.$$

因而方程(9.70)的通解为

$$y(x) = (C_1 + C_2 x)e^{\lambda_1 x},$$

其中 C_1, C_2 为任意常数.

例 1 求微分方程

$$4y'' - 12y' + 9y = 0$$

的通解.

解   上述方程的特征方程为

$$4\lambda^2 - 12\lambda + 9 = 0,$$

特征根为 3/2(二重根).因而方程的通解为

$$y(x) = (C_1 + C_2 x)e^{(3/2)x},$$

其中 C_1, C_2 为任意常数.

(3) 特征根为一对共轭复根

$$\lambda_1 = \alpha + i\beta, \quad \lambda_2 = \alpha - i\beta \quad (\beta > 0).$$

这时,

$$y_1^*(x) = e^{(\alpha+i\beta)x} = e^{\alpha x}(\cos\beta x + i\sin\beta x)$$

及

$$y_2^*(x) = e^{(\alpha-i\beta)x} = e^{\alpha x}(\cos\beta x - i\sin\beta x)$$

都是方程(9.70)的解.但它们都是复值解,为了求得(9.70)的实值解,取它们的线性组合,即令

$$y_1(x) = \frac{1}{2}(y_1^* + y_2^*) = e^{\alpha x}\cos\beta x,$$

$$y_2(x) = \frac{1}{2i}(y_1^* - y_2^*) = e^{\alpha x}\sin\beta x.$$

由本章 §4 定理 2 知,$y_1(x), y_2(x)$ 也是(9.70)的解,且可证它们线性无关.因而方程(9.70)的通解为

$$y(x) = e^{\alpha x}(C_1\cos\beta x + C_2\sin\beta x),$$

其中 C_1, C_2 为任意常数.

例 2 求下列微分方程的通解:

(1) $y'' + a^2 y = 0 \quad (a > 0);$ (2) $y'' - a^2 y = 0 \quad (a > 0).$

解   (1) 特征方程为 $\lambda^2 + a^2 = 0$,两特征根为 $\lambda_{1,2} = \pm a i$.因而方程有两个线性无关的特解 $\cos ax$ 与 $\sin ax$,方程的通解为

$$y(x) = C_1\cos ax + C_2\sin ax,$$

其中 C_1, C_2 为任意常数.

(2) 特征方程为 $\lambda^2 - a^2 = 0$, 两特征根为 $\lambda_{1,2} = \pm a$. 因而方程有两个线性无关的特解 e^{ax} 与 e^{-ax}, 方程的通解为

$$y(x) = C_1 \mathrm{e}^{ax} + C_2 \mathrm{e}^{-ax},$$

其中 C_1, C_2 为任意常数.

综合以上讨论, 可将特征根的三种情况所对应的通解的形式列表如下:

特征根	通解形式
两相异实根 λ_1, λ_2	$C_1 \mathrm{e}^{\lambda_1 x} + C_2 \mathrm{e}^{\lambda_2 x}$
二重根 λ_1	$(C_1 + C_2 x) \mathrm{e}^{\lambda_1 x}$
共轭复根 $\lambda_{1,2} = \alpha \pm \mathrm{i}\beta$	$\mathrm{e}^{\alpha x}(C_1 \cos\beta x + C_2 \sin\beta x)$

对于高阶常系数线性齐次方程, 也可用类似的方法求出其通解. 例如, 为求 n 阶微分方程

$$y^{(n)} + a_1 y^{(n-1)} + a_2 y^{(n-2)} + \cdots + a_{n-1} y' + a_n y = 0 \qquad (9.73)$$

的通解(其中 $a_1, a_2, \cdots, a_n$ 为常数), 先求出其特征方程

$$\lambda^n + a_1 \lambda^{n-1} + a_2 \lambda^{n-2} + \cdots + a_{n-1}\lambda + a_n = 0$$

的 n 个特征根

$$\lambda_1, \lambda_2, \cdots, \lambda_n \quad (\lambda_1, \cdots, \lambda_n \text{ 中可有相同者}).$$

再根据下表, 可写出每个特征根所对应的线性无关的特解:

特征根	对应的线性无关的特解
单实根 λ	$\mathrm{e}^{\lambda x}$
k 重实根 $\lambda(k>1)$	$\mathrm{e}^{\lambda x}, x\mathrm{e}^{\lambda x}, \cdots, x^{k-1}\mathrm{e}^{\lambda x}$
单共轭复根 $\lambda_{1,2} = \alpha \pm \mathrm{i}\beta$	$\mathrm{e}^{\alpha x}\cos\beta x, \mathrm{e}^{\alpha x}\sin\beta x$
m 重共轭复根 $\lambda_{1,2} = \alpha \pm \mathrm{i}\beta (m>1)$	$\mathrm{e}^{\alpha x}\cos\beta x, \mathrm{e}^{\alpha x}\sin\beta x, x\mathrm{e}^{\alpha x}\cos\beta x, x\mathrm{e}^{\alpha x}\sin\beta x, \cdots,$ $x^{m-1}\mathrm{e}^{\alpha x}\cos\beta x, x^{m-1}\mathrm{e}^{\alpha x}\sin\beta x$

由上表可求出方程(9.73)的 n 个线性无关的特解. 然后做它们的线性组合, 即得(9.73)的通解.

例 3 求 $y^{(4)} + 4y' + 3y = 0$ 的通解.

解 特征方程为

$$\lambda^4 + 4\lambda + 3 = 0.$$

不难看出 $\lambda = -1$ 是一个特征根, 于是利用多项式除法可得

$$\lambda^4 + 4\lambda + 3 = (\lambda + 1)(\lambda^3 - \lambda^2 + \lambda + 3)$$

$$= (\lambda + 1)^2 (\lambda^2 - 2\lambda + 3).$$

由此求得四个特征根

$$\lambda_{1,2} = -1, \quad \lambda_{3,4} = 1 \pm \sqrt{2}\,\mathrm{i},$$

因而所求微分方程的通解为

$$y(x) = (C_1 + C_2 x)\mathrm{e}^{-x} + \mathrm{e}^{x}(C_3 \cos\sqrt{2}\,x + C_4 \sin\sqrt{2}\,x),$$

其中 C_1, C_2, C_3, C_4 为任意常数.

2. 若干特殊线性常系数非齐次方程的特解

考虑二阶方程

$$y'' + py' + qy = f(x), \tag{9.74}$$

其中 p, q 为常数, $f(x) \not\equiv 0$.

由上节的讨论知,非齐次方程的通解,由其对应的齐次方程的通解加上非齐次方程的一个特解组成.前面我们已讨论过齐次方程的通解的求法,现在只要能求出方程(9.74)的一个特解,便可得到(9.74)的通解.

与一阶线性非齐次方程类似,也可用常数变易法来求(9.74)的特解.但一般来说,这比较麻烦,而当非齐次项 $f(x)$ 属于下列几类函数时(这些也是应用上最重要的几类函数),可以不必用常数变易法,而可用待定系数法来求(9.74)的特解.下面我们来介绍待定系数法.

(1) $f(x) = P_n(x)$,其中 $P_n(x)$ 是 x 的 n 次多项式,

$$P_n(x) = a_0 x^n + a_1 x^{n-1} + \cdots + a_{n-1} x + a_n, \quad a_0 \neq 0.$$

设想方程(9.74)有下列形式的多项式解:

$$Q_n(x) = b_0 x^n + b_1 x^{n-1} + \cdots + b_{n-1} x + b_n, \quad b_0 \neq 0, \tag{9.75}$$

其中 $b_0, b_1, \cdots, b_n$ 为待定常数.将(9.75)式代入方程(9.74)得

$$Q_n''(x) + pQ_n'(x) + qQ_n(x) = P_n(x). \tag{9.76}$$

(i) 当 $q \neq 0$ 时,(9.76)式两端都是 n 次多项式,比较两端同次幂的系数,可得 $(n+1)$ 个联立方程,从而可定出 $(n+1)$ 个常数 $b_0, b_1, \cdots, b_n$ 的值,将这些常数值代入(9.75)式,所得的多项式 $Q_n(x)$ 就是方程(9.74)的解.

(ii) 当 $q = 0$ 时,(9.76)式左端的多项式的次数不超过 $(n-1)$,而右端是 n 次多项式.故这时 $Q_n(x)$ 不可能是方程(9.74)的解.在这种情况下可以设想这时方程(9.74)有下列形式的解:

$$Q(x) = xQ_n(x), \tag{9.77}$$

其中 $Q_n(x)$ 由(9.75)式表出.将 $Q(x)$ 代入方程(9.74),整理得

$$x(Q_n'' + pQ_n') + 2Q_n' + pQ_n = P_n(x). \tag{9.78}$$

① 当 $p \neq 0$ 时,(9.78)式两端都是 n 次多项式,与上同理,可由此定出 $(n+1)$ 个常数 $b_0, b_1, \cdots, b_n$.将它们代入(9.77)式后,所得之 $Q(x)$ 即为方程(9.74)的解.

② 当 $p = 0$ 时,(9.78)式左端是 $(n-1)$ 次多项式,因而函数 $Q(x) = xQ_n(x)$ 不可能是解.再考虑函数

$$R(x) = x^2 Q_n(x), \tag{9.79}$$

其中 $Q_n(x)$ 由(9.75)式表出.将 $R(x)$ 代入方程(9.74)得

$$x^2 Q_n'' + 4xQ_n' + 2Q_n = P_n.$$

上式两端都是 n 次多项式,由此可定出 $(n+1)$ 个常数 $b_0, b_1, \cdots, b_n$.将它们代入(9.79)式,所得之函数 $R(x)$ 即为方程(9.74)的解.

将上述讨论进行归纳,并注意到:$q = 0$ 且 $p \neq 0$ 的充要条件是方程(9.74)对应的齐次方程(9.70)的特征方程 $\lambda^2 + p\lambda + q = 0$ 以"0"为单特征根;$q = p = 0$ 的充要条件是特征方程以"0"为重特征根;$q \neq 0$ 的充要条件是特征方程的根不等于 0.于是得以下结论:

若"0"不是齐次方程(9.70)的特征根,则方程(9.74)有一特解 $Q_n(x)$;若"0"是(9.70)的单特征根,则(9.74)有一特解 $xQ_n(x)$;若"0"是(9.70)的重特征根,则(9.74)有一特解 $x^2 Q_n(x)$.其中 $Q_n(x)$ 为 n 次多项式,系数待定.

例 4 求方程

$$y'' + y = x^2 + x$$

的通解.

解 该方程对应的齐次方程的特征方程为 $\lambda^2 + 1 = 0$,所以特征根为 $\lambda_{1,2} = \pm i$.齐次方程的通解为 $C_1 \cos x + C_2 \sin x$.现在非齐次项是一个二次多项式,且"0"不是特征根,故设方程有特解

$$Q_2(x) = b_0 x^2 + b_1 x + b_2, \tag{9.80}$$

其中常数 b_0, b_1, b_2 待定.代入原方程得

$$2b_0 + b_0 x^2 + b_1 x + b_2 = x^2 + x,$$

比较上式同次项系数得

$$\begin{cases} b_0 = 1, \\ b_1 = 1, \\ 2b_0 + b_2 = 0. \end{cases}$$

由此解得 $b_0 = 1, b_1 = 1, b_2 = -2$.代入(9.80)式得特解 $Q_2(x) = x^2 + x - 2$.因而通解为

$$y(x) = C_1 \cos x + C_2 \sin x + x^2 + x - 2.$$

(2) $f(x) = a\mathrm{e}^{\alpha x}$，其中 a，α 是实的常数.

设想方程(9.74)有形如

$$y = A\mathrm{e}^{\alpha x} \tag{9.81}$$

的特解，其中常数 A 待定.将(9.81)式代入方程(9.74)，得

$$A(\alpha^2 + p\alpha + q)\mathrm{e}^{\alpha x} = a\mathrm{e}^{\alpha x}.$$

(i) 当 $\alpha^2 + p\alpha + q \neq 0$(即 α 不是方程(9.70)的特征根)时，由上式能唯一确定 A 的值，记作 A^*，从而 $A^*\mathrm{e}^{\alpha x}$ 就是一个特解.

(ii) 当 $\alpha^2 + p\alpha + q = 0$ 时，从上式看出 $\mathrm{e}^{\alpha x}$ 不是特解.这时设方程(9.74)有特解

$$y = Ax\mathrm{e}^{\alpha x},$$

其中 A 待定，将上式代入(9.74)，整理得

$$A\mathrm{e}^{\alpha x}[(\alpha^2 + p\alpha + q)x + 2\alpha + p] = a\mathrm{e}^{\alpha x},$$

即

$$A\mathrm{e}^{\alpha x}(2\alpha + p) = a\mathrm{e}^{\alpha x}.$$

① 当 $2\alpha + p \neq 0$(即 α 不是方程(9.70)的重特征根)时，记上式确定的 A 为 A^*，则 $A^*x\mathrm{e}^{\alpha x}$ 就是方程(9.74)的一个特解.

② 当 $2\alpha + p = 0$ 时，设方程(9.74)有特解

$$y = Ax^2\mathrm{e}^{\alpha x},$$

代入(9.74)整理得

$$A\mathrm{e}^{\alpha x}[(\alpha^2 + p\alpha + q)x^2 + (4\alpha + 2p)x + 2] = a\mathrm{e}^{\alpha x},$$

即

$$2A\mathrm{e}^{\alpha x} = a\mathrm{e}^{\alpha x}.$$

记上式确定的 A 值为 A^*，则 $A^*x^2\mathrm{e}^{\alpha x}$ 就是(9.74)的一个特解.综上所述，可得如下结论：

当 α 不是方程(9.70)的特征根时，方程(9.74)有特解 $A\mathrm{e}^{\alpha x}$；当 α 是单特征根时，方程(9.74)有特解 $Ax\mathrm{e}^{\alpha x}$；当 α 是重特征根时，方程(9.74)有特解 $Ax^2\mathrm{e}^{\alpha x}$.其中 A 为待定常数.

例 5   求 $y'' + 9y = \mathrm{e}^{5x}$ 的通解.

解   对应的齐次方程的特征根为 $\pm 3\mathrm{i}$."5"不是特征根，所以设方程有特解

$$y = A\mathrm{e}^{5x},$$

代入微分方程得

$$A(25+9)e^{5x} = e^{5x}.$$

由此得 $A = \dfrac{1}{34}$,故得特解 $y^* = \dfrac{1}{34}e^{5x}$.于是微分方程的通解为

$$y(x) = C_1\cos 3x + C_2\sin 3x + \frac{1}{34}e^{5x}.$$

(3) $f(x) = a\cos\beta x + b\sin\beta x$,其中 a,b 中可以有一个等于 $0,\beta\ne 0$.

设想方程(9.74)有如下形式的特解:

$$y(x) = A\cos\beta x + B\sin\beta x,$$

其中 A,B 待定.代入(9.74),整理得

$$(-A\beta^2 + Bp\beta + Aq)\cos\beta x + (-B\beta^2 - Ap\beta + Bq)\sin\beta x$$
$$= a\cos\beta x + b\sin\beta x.$$

由于函数组 $\cos\beta x,\sin\beta x$ 线性无关,上式两端 $\cos\beta x$ 与 $\sin\beta x$ 的系数应相等,即有

$$\begin{cases}(q-\beta^2)A + p\beta B = a,\\ -p\beta A + (q-\beta^2)B = b,\end{cases} \tag{9.82}$$

其中 A,B 为未知数.由线性代数的理论知,方程组(9.82)有唯一解的充要条件是其系数行列式

$$\Delta = (q-\beta^2)^2 + p^2\beta^2 \ne 0.$$

(i) 当 $q-\beta^2$ 与 $p\beta$ 不同时为零(这等价于 βi 不是方程(9.70)的特征根)时 $\Delta\ne 0$,(9.82)有唯一解,记作 A^*,B^*.这时方程(9.74)有特解

$$A^*\cos\beta x + B^*\sin\beta x.$$

(ii) 当 $q-\beta^2$ 与 $p\beta$ 同时为零(这等价于 βi 是方程(9.70)的特征根)时.由方程组(9.82)无法确定 A 与 B.这时,设方程(9.74)有下列形式的特解:

$$y(x) = x(A\cos\beta x + B\sin\beta x),$$

其中常数 A,B 待定.将上式代入(9.74)(注意 $q=\beta^2,p\beta=0$)得

$$(Ap + 2\beta B)\cos\beta x + (Bp - 2\beta A)\sin\beta x = a\cos\beta x + b\sin\beta x.$$

由此得

$$\begin{cases}pA + 2\beta B = a,\\ -2\beta A + pB = b,\end{cases}$$

其系数行列式 $\Delta = p^2 + 4\beta^2 > 0$,所以此方程组有唯一解 A^*,B^*,这时,

$$y(x) = x(A^*\cos\beta x + B^*\sin\beta x)$$

就是方程(9.74)的一个特解.

例 6　求方程

$$y'' + 2y' + 2y = 7\cos x + \sin x$$

的一个特解.

解　对应的齐次方程的特征根为 $1 \pm i, i$ 不是特征根,所以设一特解为

$$y(x) = A\cos x + B\sin x,$$

代入方程得

$$(A + 2B)\cos x + (B - 2A)\sin x = 7\cos x + \sin x,$$

比较系数得

$$\begin{cases} A + 2B = 7, \\ B - 2A = 1. \end{cases}$$

解得 $A = 1, B = 3$.故方程的一个特解为

$$y^* = \cos x + 3\sin x.$$

此外,对于 $f(x) = P_n(x)\mathrm{e}^{\alpha x}$($\alpha = 0$ 时,即情况(1),$P_n(x) \equiv$ 常数时,即情况(2)),或 $f(x) = P_n(x)\mathrm{e}^{\alpha x}\cos\beta x$(当 $P_n(x) =$ 常数,$\alpha = 0$ 时,即情况(3))的情况,也可做类似的讨论,并可得类似的结论.现将不同的非齐次项 $f(x)$ 所对应的特解的形式列表如下(其中 $Q_n(x), R_n(x)$ 为 n 次多项式,系数待定)[①]:

$f(x)$ 的形式	条件	特解的形式
$P_n(x)$	"0"不是特征根 "0"是单特征根 "0"是重特征根	$Q_n(x)$ $xQ_n(x)$ $x^2 Q_n(x)$
$a\mathrm{e}^{\alpha x}$	α 不是特征根 α 是单特征根 α 是重特征根	$A\mathrm{e}^{\alpha x}$ $Ax\mathrm{e}^{\alpha x}$ $Ax^2\mathrm{e}^{\alpha x}$
$a\cos\beta x + b\sin\beta x$	$\pm i\beta$ 不是特征根 $\pm i\beta$ 是特征根	$A\cos\beta x + B\sin\beta x$ $x(A\cos\beta x + B\sin\beta x)$
$P_n(x)\mathrm{e}^{\alpha x}$	α 不是特征根 α 是单特征根 α 是重特征根	$Q_n(x)\mathrm{e}^{\alpha x}$ $xQ_n(x)\mathrm{e}^{\alpha x}$ $x^2 Q_n(x)\mathrm{e}^{\alpha x}$
$P_n(x)\mathrm{e}^{\alpha x}(a\cos\beta x + b\sin\beta x)$ $(\beta \neq 0)$	$\alpha \pm i\beta$ 不是特征根 $\alpha \pm i\beta$ 是特征根	$\mathrm{e}^{\alpha x}[Q_n(x)\cos\beta x + R_n(x)\sin\beta x]$ $x\mathrm{e}^{\alpha x}[Q_n(x)\cos\beta x + R_n(x)\sin\beta x]$

例 7　求微分方程

---

① 此表仅为读者查阅,其内容不必记忆,掌握这里待定系数法的基本原则就够了.

$$y'' + y' = 3x^2 + 2x$$

的一个特解.

解　对应的齐次方程的特征方程为 $\lambda^2 + \lambda = 0$，所以特征根为 $\lambda_1 = -1$，$\lambda_2 = 0$，非齐次项是一个二次多项式，由于"0"是单特征根，故设方程有特解

$$y = x(b_0 x^2 + b_1 x + b_2),$$

其中常数 b_0, b_1, b_2 待定.代入原方程，有

$$(6b_0 x + 2b_1) + (3b_0 x^2 + 2b_1 x + b_2) = 3x^2 + 2x.$$

整理得

$$3b_0 x^2 + (2b_1 + 6b_0)x + 2b_1 + b_2 = 3x^2 + 2x.$$

比较等式两端同次项系数得到方程组

$$\begin{cases} 3b_0 = 3, \\ 2b_1 + 6b_0 = 2, \\ 2b_1 + b_2 = 0, \end{cases}$$

解得 $b_0 = 1, b_1 = -2, b_2 = 4$，故方程有特解

$$y^*(x) = x(x^2 - 2x + 4).$$

例 8　求微分方程

$$y'' - 6y' + 9y = e^{3x}$$

的一个特解.

解　对应的齐次方程的特征方程为

$$\lambda^2 - 6\lambda + 9 = 0,$$

所以特征根是 $\lambda_1 = \lambda_2 = 3$."3"是二重特征根，故设方程特解为

$$y = Ax^2 e^{3x},$$

其中常数 A 待定，代入原方程，有

$$A e^{3x}(9x^2 + 12x + 2) - 6A e^{3x}(3x^2 + 2x) + 9Ax^2 e^{3x} = e^{3x},$$

整理得

$$2A e^{3x} = e^{3x},$$

由此得 $A = \dfrac{1}{2}$. 故方程的一个特解为

$$y^*(x) = \frac{1}{2} x^2 e^{3x}.$$

例 9　求微分方程

$$y'' + y = x\cos 2x + \sin x \tag{9.83}$$

的一个特解.

解　方程的非齐次项由两项组成,且余弦函数与正弦函数中的角度不等,因而不属于表中所列的几种类型.根据本章 §4 中的定理 6,这时可先分别求出方程

$$y'' + y = x\cos 2x \tag{9.84}$$

与

$$y'' + y = \sin x \tag{9.85}$$

的特解.再将所求得的两特解相加,即得方程(9.83)的特解.

由于 2i 不是方程(9.84)对应的齐次方程的特征根,而方程(9.84)的右端是 $P_1(x)(a\cos 2x + b\sin 2x)$ 的形式,故设(9.84)有特解

$$y(x) = (Ax + B)\cos 2x + (Cx + D)\sin 2x.$$

代入方程(9.84)得

$$(-3Ax - 3B + 4C)\cos 2x + (-3Cx - 3D - 4A)\sin 2x = x\cos 2x,$$

比较系数得

$$\begin{cases} -3A = 1, \\ -3B + 4C = 0, \\ 3C = 0, \\ 3D + 4A = 0. \end{cases}$$

由此解得

$$A = -\frac{1}{3}, \quad B = C = 0, \quad D = \frac{4}{9}.$$

所以方程(9.84)有特解

$$y_1(x) = -\frac{1}{3}x\cos 2x + \frac{4}{9}\sin 2x.$$

对于方程(9.85),其右端是 $a\cos x + b\sin x$ 的形式,且 $\pm i$ 正好是其齐次方程的特征根,所以设(9.85)有特解

$$y(x) = x(M\cos x + N\sin x),$$

代入(9.85)得

$$2N\cos x - 2M\sin x = \sin x.$$

由此推出 $N = 0, M = -\frac{1}{2}$.因而(9.85)有特解

$$y_2(x) = -\frac{1}{2}x\cos x.$$

以上两特解之和为方程(9.83)之特解,故方程(9.83)有特解

$$y^{*}(x)=y_1(x)+y_2(x)=-\frac{1}{3}x\cos 2x+\frac{4}{9}\sin 2x-\frac{1}{2}x\cos x.$$

上述待定系数法,对于高阶线性常系数非齐次方程也适用.

例 10 求方程

$$y^{(4)}-4y'''+10y''-12y'+5y=\mathrm{e}^x\sin 2x$$

的一个特解.

解 其对应的齐次方程的特征方程为

$$\lambda^4-4\lambda^3+10\lambda^2-12\lambda+5=(\lambda^2-2\lambda+5)(\lambda^2-2\lambda+1)=0,$$

这里 $\alpha\pm\mathrm{i}\beta=1\pm 2\mathrm{i}$ 是其特征根,所以特解的形式为

$$y^{*}(x)=x\mathrm{e}^x(A\cos 2x+B\sin 2x).$$

代入原方程可定出 A,B.请读者自己完成.

例 11 在图 9.5 所示的 RLC 串联电路中,设有交流电源 $q\sin\omega t$.求电容器上的电压 u_C 的变化规律.(设 $R<\sqrt{2L/C}$)

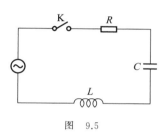

图 9.5

解 设 u_R,u_L,u_C 分别表示电阻、电感、电容器上的电压,则有

$$u_R=RC\frac{\mathrm{d}u_C}{\mathrm{d}t},\quad u_L=LC\frac{\mathrm{d}^2u_C}{\mathrm{d}t^2}.$$

于是根据回路电压定律,有

$$LC\frac{\mathrm{d}^2u_C}{\mathrm{d}t^2}+RC\frac{\mathrm{d}u_C}{\mathrm{d}t}+u_C=q\sin\omega t. \tag{9.86}$$

为简便起见,令

$$u=u_C,\quad \delta=\frac{R}{2L},\quad \omega_0=\sqrt{\frac{1}{LC}},\quad q_1=\frac{q}{LC},$$

则方程(9.86)可写成

$$\frac{\mathrm{d}^2u}{\mathrm{d}t^2}+2\delta\frac{\mathrm{d}u}{\mathrm{d}t}+\omega_0^2u=q_1\sin\omega t. \tag{9.87}$$

这是一个二阶常系数线性非齐次方程,其对应的齐次方程的特征方程为

$$\lambda^2+2\delta\lambda+\omega_0^2=0,$$

特征根为 $\lambda_{1,2}=-\delta\pm\sqrt{\delta^2-\omega_0^2}=-\delta\pm\mathrm{i}\sqrt{\omega_0^2-\delta^2}$ (当 $R<\sqrt{2L/C}$ 时 $\delta^2<\omega_0^2$).所以方程(9.86)对应的齐次方程的通解为

$$\mathrm{e}^{-\delta t}\left(C_1\cos\sqrt{\omega_0^2-\delta^2}\,t+C_2\sin\sqrt{\omega_0^2-\delta^2}\,t\right).$$

又当 $\delta\neq 0$ 时 $\pm\omega\mathrm{i}$ 不是特征根,所以设方程(9.87)有特解

$$u^*(t) = A\cos\omega t + B\sin\omega t.$$

代入方程(9.87),可求出

$$A = \frac{-2\delta\omega q_1}{(\omega_0^2 - \omega^2)^2 + 4\delta^2\omega^2}, \quad B = \frac{q_1(\omega_0^2 - \omega^2)}{(\omega_0^2 - \omega^2)^2 + 4\delta^2\omega^2}. \tag{9.88}$$

于是方程(9.87)的通解为

$$u(t) = e^{-\delta t}\left(C_1\cos\sqrt{\omega_0^2 - \delta^2}\, t + C_2\sin\sqrt{\omega_0^2 - \delta^2}\, t\right)$$

$$+ \sqrt{A^2 + B^2}\sin(\omega t - \varphi_0), \tag{9.89}$$

其中 A,B 由(9.88)式确定,$\tan\varphi_0 = \left|\dfrac{A}{B}\right| = \dfrac{2\delta\omega}{|\omega_0^2 - \omega^2|}$. 当 $t \to +\infty$ 时,
(9.89)式中的前两项趋于 0,称为暂态量.暂态量只在刚开始的短暂时间内有意义,稍后即可忽略不计.(9.89)式中的第三项当 $t \to +\infty$ 时不趋于零,它是一个周期振动,称为稳态量,其频率与电源的频率相同,其振幅为

$$H(\omega) = \sqrt{A^2 + B^2} = \frac{q_1}{\sqrt{(\omega_0^2 - \omega^2)^2 + 4\delta^2\omega^2}}.$$

由利用导数求极值的方法可看出,当电源的频率 $\omega = \sqrt{\omega_0^2 - 2\delta^2}$ 时,振幅 $H(\omega)$ 达到最大值

$$H_{\max} = \frac{q_1}{2\delta\sqrt{\omega_0^2 - \delta^2}}.$$

这时就出现所谓共振现象.

习　题　9.5

1. 求下列微分方程的通解:

(1) $y'' - 3y' + 2y = 0$;

(2) $4y'' + 5y' + y = 0$;

(3) $y'' + 6y' + 9y = 0$;

(4) $y'' + 4y' + 5y = 0$;

(5) $y'' - y' + 2y = 0$;

(6) $y''' + 2y'' - y' = 0$.

2. 求下列初值问题的解:

(1) $\begin{cases} y'' + 2y' + 4y = 0, \\ y(0) = 1, y'(0) = -1; \end{cases}$

(2) $\begin{cases} 4y'' + 4y' + y = 0, \\ y(0) = 0, y'(0) = 2. \end{cases}$

3. 用待定系数法求下列方程的特解:

(1) $y'' - 3y' + 5y = 6$;

(2) $y'' + 3y' = 6e^{2x}$;

(3) $y'' - 9y' + 20y = x + 1$;

(4) $y'' + y = 4\sin x$;

(5) $y'' - 3y' + 2y = x\cos x$;

(6) $y'' - 9y = e^{3x}\cos x$;

(7) $y'' - y = 2e^x - x^2$;

(8) $y'' + y' = \sin 4x - 2\sin 2x$.

4. 对下列各方程,写出其待定系数的特解形式:

(1) $y'' + y = x^2 + x$；   (2) $y'' + y' = x - 2$；

(3) $y'' + y = e^{3x}(x - 2)$；   (4) $y'' - y = e^x(x^2 - 1)$；

(5) $y''' + 3y'' + 3y' + y = e^{-x}(x - 5)$；

(6) $y'' - 2y' + 2y = e^x + x\cos x$．

5. 对图 9.6 所示的 RLC 串联电路，当开关 K 合上时，试列出电容器的电压所满足的初值问题．

6. 在图 9.7 所示的 RLC 串联电路中，当电容器充电至电压为 E 时，将开关从"1"拨至"2"，试列出电容器的电压所满足的初值问题．

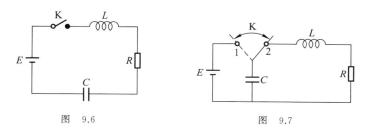

图　9.6   图　9.7

§6　用常数变易法求解二阶线性非齐次方程
与欧拉方程的解法

1. 常数变易法

由本章§5 的讨论知，对于二阶常系数线性非齐次方程，当其非齐次项属于§5 中所述的几种类型时，可用待定系数法求特解．当非齐次项不属于上述几类函数，或二阶线性方程的系数不是常数时，有时可用常数变易法来求非齐次方程的特解．常数变易法的基本想法如下．

首先，设已求出对应的二阶线性齐次方程

$$y'' + p(x)y' + q(x)y = 0 \qquad (9.90)$$

的两个线性无关的特解 $\varphi_1(x)$ 与 $\varphi_2(x)$．于是，方程（9.90）的通解为 $C_1\varphi_1(x) + C_2\varphi_2(x)$．其次，将通解中的两个任意常数 C_1 与 C_2，分别换成两个待定函数 $C_1(x)$ 与 $C_2(x)$（这即"**常数变易**"名称的来由），并设函数

$$y(x) = C_1(x)\varphi_1(x) + C_2(x)\varphi_2(x) \qquad (9.91)$$

是非齐次方程

$$y'' + p(x)y' + q(x)y = f(x) \qquad (9.92)$$

的解．将（9.91）式代入（9.92）式后就得到关于 $C_1(x)$ 与 $C_2(x)$ 的方程，再设

法定出它们.

为了确定函数 $C_1(x)$ 与 $C_2(x)$,对(9.91)式求导得

$$y' = C_1(x)\varphi_1'(x) + C_2(x)\varphi_2'(x) + C_1'(x)\varphi_1(x) + C_2'(x)\varphi_2(x).$$

为避免在 y'' 中出现待定函数 $C_1(x)$ 与 $C_2(x)$ 的二阶导数,我们令

$$C_1'(x)\varphi_1(x) + C_2'(x)\varphi_2(x) = 0, \tag{9.93}$$

这样便有

$$y'(x) = C_1(x)\varphi_1'(x) + C_2(x)\varphi_2'(x). \tag{9.94}$$

再对它求导,得

$$y'' = C_1(x)\varphi_1''(x) + C_2(x)\varphi_2''(x) + C_1'(x)\varphi_1'(x) + C_2'(x)\varphi_2'(x). \tag{9.95}$$

将(9.91),(9.94),(9.95)式代入微分方程(9.92),化简(注意 $\varphi_1(x)$ 与 $\varphi_2(x)$ 是齐次方程(9.90)的解)后得

$$C_1'(x)\varphi_1'(x) + C_2'(x)\varphi_2'(x) = f(x). \tag{9.96}$$

联合(9.93)式与(9.96)式,即得到以 $C_1'(x), C_2'(x)$ 为未知函数的方程组

$$\begin{cases} C_1'(x)\varphi_1(x) + C_2'(x)\varphi_2(x) = 0, \\ C_1'(x)\varphi_1'(x) + C_2'(x)\varphi_2'(x) = f(x). \end{cases} \tag{9.97}$$

其系数行列式正好是 $\varphi_1(x)$ 与 $\varphi_2(x)$ 的朗斯基行列式 $W(x) \neq 0$(因为 $\varphi_1(x)$ 与 $\varphi_2(x)$ 线性无关).因而从方程组(9.97)能确定唯一的函数组 $C_1'(x), C_2'(x)$,积分便得 $C_1(x)$ 与 $C_2(x)$.将它们代入(9.91)式,便得非齐次方程的解.

例 1　求微分方程

$$y'' - 2y' + y = \frac{e^x}{x} \tag{9.98}$$

的通解.

解　对应的齐次方程的特征根为 $\lambda_{1,2} = 1$,所以其通解为

$$C_1 e^x + C_2 x e^x.$$

现设

$$y(x) = C_1(x) e^x + C_2(x) x e^x \tag{9.99}$$

为非齐次方程(9.98)的解.由

$$\begin{cases} C_1'(x) e^x + C_2'(x) x e^x = 0, \\ C_1'(x) e^x + C_2'(x)(1+x) e^x = \dfrac{e^x}{x} \end{cases}$$

可确定 $C_1'(x) = -1, C_2'(x) = \dfrac{1}{x}$,积分得

$$C_1(x) = -x + C_1, \quad C_2(x) = \ln|x| + C_2.$$

代入(9.99)式,便得非齐次方程(9.98)的通解

$$y(x) = (-x + C_1)e^x + (\ln|x| + C_2)xe^x$$
$$= C_1e^x + C_2xe^x - xe^x + xe^x\ln|x|.$$

例 2　求微分方程

$$y'' + y = \cot x$$

的通解.

解　对应的齐次方程的特征根为 $\lambda_1 = i, \lambda_2 = -i$,所以其通解为

$$y = C_1\cos x + C_2\sin x.$$

设非齐次方程 $y'' + y = \cot x$ 的解为

$$y(x) = C_1(x)\cos x + C_2(x)\sin x.$$

由

$$\begin{cases} C_1'(x)\cos x + C_2'(x)\sin x = 0, \\ -C_1'(x)\sin x + C_2'(x)\cos x = \cot x, \end{cases}$$

可确定

$$C_1'(x) = -\cos x, \quad C_2'(x) = \cot x \cdot \cos x = \frac{1}{\sin x} - \sin x.$$

积分后得到

$$C_1(x) = -\sin x + C_1, \quad C_2(x) = -\ln|\csc x + \cot x| + \cos x + C_2.$$

于是得到非齐次方程的通解

$$y = (-\sin x + C_1)\cos x + (-\ln|\csc x + \cot x| + \cos x + C_2)\sin x$$
$$= C_1\cos x + C_2\sin x - \sin x\ln|\csc x + \cot x|.$$

2. 欧拉方程

我们把下列形式的方程称作**欧拉方程**:

$$a_0x^ny^{(n)} + a_1x^{n-1}y^{(n-1)} + \cdots + a_{n-1}xy' + a_ny = 0, \quad (9.100)$$

其中 $a_i(i=0,1,2,\cdots,n)$ 为常数.

欧拉方程不是常系数的线性方程,但做适当的自变量替换后,方程可化为常系数方程.比如,当 $x>0$ 时令 $x=e^t$,而当 $x<0$ 时令 $x=-e^t$.不妨只讨论 $x>0$ 的情况.事实上,由 $x=e^t$ 得 $t=\ln x$,于是

$$\frac{dy}{dx} = \frac{dy}{dt} \cdot \frac{dt}{dx} = \frac{dy}{dt} \cdot \frac{1}{x} = \frac{dy}{dt}e^{-t},$$

$$\frac{d^2y}{dx^2} = \frac{d}{dt}\left(\frac{dy}{dx}\right) \cdot \frac{dt}{dx} = \frac{d}{dt}\left(\frac{dy}{dt}e^{-t}\right) \cdot e^{-t} = \left(\frac{d^2y}{dt^2} - \frac{dy}{dt}\right)e^{-2t}.$$

用归纳法可证

$$\frac{\mathrm{d}^k y}{\mathrm{d}x^k} = \left(C_1 \frac{\mathrm{d}y}{\mathrm{d}t} + C_2 \frac{\mathrm{d}^2 y}{\mathrm{d}t^2} + \cdots + C_k \frac{\mathrm{d}^k y}{\mathrm{d}t^k} \right) \mathrm{e}^{-kt}$$

$$(k = 1, 2, \cdots, n),$$

其中 $C_i (i = 1, 2, \cdots, k)$ 为常数. 将以上各式代入方程(9.100),并注意 $\mathrm{e}^{-kt} \cdot x^k = 1 (k = 1, 2, \cdots, n)$,方程(9.100)即化为常系数线性方程

$$b_0 \frac{\mathrm{d}^n y}{\mathrm{d}t^n} + b_1 \frac{\mathrm{d}^{n-1} y}{\mathrm{d}t^{n-1}} + \cdots + b_{n-1} \frac{\mathrm{d}y}{\mathrm{d}t} + b_n y = 0,$$

其中 $b_0, b_1, \cdots, b_n$ 为确定的常数.

例 3　求 $x^2 y'' + \dfrac{3}{2} x y' - y = 0$ 的通解.

解　令 $x = \mathrm{e}^t$,则 $\dfrac{\mathrm{d}y}{\mathrm{d}x} = \dfrac{\mathrm{d}y}{\mathrm{d}t} \mathrm{e}^{-t}$,$\dfrac{\mathrm{d}^2 y}{\mathrm{d}x^2} = \left(\dfrac{\mathrm{d}^2 y}{\mathrm{d}t^2} - \dfrac{\mathrm{d}y}{\mathrm{d}t} \right) \mathrm{e}^{-2t}$,代入原方程,化简得

$$\frac{\mathrm{d}^2 y}{\mathrm{d}t^2} + \frac{3}{2} \cdot \frac{\mathrm{d}y}{\mathrm{d}t} - y = 0.$$

易得上述微分方程的通解为

$$y(t) = C_1 \mathrm{e}^{-2t} + C_2 \mathrm{e}^{\frac{1}{2}t},$$

将 $t = \ln x$ 代入上式,得原方程的通解为

$$y(x) = C_1 x^{-2} + C_2 x^{\frac{1}{2}}.$$

习　题　9.6

用常数变易法求下列方程的通解:

1. $y'' + 3y' + 2y = \dfrac{1}{\mathrm{e}^x + 1}$.

2. $y'' + y = \dfrac{1}{\sin x}$.

3. $y'' + 4y = 2\tan x$.

4. $y'' + y = 2\sec^3 x$.

求下列欧拉方程的通解:

5. $x^2 y'' - 4xy' + 6y = 0$.

6. $x^2 y'' - xy' - 3y = 0$.

7. $x^3 y''' + xy' - y = 0$.

8. $x^2 y'' + xy' + 4y = 10$.

§7　常系数线性微分方程组

前面讨论了只含一个未知函数的微分方程.在有些问题中,未知函数往

往不止一个,联系未知函数的方程也不止一个.这就出现了微分方程组.本节讨论一阶常系数线性方程组,其一般形式为

$$\begin{cases} y_1' = a_{11}y_1 + \cdots + a_{1n}y_n + f_1(x), \\ y_2' = a_{21}y_1 + \cdots + a_{2n}y_n + f_2(x), \\ \cdots\cdots\cdots\cdots\cdots\cdots\cdots\cdots\cdots\cdots\cdots\cdots \\ y_n' = a_{n1}y_1 + \cdots + a_{nn}y_n + f_n(x), \end{cases} \quad (9.101)$$

其中 $y_1, \cdots, y_n$ 为未知函数, a_{ij} 为常数 $(i,j=1,2,\cdots,n)$, $f_i(x)(i=1,2,\cdots,n)$ 为区间 (a,b) 上的连续函数.当 $f_i(x) \equiv 0(x \in (a,b), i=1,2,\cdots,n)$ 时,称方程组(9.101)为线性齐次方程组,否则称为非齐次方程组.

显然,方程组(9.101)的解应是一个函数组.若函数组

$$y_1 = \varphi_1(x), \cdots, y_n = \varphi_n(x) \quad (9.102)$$

在区间 (a,b) 上可微,且代入(9.101)后使方程组(9.101)中的每一个方程都成为一个恒等式,则称函数组(9.102)是方程组(9.101)的一组特解.

定义 1　函数组

$$\begin{aligned} y_1 &= \varphi_1(x; C_1, \cdots, C_n), \\ y_2 &= \varphi_2(x; C_1, \cdots, C_n), \\ &\cdots\cdots\cdots\cdots\cdots\cdots\cdots\cdots\cdots \\ y_n &= \varphi_n(x; C_1, \cdots, C_n) \end{aligned} \quad (9.103)$$

中的任意常数 $C_1, C_2, \cdots, C_n$ 称为**独立的**,若雅可比行列式

$$\frac{D(\varphi_1, \cdots, \varphi_n)}{D(C_1, \cdots, C_n)} \neq 0.$$

定义 2　带有 n 个独立的任意常数 $C_1, \cdots, C_n$ 的函数组(9.103),若在 (a,b) 上可微且满足方程组(9.101),则称之为方程组(9.101)的**通解**.

为方便起见,有时我们用向量函数表示微分方程组的解.若 $y_1(x), \cdots, y_n(x)$ 是微分方程组(9.101)的一组解,则称向量函数

$$\boldsymbol{y}(x) = (y_1(x), \cdots, y_n(x))$$

是方程组(9.101)的一个解.

与线性微分方程式类似,有下列结论:

设 $\boldsymbol{\varphi}^*(x)$ 是非齐次方程组(9.101)的一个特解,又

$$C_1\boldsymbol{\varphi}_1(x) + \cdots + C_n\boldsymbol{\varphi}_n(x)$$

是(9.101)对应的齐次方程组的通解,则

$$\boldsymbol{y}(x) = C_1\boldsymbol{\varphi}_1(x) + \cdots + C_n\boldsymbol{\varphi}_n(x) + \boldsymbol{\varphi}^*(x)$$

是非齐次方程组(9.101)的通解.

又有下列解的存在和唯一性定理.

定理   设线性微分方程组(9.101)中的函数 $f_i(x)(i=1,2,\cdots,n)$ 在区间 (a,b) 上连续,又设 $x_0 \in (a,b)$,则对任意给定的初值

$$y_1(x_0)=y_1^0,\ y_2(x_0)=y_2^0,\ \cdots,\ y_n(x_0)=y_n^0, \qquad (9.104)$$

方程组(9.101)在区间 (a,b) 上存在唯一的一组解

$$y_1=y_1(x),\ y_2=y_2(x),\ \cdots,\ y_n=y_n(x),$$

满足初值条件(9.104).

求解常系数线性微分方程组的最初等的方法是消元法.也就是用微分法消去若干个未知函数,而只保留一个未知函数,并得到一个关于被保留的未知函数的高阶常系数微分方程式.由此先求出这个被保留的未知函数,再根据消去过程中的关系式,求出其余的未知函数.对于未知函数的个数较少的方程组,用消元法是比较简便的.

例 1   求解二阶线性方程组

$$\begin{cases} \dfrac{\mathrm{d}x}{\mathrm{d}t}=x+y, & \text{①} \\[3mm] \dfrac{\mathrm{d}y}{\mathrm{d}t}=3y-2x. & \text{②} \end{cases}$$

解   我们打算保留 x,而消去 y,这就要设法将 y 用 x 或 $\dfrac{\mathrm{d}x}{\mathrm{d}t}$ 表示.

由①得

$$y=\frac{\mathrm{d}x}{\mathrm{d}t}-x. \qquad (9.105)$$

将上式代入②又得

$$\frac{\mathrm{d}}{\mathrm{d}t}\left(\frac{\mathrm{d}x}{\mathrm{d}t}-x\right)=3\left(\frac{\mathrm{d}x}{\mathrm{d}t}-x\right)-2x.$$

经整理就得到一个二阶方程:

$$\frac{\mathrm{d}^2 x}{\mathrm{d}t^2}-4\frac{\mathrm{d}x}{\mathrm{d}t}+5x=0.$$

由此解出

$$x(t)=\mathrm{e}^{2t}(C_1\cos t+C_2\sin t).$$

代入(9.105)式,化简得

$$y(t)=\mathrm{e}^{2t}\big[(C_1+C_2)\cos t+(C_2-C_1)\sin t\big].$$

于是得原方程组的通解为

$$\begin{cases} x(t) = e^{2t}(C_1 \cos t + C_2 \sin t), \\ y(t) = e^{2t}[(C_1 + C_2)\cos t + (C_2 - C_1)\sin t], \end{cases}$$

其中 C_1, C_2 为任意常数.

以上方法对非齐次方程组也适用.

对于有三个未知函数的一阶线性方程组,用消元法要略复杂些.设有方程组

$$\begin{cases} \dot{x} = a_1 x + a_2 y + a_3 z + f_1(t), & ③ \\ \dot{y} = b_1 x + b_2 y + b_3 z + f_2(t), & ④ \\ \dot{z} = c_1 x + c_2 y + c_3 z + f_3(t), & ⑤ \end{cases}$$

这里 $\dot{x}$ 表示 x 对 t 求导.若要保留 x,就要消去 y, z.为此,对③求导,再利用③,④,⑤各式,得

$$\begin{aligned} \ddot{x} &= a_1 \dot{x} + a_2 \dot{y} + a_3 \dot{z} + f_1'(t) \\ &= a_1(a_1 x + a_2 y + a_3 z + f_1(t)) \\ &\quad + a_2(b_1 x + b_2 y + b_3 z + f_2(t)) \\ &\quad + a_3(c_1 x + c_2 y + c_3 z + f_3(t)) + f_1'(t) \\ &= A_1 x + A_2 y + A_3 z + F_1(t), \end{aligned} \qquad ⑥$$

其中 A_1, A_2, A_3 是确定的常数, $F_1(t)$ 是确定的函数.再对⑥式求导,经合并整理后得到下列形式的方程:

$$\dddot{x} = B_1 x + B_2 y + B_3 z + F_2(t). \qquad ⑦$$

下面说明,③,⑥,⑦三式联立,便可消去 y, z,得出关于 x 的三阶或二阶方程式.分下列两种情况讨论:

(1) $\begin{vmatrix} a_2 & a_3 \\ A_2 & A_3 \end{vmatrix} \neq 0.$

由线性代数的方程知,将方程③,⑥联立,便可解出

$$y = y(x, \dot{x}, \ddot{x}, t), \quad z = z(x, \dot{x}, \ddot{x}, t). \qquad (9.106)$$

再将它们代入⑦式,便得关于 x 的三阶线性方程.由此先求出 $x(t)$,再由 (9.106)式便可求出 $y(t)$ 与 $z(t)$.

(2) $\begin{vmatrix} a_2 & a_3 \\ A_2 & A_3 \end{vmatrix} = 0.$

这时 (a_2, a_3) 与 (A_2, A_3) 成比例,于是由③,⑥可消去 $a_2 y + a_3 z$ 而得到关于 x 的二阶线性方程式,由此解出 $x = \varphi(t, C_1, C_2)$.将所求得的 $x = \varphi(t, C_1, C_2)$ 代入④,⑤,便得到以 y, z 为两个未知函数的二阶方程组.再用

例 1 的方法就可求出 $y(t), z(t)$.

例 2 求解方程组

$$\begin{cases} \dot{x} = x + y + z, & ⑧ \\ \dot{y} = 2x + y - z, & ⑨ \\ \dot{z} = -8x - 5y - 3z. & ⑩ \end{cases}$$

解 将⑧式求导得

$$\ddot{x} = \dot{x} + \dot{y} + \dot{z} = -5x - 3y - 3z. \qquad ⑪$$

由⑧式与⑪式消去 $y + z$ 得

$$\ddot{x} + 3\dot{x} + 2x = 0,$$

由此解出 x 的通解：

$$x(t) = C_1 e^{-t} + C_2 e^{-2t}. \qquad (9.107)$$

为了求得关于 y 的方程，由⑧式与⑨式消去 z 得

$$\dot{x} + \dot{y} = 3x + 2y.$$

这样由 (9.107) 式便有

$$\dot{y} - 2y = 3x - \dot{x} = 4C_1 e^{-t} + 5C_2 e^{-2t},$$

由此解出

$$y(t) = -\frac{4}{3} C_1 e^{-t} - \frac{5}{4} C_2 e^{-2t} + C_3 e^{2t}. \qquad (9.108)$$

再由⑧式得

$$z = \dot{x} - x - y = -\frac{2}{3} C_1 e^{-t} - \frac{7}{4} C_2 e^{-2t} - C_3 e^{2t}. \qquad (9.109)$$

函数组 $(9.107), (9.108), (9.109)$ 便是原方程组的通解.

对于未知函数多于三个的方程组,用消元法较麻烦.这时一般需用矩阵法求解.由于缺少矩阵知识,此处无法介绍矩阵法.

习   题   **9.7**

1. 用消元法求解下列微分方程组：

(1) $\begin{cases} \dfrac{\mathrm{d}x}{\mathrm{d}t} = -x - 5y, \\ \dfrac{\mathrm{d}y}{\mathrm{d}t} = x + y; \end{cases}$
(2) $\begin{cases} \dfrac{\mathrm{d}x}{\mathrm{d}t} = x + y + 2e^t, \\ \dfrac{\mathrm{d}y}{\mathrm{d}t} = 4x + y - e^t; \end{cases}$

$$(3) \begin{cases} \dfrac{\mathrm{d}x}{\mathrm{d}t}=2x-5y-\sin2t, \\ \dfrac{\mathrm{d}y}{\mathrm{d}t}=x-2y+t, \\ x(0)=0,\ y(0)=1; \end{cases} \qquad (4) \begin{cases} \dfrac{\mathrm{d}x}{\mathrm{d}t}=x, \\ \dfrac{\mathrm{d}y}{\mathrm{d}t}=-y+\sqrt{2}\,z, \\ \dfrac{\mathrm{d}z}{\mathrm{d}t}=\sqrt{2}\,y. \end{cases}$$

2. 求下列非齐次方程组的一个特解.

$$(1) \begin{cases} \dot{x}=x+2y, \\ \dot{y}=x-5\sin t; \end{cases} \qquad (2) \begin{cases} \dot{x}=2x+y+e^{t}, \\ \dot{y}=-2x+2t; \end{cases}$$

$$(3) \begin{cases} \dot{x}=2x-y, \\ \dot{y}=y-2x+18t; \end{cases} \qquad (4) \begin{cases} \dot{x}=2x-y, \\ \dot{y}=x+2e^{t}. \end{cases}$$

第九章总练习题

1. 设有一弹簧,上端固定而下端挂一振子,振子质量为 m,弹簧的弹性系数为 k.现取垂直向下的直线为 Ox 轴,而振子之平衡点取成原点,如图 9.8 所示.我们在开始时将振子拉到 x_0 处,然后自由松开(即振子初速为零),让振子振动.试求出振子运动规律 $x=x(t)$(忽略振子运动中的阻力).

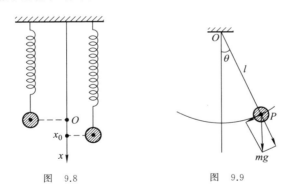

图 9.8   图 9.9

2. 设有一单摆,摆长为 l,摆锤质量为 m.我们用单摆与平衡位置之夹角 θ 来描述单摆之位置,如图 9.9 所示.试证单摆在运动中满足下列方程:

$$\theta''(t)=-\frac{g}{l}\sin\theta(t).$$

当摆动角度不大时,$\sin\theta\approx\theta$,这时方程近似为 $\theta''(t)=-\dfrac{g}{l}\theta(t)$.试求出此方程之通解.

3. 假定降落伞在降落过程中所受的阻力与其下降速度成正比,比例系数为 k.试证

明一个质量为 m 的跳伞运动员在空中运动的速度函数 $v(t)$ 满足下列方程：

$$\frac{\mathrm{d}v}{\mathrm{d}t} + \frac{k}{m}v = g,$$

并求出此方程之通解及 $\lim\limits_{t \to \infty} v(t)$.

4. 设 $p = p(t)$ 是时刻 t 时某一种群生物的数量. 根据许多统计资料表明可以认为 $p = p(t)$ 满足下列微分方程：

$$\frac{\mathrm{d}p}{\mathrm{d}t} = (a - bp)p,$$

其中 a 与 b 为正的常数. 这一模型也适合于一个国家或地区的人口. 设 $t = t_0$ 时 p 的值为 p_0，试求 $p = p(t)$ 的表达式.

5. 在上述人口问题中，假设 $p_0 < \dfrac{a}{b}$. 证明：当 $p < \dfrac{a}{2b}$ 时 $\dfrac{\mathrm{d}p}{\mathrm{d}t}$ 是递增的，而当 $p > \dfrac{a}{2b}$ 时 $\dfrac{\mathrm{d}p}{\mathrm{d}t}$ 是递减的.

6. 设有二阶线性齐次方程

$$y'' + p(x)y' + q(x)y = 0,$$

其中 $p(x)$ 及 $q(x)$ 在 (a, b) 中连续. 试证明存在一个函数 $u(x)$ 使得在变换 $y = u(x)z$ 之下，上述方程化成 $z'' + Q(x)z = 0$ 的形式.

7. 假定火箭离地面时初速为 v_0，垂直上升并忽略火箭在运行中所受的阻力及其他星球之引力，即假设火箭唯一受力是地球之引力. 在这样的假定下，试证明火箭离地面的高度 $h = h(t)$ 满足下列微分方程：

$$\frac{\mathrm{d}^2 h}{\mathrm{d}t^2} = \frac{-g}{\left(1 + \dfrac{h}{R}\right)^2},$$

其中 g 为地面重力加速度，R 为地球之半径. 由此证明火箭的速度 $v(t)$ 满足

$$\frac{1}{2}(v^2(t) - v_0^2) = \frac{Rg}{\left(1 + \dfrac{h(t)}{R}\right)} - Rg.$$

假定火箭在发射后不再返回，也即 $\lim\limits_{t \to \infty} h(t) = \infty$，试问 v_0 至少是多少？

8. 设 $f(x)$ 在 $[0, +\infty)$ 上连续. 又设 $y = \varphi(x)$ 在 $[0, +\infty)$ 上可微且满足

$$y' + f(x)y \leqslant 0 \quad (x \geqslant 0).$$

求证 $y = \varphi(x)$ 满足下列不等式：

$$\varphi(x) \leqslant \varphi(0)\mathrm{e}^{-\int_0^x f(t)\mathrm{d}t} \quad (x \geqslant 0).$$

$\left(\text{提示：证明函数 } F(x) = \mathrm{e}^{\int_0^x f(t)\mathrm{d}t}\varphi(x) \text{ 在 } [0, +\infty) \text{ 上单调递减.}\right)$

第十章 无穷级数

无穷级数的概念与理论是分析学中一个重要组成部分,有重要的意义.本章先讨论数值项无穷级数,然后讨论函数项级数.

为讨论无穷级数,我们在本章的 §1 中要讲述柯西收敛原理.

§1 柯西收敛原理与数项级数的概念

1. 柯西收敛原理

设 $\{a_n\}$ 是一个序列.回顾序列极限的定义,我们说序列 $\{a_n\}$ 当 $n \to \infty$ 时以 A 为极限,如果对于任给的 $\varepsilon > 0$,都存在 N 使得当 $n \geqslant N$ 时,$|a_n - A| < \varepsilon$.根据这个定义我们可以判定序列 $\{a_n\}$ 是否以某个常数 A 为其极限.

然而,我们的问题如果不是问"序列 $\{a_n\}$ 是否以 A 为极限",而是问"序列 $\{a_n\}$ 是否有极限",那么我们就不能从上述极限的定义中找出答案.

一个序列 $\{a_n\}$ 何时有极限呢? 迄今为止,我们只知道下述的结论:若 $\{a_n\}$ 是一个单调有界序列,则必有极限.除此之外,我们不知道任何更为一般的结论.

下列柯西收敛原理给出了一个序列有极限的充要条件.

定理 1(柯西收敛原理) 设 $\{a_n\}$ 是一个序列,则 $\{a_n\}$ 有极限的充要条件是:对于任意给定的 $\varepsilon > 0$,都存在 N,使得

$$|a_n - a_m| < \varepsilon, \quad 只要 n \geqslant N, m \geqslant N.$$

证 我们这里只证明上述条件的必要性,而略去其充分性的证明,因为后者要用到实数完备性的讨论.

我们假定当 $n \to \infty$ 时 $\{a_n\}$ 有极限 A.对于任意给定的 $\varepsilon > 0$,都存在一个 N,使得

$$|a_n - A| < \varepsilon/2, \quad 只要 n \geqslant N.$$

那么,对于任意的 m 及 n,当 $m \geqslant N, n \geqslant N$ 时便有 $|a_m - A| < \varepsilon/2, |a_n - A| < \varepsilon/2$,从而有

$$|a_m - a_n| = |(a_m - A) - (a_n - A)|$$

$$\leqslant |a_m - A| + |a_n - A| < \varepsilon.$$

因此,我们证明了条件的必要性. 证毕.

柯西收敛原理(有时也称**柯西准则**)的重要意义在于,在无须知道极限是什么的条件下,只须依据序列本身的性态就可判断它是否有极限.在讨论级数中我们会看到它的重要性.

满足定理 1 中条件的序列称为**柯西序列**.这时,定理 1 可以表述为:一个序列有极限的充要条件是它是一个柯西序列.

一个序列有极限,又称该序列**收敛**.因此,定理 1 也称为柯西收敛原理.

以上是讨论序列极限的情况.对于函数极限的情况,同样有柯西收敛原理.我们这里只叙述其结论,而不给出证明.有兴趣的读者完全可以仿照前面的步骤自行证明.

定理 2　设 $y = f(x)$ 在 a 的一个空心邻域内有定义,则 $y = f(x)$ 当 $x \to a$ 时有极限的充要条件是:对于任意给定的 $\varepsilon > 0$,存在一个 $\delta > 0$,使得
$$|f(x_1) - f(x_2)| < \varepsilon,$$
只要 x_1 与 x_2 满足下列条件:
$$0 < |x_1 - a| < \delta, \quad 0 < |x_2 - a| < \delta.$$

2. 数项级数及其敛散性的概念

一个形如
$$a_1 + a_2 + \cdots + a_k + \cdots = \sum_{k=1}^{\infty} a_k$$
的式子称为一个无穷级数.比如通常的几何级数
$$\sum_{k=0}^{\infty} q^k = 1 + q + q^2 + \cdots + q^k + \cdots.$$

也就是说,把一个序列 $\{a_k\}$ 的项形式地加起来就形成了一个级数 $\sum_{k=1}^{\infty} a_k$.这里我们没有考虑这个和式的意义,只是说它代表一个级数.这里的一般项 a_k 称作级数的**通项**.

简言之,一个级数就是无穷多个数的和式.通常我们遇到的和式都是有穷个数的和.这时,可以毫无困难地谈论和的值.但是对于一个级数,问题就变得复杂多了.为了讨论这个问题,我们引入级数收敛的概念.

定义　对于给定的级数 $\sum_{k=1}^{\infty} a_k$,我们把级数的前 n 项之和

$$S_n = \sum_{k=1}^{n} a_k$$

称为级数的**部分和**. 当 $n \to \infty$ 时,若部分和序列 $\{S_n\}$ 有极限 S,则称级数 $\sum\limits_{k=1}^{\infty} a_k$ **收敛**,且称 S 为这个级数的**和**,记作

$$S = \sum_{k=1}^{\infty} a_k.$$

如果一个级数的部分和序列 $\{S_n\}$ 没有极限,则称级数是**发散的**.

发散级数无值可言,只有收敛级数,我们才把它的部分和的极限视作级数的值.

例 1 讨论等比级数

$$\sum_{k=1}^{\infty} aq^{k-1} \quad (a \neq 0 \text{ 为常数})$$

的收敛性.

解 当 $q=1$ 时,$S_n = na \to \infty (n \to \infty)$,级数发散;当 $q=-1$ 时,$S_1 = S_3 = \cdots = S_{2n+1} = a$,$S_2 = S_4 = \cdots = S_{2n} = 0$,故 $\{S_n\}$ 无极限,也即级数发散;当 $|q| \neq 1$ 时,

$$S_n = \frac{a(1-q^n)}{1-q} \to \begin{cases} \dfrac{a}{1-q}, & |q| < 1 \text{ 时}, \\ \infty, & |q| > 1 \text{ 时}. \end{cases}$$

综上所述,当 $|q| \geqslant 1$ 时级数发散,当 $|q| < 1$ 时级数收敛.

通常我们遇到的无穷位小数实际上就是一个级数. 事实上,给定一个无穷位小数:

$$0.a_1 a_2 \cdots a_n \cdots,$$

其中 a_n 是在 $0,1,2,\cdots,9$ 中取值的一个整数,这个无穷位小数实际上就是下列级数的和:

$$\frac{a_1}{10} + \frac{a_2}{10^2} + \cdots + \frac{a_n}{10^n} + \cdots = \sum_{k=1}^{\infty} \frac{a_k}{10^k}.$$

特别地,当这小数中的每位 a_n 都取同一值 a 时,相应级数为几何级数. 由例 1 我们有

$$0.aa \cdots a \cdots = \sum_{k=1}^{\infty} \frac{a}{10^k} = \frac{1}{10} \sum_{k=1}^{\infty} a \left(\frac{1}{10} \right)^{k-1}$$

$$= \frac{1}{10} \cdot \frac{a}{1 - \dfrac{1}{10}} = \frac{a}{9}.$$

这样,我们就证明了大家在中学里早已熟知的事实:

$$0.33\cdots3\cdots=\frac{1}{3}, \quad 0.99\cdots9\cdots=1.$$

例 2   判断级数

$$(1+1)+\left(\frac{1}{2}+\frac{1}{3}\right)+\left(\frac{1}{2^2}+\frac{1}{3^2}\right)+\cdots+\left(\frac{1}{2^{n-1}}+\frac{1}{3^{n-1}}\right)+\cdots$$

是否收敛.若收敛,求其和.

解   这个序列的通项为$\left(\dfrac{1}{2^{n-1}}+\dfrac{1}{3^{n-1}}\right)$,其部分和为

$$S_n=\left(1+\frac{1}{2}+\cdots+\frac{1}{2^{n-1}}\right)+\left(1+\frac{1}{3}+\cdots+\frac{1}{3^{n-1}}\right)$$

$$=\frac{1-\dfrac{1}{2^n}}{1-\dfrac{1}{2}}+\frac{1-\dfrac{1}{3^n}}{1-\dfrac{1}{3}}.$$

显然,当$n\to\infty$时,S_n的极限为$\dfrac{7}{2}$.所以该级数收敛,其和为$\dfrac{7}{2}$.

部分和在研究级数时是一个重要角色.给定级数之后,其部分和序列就由级数唯一决定.反过来,若部分和序列$\{S_n\}$为已知,则相应的级数也是唯一确定的.事实上,因为

$$S_n=\sum_{k=1}^{n}a_k \quad (n=1,2,\cdots),$$

故 $a_n=S_n-S_{n-1}$(我们约定$S_0=0$).

在了解了部分和与通项之间的这种联系后,由级数收敛的定义立即推出下面的定理.

定理 3   设$\displaystyle\sum_{k=1}^{\infty}a_k$为给定的一个无穷级数,则该级数收敛的必要条件是其通项趋于零,也即

$$a_k\to 0 \quad (当\ k\to\infty).$$

证   设$S_n=\displaystyle\sum_{k=1}^{n}a_k$是它的部分和,级数收敛意味着$S_n$有极限.设极限为$S$.那么,由$S_n\to S(n\to\infty)$推出$S_{n-1}\to S(n\to\infty)$,从而有

$$a_n=S_n-S_{n-1}\to 0 \quad (n\to\infty).$$

证毕.

定理 3 告诉我们一个级数收敛的必要条件是其通项趋于零.因此,当我

们考察一个级数的收敛性时,首先要考察其通项是否趋于零.若其通项不趋于零,我们立即可以断言该级数发散.

但是,由通项趋于零并不能断言该级数收敛.因为通项趋于零仅仅是级数收敛之必要条件,而不是充分条件.

例 3 判断级数 $\sum\limits_{n=1}^{\infty}\ln\left(1+\dfrac{1}{n}\right)$ 是否收敛.

解 这个级数的部分和为

$$S_n = \sum_{k=1}^{n}\ln\left(1+\frac{1}{k}\right) = \sum_{k=1}^{n}\ln\frac{k+1}{k} = \sum_{k=1}^{n}\left[\ln(k+1)-\ln k\right]$$
$$= (\ln 2 - \ln 1) + (\ln 3 - \ln 2) + \cdots + \left[\ln(n+1)-\ln n\right]$$
$$= \ln(n+1),$$

当 $n\to\infty$ 时, $S_n\to+\infty$,可见 $\sum\limits_{n=1}^{\infty}\ln\left(1+\dfrac{1}{n}\right)$ 发散.

级数 $\sum\limits_{n=1}^{\infty}\ln\left(1+\dfrac{1}{n}\right)$ 的通项 $a_n=\ln\left(1+\dfrac{1}{n}\right)$ 趋于零,但是这个级数是发散的.

级数的收敛性是由其部分和所形成的序列是否收敛来定义的.因此,柯西收敛原理为级数的收敛性的判定提供了充要条件.

定理 4 级数 $\sum\limits_{k=1}^{\infty}a_k$ 收敛的必要条件是:对于任意给定的 $\varepsilon>0$,存在一个 N ,使得

$$\left|\sum_{k=n+1}^{n+p}a_k\right| < \varepsilon, \quad \text{只要 } n\geqslant N, p\geqslant 1.$$

粗略地说,这个定理告诉我们一个级数收敛的充要条件是,在级数中任意取出一段和 $a_{n+1}+\cdots+a_{n+p}$,无论项数 p 有多大,只要 n 充分大,这段和的绝对值就足够小.

证 根据定义,级数 $\sum\limits_{k=1}^{\infty}a_k$ 收敛即部分和序列

$$S_n = \sum_{k=1}^{n}a_k$$

有极限.由柯西收敛原理又知道, S_n 有极限之充要条件为:对于任意给定的 $\varepsilon>0$,存在一个 N ,使得

$$|S_m - S_n| < \varepsilon, \quad \text{只要 } n\geqslant N, m\geqslant N.$$

这个条件又可以改写为

$$|S_{n+p} - S_n| < \varepsilon, \quad \text{只要 } n \geqslant N, p \geqslant 1.$$

而

$$S_{n+p} - S_n = \sum_{k=n+1}^{n+p} a_k.$$

这样就得到了定理中的条件.证毕.

柯西收敛原理指出,收敛级数的充分靠后的任意一段之和,其绝对值可以任意小.

据此,我们来考察调和级数

$$\sum_{n=1}^{\infty} \frac{1}{n} = 1 + \frac{1}{2} + \frac{1}{3} + \cdots$$

之收敛性.

这个级数的通项趋于零,满足收敛的必要条件,因而不能立即断定它收敛或发散.根据柯西收敛原理,我们应该考虑形如

$$\sum_{k=n+1}^{n+p} \frac{1}{k} = \frac{1}{n+1} + \cdots + \frac{1}{n+p}$$

的和当 $n \to \infty$ 时是否趋于零.显然,不论 n 多大,只要取 p 足够大(即取项数足够多),上述形式的和就不趋于零.比如,任意取定 n 后,取 $p = n$,那么

$$\sum_{k=n+1}^{2n} \frac{1}{k} = \frac{1}{n+1} + \cdots + \frac{1}{2n} \geqslant \frac{n}{2n} = \frac{1}{2}.$$

这就表明调和级数是发散的.

虽然调和级数是发散的,但是,级数 $\sum_{n=1}^{\infty} \frac{1}{n^2}$ 却是收敛的.事实上,

$$\left| \sum_{k=n+1}^{n+p} \frac{1}{k^2} \right| = \frac{1}{(n+1)^2} + \frac{1}{(n+2)^2} + \cdots + \frac{1}{(n+p)^2}$$

$$< \frac{1}{n(n+1)} + \frac{1}{(n+1)(n+2)} + \cdots + \frac{1}{(n+p-1)(n+p)}$$

$$= \left(\frac{1}{n} - \frac{1}{n+1} \right) + \left(\frac{1}{n+1} - \frac{1}{n+2} \right) + \cdots$$

$$+ \left(\frac{1}{n+p-1} - \frac{1}{n+p} \right)$$

$$= \frac{1}{n} - \frac{1}{n+p} < \frac{1}{n}.$$

故对于任意给定的 $\varepsilon > 0$,取 $N = [1/\varepsilon] + 1$,则当 $n \geqslant N$ 时,对一切自然数 p 都有

$$\left|\sum_{k=n+1}^{n+p}\frac{1}{k^2}\right|<\frac{1}{n}<\varepsilon.$$

这就证明了这个级数的收敛性.

以上我们看到调和级数 $\sum_{n=1}^{\infty}\frac{1}{n}$ 是发散的,而级数 $\sum_{n=1}^{\infty}\frac{1}{n^2}$ 是收敛的.从直观上,对此应如何解释呢? 可以这样理解:两者之通项虽然都趋于零,但前者通项趋于零的速度较慢,从而导致部分和不收敛;而后者通项趋于零的速度较快,保证了其部分和收敛.一般来说,通项趋于零的速度达到一定程度,就能够保证级数的收敛性.

3. 收敛级数的性质

我们知道,级数的收敛性是由其部分和序列的收敛性定义的,而收敛级数的值也是由部分和序列的极限值定义的.因此,由序列极限的有关定理立即推出下面的两条性质:

(1) 若 $\sum_{k=1}^{\infty}a_k$ 与 $\sum_{k=1}^{\infty}b_k$ 都是收敛的,并分别收敛于 S_1 及 S_2,则级数

$$\sum_{k=1}^{\infty}(a_k\pm b_k)$$

也收敛,并收敛于 $S_1\pm S_2$.

(2) 若级数 $\sum_{k=1}^{\infty}a_k$ 收敛于 S,则对任意常数 c,级数 $\sum_{k=1}^{\infty}ca_k$ 也收敛,并收敛于 cS.

严格证明请读者自己完成.

我们知道,对一个序列 $\{u_n\}$ 的前面若干项做更动并不影响序列的收敛性.级数也有类似的性质.

(3) 设有两级数 $\sum_{k=1}^{\infty}a_k$ 与 $\sum_{k=1}^{\infty}b_k$.若存在一个 N,使得

$$a_k=b_k,\quad \text{当}\ k\geqslant N,$$

则这两个级数同时收敛或同时发散.

这一点从柯西收敛原理看得十分清楚.事实上,当 $n\geqslant N$ 时我们总有

$$\sum_{k=n+1}^{n+p}a_k=\sum_{k=n+1}^{n+p}b_k,\quad \forall\, p\geqslant 1.$$

因此,这两个级数同时满足或同时不满足关于级数收敛的柯西条件.也就是说,它们要么同时收敛,要么同时发散.

这条性质告诉我们,级数的收敛性与其前面的有限项的值的改变无关.所以,**在级数前面添加上有限项或删除掉有限项,所成的新级数与原级数同时收敛或发散.**

(4) 将收敛级数的项任意加括号后所成的新级数,仍然收敛到原级数的和(此性质称为无穷和的结合律).

证   设级数 $\sum\limits_{n=1}^{\infty} u_n$ 收敛于和 S,其部分和序列为 $\{S_n\}$.将其项任意加括号后所成的级数为

$$(u_1 + \cdots + u_{i_1}) + (u_{i_1+1} + \cdots + u_{i_2}) + \cdots$$
$$+ (u_{i_{n-1}+1} + \cdots + u_{i_n}) + \cdots = \sum_{k=1}^{\infty} v_k, \qquad (10.1)$$

其中 $v_k = u_{i_{k-1}+1} + \cdots + u_{i_k}$,并规定 $i_0 = 0$.设级数(10.1)的部分和序列为 $\{\sigma_n\}$.不难看出有关系式:

$$\sigma_n = S_{i_n},$$

即 $\{\sigma_n\}$ 是 $\{S_n\}$ 的一个子序列.因而若原级数收敛于 S 时,也即 $S_n \to S(n \to \infty)$,就有 $\sigma_n \to S(n \to \infty)$.证毕.

显然,若对一个级数中的项添加括号后收敛,该级数本身未必收敛.一个最明显的例子是 $\sum\limits_{n=0}^{\infty}(-1)^n$.它是发散的,但适当添加括号后可以变成收敛的.

例 4   判别下列级数是否收敛? 若收敛,求其和.

(1) $\sum\limits_{n=1}^{\infty} \dfrac{3^{n+1} + 5 \times (-2)^n}{4^n}$;   (2) $\sum\limits_{n=1}^{\infty} \dfrac{1}{(3n-2)(3n+1)}$.

解   (1) 级数的通项 $u_n = \dfrac{3^{n+1} + 5 \times (-2)^n}{4^n}$ 可以写成

$$u_n = 3 \times \left(\frac{3}{4}\right)^n + 5 \times \left(-\frac{1}{2}\right)^n.$$

$\sum\limits_{n=1}^{\infty} \left(\dfrac{3}{4}\right)^n$ 和 $\sum\limits_{n=1}^{\infty} \left(-\dfrac{1}{2}\right)^n$ 都是公比 q 满足:$|q| < 1$ 的等比级数,因此它们都收敛.利用收敛级数的性质和例 1 的结果,

$$\sum_{n=1}^{\infty} \frac{3^{n+1} + 5 \times (-2)^n}{4^n} = 3 \sum_{n=1}^{\infty} \left(\frac{3}{4}\right)^n + 5 \sum_{n=1}^{\infty} \left(-\frac{1}{2}\right)^n$$

$$= 3 \times \frac{\dfrac{3}{4}}{1 - \dfrac{3}{4}} + 5 \times \frac{-\dfrac{1}{2}}{1 - \left(-\dfrac{1}{2}\right)} = \frac{22}{3}.$$

（2）级数的通项 $a_n = \dfrac{1}{(3n-2)(3n+1)}$ 可以写成

$$a_n = \frac{1}{3}\left(\frac{1}{3n-2} - \frac{1}{3n+1}\right),$$

则部分和为

$$S_n = \sum_{k=1}^{n} \frac{1}{3}\left(\frac{1}{3k-2} - \frac{1}{3k+1}\right) = \frac{1}{3}\sum_{k=1}^{n}\left(\frac{1}{3k-2} - \frac{1}{3k+1}\right)$$

$$= \frac{1}{3}\left[\left(1 - \frac{1}{4}\right) + \left(\frac{1}{4} - \frac{1}{7}\right) + \cdots + \left(\frac{1}{3n-2} - \frac{1}{3n+1}\right)\right]$$

$$= \frac{1}{3}\left(1 - \frac{1}{3n+1}\right).$$

当 $n \to \infty$ 时，$S_n \to \dfrac{1}{3}$，所以该级数收敛，其和为 $\dfrac{1}{3}$.

人们很早就使用了无穷级数来表示某个函数，尤其是微分方程的解. 在 17 世纪至 18 世纪，无穷级数与微积分、变分法等构成了分析学的主要内容. 在柯西之前，人们毫无顾忌地使用无穷求和的符号，并把它同有限和一样对待. 柯西在 1821 年发表的《分析教程》中不仅为微积分学奠定了基础，澄清了无穷小量的概念，而且第一次提出级数收敛的概念. 据说柯西关于级数收敛性的研究成果在巴黎科学院宣读之后，使科学界大为震动. 当时，年事已高的拉普拉斯听完后赶回家中检查他那早已出版的五大卷《天体力学》中的级数，检查后庆幸自己使用的级数都是收敛的.

习　题　10.1

1. 利用柯西收敛原理证明：

（1）级数 $\displaystyle\sum_{n=1}^{\infty} \frac{\cos n}{n(n+1)}$ 收敛；　　（2）级数 $\displaystyle\sum_{n=1}^{\infty} \frac{1}{\sqrt{n}}$ 发散；

（3）设两个级数 $\displaystyle\sum_{n=1}^{\infty} a_n$ 与 $\displaystyle\sum_{n=1}^{\infty} b_n$ 都收敛，且存在正整数 N，使当 $n \geqslant N$ 时有 $a_n \leqslant u_n$

$\leqslant b_n$,则级数 $\sum\limits_{n=1}^{\infty} u_n$ 也收敛.

2. 已知级数 $\sum\limits_{n=1}^{\infty} a_n$ 收敛,又知级数 $\sum\limits_{n=1}^{\infty} b_n$ 发散,问级数 $\sum\limits_{n=1}^{\infty}(a_n \pm b_n)$ 是否收敛?

3. 判断下列级数是否收敛:

(1) $\sum\limits_{n=1}^{\infty}(\sqrt{n+1}-\sqrt{n})$;　　(2) $\sum\limits_{n=1}^{\infty}\dfrac{1}{(2n-1)(2n+1)}$;

(3) $\sum\limits_{n=1}^{\infty}\dfrac{1}{(5n-4)(5n+1)}$;　　(4) $\sum\limits_{n=1}^{\infty}\cos^2\dfrac{\pi}{n}$;

(5) $\sum\limits_{n=1}^{\infty}\dfrac{n}{2n-1}$;　　(6) $\sum\limits_{n=1}^{\infty}\dfrac{\ln^n 5}{3^n}$;

(7) $\sum\limits_{n=1}^{\infty}\sqrt[n]{0.0001}$;　　(8) $\sum\limits_{n=1}^{\infty}\dfrac{1}{6n}$.

4. 设级数 $\sum\limits_{n=1}^{\infty} u_n$ 的部分和序列为 $\{S_n\}$.若 $n \to \infty$ 时 $\{S_{2n}\}$ 与 $\{S_{2n+1}\}$ 都收敛且收敛到同一个常数 A,证明级数 $\sum\limits_{n=1}^{\infty} u_n$ 收敛.

5. 设级数 $\sum\limits_{n=1}^{\infty} u_n$ 收敛,且 $u_n \geqslant u_{n+1} \geqslant 0 (n=1,2,\cdots)$,证明:

$$\lim_{n\to\infty} n u_n = 0.$$

(提示:利用本节定理 4,先证 $n u_{2n} \to 0$,因而 $2n u_{2n} \to 0$.再证 $(2n+1)u_{2n+1} \to 0$.)

§2　正项级数的收敛判别法

从现在开始,我们将介绍一些级数收敛的判别法.首先介绍正项级数判别法,这不仅因为正项级数是实用中常见的一类级数,而且因为有很多任意项级数的收敛性问题,也可利用正项级数的收敛性来进行讨论.

顾名思义,正项级数就是每一项都不小于零的级数,即当 $u_n \geqslant 0 (n=1,2,\cdots)$ 时,$\sum\limits_{n=1}^{\infty} u_n$ 就称为**正项级数**.

正项级数有一个重要特点,即由于 $u_n \geqslant 0$,其部分和序列 $\{S_n\}$ 是单调递增的.另一方面,当单调递增序列 $\{S_n\}$ 有上界时,它就必有极限;反之,当 $\{S_n\}$ 有极限时,它也必有上界.因此下列命题成立.

命题 1　正项级数 $\sum\limits_{n=1}^{\infty} u_n$ 收敛的充要条件是其部分和序列 $\{S_n\}$ 有上界.

根据这一命题,我们可给出有关正项级数的比较判别法.

定理 1（比较判别法） 设两正项级数 $\sum\limits_{n=1}^{\infty} u_n$ 与 $\sum\limits_{n=1}^{\infty} v_n$ 的一般项满足 $u_n \leqslant v_n (n=1,2,\cdots)$,则

(1) 由级数 $\sum\limits_{n=1}^{\infty} v_n$ 收敛可断定级数 $\sum\limits_{n=1}^{\infty} u_n$ 也收敛;

(2) 由 $\sum\limits_{n=1}^{\infty} u_n$ 发散可断定 $\sum\limits_{n=1}^{\infty} v_n$ 也发散.

证 (1) 设 $\sum\limits_{n=1}^{\infty} u_n$ 与 $\sum\limits_{n=1}^{\infty} v_n$ 的部分和序列分别为 $\{S_n\}$ 与 $\{T_n\}$.由假设条件,有

$$0 \leqslant S_n \leqslant T_n, \quad n=1,2,\cdots.$$

设 $\sum\limits_{n=1}^{\infty} v_n$ 收敛,由命题 1 知,$\{T_n\}$ 有上界,即存在常数 M,使

$$T_n \leqslant M, \quad n=1,2,\cdots.$$

由上述不等式即得

$$S_n \leqslant M, \quad n=1,2,\cdots,$$

即 $\{S_n\}$ 也有上界.再次用命题 1,即得级数 $\sum\limits_{n=1}^{\infty} u_n$ 收敛.这就证明了定理中的结论(1).

(2) 用反证法.设 $\sum\limits_{n=1}^{\infty} v_n$ 收敛,则由(1)的结论推得 $\sum\limits_{n=1}^{\infty} u_n$ 也收敛,与(2)的假定矛盾.证毕.

注意到删去级数开头的有限项不影响级数的收敛性,即得如下推论.

推论 若存在常数 $N(\geqslant 1)$ 及 $c(>0)$,使

$$0 \leqslant u_n \leqslant cv_n, \quad 只要 n \geqslant N,$$

则当 $\sum\limits_{n=1}^{\infty} v_n$ 收敛时,$\sum\limits_{n=1}^{\infty} u_n$ 也收敛;当 $\sum\limits_{n=1}^{\infty} u_n$ 发散时,$\sum\limits_{n=1}^{\infty} v_n$ 也发散.

比较判别法及其推论为我们提供了一个具体的判别正项级数收敛或发散的途径,那就是用一个已知收敛(或发散)的级数与一个要讨论的级数进行比较,从中得出结论.

例 1 讨论 p 级数

$$\sum_{n=1}^{\infty} \frac{1}{n^p} \quad (p > 0)$$

的敛散性.

解   当 $p \leqslant 1$ 时，$\dfrac{1}{n^p} \geqslant \dfrac{1}{n}$，又已知调和级数 $\displaystyle\sum_{n=1}^{\infty} \dfrac{1}{n}$ 发散，故当 $p \leqslant 1$ 时级数发散.

当 $p > 1$ 时，考虑顺序将级数的一项、两项、四项、八项、$\cdots$，依下列方式括在一起，组成的一个新的级数

$$1 + \left(\frac{1}{2^p} + \frac{1}{3^p}\right) + \left(\frac{1}{4^p} + \cdots + \frac{1}{7^p}\right)$$
$$+ \left(\frac{1}{8^p} + \cdots + \frac{1}{15^p}\right) + \cdots = \sum_{n=0}^{\infty} v_n,$$

其中

$$v_n = \frac{1}{2^{np}} + \frac{1}{(2^n+1)^p} + \cdots + \frac{1}{(2^{n+1}-1)^p}, \quad n = 0,1,2,\cdots.$$

不难看出 v_n 含 2^n 项，将其每一项都放大为 $\dfrac{1}{2^{np}}$，则有

$$v_n \leqslant \frac{1}{2^{np}} + \frac{1}{2^{np}} + \cdots + \frac{1}{2^{np}} = \frac{2^n}{2^{np}} = \frac{1}{2^{n(p-1)}} = w_n.$$

而级数 $\displaystyle\sum_{n=0}^{\infty} w_n = \sum_{n=0}^{\infty} \left(\dfrac{1}{2^{p-1}}\right)^n$ 是公比为 $\dfrac{1}{2^{p-1}} < 1$ 的等比级数，因而收敛.于是由定理 1，级数 $\displaystyle\sum_{n=0}^{\infty} v_n$ 也收敛.

令 $T_n = \displaystyle\sum_{k=0}^{n} v_k$，即 T_n 为级数 $\displaystyle\sum_{k=0}^{\infty} v_k$ 的部分和.由 $\displaystyle\sum_{k=0}^{\infty} v_k$ 的收敛性可以推出 T_n 有上界，也即存在 $M > 0$ 使得

$$T_n \leqslant M, \quad \forall n = 1,2,\cdots.$$

令 $S_n = \displaystyle\sum_{k=1}^{n} \dfrac{1}{k^p}$，即 S_n 为级数 $\displaystyle\sum_{k=1}^{\infty} \dfrac{1}{k^p}$ 的部分和.根据 v_n 的构造，不难看出，对于任意的正整数 k，我们有

$$S_k = 1 + \frac{1}{2^p} + \cdots + \frac{1}{k^p}$$
$$\leqslant 1 + \frac{1}{2^p} + \cdots + \frac{1}{(2^{n+1}-1)^p} = T_n,$$

其中 n 为自然数，满足 $2^{n+1} - 1 \geqslant k$.于是，S_k 有上界：

$$S_k \leqslant M, \quad \forall k = 1,2,\cdots.$$

这样,我们证明了当 $p > 1$ 时,$\sum\limits_{n=1}^{\infty} \dfrac{1}{n^p}$ 收敛.

总之,关于 p 级数 $\sum\limits_{n=1}^{\infty} \dfrac{1}{n^p}$,我们证明了下述结论:当 $p \leqslant 1$ 时级数发散,而 $p > 1$ 时级数收敛.这一结论是今后经常要用到的基本事实.如由此立即可知级数 $\sum\limits_{n=1}^{\infty} \dfrac{1}{\sqrt{n}}$,$\sum\limits_{n=1}^{\infty} \dfrac{1}{\sqrt[3]{n}}$ 等发散,而级数 $\sum\limits_{n=1}^{\infty} \dfrac{1}{n\sqrt{n}}$,$\sum\limits_{n=1}^{\infty} \dfrac{1}{n\sqrt[3]{n}}$ 等收敛.

例 2 讨论级数 $\sum\limits_{n=1}^{\infty} \dfrac{\ln n}{\sqrt{n}}$ 及 $\sum\limits_{n=1}^{\infty} \dfrac{\sqrt{n^2+1}}{n^3+2n}$ 的收敛性.

解 当 $n \geqslant 3$ 时 $\ln n > 1$,因而我们有

$$\frac{\ln n}{\sqrt{n}} \geqslant \frac{1}{\sqrt{n}}, \quad n = 3, 4, \cdots.$$

然而 $\sum\limits_{n=1}^{\infty} \dfrac{1}{\sqrt{n}}$ 是发散的,故 $\sum\limits_{n=1}^{\infty} \dfrac{\ln n}{\sqrt{n}}$ 也是发散的.

由于 $\dfrac{\sqrt{n^2+1}}{n^3+2n}$ 趋于零的速度大体上相当于 $\dfrac{1}{n^2}$ 趋于零的速度,我们有理由猜想级数

$$\sum_{n=1}^{\infty} \frac{\sqrt{n^2+1}}{n^3+2n} \quad 与 \quad \sum_{n=1}^{\infty} \frac{1}{n^2}$$

有相同的收敛性.而后一个级数是收敛的,因而前一个级数很可能是收敛的.现在,我们用比较判别法来证实这个猜想是正确的.事实上,容易看出对任意自然数 n,

$$\frac{\sqrt{n^2+1}}{n^3+2n} = \frac{n}{n^3} \cdot \frac{\sqrt{1+\dfrac{1}{n^2}}}{\left(1+\dfrac{2}{n^2}\right)} \leqslant 1 \cdot \frac{n}{n^3} = \frac{1}{n^2}.$$

由级数 $\sum\limits_{n=1}^{\infty} \dfrac{1}{n^2}$ 的收敛性及比较判别法,立即推出级数 $\sum\limits_{n=1}^{\infty} \dfrac{\sqrt{n^2+1}}{n^3+2n}$ 收敛.

利用比较判别法,能判别相当一类级数的敛散性,但有时用起来还不大方便.这是因为我们必须对所讨论的级数的通项与一个已知敛散性级数的通项建立不等式关系(见例 2).然而,这一点并非总是轻而易举的.为此我们给出比较判别法的极限形式,以便于应用.

定理 2 设有两个正项级数 $\sum\limits_{n=1}^{\infty} u_n$ 与 $\sum\limits_{n=1}^{\infty} v_n$,且有

$$\lim_{n\to\infty}\frac{u_n}{v_n}=h,$$

其中 h 为有穷数或 $+\infty$.则有下述结论：

（1）当 $0\leqslant h<+\infty$ 时,若 $\sum\limits_{n=1}^{\infty}v_n$ 收敛,则 $\sum\limits_{n=1}^{\infty}u_n$ 收敛；

（2）当 $0<h\leqslant+\infty$ 时,若 $\sum\limits_{n=1}^{\infty}v_n$ 发散,则 $\sum\limits_{n=1}^{\infty}u_n$ 发散.

特别地,当 $0<h<+\infty$ 时,两个无穷级数同时收敛或同时发散.

证　（1）当 $0\leqslant h<+\infty$ 时,存在一个自然数 N,使得当 $n>N$ 时,

$$\frac{u_n}{v_n}<h+1,$$

也即 $u_n<(h+1)v_n$.从而,由 $\sum\limits_{n=1}^{\infty}v_n$ 的收敛性可推出 $\sum\limits_{n=1}^{\infty}u_n$ 的收敛性.

（2）当 $0<h\leqslant+\infty$ 时,这时我们有

$$\lim_{n\to\infty}\frac{v_n}{u_n}=\frac{1}{h},$$

这里我们约定 $h=+\infty$ 时 $\frac{1}{h}=0$.这样,对充分大的 n , $v_n<\left(\frac{1}{h}+1\right)u_n$,这就证明了结论（2）. 证毕.

例3　讨论下列级数的敛散性：

（1）$\sum\limits_{n=1}^{\infty}\dfrac{4n}{(n+1)(n+2)}$;　　　　（2）$\sum\limits_{n=1}^{\infty}\dfrac{2n+1}{(n+1)(n+2)(n+3)}$.

解　（1）因为

$$\frac{4n}{(n+1)(n+2)}\Big/\frac{1}{n}\to4,$$

而级数 $\sum\limits_{n=1}^{\infty}\dfrac{1}{n}$ 发散,所以级数 $\sum\limits_{n=1}^{\infty}\dfrac{4n}{(n+1)(n+2)}$ 也发散.

（2）因为 $\dfrac{2n+1}{(n+1)(n+2)(n+3)}\Big/\dfrac{1}{n^2}\to2$,所以级数收敛.

例4　讨论下列级数的敛散性：

（1）$\sum\limits_{n=1}^{\infty}n^{-p}\sin\dfrac{1}{n}(p>0)$;　　（2）$\sum\limits_{n=1}^{\infty}\dfrac{\sqrt[n]{n}}{2^n}$;　　（3）$\sum\limits_{n=2}^{\infty}\dfrac{1}{\sqrt{n}\ln n}$.

解　（1）因为当 $n\to\infty$ 时 , $\sin\dfrac{1}{n}\sim\dfrac{1}{n}$,所以

$$\frac{n^{-p}\sin\frac{1}{n}}{\frac{1}{n^{1+p}}}=\frac{\sin\frac{1}{n}}{\frac{1}{n}}\rightarrow1\quad(n\rightarrow\infty),$$

而 $1+p>1$，$\displaystyle\sum_{n=1}^{\infty}\frac{1}{n^{1+p}}$ 收敛，由定理 2，$\displaystyle\sum_{n=1}^{\infty}n^{-p}\sin\frac{1}{n}$ 收敛.

（2）因为 $\displaystyle\lim_{n\rightarrow\infty}\sqrt[n]{n}=1$，所以

$$\frac{\frac{\sqrt[n]{n}}{2^n}}{\frac{1}{2^n}}=\sqrt[n]{n}\rightarrow1\quad(n\rightarrow\infty).$$

由等比级数 $\displaystyle\sum_{n=1}^{\infty}\frac{1}{2^n}$ 的收敛性及定理 2，立即推出 $\displaystyle\sum_{n=1}^{\infty}\frac{\sqrt[n]{n}}{2^n}$ 收敛.

（3）首先利用洛必达法则可证

$$\lim_{x\rightarrow+\infty}\frac{\ln x}{x^p}=0,$$

其中 $p>0$. 于是

$$\lim_{n\rightarrow\infty}\frac{\frac{1}{\sqrt{n}\ln n}}{\frac{1}{n^{\frac{1}{2}+\frac{1}{3}}}}=\lim_{n\rightarrow\infty}\frac{1}{\frac{\ln n}{n^{\frac{1}{3}}}}=+\infty,$$

而 $\dfrac{1}{2}+\dfrac{1}{3}=\dfrac{5}{6}<1$，故 $\displaystyle\sum_{n=2}^{\infty}\frac{1}{n^{\frac{1}{2}+\frac{1}{3}}}$ 发散. 根据定理 2，$\displaystyle\sum_{n=2}^{\infty}\frac{1}{\sqrt{n}\ln n}$ 发散.

应用比较判别法时，需要将所讨论的级数与一个已知其敛散性的级数进行比较，这种方法有时不大好用. 下面给出的两个判别法，不必考虑另外的级数，而只须考虑级数本身的项，就能判别其敛散性.

定理 3（达朗贝尔判别法）　若正项级数 $\displaystyle\sum_{n=1}^{\infty}u_n(u_n>0)$ 满足

$$\lim_{n\rightarrow\infty}\frac{u_{n+1}}{u_n}=l,$$

则

（1）当 $l<1$ 时，级数收敛；

（2）当 $l>1$ 时，级数发散；

（3）当 $l=1$ 时，级数的敛散性不定：可能收敛，也可能发散.

证 (1) 当 $l<1$ 时,取一常数 q,满足

$$l < q < 1.$$

又由极限的性质,对上述取定的 q,必存在正整数 N,使当 $n \geqslant N$ 时,

$$\frac{u_{n+1}}{u_n} < q,$$

即

$$u_{n+1} < qu_n, \quad n \geqslant N.$$

由此推得

$$u_{N+1} < qu_N,$$

$$u_{N+2} < qu_{N+1} < q^2 u_N,$$

$$u_{N+3} < \cdots < q^3 u_N,$$

$$\cdots\cdots\cdots\cdots\cdots\cdots\cdots\cdots\cdots\cdots$$

$$u_{N+k} < \cdots < q^k u_N,$$

$$\cdots\cdots\cdots\cdots\cdots\cdots\cdots\cdots\cdots\cdots$$

由于正数 $q<1$,且 u_N 是一固定的常数,故上式右边各项所组成的级数 $\displaystyle\sum_{k=1}^{\infty} q^k u_N$ 收敛,再由比较判别法,上式左边各项所成的级数

$$\sum_{k=1}^{\infty} u_{N+k}$$

也收敛.于是由级数的性质可知,级数 $\displaystyle\sum_{k=1}^{\infty} u_k$ 也收敛.

(2) 设 $l>1$.这时存在 N,使当 $n \geqslant N$ 时

$$\frac{u_{n+1}}{u_n} > 1,$$

于是 $u_{n+1} > u_n (n \geqslant N)$,这说明 $\{u_n\}$(当 $n \geqslant N$ 时)单调上升,故当 $n \rightarrow \infty$ 时,u_n 不趋向于 0.因而级数发散.

(3) 设 $l=1$.我们举例说明这时级数有收敛或发散之两种可能性.事实上,对于任一 p 级数,均有

$$\lim_{n \to \infty} \frac{\dfrac{1}{(n+1)^p}}{\dfrac{1}{n^p}} = 1,$$

但我们已知 p 级数当 $p \leqslant 1$ 时发散,而当 $p>1$ 时收敛.因而当 $l=1$ 时不能断定级数的敛散性. 证毕.

例 5 讨论级数 $\displaystyle\sum_{n=1}^{\infty}\frac{b^n}{n^\alpha}(\alpha>0,b>0)$ 的敛散性.

解 显然,我们有: $\displaystyle\lim_{n\to\infty}\frac{u_{n+1}}{u_n}=\lim_{n\to\infty}b\left(\frac{n}{n+1}\right)^\alpha=b.$

由定理 3 知,当 $b>1$ 时级数发散;当 $b<1$ 时级数收敛.当 $b=1$ 时,级数为 p 级数,故这时当 $\alpha\leqslant1$ 时级数发散,当 $\alpha>1$ 时级数收敛.

由例 5 可知,级数 $\displaystyle\sum_{n=1}^{\infty}\frac{(4/5)^n}{\sqrt{n}}$ 收敛,而级数 $\displaystyle\sum_{n=1}^{\infty}\frac{2^n}{n^{100}}$ 发散.

例 6 讨论级数 $\displaystyle\sum_{n=1}^{\infty}\frac{\mathrm{e}^n n!}{n^n}$ 的敛散性.

解 设 $u_n=\dfrac{\mathrm{e}^n n!}{n^n}$,那么

$$\frac{u_{n+1}}{u_n}=\frac{\dfrac{\mathrm{e}^{n+1}(n+1)!}{(n+1)^{n+1}}}{\dfrac{\mathrm{e}^n n!}{n^n}}=\frac{\mathrm{e}}{\left(1+\dfrac{1}{n}\right)^n}.$$

因为 $\displaystyle\lim_{n\to\infty}\left(1+\frac{1}{n}\right)^n=\mathrm{e}$,所以 $\displaystyle\lim_{n\to\infty}\frac{u_{n+1}}{u_n}=1$,故不能由达朗贝尔判别法判别此级数的收敛性. 但是我们知道 $\left(1+\dfrac{1}{n}\right)^n$ 单调上升趋于 e,即 $\left(1+\dfrac{1}{n}\right)^n<\mathrm{e}$,从而 $\dfrac{u_{n+1}}{u_n}>1(n=1,2,\cdots)$,那么

$$u_{n+1}>u_n>\cdots>u_1.$$

这说明当 $n\to\infty$ 时,u_n 不趋于零. 根据本章 §1 中的定理 3,就可推断出 $\displaystyle\sum_{n=1}^{\infty}\frac{\mathrm{e}^n n!}{n^n}$ 发散.

达朗贝尔判别法也叫比值判别法. 它与下面要介绍的柯西判别法都是常用的方法.

定理 4(柯西判别法) 若正项级数 $\displaystyle\sum_{n=1}^{\infty}u_n$ 满足

$$\lim_{n\to\infty}\sqrt[n]{u_n}=l,$$

则

(1) 当 $l<1$ 时,级数收敛;

(2) 当 $l>1$ 时,级数发散;

(3) 当 $l=1$ 时,级数可能收敛,也可能发散.

证 (1) 设 $l<1$.取定常数 q: $l<q<1$,则存在 N,使 $n \geqslant N$ 时有 $\sqrt[n]{u_n}<q$,即

$$u_n < q^n, \quad n \geqslant N.$$

于是由等比级数 $\sum_{n=1}^{\infty} q^n (q<1)$ 的收敛性即可推出级数 $\sum_{n=1}^{\infty} u_n$ 的收敛性.

(2) 设 $l>1$.这时存在 $N>0$,使 $n \geqslant N$ 时有 $\sqrt[n]{u_n}>1$,即

$$u_n > 1, \quad n \geqslant N,$$

于是 $u_n \nrightarrow 0(n \to \infty$时),因而级数发散.

(3) 设 $l=1$.这时我们仍以 p 级数为例,对任意 p,都有

$$\sqrt[n]{u_n} = \frac{1}{\sqrt[n]{n^p}} = \left(\frac{1}{\sqrt[n]{n}}\right)^p \to 1.$$

我们知道 $p>1$ 时,p 级数收敛,而 $p \leqslant 1$ 时,p 级数发散.故当 $l=1$ 时级数的敛散性不定.证毕.

例 7 判别下列级数的敛散性:

(1) $\sum_{n=1}^{\infty} \frac{2}{n^n}$; (2) $\sum_{n=1}^{\infty} \frac{2+(-1)^n}{2^n}$.

解 (1) 设 $u_n = \frac{2}{n^n}$,则 $\sqrt[n]{u_n} = \frac{\sqrt[n]{2}}{n}$.因为 $\lim_{n \to \infty} \sqrt[n]{2}=1$,所以 $\lim_{n \to \infty} \sqrt[n]{u_n}=0$.根据柯西判别法,$\sum_{n=1}^{\infty} \frac{2}{n^n}$ 收敛.

(2) 设 $u_n = \frac{2+(-1)^n}{2^n}$,则

$$\sqrt[n]{u_n} = \frac{\sqrt[n]{2+(-1)^n}}{2} \to \frac{1}{2} \quad (n \to \infty).$$

(这里用到 $\sqrt[n]{2+(-1)^n} \to 1(n \to \infty)$,这是为什么?)因此,根据柯西判别法,$\sum_{n=1}^{\infty} \frac{2+(-1)^n}{2^n}$ 收敛.

例 8 判别下列级数的敛散性:

(1) $\sum_{n=1}^{\infty} \left(\frac{x}{n}\right)^n$, $x>0$;

(2) $\sum_{n=1}^{\infty} \left(\frac{x}{a_n}\right)^n$, $x>0$, $a_n>0$,且 $a_n \to a$ $(n \to \infty)$.

解 (1) 设 $u_n = \left(\dfrac{x}{n}\right)^n$，那么 $\sqrt[n]{u_n} = \dfrac{x}{n} \to 0$ $(n \to \infty)$. 故对任意 $x > 0$，级数 $\displaystyle\sum_{n=1}^{\infty} \left(\dfrac{x}{n}\right)^n$ 都收敛.

(2) 设 $u_n = \left(\dfrac{x}{a_n}\right)^n$，那么 $\sqrt[n]{u_n} = \dfrac{x}{a_n}$. 由柯西判别法知：

(i) 当 $a = 0$ 时，$\sqrt[n]{u_n} \to \infty$ $(n \to \infty)$，因而级数发散；

(ii) 当 $a = \infty$ 时，$\sqrt[n]{u_n} \to 0$ $(n \to \infty)$，因而级数收敛；

(iii) 当 $0 < a < +\infty$ 时，当 $x < a$ 时级数收敛，当 $x > a$ 时级数发散，当 $x = a$ 时敛散性不定.

从定理 3 与定理 4 的证明过程看出，当 $l < 1$ 时，级数的一般项 u_n ($n \geqslant N$) 小于一个等比级数的一般项 cq^n ($q < 1$). 亦即一般项 u_n 趋于 0 的速度大于或相当于 cq^n 趋于 0 的速度. 也就是说，定理 3 与定理 4 只适用于判断满足

$$u_n \leqslant cq^n \quad (n \geqslant N > 0, \ c > 0, \ 0 < q < 1)$$

的级数的收敛性. 对于其一般项不满足这一不等式的级数，必须采用另外的判别法. 下面我们给出这样的一个判别法，这个判别法是将所讨论的级数与 p 级数做比较而得到的.

定理 5* (拉比判别法) 若正项级数 $\displaystyle\sum_{n=1}^{\infty} u_n$ ($u_n \neq 0$) 满足

$$\lim_{n \to \infty} n\left(\frac{u_n}{u_{n+1}} - 1\right) = R \quad (R \text{ 可以是 } \infty),$$

则

(1) 当 $R > 1$ 时，级数收敛；

(2) 当 $R < 1$ 时，级数发散；

(3) 当 $R = 1$ 时，敛散性不定.

证明从略. 这个判别法用得较少，读者可不必记住它.

例 9 讨论级数 $\displaystyle\sum_{n=1}^{\infty} \frac{(2n-1)!!}{(2n)!!} \cdot \frac{1}{2n+1}$ 的敛散性.

解 设 u_n 是上述级数的通项，那么

$$\frac{u_{n+1}}{u_n} = \frac{2n+1}{2(n+1)} \cdot \frac{2n+1}{2n+3} \to 1,$$

所以用达朗贝尔和柯西判别法不能得出结论.

我们改用拉比判别法. 因为

$$n\left(\frac{u_n}{u_{n+1}}-1\right)=n\,\frac{6n+5}{(2n+1)^2}\to\frac{3}{2}>1\quad(n\to\infty),$$

所以级数收敛.

在某些情况下,正项级数的收敛性也可以利用积分进行判别.下面我们介绍积分判别法.为此我们先引进无穷积分收敛的概念.

定义　设函数 $f(x)$ 在 $[a,+\infty)$ 上有定义,且对任意 $A>a$, $f(x)$ 在 $[a,A]$ 上可积,若极限 $\lim\limits_{A\to+\infty}\int_a^A f(x)\mathrm{d}x$ 存在,则称函数 $f(x)$ 在 $[a,+\infty)$ 上的无穷积分 $\int_a^{+\infty}f(x)\mathrm{d}x$ **收敛**.并将上述极限值定义为无穷积分的值,即

$$\int_a^{+\infty}f(x)\mathrm{d}x=\lim_{A\to+\infty}\int_a^A f(x)\mathrm{d}x.$$

若 $A\to+\infty$ 时 $\int_a^A f(x)\mathrm{d}x$ 没有极限,则称无穷积分 $\int_a^{+\infty}f(x)\mathrm{d}x$ **发散**.

例如,因为 $\lim\limits_{A\to+\infty}\int_1^A\frac{\mathrm{d}x}{x}=\lim\limits_{A\to+\infty}\ln A=+\infty$,所以无穷积分 $\int_1^{+\infty}\frac{\mathrm{d}x}{x}$ 发散.又如当 $p\neq1$ 时,

$$\lim_{A\to+\infty}\int_1^A\frac{\mathrm{d}x}{x^p}=\lim_{A\to+\infty}\frac{1}{1-p}(A^{1-p}-1)=\begin{cases}\dfrac{1}{p-1},&p>1\text{ 时,}\\+\infty,&p<1\text{ 时.}\end{cases}$$

由上可得出结论:无穷积分 $\int_1^{+\infty}\frac{\mathrm{d}x}{x^p}$ 当 $p>1$ 时收敛,当 $p\leqslant1$ 时发散.这一结论与 p 级数的敛散性之结论类似.实际上,无穷积分与无穷级数的敛散性有密切的关系,可由下列定理表述.

定理6　设 $\sum\limits_{n=1}^{\infty}u_n$ 为正项级数.若存在一个单调下降的非负函数 $f(x)$ $(x\geqslant1)$,使

$$u_n=f(n),\quad n=1,2,\cdots,$$

则级数 $\sum\limits_{n=1}^{\infty}u_n$ 收敛的充要条件为无穷积分 $\int_1^{+\infty}f(x)\mathrm{d}x$ 收敛.

证　考虑曲线 $y=f(x)$ 与直线 $x=1,x=n$ 及 x 轴所围之面积

$$\sigma_n=\int_1^n f(x)\mathrm{d}x.$$

由图 10.1 不难看出,此面积夹在两个阶梯形面积之间,即有

$$u_2+u_3+\cdots+u_n\leqslant\sigma_n\leqslant u_1+u_2+\cdots+u_{n-1}.$$

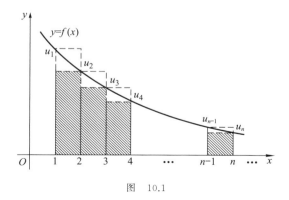

图　10.1

设 S_n 为级数 $\displaystyle\sum_{n=1}^{\infty}u_n$ 的前 n 项的部分和,上式即可表为

$$S_n-u_1\leqslant\sigma_n\leqslant S_n-u_n.$$

由此即得

$$S_n\leqslant\sigma_n+u_1,\quad n=1,2,\cdots$$

及

$$\sigma_n\leqslant S_n,\quad n=1,2,\cdots.$$

　　充分性　设已知无穷积分 $\displaystyle\int_1^{+\infty}f(x)\mathrm{d}x$ 收敛,于是序列 $\{\sigma_n\}$ 也收敛,从而它有上界.由不等式 $S_n\leqslant\sigma_n+u_1$ 推出 $\{S_n\}$ 也有上界.因而级数 $\displaystyle\sum_{n=1}^{\infty}u_n$ 收敛.

　　必要性　已知级数 $\displaystyle\sum_{n=1}^{\infty}u_n$ 收敛,要证无穷积分 $\displaystyle\int_1^{+\infty}f(x)\mathrm{d}x$ 也收敛.我们用反证法.若 $\displaystyle\int_1^{+\infty}f(x)\mathrm{d}x$ 发散,注意到 $f(x)\geqslant0$,便知 $\displaystyle\int_1^{A}f(x)\mathrm{d}x$ 是 A 的单调递增函数,于是 $\displaystyle\int_1^{+\infty}f(x)\mathrm{d}x$ 发散意味着 $\displaystyle\int_1^{A}f(x)\mathrm{d}x$ 无界,即 $\displaystyle\int_1^{+\infty}f(x)\mathrm{d}x=+\infty$,也即 $\displaystyle\lim_{A\to+\infty}\int_1^{A}f(x)\mathrm{d}x=+\infty$.特别地,我们有 $\sigma_n\to+\infty$. 再由不等式 $\sigma_n\leqslant S_n$ 推出 $S_n\to+\infty(n\to\infty)$.这与 $\displaystyle\sum_{n=1}^{\infty}u_n$ 收敛矛盾.证毕.

　　例 10　讨论 $\displaystyle\sum_{n=2}^{\infty}\frac{1}{n\ln n}$ 的敛散性.

解 因为 $\int_2^A \dfrac{1}{x\ln x}\mathrm{d}x = \ln|\ln A| - \ln|\ln 2| \to +\infty$ $(A \to +\infty)$，因而无穷积分 $\displaystyle\int_2^{+\infty} \dfrac{\mathrm{d}x}{x\ln x}$ 发散. 由定理 6，所讨论级数发散.

习 题 10.2

1. 讨论下列级数的敛散性：

(1) $\displaystyle\sum_{n=1}^{\infty} 2^n \sin\dfrac{\pi}{4^n}$；

(2) $\displaystyle\sum_{n=1}^{\infty} \dfrac{1}{\sqrt{2n^3+1}}$；

(3) $\displaystyle\sum_{n=1}^{\infty} \dfrac{1}{\sqrt[n]{n}}$；

(4) $\displaystyle\sum_{n=1}^{\infty} \dfrac{4n}{n^2+4n-3}$；

(5) $\displaystyle\sum_{n=1}^{\infty} \dfrac{n^n}{(n^2+3n+1)^{\frac{n+2}{2}}}$；

(6) $\displaystyle\sum_{n=2}^{\infty} \dfrac{n}{(\ln n)^{\ln n}}$（提示：$n$ 充分大后，$(\ln n)^{\ln n} > n^3$）；

(7) $\displaystyle\sum_{n=1}^{\infty} n\tan\dfrac{1}{3^n}$.

2. 讨论下列级数的敛散性：

(1) $\displaystyle\sum_{n=1}^{\infty} \dfrac{n^5}{n!}$；

(2) $\displaystyle\sum_{n=1}^{\infty} \dfrac{n!}{3n^2}$；

(3) $\displaystyle\sum_{n=1}^{\infty} \dfrac{3^n \cdot n!}{n^n}$；

(4) $\displaystyle\sum_{n=1}^{\infty} \dfrac{1}{n^{1+1/n}}$；

(5) $\displaystyle\sum_{n=1}^{\infty} \dfrac{n^2}{\left(3-\dfrac{1}{n}\right)^n}$；

(6) $\displaystyle\sum_{n=2}^{\infty} \dfrac{n}{(\ln n)^n}$；

(7) $\displaystyle\sum_{n=1}^{\infty} \dfrac{1000^n}{n!}$；

(8) $\displaystyle\sum_{n=1}^{\infty} \dfrac{(n!)^2}{(2n)!}$；

(9) $\displaystyle\sum_{n=1}^{\infty} \dfrac{1}{3^n}\left(\dfrac{n+1}{n}\right)^{n^2}$；

(10) $\displaystyle\sum_{n=2}^{\infty} \dfrac{1}{n(\ln n)^p}$ $(p>0)$（提示：用积分判别法）；

(11) $\displaystyle\sum_{n=3}^{\infty} \dfrac{1}{n(\ln\ln n)^q}$ $(q>0)$（提示：n 充分大后，$(\ln\ln n)^q < (\ln n)^{1/2}$）；

(12) $\displaystyle\sum_{n=3}^{\infty} \dfrac{1}{n(\ln n)^p(\ln\ln n)^q}$ $(p>0,q>0)$（提示：利用积分判别法并分别讨论下面 4 种情况：① $p>1$；② $p<1$；③ $p=1,q>1$；④ $p=1,q\leqslant 1$).

3. 证明：若正项级数 $\displaystyle\sum_{n=1}^{\infty} u_n$ 收敛，则级数 $\displaystyle\sum_{n=1}^{\infty} u_n^2$ 也收敛. 反之不一定成立，试举例说

明.

4. 证明:若级数 $\sum\limits_{n=1}^{\infty}a_n^2$ 与 $\sum\limits_{n=1}^{\infty}b_n^2$ 都收敛,则级数

$$\sum_{n=1}^{\infty}|a_nb_n|,\quad \sum_{n=1}^{\infty}(a_n+b_n)^2,\quad \sum_{n=1}^{\infty}\frac{|a_n|}{n}$$

也收敛.

5. 若正项级数 $\sum\limits_{n=1}^{\infty}u_n$ 与 $\sum\limits_{n=1}^{\infty}v_n$ 都发散,问下列级数是否发散?

(1) $\sum\limits_{n=1}^{\infty}(u_n+v_n)$; (2) $\sum\limits_{n=1}^{\infty}(u_n-v_n)$; (3) $\sum\limits_{n=1}^{\infty}u_nv_n$.

6. 设 $\lim\limits_{n\to\infty}nu_n=l$,其中 $0<l<+\infty$.证明:级数 $\sum\limits_{n=1}^{\infty}u_n^2$ 收敛,而 $\sum\limits_{n=1}^{\infty}u_n$ 发散.

§3 任意项级数

本节讨论任意项级数,即既有无穷多个正项,又有无穷多个负项的级数.

首先讨论一类特殊的任意项级数——交错级数.

1. 交错级数

所谓交错级数是指这样的级数:它的项是一项为正一项为负地交错着排列的,即可写成下列形式:

$$u_1-u_2+u_3-u_4+\cdots=\sum_{n=1}^{\infty}(-1)^{n-1}u_n, \qquad (10.2)$$

其中 $u_n>0\ (n=1,2,\cdots)$.

关于交错级数的收敛性,有下面常用的一个判别法.

定理 1(莱布尼茨判别法) 若交错级数(10.2)满足下列条件:

(1) $u_n\geqslant u_{n+1}(n=1,2,\cdots)$,

(2) $\lim\limits_{n\to\infty}u_n=0$,

则级数(10.2)收敛.

证 先证明部分和序列 $\{S_n\}$ 的子序列 $\{S_{2n}\}$ 当 $n\to\infty$ 时有极限.事实上,由条件(1)可得

$$S_{2n}=S_{2(n-1)}+(u_{2n-1}-u_{2n})\geqslant S_{2(n-1)},\quad n=2,3,\cdots,$$

这说明序列 $\{S_{2n}\}$ 单调递增.又 S_{2n} 还可表示成

$$S_{2n}=u_1-(u_2-u_3)-(u_4-u_5)-\cdots-(u_{2n-2}-u_{2n-1})-u_{2n},$$

再由条件(1)可以看出,上式各括号内的差为非负数,因而
$$S_{2n} \leqslant u_1, \quad n=1,2,\cdots,$$
这说明序列$\{S_{2n}\}$有上界.这样$\{S_{2n}\}$单调递增有上界,故极限$\lim\limits_{n\to\infty}S_{2n}$存在,记作$S$,即
$$\lim_{n\to\infty}S_{2n}=S. \tag{10.3}$$

再证$\lim\limits_{n\to\infty}S_{2n+1}=S$.事实上,由条件(2)可得
$$\lim_{n\to\infty}S_{2n+1}=\lim_{n\to\infty}(S_{2n}+u_{2n+1})=\lim_{n\to\infty}S_{2n}+\lim_{n\to\infty}u_{2n+1}=S+0=S.$$
$$\tag{10.4}$$

由(10.3),(10.4)两式即得
$$\lim_{n\to\infty}S_n=S.$$

上式说明级数(10.2)收敛.证毕.

关于满足定理1中条件的交错级数的和S及余项$r_n=S-S_n$(S_n为部分和),有如下的估计式:$S\leqslant u_1$,$|r_n|\leqslant u_{n+1}$.事实上,我们从定理的证明中已经知道$S_{2n}\leqslant u_1$.这样,$S=\lim\limits_{n\to\infty}S_{2n}\leqslant u_1$.另外,不难看出余项$r_n=S-S_n$可表示成
$$r_n=(-1)^n(u_{n+1}-u_{n+2}+\cdots), \quad n=1,2,\cdots,$$
其绝对值
$$|r_n|=u_{n+1}-u_{n+2}+\cdots$$
也是一个交错级数,且也满足收敛的两个条件,故其和不超过其第一项,即有
$$|r_n|\leqslant u_{n+1}.$$

这个不等式可以用来估计交错级数余项的大小,即用部分和近似替代级数和时的误差.

例1　交错级数
$$\sum_{n=1}^{\infty}(-1)^{n-1}\frac{1}{n^p}=\frac{1}{1^p}-\frac{1}{2^p}+\frac{1}{3^p}+\cdots+(-1)^{n-1}\frac{1}{n^p}+\cdots \quad (p>0)$$
是收敛的.

事实上,$u_n=\dfrac{1}{n^p}>\dfrac{1}{(n+1)^p}=u_{n+1}$,且$\lim\limits_{n\to\infty}u_n=\lim\limits_{n\to\infty}\dfrac{1}{n^p}=0$.满足本节定理1中的两个条件,所以它是收敛的.

思考题　判断下列证明过程是否正确?

因为

$$\frac{(-1)^{n-1}\dfrac{1}{\sqrt{n}}+\dfrac{1}{n}}{(-1)^{n-1}\dfrac{1}{\sqrt{n}}}=1+\frac{(-1)^{n-1}}{\sqrt{n}}\rightarrow 1\quad(n\rightarrow\infty),$$

而由例 1 知道交错级数 $\displaystyle\sum_{n=1}^{\infty}(-1)^{n-1}\frac{1}{\sqrt{n}}$ 收敛,利用本章 §2 中的定理 2,所

以 $\displaystyle\sum_{n=1}^{\infty}\left((-1)^{n-1}\frac{1}{\sqrt{n}}+\frac{1}{n}\right)$ 收敛.

例 2　讨论级数 $\displaystyle\sum_{n=1}^{\infty}\frac{(-1)^{n-1}}{n^{1+\frac{1}{n}}}$ 的敛散性.

解　设 $u_n=\dfrac{1}{n^{1+\frac{1}{n}}}$.首先容易知道

$$\lim_{n\rightarrow\infty}u_n=\lim_{n\rightarrow\infty}\frac{1}{n}\cdot\frac{1}{\sqrt[n]{n}}=0.$$

然后我们考察 u_n 的单调性.令 $g(x)=x^{1+\frac{1}{x}}=\mathrm{e}^{\left(1+\frac{1}{x}\right)\ln x}$,则

$$g'(x)=\mathrm{e}^{\left(1+\frac{1}{x}\right)\ln x}\left[-\frac{1}{x^2}\ln x+\left(1+\frac{1}{x}\right)\cdot\frac{1}{x}\right]=\mathrm{e}^{\left(1+\frac{1}{x}\right)\ln x}\frac{x+1-\ln x}{x^2}.$$

请读者自己验证 $g'(x)>0(x\geqslant 1)$. 于是 $g(x)$ 在 $[1,+\infty)$ 上是单调递增

的,从而 $u_n=\dfrac{1}{g(n)}$ 是单调递减的.

交错级数 $\displaystyle\sum_{n=1}^{\infty}(-1)^{n-1}u_n$ 满足定理 1 的条件,所以它是收敛的.

在使用莱布尼兹判别法证明交错级数 $\displaystyle\sum_{n=1}^{\infty}(-1)^{n-1}u_n$ 收敛时,除了可以

按定义证明 u_n 单调递减,即 n 充分大时,$u_{n+1}-u_n\geqslant 0$ 或 $\dfrac{u_{n+1}}{u_n}\geqslant 1$,还可以

引进函数 $f(x)$,使得 $u_n=f(n)$,然后利用导数性质,说明当 x 充分大时,

$f(x)$ 单调递减.

例 3　讨论级数

$$1+\frac{1}{2}+\frac{1}{3}-\frac{1}{4}-\frac{1}{5}-\frac{1}{6}+\frac{1}{7}+\frac{1}{8}+\frac{1}{9}+\cdots\qquad(10.5)$$

的敛散性.

解　上述级数不是交错级数,不能直接用定理 1.我们可将它的项加括

号,即自第一项开始,每相邻的三项加一个括号,就组成一个新的级数

$$\sum_{k=1}^{\infty}(-1)^{k-1}v_k,\qquad(10.6)$$

其中

$$v_1=1+\frac{1}{2}+\frac{1}{3},\quad v_2=\frac{1}{4}+\frac{1}{5}+\frac{1}{6},$$

$$v_k=\frac{1}{3k-2}+\frac{1}{3k-1}+\frac{1}{3k},\quad k=1,2,\cdots.$$

级数(10.6)是交错级数,且显然有 $v_{k+1}\leqslant v_k$, $\lim\limits_{k\to\infty}v_k=0$,因而级数(10.6)是收敛的.又若分别用 S_n 与 σ_n 表示级数(10.5)与(10.6)的前 n 项的部分和,则不难看出有关系式

$$\sigma_n=S_{3n}.$$

因而,级数(10.6)收敛意味着 $\{S_n\}$ 的子序列 $\{S_{3n}\}$ 有极限,设其为 S,即

$$\lim_{n\to\infty}S_{3n}=S.$$

于是

$$S_{3n+1}=S_{3n}+u_{3n+1}=S_{3n}+(-1)^n\frac{1}{3n+1}\to S\quad(n\to\infty),$$

$$\begin{aligned}S_{3n+2}&=S_{3n}+u_{3n+1}+u_{3n+2}\\&=S_{3n}+(-1)^n\left(\frac{1}{3n+1}+\frac{1}{3n+2}\right)\to S\quad(n\to\infty).\end{aligned}$$

由上述三式即可推出 $\lim\limits_{n\to\infty}S_n=S$.因此级数(10.5)是收敛的.

在定理 1 中,u_n 的单调性对于保证交错级数的收敛性是重要的(虽然它不是收敛的必要条件),缺少了这一条件,即使满足 $\lim\limits_{n\to\infty}u_n=0$,交错级数 $\sum\limits_{n=1}^{\infty}(-1)^{n-1}u_n$ 仍有可能发散.例如,令

$$u_{2n-1}=\frac{1}{2n-1},\quad u_{2n}=\frac{1}{(2n)^2}.$$

这时级数

$$\sum_{n=1}^{\infty}(-1)^{n-1}u_n=1-\frac{1}{4}+\frac{1}{3}-\frac{1}{16}+\frac{1}{5}-\cdots$$

发散.事实上,这个级数的部分和为

$$S_{2n}=\sum_{k=1}^{n}\frac{1}{2k-1}-\sum_{k=1}^{n}\frac{1}{(2k)^2}.$$

由于级数 $\sum\limits_{k=1}^{\infty}\dfrac{1}{2k-1}$ 发散，$\sum\limits_{k=1}^{\infty}\dfrac{1}{(2k)^2}$ 收敛，所以当 $n\to\infty$ 时，S_{2n} 中的第一个和式趋于 $+\infty$，第二个和式收敛，则

$$S_{2n}\to+\infty\quad(n\to\infty).$$

2. 绝对收敛与条件收敛

我们先介绍一类收敛性较强的级数，即被称作绝对收敛的级数.为此，先指出下列结论.

定理 2　对于任意项级数

$$\sum_{n=1}^{\infty}u_n,$$

若其各项取绝对值后所成的正项级数 $\sum\limits_{n=1}^{\infty}|u_n|$ 收敛，则级数 $\sum\limits_{n=1}^{\infty}u_n$ 收敛.

证　由 $\sum\limits_{n=1}^{\infty}|u_n|$ 的收敛性及柯西收敛准则知，对于任意给定的 $\varepsilon>0$，都存在 $N>0$，使当 $n>N$ 时，对任意整数 $p>0$，有

$$\left|\sum_{k=n+1}^{n+p}|u_k|\right|=\sum_{k=n+1}^{n+p}|u_k|<\varepsilon.$$

由此可得

$$\left|\sum_{k=n+1}^{n+p}u_k\right|\leqslant\sum_{k=n+1}^{n+p}|u_k|<\varepsilon.$$

这意味着级数 $\sum\limits_{n=1}^{\infty}u_n$ 收敛.证毕.

显然，级数 $\sum\limits_{n=1}^{\infty}u_n$ 收敛，并不一定能推出级数 $\sum\limits_{n=1}^{\infty}|u_n|$ 的收敛性.例如，交错级数 $\sum\limits_{n=1}^{\infty}\dfrac{(-1)^{n-1}}{n}$ 是收敛的，但 $\sum\limits_{n=1}^{\infty}\dfrac{1}{n}$ 是发散的.

这样，我们可将收敛级数分作两类：一类是不仅本身收敛，而且逐项加绝对值后依然收敛；另一类则是本身收敛，但逐项加绝对值后发散.我们将前者称作绝对收敛，而将后者称作条件收敛.

我们有下列定义：

定义　若正项级数 $\sum\limits_{n=1}^{\infty}|u_n|$ 收敛，则称级数 $\sum\limits_{n=1}^{\infty}u_n$ **绝对收敛**.若级数 $\sum\limits_{n=1}^{\infty}u_n$ 收敛但级数 $\sum\limits_{n=1}^{\infty}|u_n|$ 发散，则称级数 $\sum\limits_{n=1}^{\infty}u_n$ **条件收敛**.

例 4   级数

$$\sum_{n=1}^{\infty}\frac{(-1)^{n-1}}{n^p}\quad(p>0)$$

当 $p>1$ 时绝对收敛,当 $p\leqslant 1$ 时条件收敛.

一般说来,对任一给定的级数 $\sum_{n=1}^{\infty}u_n$,可先用正项级数判别法来判别级数 $\sum_{n=1}^{\infty}|u_n|$ 是否收敛,若 $\sum_{n=1}^{\infty}|u_n|$ 收敛,则 $\sum_{n=1}^{\infty}u_n$ 必收敛.这一方法对判别绝对收敛的级数是有效的.

例 5   判别下列级数的敛散性:

(1) $\displaystyle\sum_{n=1}^{\infty}\frac{\sin n\alpha}{(\ln 10)^n}$ (α 为常数);   (2) $\displaystyle\sum_{n=1}^{\infty}n\sin\frac{(-1)^n}{n^3}$.

解   (1) 因为

$$\left|\frac{\sin n\alpha}{(\ln 10)^n}\right|\leqslant\frac{1}{(\ln 10)^n}\leqslant\frac{1}{2^n},$$

由于 $\displaystyle\sum_{n=1}^{\infty}\frac{1}{2^n}$ 收敛,由正项级数的比较判别法知 $\displaystyle\sum_{n=1}^{\infty}\left|\frac{\sin n\alpha}{(\ln 10)^n}\right|$ 收敛.因此原级数绝对收敛.

(2) 利用基本不等式 $|\sin x|<|x|$ ($x\neq 0$),对任意的自然数 n,

$$\left|n\sin\frac{(-1)^n}{n^3}\right|<n\cdot\frac{1}{n^3}=\frac{1}{n^2},$$

而 $\displaystyle\sum_{n=1}^{\infty}\frac{1}{n^2}$ 收敛,由比较判别法,$\displaystyle\sum_{n=1}^{\infty}\left|n\sin\frac{(-1)^n}{n^3}\right|$ 收敛.故原级数绝对收敛.

例 6   证明级数 $1+\displaystyle\sum_{n=1}^{\infty}\frac{x^n}{n!}$ 对于任意的 $x\in\mathbf{R}$ 均收敛.

证   当 $x=0$ 时,上述级数显然收敛.

现在假定 $x\neq 0$. 令 $u_n=\left|\dfrac{x^n}{n!}\right|=\dfrac{|x|^n}{n!}$,有

$$\frac{u_{n+1}}{u_n}=\frac{|x|}{n+1}\rightarrow 0\quad(n\rightarrow\infty).$$

根据达朗贝尔判别法,级数 $1+\displaystyle\sum_{n=1}^{\infty}\frac{|x|^n}{n!}$ 收敛,即 $1+\displaystyle\sum_{n=1}^{\infty}\frac{x^n}{n!}$ 绝对收敛.由定理 2,级数 $1+\displaystyle\sum_{n=1}^{+\infty}\frac{x^n}{n!}$ 收敛.证毕.

例 7 讨论级数

$$\sum_{n=1}^{\infty} \frac{a^n}{1+a^{2n}} \quad (a \text{ 为常数})$$

何时绝对收敛,何时发散.

解 令原级数之通项为 u_n.很容易看出当 $n \to \infty$ 时,

$$\left| \frac{u_{n+1}}{u_n} \right| = \frac{|a \cdot 1 + a^{2n}|}{|1+a^{2(n+1)}|} \to \begin{cases} |a|, & |a| < 1 \text{ 时}, \\ \dfrac{1}{|a|}, & |a| > 1 \text{ 时}, \end{cases}$$

故不论 $|a| < 1$ 或 $|a| > 1$,$n \to \infty$ 时,$\dfrac{|u_{n+1}|}{|u_n|}$ 的极限总小于 1.由比值判别法

知 $\sum\limits_{n=1}^{\infty} |u_n|$ 收敛,因而原级数绝对收敛.

当 $a=1$ 时,$u_n = \dfrac{1}{2} \nrightarrow 0 (n \to \infty)$,故级数发散;

当 $a=-1$ 时,$u_n = \dfrac{(-1)^n}{2} \nrightarrow 0 (n \to \infty)$,级数也发散.

总之,当 $|a| \neq 1$ 时级数绝对收敛,当 $|a| = 1$ 时级数发散.

绝对收敛的级数与条件收敛的级数在许多基本性质上也有原则上的差别.比如,绝对收敛的级数经过任意重新排列其中的项后,其和保持不变.但条件收敛的级数则不然.为了证明这一点,我们先来证明下列两个命题.

命题 1 一个绝对收敛的级数的和数,等于它的所有的正项组成的级数的和数加上它的所有的负项组成的级数的和数.

证 设级数 $\sum\limits_{n=1}^{\infty} u_n$ 绝对收敛.令

$$v_n = \frac{1}{2}(|u_n| + u_n) = \begin{cases} u_n, & u_n \geq 0, \\ 0, & u_n < 0, \end{cases}$$

$$w_n = \frac{1}{2}(|u_n| - u_n) = \begin{cases} 0, & u_n \geq 0, \\ |u_n|, & u_n < 0. \end{cases}$$

显然有

$$0 \leq v_n \leq |u_n|, \quad 0 \leq w_n \leq |u_n|.$$

由 $\sum\limits_{n=1}^{\infty} |u_n|$ 收敛及正项级数的比较判别法可知,两正项级数

$$\sum_{n=1}^{\infty} v_n \quad \text{及} \quad \sum_{n=1}^{n} w_n$$

都收敛.现设

$$\sum_{n=1}^{\infty} u_n = S, \quad \sum_{n=1}^{\infty} v_n = P, \quad \sum_{n=1}^{\infty} w_n = Q.$$

注意到级数 $\sum_{n=1}^{\infty} v_n$ 是由 $\sum_{n=1}^{\infty} u_n$ 中所有的正项及 0 组成,所以等式 $\sum_{n=1}^{\infty} v_n$ $=P$ 表示:$\sum_{n=1}^{\infty} u_n$ 中所有的正项组成的级数也绝对收敛,且收敛到和数 P. 同理,$\sum_{n=1}^{\infty} w_n = Q$ 表示 $\sum_{n=1}^{\infty} u_n$ 中所有的负项组成的级数也绝对收敛,且收敛到和数 $-Q$.

再注意 $u_n = v_n - w_n$,于是根据收敛级数的性质,有

$$S = \sum_{n=1}^{\infty} u_n = \sum_{n=1}^{\infty} v_n - \sum_{n=1}^{\infty} w_n = P - Q = P + (-Q).$$

我们已经说明 P 与 $-Q$ 分别是级数 $\sum_{n=1}^{n} u_n$ 中所有正项所组成的级数与所有负项所组成的级数的和数,所以上式即证明了命题的结论.证毕.

命题 2   收敛的正项级数经过重排后仍然收敛且其和不变.

证   设正项级数

$$u_1 + u_2 + \cdots + u_n + \cdots$$

收敛到和数 S.又设将这个级数中的各项重新排列次序后得到的级数为

$$u_1^* + u_2^* + \cdots + u_n^* + \cdots.$$

令 $S_n = \sum_{k=1}^{n} u_k$,$S_n^* = \sum_{k=1}^{n} u_k^*$.由于级数 $\sum_{k=1}^{\infty} u_k^*$ 的各项都来自级数 $\sum_{k=1}^{\infty} u_k$,所以对于任意取定的 n,都可取 m 足够大($m \geqslant n$),使数集 $\{u_1^*, u_2^*, \cdots, u_n^*\}$ 包含在数集 $\{u_1, \cdots, u_m\}$ 之中.于是

$$S_n^* \leqslant S_m \leqslant S.$$

这说明,单调递增序列 $\{S_n^*\}$ 以 S 为上界,故 S_n^* 有极限($n \to \infty$ 时),且

$$S^* = \lim_{n \to \infty} S_n^* \leqslant S.$$

另一方面,又可将级数 $\sum_{k=1}^{\infty} u_k$ 看成由级数 $\sum_{k=1}^{\infty} u_k^*$ 重新排列次序而得,在上述证明过程中调换 u_k 与 u_k^* 的位置,又可得

$$S \leqslant S^*.$$

总之,以上证明了 $S^* = S$.证毕.

下面介绍绝对收敛级数的两个性质.

定理 3　若级数 $\sum\limits_{k=1}^{\infty} u_k$ 绝对收敛,则将它的各项重新排列次序后所得的新级数 $\sum\limits_{k=1}^{\infty} a_k$ 也绝对收敛,且其和不变.

证　由级数 $\sum\limits_{n=1}^{\infty} u_n$ 绝对收敛及前面的讨论知,该级数可表为两正项级数之差:

$$\sum_{n=1}^{\infty} u_n = \sum_{n=1}^{\infty} v_n - \sum_{n=1}^{\infty} w_n,$$

其中 v_n 与 w_n 定义同前.设将 $\sum\limits_{n=1}^{\infty} u_n$ 中各项的次序重排后得到新级数 $\sum\limits_{n=1}^{\infty} a_n$.同样地,也可将 a_n 表为两项之差:

$$\sum_{n=1}^{\infty} a_n = \sum_{n=1}^{\infty} (v'_n - w'_n),$$

其中 $\sum\limits_{n=1}^{\infty} v'_n$ 与 $\sum\limits_{n=1}^{\infty} w'_n$ 分别是 $\sum\limits_{n=1}^{\infty} v_n$ 与 $\sum\limits_{n=1}^{\infty} w_n$ 相应地改变各项的排列次序而得的级数.由命题 2 知,它们也收敛,且

$$\sum_{n=1}^{\infty} v'_n = \sum_{n=1}^{\infty} v_n, \qquad \sum_{n=1}^{\infty} w'_n = \sum_{n=1}^{\infty} w_n.$$

从而级数 $\sum\limits_{n=1}^{\infty} a_n = \sum\limits_{n=1}^{\infty} (v'_n - w'_n)$ 也收敛,且有

$$\sum_{n=1}^{\infty} a_n = \sum_{n=1}^{\infty} v'_n - \sum_{n=1}^{\infty} w'_n = \sum_{n=1}^{\infty} v_n - \sum_{n=1}^{\infty} w_n = \sum_{n=1}^{\infty} u_n.$$

又 $\sum\limits_{n=1}^{\infty} | a_n | = \sum\limits_{n=1}^{\infty} v'_n + \sum\limits_{n=1}^{\infty} w'_n = P + Q$,所以 $\sum\limits_{n=1}^{\infty} a_n$ 也绝对收敛.这就证明了定理 3.证毕.

定理 3 说明,对于绝对收敛的级数,可任意交换其各项的次序,而不影响它的和.这与有穷项相加之和的性质相同,但对于条件收敛的级数就未必有此性质.例如,设条件收敛的级数 $\sum\limits_{n=1}^{\infty} (-1)^{n-1} \dfrac{1}{n}$ 收敛于和数 S,考虑该级数的一个重排的级数:

$$1 - \frac{1}{2} - \frac{1}{4} + \frac{1}{3} - \frac{1}{6} - \frac{1}{8} + \cdots + \frac{1}{2k-1} - \frac{1}{4k-2} - \frac{1}{4k} + \cdots,$$

分别用 A_n 及 B_n 表示这两级数的部分和,则

$$B_{3m} = \sum_{k=1}^{m} \left(\frac{1}{2k-1} - \frac{1}{4k-2} - \frac{1}{4k} \right)$$

$$= \frac{1}{2} \sum_{k=1}^{m} \left(\frac{1}{2k-1} - \frac{1}{2k} \right) = \frac{1}{2} A_{2m} \to \frac{1}{2} S \quad (m \to \infty).$$

又不难看出,

$$B_{3m-1} = B_{3m} + \frac{1}{4m} \to \frac{1}{2} S, \quad m \to \infty,$$

$$B_{3m-2} = B_{3m-1} + \frac{1}{4m-2} \to \frac{1}{2} S, \quad m \to \infty.$$

以上说明部分和序列 $B_n \to S/2$ $(m \to \infty)$,即重排后的级数收敛于 $S/2$.

条件收敛的级数的和强烈地依赖于级数中项的排列次序,调整排列次序有可能改变级数的和.这一点我们已从前面的例子中看到.黎曼证明过一个更为一般的结论:对于任意的一个条件收敛的级数 $\sum\limits_{n=1}^{\infty} u_n$ 与任意给定的一个数 A,我们总可以通过重新排列级数 $\sum\limits_{n=1}^{\infty} u_n$ 中的项而得到一个新级数 $\sum\limits_{n=1}^{\infty} u_n'$,使得后者收敛于 A.

3. 狄利克雷判别法与阿贝尔判别法

现在,我们来介绍关于任意项级数的两个收敛判别法:狄利克雷判别法与阿贝尔(Abel)判别法.一般说来,它们在常见的变号级数的收敛性判别中是很有效的,而且对以后要讲的函数项级数而言也是如此.

这两个判别法的基础是关于阿贝尔变换的一个引理.因此我们先介绍阿贝尔变换.

设有两组数

$$\alpha_1, \alpha_2, \cdots, \alpha_m \quad 与 \quad \beta_1, \beta_2, \cdots, \beta_m,$$

令

$$B_1 = \beta_1, \ B_2 = \beta_1 + \beta_2, \ \cdots, \ B_m = \beta_1 + \beta_2 + \cdots + \beta_m,$$

则有**阿贝尔变换式**

$$\sum_{k=1}^{m} \alpha_k \beta_k = \sum_{k=1}^{m-1} (\alpha_k - \alpha_{k+1}) B_k + \alpha_m B_m.$$

事实上,不难推出

$$\beta_1 = B_1, \quad \beta_2 = B_2 - B_1, \quad \cdots, \quad \beta_m = B_m - B_{m-1},$$

于是

$$\sum_{k=1}^{m}\alpha_k\beta_k=\alpha_1 B_1+\alpha_2(B_2-B_1)+\cdots+\alpha_m(B_m-B_{m-1})$$

$$=(\alpha_1-\alpha_2)B_1+(\alpha_2-\alpha_3)B_2+\cdots+(\alpha_{m-1}-\alpha_m)B_{m-1}+\alpha_m B_m$$

$$=\sum_{k=1}^{m-1}(\alpha_k-\alpha_{k+1})B_k+\alpha_m B_m.$$

利用阿贝尔变换式,可证下列阿贝尔引理.

阿贝尔引理　若数组 $\{\alpha_k\}(k=1,2,\cdots,m)$ 是单调的,又数组 $\{\beta_k\}(k=1,2,\cdots,m)$ 的部分和 B_n 满足不等式

$$|B_n|=\left|\sum_{k=1}^{n}\beta_k\right|\leqslant M\quad(n=1,2,\cdots,m),$$

其中常数 $M>0$,则有不等式

$$\left|\sum_{k=1}^{m}\alpha_k\beta_k\right|\leqslant M(|\alpha_1|+2|\alpha_m|).$$

证　由阿贝尔变换式,有

$$\left|\sum_{k=1}^{m}\alpha_k\beta_k\right|\leqslant M\sum_{k=1}^{m-1}|\alpha_k-\alpha_{k+1}|+M\cdot|\alpha_m|.$$

注意 $\alpha_k(k=1,2,\cdots,m)$ 是单调的,所以 $(\alpha_k-\alpha_{k+1})(k=1,2,\cdots,m-1)$ 同号,于是

$$\sum_{k=1}^{m-1}|\alpha_k-\alpha_{k+1}|=\left|\sum_{k=1}^{m-1}(\alpha_k-\alpha_{k+1})\right|$$

$$=|\alpha_1-\alpha_m|\leqslant|\alpha_1|+|\alpha_m|.$$

将此式代入上式,即得到要证明的不等式.证毕.

定理 4 (狄利克雷判别法)　考虑级数

$$\sum_{k=1}^{\infty}a_k b_k.$$

若序列 $\{a_k\}$ 单调且 $\lim_{k\to\infty}a_k=0$,又级数 $\sum_{n=1}^{\infty}b_k$ 的部分和序列有界,即存在常数 $M>0$,使

$$\left|\sum_{k=1}^{n}b_k\right|\leqslant M\quad(n=1,2,\cdots),$$

则级数 $\sum_{k=1}^{\infty}a_k b_k$ 收敛.

证　先证对任意自然数 n 与 p,有

$$\left|\sum_{k=n+1}^{n+p} a_k b_k\right| \leqslant 2M(|a_{n+1}|+2|a_{n+p}|).$$

事实上,对任意取定的 n 与 p,令

$$\alpha_i = a_{n+i}, \quad \beta_i = b_{n+i} \quad (i=1,2,\cdots,p).$$

显然,数组 $\{\alpha_i\}(i=1,2,\cdots,p)$ 也是单调的,又有

$$\left|\sum_{i=1}^{l}\beta_i\right| = \left|\sum_{i=1}^{l}b_{n+i}\right| = \left|\sum_{i=1}^{n+l}b_i - \sum_{i=1}^{n}b_i\right|$$

$$\leqslant \left|\sum_{i=1}^{n+l}b_i\right| + \left|\sum_{i=1}^{n}b_i\right| \leqslant 2M \quad (l=1,2,\cdots,p),$$

即数组 $\{\alpha_i\}$ 与 $\{\beta_i\}$ 满足阿贝尔引理的条件.于是由阿贝尔引理即得

$$\left|\sum_{k=n+1}^{n+p} a_k b_k\right| = \left|\sum_{i=1}^{p}\alpha_i\beta_i\right| \leqslant 2M(|\alpha_1|+2|\alpha_p|)$$

$$=2M(|a_{n+1}|+2|a_{n+p}|).$$

再利用柯西准则,即可证明级数收敛.事实上,由定理 4 中的假定 $\lim_{k\to\infty}a_k=0$ 知,任给 $\varepsilon>0$,存在整数 $N>0$,使当 $n>N$ 时便有 $|a_n|<\dfrac{\varepsilon}{6M}$.于是对任意自然数 $n>N$ 及自然数 p,即有

$$\left|\sum_{k=n+1}^{n+p} a_k b_k\right| \leqslant 2M(|a_{n+1}|+2|a_{n+p}|)$$

$$< 2M\left(\frac{\varepsilon}{6M}+\frac{2\varepsilon}{6M}\right)=\varepsilon.$$

证毕.

不难看出,莱布尼茨判别法是狄利克雷判别法的一个特例.事实上,只要将定理 1 中的 u_n 视作 a_n,而将 $(-1)^{n-1}$ 视作 b_n,即可将定理 1 归为定理 4 之特例.

定理 5(阿贝尔判别法)　若无穷数列 $\{a_k\}$ 单调且有界而级数 $\sum\limits_{k=1}^{\infty}b_k$ 收敛,则级数 $\sum\limits_{k=1}^{\infty}a_k b_k$ 收敛.

证　由所设条件知 $\lim\limits_{k\to\infty}a_k$ 存在,设 $\lim\limits_{k\to\infty}a_k=a$,则序列 $\{a_k-a\}$ 单调且 $\lim\limits_{k\to\infty}(a_k-a)=0$.又因 $\sum\limits_{k=1}^{\infty}b_k$ 收敛,其部分和序列有界.由定理 4 推出,级数 $\sum\limits_{k=1}^{\infty}(a_k-a)b_k$ 收敛.而 $\sum\limits_{k=1}^{\infty}ab_k$ 也收敛.故级数

$$\sum_{k=1}^{\infty} a_k b_k = \sum_{k=1}^{\infty} \left[(a_k - a) b_k + a b_k \right]$$

收敛. 证毕.

例 8　设 $\sum\limits_{k=1}^{\infty} u_k$ 收敛, 证明级数 $\sum\limits_{k=1}^{\infty} \left(1 + \dfrac{1}{k}\right)^k u_k$ 收敛.

证　记 $b_k = u_k$, $a_k = \left(1 + \dfrac{1}{k}\right)^k$. $\{a_k\}$ 单调递增且有界, 而 $\sum\limits_{k=1}^{\infty} b_k$ 收敛. 利

用阿贝尔判别法, 级数 $\sum\limits_{k=1}^{\infty} \left(1 + \dfrac{1}{k}\right)^k u_k$ 是收敛的. 证毕.

例 9　设无穷序列 $\{a_k\}$ 单调下降且 $a_k \to 0 (k \to \infty)$, 讨论级数

$$\sum_{k=1}^{\infty} a_k \cos k\varphi$$

的敛散性.

解　当 $\varphi = 2n\pi (n$ 为整数) 时, $\cos k\varphi = 1$, 这时级数变为 $\sum\limits_{k=1}^{\infty} a_k$. 故其敛

散性不定.

当 $\varphi \neq 2n\pi$ 时, 令 $b_k = \cos k\varphi$, 有

$$B_n = \sum_{k=1}^{n} b_k = \frac{1}{\sin \dfrac{\varphi}{2}} \left(\cos\varphi \sin \frac{\varphi}{2} + \cos 2\varphi \sin \frac{\varphi}{2} + \cdots + \cos n\varphi \sin \frac{\varphi}{2} \right)$$

$$= \frac{1}{2\sin \dfrac{\varphi}{2}} \left(\sin \frac{(2n+1)\varphi}{2} - \sin \frac{\varphi}{2} \right),$$

可见

$$|B_n| \leqslant \frac{1}{2 \left| \sin \dfrac{\varphi}{2} \right|} \cdot 2 = \frac{1}{\left| \sin \dfrac{\varphi}{2} \right|}, \quad n = 1, 2, \cdots,$$

即 $|B_n|$ 有界. 由狄利克雷判别法, 这时级数 $\sum\limits_{k=1}^{\infty} a_k \cos k\varphi$ 收敛.

类似地可证, 当 $\{a_k\}$ 单调下降且趋于零时, 级数 $\sum\limits_{k=1}^{\infty} a_k \sin k\varphi$ 收敛 (φ 可

取任意实数值). 这时与前面的例子略有不同的是, 当 $\varphi = n\pi$ 时 (n 为整数),

级数 $\sum\limits_{k=1}^{n} a_k \sin k\varphi$ 中的每一项都是零,从而级数是收敛的.而当 $\varphi \neq n\pi$ 时,级数的收敛性的证明类似于前面.

从这些讨论中立即看出,当 $\varphi \neq 2k\pi$(k 为整数)时级数 $\sum\limits_{n=1}^{\infty} \dfrac{\cos n\varphi}{n^p}$ ($p>0$) 是收敛的;而级数 $\sum\limits_{n=1}^{\infty} \dfrac{\sin n\varphi}{n^p}$($p>0$) 则对一切 φ 值都收敛.我们自然关心这些级数是否是绝对收敛的.对大多数 φ 值而言,回答是否定的.

例 10　证明: $\sum\limits_{n=1}^{\infty} \dfrac{\sin n\varphi}{n^p}$($\varphi \neq k\pi, k \in \mathbf{Z}$) 在 $p>1$ 时绝对收敛,而在 $0 < p \leqslant 1$ 时条件收敛.

证　首先设 $p>1$.因为

$$\left| \frac{\sin n\varphi}{n^p} \right| \leqslant \frac{1}{n^p},$$

利用比较判别法,级数 $\sum\limits_{n=1}^{\infty} \left| \dfrac{\sin n\varphi}{n^p} \right|$ 收敛,即可得 $\sum\limits_{n=1}^{\infty} \dfrac{\sin n\varphi}{n^p}$ 当 $p>1$ 时绝对收敛.

下面设 $0 < p \leqslant 1$,且 $\varphi \neq k\pi$($k \in \mathbf{Z}$).我们只要证明此时级数 $\sum\limits_{n=1}^{\infty} \left| \dfrac{\sin n\varphi}{n^p} \right|$ 发散即可.因为 $|\sin n\varphi| \geqslant \sin^2 n\varphi$,所以

$$\left| \frac{\sin n\varphi}{n^p} \right| \geqslant \frac{\sin^2 n\varphi}{n^p} = \frac{1 - \cos 2n\varphi}{2n^p} = \frac{1}{2n^p} - \frac{\cos 2n\varphi}{2n^p}.$$

当 $\varphi \neq k\pi$ 时,$2\varphi \neq 2k\pi$,由刚才的讨论可知 $\sum\limits_{n=1}^{\infty} \dfrac{\cos 2n\varphi}{2n^p}$ 收敛,而 $\sum\limits_{n=1}^{\infty} \dfrac{1}{2n^p}$ 发散,则 $\sum\limits_{n=1}^{\infty} \left(\dfrac{1}{2n^p} - \dfrac{\cos 2n\varphi}{2n^p} \right)$ 发散.再利用比较判别法,立即得出 $\sum\limits_{n=1}^{\infty} \left| \dfrac{\sin n\varphi}{n^p} \right|$ 发散.证毕.

这就告诉我们,狄利克雷判别法或阿贝尔判别法可以判别条件收敛的级数.它们的作用不可能由正项级数的比较判别法所替代.

习　题　10.3

1. 判断下列级数是否收敛? 条件收敛还是绝对收敛?

(1) $\dfrac{1}{2^2} - \dfrac{1}{4^2} + \dfrac{1}{6^2} + \cdots + (-1)^{n-1} \dfrac{1}{(2n)^2} + \cdots$;

(2) $1 - \dfrac{1}{3^p} + \dfrac{1}{5^p} + \cdots + (-1)^{n+1} \dfrac{1}{(2n-1)^p} + \cdots$;

(3) $\dfrac{1}{2\ln 2} - \dfrac{1}{3\ln 3} + \dfrac{1}{4\ln 4} + \cdots + (-1)^{n-1} \dfrac{1}{(n+1)\ln(n+1)} + \cdots$;

(4) $\displaystyle\sum_{n=1}^{\infty} (-1)^n \dfrac{\sqrt{n}-1}{n}$;

(5) $\dfrac{3}{1 \cdot 2} - \dfrac{5}{2 \cdot 3} + \cdots + (-1)^{n-1} \dfrac{2n+1}{n(n+1)} + \cdots$;

(6) $\displaystyle\sum_{n=1}^{\infty} (-1)^{n+1} \dfrac{n!}{3^{n^2}}$;

(7) $\dfrac{1}{2} \sin \dfrac{\pi}{2} - \dfrac{1}{3} \sin \dfrac{\pi}{3} + \dfrac{1}{4} \sin \dfrac{\pi}{4} - \cdots$;

(8) $\displaystyle\sum_{n=1}^{\infty} (-1)^{n+1} \tan \dfrac{\varphi}{n} \quad \left(-\dfrac{\pi}{2} < \varphi < \dfrac{\pi}{2} \right)$;

(9) $\displaystyle\sum_{n=1}^{\infty} \dfrac{(-1)^{n+1}}{n^t (\ln n)^s} \quad (t > 0, s > 0)$;

(10) $\displaystyle\sum_{n=1}^{\infty} \sin(\pi \sqrt{n^2+1})$ （提示：$\sin(\pi \sqrt{n^2+1}) = \sin[\pi(\sqrt{n^2+1} + n) - n\pi]$）;

(11)* $\displaystyle\sum_{n=1}^{\infty} (-1)^n \dfrac{1 \cdot 3 \cdots (2n-1)}{2 \cdot 4 \cdots (2n)}$ $\left(\right.$提示：令 $u_n = \dfrac{1 \cdot 3 \cdots (2n-1)}{2 \cdot 4 \cdots (2n)}$，利用 $\dfrac{n+1}{n} <$

$\dfrac{n}{n-1}$ $(n>1)$，可证 $u_n < \dfrac{1}{u_n} \cdot \dfrac{1}{2n}$，即 $u_n^2 < \dfrac{1}{2n}$，$u_n < \dfrac{1}{\sqrt{2n}}$，故当 $n \to \infty$ 时 $u_n \to 0$，再

利用 $\dfrac{n}{n+1} > \dfrac{n-1}{n}$ 可证 $u_n > \dfrac{1}{2u_n} \cdot \dfrac{1}{2n}$，即得 $u_n > \dfrac{1}{2} \cdot \dfrac{1}{\sqrt{n}}$，从而推出 $\displaystyle\sum_{n=1}^{\infty} u_n$ 发散$\left.\right)$.

2. 已知级数 $\displaystyle\sum_{n=1}^{\infty} u_n$ 收敛，证明级数 $\displaystyle\sum_{n=1}^{\infty} \dfrac{u_n}{n^p} (p > 0)$ 与 $\displaystyle\sum_{n=1}^{\infty} \dfrac{n}{n+1} u_n$ 均收敛.

3. 证明级数 $\displaystyle\sum_{n=1}^{\infty} \dfrac{\cos n\varphi}{n^p} (0 < \varphi < 2\pi)$ 当 $p > 1$ 时绝对收敛，当 $0 < p \leqslant 1$ 时条件收敛.

4. 研究级数 $\displaystyle\sum_{n=1}^{\infty} \dfrac{\cos n\varphi}{n^p} \left(1 + \dfrac{1}{n}\right)^n (0 < \varphi < 2\pi, p > 0)$ 的敛散性.

5. 形如 $\displaystyle\sum_{n=1}^{\infty} \dfrac{a_n}{n^x}$ 的级数称作狄利克雷级数. 证明它有下列性质：若级数 $\displaystyle\sum_{n=1}^{\infty} \dfrac{a_n}{n^{x_0}}$ 收敛

（发散），那么当 $x > x_0$ $(x < x_0)$ 时，级数 $\displaystyle\sum_{n=1}^{\infty} \dfrac{a_n}{n^x}$ 也收敛（发散）.

6. 设级数 $\displaystyle\sum_{n=1}^{\infty} u_n$ 绝对收敛，证明级数 $\displaystyle\sum_{n=1}^{\infty} \dfrac{2n-1}{n} u_n$ 也绝对收敛.

7. 证明收敛级数 $\displaystyle\sum_{n=1}^{\infty}\frac{(-1)^{n-1}}{\sqrt{n}}$ 重排后的级数

$$1+\frac{1}{\sqrt{3}}-\frac{1}{\sqrt{2}}+\cdots+\frac{1}{\sqrt{4k-3}}+\frac{1}{\sqrt{4k-1}}-\frac{1}{\sqrt{2k}}+\cdots$$

发散. $\left(\text{提示：先证}\displaystyle\sum_{k=1}^{\infty}v_k \text{ 发散,其中 }v_k=\frac{1}{\sqrt{4k-3}}+\frac{1}{\sqrt{4k-1}}-\frac{1}{\sqrt{2k}}.\right)$

§4　函数项级数

前面我们讨论的是数项级数,即级数的每一项都是常数.本节我们将讨论函数项级数,即级数的每一项都是 x 的函数.设 $u_n(x)(n=1,2,\cdots)$ 是定义在集合 D 上的函数,和式

$$\sum_{n=1}^{\infty}u_n(x)=u_1(x)+u_2(x)+\cdots+u_n(x)+\cdots \qquad (10.7)$$

称为定义在集合 D 上的**函数项级数**.在集合 D 中取定一点 x_0,若数项级数

$$\sum_{n=1}^{\infty}u_n(x_0)$$

收敛(发散),则称 x_0 为该函数项级数的**收敛点(发散点)**.因此,函数项级数的敛散性是以数项级数的敛散性为基础的.

函数项级数(10.7)的收敛点的全体称为它的**收敛域**,记作 X;发散点的全体称为它的**发散域**.对收敛域 X 内的任一点 x,级数(10.7)的和记为 $S(x)$.显然,$S(x)$ 是定义在 X 上的一个函数,称为级数(10.7)的**和函数**.

例如,函数项级数

$$\sum_{n=0}^{\infty}x^n=1+x+x^2+\cdots+x^n+\cdots$$

中每一项在区间 $(-\infty,+\infty)$ 上有定义,但该函数项级数的收敛域为 $(-1,1)$.在收敛域内,其和函数为 $\dfrac{1}{1-x}$,即

$$1+x+x^2+\cdots+x^n+\cdots=\frac{1}{1-x},\quad -1<x<1.$$

从这个例子中我们可以看出,级数的收敛域可能不同于函数级数每一项的定义域.

例1　求级数

$$x+(x^2-x)+(x^3-x^2)+\cdots+(x^n-x^{n-1})+\cdots \qquad (10.8)$$

的收敛域与和函数.

解 对任意取定的 $x \in \mathbf{R}$,级数(10.8)的部分和为

$$S_n(x) = x^n.$$

显然,当 $|x| > 1$ 时,$S_n(x) = x^n \to \infty (n \to \infty)$;当 $x = -1$ 时,$S_n(-1) = (-1)^n$ 无极限 $(n \to \infty)$;当 $x \in (-1,1]$ 时,$S_n(x)$ 有极限:

$$\lim_{n \to \infty} S_n(x) = \begin{cases} 0, & x \in (-1,1), \\ 1, & x = 1. \end{cases}$$

可见,级数(10.8)的收敛域为 $(-1,1]$,和函数为

$$S(x) = \begin{cases} 0, & -1 < x < 1, \\ 1, & x = 1. \end{cases}$$

从这个例子中我们看到,级数(10.8)中每一项在实轴上都是连续的,但其和函数 $S(x)$ 在其定义域 $(-1,1]$ 上并不连续.

和函数的性质,比如连续性、可导性及可积性,是函数项级数要研究的中心问题之一.为了研究这些问题,我们需要函数项级数一致收敛的概念.

1. 函数序列及函数项级数的一致收敛性

设有一个函数序列 $\{f_n(x) | n = 1,2,\cdots\}$,其中每一项 $f_n(x)$ 在集合 D 上有定义.若一点 $x_0 \in D$ 使得序列 $\{f_n(x_0)\}$ 收敛,即极限 $\lim_{n \to \infty} f_n(x_0)$ 存在,则称序列 $\{f_n(x)\}$ **在 x_0 点收敛**,x_0 称为该序列的收敛点,序列 $\{f_n(x)\}$ 的全体收敛点所组成的集合 X 称作序列的**收敛域**.

显然,函数项级数 $\sum_{n=1}^{\infty} u_n(x)$ 的收敛域就是其部分和序列的收敛域.

另外,序列 $\{f_n(x)\}$ 在其收敛域 X 中定义了一个函数:

$$f(x) = \lim_{n \to \infty} f_n(x), \quad \forall x \in X.$$

我们把这个函数称之为序列的**极限函数**.显然,函数项级数的和函数是其部分和序列的极限函数.

从数列过渡到函数序列,其最大的变化在于函数序列的收敛"速度"一般说来依赖于自变量 x.比如,设 $\{f_n(x)\}$ 的收敛域为 X,极限函数为 $f(x)$.那么,对于每一点 $x \in X$,都有

$$r_n(x) = |f_n(x) - f(x)| \to 0 \quad (n \to \infty).$$

我们所说的序列收敛速度实际上就是 $r_n(x)$ 趋于零的速度.一般说来,$r_n(x)$ 趋于零的速度与点 x 有关,比如,我们考虑函数序列 $f_n(x) = x^n$ $(0 < x < 1)$.显然这时收敛域 $X = (0,1)$,而极限函数 $f(x) \equiv 0 (0 < x < 1)$.

这时，$r_n(x) = |f_n(x) - f(x)| = x^n$. 显然，$x$ 越靠近 0，$r_n(x)$ 趋于零的速度越快；而当 x 越靠近 1 时，$r_n(x)$ 趋于零的速度越慢. 比如，在 $x = \dfrac{1}{10}$ 时它以 $\dfrac{1}{10^n}$ 的速度趋于零，而 $x = \dfrac{9}{10}$ 时它以 $\dfrac{9^n}{10^n}$ 的速度趋于零.

这种现象反映在 ε-N 的说法上就是，对于给定的正数 ε（不妨设 $\varepsilon < 1$），所找的 N 依赖于 x. 比如，在上述例子中，对于给定的 $\varepsilon > 0$，为了保证

$$r_n(x) = |f_n(x) - f(x)| < \varepsilon \quad (0 < x < 1),$$

也即 $x^n < \varepsilon$，我们须取

$$N \geqslant \left[\frac{\ln\varepsilon}{\ln x}\right] + 1,$$

才能使当 $n > N$ 时有

$$|f_n(x) - f(x)| < \varepsilon.$$

由此看出 N 依赖于 x：x 越靠近 1，N 越大.

对于一个给定的函数序列，我们有没有一种办法去选取 N 使之只依赖于 ε 而与点 x 无关呢？我们的回答是：对某些函数序列能做得到，而对某些函数序列则不能. 例如，对于上述的例子 $f_n(x) = x^n$ ($0 < x < 1$) 做不到，而对于序列 $g_n(x) = x^n(1-x)^n$ ($0 < x < 1$) 则做得到. 事实上，对于任意给定的正数 ε（不妨设 $\varepsilon < 1$），要想找到一个 N 使得 $n > N$ 时

$$|x^n - 0| < \varepsilon$$

对一切 $x \in (0,1)$ 成立，这是不可能的. 因为对于任意固定的 n，当 $\sqrt[n]{\varepsilon} < x < 1$ 时就有 $x^n > \varepsilon$. 这就是说，对于任意的自然数 n，要想使得 $|x^n - 0| < \varepsilon$ 对于一切 $x \in (0,1)$ 成立是不可能的. 而对于函数序列 $g_n(x) = x^n(1-x)^n$ ($0 < x < 1$)，情形就不同. 其收敛域仍为 $(0,1)$ 区间，而极限函数也是常数函数

$$g(x) \equiv 0 \quad (0 < x < 1),$$

由 $x(1-x) \leqslant \dfrac{1}{4}$ 看出，

$$|x^n(1-x)^n - 0| \leqslant \frac{1}{4^n} \quad (0 < x < 1).$$

可见，对给定的 $\varepsilon > 0$（不妨设 $\varepsilon < 1$），只要取 $N = \left[\dfrac{\ln\varepsilon}{\ln\dfrac{1}{4}}\right] + 1$，即有

$$|x^n(1-x)^n - 0| < \varepsilon, \quad 只要 n > N$$

对一切 $x \in (0,1)$ 均成立.

图 10.2 及图 10.3 可以从直观上帮助读者理解上述两种不同现象.

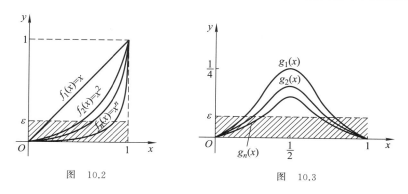

图　10.2   图　10.3

我们把能够找到一个只依赖于 ε 而不依赖于 x 的 N 的收敛序列,称作**一致收敛序列**,其确切定义如下:

定义 1　设函数序列 $\{f_n(x)\}$ 在集合 X 上收敛于极限函数 $f(x)$.若对任意给定的正数 ε,都存在一个只依赖于 ε 而不依赖于 x 的自然数 N,使得当 $n > N$ 时不等式

$$| f_n(x) - f(x) | < \varepsilon$$

对于 X 中的一切 x 都成立,则称函数序列 $\{f_n(x)\}$ 在 X 上**一致收敛**于 $f(x)$,记作 $f_n(x) \rightrightarrows f(x), x \in X \ (n \rightarrow \infty)$.

一致收敛的几何意义　我们假定函数序列 $\{f_n(x)\}$ 在 $X = [a,b]$ 上一致收敛于 $f(x)$.这样,对于任意给定的 $\varepsilon > 0$,都可以找到一个自然数 N,使得

$$| f_n(x) - f(x) | < \varepsilon, \quad \text{只要 } n > N, x \in [a,b],$$

也即

$$f(x) - \varepsilon < f_n(x) < f(x) + \varepsilon, \quad \text{只要 } n > N, x \in [a,b].$$

我们在 Oxy 平面上画出 $y = f(x)$ 的图形,然后再画出 $y = f(x) + \varepsilon$ 及 $y = f(x) - \varepsilon$ 的图形.这样,两曲线 $y = f(x) + \varepsilon$ 及 $y = f(x) - \varepsilon \ (a \leqslant x \leqslant b)$ 围成了一个带形域.上述不等式告诉我们,当 n 充分大时,$y = f_n(x)$ 的图形就整个落在这个带形域之内(见图 10.4).

这里我们应该强调指出,函数序列 $\{f_n(x)\}$ 的一致收敛性是相对于某个给定的收敛集合 X 而言的.同一个函数序列在集合 X_1 上可以一致收敛,而在一个较大的集合 X_2 上可能不一致收敛.

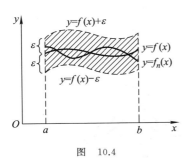

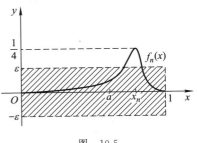

图   10.4   图   10.5

例 2   设函数序列 $f_n(x)=x^n(1-x^n)$，$n=1,2,\cdots$，$f_n(x)$ 在 $(0,1)$ 上收敛于 $f(x)\equiv0(0<x<1)$．试证明序列 $\{f_n(x)\}$ 在 $(0,1)$ 上不一致收敛，而在 $(0,a)$（其中 $0<a<1$）上一致收敛．

证   设 $r_n(x)=|f_n(x)-f(x)|$，即 $r_n(x)=x^n(1-x^n)(0<x<1)$．很容易证实 $r_n(x)$ 在 $x_n=1/2^{1/n}$ 处达极大值 $r_n(x_n)=\dfrac{1}{2}\left(1-\dfrac{1}{2}\right)=\dfrac{1}{4}$．因此，对于给定的 ε，$0<\varepsilon<\dfrac{1}{4}$，对任意的自然数 n，都有

$$r_n(x_n)>\varepsilon.$$

这也就是说，无法找到自然数 N，使得当 $n>N$ 时，

$$r_n(x)=|f_n(x)-f(x)|<\varepsilon$$

对区间 $(0,1)$ 中的一切点成立．从直观上看（见图 10.5），这时无论 n 多么大，$(0,1)$ 中总有一点 x_n 使得点 $(x_n,f_n(x_n))$ 冒出由 ε 决定的带形域

$$\{(x,y)\mid 0<x<1,-\varepsilon<y<\varepsilon\}.$$

当 $0<x<a<1$ 时，我们有

$$r_n(x)=|x^n(1-x^n)|\leqslant x^n\leqslant a^n.$$

因此，对于任意给定的 $\varepsilon>0$（不妨设 $\varepsilon<1$），为使 $r_n(x)<\varepsilon$，只要 $a^n<\varepsilon$ 就够了．于是，我们可取

$$N=\left[\frac{\ln\varepsilon}{\ln a}\right]+1$$

就足以保证

$$|x^n(1-x^n)-0|<\varepsilon,\quad\text{只要 }n>N,0<x<a.$$

这就证明了 $f_n(x)$ 在 $(0,a)$ 上一致收敛．从直观上看，对取定的 $a\in(0,1)$，当 n 充分大时点 $x_n=1/2^{1/n}$ 将任意靠近于 1，这时图形 $y=f_n(x)$ 的"高峰"部分已移出了区间 $(0,a)$，因而在区间 $(0,a)$ 中的部分将一致地趋于零（见

图 10.5).证毕.

例 3 讨论下列函数序列在所给区间上是否一致收敛：

(1) $f_n(x) = \dfrac{n+x^2}{nx}$，$1 \leqslant x \leqslant 2$；

(2) $f_n(x) = \dfrac{nx}{1+n^2 x^2}$，$0 \leqslant x \leqslant 1$.

解 (1) $\{f_n(x)\}$ 的极限函数为 $f(x) = \dfrac{1}{x}$.当 $1 \leqslant x \leqslant 2$ 时,有

$$|f_n(x) - f(x)| = \left| \frac{x}{n} \right| \leqslant \frac{2}{n}.$$

对于任给 $\varepsilon > 0$(不妨设 $\varepsilon < 1$),要使 $|f_n(x) - f(x)| < \varepsilon$,只要 $2/n < \varepsilon$.我们取 $N = [2/\varepsilon]$,则当 $n > N$ 时,对一切 $x \in [1,2]$,都有

$$|f_n(x) - f(x)| < \varepsilon,$$

这里 N 与 x 无关,所以 $f_n(x)$ 在 $[1,2]$ 上一致收敛.

(2) 显然,$f_n(x)$ 的极限函数为 0.若 $f_n(x)$ 在 $[0,1]$ 上一致收敛到极限函数 $f(x) = 0$,那么,对于任给 $\varepsilon > 0$,存在与 x 无关的 N,使当 $n > N$ 时,对一切 $x \in [0,1]$,应该都有

$$|f_n(x) - f(x)| = \frac{nx}{1+n^2 x^2} < \varepsilon.$$

但取定 n 后(不论 n 大于多么大的正数 N),上述不等式显然不能对一切 $x \in [0,1]$ 成立.事实上,任意取定一个 n,存在点 $x_n = \dfrac{1}{n} \in [0,1]$,使

$$|f_n(x_n) - f(x_n)| = \frac{1}{2}.$$

因而,当 ε 小于 $\dfrac{1}{2}$ 时,不论 N 多么大以及任意 $n > N$,上述不等式不可能对一切 $x \in [0,1]$ 成立.因此 $\{f_n(x)\}$ 在 $[0,1]$ 上不一致收敛.图 10.6 表明了 $\{f_n(x)\}$ 在 $[0,1]$ 上收敛的不一致性.

由例 3 中的两个例子可总结出关于函数序列在某个区间上一致收敛的一个充分条件.

命题 1 设函数序列 $\{f_n(x)\}$ 在区间 X 上收敛到极限函数 $f(x)$.若存在数列 $\{a_n\}$ 使

$$|f_n(x) - f(x)| \leqslant a_n, \quad x \in X, n \geqslant N,$$

且 $a_n \to 0$ $(n \to \infty)$,则 $\{f_n(x)\}$ 在 X 上一致收敛于 $f(x)$.

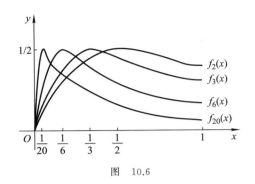

图   10.6

命题 1 的证明请同学们自己完成.

由例 3 中的两个例子,我们还看到序列 $\{f_n(x)\}$ 在一个区间上的不一致收敛性是由于在这个区间中存在 x_n,使得 $|f_n(x_n)-f(x_n)|$ 是一个固定常数,而不能任意小.由此启发我们总结出下列判别函数序列不一致收敛的一个充分条件.

命题 2   设函数序列 $\{f_n(x)\}$ 在 X 上收敛到极限函数 $f(x)$.若存在常数 $l>0$ 及点列 $x_n \in X (n=1,2,\cdots)$,使当 $n \geqslant N (N \in \mathbf{Z})$ 时,有
$$|f_n(x_n)-f(x_n)| \geqslant l,$$
则 $\{f_n(x)\}$ 在 X 上不一致收敛.

这一命题也可用一种极限形式表示出来.

命题 3   设函数序列 $\{f_n(x)\}$ 在 X 上收敛到极限函数 $f(x)$.若在 X 中存在点列 $x_n (n=1,2,\cdots)$,使
$$[f_n(x_n)-f(x_n)] \to k \neq 0 \quad (n \to \infty),$$
则 $\{f_n(x)\}$ 在 X 上不一致收敛.

证   由上式可推出
$$|f_n(x_n)-f(x_n)| \to |k|>0 \quad (n \to \infty).$$
因而对充分大的 n,有
$$|f_n(x_n)-f(x_n)| \geqslant \frac{|k|}{2}.$$
因此,由命题 2 可推出 $\{f_n(x)\}$ 在 X 上不一致收敛.证毕.

在某些情况下,命题 3 用起来更方便.

例 4   设 $f_n(x)=\left(1+\dfrac{1}{n}\right)^x (0<x<\infty)$.显然,$f_n(x)$ 在 $(0,\infty)$ 上收敛于极限函数 $f(x) \equiv 1$.问 $f_n(x)$ 在 $(0,\infty)$ 上是否一致收敛于 $f(x)$?

解 问题的回答是否定的.事实上,令 $x_n=n$,那么

$$f_n(x_n)-f(x_n)=\left(1+\frac{1}{n}\right)^n-1\to \mathrm{e}-1\neq 0 \quad (n\to\infty).$$

于是根据命题 3,$f_n(x)$ 在 $(0,\infty)$ 上不一致收敛.

现在我们来讨论函数项级数的一致收敛概念.大家知道,级数的收敛性是用其部分和序列的收敛性来定义的.因此,函数项级数的一致收敛性也可用其部分和序列的一致收敛性来定义.

定义 2 设函数项级数 $\sum_{k=1}^{\infty}u_k(x)$ 中的每一项在集合 X 中有定义.若其部分和序列 $S_n(x)=\sum_{k=1}^{n}u_k(x)$ 在集合 X 上一致收敛,则称级数 $\sum_{k=1}^{\infty}u_k(x)$ 在 X 上**一致收敛**.

显然,若级数 $\sum_{k=1}^{\infty}u_k(x)$ 在 X 上一致收敛,则它在 X 上收敛.但是,反过来不一定成立.例如,级数 $1+x+x^2+\cdots=\sum_{k=1}^{\infty}x^{k-1}$ 在 $(-1,1)$ 上收敛,但在 $(-1,1)$ 上不一致收敛.事实上,容易求出这个级数的部分和序列是 $S_n(x)=\frac{1-x^n}{1-x}$,而其极限函数是 $S(x)=\frac{1}{1-x}$.这样,我们有

$$|S_n(x)-S(x)|=\frac{|x|^n}{1-x}.$$

取点列 $x_n=1-\frac{1}{n}$ $(n=1,2,\cdots)$,有

$$|S_n(x_n)-S(x_n)|=n\left(1-\frac{1}{n}\right)^n\to+\infty \quad (n\to\infty).$$

由命题 3,$S_n(x)$ 在 $(-1,1)$ 上不一致收敛.

2. 函数项级数一致收敛的必要条件与判别法

我们首先给出函数项级数一致收敛的一个必要条件.

定理 1 若函数项级数 $\sum_{n=1}^{\infty}u_n(x)$ 在 X 上一致收敛,则其一般项序列 $\{u_n(x)\}$ 在 X 上一致收敛于 0,即

$$u_n(x)\rightrightarrows 0, \quad x\in X \quad (n\to\infty).$$

证 设函数项级数 $\sum_{n=1}^{\infty}u_n(x)$ 在 X 上一致收敛.根据定义,其部分和序

列 $S_n(x) = \sum\limits_{k=1}^{n} u_k(x)$ 在 X 上一致收敛于和函数 $S(x)$. 也就是说，对于任意给定的 $\varepsilon > 0$ 可以找到一个自然数 N，使得

$$| S_n(x) - S(x) | < \frac{\varepsilon}{2}, \quad \text{只要 } n > N, x \in X.$$

由此推出，

$$
\begin{aligned}
| u_n(x) | &= | S_n(x) - S_{n-1}(x) | \\
&\leqslant | S_n(x) - S(x) | + | S_{n-1}(x) - S(x) | \\
&< \frac{\varepsilon}{2} + \frac{\varepsilon}{2} = \varepsilon, \quad \text{只要 } n > N+1, x \in X.
\end{aligned}
$$

这就意味着 $\{u_n(x)\}$ 在 X 上一致收敛于零. 证毕.

这个定理告诉我们，一个函数项级数一致收敛之必要条件为其通项一致趋于零. 因此，为了判别一个函数项级数的一致收敛性，我们可以首先检查一下它的通项是否一致趋于零. 如果其通项不一致趋于零，则级数不一致收敛. 例如 $\sum\limits_{n=1}^{\infty} x^n$ 在 $(0,1)$ 上不一致收敛，因为其通项 x^n 在 $(0,1)$ 上不一致趋于零.

但是，通项一致趋于零不是级数一致收敛的充分条件. 请读者自己举例说明. 函数项级数一致收敛的充要条件应该由柯西准则给出.

定理 2（关于一致收敛的柯西准则）   函数项级数 $\sum\limits_{n=1}^{\infty} u_n(x)$ 在集合 X 上一致收敛的充要条件是对于任意给定的 $\varepsilon > 0$，存在一个只依赖于 ε 的 N，使得对任意的 $n > N$ 及任意自然数 p，不等式 $\left| \sum\limits_{k=n+1}^{n+p} u_k(x) \right| < \varepsilon$ 对于一切 $x \in X$ 成立.

证   必要性   设 $\sum\limits_{n=1}^{\infty} u_n(x)$ 在 X 上一致收敛，其和函数为 $S(x)$. 令 $S_n(x) = \sum\limits_{k=1}^{n} u_k(x)$ 为其部分和. 那么，$S_n(x)$ 在 X 上一致收敛于 $S(x)$. 根据定义 2，对于任意的 $\varepsilon > 0$，存在一个只依赖于 ε 的 N，使得

$$| S_n(x) - S(x) | < \frac{\varepsilon}{2}, \quad \text{只要 } n > N, x \in X.$$

特别地，对于任意自然数 p，有

$$| S_{n+p}(x) - S(x) | < \frac{\varepsilon}{2}, \quad \text{只要 } n > N, x \in X.$$

于是,我们有

$$\left|\sum_{k=n+1}^{n+p}u_k(x)\right|=|S_{n+p}(x)-S_n(x)|$$

$$\leqslant|S_{n+p}(x)-S(x)|+|S_n(x)-S(x)|$$

$$<\frac{\varepsilon}{2}+\frac{\varepsilon}{2}=\varepsilon,\quad \text{只要}\ n>N,x\in X.$$

充分性 假定级数 $\sum_{k=1}^{\infty}u_k(x)$ 满足该定理中的条件.设 $\varepsilon>0$ 是任意给定的数.对于 $\varepsilon/2$ 存在一个自然数 N,使得下列不等式成立:

$$\left|\sum_{k=n+1}^{n+p}u_k(x)\right|<\frac{\varepsilon}{2},\quad \text{只要}\ n>N,x\in X,$$

其中 p 是任意自然.根据数项级数的柯西收敛原理,级数 $\sum_{k=1}^{\infty}u_k(x)$ 在 X 上点点收敛.设 $S(x)$ 是 $\sum_{k=1}^{\infty}u_k(x)$ 的和函数,$S_n(x)=\sum_{k=1}^{n}u_k(x)$ 是其部分和,那么上述不等式可以写成

$$|S_{n+p}(x)-S_n(x)|<\frac{\varepsilon}{2},\quad \forall n>N,x\in X,$$

其中 p 是任意自然数.在上述不等式中固定 n 及 x,令 $p\to\infty$,则有

$$|S(x)-S_n(x)|\leqslant\frac{\varepsilon}{2}<\varepsilon,\quad \forall n>N,x\in X.$$

这意味着 $S_n(x)$ 在集合 X 上一致收敛于 $S(x)$.因此,级数 $\sum_{k=1}^{\infty}u_k(x)$ 在 X 上一致收敛.证毕.

这个定理虽然给出了级数一致收敛的充要条件,但是对于判别级数一致收敛性而言并不便于直接应用.下面我们给出几个常用的判别法.

定理 3（强级数判别法） 若函数项级数 $\sum_{n=1}^{\infty}u_n(x)$ 的一般项满足:

$$|u_n(x)|\leqslant a_n,\quad \forall x\in X,n=1,2,\cdots,$$

且正项级数 $\sum_{n=1}^{\infty}a_n$ 收敛,则该函数项级数在 X 上一致收敛.

证 由 $\sum_{n=1}^{\infty}a_n$ 收敛的柯西准则知,对任给 $\varepsilon>0$,存在正整数 N,使当 $n>N$ 时,对任意自然数 p,有

$$\left|\sum_{k=n+1}^{n+p} a_k\right| = \sum_{k=n+1}^{n+p} a_k < \varepsilon.$$

由定理假定便有:当 $n > N$ 时,对任意自然数 p 及一切 $x \in X$,都有

$$\left|\sum_{k=n+1}^{n+p} u_k(x)\right| \leqslant \sum_{k=n+1}^{n+p} |u_k(x)| \leqslant \sum_{k=n+1}^{n+p} a_k < \varepsilon.$$

由定理 2 可知,这意味着该函数项级数在 X 上一致收敛.证毕.

定理 3 中的级数 $\sum\limits_{n=1}^{\infty} a_n$,称为级数 $\sum\limits_{n=1}^{\infty} u_n(x)$ 的**强级数**.

上述判别法也称作魏尔斯特拉斯判别法,或 M 判别法.

例 5　讨论级数 $\sum\limits_{n=1}^{\infty} 2^n \sin\dfrac{1}{3^n(1+x^2)}$ 在 $(-\infty, +\infty)$ 上的一致收敛性.

解　因为对任意 $x \in (-\infty, +\infty)$,

$$\left|2^n \sin\frac{1}{3^n(1+x^2)}\right| \leqslant 2^n \cdot \frac{1}{3^n(1+x^2)} \leqslant \left(\frac{2}{3}\right)^n,$$

而级数 $\sum\limits_{n=1}^{\infty} \left(\dfrac{2}{3}\right)^n$ 收敛,所以所讨论的级数在 $(-\infty, +\infty)$ 上一致收敛.

例 6　设 $\sum\limits_{n=0}^{\infty} \sqrt{a_n^2 + b_n^2}$ 收敛.证明:级数 $\sum\limits_{n=0}^{\infty} (a_n \cos nx + b_n \sin nx)$ 在 $(-\infty, +\infty)$ 上一致收敛.

证　对于任意的 $x \in (-\infty, +\infty)$,

$$|a_n \cos nx + b_n \sin nx| \leqslant \sqrt{a_n^2 + b_n^2},$$

而 $\sum\limits_{n=0}^{\infty} \sqrt{a_n^2 + b_n^2}$ 收敛,所以 $\sum\limits_{n=0}^{\infty} (a_n \cos nx + b_n \sin nx)$ 在 $(-\infty, +\infty)$ 上一致收敛.证毕.

例 7　证明:函数项级数 $\sum\limits_{n=1}^{\infty} x^2 e^{-nx}$ 在 $[0, +\infty)$ 上一致收敛.

证　记 $u_n(x) = x^2 e^{-nx}$. 证明的关键是找到强级数 $\sum\limits_{n=1}^{\infty} a_n$. 本题中的 $u_n(x)$ 不像例 6 中的通项函数那样容易找到 a_n,可以尝试求 $|u_n(x)|$ 在 $[0, +\infty)$ 上的最大值作为 a_n.利用导数

$$u_n'(x) = 2x e^{-nx} + x^2 e^{-nx}(-n) = x e^{-nx}(2 - nx),$$

可以知道 $u_n(x)$ 在 $x = \dfrac{2}{n}$ 达到它在 $[0, +\infty)$ 上的最大值,即

$$u_n(x) \leqslant u_n\left(\frac{2}{n}\right), \quad x \in [0, +\infty).$$

取 $a_n = u_n\left(\dfrac{2}{n}\right) = \dfrac{4}{n^2}\mathrm{e}^{-2}$. 由于 $\displaystyle\sum_{n=1}^{\infty}\dfrac{4}{n^2}\mathrm{e}^{-2}$ 收敛,根据定理 3 即得 $\displaystyle\sum_{n=1}^{\infty}x^2\mathrm{e}^{-nx}$ 在 $[0,+\infty)$ 上一致收敛.证毕.

例 8 考虑级数 $\displaystyle\sum_{n=1}^{\infty}n\mathrm{e}^{-n^2 x}$, 证明:

(1) 该级数在区间 $(0,+\infty)$ 内不一致收敛;

(2) 该级数在区间 $[\delta,+\infty)$ 内一致收敛(其中 $\delta > 0$).

证 (1) 只须证其一般项序列 $u_n(x) = n\mathrm{e}^{-n^2 x}$ 在 $(0,+\infty)$ 内不一致收敛于 0.事实上,存在点列 $x_n = \dfrac{1}{n^2} \in (0,+\infty)$ $(n=1,2,\cdots)$,使 $u_n(x_n) = n\mathrm{e}^{-1} \geqslant \dfrac{1}{\mathrm{e}}$.由命题 2 即知 $u_n(x)$ 在 $(0,+\infty)$ 上不一致趋于零,从而级数 $\displaystyle\sum_{n=1}^{\infty}u_n(x)$ 在 $(0,+\infty)$ 内不一致收敛.

(2) 当 $x \geqslant \delta$ 时,

$$|u_n(x)| = \dfrac{n}{\mathrm{e}^{n^2 x}} \leqslant \dfrac{n}{\mathrm{e}^{n^2\delta}}, \quad n=1,2,\cdots,$$

而级数 $\displaystyle\sum_{n=1}^{\infty}\dfrac{n}{\mathrm{e}^{n^2\delta}}$ 收敛.由定理 3 即得级数 $\displaystyle\sum_{n=1}^{\infty}u_n(x)$ 在 $[\delta,+\infty)$ 上一致收敛.证毕.

强级数判别法实质上只能判别那些通项加了绝对值之后依然一致收敛的级数.为了对更广泛的级数给出判别法,我们必须引进函数序列一致有界的概念.

定义 3 设函数序列 $\{f_n(x)\}$ 在集合 X 上有定义.若存在常数 M,使对一切 $n=1,2,\cdots$ 及任意 $x \in X$,都有

$$|f_n(x)| \leqslant M,$$

则称函数序列 $\{f_n(x)\}$ 在 X 上**一致有界**.

大家知道,函数序列 $\{f_n(x)\}$ 在一点 $x_0 \in X$ 处有界的定义是指:存在一个常数 M,使得 $|f_n(x_0)| \leqslant M$ 对一切 $n=1,2,\cdots$ 成立.不同的点 x_0 所对应的 M 有可能不同.$\{f_n(x)\}$ 的一致有界性则保证了对一切 $x \in X$ 可以取到共同的 M(即 M 与 x 无关).例如,对于任意固定的点 $x \in (0,1]$,函数序列 $f_n(x) = \dfrac{1}{nx}$ 是有界的,因为这时显然有

$$\left|\dfrac{1}{nx}\right| \leqslant \dfrac{1}{x}, \quad \forall n=1,2,\cdots.$$

这里的上界 $\dfrac{1}{x}$ 与取定的 x 有关.但是,对一切 $x\in(0,1]$,我们则无法取到一个公共的上界.因此,它在 $(0,1]$ 上不是一致有界的.而该函数序列在 $[\delta,1]$ 上(其中 $0<\delta<1$)显然是一致有界的,因为

$$\left|\frac{1}{nx}\right|\leqslant\frac{1}{\delta},\quad\forall n=1,2,\cdots,x\in[\delta,1].$$

我们知道,狄利克雷判别法及阿贝尔判别法是判别任意项级数是否收敛的有效判别法.现在我们把它们移置到函数项级数上来.

定理 4(狄利克雷判别法) 设函数项级数 $\displaystyle\sum_{n=1}^{\infty}u_n(x)$ 在集合 X 上有定义,且通项 $u_n(x)$ 可以写成

$$u_n(x)=a_n(x)\cdot b_n(x),\quad\forall x\in X.$$

若 $u_n(x)$ 满足下列条件:

(1)在 X 中任意取定一个 x,数列 $\{a_n(x)\}$ 对 n 单调,且函数序列 $\{a_n(x)\}$ 在 X 上一致收敛于 0;

(2)函数项级数 $\displaystyle\sum_{n=1}^{\infty}b_n(x)$ 的部分和序列 $\{B_n(x)\}$ 在 X 上一致有界,

则 $\displaystyle\sum_{n=1}^{\infty}a_n(x)b_n(x)$ 在 X 上一致收敛.

回顾关于数项级数 $\displaystyle\sum_{n=1}^{\infty}a_n b_n$ 的狄利克雷判别法:若 a_n 单调趋于 0,且 $\displaystyle\sum_{n=1}^{\infty}b_n$ 的部分和 B_n 有界,则 $\displaystyle\sum_{n=1}^{\infty}a_n b_n$ 收敛.将它与现在的定理 4 加以比较立即就发现,当我们将数项级数 $\displaystyle\sum_{n=1}^{\infty}a_n b_n$ 换成函数项级数 $\displaystyle\sum_{n=1}^{\infty}a_n(x)b_n(x)$ 时,只要将条件"a_n 趋于 0"与"B_n 有界"换成"$a_n(x)$ **一致趋于 0**"与"$B_n(x)$ **一致有界**",那么结论就可以换成 $\displaystyle\sum_{n=1}^{\infty}a_n(x)b_n(x)$ **一致收敛**.

证 由条件(2)知,存在常数 M,使对一切 $x\in X$,都有

$$|B_n(x)|=\left|\sum_{k=1}^{n}b_k(x)\right|\leqslant M\quad(n=1,2,\cdots).$$

因而对一切 $x\in X$ 及任意自然数 p,有

$$\left|\sum_{k=n+1}^{n+p}b_k(x)\right|\leqslant\left|\sum_{k=1}^{n+p}b_k(x)\right|+\left|\sum_{k=1}^{n}b_k(x)\right|\leqslant 2M.$$

又由条件(1),对每一 $x\in X$,数列 $\{a_n(x)\}$ 单调,因而由本章 §3 中的阿贝尔引理可得

$$\left|\sum_{k=n+1}^{n+p}a_k(x)b_k(x)\right|\leqslant 2M(|a_{n+1}(x)|+2|a_{n+p}(x)|).$$

再由 $\{a_n(x)\}$ 在 X 上一致收敛于 0 知,对于任给 $\varepsilon>0$,存在常数 $N>0$,使当 $n>N$ 及一切 $x\in X$,都有

$$|a_n(x)|<\frac{\varepsilon}{6M}.$$

这样,由前面两不等式便得:当 $n>N$ 时,对任意自然数 p 及一切 $x\in X$,都有 $\left|\sum_{k=n+1}^{n+p}a_n(x)b_n(x)\right|<\varepsilon$.根据定理 2,这意味着 $\sum_{n=1}^{\infty}a_n(x)b_n(x)$ 在 X 上一致收敛.证毕.

例 9 设数列 $\{a_n\}$ 单调趋于 0.证明:级数 $\sum_{n=1}^{\infty}a_n\sin nx$ 与级数 $\sum_{n=1}^{\infty}a_n\cos nx$ 在闭区间 $[\delta,2\pi-\delta]$ 上一致收敛,其中 $0<\delta<\pi$.

证 令 $a_n(x)=a_n$,$b_n(x)=\sin nx$(或 $\cos nx$),则 a_n 单调趋于 0 意味着:任意固定 $x\in[\delta,2\pi-\delta]$,$a_n(x)$ 单调,且 $\{a_n(x)\}$ 一致趋于 0.另外,我们有下列估计(参见本章 §3 中的例 9):

$$|B_n(x)|=\left|\sum_{k=1}^{n}\sin kx\right|\left(\text{或}\left|\sum_{k=1}^{n}\cos kx\right|\right)\leqslant\frac{1}{\left|\sin\frac{x}{2}\right|}<\frac{1}{\sin\frac{\delta}{2}},$$

$$\delta\leqslant x\leqslant 2\pi-\delta,\quad n=1,2,\cdots,$$

即 $B_n(x)$ 在 $[\delta,2\pi-\delta]$ 上一致有界.根据狄利克雷判别法,所论级数在 $[\delta,2\pi-\delta]$ 上一致收敛.证毕.

类似地不难推出级数 $\sum_{n=1}^{\infty}\frac{\sin nx}{n^p}$ 与 $\sum_{n=1}^{\infty}\frac{\cos nx}{n^p}(p>0)$ 在区间 $[\delta,2\pi-\delta]$ 上一致收敛.

这里我们应当注意一个有趣的现象:$\sum_{n=1}^{\infty}\frac{\sin nx}{n}$ 在 $[0,2\pi]$ 上处处收敛,但在 $[0,2\pi]$ 上不一致收敛.事实上,对任意的自然数 n,令 $x_n=\frac{\pi}{4n}$,取 $p=n$,

$$\left|\sum_{k=n+1}^{n+p}\frac{\sin kx_n}{k}\right|=\sum_{k=n+1}^{2n}\frac{\sin\frac{k\pi}{4n}}{k}$$

$$\geqslant \frac{1}{2n}\sum_{k=n+1}^{2n}\sin\frac{k\pi}{4n} \geqslant \frac{1}{2}\sin\frac{\pi}{4}.$$

利用定理 2，$\displaystyle\sum_{i=1}^{\infty}\frac{\sin nx}{x}$ 在 $[0,2\pi]$ 上不一致收敛.

定理 5（阿贝尔判别法） 设函数项级数 $\displaystyle\sum_{n=1}^{\infty}a_n(x)b_n(x)$ 满足：

（1）在 X 中任意取定一个 x，数列 $\{a_n(x)\}$ 单调，又函数序列 $\{a_n(x)\}$ 在 X 上一致有界，

（2）级数 $\displaystyle\sum_{n=1}^{\infty}b_n(x)$ 在 X 上一致收敛，

则级数 $\displaystyle\sum_{n=1}^{\infty}a_n(x)b_n(x)$ 在 X 上一致收敛.

证 由 $\{a_n(x)\}$ 在 X 上一致有界知，存在常数 M，使对一切 $x\in X$，都有

$$|a_n(x)|\leqslant M, \quad n=1,2,\cdots.$$

由条件（2）知，任给 $\varepsilon>0$，存在 N，使当 $n>N$ 时，对任意自然数 p 及一切 $x\in X$，有

$$\left|\sum_{k=n+1}^{n+p}b_k(x)\right|\leqslant\frac{\varepsilon}{4M}.$$

再注意对每一取定的 $x\in X$，数列 $\{a_n(x)\}$ 单调，于是由阿贝尔引理得

$$\left|\sum_{k=n+1}^{n+p}a_k(x)b_k(x)\right|\leqslant\frac{\varepsilon}{4M}\big(|a_{n+1}(x)|+2|a_{n+p}(x)|\big)$$

$$\leqslant\frac{\varepsilon}{4M}(M+2M)<\varepsilon.$$

由柯西准则，这意味着 $\displaystyle\sum_{n=1}^{\infty}a_n(x)b_n(x)$ 在 X 上一致收敛.证毕.

例 10 设级数 $\displaystyle\sum_{n=1}^{\infty}a_n$ 收敛，证明：函数项级数 $\displaystyle\sum_{n=1}^{\infty}\frac{a_n}{n^x}$ 在 $(0,+\infty)$ 上一致收敛.

证 令

$$a_n(x)=\frac{1}{n^x}, \quad 0<x<+\infty,$$

$$b_n(x)=a_n, \quad 0<x<+\infty,$$

则对任一取定的 $x\in(0,+\infty)$，序列 $a_n(x)$ 单调（下降），且

$$| a_n(x) | = \left| \frac{1}{n^x} \right| \leqslant 1, \quad x \in (0, +\infty), n = 1, 2, \cdots,$$

即 $a_n(x)$ 在 $(0, +\infty)$ 上一致有界. 又级数 $\sum\limits_{n=1}^{\infty} a_n$ 收敛意味着函数项级数

$\sum\limits_{n=1}^{\infty} b_n(x)$ 在 $(0, +\infty)$ 上一致收敛. 由阿贝尔判别法, 级数

$$\sum_{n=1}^{\infty} \frac{a_n}{n^x} = \sum_{n=1}^{\infty} a_n(x) b_n(x)$$

在 $(0, +\infty)$ 上一致收敛. 证毕.

例 11 证明: 函数项级数 $\sum\limits_{n=1}^{\infty} \frac{(-1)^{n-1}}{2n-1} x^{2n-1}$ 在 $[-1, 1]$ 上一致收敛.

证 令

$$a_n(x) = x^{2n-1}, \quad b_n(x) = \frac{(-1)^{n-1}}{2n-1}, \quad x \in [-1, 1].$$

$b_n(x)$ 与 x 无关, 则 $\sum\limits_{n=1}^{\infty} \frac{(-1)^{n-1}}{2n-1}$ 收敛意味着 $\sum\limits_{n=1}^{\infty} b_n(x)$ 在 $[-1, 1]$ 上一致收敛.

对任意的 $x \in [-1, 1]$,

$$| a_n(x) | = | x^{2n-1} | \leqslant 1,$$

即 $\{a_n(x)\}$ 在 $[-1, 1]$ 上一致有界. 又对任意的 $x \in [0, 1]$, $a_n(x) = x^{2n-1}$ 关于 n 单调递减; 对 $x \in [-1, 0)$, $-x \in (0, 1]$, $a_n(x) = -(-x)^{2n-1}$ 关于 n 单调递增.

由阿贝尔判别法, 级数 $\sum\limits_{n=1}^{\infty} \frac{(-1)^{n-1}}{2n-1} x^{2n-1}$ 在 $[-1, 1]$ 上一致收敛. 证毕.

3. 一致收敛级数的性质

设函数项级数 $\sum\limits_{n=1}^{\infty} u_n(x)$ 在区间 $[a, b]$ 上点点收敛. 我们要进一步研究它的和函数在区间 $[a, b]$ 上是否连续? 是否可积? 是否可导? 在可积与可导的情况下, 如何求出它的积分值与导函数? 从下面的讨论中可看出, 在这里级数的一致收敛性起着重要的作用.

定理 6 (和函数的连续性) 设函数项级数 $\sum\limits_{n=1}^{\infty} u_n(x)$ 在 $[a, b]$ 上一致收敛, 且其每一项 $u_n(x)(n = 1, 2, \cdots)$ 在 $[a, b]$ 上都连续, 则其和函数 $S(x)$

$= \displaystyle\sum_{n=1}^{\infty} u_n(x)$ 在 $[a,b]$ 上也连续.

证   设级数的前 n 项之部分和为 $S_n(x)$.在 $[a,b]$ 中任意取定一点 x_0,只须证明和函数 $S(x)$ 在 x_0 处连续即可.

对于任给的 $\varepsilon>0$,由级数一致收敛,存在正整数 N,使当 $n>N$ 时,对一切 $x\in[a,b]$,都有 $|S_n(x)-S(x)|<\varepsilon/3$.现取定某个 $N_0>N$,便有
$$|S_{N_0}(x)-S(x)|<\varepsilon/3, \quad a\leqslant x\leqslant b.$$
由三角不等式,对任意的 $x\in[a,b]$,我们有
$$|S(x)-S(x_0)|\leqslant|S(x)-S_{N_0}(x)|+|S_{N_0}(x)-S_{N_0}(x_0)|$$
$$+|S_{N_0}(x_0)-S(x_0)|$$
$$\leqslant|S_{N_0}(x)-S_{N_0}(x_0)|+\frac{2}{3}\varepsilon.$$
由于 N_0 是一个固定的数,$S_{N_0}(x)$ 就是有限个连续函数 $u_n(x)(n=1,2,\cdots,N_0)$ 之和,由连续函数的性质知,$S_{N_0}(x)$ 也是 $[a,b]$ 上的连续函数,特别在 x_0 处连续.于是对上面给定的 $\varepsilon>0$,存在 $\delta>0$,使当 $|x-x_0|<\delta$ 且 $x\in[a,b]$ 时,便有
$$|S_{N_0}(x)-S_{N_0}(x_0)|<\varepsilon/3.$$
这样,由前面的不等式,可知当 $|x-x_0|<\delta$ 且 $x\in[a,b]$ 时,有
$$|S(x)-S(x_0)|<\varepsilon.$$
而这意味着 $S(x)$ 在 x_0 处连续.证毕.

定理 6 指出,在所述条件下,等式
$$\lim_{x\to x_0}S(x)=S(x_0)$$
成立,其中 $x_0\in[a,b]$.另一方面,我们知道
$$\lim_{x\to x_0}S(x)=\lim_{x\to 0}\sum_{n=1}^{\infty}u_n(x),$$
$$S(x_0)=\sum_{n=1}^{\infty}u_n(x_0)=\sum_{n=1}^{\infty}\lim_{x\to x_0}u_n(x),$$
因而等式 $\lim_{x\to x_0}S(x)=S(x_0)$ 即可写为
$$\lim_{x\to x_0}\sum_{n=1}^{\infty}u_n(x)=\sum_{n=1}^{\infty}\lim_{x\to x_0}u_n(x).$$

这就说明:当级数一致收敛且其各项都连续时,无穷多项之求和运算与求极限的运算可交换次序.

应当指出,这个定理中的闭区间 $[a,b]$ 可以换成开区间或半开半闭的

区间,定理依然成立.

例 12 证明:$f(x) = \sum\limits_{n=1}^{\infty} 2^{-n} \sin 3^n x$ 在 $(-\infty, +\infty)$ 上连续.

证 设 $u_n(x) = 2^{-n} \sin 3^n x (n = 1, 2, \cdots)$,$u_n(x)$ 在 $(-\infty, +\infty)$ 上连续,且

$$|u_n(x)| = |2^{-n} \sin 3^n x| \leqslant 2^{-n} = \frac{1}{2^n}.$$

利用定理 3,$\sum\limits_{n=1}^{\infty} u_n(x)$ 在 $(-\infty, +\infty)$ 上一致收敛.于是由定理 6,$f(x)$ 在 $(-\infty, +\infty)$ 上连续.证毕.

例 13 证明:$f(x) = \sum\limits_{n=1}^{\infty} \frac{\sin nx}{n}$ 在 $(0, 2\pi)$ 上连续.

证 由例 9 的结论可知,$\sum\limits_{n=1}^{\infty} \frac{\sin nx}{n}$ 在 $[\delta, 2\pi - \delta]$ 上一致收敛,其中 δ 是 $(0, \pi)$ 中任意一个值.对于任意一点 $x_0 \in (0, 2\pi)$,存在 $\delta \in (0, \pi)$,使得 $x_0 \in (\delta, 2\pi - \delta)$.根据定理 6,$\sum\limits_{n=1}^{\infty} \frac{\sin nx}{n}$ 的和函数 $f(x)$ 在 $[\delta, 2\pi - \delta]$ 上连续,特别地,$f(x)$ 在点 x_0 连续.由于 x_0 是 $(0, 2\pi)$ 中任意一点,即得 $f(x)$ 在 $(0, 2\pi)$ 上连续.证毕.

定理 6 告诉我们:和函数的连续性是连续的函数项级数一致收敛之必要条件.因此,定理 6 也为判别函数项级数的不一致收敛提供了途径.

推论 设 X 是一区间(开区间、闭区间或半开半闭的区间),若 $u_n(x)$ $(n = 1, 2, \cdots)$ 在 X 上连续,但和函数 $S(x) = \sum\limits_{n=1}^{\infty} u_n(x)$ 在 X 上不连续,则级数 $\sum\limits_{n=1}^{\infty} u_n(x)$ 在 X 上不一致收敛.

例 14 考虑级数 $\sum\limits_{n=1}^{\infty} (x^{n+1} - x^n)$.显然其部分和

$$S_n(x) = \sum\limits_{k=1}^{n} (x^{k+1} - x^k) = x^{n+1} - x,$$

收敛域为 $(-1, 1]$,和函数为

$$S(x) = \begin{cases} -x, & \text{当} -1 < x < 1, \\ 0, & \text{当} x = 1. \end{cases}$$

和函数在 $(-1, 1]$ 上不连续(实际上仅在端点 $x = 1$ 处不连续).由推论可知,

该级数在$(-1,1]$上不一致收敛.

当然,不用推论而直接证明上述级数的不一致收敛性也是容易的.

下面我们来讨论和函数的积分是否等于级数中逐项积分之和的问题.

设有 n 个函数 $u_k(x)$,$k=1,2,\cdots,n$,其中每一个函数在区间$[a,b]$上都连续.那么,它们的和函数

$$S_n(x)=u_1(x)+\cdots+u_n(x)$$

在$[a,b]$上连续,且其积分等于逐个求定积分之和,即

$$\int_a^b S_n(x)\mathrm{d}x=\sum_{k=1}^n\int_a^b u_k(x)\mathrm{d}x.$$

这是大家所熟知的事实.这个事实可以看作有穷项的求和运算与积分运算可以交换:

$$\int_a^b\sum_{k=1}^n u_k(x)\mathrm{d}x=\sum_{k=1}^n\int_a^b u_k(x)\mathrm{d}x.$$

我们的问题是:这样的性质是否对无穷项求和(即函数项级数)也成立? 这个问题的结论是:不一定总能这样做,这需要一定的条件——级数的一致收敛性.

定理 7(逐项求积)   若级数 $\sum\limits_{n=1}^\infty u_n(x)$ 在$[a,b]$上一致收敛,且其每一项 $u_n(x)(n=1,2,\cdots)$ 在$[a,b]$上都连续,则其和函数 $S(x)=\sum\limits_{n=1}^\infty u_n(x)$ 在$[a,b]$上可积,且可逐项积分,即

$$\int_a^b S(x)\mathrm{d}x=\sum_{n=1}^\infty\int_a^b u_n(x)\mathrm{d}x.$$

证   在所给条件下,由定理 6 知 $S(x)$ 在$[a,b]$上连续,因而在$[a,b]$上可积.余下只须证明上述等式成立即可.

设 ε 是任意给定的正数.取 $\varepsilon'=\varepsilon/[2(b-a)]$.根据级数的一致收敛性,对于 $\varepsilon'>0$,存在 N 使得

$$\left|S(x)-\sum_{k=1}^n u_k(x)\right|<\varepsilon',\quad 只要 n>N,x\in[a,b].$$

也即当 $n>N$ 时,下述不等式

$$\sum_{k=1}^n u_k(x)-\varepsilon'<S(x)<\sum_{k=1}^n u_k(x)+\varepsilon'$$

对于$[a,b]$中的一切 x 成立.对上述不等式两端积分,我们有:当 $n>N$ 时,

$$\sum_{k=1}^{n}\int_{a}^{b}u_k(x)\mathrm{d}x-\varepsilon'(b-a)\leqslant\int_{a}^{b}S(x)\mathrm{d}x\leqslant\sum_{k=1}^{n}\int_{a}^{b}u_k(x)\mathrm{d}x+\varepsilon'(b-a),$$

也即当 $n>N$ 时，

$$\left|\int_{a}^{b}S(x)\mathrm{d}x-\sum_{k=1}^{n}\int_{a}^{b}u_k(x)\mathrm{d}x\right|\leqslant\varepsilon'(b-a)<\varepsilon.$$

这里 $\sum_{k=1}^{n}\int_{a}^{b}u_k(x)\mathrm{d}x$ 是数项级数 $\sum_{k=1}^{\infty}\int_{a}^{b}u_k(x)\mathrm{d}x$ 之部分和.上述不等式表明该数项级数收敛,且其和为 $\int_{a}^{b}S(x)\mathrm{d}x$,也就是说,

$$\int_{a}^{b}S(x)\mathrm{d}x=\sum_{k=1}^{\infty}\int_{a}^{b}u_k(x)\mathrm{d}x.$$

这就证明了我们的定理.证毕.

例 15 我们考虑级数 $\sum_{n=1}^{\infty}nx^n$,求定积分

$$\int_{0}^{a}\sum_{n=1}^{\infty}nx^n\mathrm{d}x\quad(0<a<1).$$

解 首先我们证明该级数在 $[0,a]$ 上一致收敛.事实上,当 $x\in[0,a]$ 时,我们有

$$|nx^n|\leqslant na^n,\quad n=1,2,\cdots,$$

而级数 $\sum_{n=1}^{\infty}na^n$ 是收敛的.由强级数判别法可知,级数 $\sum_{n=1}^{\infty}nx^n$ 在 $[0,a]$ 上一致收敛.由定理 7 我们有

$$\int_{0}^{a}\sum_{n=1}^{\infty}u_n(x)\mathrm{d}x=\sum_{n=1}^{\infty}\int_{0}^{a}nx^n\mathrm{d}x=\sum_{n=1}^{\infty}\frac{n}{n+1}a^{n+1}.$$

与逐项求积的问题相类似,我们可以提出逐项求导的问题.这个问题的回答较复杂,需要较多的条件才能保证这样做的合理性.

定理 8（逐项求导数） 设函数项级数 $\sum_{n=1}^{\infty}u_n(x)$ 在 $[a,b]$ 上点点收敛, $u_n(x)$ 的导函数 $u_n'(x)(n=1,2,\cdots)$ 在 $[a,b]$ 上连续,且级数 $\sum_{n=1}^{\infty}u_n'(x)$ 在 $[a,b]$ 上一致收敛,则和函数 $S(x)=\sum_{n=1}^{\infty}u_n(x)$ 在 $[a,b]$ 上可导,且可逐项求导,即有

$$S'(x)=\sum_{n=1}^{\infty}u_n'(x),\quad x\in[a,b],$$

并且 $S'(x)$ 在 $[a,b]$ 上也连续.

证   由所给条件知,级数 $\sum_{n=1}^{\infty} u'_n(x)$ 在 $[a,b]$ 上点点收敛,设其和函数为 $\varphi(x)$,即

$$\varphi(x) = \sum_{n=1}^{\infty} u'_n(x), \quad a \leqslant x \leqslant b.$$

在 $[a,b]$ 上任意取定一点 x.由 $\sum_{n=1}^{\infty} u'_n(x)$ 的一致收敛性及定理 7 知,级数 $\sum_{n=1}^{\infty} u'_n(x)$ 在区间 $[a,x]$ 上逐项求积,即有

$$\int_a^x \varphi(x)\mathrm{d}x = \sum_{n=1}^{\infty} \int_a^x u'_n(x)\mathrm{d}x = \sum_{n=1}^{\infty} [u_n(x) - u_n(a)]$$

$$= \sum_{n=1}^{\infty} u_n(x) - \sum_{n=1}^{\infty} u_n(a) = S(x) - S(a).$$

由于 x 为 $[a,b]$ 内任意一点,故上式对一切 $x \in [a,b]$ 都成立,即有

$$\int_a^x \varphi(x)\mathrm{d}x = S(x) - S(a), \quad a \leqslant x \leqslant b.$$

另外,由 $u'_n(x)$ 的连续性及 $\sum_{n=1}^{\infty} u'_n(x)$ 的一致收敛性,根据定理 6,$\varphi(x)$ 是连续的.因此,上式中左端是一个连续函数的变上限的定积分,从而是可导的.对上式两端求导数,即得 $\varphi(x) = S'(x)$,也即

$$S'(x) = \sum_{n=1}^{\infty} u'_n(x).$$

$S'(x)$ 的连续性由 $\varphi(x)$ 的连续性推出.证毕.

例 16   证明:级数

$$\sum_{n=1}^{\infty} \frac{(-1)^{n-1}}{n} \mathrm{e}^{-nx} \quad (0 < x < +\infty)$$

的和函数 $S(x)$ 在 $(0, +\infty)$ 上有连续的导函数.

证   首先,对任意取定的 $x \in (0, +\infty)$,该级数是交错级数,并且通项单调趋于零.因而用莱布尼茨判别法即可知级数在 $(0, +\infty)$ 上是点点收敛的.故其和函数 $S(x)$ 在 $(0, +\infty)$ 上有定义.下面证明 $S(x)$ 在 $(0, +\infty)$ 内任一点处都可导且其导函数连续.

现在由于 $\sum_{n=1}^{\infty} u'_n(x) = \sum_{n=1}^{\infty} (-1)^n \mathrm{e}^{-nx}$ 在 $(0, +\infty)$ 上不一致收敛,故不

能在$(0,+\infty)$上直接应用定理 8.但我们注意到一个事实,那就是级数 $\sum\limits_{n=1}^{\infty}(-1)^n e^{-nx}$ 在任意的闭区间$[a,b]\subset(0,+\infty)$上都一致收敛.这一点保证了和函数 $S(x)$ 在任意闭区间$[a,b]\subset(0,+\infty)$上有连续导数,从而在$(0,+\infty)$中每一点均如此.下面是严格的证明.

对于任意一点 $x_0\in(0,+\infty)$,取区间$[a,b]\subset(0,+\infty)$,并使 $x_0\in(a,b)$.不难验证该级数在$[a,b]$上满足定理 8 的条件:事实上,该级数在$[a,b]$上显然点点收敛;而其通项的导数

$$\left[(-1)^{n-1}\frac{1}{n}e^{-nx}\right]'=(-1)^n e^{-nx}\quad(n=1,2,\cdots)$$

在$[a,b]$上连续;并且 $|(-1)^n e^{-nx}|\leqslant e^{-na}(a\leqslant x\leqslant b)$,而级数 $\sum\limits_{n=1}^{\infty}e^{-na}$ 收敛,因而

$$\sum_{n=1}^{\infty}\left[(-1)^{n-1}\frac{1}{n}e^{-nx}\right]'=\sum_{n=1}^{\infty}(-1)^n e^{-nx}$$

在$[a,b]$上一致收敛.于是由定理 8,$S(x)$ 在区间$[a,b]$上可导,且导函数 $S'(x)$ 在$[a,b]$上连续.特别地,$S(x)$ 在 x_0 处可导且 $S'(x)$ 在 x_0 处连续.

由于 x_0 是$(0,+\infty)$内的任意一点,以上结果说明:$S(x)$ 在$(0,+\infty)$内任一点处都可导,且 $S'(x)$ 在$(0,+\infty)$内任一点处都连续.证毕.

例 17 证明:$\ln(1+x)=\sum\limits_{n=1}^{\infty}(-1)^{n-1}\dfrac{x^n}{n}$ $(-1<x<1)$.

证 显然,级数 $\sum\limits_{n=1}^{\infty}(-1)^{n-1}\dfrac{x^n}{n}$ 在$(-1,1)$上收敛.设其和函数为 $S(x)$.为求 $S(x)$ 的表达式,我们采用先求导、再积分的方法.即先求出 $S'(x)$ 的表达式,再利用

$$\int_0^x S'(x)dx=S(x)-S(0)$$

求得 $S(x)$.

所给级数的通项的导数所组成的级数是

$$\sum_{n=1}^{\infty}\left[(-1)^{n-1}\frac{x^n}{n}\right]'=\sum_{n=1}^{\infty}(-1)^{n-1}x^{n-1}.$$

这个级数在$(-1,1)$上并不一致收敛.为了应用定理 8,我们任意取定常数 $a,0<a<1$.这时级数 $\sum\limits_{n=1}^{\infty}(-1)^{n-1}x^{n-1}$ 在$[-a,a]$上一致收敛(用强级数判

别法).在$[-a,a]$上应用定理 8,我们有

$$S'(x) = \sum_{n=1}^{\infty} \left[(-1)^{n-1} \frac{x^n}{n} \right]'$$

$$= \sum_{n=1}^{\infty} (-1)^{n-1} x^{n-1} \quad (-a < x < a).$$

显然，$\displaystyle\sum_{n=1}^{\infty} (-1)^{n-1} x^{n-1}$ 的和函数为 $\dfrac{1}{1+x}$. 因此，上式可写成

$$S'(x) = \frac{1}{1+x} \quad (-a < x < a).$$

由于 a 是任意选定的 0 至 1 之间的数,故上式对一切 $x \in (-1,1)$ 均成立,
也即

$$S'(x) = \frac{1}{1+x} \quad (-1 < x < 1).$$

对上式两边求积分得

$$\int_0^x S'(x) \mathrm{d}x = \int_0^x \frac{1}{1+x} \mathrm{d}x = \ln(1+x),$$

也即 $S(x) - S(0) = \ln(1+x)$.但 $S(0) = 0$,这就证明了 $S(x) = \ln(1+x)$.
证毕.

习　题　10.4

1.求下列级数的收敛域：

(1) $\displaystyle\sum_{n=1}^{\infty} (\ln x)^n$;　　　　(2) $\displaystyle\sum_{n=1}^{\infty} \frac{1}{2n-1} \left(\frac{1-x}{1+x} \right)^n$;　　　　(3) $\displaystyle\sum_{n=1}^{\infty} \frac{1}{x^n} \sin \frac{\pi}{3^n}$.

2.讨论下列函数序列在所示区间内的一致收敛性：

(1) $f_n(x) = \dfrac{1}{2^n + x^2}$, 　$-\infty < x < +\infty$;

(2) $f_n(x) = \sqrt{x^4 + \mathrm{e}^{-n}}$, 　$-\infty < x < +\infty$;

(3) $f_n(x) = \ln\left(1 + \dfrac{x^2}{n^2}\right)$, 　　(i) $-l < x < l$, 　(ii) $-\infty < x < +\infty$;

(4) $f_n(x) = \dfrac{n^2 x}{1 + n^2 x}$, 　$0 < x < 1$;

(5) $f_n(x) = \dfrac{\sin x^n}{3 + x^n}$, 　　(i) $0 \leqslant x \leqslant 1 - \delta (0 < \delta < 1)$, 　(ii) $0 < x < 1$

$\left(\text{提示：考虑点列 } x_n = \sqrt[n]{\dfrac{n-1}{n}}\right)$;

(6) $f_n(x) = \dfrac{\sin \dfrac{x}{n}}{\dfrac{x}{n}}$, $0 < x < 1$ $\left(提示:利用 \dfrac{\sin y}{y} \to 1 \ (y \to 0) \ 的 \ \varepsilon\text{-}\delta \ 说法 \right)$.

3. 讨论下列级数在所示区间上的一致收敛性:

(1) $\displaystyle\sum_{n=1}^{\infty} (-1)^n \frac{\sqrt{n}}{x^2 + n^2}$, $-\infty < x < +\infty$;

(2) $\displaystyle\sum_{n=1}^{\infty} \left(\frac{x^n}{n} - \frac{x^{n+1}}{n+1} \right)$, $-1 \leqslant x \leqslant 1$;

(3) $\displaystyle\sum_{n=1}^{\infty} \frac{\sin nx}{\sqrt{1 + (x^2 + n^2)^3}}$, $-\infty < x < +\infty$;

(4) $\displaystyle\sum_{n=1}^{\infty} \frac{x}{1 + 4n^4 x^2}$, $-\infty < x < +\infty$ (提示:利用不等式 $a^2 + b^2 \geqslant 2ab$);

(5) $\displaystyle\sum_{n=1}^{\infty} \frac{x^2}{(1+x)^n}$, $0 < x < +\infty$;

(6) $\displaystyle\sum_{n=1}^{\infty} \frac{\sin x \cdot \sin nx}{\sqrt{n^2 + x^2}}$, $0 \leqslant x \leqslant 2\pi$;

(7) $\displaystyle\sum_{n=1}^{\infty} (-1)^{n-1} x^2 \mathrm{e}^{-nx^2}$, $-\infty < x < +\infty$.

4. 证明:级数

$$f(x) = \sum_{n=1}^{\infty} 3^{-n} \sin 2^n x$$

在$(-\infty, +\infty)$中一致收敛,且有连续的导函数.

5. 证明:级数

$$g(x) = \sum_{n=1}^{\infty} 2^n \sin \frac{x}{3^n}$$

在$(-\infty, +\infty)$中不一致收敛,但在任意闭区间$[-M, M]$($M>0$)上一致收敛,并证明 $g(x)$ 在$(-\infty, +\infty)$中有连续的导函数.

6. 证明:级数

$$\zeta(x) = \sum_{n=1}^{\infty} \frac{1}{n^x}$$

在任何区间$[1+\delta, +\infty)$中一致收敛($\delta>0$),并证明级数

$$\sum_{n=1}^{\infty} \frac{\ln n}{n^x}$$

在任何区间$[1+\delta, +\infty)$中一致收敛($\delta>0$),从而导致函数 $\zeta(x)$ 在$(1, +\infty)$中有连续的导函数 $\zeta'(x)$. 这里 $\zeta(x)$ 是著名的黎曼 ζ 函数.

7. 设 $p>0$,证明:函数

$$f(x) = \sum_{n=1}^{\infty} \frac{\sin nx}{n^{2+p}}$$

在 $(-\infty, +\infty)$ 中有连续的导函数.

8. 设 $\sum_{n=1}^{\infty} a_n$ 收敛.证明级数 $\sum_{n=1}^{\infty} \frac{a_n}{n^x}$ 在 $[0, +\infty)$ 中一致收敛,并有

$$\lim_{x \to 0+0} \sum_{n=1}^{\infty} \frac{a_n}{n^x} = \sum_{n=1}^{\infty} a_n.$$

$\left(\text{提示：注意 } \sum_{n=1}^{\infty} \frac{a_n}{n^x} \text{ 在 } [0, +\infty) \text{ 中的连续性.}\right)$

§5　幂　级　数

本节我们讨论一类特殊的函数项级数——**幂级数**.其一般形式为

$$\sum_{n=0}^{\infty} a_n (x - x_0)^n = a_0 + a_1 (x - x_0) + \cdots,$$

其中 $a_n (n = 0, 1, 2, \cdots)$ 是常数,称作幂级数的**系数**.

幂级数是一类最简单的函数项级数,也是最常用的函数项级数.它的部分和是多项式.因此,幂级数可以看作多项式的一种推广.比起一般函数项级数,它有许多独特性质.

1. 幂级数的收敛半径

幂级数的特点之一在于：$\sum_{n=0}^{\infty} a_n (x - x_0)^n$ 的收敛域要么是一个点 $\{x_0\}$,要么是以 x_0 为中心的一个区间(可能是开区间、闭区间或半开半闭的区间).该区间长度之半称作**收敛半径**.

现在我们先来证实幂级数的这一性质.

为了讨论简单起见,我们只讨论形如

$$\sum_{n=0}^{\infty} a_n x^n = a_0 + a_1 x + a_2 x^2 + \cdots$$

的幂级数.而一般形式的幂级数 $\sum_{n=0}^{\infty} a_n (x - x_0)^n$ 通过一个简单的变量替换 $t = x - x_0$ 就可以换成 $\sum_{n=0}^{\infty} a_0 t^n$.显然,我们若证明了幂级数 $\sum_{n=0}^{\infty} a_n t^n$ 在一个以 $t = 0$ 为中心的某个区间(可能退化成一点)中收敛,那么 $\sum_{n=0}^{\infty} a_n (x - x_0)^n$ 一

定在以 x_0 为中心的同样长度的区间中收敛.总之,$\sum_{n=0}^{\infty} a_n t^n$ 与 $\sum_{n=0}^{\infty} a_n (x - x_0)^n$ 有相同的收敛半径,所不同的只是收敛区间的中心不同罢了.

引理　(1)若幂级数 $\sum_{n=0}^{\infty} a_n x^n$ 在点 $x_1(x_1 \neq 0)$ 处收敛,则对满足不等式

$$|x| < |x_1|$$

的一切 x,幂级数 $\sum_{n=0}^{\infty} a_n x^n$ 在 x 处都绝对收敛.

(2)若幂级数 $\sum_{n=0}^{\infty} a_n x^n$ 在点 $x_2(x_2 \neq 0)$ 处发散,则对于满足

$$|x| > |x_2|$$

的一切点 x,幂级数 $\sum_{n=0}^{\infty} a_n x^n$ 都发散.

证　(1)由 $\sum_{n=0}^{\infty} a_n x_1^n$ 收敛知 $a_n x_1^n \to 0 (n \to \infty)$.因而序列 $\{a_n x_1^n\}$ 必有界,即存在常数 $M > 0$,使

$$|a_n x_1^n| \leqslant M \quad (n = 0, 1, 2, \cdots).$$

于是,任意取定一个 $x \neq 0 : |x| < |x_1|$,都有

$$|a_n x^n| = |a_n x_1^n| \cdot \left| \frac{x}{x_1} \right|^n \leqslant M \left| \frac{x}{x_1} \right|^n.$$

由于 $\left| \frac{x}{x_1} \right| < 1$,因而等比级数 $\sum_{n=0}^{\infty} \left| \frac{x}{x_1} \right|^n$ 收敛,由比较判别法知级数 $\sum_{n=0}^{\infty} |a_n x^n|$ 收敛,即 $\sum_{n=1}^{\infty} a_n x^n$ 绝对收敛.

(2)用反证法证明引理中的结论(2):若有一点 x_3,满足 $|x_3| > |x_2|$,而使级数 $\sum_{n=0}^{\infty} a_n x_3^n$ 收敛,则由(1)可推知级数 $\sum_{n=0}^{\infty} a_n x_2^n$ 绝对收敛,这与假设矛盾.证毕.

由引理可看出,若幂级数 $\sum_{n=0}^{\infty} a_n x^n$ 在 x_1(不妨设 $x_1 > 0$)处收敛,则区间 $(-x_1, x_1)$ 属于收敛域,而若幂级数 $\sum_{n=0}^{\infty} a_n x^n$ 在 x_2(不妨设 $x_2 > 0$)处发散,则两个区间 $(-\infty, -x_2)$ 与 $[x_2, -\infty)$ 都属于发散域.

根据这样的讨论,可以看出如果幂级数 $\sum_{n=0}^{\infty} a_n x^n$ 除 $x=0$ 之外还至少有

一个收敛点,并且至少有一个发散点,那么这时收敛点与发散点在正半实轴与负半实轴各有一个分界点,而且这两个分界点关于原点对称.这也就是说,存在一个正实数 R,使得 $\sum\limits_{n=0}^{\infty}a_nx^n$ 在 $(-R,R)$ 内收敛,而在 $(-\infty,-R)$ 及 $(R,+\infty)$ 上发散.至于在 $x=R$ 或 $x=-R$,我们无法断言其收敛或发散,要根据具体幂级数而定(见图 10.7).

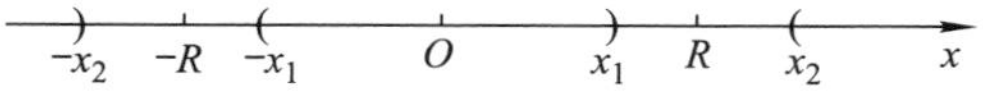

图   10.7

当幂级数 $\sum\limits_{n=0}^{\infty}a_nx^n$ 只在 $x=0$ 收敛而在任意一点 $x\neq0$ 均发散时,我们认为 $R=0$.当幂级数 $\sum\limits_{n=0}^{\infty}a_nx^n$ 在 $(-\infty,+\infty)$ 上处处收敛时,我们认为 $R=+\infty$.

这样,我们证明了下述定理.

定理 1   任意给定幂级数 $\sum\limits_{n=0}^{\infty}a_nx^n$,存在一个非负数 $R(R$ 可为 $+\infty)$,使

(1) 当 $|x|<R$ 时,级数 $\sum\limits_{n=0}^{\infty}a_nx^n$ 绝对收敛;

(2) 当 $|x|>R$ 时,级数 $\sum\limits_{n=0}^{\infty}a_nx^n$ 发散;

(3) 当 $x=R$ 或 $x=-R$ 时,级数 $\sum\limits_{n=0}^{\infty}a_nx^n$ 可能收敛,也可能发散.

这个定理中的结论(1)与(2),已在前面做了说明.为了说明(3),我们看两个例子.对级数 $\sum\limits_{n=0}^{\infty}x^n$,显然 $R=1$,也即在 $(-1,1)$ 内收敛,而在 $(-\infty,-1)$ 及 $(+1,+\infty)$ 上发散.但此级数在 $x=1$ 及 $x=-1$ 处均发散.另外,不难看出级数 $\sum\limits_{n=0}^{\infty}\dfrac{(-1)^n}{n+1}x^n$ 所对应的 R 也是 1.但它在 $x=1$ 处收敛而在 $x=-1$ 处发散.请读者自己举例使级数在 $x=-R$ 处收敛而在 $x=R$ 处发散.

定义   定理 1 中的非负数 R 称为幂级数 $\sum\limits_{n=0}^{\infty}a_nx^n$ 的**收敛半径**,开区间 $(-R,R)$ 称为该级数的**收敛区间**.

例 1 求幂级数

$$\sum_{n=1}^{\infty}\frac{x^n}{\sqrt{n}}$$

的收敛半径、收敛区间与收敛域.

解 任意取定 x，当 $|x|>1$ 时，$\dfrac{x^n}{\sqrt{n}}\to\infty$，即级数一般项不趋于 0，故级数发散；当 $|x|<1$ 时，令 $u_n=x^n/\sqrt{n}$，则有

$$\lim_{n\to\infty}\left|\frac{u_{n+1}}{u_n}\right|=\lim_{n\to\infty}\sqrt{\frac{n}{n+1}}\ |\ x\ |=|\ x\ |<1,$$

这时由达朗贝尔判别法知级数绝对收敛.

又不难看出当 $x=1$ 时级数发散，当 $x=-1$ 时级数收敛. 所以收敛半径 $R=1$，收敛区间为 $(-1,1)$，收敛域为半开半闭区间 $[-1,1)$.

下面给出收敛半径的一般求法，即根据幂级数的系数来确定收敛半径的方法.

定理 2 若幂级数 $\sum\limits_{n=0}^{\infty}a_nx^n$ 的相邻两项的系数之比有下列极限：

$$\lim_{n\to\infty}\left|\frac{a_{n+1}}{a_n}\right|=l\quad(l\ 可为+\infty),$$

则该级数 $\sum\limits_{n=0}^{\infty}a_nx^n$ 之收敛半径 R 为 l 之倒数. 更确切地说，

(1) 当 $0<l<+\infty$ 时，$R=1/l$；

(2) 当 $l=0$ 时，$R=+\infty$；

(3) 当 $l=+\infty$ 时，$R=0$.

证 任意取 $x\neq0$，令 $u_n=a_nx^n$，则

$$\left|\frac{u_{n+1}}{u_n}\right|=\left|\frac{a_{n+1}}{a_n}\right|\cdot|\ x\ |.$$

根据假定我们有

$$\lim_{n\to\infty}\left|\frac{u_{n+1}}{u_n}\right|=l\cdot|\ x\ |.$$

(1) 当 $0<l<+\infty$ 时，根据达朗贝尔判别法，当 $l|x|<1$，即 $|x|<1/l$ 时级数 $\sum\limits_{n=0}^{\infty}a_nx^n$ 绝对收敛，而当 $l|x|>1$，即 $|x|>1/l$ 时级数 $\sum\limits_{n=0}^{\infty}a_nx^n$ 发散. 因而收敛半径为 $R=1/l$.

（2）当 $l=0$ 时，对任意取定的 $x\in(-\infty,+\infty)\backslash\{0\}$，都有

$$\lim_{n\to\infty}\left|\frac{u_{n+1}}{u_n}\right|=0<1,$$

故级数在 x 处绝对收敛，又级数 $\sum\limits_{n=0}^{\infty}a_nx^n$ 显然在 $x=0$ 收敛，因而级数在 $(-\infty,+\infty)$ 内点点收敛，于是 $R=+\infty$.

（3）当 $l=+\infty$ 时，对任意 $x\neq0$，都有

$$\lim_{n\to\infty}\left|\frac{u_{n+1}}{u_n}\right|=+\infty,$$

即 n 充分大后，有

$$\frac{|u_{n+1}|}{|u_n|}>1,$$

从而在任意 $x\neq0$ 处，级数 $\sum\limits_{n=0}^{\infty}a_nx^n$ 发散，于是 $R=0$.证毕.

例 2　求下列幂级数的收敛半径和收敛域：

（1）$\sum\limits_{n=1}^{\infty}\dfrac{n!}{(2n)!}x^n$；　（2）$\sum\limits_{n=2}^{\infty}\dfrac{(-1)^n}{n\ln n}x^n$；　（3）$\sum\limits_{n=1}^{\infty}(-1)^{n-1}\dfrac{2n+1}{n}x^{2n}$.

解　（1）令 $a_n=\dfrac{n!}{(2n)!}$，则

$$\frac{|a_{n+1}|}{|a_n|}=\frac{\dfrac{(n+1)!}{[2(n+1)]!}}{\dfrac{n!}{(2n)!}}=\frac{1}{2(2n+1)}\to0,\quad n\to\infty.$$

根据定理 2，幂级数 $\sum\limits_{n=1}^{\infty}\dfrac{n!}{(2n)!}x^n$ 的收敛半径 $R=+\infty$，收敛域为 $(-\infty,+\infty)$.

（2）令 $a_n=\dfrac{(-1)^n}{n\ln n}$，则

$$\frac{|a_{n+1}|}{|a_n|}=\frac{n}{n+1}\cdot\frac{\ln n}{\ln(n+1)},$$

不难算出 $\lim\limits_{n\to\infty}\dfrac{\ln n}{\ln(n+1)}=1$，则 $\lim\limits_{n\to\infty}\dfrac{|a_{n+1}|}{|a_n|}=1$，即 $l=1$.由定理 2，幂级数的收敛半径 $R=\dfrac{1}{l}=1$.

当 $x=1$ 时，级数为 $\sum\limits_{n=2}^{\infty}\dfrac{(-1)^n}{n\ln n}$，此级数收敛；当 $x=-1$ 时，级数为

$\sum\limits_{n=2}^{\infty} \dfrac{1}{n\ln n}$，此级数发散，于是 $\sum\limits_{n=2}^{\infty} \dfrac{(-1)^n}{n\ln n} x^n$ 的收敛域为 $(-1,1]$.

（3）这个级数中，x 的奇次方幂的系数全为 0，即 $a_{2n-1}=0$，不能利用定理 2 中的公式去求收敛半径 R. 一般有两种方法来求 R.

方法一   直接利用比值判别法.

任意取定 $x\neq 0$，令 $u_n = (-1)^{n-1}\dfrac{2n+1}{n}x^{2n}$，则

$$\lim_{n\to\infty} \frac{|u_{n+1}|}{|u_n|} = \lim_{n\to\infty} \frac{n(2n+3)}{(n+1)(2n+1)}|x|^2 = |x|^2.$$

由此看出，幂级数当 $|x|<1$ 时绝对收敛，当 $|x|>1$ 时发散，因而收敛半径 $R=1$.

当 $x=\pm 1$ 时，级数通项 $(-1)^{n-1}\dfrac{2n+1}{n} \not\to 0(n\to\infty)$，故交错级数

$\sum\limits_{n=1}^{\infty} (-1)^{n-1}\dfrac{2n+1}{n}$ 发散.

于是 $\sum\limits_{n=1}^{\infty} (-1)^{n-1}\dfrac{2n+1}{n}x^{2n}$ 的收敛域为 $(-1,1)$.

方法二   变量替换法.

令 $t=x^2$，级数化为 $\sum\limits_{n=1}^{\infty} (-1)^{n-1}\dfrac{2n+1}{n}t^n$. 令 $a_n = (-1)^{n-1}\dfrac{2n+1}{n}$，由于

$$\lim_{n\to\infty} \frac{|a_{n+1}|}{|a_n|} = \lim_{n\to\infty} \frac{n(2n+3)}{(n+1)(2n+1)} = 1,$$

则 $\sum\limits_{n=1}^{\infty} (-1)^{n-1}\dfrac{2n+1}{n}t^n$ 的收敛半径 $R=1$，收敛区间为 $(-1,1)$.

再考察原始的变量 x. 当 $|x|<1$ 时，$t=x^2\in[0,1)$ 在收敛区间内，则原级数收敛；当 $|x|>1$ 时，$t=x^2>1$，则原级数发散. 因此函数项级数

$\sum\limits_{n=1}^{\infty} (-1)^{n-1}\dfrac{2n+1}{n}x^{2n}$ 的收敛半径 $R=1$.

同方法一讨论 $x=\pm 1$ 时级数的收敛性，得到所给幂级数的收敛域为 $(-1,1)$.

例 3   求幂级数

$$\sum_{n=1}^{\infty} \frac{3^n+(-2)^n}{n}(x+1)^n$$

的收敛半径、收敛区间与收敛域.

解　令 $t=x+1$，级数化为

$$\sum_{n=1}^{\infty}\frac{3^n+(-2)^n}{n}t^n=\sum_{n=1}^{\infty}a_nt^n,$$

不难算出 $\lim\limits_{n\to\infty}\dfrac{a_{n+1}}{a_n}=3$，因而级数 $\sum\limits_{n=0}^{\infty}a_nt^n$ 的收敛半径为 $\dfrac{1}{3}$，收敛区间为 $\left(-\dfrac{1}{3},\dfrac{1}{3}\right)$．又当 $t=\dfrac{1}{3}$ 时，级数 $\sum\limits_{n=0}^{\infty}a_nt^n$ 为

$$\sum_{n=1}^{\infty}\frac{3^n+(-2)^n}{3^n n}=\sum_{n=1}^{\infty}u_n,$$

由于 $u_n\Big/\dfrac{1}{n}\to1(n\to\infty)$，因而级数 $\sum\limits_{n=0}^{\infty}u_n$ 发散；当 $t=-\dfrac{1}{3}$ 时，级数 $\sum\limits_{n=0}^{\infty}a_nt^n$ 为

$$\sum_{n=1}^{\infty}(-1)^n\frac{3^n+(-2)^n}{3^n n}=\sum_{n=1}^{\infty}(-1)^n v_n,$$

其中 $v_n=\dfrac{1+\left(-\dfrac{2}{3}\right)^n}{n}$，这是一个交错级数，并且可以证明当 n 充分大后 $v_{n+1}<v_n$．事实上，

$$\lim_{n\to\infty}\left[n\left(-\frac{2}{3}\right)^{n+1}-(n+1)\left(-\frac{2}{3}\right)^n\right]=0,$$

故当 n 充分大时，我们有

$$n\left(-\frac{2}{3}\right)^{n+1}-(n+1)\left(-\frac{2}{3}\right)^n<1,$$

也即

$$n\left(1+\left(-\frac{2}{3}\right)^{n+1}\right)-(n+1)\left(1+\left(-\frac{2}{3}\right)^n\right)<0,$$

从而得到 $v_{n+1}<v_n$．另外，很容易看出，$v_n\to0(n\to\infty)$，于是交错级数 $\sum\limits_{n=0}^{\infty}(-1)^n v_n$ 收敛．总结前面讨论可知，级数 $\sum\limits_{n=0}^{\infty}a_nt^n$ 的收敛域为 $\left[-\dfrac{1}{3},\dfrac{1}{3}\right)$．

这样，原来的级数

$$\sum_{n=0}^{\infty}\frac{3^n+(-1)^n 2^n}{n}(x+1)^n$$

的收敛半径为 $\dfrac{1}{3}$，而收敛区间为 $\left(-1-\dfrac{1}{3},-1+\dfrac{1}{3}\right)=\left(-\dfrac{4}{3},-\dfrac{2}{3}\right)$，收敛

域则为 $\left[-\dfrac{4}{3},-\dfrac{2}{3}\right)$.

例 4 求幂级数

$$\frac{x}{2}+\frac{x^4}{4}+\frac{x^9}{8}+\cdots+\frac{x^{n^2}}{2^n}+\cdots$$

的收敛半径与收敛域.

解 该级数中有很多项的系数为 0,故不能直接应用定理 2 中的公式来求收敛半径.但这时可直接利用比值判别法.

任意取定 $x\neq0$,令 $u_n=\dfrac{x^{n^2}}{2^n}$,这时有

$$\lim_{n\to\infty}\left|\frac{u_{n+1}}{u_n}\right|=\lim_{n\to\infty}\frac{1}{2}\,|\,x\,|^{2n+1}=\begin{cases}0,&|\,x\,|<1,\\1/2,&|\,x\,|=1,\\+\infty,&|\,x\,|>1.\end{cases}$$

由此即可看出,幂级数当 $|x|<1$ 时收敛,当 $|x|>1$ 时发散,也即收敛半径 $R=1$.此外,不难看出该级数在 $|x|=1$ 时也收敛,因此收敛域为 $[-1,1]$.

关于幂级数的收敛半径,我们也可以基于柯西判别法给出其公式.

定理 3 设幂级数 $\sum\limits_{n=0}^{\infty}a_nx^n$ 的系数成立下列极限式:

$$\lim_{n\to\infty}\sqrt[n]{|\,a_n\,|}=l\quad(l\text{ 可以为 }+\infty),$$

则该级数之收敛半径 R 为 l 的倒数,更确切地说,

(1) 当 $0<l<+\infty$ 时,$R=\dfrac{1}{l}$;

(2) 当 $l=+\infty$ 时,$R=0$;

(3) 当 $l=0$ 时,$R=+\infty$.

这个定理的证明与定理 2 的证明完全类似,只是将其中的达朗贝尔判别法换作柯西判别法就足够了.

定理 3 中求幂级数收敛半径的公式有时也称为柯西公式.应用这个公式很容易求出例 3 中级数的收敛半径:事实上,这时

$$\sqrt[n]{\frac{3^n+(-1)^n2^n}{n}}=3\cdot\sqrt[n]{\frac{1+(-1)^n\left(\frac{2}{3}\right)^n}{n}}\to3\quad(n\to\infty).$$

故其收敛半径为 $\dfrac{1}{3}$.读者也不妨利用柯西公式重新考察其他例子中幂级数的收敛半径.

例 5   求下列幂级数的收敛半径和收敛域：

(1) $\sum_{n=1}^{\infty} n^n x^n$ ；   (2) $\sum_{n=1}^{\infty} \frac{x^n}{3^n + 5^n}$.

解   (1) 令 $a_n = n^n$. 不难求出

$$\lim_{n \to \infty} \sqrt[n]{|a_n|} = \lim_{n \to \infty} n = +\infty.$$

由定理 3，幂级数的收敛半径 $R=0$. $\sum_{n=1}^{\infty} n^n x^n$ 只在 $x=0$ 收敛，收敛域为 $\{0\}$.

(2) 令 $a_n = \frac{1}{3^n + 5^n}$ ，不难求出

$$\lim_{n \to \infty} \sqrt[n]{|a_n|} = \lim_{n \to \infty} \frac{1}{\sqrt[n]{3^n + 5^n}} = \frac{1}{5}.$$

由定理 3，幂级数的收敛半径 $R=5$.

当 $x = \pm 5$ 时，级数通项为 $\frac{(\pm 5)^n}{3^n + 5^n}$ ，当 $n \to \infty$ 时，它不趋于 0. 故

$\sum_{n=1}^{\infty} \frac{1}{3^n + 5^n} (\pm 5)^n$ 发散.

从而 $\sum_{n=1}^{\infty} \frac{x^n}{3^n + 5^n}$ 的收敛域为 $(-5,5)$.

2. 幂级数的性质

幂级数在其收敛区间内有一些很好的性质，或者说在一定条件下，它具有多项式的一些性质.

首先，我们指出幂级数的四则运算. 设两个级数 $\sum_{n=0}^{\infty} a_n x^n$ 与 $\sum_{n=0}^{\infty} b_n x^n$ 的收敛半径分别为 R_1 与 R_2 ($R_1 \cdot R_2 \neq 0$). 令 $R = \min(R_1, R_2)$ ，由级数收敛的定义及绝对收敛级数的性质不难证明，在区间 $(-R, R)$ 内，有

$$\sum_{n=0}^{\infty} a_n x^n \pm \sum_{n=0}^{\infty} b_n x^n = \sum_{n=0}^{\infty} (a_n \pm b_n) x^n,$$

$$\left(\sum_{n=0}^{\infty} a_n x^n \right) \cdot \left(\sum_{n=0}^{\infty} b_n x^n \right) = a_0 b_0 + (a_0 b_1 + a_1 b_0) x + \cdots$$

$$+ (a_0 b_n + a_1 b_{n-1} + \cdots + a_n b_0) x^n + \cdots$$

$$= \sum_{n=0}^{\infty} c_n x^n,$$

其中 $c_n = \sum\limits_{j=0}^{n} a_j b_{n-j}$.

幂级数之所以能做这样的乘法运算是基于它在其收敛区间内绝对收敛.

当 $b_0 \neq 0$ 且 $|x|$ 充分小时,两幂级数 $\sum\limits_{n=0}^{\infty} a_n x^n$ 与 $\sum\limits_{n=0}^{\infty} b_n x^n$ 可相除,它们的商也是幂级数:

$$\frac{\sum\limits_{n=0}^{\infty} a_n x^n}{\sum\limits_{n=0}^{\infty} b_n x^n} = c_0 + c_1 x + \cdots + c_n x^n + \cdots,$$

其中系数 $c_0, c_1, \cdots, c_n, \cdots$ 可由关系式

$$\sum\limits_{n=0}^{\infty} b_n x^n \cdot \sum\limits_{n=0}^{\infty} c_n x^n = \sum\limits_{n=0}^{\infty} a_n x^n$$

所推出的一系列等式:

$$b_0 c_0 = a_0,$$
$$b_1 c_0 + b_0 c_1 = a_1,$$
$$\cdots\cdots\cdots\cdots\cdots\cdots$$
$$b_n c_0 + b_{n-1} c_1 + \cdots + b_0 c_n = a_n,$$
$$\cdots\cdots\cdots\cdots\cdots\cdots$$

递推地确定.只是商级数的收敛半径很难确定,一般来说,要比 R_1, R_2 小得多.

其次我们讨论幂级数的连续性、可积性与可微性.为此先讨论其一致收敛性.

设幂级数 $\sum\limits_{n=0}^{\infty} a_n x^n$ 的收敛区间为 $(-R, R)$,它在 $(-R, R)$ 上不一定一致收敛.例如我们已知级数

$$\sum\limits_{n=0}^{\infty} x^n = 1 + x + x^2 + \cdots + x^n + \cdots$$

在 $(-1,1)$ 上点点收敛,但它在 $(-1,1)$ 上并不一致收敛.但可以证明(见下面定理 4):幂级数 $\sum\limits_{n=0}^{\infty} a_n x^n$ 在 $(-R, R)$ 内的任意一个闭区间上都一致收敛.此性质称为幂级数在收敛区间中的**内闭一致性**.

定理 4　设幂级数 $\sum\limits_{n=0}^{\infty} a_n x^n$ 的收敛半径为 $R>0$，则

（1）对任意正数 $b<R$，级数 $\sum\limits_{n=0}^{\infty} a_n x^n$ 在区间 $[-b,b]$ 上一致收敛；

（2）若幂级数 $\sum\limits_{n=0}^{\infty} a_n x^n$ 在右端点 $x=R$ 处收敛，则它在 $[0,R]$ 上一致收敛；

（3）若幂级数 $\sum\limits_{n=0}^{\infty} a_n x^n$ 在左端点 $x=-R$ 处收敛，则它在 $[-R,0]$ 上一致收敛.

　　证　（1）当 $x\in[-b,b]$ 时，有
$$|a_n x^n|=|a_n|\cdot|x^n|\leqslant|a_n|b^n,$$

而级数 $\sum\limits_{n=0}^{\infty}|a_n|b^n$ 收敛，于是由强级数判别法知幂级数 $\sum\limits_{n=0}^{\infty} a_n x^n$ 在区间 $[-b,b]$ 上一致收敛.

　　（2）将幂级数 $\sum\limits_{n=0}^{\infty} a_n x^n$ 改写为
$$\sum_{n=0}^{\infty} a_n x^n=\sum_{n=0}^{\infty} a_n R^n\cdot\left(\frac{x}{R}\right)^n.$$

由所设条件知数项级数 $\sum\limits_{n=0}^{\infty} a_n R^n$ 收敛（这可认为它在 $[0,R]$ 上一致收敛）；又对取定的 $x\in[0,R]$，序列 $\left\{\left(\dfrac{x}{R}\right)^n\right\}$ 单调下降且
$$\left|\left(\frac{x}{R}\right)^n\right|\leqslant 1\quad(n=1,2,\cdots),$$

即一致有界.由阿贝尔判别法知级数 $\sum\limits_{n=0}^{\infty} a_n x^n$ 在 $[0,R]$ 上一致收敛.

　　（3）证法与（2）的类似.证毕.

　　利用幂级数的内闭一致性，即可推出幂级数的连续性、可积性与可微性.

　　定理 5　幂级数 $\sum\limits_{n=0}^{\infty} a_n x^n$ 的和函数 $S(x)$ 在其收敛区间 $(-R,R)$ 内连续.又若幂级数 $\sum\limits_{n=0}^{\infty} a_n x^n$ 在 $x=R$（或 $x=-R$）处收敛，则 $S(x)$ 在 $x=R$（或 $x=-R$）处左（右）连续.

证　在$(-R,R)$中任取一点x_0,必存在正数$b<R$,使$x_0\in(-b,b)$
(见图10.8).由定理4知,幂级数$\sum_{n=0}^{\infty}a_nx^n$在闭区间$[-b,b]$上一致收敛.又
幂函数$a_nx^n(n=0,1,2,\cdots)$显然在$[-b,b]$上连续,于是由本章§4中定理
6知,该幂级数在区间$[-b,b]$上连续,特别在点x_0处连续.由于x_0为区间
$(-R,R)$内任意一点,因而$S(x)$在$(-R,R)$内连续.

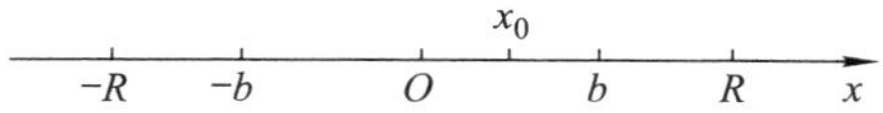

图　10.8

当幂级数$\sum_{n=0}^{\infty}a_nx^n$在$x=R$处($x=-R$处)收敛时,则它在$[0,R]$
($[-R,0]$)上一致收敛,与上述论证同理可推出它在$[0,R]$($[-R,0]$)上连
续.证毕.

定理6　幂级数$\sum_{n=0}^{\infty}a_nx^n$的和函数$S(x)$在收敛区间$(-R,R)$内任一
闭区间上可积,且可逐项求积分,并有

$$\int_0^x S(t)\mathrm{d}t=\sum_{n=0}^{\infty}\int_0^x a_nt^n\mathrm{d}t=\sum_{n=0}^{\infty}\frac{a_n}{n+1}x^{n+1}\quad(-R<x<R).$$

证　在$(-R,R)$内任意取定一点x,则幂级数$\sum_{n=0}^{\infty}a_nx^n$在闭区间
$[-|x|,|x|]$上一致收敛,特别在$[0,x]$或$[x,0]$上也一致收敛,由本章
§4中的定理7知,幂级数$\sum_{n=0}^{\infty}a_nx^n$在$[0,x]$或$[x,0]$上逐项可积,由此即可
推出上述等式成立.证毕.

推论　由幂级数$\sum_{n=0}^{\infty}a_nx^n$逐项积分所得的新幂级数

$$\sum_{n=0}^{\infty}\frac{a_n}{n+1}x^{n+1}$$

的收敛半径$R_1\geqslant R$,其中R为幂级数$\sum_{n=0}^{\infty}a_nx^n$的收敛半径.

证　由定理6看出,区间$(-R,R)$内的每一点都是级数$\sum_{n=0}^{\infty}\frac{a_n}{n+1}x^{n+1}$
的收敛点,故其收敛半径$R_1\geqslant R$.证毕.

利用幂级数的逐项可积性,可求一些级数的和函数.

例 6　求级数

$$\sum_{n=1}^{\infty} \frac{(2n-1)}{2^n} x^{2n-2}$$

的和函数,并求 $\sum_{n=1}^{\infty} \dfrac{2n-1}{2^n}$ 的值.

解　先求其收敛区间.由于上述级数只有偶次项,所以不能直接利用定理 2 中的公式求收敛半径,我们直接利用比值判别法.任意取定 $x \neq 0$,令 $u_n = \dfrac{(2n-1)}{2^n} x^{2n-2}$,则

$$\left| \frac{u_{n+1}}{u_n} \right| = \frac{(2n+1)}{2(2n-1)} \mid x \mid^2 \to \frac{1}{2} \mid x \mid^2, \quad n \to \infty,$$

由比值判别法可知级数的收敛半径为 $R = \sqrt{2}$.

又当 $x = \pm\sqrt{2}$ 时,$u_n = \dfrac{2n-1}{2}(n=1,2,\cdots)$,因而级数发散.于是该级数的收敛域为 $\left(-\sqrt{2}, \sqrt{2}\right)$.设其和函数为 $S(x)$,即

$$S(x) = \sum_{n=1}^{\infty} \frac{2n-1}{2^n} x^{2n-2}, \quad -\sqrt{2} < x < \sqrt{2}.$$

由定理 5 知,$S(x)$ 在 $\left(-\sqrt{2}, \sqrt{2}\right)$ 内是连续的.为求 $S(x)$ 的表达式,可先求其原函数,再将其原函数求导,即可求得 $S(x)$.由定理 6 知,对 $\forall x \in \left(-\sqrt{2}, \sqrt{2}\right)$,有

$$\int_0^x S(t)\,\mathrm{d}t = \sum_{n=1}^{\infty} \frac{2n-1}{2^n} \int_0^x t^{2n-2}\,\mathrm{d}t = \sum_{n=1}^{\infty} \frac{x^{2n-1}}{2^n} = \frac{x}{2} \sum_{n=0}^{\infty} \frac{x^{2n}}{2^n}$$

$$= \frac{x}{2} \sum_{n=0}^{\infty} \left(\frac{x^2}{2}\right)^n = \frac{x}{2} \cdot \frac{1}{1 - \dfrac{x^2}{2}} = \frac{x}{2 - x^2},$$

将上式两边求导,即得

$$S(x) = \left(\frac{x}{2-x^2}\right)' = \frac{2+x^2}{(2-x^2)^2}, \quad -\sqrt{2} < x < \sqrt{2}.$$

特别当 $x=1$ 时有 $S(1)=3$,即

$$\sum_{n=1}^{\infty} \frac{2n-1}{2^n} = 3.$$

定理 7　幂级数 $\sum_{n=0}^{\infty} a_n x^n$ 的和函数 $S(x)$ 在其收敛区间 $(-R, R)$ 内可

导,且可逐项求导,即有

$$S'(x) = \sum_{n=0}^{\infty} (a_n x^n)' = \sum_{n=1}^{\infty} n a_n x^{n-1}, \quad -R < x < R.$$

证 对于任意取定的 $x \in (-R, R)$,存在正数 $b < R$,使 $|x| < b$.只须证明幂级数在区间 $[-b, b]$ 上满足本章 §4 中定理 8 的条件.显然,幂级数 $\sum_{n=0}^{\infty} a_n x^n$ 在 $[-b, b]$ 上处处收敛,且 $(a_n x^n)'$ 在 $[-b, b]$ 上连续.余下只须说明级数

$$\sum_{n=0}^{\infty} (a_n x^n)' = \sum_{n=1}^{\infty} n a_n x^{n-1}$$

在 $[-b, b]$ 上一致收敛.我们准备用强级数判别法.为此,选正数 r,使 $b < r < R$(见图 10.9).当 $-b \leqslant x \leqslant b$ 时有

$$\left| n a_n x^{n-1} \right| \leqslant n |a_n| b^{n-1} = \frac{n}{r} |a_n r^n| \left(\frac{b}{r} \right)^{n-1}.$$

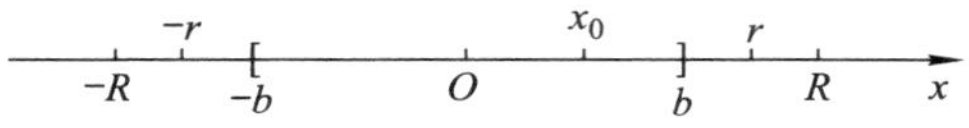

图 10.9

又由于级数 $\sum_{n=1}^{\infty} |a_n r^n|$ 收敛,其一般项有界,即存在常数 M,使

$$|a_n r^n| \leqslant M, \quad n = 1, 2, \cdots.$$

将此式代入上式得

$$\left| n a_n x^{n-1} \right| \leqslant \frac{M}{r} n \left(\frac{b}{r} \right)^{n-1}, \quad n = 1, 2, \cdots.$$

由于 $\frac{b}{r} < 1$,因而级数 $\sum_{n=1}^{\infty} \frac{M}{r} n \left(\frac{b}{r} \right)^{n-1}$ 收敛,于是级数 $\sum_{n=1}^{\infty} n a_n x^{n-1}$ 在 $[-b, b]$ 上一致收敛.由本章 §4 中的定理 8 知,$S(x)$ 在区间 $[-b, b]$ 上可逐项求导,特别在点 x 处可逐项求导.由于 x 是 $(-R, R)$ 内任意一点,因而 $S(x)$ 在 $(-R, R)$ 内可逐项求导.证毕.

推论 1 幂级数 $\sum_{n=1}^{\infty} n a_n x^{n-1}$ 的收敛半径 $R_2 \geqslant R$,其中 R 为幂级数 $\sum_{n=0}^{\infty} a_n x^n$ 的收敛半径.

证明留给读者.

推论 2 $R_1 = R_2 = R$.即幂级数 $\sum_{n=0}^{\infty} \frac{a_n}{n+1} x^{n+1}$ 与 $\sum_{n=1}^{\infty} n a_n x^{n-1}$ 的收敛半

径都等于幂级数 $\sum\limits_{n=0}^{\infty} a_n x^n$ 的收敛半径.

证　幂级数 $\sum\limits_{n=0}^{\infty} a_n x^n$ 可看成是由幂级数 $\sum\limits_{n=0}^{\infty} \dfrac{a_n}{n+1} x^{n+1}$ 逐项求导所得,
因而由此处推论 1 可得 $R \geqslant R_1$.另一方面由定理 6 的推论已得 $R_1 \geqslant R$,故
必有 $R_1 = R$.同理可证 $R_2 = R$.证毕.

推论 3　幂级数 $\sum\limits_{n=0}^{\infty} a_n x^n$ 的和函数 $S(x)$ 在收敛区间 $(-R, R)$ 内有任
意阶的导函数,它们都可由逐项求导数而得到,即

$$S^{(k)}(x) = \sum_{n=0}^{\infty} (a_n x^n)^{(k)} = \sum_{n=k}^{\infty} n(n-1)\cdots(n-k+1) x^{n-k},$$
$$k = 1, 2, \cdots,$$

且它们的收敛半径都是 R.

例 7　求级数

$$x - \frac{x^2}{2} + \frac{x^3}{3} + \cdots + (-1)^{n-1} \frac{x^n}{n} + \cdots$$

的和函数,并求 $\sum\limits_{n=1}^{\infty} (-1)^{n-1} \dfrac{1}{n}$ 的值.

解　不难算出此幂级数的收敛域为 $(-1, 1]$.设其和函数为 $S(x)$,即

$$S(x) = \sum_{n=1}^{\infty} (-1)^{n-1} \frac{x^n}{n}, \quad -1 < x \leqslant 1.$$

由定理 7 知,$S(x)$ 在 $(-1, 1)$ 内可逐项求导,即有

$$S'(x) = \sum_{n=1}^{\infty} (-1)^{n-1} x^{n-1}$$
$$= \sum_{n=0}^{\infty} (-1)^n x^n = \frac{1}{1+x}, \quad -1 < x < 1.$$

两边求积分得

$$\int_0^x S'(t) \mathrm{d}t = \int_0^x \frac{1}{1+t} \mathrm{d}t = \ln(1+x),$$

又 $\int_0^x S'(t) \mathrm{d}t = S(x) - S(0) = S(x)$,因而得

$$S(x) = \ln(1+x), \quad -1 < x < 1.$$

又因为级数 $\sum\limits_{n=0}^{\infty} (-1)^{n-1} \dfrac{x^n}{n}$ 在 $x=1$ 处收敛,由定理 5 知,$S(x)$ 在 $x=1$
处左连续,于是有

$$S(1) = \lim_{x \to 1-0} S(x) = \lim_{x \to 1-0} \ln(1+x) = \ln 2.$$

由此推出

$$\sum_{n=1}^{\infty} (-1)^{n-1} \frac{1}{n} = \ln 2.$$

例 8 求幂级数

$$x - \frac{1}{3}x^3 + \cdots + (-1)^n \frac{1}{2n+1}x^{2n+1} + \cdots$$

的和函数,并求级数 $\sum_{n=0}^{\infty} (-1)^n \frac{1}{2n+1}$ 的值.

解 不难算出级数 $\sum_{n=0}^{\infty} (-1)^n \frac{x^{2n+1}}{2n+1}$ 的收敛域为 $[-1,1]$.设

$$S(x) = \sum_{n=0}^{\infty} (-1)^n \frac{1}{2n+1}x^{2n+1}, \quad -1 \leqslant x \leqslant 1.$$

在 $(-1,1)$ 上对此级数逐项求导得

$$S'(x) = \sum_{n=0}^{\infty} (-1)^n x^{2n} = \frac{1}{1+x^2}, \quad -1 < x < 1.$$

两边求积并注意 $S(0)=0$,得

$$S(x) = \int_0^x S'(t)\,dt = \int_0^x \frac{1}{1+t^2}\,dt$$
$$= \arctan x, \quad -1 < x < 1.$$

再由级数 $\sum_{n=0}^{\infty} (-1)^n \frac{x^{2n+1}}{2n+1}$ 在 $x = \pm 1$ 处收敛推知 $S(x)$ 在闭区间 $[-1,1]$ 上连续,于是可将上式延拓到闭区间上,即

$$S(x) = \arctan x, \quad -1 \leqslant x \leqslant 1.$$

亦即

$$\sum_{n=0}^{\infty} (-1)^n \frac{1}{2n+1}x^{2n+1} = \arctan x, \quad -1 \leqslant x \leqslant 1.$$

特别地,

$$\sum_{n=0}^{\infty} (-1)^n \frac{1}{2n+1} = \arctan 1 = \frac{\pi}{4}.$$

例 9 求下列幂级数的和函数:

(1) $\sum_{n=0}^{\infty} \frac{x^n}{n!}$; (2) $\sum_{n=0}^{\infty} \frac{n^2+1}{n!}x^n$; (3) $\sum_{n=1}^{\infty} n(n+1)x^{n-1}$.

解 (1) 由本章 §3 中例 6 知此级数的收敛域为 $(-\infty, +\infty)$,其和函数记为 $S(x)$,即

$$S(x) = \sum_{n=0}^{\infty} \frac{x^n}{n!}, \quad x \in (-\infty, +\infty).$$

应用定理 7,

$$S'(x) = \sum_{n=1}^{\infty} \frac{nx^{n-1}}{n!} = \sum_{n=1}^{\infty} \frac{x^{n-1}}{(n-1)!}$$

$$= \sum_{n=0}^{\infty} \frac{x^n}{n!} = S(x).$$

虽然没有能够直接求出 $S'(x)$ 的表达式,但是我们得到了和函数所满足的微分方程,解得

$$S(x) = Ce^x,$$

其中 C 是常数. 容易发现初值条件 $S(0)=1$,故 $C=1$,即得

$$\sum_{n=0}^{\infty} \frac{x^n}{n!} = e^x, \quad x \in (-\infty, +\infty).$$

(2) 不难求出 $\sum_{n=0}^{\infty} \frac{n^2+1}{n!} x^n$ 和 $\sum_{n=0}^{\infty} \frac{n^2}{n!} x^n$ 的收敛域都是 $(-\infty, +\infty)$.利用幂级数的四则运算性质,

$$\sum_{n=0}^{\infty} \frac{n^2+1}{n!} x^n = \sum_{n=1}^{\infty} \frac{n^2}{n!} x^n + \sum_{n=0}^{\infty} \frac{x^n}{n!}.$$

由(1)的结论 $\sum_{n=0}^{\infty} \frac{x^n}{n!} = e^x$,下面来求 $\sum_{n=1}^{\infty} \frac{n^2}{n!} x^n$ 的和函数.

还是利用四则运算性质,

$$\sum_{n=1}^{\infty} \frac{n^2}{n!} x^n = \sum_{n=1}^{\infty} \frac{n}{(n-1)!} x^n = \sum_{n=0}^{\infty} \frac{n+1}{n!} x^{n+1}$$

$$= \sum_{n=1}^{\infty} \frac{n}{n!} x^{n+1} + \sum_{n=0}^{\infty} \frac{x^{n+1}}{n!} = \sum_{n=1}^{\infty} \frac{x^{n+1}}{(n-1)!} + \sum_{n=0}^{\infty} \frac{x^{n+1}}{n!}$$

$$= x^2 \sum_{n=0}^{\infty} \frac{x^n}{n!} + x \sum_{n=0}^{\infty} \frac{x^n}{n!} = e^x (x^2 + x).$$

于是

$$\sum_{n=0}^{\infty} \frac{n^2+1}{n!} x^n = e^x (x^2 + x + 1), \quad x \in (-\infty, +\infty).$$

(3) 令 $a_{n-1} = n(n+1)$,则

$$\left| \frac{a_{n+1}}{a_n} \right| = \frac{n+3}{n+1} \to 1, \quad n \to \infty,$$

则幂级数的收敛半径 $R=1$.当 $x = \pm 1$ 时,级数通项为 $u_n = n(n+1)(\pm 1)^n$.

当 $n\to\infty$ 时，$u_n \not\to 0$，说明幂级数在 $x=\pm1$ 处发散.因而收敛域为 $(-1,1)$.

幂级数的和函数记为 $S(x)$，即

$$S(x)=\sum_{n=1}^{\infty}n(n+1)x^{n-1},\quad -1<x<1.$$

注意到 $(x^{n+1})''=n(n+1)x^{n-1}$，利用幂级数的逐项求导性质，

$$S(x)=\sum_{n=1}^{\infty}(x^{n+1})''=\Big(\sum_{n=1}^{\infty}x^{n+1}\Big)'',$$

其中

$$\sum_{n=1}^{\infty}x^{n+1}=x^2\sum_{n=1}^{\infty}x^{n-1}=\frac{x^2}{1-x},$$

则

$$S(x)=\Big(\frac{x^2}{1-x}\Big)''=\frac{2}{(1-x)^3},\quad -1<x<1.$$

习　题　10.5

1. 求下列幂级数的收敛半径：

(1) $\sum_{n=1}^{\infty}\dfrac{x^n}{n2^n}$;　　(2) $\sum_{n=1}^{\infty}\dfrac{n^k}{n!}x^n$;　　(3) $\sum_{n=1}^{\infty}\dfrac{n!}{n^n}x^n$;　　(4) $\sum_{n=1}^{\infty}\dfrac{(n!)^2}{(2n)!}x^n$.

2. 求下列幂级数的收敛区间与收敛域：

(1) $x+\dfrac{x^2}{\sqrt[3]{2}}+\dfrac{x^3}{\sqrt[3]{3}}+\cdots$;

(2) $1+\dfrac{x}{a}+\dfrac{x^2}{2a^2}+\cdots+\dfrac{x^n}{na^n}+\cdots\quad(a>0)$;

(3) $x-\dfrac{x^3}{3\cdot3!}+\dfrac{x^5}{5\cdot5!}-\cdots+(-1)^n\dfrac{x^{2n+1}}{(2n+1)\cdot(2n+1)!}+\cdots$;

(4) $\sum_{n=1}^{\infty}\dfrac{n}{n+1}\Big(\dfrac{x}{2}\Big)^n$;　　(5) $x+x^3+x^5+\cdots+x^{2n+1}+\cdots$;

(6) $\sum_{n=1}^{\infty}(3^{-n}+5^{-n})x^n$;　　(7) $\sum_{n=1}^{\infty}\Big(\dfrac{1}{n}+e^{-n}\Big)x^n$;

(8) $\sum_{n=1}^{\infty}(3^n+5^n)x^n$;　　(9) $\sum_{n=1}^{\infty}\Big(1+\dfrac{1}{2}+\cdots+\dfrac{1}{n}\Big)x^n$;

(10) $\sum_{n=1}^{\infty}\dfrac{(2n)!!}{(2n+1)!!}x^n$(提示：为讨论在 $x=\pm1$ 处的敛散性，请见习题10.3第1题中(11)小题);

(11) $\sum_{n=1}^{\infty}\dfrac{n!\ (x-2)^n}{n^n}$（提示：为证明在 $x=2\pm e$ 处级数发散，请注意 $\dfrac{e}{(1+1/n)^n}$

$> 1, n = 1, 2, \cdots \Big)$.

3. 求下列幂级数的和函数：

(1) $\displaystyle\sum_{n=0}^{\infty}(n+1)x^n$；

(2) $\displaystyle\sum_{n=1}^{\infty}(-1)^{n-1}(2n-1)x^{2n-2}$；

(3) $\displaystyle\sum_{n=1}^{\infty}(-1)^{n-1}\frac{x^{n+1}}{n(n+1)}$；

(4) $\displaystyle\sum_{n=1}^{\infty}\frac{(-1)^{n-1}}{n(2n-1)}x^{2n}$；

(5) $\displaystyle\sum_{n=0}^{\infty}\frac{(2n+1)}{n!}x^{2n}$；

(6) $\displaystyle\sum_{n=1}^{\infty}\frac{2n-1}{2^n}x^{2n-2}$；

(7) $\displaystyle\sum_{n=1}^{\infty}\frac{x^n}{n(n+1)}$.

§6 泰 勒 级 数

在本章 §5 中，我们讨论了幂级数的收敛域，以及在收敛域内幂级数的和函数的性质.现在我们研究相反的问题：已知一个函数 $f(x)$，要问能否找到一个幂级数，使这个幂级数的和函数在某一点附近正好是事先给定的函数 $f(x)$？ 这就是所谓的函数的幂级数展开问题.

1. 幂级数展开的必要条件与泰勒级数

我们先讨论这样一个问题：设给定函数
$$y = f(x) \quad (x_0 - R < x < x_0 + R),$$
假如它能展开成一个幂级数，也即
$$f(x) = \sum_{n=0}^{\infty}a_n(x - x_0)^n,$$
那么 $f(x)$ 应当具备哪些性质？ 换句话说，函数能展开成幂级数的必要条件是什么？

我们知道幂级数在其收敛域内无穷次可导，即有任意阶的导数.因此，若函数 $y = f(x)$ 在 $(x_0 - R, x_0 + R)$ 上能展开成幂级数，则它必然在此区间内有任意阶导数.也就是说，可展成幂级数的函数限制在有任意阶导数的函数类之中，而不是随便什么函数都可以这样做.

现在，我们来讨论另一问题：假如函数 $y = f(x)$ 能展开成幂级数，即
$$f(x) = \sum_{n=0}^{\infty}a_n(x - x_0)^n, \quad x_0 - R < x < x_0 + R,$$
那么幂级数的系数 a_n 应如何确定？

我们有下面的定理：

定理 1　设级数 $\sum_{n=0}^{\infty} a_n(x-x_0)^n$ 在区间 (x_0-R, x_0+R) 内收敛于函数 $f(x)$，也即

$$f(x) = \sum_{n=0}^{\infty} a_n(x-x_0)^n, \quad x_0-R < x < x_0+R,$$

那么，该幂级数的系数 a_n 与函数 $f(x)$ 有如下关系：

$$a_n = \frac{1}{n!} f^{(n)}(x_0), \quad n=0,1,2,\cdots,$$

这里 $f^{(0)}(x_0) = f(x_0)$.

证　证明是十分容易的。显然，$f(x_0) = a_0$。由幂级数的性质知，这时 $f(x)$ 在区间 (x_0-R, x_0+R) 内有任意阶的导函数，且可逐项求导，于是有：

$$f'(x) = a_1 + 2a_2(x-x_0) + \cdots + na_n(x-x_0)^{n-1} + \cdots,$$
$$f''(x) = 2a_2 + 6a_3(x-x_0) + \cdots$$
$$+ n(n-1)a_n(x-x_0)^{n-2} + \cdots,$$
$$\cdots\cdots\cdots\cdots$$
$$f^{(n)}(x) = n!\, a_n + (n+1)!\, a_{n+1}(x-x_0) + \cdots,$$
$$\cdots\cdots\cdots\cdots$$

在以上各式中，令 $x=x_0$，即得

$$a_n = \frac{1}{n!} f^{(n)}(x_0), \quad n=1,2,\cdots.$$

证毕.

定理 1 说明，对于事先给定的函数 $f(x)$，若有一个幂级数收敛到 $f(x)$，则这个幂级数的系数是唯一确定的，因而该幂级数也唯一确定了，必为

$$\sum_{n=0}^{\infty} \frac{f^{(n)}(x_0)}{n!}(x-x_0)^n.$$

这一性质简称为幂级数展开式的**唯一性**.

设 $y=f(x)$ 是任意给定的函数，并假定它在 x_0 处有任意阶导数，这时级数

$$\sum_{n=0}^{\infty} \frac{f^{(n)}(x_0)}{n!}(x-x_0)^n$$

称为 $f(x)$ 的**泰勒级数**，记作

$$f(x) \sim \sum_{n=0}^{\infty} \frac{f^{(n)}(x_0)}{n!}(x-x_0)^n.$$

这里应当提醒读者,当谈论一个函数的泰勒级数时,我们并没有涉及泰勒级数的收敛性,也没有涉及它是否收敛于给定的函数等问题.

特别当 $x_0 = 0$ 时,形如

$$\sum_{n=0}^{\infty} \frac{f^{(n)}(0)}{n!} x^n$$

的级数称为 $f(x)$ 的**麦克劳林级数**.

自然会提出一个问题:一个函数 $f(x)$ 的泰勒级数,是否一定收敛到 $f(x)$ 呢? 遗憾的是,回答是否定的.例如对于函数

$$f(x) = \begin{cases} e^{-1/x^2}, & x \neq 0, \\ 0, & x = 0, \end{cases}$$

在本书上册第四章 §4 中已经证明 $f^{(n)}(0) = 0 \ (n = 0,1,2,\cdots)$.于是 $f(x)$ 的泰勒级数为

$$0 + \frac{0}{1!}x + \frac{0}{2!}x^2 + \cdots + \frac{0}{n!}x + \cdots,$$

它显然收敛于 $S(x) \equiv 0, x \in (-\infty, +\infty)$.但除 $x = 0$ 外, $f(x) \neq 0$,即函数 $f(x)$ 的泰勒级数除 $x = 0$ 外,在其他点处并不收敛到 $f(x)$.

若一个函数的泰勒级数并不收敛到这个函数,那么由定理 1 知,也就没有其他的幂级数能收敛到这个函数了.这时,我们称这个函数不能展开为幂级数.若一个函数的泰勒级数收敛到这个函数,则称该函数**能展开成幂级数**.这时称其泰勒级数为其**泰勒展开式**.

在现代数学文献中,常用 C^{∞} 表示有任意阶导数的函数类,而用 C^{ω} 表示可展开成幂级数的函数类.前面的讨论说明了 $C^{\omega} \subset C^{\infty}$ 且 $C^{\omega} \neq C^{\infty}$,也就是说, C^{ω} 严格包含于 C^{∞} 之中.

2. 函数能展开成幂级数的充要条件

现在我们来研究一个函数的泰勒级数何时收敛于该函数.研究这一问题的主要工具是带余项的泰勒公式.

设 $y = f(x)$ 在 $x = x_0$ 处有任意阶导数.又设

$$f(x) \sim \sum_{n=0}^{\infty} \frac{f^{(n)}(x_0)}{n!}(x-x_0)^n,$$

上述级数的前 $(n+1)$ 项之部分和为

$$S_{n+1}(x) = f(x_0) + f'(x_0)(x-x_0) + \frac{f''(x_0)}{2!}(x-x_0)^2$$
$$+ \cdots + \frac{1}{n!}f^{(n)}(x_0)(x-x_0)^n.$$

令 $R_n(x) = f(x) - S_{n+1}(x)$，也即

$$R_n(x) = f(x) - f(x_0) - \frac{f'(x_0)}{1!}(x-x_0) - \frac{f''(x_0)}{2!}(x-x_0)^2$$
$$- \cdots - \frac{f^{(n)}(x_0)}{n!}(x-x_0)^n.$$

回顾第四章 §4，这恰好就是函数 $f(x)$ 的泰勒公式之余项.

根据级数收敛的定义，显然 $f(x)$ 的泰勒级数在点 x 处收敛于 $f(x)$ 是指其泰勒级数的部分和 $S_{n+1}(x)$ 收敛于 $f(x)$.于是，我们有下面的定理：

定理 2 设函数 $f(x)$ 在含有点 x_0 的某个区间 (a,b) 内有任意阶的导函数，则 $f(x)$ 在 (a,b) 内能展开为泰勒级数的充要条件是

$$\lim_{n\to\infty}R_n(x) = 0, \quad x \in (a,b),$$

其中 $R_n(x)$ 为 $f(x)$ 的泰勒公式的余项.

我们知道，泰勒公式的余项 $R_n(x)$ 可以表示成

$$R_n(x) = \frac{1}{(n+1)!}f^{(n+1)}(x_0 + \theta(x-x_0))(x-x_0)^{n+1},$$

其中 $\theta: 0<\theta<1$.这称作**拉格朗日余项**.利用这个余项公式，可以证明基本初等函数 $\sin x,\cos x$,及 e^x 的余项都趋向于 0，因而它们都可以展开成幂级数.但是，对于 $\arctan x$ 及 $\ln(1+x)$ 等函数，用拉格朗日余项则不易证明余项 $R_n(x)$ 趋于 0，因而须用其他方法或其他形式的余项公式来解决问题.下一段我们详细讨论若干基本初等函数的幂级数展开式.

3. 初等函数的泰勒展开式

(1) e^x 的泰勒展开式

显然，e^x 在 $(-\infty,+\infty)$ 内有任意阶的导函数，且 $(e^x)^{(n)}\big|_{x=0}=1(n=0,1,2,\cdots)$，因而其泰勒级数为

$$1 + x + \frac{1}{2!}x^2 + \cdots + \frac{1}{n!}x^n + \cdots, \quad x \in (-\infty,+\infty).$$

又其余项 $R_n(x)$ 满足

$$|R_n(x)| = \left| \frac{e^{\theta x}}{(n+1)!} x^{n+1} \right| \leqslant \frac{e^{|x|}}{(n+1)!} |x|^{n+1},$$

对任意取定的 $x \in (-\infty, +\infty)$，$\dfrac{e^{|x|}}{(n+1)!}|x|^{n+1} \to 0$ $(n \to \infty)$，因而 $R_n(x)$

$\to 0$ $(n \to \infty)$. 于是由定理 2 知，e^x 的泰勒级数收敛到 e^x，即有等式

$$e^x = 1 + x + \frac{1}{2!}x^2 + \cdots + \frac{1}{n!}x^n + \cdots \quad (-\infty < x < +\infty).$$

（2）$\sin x$ 与 $\cos x$ 的泰勒展开式

$\sin x$ 在 $(-\infty, +\infty)$ 内也有任意阶的导函数，且其余项 $R_{2n}(x)$ 可表为

$$R_{2n}(x) = (-1)^n \frac{\cos\theta x}{(2n+1)!} x^{2n+1} \quad (-\infty < x < +\infty, 0 < \theta < 1).$$

对任意取定的 $x \in (-\infty, +\infty)$，有

$$|R_{2n}(x)| \leqslant \frac{1}{(2n+1)!} |x|^{2n+1} \to 0 \quad (n \to \infty).$$

因而 $\sin x$ 的泰勒展开式为

$$\sin x = x - \frac{x^3}{3!} + \frac{x^5}{5!} + \cdots + (-1)^{n-1} \frac{x^{2n-1}}{(2n-1)!} + \cdots$$
$$(-\infty < x < +\infty).$$

同理，$\cos x$ 的泰勒展开式为

$$\cos x = 1 - \frac{x^2}{2!} + \frac{x^4}{4!} + \cdots + (-1)^n \frac{x^{2n}}{(2n)!} + \cdots$$
$$(-\infty < x < +\infty).$$

（3）$\arctan x$ 的泰勒展开式

由本章 §5 中例 8 以及幂级数展开式的唯一性知，$\arctan x$ 的泰勒展开式为

$$\arctan x = x - \frac{x^3}{3} + \frac{x^5}{5} + \cdots + (-1)^n \frac{1}{2n+1} x^{2n+1} + \cdots$$
$$(-1 \leqslant x \leqslant 1).$$

（4）$\ln(1+x)$ 的泰勒展开式

由本章 §5 中例 7 以及幂级数展开式的唯一性知，$\ln(1+x)$ 的泰勒展开式为

$$\ln(1+x) = x - \frac{x^2}{2} + \frac{x^3}{3} + \cdots + (-1)^{n-1} \frac{x^n}{n} + \cdots$$
$$(-1 < x \leqslant 1).$$

(5) $(1+x)^{\alpha}$(α **为任意实数)的泰勒展开式**

当 α 为正整数时,根据二项式定理,$(1+x)^{\alpha}$ 在 $x=0$ 处的泰勒展开式只有 $\alpha+1$ 项,因此我们只讨论 α 不是正整数的情况.

本书上册第四章 §3 中已证明了 $(1+x)^{\alpha}$ 的泰勒公式为

$$(1+x)^{\alpha} = 1 + \alpha x + \frac{\alpha(\alpha-1)}{2!}x^2 + \cdots + \frac{\alpha(\alpha-1)\cdots(\alpha-n+1)}{n!}x^n$$
$$+ R_n(x) \quad (-1 < x < +\infty).$$

对于这个函数的泰勒公式的余项若应用其拉格朗日形式则不能证明余项趋于 0.为了证明这里的 $R_n(x) \rightarrow 0$,我们需要给出余项的另一种形式.

命题(泰勒公式中的柯西余项) 若函数 $f(x)$ 在含有 x_0 的区间 (a,b) 内有直到 $(n+1)$ 阶的导数,则其泰勒公式

$$f(x) = f(x_0) + f'(x_0)(x-x_0) + \cdots$$
$$+ \frac{1}{n!}f^{(n)}(x_0)(x-x_0)^n + R_n(x) \quad (a < x < b)$$

中的余项可表为

$$R_n(x) = \frac{f^{(n+1)}(x_0 + \theta(x-x_0))}{n!}(1-\theta)^n(x-x_0)^{n+1} \quad (0 < \theta < 1).$$

此式称为**柯西形式余项**.

证[①] 在 (a,b) 中任意取定一点 x,做辅助函数

$$F(t) = f(x) - \left[f(t) + f'(t)(x-t) + \cdots + \frac{f^{(n)}(t)}{n!}(x-t)^n \right],$$

其中变量 t 在 x_0 与 x 之间变化.

显然函数 $F(t)$ 在闭区间 $[x_0, x]$(或 $[x, x_0]$)上连续,在开区间 (x_0, x)(或 (x, x_0))上可微,由拉格朗日中值定理知,在 x_0 与 x 之间存在一点 ξ,使

$$F(x) - F(x_0) = F'(\xi)(x-x_0).$$

另外不难算出 $F(x)=0$,$F(x_0)=R_n(x)$.又根据 $F(t)$ 的定义有

$$F'(t) = -\left[f'(t) + f''(t)(x-t) - f'(t) + \frac{1}{2!}f'''(t)(x-t)^2 \right.$$
$$- f''(t)(x-t) + \cdots + \frac{1}{n!}f^{(n+1)}(t)(x-t)^n$$
$$\left. - \frac{1}{(n-1)!}f^{(n)}(t)(x-t)^{n-1} \right]$$

---

① 这个命题的证明不作为教学基本要求.

$$= -\frac{1}{n!} f^{(n+1)}(t)(x-t)^n.$$

由于 ξ 在 x_0 与 x 之间,所以存在一实数 $\theta, 0 < \theta < 1$,使得 $\xi = x_0 + \theta(x - x_0)$,于是

$$F'(\xi) = F'(x_0 + \theta(x - x_0))$$

$$= -\frac{1}{n!} f^{(n+1)}(x_0 + \theta(x - x_0)) \cdot [x - x_0 - \theta(x - x_0)]^n$$

$$= -\frac{1}{n!} f^{(n+1)}(x_0 + \theta(x - x_0)) \cdot (1-\theta)^n (x - x_0)^n.$$

由 $F(x) - F(x_0) = F'(\xi)(x - x_0)$ 得

$$-R_n(x) = -\frac{1}{n!} f^{(n+1)}(x_0 + \theta(x - x_0)) \cdot (1-\theta)^n (x - x_0)^{n+1}.$$

证毕.

当 $x_0 = 0$ 时,泰勒公式的柯西形式余项为

$$R_n(x) = \frac{1}{n!} f^{(n+1)}(\theta x)(1-\theta)^n x^{n+1} \quad (0 < \theta < 1).$$

现在我们再来考虑函数 $f(x) = (1+x)^a \ (-1 < x < +\infty)$ 的余项 $R_n(x)$.由于

$$f^{(n+1)}(x) = \alpha(\alpha-1)\cdots(\alpha-n)(1+x)^{\alpha-n-1},$$

于是

$$R_n(x) = \frac{\alpha(\alpha-1)\cdots(\alpha-n)(1+\theta x)^{\alpha-n-1}}{n!}(1-\theta)^n x^{n+1}$$

$$= \left[\frac{\alpha(\alpha-1)\cdots(\alpha-n)}{n!} x^{n+1}\right] \cdot \left(\frac{1-\theta}{1+\theta x}\right)^n (1+\theta x)^{\alpha-1}$$

$$(0 < \theta < 1).$$

下面我们来讨论上式右端的三个因子.首先,任意取定 $x \in (-1, 1)$,用比值判别法可知级数

$$\sum_{n=1}^{\infty} \frac{\alpha(\alpha-1)\cdots(\alpha-n)}{n!} x^{n+1}$$

绝对收敛,因而其一般项趋于 $0 (n \to \infty$ 时),即

$$\lim_{n \to \infty} \frac{\alpha(\alpha-1)\cdots(\alpha-n)}{n!} x^{n+1} = 0, \quad -1 < x < 1.$$

其次,对任意 $x > -1$,有 $0 < 1 - \theta < 1 + \theta x$,因此

$$\left|\left(\frac{1-\theta}{1+\theta x}\right)^n\right| < 1 \quad (-1 < x < 1, n = 1, 2, \cdots).$$

最后,当 $x \in (-1,1)$ 时,有
$$0 < 1 - |x| < 1 + \theta x < 1 + |x|,$$
因而 $(1+\theta x)^{\alpha-1}$ 便介于两数 $(1-|x|)^{\alpha-1}$ 与 $(1+|x|)^{\alpha-1}$ 之间,即对任意取定的 $x \in (-1,1)$,当 $n \to \infty$ 时 $(1+\theta x)^{\alpha-1}$ 是一个有界的量.综上所述,有
$$\lim_{n \to \infty} R_n(x) = 0, \quad -1 < x < 1.$$
因此当 $-1 < x < 1$ 时,$(1+x)^\alpha$ 可展开成泰勒级数:
$$(1+x)^\alpha = 1 + \alpha x + \frac{\alpha(\alpha-1)}{2!} x^2 + \cdots$$
$$+ \frac{\alpha(\alpha-1)\cdots(\alpha-n+1)}{n!} x^n + \cdots \quad (-1 < x < 1).$$

特别地,当 $\alpha = 1/2$ 时,得 $\sqrt{1+x}$ 的泰勒展开式
$$\sqrt{1+x} = 1 + \frac{x}{2} - \frac{1}{2 \cdot 4} x^2 + \frac{1 \cdot 3}{2 \cdot 4 \cdot 6} x^3 - \cdots$$
$$+ (-1)^{n-1} \frac{(2n-3)!!}{(2n)!!} x^n + \cdots \quad (-1 < x < 1).$$

$(1+x)^\alpha$ 的泰勒级数在 $x = \pm 1$ 处的收敛性与 α 有关.例如:当 $\alpha = -1$ 时,
$$\frac{1}{1+x} = 1 - x + x^2 + \cdots + (-1)^{n-1} x^n + \cdots,$$
收敛域为 $(-1,1)$. 又比如前面提到的 $\sqrt{1+x}$ 的泰勒展开式,当 $x = \pm 1$ 时,级数为
$$1 + \frac{(\pm 1)}{2} + \sum_{n=2}^{\infty} (-1)^{n-1} \cdot \frac{(2n-3)!!}{(2n)!!} (\pm 1)^n.$$
记 $u_n = (-1)^{n-1} \frac{(2n-3)!!}{(2n)!!} (\pm 1)^n \ (n = 2, 3, \cdots)$. 因为
$$n\left(\frac{|u_n|}{|u_{n+1}|} - 1\right) = n\left(\frac{2n+2}{2n-1} - 1\right)$$
$$= n \cdot \frac{3}{2n-1} \to \frac{3}{2} > 1 \quad (n \to \infty),$$
利用拉比判别法,$\sum_{n=2}^{\infty} |u_n|$ 收敛,所以 $\sqrt{1+x}$ 的泰勒级数在 $x = \pm 1$ 处收敛.因此 $\sqrt{1+x}$ 的泰勒级数的收敛域为 $[-1,1]$.

有了以上几个基本初等函数的泰勒展开式,再利用幂级数的运算性质,我们就可求出某些初等函数的泰勒展开式.

例 1   求函数 $\ln \dfrac{1+x}{1-x}$ 的泰勒展开式.

解   当 $-1<x<1$ 时,以 $(-x)$ 代换 $\ln(1+x)$ 的泰勒展开式中的 x,得

$$\ln(1-x)=-\left(x+\frac{x^2}{2}+\frac{x^3}{3}+\cdots+\frac{x^n}{n}+\cdots\right).$$

将 $\ln(1+x)$ 的泰勒展开式与上式的两端分别相减,即得

$$\ln\frac{1+x}{1-x}=2\left(x+\frac{1}{3}x^3+\cdots+\frac{1}{2n+1}x^{2n+1}+\cdots\right)$$
$$(-1<x<1).$$

例 2   求 $\arcsin x$ 的泰勒展开式.

解   注意

$$\arcsin x=\int_0^x\frac{\mathrm{d}t}{\sqrt{1-t^2}}\quad(-1<x<1).$$

又由 $(1+x)^\alpha$ 的泰勒展开式,可得

$$\frac{1}{\sqrt{1-x^2}}=(1-x^2)^{-1/2}$$

$$=1-\frac{1}{2}(-x^2)+\frac{\left(-\dfrac{1}{2}\right)\left(-\dfrac{3}{2}\right)}{2!}x^4+\cdots$$

$$+\frac{1}{n!}\left(-\frac{1}{2}\right)\left(-\frac{3}{2}\right)\cdots\left(-\frac{2n-1}{2}\right)(-x^2)^n+\cdots$$

$$=1+\frac{1}{2}x^2+\frac{3}{8}x^4+\cdots+\frac{(2n-1)!!}{(2n)!!}x^{2n}+\cdots$$

$$(-1<x<1).$$

代入上述被积表达式,再由幂级数的逐项可积性,即可得

$$\arcsin x=x+\frac{1}{6}x^3+\frac{3}{40}x^5+\cdots$$

$$+\frac{(2n-1)!!}{(2n)!!\,(2n+1)}x^{2n+1}+\cdots\quad(-1<x<1).$$

例 3   求函数

$$f(x)=\frac{1}{(x-1)(x+3)}$$

在 $x=2$ 处的泰勒展开式.

解   令 $t=x-2$,即 $x=t+2$,这时

$$f(x)=g(t)=\frac{1}{(t+1)(t+5)}=\frac{1}{4}\left(\frac{1}{1+t}-\frac{1}{5+t}\right)$$

$$=\frac{1}{4}\left[\frac{1}{1+t}-\frac{1}{5\left(1+\frac{t}{5}\right)}\right]$$

$$=\frac{1}{4}\left[\sum_{n=0}^{\infty}(-1)^n t^n-\frac{1}{5}\sum_{n=0}^{\infty}(-1)^n\left(\frac{t}{5}\right)^n\right]$$

$$=\frac{1}{4}\sum_{n=0}^{\infty}(-1)^n\left(1-\frac{1}{5^{n+1}}\right)t^n \quad (|t|<1)$$

$$=\frac{1}{4}\sum_{n=0}^{\infty}(-1)^n\left(1-\frac{1}{5^{n+1}}\right)(x-2)^n \quad (1<x<3).$$

例 4　求函数 $f(x)=\cos x$ 在 $x=-\frac{\pi}{4}$ 处的泰勒展开式.

解　令 $t=x+\frac{\pi}{4}$,即 $x=t-\frac{\pi}{4}$,则

$$\cos x=\cos\left(t-\frac{\pi}{4}\right)=\cos t\cos\frac{\pi}{4}+\sin t\sin\frac{\pi}{4}$$

$$=\frac{\sqrt{2}}{2}(\cos t+\sin t) \quad (-\infty<t<+\infty).$$

利用 $\cos t,\sin t$ 在 $t=0$ 处的泰勒展开式,

$$\cos x=\frac{\sqrt{2}}{2}\left[\sum_{n=0}^{\infty}\frac{(-1)^n}{(2n)!}t^{2n}+\sum_{n=0}^{\infty}\frac{(-1)^n}{(2n+1)!}t^{2n+1}\right]$$

$$=\frac{\sqrt{2}}{2}\sum_{n=0}^{\infty}\left[\frac{(-1)^n}{(2n)!}t^{2n}+\frac{(-1)^n}{(2n+1)!}t^{2n+1}\right]$$

$$=\frac{\sqrt{2}}{2}\sum_{n=0}^{\infty}\left[\frac{(-1)^n}{(2n)!}\left(x+\frac{\pi}{4}\right)^{2n}+\frac{(-1)^n}{(2n+1)!}\left(x+\frac{\pi}{4}\right)^{2n+1}\right]$$

$$(-\infty<t<+\infty).$$

例 5　设 $f(x)=g'(x)$,其中

$$g(x)=\begin{cases}\dfrac{e^x-1}{x}, & x\neq 0,\\ 1, & x=0.\end{cases}$$

求 $f(x)$ 在 $x=0$ 处的泰勒展开式,并根据泰勒展开式求出 $f^{(n)}(0)(n=1,2,\cdots)$.

解　对任意的 $x\neq 0$,由 e^x 的泰勒展开式

$$\frac{e^x - 1}{x} = \frac{1}{x} \sum_{n=1}^{\infty} \frac{x^n}{n!} = \sum_{n=1}^{\infty} \frac{x^{n-1}}{n!} = \sum_{n=0}^{\infty} \frac{x^n}{(n+1)!}.$$

于是 $g(x)$ 的泰勒展开式为

$$g(x) = \sum_{n=0}^{\infty} \frac{x^n}{(n+1)!}, \quad -\infty < x < +\infty.$$

再由幂级数可逐项求导的性质,得到 $f(x)$ 的泰勒展开式,

$$f(x) = \sum_{n=1}^{\infty} \frac{n x^{n-1}}{(n+1)!} = \sum_{n=0}^{\infty} \frac{n+1}{(n+2)!} x^n, \quad -\infty < x < +\infty.$$

利用幂级数展开式的唯一性,从获得的 $f(x)$ 的泰勒展开式可知

$$\frac{f^{(n)}(0)}{n!} = \frac{n+1}{(n+2)!}, \quad n = 1, 2, \cdots.$$

那么

$$f^{(n)}(0) = \frac{(n+1) \cdot n!}{(n+2)!} = \frac{1}{n+2}, \quad n = 1, 2, \cdots.$$

例 6   求 $f(x) = \dfrac{\ln(1+x)}{1+x}$ 在 $x = 0$ 处的泰勒展开式.

解   因为 $\ln(1+x)$ 和 $\dfrac{1}{1+x}$ 都有幂级数展开式,分别为

$$\ln(1+x) = \sum_{n=1}^{\infty} \frac{(-1)^{n-1}}{n} x^n, \quad -1 < x \leqslant 1,$$

$$\frac{1}{1+x} = \sum_{n=0}^{\infty} (-1)^n x^n, \quad -1 < x < 1,$$

并且它们的收敛半径都等于 1,而 $f(x) = \ln(1+x) \cdot \dfrac{1}{1+x}$,根据幂级数的

乘法运算性质,在区间 $(-1,1)$ 内,$\dfrac{\ln(1+x)}{1+x}$ 仍有幂级数展开式.下面给出求

$\dfrac{\ln(1+x)}{1+x}$ 的泰勒展开式的两种方法.

方法一   设

$$a_0 = 0, \quad a_n = \frac{(-1)^{n-1}}{n} \quad (n = 1, 2, \cdots),$$

$$b_n = (-1)^n \quad (n = 0, 1, 2, \cdots),$$

则

$$\frac{\ln(1+x)}{1+x} = \sum_{n=0}^{\infty} c_n x^n, \quad -1 < x < 1,$$

其中

$$c_0 = a_0 b_0 = 0,$$

$$c_n = \sum_{k=0}^{n} a_k b_{n-k} = \sum_{k=1}^{n} \frac{(-1)^{k-1}}{k} \cdot (-1)^{n-k}$$

$$= (-1)^{n-1} \left(1 + \frac{1}{2} + \cdots + \frac{1}{n} \right), \quad n = 1, 2, \cdots.$$

于是

$$\frac{\ln(1+x)}{1+x} = \sum_{n=1}^{\infty} (-1)^{n-1} \left(1 + \frac{1}{2} + \cdots + \frac{1}{n} \right) x^n, \quad -1 < x < 1.$$

方法二 使用待定系数法.

设在区间 $(-1,1)$ 内,

$$\frac{\ln(1+x)}{1+x} = \sum_{n=0}^{\infty} a_n x^n,$$

则

$$\ln(1+x) = (1+x) \sum_{n=0}^{\infty} a_n x^n = \sum_{n=0}^{\infty} a_n x^n + \sum_{n=0}^{\infty} a_n x^{n+1}$$

$$= a_0 + \sum_{n=1}^{\infty} (a_n + a_{n-1}) x^n.$$

由 $\ln(1+x)$ 的泰勒展开式,并根据泰勒展开式的唯一性,有

$$a_0 = 0,$$

$$a_n + a_{n-1} = \frac{(-1)^{n-1}}{n}, \quad n = 1, 2, \cdots.$$

从上述递推公式不能得出 a_n 的通式,

$$a_n = (-1)^{n-1} \left(1 + \frac{1}{2} + \cdots + \frac{1}{n} \right), \quad n = 1, 2, \cdots.$$

于是 $\dfrac{\ln(1+x)}{1+x} = \sum_{n=1}^{\infty} (-1)^{n-1} \left(1 + \dfrac{1}{2} + \cdots + \dfrac{1}{n} \right) x^n, \quad -1 < x < 1.$

幂级数的应用比较广泛,这里我们只给出幂级数在近似计算中的应用,现举例说明.

例 7 求定积分

$$\int_0^{\frac{1}{2}} e^{-x^2} \, dx$$

的近似值,精确到 10^{-4}.

解 由于 e^{-x^2} 的原函数不是初等函数,所以只能用近似计算来求此定

积分.由 e^{-x^2} 的展开式及幂级数的逐项可积性得

$$\int_0^{\frac{1}{2}} e^{-x^2} \, \mathrm{d}x = \int_0^{\frac{1}{2}} \left(1 - x^2 + \frac{x^4}{2!} - \frac{x^6}{3!} + \cdots + (-1)^n \frac{x^{2n}}{n!} + \cdots \right) \mathrm{d}x$$

$$= \frac{1}{2} \left(1 - \frac{1}{2^2 \cdot 3} + \frac{1}{2^4 \cdot 5 \cdot 2!} - \frac{1}{2^6 \cdot 7 \cdot 3!} + \cdots \right.$$

$$\left. + (-1)^n \frac{1}{2^{2n} \cdot (2n+1) \cdot n!} + \cdots \right).$$

这是一个交错级数,其误差 R_n 满足

$$|R_n| \leqslant \frac{1}{2^{2n}(2n+1)n!}.$$

由此可算出取 $n = 4$ 时就有 $|R_4| < 10^{-4}$,即取前四项即可.于是

$$\int_0^{1/2} e^{-x^2} \, \mathrm{d}x \approx \frac{1}{2} \left(1 - \frac{1}{2^2 \cdot 3} + \frac{1}{2^4 \cdot 5 \cdot 2!} - \frac{1}{2^6 \cdot 7 \cdot 3!} \right)$$

$$= 0.4613.$$

习　题　10.6

1. 利用已知的初等函数的展开式,求下列函数在 $x = 0$ 处的幂级数展开式,并指出收敛域:

(1) $\dfrac{x}{16 + x^2}$;　　　　　(2) e^{x^2};

(3) $\dfrac{1}{a+x}$ $(a \neq 0)$;　　(4) $\ln \sqrt{\dfrac{1+x}{1-x}}$;

(5) $(1+x)e^{-x}$;　　　　(6) $\dfrac{1}{2}(e^x - e^{-x})$;

(7) $\sin^3 x$　（提示：$\sin^3 x = \dfrac{1}{4}(3\sin x - \sin 3x)$);

(8) $\sin\left(\dfrac{\pi}{4} + x\right)$;　　　(9) $\ln(1 + x - 2x^2)$;

(10) $\dfrac{5x - 12}{x^2 + 5x - 6}$.

2. 利用逐项微分法和逐项积分法,求下列函数在 $x = 0$ 处的幂级数展开式:

(1) $\arctan x$;　　　(2) $\ln(x + \sqrt{1 + x^2})$;　　　(3) $\displaystyle\int_0^x \dfrac{\mathrm{d}x}{\sqrt{1 - x^4}}$.

3. 证明级数 $\displaystyle\sum_{n=0}^{\infty} \dfrac{x^n}{(n+1)!} = \dfrac{1}{x}(e^x - 1)$ $(x \neq 0)$,并证明

$$\sum_{n=1}^{\infty} \frac{n}{(n+1)!} = 1.$$

4. 仿照上题的办法,证明:

$$\sum_{n=1}^{\infty}\frac{n}{(n+2)!}=3-\mathrm{e}.$$

5. 求下列定积分的近似值,准确到 10^{-3}:

(1) $\int_0^2\frac{\sin x}{x}\mathrm{d}x$;　　　　(2) $\int_0^1\cos x^2\mathrm{d}x$.

第十章总练习题

1. 设有两个序列 $\{a_n\}$ 及 $\{b_n\}$.若存在一个常数 $C>0$,使得当 n 充分大时有

$$|a_n|\leqslant C|b_n|,$$

则我们记

$$a_n=O(|b_n|)\quad(n\to\infty).$$

例如,$\frac{1}{n}\sin\frac{\pi}{n}=O\left(\frac{1}{n^2}\right)$ $(n\to\infty)$.又比如

$$\frac{2n^4+2n+1}{n^3+n^2}=O(n)\quad(n\to\infty).$$

这种记法有助于我们了解一个无穷大量或无穷小量的阶.请证明下列结论:

(1) $(\sqrt{n+1}-\sqrt{n})\ln\frac{n-1}{n+1}=O\left(\frac{1}{n^{1+\frac{1}{2}}}\right)$ $(n\to\infty)$

$\left(提示:\ln\frac{n-1}{n+1}=\ln\left(1-\frac{2}{n+1}\right)\right)$;

(2) $\ln\left(\sec\frac{\pi}{n}\right)=O\left(\frac{1}{n^2}\right)$ $(n\to\infty)$

$\left(提示:\ln\left(\sec\frac{\pi}{n}\right)=\frac{1}{2}\ln\sec^2\frac{\pi}{n}=\frac{1}{2}\ln\left(1+\tan^2\frac{\pi}{n}\right)\right)$;

(3) $n^{1+\frac{k}{\ln n}}=O(n)$ $(n\to\infty)$ (其中 k 为常数);

(4) $\frac{n^3[\sqrt{2}+(-1)^n]^n}{3^n}=O\left(\left(\frac{\sqrt{2}+1}{3}\right)^n n^3\right)$ $(n\to\infty)$.

2. 利用上述记法,比较判别法可以写成下列形式:若 $a_n=O(|b_n|)$ $(n\to\infty)$ 且 $\sum_{n=1}^{\infty}|b_n|$ 收敛,则 $\sum_{n=1}^{\infty}|a_n|$ 收敛.借助于上题的结果研究下列级数之收敛性:

(1) $\sum_{n=1}^{\infty}(\sqrt{n+1}-\sqrt{n})^p\ln\frac{n-1}{n+1}$ $(p>0)$;

(2) $\sum_{n=1}^{\infty}\ln^p\left(\sec\frac{\pi}{n}\right)$ $(p>0)$;

(3) $\sum_{n=2}^{\infty}n^{-p+\frac{k}{\ln n}}$ $(p>1)$;

(4) $\sum\limits_{n=1}^{\infty}\dfrac{n^3\big[\sqrt{2}+(-1)^n\big]^n}{3^n}$.

3. 设有 $\alpha>0$ 使得当 $n\geqslant N$ 时 $\ln\dfrac{1}{a_n}\geqslant(1+\alpha)\ln n$, 其中 $a_n>0$. 试证明 $\sum\limits_{n=1}^{\infty}a_n$ 收敛.

4. 形如 $\sum\limits_{n=1}^{\infty}\dfrac{a_n}{n^x}$ 的级数被称作狄利克雷级数. 试证明若级数 $\sum\limits_{n=1}^{\infty}\dfrac{a_n}{n^x}$ 在 x_0 点收敛, 则对任意一点 $x>x_0$ 也收敛. 由此推出狄利克雷级数的收敛域只能是区间 $(\alpha,+\infty)$ 或 $[\alpha,+\infty)$. 试证明狄利克雷级数在其收敛区间 $(\alpha,+\infty)$ 中的任意一个闭区间 $[a,b]$ 上一致收敛.

5. 证明狄利克雷级数在其收敛区间中有连续的导函数.

6. 设 $\{z_n\}$ 是一个复数序列. 我们称 $\{z_n\}$ 收敛于复数 z_0, 如果对于任意的 $\varepsilon>0$ 都存在一个自然数 N, 使得当 $n>N$ 时, 就有 $|z_n-z_0|<\varepsilon$, 这里 $|z_n-z_0|$ 表示复数 z_n-z_0 的模. 现在设 $z_n=x_n+iy_n$, 其中 x_n 是 z_n 的实部, 而 y_n 是 z_n 的虚部. 证明 $\{z_n\}$ 收敛于 $z_0=x_0+iy_0$ 的充要条件是 $x_n\to x_0(n\to\infty)$ 及 $y_n\to y_0$, 其中 x_0 与 y_0 分别是 z_0 的实部与虚部.

7. 设 $\sum\limits_{n=1}^{\infty}a_n$ 为一复数项级数. 我们称 $\sum\limits_{n=1}^{\infty}a_n$ 收敛于 A, 如果其部分和序列 $\left\{S_n=\sum\limits_{k=1}^{n}a_k\right\}$ 收敛于 A. 对于复数项级数, 柯西收敛原理同样成立. 试用柯西收敛原理证明: $\sum\limits_{n=0}^{\infty}\dfrac{1}{n!}z^n$ 对于任意复数 z 收敛.

8. 我们定义级数 $\sum\limits_{n=0}^{\infty}\dfrac{1}{n!}z^n$ 的和函数为 e^z. 试证明欧拉公式

$$\mathrm{e}^{ix}=\cos x+i\sin x \quad (x\in\mathbf{R}).$$

9. 设 $y=f(x)$ 在 (x_0-a,x_0+a) $(a>0)$ 中有定义, 有任意阶导数, 且 $|f^{(n)}(x)|\leqslant M$ (M 为常数). 证明:

$$f(x)=\sum\limits_{n=0}^{\infty}\dfrac{1}{n!}f^{(n)}(x_0)(x-x_0)^n \quad (x_0-a<x<x_0+a).$$

第十一章　广义积分与含参变量的积分

广义积分是普通定积分概念的一种推广.在过去我们所讨论的定积分中,积分区间是有穷区间.但很多实际问题要求考虑无穷区间上的积分.比如,在静电场中一点的电势被规定为单位正电荷自无穷远点移至该点处电场力所做的功.若用积分表示它就是一个在无穷区间上的积分.在无穷区间上的积分称为**无穷积分**.普通定积分的另外一种推广是允许被积函数在其积分区间内的某一点附近无界.这种点被称为**瑕点**,而积分区间内有瑕点的定积分称作**瑕积分**.无穷积分与瑕积分统称为**广义积分**.

所谓含参变量的积分是指形如

$$I(t) \equiv \int_a^b f(x,t)\mathrm{d}x$$

的积分,其中被积函数 $f(x,t)$ 是一个二元函数.一般说来,这样的积分定义了一个关于 t 的函数.我们所关心的问题是:这个函数何时连续、可导,以及可否在积分号下求导数,等等.有重要意义的是含参变量的无穷积分与瑕积分,它导致了许多常用的特殊函数,特别是 Γ 函数与 B 函数.

§1　广 义 积 分

1. 无穷积分

先看一个具体例子.求由曲线 $y=\dfrac{1}{x^2}$ $(x \geqslant 1)$,直线 $x=1$ 及 $y=0$ 所围成的面积 S(见图 11.1).

从图上看出,任意取定 $A>1$,由曲线 $y=\dfrac{1}{x^2}$ $(1 \leqslant x \leqslant A)$,直线 $x=1$,$x=A$ 及 $y=0$ 所围的曲边梯形面积 S_A 可表为

$$S_A = \int_1^A \frac{\mathrm{d}x}{x^2} = 1 - \frac{1}{A}.$$

当 A 增大时 S_A 也增大,且当 A 无限增大

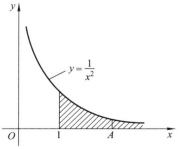

图　11.1

时 S_A 就无限接近于 S. 于是定义

$$S = \lim_{A \to +\infty} S_A = \lim_{A \to +\infty} \int_1^A \frac{\mathrm{d}x}{x^2} = 1.$$

今后,我们就自然地把极限 $\lim\limits_{A \to +\infty} \int_1^A \frac{\mathrm{d}x}{x^2}$ 记作

$$\int_1^{+\infty} \frac{1}{x^2} \mathrm{d}x,$$

并称之为函数 $y = \dfrac{1}{x^2}$ 在 $[1, +\infty)$ 上的**无穷积分**.

现在我们给出无穷积分的一般定义.

定义 1   设函数 $f(x)$ 在 $[a, +\infty)$ 上有定义,且对任意 $A > a$, $f(x)$ 在 $[a, A]$ 上可积. 若 $\lim\limits_{A \to +\infty} \int_a^A f(x) \mathrm{d}x$ 存在,则称无穷积分

$$\int_a^{+\infty} f(x) \mathrm{d}x$$

收敛,并定义 $\int_a^{+\infty} f(x) \mathrm{d}x = \lim\limits_{A \to +\infty} \int_a^A f(x) \mathrm{d}x$;否则称无穷积分**发散**.

由定义 1 立即可看出 $\int_1^{+\infty} \dfrac{\mathrm{d}x}{x^p}$ 当 $p \leqslant 1$ 时发散,当 $p > 1$ 时收敛.

例 1 $\int_0^{+\infty} \cos x \, \mathrm{d}x$ 是发散的.

因为 $\int_0^A \cos x \, \mathrm{d}x = -\sin A$,当 $A \to +\infty$ 时 $\int_0^A \cos x \, \mathrm{d}x$ 无极限,故所论无穷积分发散.

同理,$\int_0^{+\infty} \sin x \, \mathrm{d}x$ 也是发散的.

例 2 $\int_1^{+\infty} \mathrm{e}^{-x} \, \mathrm{d}x$ 是收敛的.

事实上,$\int_1^A \mathrm{e}^{-x} \, \mathrm{d}x = -(\mathrm{e}^{-A} - \mathrm{e}^{-1})$,并且有

$$\lim_{A \to +\infty} \int_1^A \mathrm{e}^{-x} \, \mathrm{d}x = \lim_{A \to +\infty} [-(\mathrm{e}^{-A} - \mathrm{e}^{-1})] = \mathrm{e}^{-1}.$$

所以无穷积分 $\int_1^{+\infty} \mathrm{e}^{-x} \, \mathrm{d}x$ 收敛.

类似地,可以定义函数在 $(-\infty, b]$ 上的无穷积分. 设函数 $f(x)$ 在 $(-\infty, b]$ 上有定义,且对任意 $A < b$,函数 $f(x)$ 在 $[A, b]$ 上可积. 若极限

$\lim\limits_{A\to-\infty}\displaystyle\int_A^b f(x)\mathrm{d}x$ 存在,则称无穷积分 $\displaystyle\int_{-\infty}^b f(x)\mathrm{d}x$ 收敛,并定义 $\displaystyle\int_{-\infty}^b f(x)\mathrm{d}x$

$=\lim\limits_{A\to-\infty}\displaystyle\int_A^b f(x)\mathrm{d}x$;否则称 $\displaystyle\int_{-\infty}^b f(x)\mathrm{d}x$ 发散.

设 $f(x)$ 在 $(-\infty,+\infty)$ 上有定义,且在任意区间 $[a,b]$ 上可积,若极限

$$\lim\limits_{b\to+\infty}\int_0^b f(x)\mathrm{d}x \quad \text{与} \quad \lim\limits_{a\to-\infty}\int_a^0 f(x)\mathrm{d}x$$

同时存在,则称无穷积分 $\displaystyle\int_{-\infty}^{+\infty} f(x)\mathrm{d}x$ 收敛,并定义

$$\int_{-\infty}^{+\infty} f(x)\mathrm{d}x = \lim\limits_{b\to+\infty}\int_0^b f(x)\mathrm{d}x + \lim\limits_{a\to-\infty}\int_a^0 f(x)\mathrm{d}x;$$

否则称无穷积分是发散的.

由此可见, $\displaystyle\int_{-\infty}^{+\infty} f(x)\mathrm{d}x$ 可写成两个无穷积分之和,即

$$\int_{-\infty}^{+\infty} f(x)\mathrm{d}x = \int_{-\infty}^0 f(x)\mathrm{d}x + \int_0^{+\infty} f(x)\mathrm{d}x.$$

由定义看出,当且仅当上式右端的两个无穷积分都收敛时,无穷积分

$\displaystyle\int_{-\infty}^{+\infty} f(x)\mathrm{d}x$ 收敛.

例 3 证明: $\displaystyle\int_{-\infty}^{+\infty}\mathrm{e}^{-x}\mathrm{d}x$ 发散.

证 根据定义,我们需要分别讨论 $\displaystyle\int_{-\infty}^0 \mathrm{e}^{-x}\mathrm{d}x$ 和 $\displaystyle\int_0^{+\infty}\mathrm{e}^{-x}\mathrm{d}x$ 的收敛性,

由例 2 可以知道 $\displaystyle\int_0^{+\infty}\mathrm{e}^{-x}\mathrm{d}x$ 收敛.下面讨论 $\displaystyle\int_{-\infty}^0 \mathrm{e}^{-x}\mathrm{d}x$ 的收敛性, $\forall A < 0$,

$$\int_A^0 \mathrm{e}^{-x}\mathrm{d}x = -\mathrm{e}^{-x}\Big|_A^0 = \mathrm{e}^{-A} - 1.$$

当 $A\to-\infty$ 时, $\mathrm{e}^{-A}-1\to+\infty$,则 $\displaystyle\int_A^0 \mathrm{e}^{-x}\mathrm{d}x \to +\infty$,所以 $\displaystyle\int_{-\infty}^0 \mathrm{e}^{-x}\mathrm{d}x$ 发散,于

是 $\displaystyle\int_{-\infty}^{+\infty}\mathrm{e}^{-x}\mathrm{d}x$ 发散.证毕.

事实上,只须说明 $\displaystyle\int_{-\infty}^0 \mathrm{e}^{-x}\mathrm{d}x$ 发散,就可以得出 $\displaystyle\int_{-\infty}^{+\infty}\mathrm{e}^{-x}\mathrm{d}x$ 发散的结论.

我们有三种类型的无穷积分,以后讨论只针对 $[a,+\infty)$ 上的无穷积分

$\displaystyle\int_a^{+\infty} f(x)\mathrm{d}x$ 加以叙述,而所得结论对其他两种无穷积分也相应成立.

由定义不难看出:若两个无穷积分 $\displaystyle\int_a^{+\infty} f(x)\mathrm{d}x$ 与 $\displaystyle\int_a^{+\infty} g(x)\mathrm{d}x$ 都收

敛,则无穷积分 $\int_{a}^{+\infty}[k_{1}f(x)+k_{2}g(x)]dx$ 也收敛,且

$$\int_{a}^{+\infty}[k_{1}f(x)+k_{2}g(x)]dx=k_{1}\int_{a}^{+\infty}f(x)dx+k_{2}\int_{a}^{+\infty}g(x)dx,$$

其中 k_{1},k_{2} 为常数.

根据函数极限的性质与定积分的性质,还可以推出无穷积分具有其他类似于定积分所具有的性质. 例如:牛顿-莱布尼茨公式,区间可加性,换元公式,分部积分公式等,以牛顿-莱布尼茨公式为例,无穷积分情况下的公式形式是:

$$\int_{a}^{+\infty}f(x)dx=F(x)\Big|_{a}^{+\infty}=\lim_{x\to+\infty}F(x)-F(a),$$

其中 $F(x)$ 是 $f(x)$ 在 $[a,+\infty)$ 上的一个原函数.

例 4　证明: $\int_{-\infty}^{+\infty}\dfrac{1}{1+x^{2}}dx$ 收敛,并求出其值.

证　根据定义,我们需要分别讨论 $\int_{0}^{+\infty}\dfrac{1}{1+x^{2}}dx$ 和 $\int_{-\infty}^{0}\dfrac{1}{1+x^{2}}dx$ 的收敛性.利用牛顿-莱布尼茨公式,

$$\int_{0}^{+\infty}\frac{1}{1+x^{2}}dx=\arctan x\Big|_{0}^{+\infty}=\lim_{x\to+\infty}\arctan x-\arctan 0=\frac{\pi}{2},$$

$$\int_{-\infty}^{0}\frac{1}{1+x^{2}}dx=\arctan x\Big|_{-\infty}^{0}=\arctan 0-\lim_{x\to-\infty}\arctan x=-\left(-\frac{\pi}{2}\right)=\frac{\pi}{2}.$$

于是 $\int_{-\infty}^{+\infty}\dfrac{1}{1+x^{2}}dx$ 收敛,并且

$$\int_{-\infty}^{+\infty}\frac{1}{1+x^{2}}dx=\int_{-\infty}^{0}\frac{1}{1+x^{2}}dx+\int_{0}^{+\infty}\frac{1}{1+x^{2}}dx=\frac{\pi}{2}+\frac{\pi}{2}=\pi.$$

证毕.

有一个结论我们经常使用:设 $k\neq0$,则 $\int_{a}^{+\infty}f(x)dx$ 与 $\int_{a}^{+\infty}kf(x)dx$ 同时收敛,同时发散.

下面我们列出关于无穷积分的柯西收敛原理而略去其证明,并且只对 $[a,+\infty)$ 上的无穷积分叙述,其他类型的无穷积分完全类似.

柯西收敛原理　无穷积分 $\int_{a}^{+\infty}f(x)dx$ 收敛的充要条件是:任给 $\varepsilon>0$,存在正数 $A_{0}>a$,只要 $A>A_{0},A'>A_{0}$,便有

$$\left|\int_{A}^{A'}f(x)dx\right|<\varepsilon.$$

由柯西收敛原理,不难推出下列命题:

命题 若 $\displaystyle\int_a^{+\infty} |f(x)|\,\mathrm{d}x$ 收敛,则 $\displaystyle\int_a^{+\infty} f(x)\,\mathrm{d}x$ 也收敛.

这个命题的证明是容易的,只须注意下列不等式即可:

$$\left|\int_A^{A'} f(x)\,\mathrm{d}x\right| \leqslant \left|\int_A^{A'} |f(x)|\,\mathrm{d}x\right|.$$

命题的逆命题并不成立,后面我们将举例说明:$\displaystyle\int_a^{+\infty} f(x)\,\mathrm{d}x$ 收敛,但 $\displaystyle\int_a^{+\infty} |f(x)|\,\mathrm{d}x$ 不收敛.

定义 2 若无穷积分 $\displaystyle\int_a^{+\infty} |f(x)|\,\mathrm{d}x$ 收敛,则称 $\displaystyle\int_a^{+\infty} f(x)\,\mathrm{d}x$ **绝对收敛**;若 $\displaystyle\int_a^{+\infty} f(x)\,\mathrm{d}x$ 收敛,但 $\displaystyle\int_a^{+\infty} |f(x)|\,\mathrm{d}x$ 发散,则称 $\displaystyle\int_a^{+\infty} f(x)\,\mathrm{d}x$ **条件收敛**.

下面我们将给出一些简单而常用的无穷积分的收敛判别法.

引理 若 $f(x)$ 是 $[a,+\infty)$ 上的非负可积函数,则 $\displaystyle\int_a^{+\infty} f(x)\,\mathrm{d}x$ 收敛的充要条件是:对一切 $A \geqslant a$,积分 $\displaystyle\int_a^A f(x)\,\mathrm{d}x$ 有界.

证 **必要性** 已知 $\displaystyle\lim_{A\to+\infty}\int_a^A f(x)\,\mathrm{d}x$ 存在,因而 $\displaystyle\int_a^A f(x)\,\mathrm{d}x$ 有界.

充分性 考虑序列 $\{F_n\}$,其中

$$F_n = \int_a^n f(x)\,\mathrm{d}x, \quad n > a.$$

显然 $\{F_n\}$ 是单调递增的,又由所设条件,$\{F_n\}$ 有界,因而它有极限.设

$$\lim_{n\to+\infty} F_n = F.$$

于是,对任给 $\varepsilon > 0$,存在正数 N,使当 $n \geqslant N$ 时 $|F_n - F| < \varepsilon$,即有

$$F - \varepsilon < F_n < F + \varepsilon, \quad n \geqslant N.$$

现取 $A_0 = N+1$.对任意 $A > A_0$,取 $n = [A]$,那么

$$n > N, \quad \text{且} \quad n \leqslant A < n+1.$$

由 $f(x)$ 为非负函数,有

$$F_n \leqslant \int_a^A f(x)\,\mathrm{d}x \leqslant F_{n+1},$$

注意到 $n > N$,即得

$$F - \varepsilon < \int_a^A f(x)\,\mathrm{d}x < F + \varepsilon,$$

即
$$\left| \int_a^A f(x)\mathrm{d}x - F \right| < \varepsilon.$$

以上说明 $\lim\limits_{A\to+\infty}\int_a^A f(x)\mathrm{d}x = F$，即 $\int_a^{+\infty} f(x)\mathrm{d}x$ 收敛.证毕.

由此，当被积函数为非负函数时，有下列收敛判别法.

定理 1（比较判别法） 设 $f(x)$ 与 $g(x)$ 在 $[a,+\infty)$ 上有定义，且当 $x\geqslant X\geqslant a$ 时，有
$$0 \leqslant f(x) \leqslant g(x).$$
又设 $f(x)$ 与 $g(x)$ 在任一区间 $[a,b]$ 上可积，则

(1) 由 $\int_a^{+\infty} g(x)\mathrm{d}x$ 收敛可推出 $\int_a^{+\infty} f(x)\mathrm{d}x$ 也收敛；

(2) 由 $\int_a^{+\infty} f(x)\mathrm{d}x$ 发散可推出 $\int_a^{+\infty} g(x)\mathrm{d}x$ 也发散.

证 首先指出，由于
$$\int_a^{+\infty} f(x)\mathrm{d}x = \int_a^X f(x)\mathrm{d}x + \int_X^{+\infty} f(x)\mathrm{d}x,$$
所以 $\int_a^{+\infty} f(x)\mathrm{d}x$ 收敛的充要条件是 $\int_X^{+\infty} f(x)\mathrm{d}x$ 收敛.

(1) 当 $\int_a^{+\infty} g(x)\mathrm{d}x$ 收敛时即有 $\int_X^{+\infty} g(x)\mathrm{d}x$ 收敛，这时对任意 $A>X$ 都有
$$\int_X^A f(x)\mathrm{d}x \leqslant \int_X^A g(x)\mathrm{d}x \leqslant \int_X^{+\infty} g(x)\mathrm{d}x.$$

上式中的无穷积分 $\int_X^{+\infty} g(x)\mathrm{d}x$ 是一个确定的常数，因而上式说明：对一切 $A\geqslant X$，积分 $\int_X^A f(x)\mathrm{d}x$ 有界.于是，无穷积分 $\int_X^{+\infty} f(x)\mathrm{d}x$ 收敛，因而即有 $\int_a^{+\infty} f(x)\mathrm{d}x$ 收敛.

(2) 用反证法即可证明定理的结论(2)，请读者完成.证毕.

在使用比较判别法时，无穷积分
$$\int_1^{+\infty} \frac{\mathrm{d}x}{x^\alpha} \quad (\alpha>0)$$
常用来与其他积分进行比较.我们已经知道，当 $\alpha>1$ 时，无穷积分 $\int_1^{+\infty} \frac{\mathrm{d}x}{x^\alpha}$ 收敛；而当 $\alpha\leqslant 1$ 时，这个无穷积分发散.

由定理 1，立即可看出无穷积分

$$\int_1^{+\infty} \frac{\sin x}{x^{1+p}} \mathrm{d}x \quad \text{与} \quad \int_1^{+\infty} \frac{\cos x}{x^{1+p}} \mathrm{d}x \quad (p > 0)$$

是绝对收敛的,这是因为 $\left| \dfrac{\sin x}{x^{1+p}} \right| \leqslant \dfrac{1}{x^{1+p}}$,$\left| \dfrac{\cos x}{x^{1+p}} \right| \leqslant \dfrac{1}{x^{1+p}}$,而 $\int_1^{+\infty} \dfrac{\mathrm{d}x}{x^{1+p}}$ 收敛 $(p > 0)$.

例 5 讨论 $\int_1^{+\infty} \mathrm{e}^{-x^2} \mathrm{d}x$ 的敛散性.

解 当 $x \geqslant 1$ 时,$0 \leqslant \mathrm{e}^{-x^2} \leqslant \mathrm{e}^{-x}$,由例 2 已知 $\int_1^{+\infty} \mathrm{e}^{-x} \mathrm{d}x$ 收敛,再由定理 1,即可断言 $\int_1^{+\infty} \mathrm{e}^{-x^2} \mathrm{d}x$ 收敛.

我们知道 e^{-x^2} 的原函数不是初等函数,因而其定积分的值不宜于通过原函数算出.但是,我们已在第七章习题 7.2 中算出其无穷积分的值:

$$\int_0^{+\infty} \mathrm{e}^{-x^2} \mathrm{d}x = \frac{\sqrt{\pi}}{2}.$$

它在概率统计中有重要应用.

例 6 讨论 $\int_1^{+\infty} \dfrac{\mathrm{e}^{\sin x} + \cos^2 x}{x + \sqrt{x}} \mathrm{d}x$ 的敛散性.

解 利用不等式

$$\frac{\mathrm{e}^{\sin x} + \cos^2 x}{x + \sqrt{x}} \geqslant \frac{\mathrm{e}^{-1}}{2x} = \frac{1}{2\mathrm{e}} \cdot \frac{1}{x}, \quad x > 1,$$

而 $\int_1^{+\infty} \dfrac{1}{x} \mathrm{d}x$ 发散,那么 $\int_1^{+\infty} \dfrac{1}{2\mathrm{e}} \cdot \dfrac{1}{x} \mathrm{d}x$ 也发散,根据定理 1,即可断言无穷积分 $\int_1^{+\infty} \dfrac{\mathrm{e}^{\sin x} + \cos^2 x}{x + \sqrt{x}} \mathrm{d}x$ 发散.

推论(比较判别法的极限形式) 设当 $x \geqslant a$ 时,$f(x) \geqslant 0$,$g(x) > 0$,又设它们在任意区间 $[a, b]$ 上都可积,且

$$\lim_{x \to +\infty} \frac{f(x)}{g(x)} = k,$$

则有以下结论:

(1) 当 $0 \leqslant k < +\infty$ 时,若 $\int_a^{+\infty} g(x) \mathrm{d}x$ 收敛,则 $\int_a^{+\infty} f(x) \mathrm{d}x$ 收敛;

(2) 当 $0 < k \leqslant +\infty$ 时,若 $\int_a^{+\infty} g(x) \mathrm{d}x$ 发散,则 $\int_a^{+\infty} f(x) \mathrm{d}x$ 发散.

特别地,当 $0 < k < +\infty$ 时,两无穷积分同时收敛或同时发散.

证明是容易的.

当 $0 \leqslant k < +\infty$ 时,存在一个 X_1 使得

$$\frac{f(x)}{g(x)} < k+1, \quad \text{当 } x > X_1 \text{ 时}.$$

这时 $f(x) < (k+1)g(x)$,由定理 1 知,$\displaystyle\int_a^{+\infty} g(x)\mathrm{d}x$ 的收敛蕴涵着 $\displaystyle\int_a^{+\infty} f(x)\mathrm{d}x$ 的收敛性.

当 $0 < k \leqslant +\infty$ 时,我们有

$$\lim_{x \to +\infty} \frac{g(x)}{f(x)} = \frac{1}{k}$$

$\left(\text{这里约定 } k = +\infty \text{ 时},\dfrac{1}{k} = 0\right)$.于是,存在一个 X_2,使得当 $x > X_2$ 时,$g(x) < \left(\dfrac{1}{k}+1\right)f(x)$.这就证明了推论中的结论(2).

例 7   讨论下列无穷积分的敛散性:

$$(1) \int_1^{+\infty} \frac{\mathrm{d}x}{\sqrt{x^3 + 2x^2 - x + 1}}; \qquad (2) \int_2^{+\infty} \frac{\mathrm{d}x}{x^k \ln x}.$$

解   (1) $\dfrac{1}{\sqrt{x^3 + 2x^2 - x + 1}} \Big/ \dfrac{1}{x^{3/2}} \to 1 \ (x \to +\infty)$,而 $\displaystyle\int_1^{+\infty} \frac{\mathrm{d}x}{x^{3/2}}$ 收敛,因而所论无穷积分也收敛.

(2) 当 $k > 1$ 时,$\dfrac{1}{x^k \ln x} \Big/ \dfrac{1}{x^k} \to 0 \ (x \to +\infty)$,这时 $\displaystyle\int_1^{+\infty} \frac{\mathrm{d}x}{x^k}$ 收敛,由此推出 $\displaystyle\int_2^{+\infty} \frac{\mathrm{d}x}{x^k \ln x}$ 也收敛.当 $k = 1$ 时,$\displaystyle\int_2^A \frac{\mathrm{d}x}{x \ln x} = \ln|\ln x| \ \Big|_2^A$,显然这时无穷积分发散.当 $k < 1$ 时,$\dfrac{1}{x^k \ln x} > \dfrac{1}{x \ln x} > 0 \ (x > 1 \text{ 时})$,由比较判别法知无穷积分 $\displaystyle\int_2^{+\infty} \frac{\mathrm{d}x}{x^k \ln x}$ 发散.

定理 1 不仅为非负函数的收敛性与发散性提供了判别方法,而且对变号函数的绝对收敛性提供了判别方法.对于一个变号函数的无穷积分,我们首先可以考察它是否绝对收敛.这时比较判别法便是最基本的方法.对于非绝对收敛的无穷积分,像无穷级数情况一样,我们有所谓的狄利克雷判别法与阿贝尔判别法.

定理 2 (狄利克雷判别法)   设 $f(x)$ 及 $g(x)$ 在 $[a, +\infty)$ 上有定义,并

考虑无穷积分

$$\int_a^{+\infty} f(x)g(x)\mathrm{d}x.$$

设对一切 $A \geqslant a$，积分 $\int_a^A f(x)\mathrm{d}x$ 有界，即存在常数 $M > 0$，使

$$\left| \int_a^A f(x)\mathrm{d}x \right| \leqslant M, \quad A \geqslant a.$$

又设函数 $g(x)$ 在 $[a, +\infty)$ 上单调且趋于 0（当 $x \to +\infty$ 时），则上述无穷积分收敛.

与级数情况的狄利克雷判别法相比，这个定理与它有显著的类似之处. 只要在这个定理中将积分号换作求和号，而被积函数换成级数之通项，这个定理就变成了级数的狄利克雷判别法. 之所以有这样的类似，其原因也很简单：积分原本就是一种和式的极限；无穷级数是无穷多个"离散的"函数值求和，而无穷积分则是在一个无穷区间上对于函数值"连续地"求和.

定理 2 的证明从略. 若将无穷积分 $\int_a^\infty f(x)g(x)\mathrm{d}x$ 与无穷级数 $\sum_{n=1}^\infty a_n b_n$ 对应，积分 $\int_a^A f(x)\mathrm{d}x$ 与 $\sum_{n=1}^\infty b_n$ 的部分和 B_n 对应，而 $g(x)$ 与 a_n 对应，则由无穷级数的狄利克雷判别法不难理解定理 2.

定理 3（阿贝尔判别法） 设 $f(x)$ 与 $g(x)$ 在 $[a, +\infty)$ 上有定义，并考虑无穷积分

$$\int_a^{+\infty} f(x)g(x)\mathrm{d}x.$$

若无穷积分 $\int_a^{+\infty} f(x)\mathrm{d}x$ 收敛，且函数 $g(x)$ 在 $[a, +\infty)$ 上单调有界，则无穷积分 $\int_a^{+\infty} f(x)g(x)\mathrm{d}x$ 收敛.

证 这时不难推出函数 $f(x)$ 满足定理 2 中所述的条件. 又在所设条件下，当 $x \to +\infty$ 时 $g(x)$ 必有极限，设 $\lim\limits_{x \to +\infty} g(x) = l$，则函数 $[g(x) - l]$ 在 $[a, +\infty)$ 上单调且趋于 0（$x \to +\infty$ 时），于是由定理 2，

$$\int_a^{+\infty} f(x)[g(x) - l]\mathrm{d}x$$

收敛. 再由 $\int_a^{+\infty} f(x)\mathrm{d}x$ 收敛即得

$$\int_a^{+\infty} f(x)g(x)\mathrm{d}x = \int_a^{+\infty} f(x)[g(x) - l]\mathrm{d}x + l\int_a^{+\infty} f(x)\mathrm{d}x$$

也收敛.证毕.

例 8 证明:积分 $\int_1^{+\infty} \dfrac{\sin x}{x^p} \mathrm{d}x$ 当 $p > 1$ 时绝对收敛,当 $0 < p \leqslant 1$ 时条件收敛,当 $p \leqslant 0$ 时发散.

证 先设 $p > 1$,利用不等式

$$\left| \frac{\sin x}{x^p} \right| \leqslant \frac{1}{x^p}, \quad x \geqslant 1,$$

而 $\int_1^{+\infty} \dfrac{1}{x^p} \mathrm{d}x$ 收敛,利用比较判别法,$\int_1^{+\infty} \left| \dfrac{\sin x}{x^p} \right| \mathrm{d}x$ 收敛.即得当 $p > 1$ 时,$\int_1^{+\infty} \dfrac{\sin x}{x^p} \mathrm{d}x$ 绝对收敛.

再设 $0 < p \leqslant 1$.此时先证 $\int_1^{+\infty} \dfrac{\sin x}{x^p} \mathrm{d}x$ 收敛.事实上,对任意的 $A \geqslant 1$,我们有

$$\left| \int_1^A \sin x \, \mathrm{d}x \right| = |\cos 1 - \cos A| \leqslant 2.$$

这就是说,$\int_1^A \sin x \, \mathrm{d}x$ 有界. 又因为 $p > 0$,所以函数 $\dfrac{1}{x^p}$ 在 $[1, +\infty)$ 上单调下降且趋于 0($x \to +\infty$ 时).由狄利克雷判别法即知当 $0 < p \leqslant 1$ 时,$\int_1^{+\infty} \dfrac{\sin x}{x^p} \mathrm{d}x$ 收敛.

其次证明 $\int_1^{+\infty} \left| \dfrac{\sin x}{x^p} \right| \mathrm{d}x$ 发散.为此只须证明当 $A \to +\infty$ 时,$\int_1^A \left| \dfrac{\sin x}{x^p} \right| \mathrm{d}x$ 无界.事实上,任意取定一个充分大的 A,不妨设 $A > 2\pi$.取 $\left[\dfrac{A}{\pi} \right] = n_0$,则有 $A \geqslant n_0\pi$ 及 $n_0 \geqslant 2$.注意 $\left| \dfrac{\sin x}{x^p} \right|$ 非负,便有

$$\int_1^A \left| \frac{\sin x}{x^p} \right| \mathrm{d}x \geqslant \int_\pi^{n_0\pi} \frac{|\sin x|}{x^p} \mathrm{d}x = \sum_{n=2}^{n_0} \int_{(n-1)\pi}^{n\pi} \frac{|\sin x|}{x^p} \mathrm{d}x$$

$$\geqslant \sum_{n=2}^{n_0} \frac{1}{(n\pi)^p} \int_{(n-1)\pi}^{n\pi} |\sin x| \, \mathrm{d}x$$

$$= \sum_{n=2}^{n_0} \frac{1}{(n\pi)^p} \int_0^\pi \sin x \, \mathrm{d}x = \frac{2}{\pi^p} \sum_{n=2}^{n_0} \frac{1}{n^p}.$$

由于 $0 < p \leqslant 1$,级数 $\sum_{n=2}^{\infty} \dfrac{1}{n^p}$ 发散.故 $\sum_{n=2}^{n_0} \dfrac{1}{n^p}$ 可以大于任意给定的正数,只要

n_0 充分大. 由此推出 $\int_1^A \left|\dfrac{\sin x}{x^p}\right| \mathrm{d}x$ 可大于任意给定的正数,只要 A 充分大. 这即意味着 $\int_1^A \left|\dfrac{\sin x}{x^p}\right| \mathrm{d}x$ 无界,即 $\int_1^{+\infty} \left|\dfrac{\sin x}{x^p}\right| \mathrm{d}x$ 发散.

综合上述,当 $0<p\leqslant 1$ 时,$\int_1^{+\infty} \dfrac{\sin x}{x^p}\mathrm{d}x$ 条件收敛.

最后设 $p\leqslant 0$. 用反证法,假设 $\int_1^{+\infty} \dfrac{\sin x}{x^p}\mathrm{d}x$ 收敛. 因为 $p\leqslant 0$,所以函数 x^p 在 $[1,+\infty)$ 上单调递减且对任意的 $x\geqslant 1$,
$$0< x^p \leqslant 1,$$
即 x^p 在 $[1,+\infty)$ 上单调有界. 由阿贝尔判别法,$\int_1^{+\infty} \dfrac{\sin x}{x^p}\cdot x^p\mathrm{d}x$ 收敛而 $\int_1^{+\infty} \dfrac{\sin x}{x^p}\cdot x^p\mathrm{d}x = \int_1^{+\infty} \sin x\,\mathrm{d}x$ 发散,故假设不成立. 当 $p\leqslant 0$ 时,积分 $\int_1^{+\infty} \dfrac{\sin x}{x^p}\mathrm{d}x$ 发散. 证毕.

还可以使用比较判别法证明:当 $0<p\leqslant 1$ 时,$\int_1^{+\infty} \left|\dfrac{\sin x}{x^p}\right| \mathrm{d}x$ 发散. 利用不等式
$$\left|\dfrac{\sin x}{x^p}\right| = \dfrac{|\sin x|}{x^p} \geqslant \dfrac{\sin^2 x}{x^p} = \dfrac{1}{2x^p} - \dfrac{\cos 2x}{2x^p}, \quad x\geqslant 1,$$
类似使用证明级数 $\int_1^{+\infty} \dfrac{\sin x}{x^p}\mathrm{d}x (0<p\leqslant 1$ 时) 收敛的方法,可以证明 $\int_1^{+\infty} \dfrac{\cos 2x}{2x^p}\mathrm{d}x$ 收敛,而 $\int_1^{+\infty} \dfrac{1}{2x^p}\mathrm{d}x$ 发散,则 $\int_1^{+\infty} \left(\dfrac{1}{2x^p} - \dfrac{\cos 2x}{2x^p}\right)\mathrm{d}x$ 发散. 利用比较判别法,$\int_1^{+\infty} \left|\dfrac{\sin x}{x^p}\right| \mathrm{d}x$ 当 $0<p\leqslant 1$ 时发散.

例 9 判别下列积分是绝对收敛还是条件收敛:

(1) $\int_1^{+\infty} \dfrac{\sin x}{x}(1+\mathrm{e}^{-x})\mathrm{d}x$; (2) $\int_1^{+\infty} \dfrac{\sin \sqrt{x}}{x}\mathrm{d}x$.

解 (1) 记 $f(x)=\dfrac{\sin x}{x}, g(x)=1+\mathrm{e}^{-x}$.

利用例 8,$\int_1^{+\infty} \dfrac{\sin x}{x}\mathrm{d}x$ 收敛. $g(x)=1+\mathrm{e}^{-x}$ 在 $[1,+\infty)$ 上单调递减,并且对任意的 $x\geqslant 1$,

$$1 < 1 + e^{-x} < 2.$$

由阿贝尔判别法，$\displaystyle\int_1^{+\infty} \dfrac{\sin x}{x}(1 + e^{-x})\mathrm{d}x$ 收敛.

下面讨论 $\displaystyle\int_1^{+\infty} \left| \dfrac{\sin x}{x}(1 + e^{-x}) \right| \mathrm{d}x$ 的敛散性.

对任意的 $x \geqslant 1$，

$$\left| \dfrac{\sin x}{x}(1 + e^{-x}) \right| > \left| \dfrac{\sin x}{x} \right|,$$

再由例 8，$\displaystyle\int_1^{+\infty} \left| \dfrac{\sin x}{x} \right| \mathrm{d}x$ 发散. 根据比较判别法，$\displaystyle\int_1^{+\infty} \left| \dfrac{\sin x}{x}(1 + e^{-x}) \right| \mathrm{d}x$ 发散.

故 $\displaystyle\int_1^{+\infty} \dfrac{\sin x}{x}(1 + e^{-x})\mathrm{d}x$ 条件收敛.

（2）令 $\sqrt{x} = t$，$x = t^2$，$\mathrm{d}x = 2t\,\mathrm{d}t$，利用换元公式，

$$\int_1^{+\infty} \frac{\sin\sqrt{x}}{x}\mathrm{d}x = \int_1^{+\infty} \frac{\sin t}{t^2} \cdot 2t\,\mathrm{d}t = 2\int_1^{+\infty} \frac{\sin t}{t}\mathrm{d}t,$$

等式左、右两端的无穷积分同时收敛，同时发散.已知 $\displaystyle\int_1^{+\infty} \dfrac{\sin t}{t}\mathrm{d}t$ 收敛，则

$\displaystyle\int_1^{+\infty} \dfrac{\sin\sqrt{x}}{x}\mathrm{d}x$ 收敛.

再考虑 $\displaystyle\int_1^{+\infty} \left| \dfrac{\sin\sqrt{x}}{x} \right| \mathrm{d}x$，使用同样的换元公式，有

$$\int_1^{+\infty} \left| \frac{\sin\sqrt{x}}{x} \right| \mathrm{d}x = 2\int_1^{+\infty} \left| \frac{\sin t}{t} \right| \mathrm{d}t.$$

由例 8 已经知道 $\displaystyle\int_1^{+\infty} \left| \dfrac{\sin t}{t} \right| \mathrm{d}t$ 发散，则 $\displaystyle\int_1^{+\infty} \left| \dfrac{\sin\sqrt{x}}{x} \right| \mathrm{d}x$ 发散.

故 $\displaystyle\int_1^{+\infty} \dfrac{\sin\sqrt{x}}{x}\mathrm{d}x$ 条件收敛.

2. 瑕积分

瑕积分是另一类广义积分，其积分区间是有限的，但被积函数在某一点附近是无界的.例如积分 $\displaystyle\int_0^1 \dfrac{\mathrm{d}x}{\sqrt[4]{x}}$，被积函数在 $x = 0$ 附近是无界的，这时

$\int_0^1 \dfrac{1}{\sqrt[4]{x}}\mathrm{d}x$ 称为 **瑕积分**. 在几何直观上（见图

11.2），可将它看作由曲线 $y=\dfrac{1}{\sqrt[4]{x}}$ 和直线 $x=0$,

$x=1$ 及 $y=0$ 所围成的面积 S. 从图 11.2 看出，

对任取的小正数 ε，由曲线 $y=\dfrac{1}{\sqrt[4]{x}}$ 和直线 $x=$

$\varepsilon, x=1$ 及 $y=0$ 所围成的曲边梯形的面积为

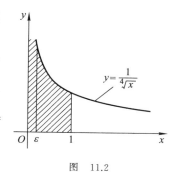

图 11.2

$$S_\varepsilon=\int_\varepsilon^1 \frac{\mathrm{d}x}{\sqrt[4]{x}}=\frac{4}{3}x^{\frac{3}{4}}\Big|_\varepsilon^1=\frac{4}{3}(1-\varepsilon^{\frac{3}{4}}),$$

当 $\varepsilon\to 0+0$ 时 S_ε 无限接近于 $\dfrac{4}{3}$. 因而自然定义

$$S=\lim_{\varepsilon\to 0+0}\int_\varepsilon^1 \frac{\mathrm{d}x}{\sqrt[4]{x}}=\frac{4}{3}.$$

瑕积分的一般定义如下：

定义 3 设函数 $f(x)$ 在 $(a,b]$ 上有定义，且 $f(x)$ 在任意区间 $[a+\varepsilon,b](\subset(a,b])$ 上可积，但 $x\to a+0$ 时 $f(x)$ 无界，我们称 a 为 **瑕点**. 若极限

$$\lim_{\varepsilon\to 0+0}\int_{a+\varepsilon}^b f(x)\mathrm{d}x$$

存在，则称瑕积分 $\displaystyle\int_a^b f(x)\mathrm{d}x$ **收敛**，并定义

$$\int_a^b f(x)\mathrm{d}x=\lim_{\varepsilon\to 0+0}\int_{a+\varepsilon}^b f(x)\mathrm{d}x;$$

否则称瑕积分**发散**.

显然，一个瑕积分收敛与否与被积函数在瑕点附近的性态有关. 我们已经知道瑕积分 $\displaystyle\int_0^1 \frac{1}{\sqrt[4]{x}}\mathrm{d}x$ 收敛，但容易验证瑕积分 $\displaystyle\int_0^1 \frac{\mathrm{d}x}{x}$ 是发散的，因为

$$\lim_{\varepsilon\to 0+0}\int_\varepsilon^1 \frac{1}{x}\mathrm{d}x=\lim_{\varepsilon\to 0+0}(-\ln\varepsilon)=+\infty.$$

下面的例子是很基本的，它常常在比较判别法中用来与其他瑕积分进行比较.

例 10 瑕积分

$$\int_0^1 \frac{\mathrm{d}x}{x^p}\quad(\text{其中常数 } p>0)$$

当 $p \geqslant 1$ 时发散,而当 $p < 1$ 时收敛.

事实上,$x = 0$ 为瑕点.取 $\varepsilon \in (0,1)$,当 $p \neq 1$ 时我们有

$$\int_\varepsilon^1 \frac{\mathrm{d}x}{x^p} = \frac{1}{1-p} x^{1-p} \Big|_\varepsilon^1 = \frac{1}{1-p}(1 - \varepsilon^{1-p}),$$

因而

$$\lim_{\varepsilon \to 0+0} \int_\varepsilon^1 \frac{\mathrm{d}x}{x^p} = \begin{cases} \dfrac{1}{1-p}, & p < 1, \\ +\infty, & p > 1. \end{cases}$$

我们已经知道 $p = 1$ 时瑕积分发散.综合起来,所论瑕积分当 $p \geqslant 1$ 时发散,当 $p < 1$ 时收敛.

由上述例子看出,当自变量 x 趋于瑕点 a 时,被积函数 $f(x)$ 若趋于 ∞,则其趋于 ∞ 的"速度"不能太快才能保证瑕积分 $\int_a^b f(x)\mathrm{d}x$ 收敛.

瑕点不一定是积分之下限,也可能是上限,甚至上限与下限都可能是瑕点.

类似地,当 $f(x)$ 在 $[a,b]$ 上有定义,且在 $[a,b-\varepsilon](\subset [a,b))$ 上可积,但 $x \to b$ 时 $f(x)$ 无界,则称 $x = b$ 是 $f(x)$ 的**瑕点**.这时,若极限

$$\lim_{\varepsilon \to 0+0} \int_a^{b-\varepsilon} f(x)\mathrm{d}x$$

存在,则称瑕积分 $\int_a^b f(x)\mathrm{d}x$ **收敛**并定义

$$\int_a^b f(x)\mathrm{d}x = \lim_{\varepsilon \to 0+0} \int_a^{b-\varepsilon} f(x)\mathrm{d}x;$$

否则称瑕积分**发散**.

与例 10 类似,可证以积分上限为瑕点的瑕积分 $\int_0^1 \frac{\mathrm{d}x}{(1-x)^p}$ 当 $0 < p < 1$ 时收敛,当 $p \geqslant 1$ 时发散.

例 11 判别 $\int_0^1 \frac{1}{(2-x)\sqrt{1-x}}\mathrm{d}x$ 的敛散性.

解 $x = 1$ 为瑕点.取 $\varepsilon \in (0,1)$,先求 $\int_0^{1-\varepsilon} \frac{1}{(2-x)\sqrt{1-x}}\mathrm{d}x$.令 $u = \sqrt{1-x}$,有 $x = 1 - u^2$,两边微分得 $\mathrm{d}x = -2u\,\mathrm{d}u$,则

$$\int_0^{1-\varepsilon} \frac{1}{(2-x)\sqrt{1-x}}\mathrm{d}x = \int_1^{\sqrt{\varepsilon}} \frac{1}{(1+u^2)u}(-2u\,\mathrm{d}u)$$

$$= 2\int_{\sqrt{\varepsilon}}^1 \frac{1}{1+u^2}\mathrm{d}u = 2\arctan u \Big|_{\sqrt{\varepsilon}}^1 = \frac{\pi}{2} - 2\arctan\sqrt{\varepsilon}.$$

当 $\varepsilon \to 0+0$ 时，$\arctan \sqrt{\varepsilon} \to 0$，则瑕积分 $\displaystyle\int_0^1 \frac{1}{(2-x)\sqrt{1-x}} \mathrm{d}x$ 收敛且

$$\int_0^1 \frac{1}{(2-x)\sqrt{1-x}} \mathrm{d}x = \frac{\pi}{2}.$$

设 $f(x)$ 在任意区间 $[a+\varepsilon, b-\varepsilon](\subset (a,b))$ 上可积，而 a 与 b 均为 $f(x)$ 的瑕点，这时若极限 $\displaystyle\lim_{\varepsilon \to 0+0} \int_{a+\varepsilon}^c f(x)\mathrm{d}x$ 与 $\displaystyle\lim_{\varepsilon \to 0+0} \int_c^{b-\varepsilon} f(x)\mathrm{d}x$（$c$ 为开区间 (a,b) 中的一点）都存在，则称瑕积分 $\displaystyle\int_a^b f(x)\mathrm{d}x$ **收敛**；若上述两极限中至少有一个极限不存在，就称瑕积分 $\displaystyle\int_a^b f(x)\mathrm{d}x$ **发散**.当瑕积分收敛时，我们将其值定义为

$$\int_a^b f(x)\mathrm{d}x = \lim_{\varepsilon \to 0+0} \int_{a+\varepsilon}^c f(x)\mathrm{d}x + \lim_{\eta \to 0+0} \int_c^{b-\eta} f(x)\mathrm{d}x.$$

瑕点也可能出现在积分区间之内.设 $f(x)$ 在 $[a,c]$ 及 $[c,b]$ 上有定义，且在任意闭区间 $[a, c-\varepsilon](\subset [a,c))$ 及 $[c+\eta, b](\subset (c,b])$ 上可积（这里 $\varepsilon > 0, \eta > 0$），但 $f(x)$ 在 c 点附近无界.若瑕积分

$$\int_a^c f(x)\mathrm{d}x \quad \text{与} \quad \int_c^b f(x)\mathrm{d}x$$

同时收敛，则称瑕积分 $\displaystyle\int_a^b f(x)\mathrm{d}x$ 收敛，且

$$\int_a^b f(x)\mathrm{d}x = \int_a^c f(x)\mathrm{d}x + \int_c^b f(x)\mathrm{d}x,$$

或写成

$$\int_a^b f(x)\mathrm{d}x = \lim_{\varepsilon \to 0+0} \int_a^{c-\varepsilon} f(x)\mathrm{d}x + \lim_{\eta \to 0+0} \int_{c+\eta}^b f(x)\mathrm{d}x.$$

如果上式右端的两个极限中有一个不存在，则称瑕积分发散.

很容易验证瑕积分

$$\int_0^1 \frac{\mathrm{d}x}{\sqrt[3]{(x-t)^2}} \quad (0 < t < 1)$$

是收敛的.

同无穷积分一样，瑕积分也有类似于定积分的牛顿-莱布尼茨公式、积分区间可加性、线性性质、换元公式和分部积分公式.以牛顿-莱布尼茨公式为例，只须把相应的上（下）限取值换成极限值.

例 12 判别下列瑕积分的敛散性；若收敛，求其值.

(1) $\displaystyle\int_0^1 \frac{1}{\sqrt{1-x^2}}\mathrm{d}x$;　　　　(2) $\displaystyle\int_0^1 \ln x\,\mathrm{d}x$.

解　（1）$x=1$ 是瑕点. $\arcsin x$ 是 $\dfrac{1}{\sqrt{1-x^2}}$ 在 $[0,1)$ 上的一个原函数. 由

$$\int_0^1 \frac{1}{\sqrt{1-x^2}}\mathrm{d}x = \arcsin x\,\Big|_0^1 = \lim_{x\to 1-0}\arcsin x - \arcsin 0 = \frac{\pi}{2},$$

即得瑕积分 $\displaystyle\int_0^1 \frac{1}{\sqrt{1-x^2}}\mathrm{d}x$ 收敛, 且 $\displaystyle\int_0^1 \frac{1}{\sqrt{1-x^2}}\mathrm{d}x = \frac{\pi}{2}$.

（2）$x=0$ 是瑕点. 利用分部积分公式, 有

$$\int_0^1 \ln x\,\mathrm{d}x = x\ln x\,\Big|_0^1 - \int_0^1 x\cdot\frac{1}{x}\mathrm{d}x = -\lim_{x\to 0+0}x\ln x - \int_0^1 1\mathrm{d}x = -1.$$

即得瑕积分 $\displaystyle\int_0^1 \ln x\,\mathrm{d}x$ 收敛, 且 $\displaystyle\int_0^1 \ln x\,\mathrm{d}x = -1$.

对于瑕积分的收敛性同样有柯西收敛准则以及种种判别法. 为了简便起见, 我们只就下限是瑕点的瑕积分来叙述, 其他类型的瑕积分完全类似. 此外, 我们将只列出结论, 而略去其证明.

柯西收敛原理　以 a 为瑕点的瑕积分 $\displaystyle\int_a^b f(x)\mathrm{d}x$ 收敛的充要条件是: 任给 $\varepsilon > 0$, 存在 $\delta > 0$, 只要 $0 < \delta_1 < \delta, 0 < \delta_2 < \delta$, 便有

$$\left|\int_{a+\delta_1}^{a+\delta_2} f(x)\mathrm{d}x\right| < \varepsilon.$$

由柯西收敛原理立即推出下列命题.

命题　若瑕积分 $\displaystyle\int_a^b |f(x)|\,\mathrm{d}x$ 收敛, 则 $\displaystyle\int_a^b f(x)\mathrm{d}x$ 也收敛.

与无穷级数或无穷积分相类似, 我们可以对瑕积分来定义绝对收敛与条件收敛的概念.

当被积函数是非负函数时, 瑕积分的收敛性与发散性可以应用比较判别法来判别.

定理 4（比较判别法）　设 $f(x)$ 与 $g(x)$ 在 $(a,b]$ 上有定义, 且 a 是它们的瑕点. 设当 $x\in(a,c)\subset(a,b]$ 时, 有

$$0 \leqslant f(x) \leqslant g(x),$$

则

（1）由 $\displaystyle\int_a^b g(x)\mathrm{d}x$ 收敛可推出 $\displaystyle\int_a^b f(x)\mathrm{d}x$ 收敛;

（2）由 $\displaystyle\int_a^b f(x)\mathrm{d}x$ 发散可推出 $\displaystyle\int_a^b g(x)\mathrm{d}x$ 发散.

与无穷积分类似,比较判别法的极限形式更便于应用.

推论 若 $f(x)$ 及 $g(x)$ 在 $(a,b]$ 上有定义,且 $f(x)\geqslant 0$,$g(x)>0$ 并有

$$\lim_{x\to a+0}\frac{f(x)}{g(x)}=k\quad(k\ 可以为+\infty),$$

则

（1）当 $0\leqslant k<+\infty$ 时,若瑕积分 $\displaystyle\int_a^b g(x)\mathrm{d}x$ 收敛,则 $\displaystyle\int_a^b f(x)\mathrm{d}x$ 收敛;

（2）当 $0<k\leqslant+\infty$ 时,若瑕积分 $\displaystyle\int_a^b g(x)\mathrm{d}x$ 发散,则 $\displaystyle\int_a^b f(x)\mathrm{d}x$ 发散.

例 13 讨论积分

$$\int_0^1\frac{\mathrm{d}x}{\sqrt[3]{1-x^3}}$$

的敛散性.

解 $x=1$ 是瑕点.由于

$$\lim_{x\to 1}\frac{1}{\sqrt[3]{1-x^3}}\bigg/\frac{1}{\sqrt[3]{1-x}}=\lim_{x\to 1}\frac{1}{\sqrt[3]{1+x+x^2}}=\frac{1}{\sqrt[3]{3}},$$

而瑕积分

$$\int_0^1\frac{\mathrm{d}x}{\sqrt[3]{1-x}}=\lim_{\varepsilon\to 0+0}\int_0^{1-\varepsilon}\frac{\mathrm{d}x}{\sqrt[3]{1-x}}=\lim_{\varepsilon\to 0+0}\left[-\frac{3}{2}(\varepsilon^{2/3}-1)\right]=\frac{3}{2},$$

即 $\displaystyle\int_0^1\frac{\mathrm{d}x}{\sqrt[3]{1-x}}$ 收敛,因而所论瑕积分也收敛.

在使用比较判别法时,经常用以比较的是下列典型的瑕积分:

$$\int_a^b\frac{\mathrm{d}x}{(x-a)^p}\quad 或\quad \int_a^b\frac{\mathrm{d}x}{(b-x)^p}\quad(p>0).$$

很容易看出上述瑕积分当 $p\geqslant 1$ 时发散,而 $p<1$ 时收敛.

例 14 讨论 $\displaystyle\int_0^1\frac{1}{\sqrt{x(1-x)}}\mathrm{d}x$ 的敛散性.

解 $x=0,x=1$ 都是瑕点.积分 $\displaystyle\int_0^1\frac{1}{\sqrt{x(1-x)}}\mathrm{d}x$ 收敛当且仅当 $\displaystyle\int_0^{\frac{1}{2}}\frac{1}{\sqrt{x(1-x)}}\mathrm{d}x$ 和 $\displaystyle\int_{\frac{1}{2}}^1\frac{1}{\sqrt{x(1-x)}}\mathrm{d}x$ 都收敛.由于

$$\lim_{x\to 0+0}\frac{1}{\sqrt{x(1-x)}}\bigg/\frac{1}{\sqrt{x}}=\lim_{x\to 0+0}\frac{1}{\sqrt{1-x}}=1,$$

而 $\dfrac{1}{\sqrt{x}} = \dfrac{1}{x^{\frac{1}{2}}}$，$\dfrac{1}{2} < 1$，则 $\displaystyle\int_0^{\frac{1}{2}} \dfrac{1}{\sqrt{x}} \mathrm{d}x$ 收敛.利用比较判别法，$\displaystyle\int_0^{\frac{1}{2}} \dfrac{1}{\sqrt{x(1-x)}} \mathrm{d}x$

收敛,又由于

$$\lim_{x \to 1-0} \frac{1}{\sqrt{x(1-x)}} \bigg/ \frac{1}{\sqrt{1-x}} = \lim_{x \to 1-0} \frac{1}{\sqrt{x}} = 1,$$

而已知 $\displaystyle\int_{\frac{1}{2}}^1 \dfrac{1}{\sqrt{1-x}} \mathrm{d}x$ 收敛,利用比较判别法，$\displaystyle\int_{\frac{1}{2}}^1 \dfrac{1}{\sqrt{x(1-x)}} \mathrm{d}x$ 也收敛,因

而所论瑕积分收敛.

比较判别法可以用来判别被积函数不变号的瑕积分的收敛性或发散性,也可以用来判别绝对收敛的瑕积分.对于非绝对收敛的瑕积分,则应当使用瑕积分的狄利克雷判别法与阿贝尔判别法.

关于瑕积分的狄利克雷判别法与阿贝尔判别法,与无穷积分的情况完全类似.请读者自己将它们叙述成定理的形式.

在结束本节时,我们应当指出,有时会遇到既是无穷积分又是瑕积分的积分,比如:

$$\int_1^{+\infty} \frac{\mathrm{e}^{-x^2}}{(x-1)^p} \mathrm{d}x.$$

这时我们应当将这个积分分作两个积分:

$$\int_1^{+\infty} \frac{\mathrm{e}^{-x^2}}{(x-1)^p} \mathrm{d}x = \int_c^{+\infty} \frac{\mathrm{e}^{-x^2}}{(x-1)^p} \mathrm{d}x + \int_1^c \frac{\mathrm{e}^{-x^2}}{(x-1)^p} \mathrm{d}x$$

(其中 c 是大于 1 的任意数),并把这两个积分分别作为无穷积分与瑕积分来讨论它们的收敛性.只有在无穷积分与瑕积分都收敛时,才能认为原来积分收敛.不难证明上述无穷瑕积分当 $p \geqslant 1$ 时发散,而当 $p < 1$ 时收敛.

有时还会遇到有多个瑕点的无穷瑕积分,例如: $\displaystyle\int_a^{+\infty} f(x) \mathrm{d}x$,其中 $f(x)$ 在 $[a, +\infty)$ 上有两个瑕点 $c_1, c_2 (0 < c_1 < c_2 < +\infty)$,我们取 b 和 B 满足: $a < c_1 < b < c_2 < B < +\infty$,只有在

$$\int_a^{c_1} f(x) \mathrm{d}x, \int_{c_1}^b f(x) \mathrm{d}x, \int_b^{c_2} f(x) \mathrm{d}x, \int_{c_2}^B f(x) \mathrm{d}x \text{ 和 } \int_B^{+\infty} f(x) \mathrm{d}x$$

都收敛时,才能认为 $\displaystyle\int_a^{+\infty} f(x) \mathrm{d}x$ 收敛,并且 $\displaystyle\int_a^{+\infty} f(x) \mathrm{d}x$ 等于上述瑕积分和无穷积分之和.上述瑕积分和无穷积分中只要有一个是发散的,就认为 $\displaystyle\int_a^{+\infty} f(x) \mathrm{d}x$ 是发散的.

例 15 讨论 $\displaystyle\int_0^{+\infty}\dfrac{1}{\sqrt{x}\,|x-1|^{\frac{3}{4}}}\mathrm{d}x$ 的敛散性.

解 $x=0,x=1$ 为瑕点. 考察

$$\int_0^{\frac{1}{2}}\dfrac{1}{\sqrt{x}\,|x-1|^{\frac{3}{4}}}\mathrm{d}x\,,\qquad \int_{\frac{1}{2}}^1\dfrac{1}{\sqrt{x}\,|x-1|^{\frac{3}{4}}}\mathrm{d}x\,,$$

$$\int_1^2\dfrac{1}{\sqrt{x}\,|x-1|^{\frac{3}{4}}}\mathrm{d}x\quad\text{和}\quad \int_2^{+\infty}\dfrac{1}{\sqrt{x}\,|x-1|^{\frac{3}{4}}}\mathrm{d}x.$$

因为

$$\lim_{x\to 0+0}\dfrac{1}{\sqrt{x}\,|x-1|^{\frac{3}{4}}}\Big/\dfrac{1}{\sqrt{x}}=\lim_{x\to 0+0}\dfrac{1}{|x-1|^{\frac{3}{4}}}=1,$$

$$\lim_{x\to 1}\dfrac{1}{\sqrt{x}\,|x-1|^{\frac{3}{4}}}\Big/\dfrac{1}{|x-1|^{\frac{3}{4}}}=\lim_{x\to 1}\dfrac{1}{\sqrt{x}}=1,$$

而

$$\int_0^{\frac{1}{2}}\dfrac{1}{\sqrt{x}}\mathrm{d}x\,,\quad \int_{\frac{1}{2}}^1\dfrac{1}{|x-1|^{\frac{3}{4}}}\mathrm{d}x\quad\text{和}\quad \int_1^2\dfrac{1}{|x-1|^{\frac{3}{4}}}\mathrm{d}x$$

都收敛,所以

$$\int_0^{\frac{1}{2}}\dfrac{1}{\sqrt{x}\,|x-1|^{\frac{3}{4}}}\mathrm{d}x\,,\quad \int_{\frac{1}{2}}^1\dfrac{1}{\sqrt{x}\,|x-1|^{\frac{3}{4}}}\mathrm{d}x\quad\text{和}\quad \int_1^2\dfrac{1}{\sqrt{x}\,|x-1|^{\frac{3}{4}}}\mathrm{d}x$$

都收敛,又

$$\lim_{x\to +\infty}\dfrac{1}{\sqrt{x}\,|x-1|^{\frac{3}{4}}}\Big/\dfrac{1}{x^{\frac{1}{2}+\frac{3}{4}}}=\lim_{x\to +\infty}\dfrac{1}{\left(1-\frac{1}{x}\right)^{\frac{3}{4}}}=1,$$

而 $\dfrac{1}{2}+\dfrac{3}{4}=\dfrac{5}{4}>1$,故 $\displaystyle\int_2^{+\infty}\dfrac{1}{x^{\frac{5}{4}}}\mathrm{d}x$ 收敛.利用无穷积分的比较判别法,积分

$\displaystyle\int_2^{+\infty}\dfrac{1}{\sqrt{x}\,|x-1|^{\frac{3}{4}}}\mathrm{d}x$ 收敛,因而所论广义积分收敛.

习 题 11.1

1. 判别下列广义积分的敛散性;若收敛,求出其值:

(1) $\displaystyle\int_0^{+\infty}x\,\mathrm{e}^{-x}\mathrm{d}x$;　　　(2) $\displaystyle\int_0^{+\infty}\dfrac{\mathrm{d}x}{(x+1)(x+2)}$;

(3) $\dfrac{1}{\sigma\sqrt{2\pi}}\displaystyle\int_{-\infty}^{+\infty}\mathrm{e}^{-\frac{(x-a)^2}{2\sigma^2}}\mathrm{d}x\quad(\sigma>0)$;

(4) $\displaystyle\int_0^{+\infty}\frac{1+x^2}{1+x^4}\mathrm{d}x$ $\left(提示:做变换\ u=x-\frac{1}{x}\right)$;

(5) $\displaystyle\int_0^{+\infty}x\sin x\,\mathrm{d}x$;   (6) $\displaystyle\int_4^{+\infty}\frac{\mathrm{d}x}{x\sqrt{x-1}}$;

(7) $\displaystyle\int_0^{+\infty}\frac{\arctan x}{(1+x^2)^{3/2}}\mathrm{d}x$;   (8) $\displaystyle\int_{-\infty}^{+\infty}\frac{\mathrm{d}x}{x^2+2x+2}$;

(9) $\displaystyle\int_0^{+\infty}\mathrm{e}^{-x}\cos x\,\mathrm{d}x$;   (10) $\displaystyle\int_{-1}^{1}\frac{\mathrm{d}x}{\sqrt{1-x^2}}$;

(11) $\displaystyle\int_0^{1/2}\frac{\mathrm{d}x}{x\ln x}$;   (12) $\displaystyle\int_0^{1/2}\frac{\mathrm{d}x}{x\ln^2 x}$;

(13) $\displaystyle\int_0^{+\infty}\frac{\mathrm{d}x}{1+x^4}$ $\Bigg(提示:令\ x=\frac{1}{t},则原式=\int_0^{+\infty}\frac{t^2}{1+t^4}\mathrm{d}t,由此可推出$

$$原式=\frac{1}{2}\int_0^{+\infty}\frac{1+t^2}{1+t^4}\mathrm{d}t.$$

再用第(4)小题的结果$\Bigg)$.

2. 证明下列各式($\sigma>0$):

(1) $\displaystyle\frac{1}{\sigma\sqrt{2\pi}}\int_{-\infty}^{+\infty}(x-a)^2\mathrm{e}^{-\frac{(x-a)^2}{2\sigma^2}}\mathrm{d}x=\sigma^2$;

(2) $\displaystyle\frac{1}{\sigma\sqrt{2\pi}}\int_{-\infty}^{+\infty}x\mathrm{e}^{-\frac{(x-a)^2}{2\sigma^2}}\mathrm{d}x=a$.

3. 判断下列积分的敛散性:

(1) $\displaystyle\int_1^{+\infty}\frac{\mathrm{d}x}{x^2+\sqrt[3]{x^4+3}}$;   (2) $\displaystyle\int_2^{+\infty}\frac{\mathrm{d}x}{2x+\sqrt[3]{x^2+1}+6}$;

(3) $\displaystyle\int_0^2\frac{\mathrm{d}x}{\sqrt[3]{x}+3\sqrt[4]{x}+x^3}$;   (4) $\displaystyle\int_0^1\frac{\mathrm{d}x}{\sqrt[3]{1-x^4}}$;

(5) $\displaystyle\int_0^1\frac{\sin x}{x^{3/2}}\mathrm{d}x$;   (6) $\displaystyle\int_0^{+\infty}\frac{\sin x}{x}\mathrm{d}x$;

(7) $\displaystyle\int_1^{+\infty}x^\alpha\mathrm{e}^{-x^2}\mathrm{d}x$ $(\alpha>0)$;   (8) $\displaystyle\int_0^1\frac{\ln x}{1-x}\mathrm{d}x$;

(9) $\displaystyle\int_0^{\pi/2}\frac{\mathrm{d}x}{\sin^2 x\cos^2 x}$;   (10) $\displaystyle\int_0^{+\infty}\frac{\mathrm{d}x}{x^p+x^q}$ $(p\geqslant 0,q\geqslant 0)$.

4. 判别下列积分是绝对收敛还是条件收敛:

(1) $\displaystyle\int_0^{+\infty}\frac{\sqrt{x}\cos x}{x+3}\mathrm{d}x$;   (2) $\displaystyle\int_1^{+\infty}\frac{\cos(3x+2)}{\sqrt{x^3+1}\sqrt[3]{x^2+1}}\mathrm{d}x$.

5. 叙述关于瑕积分的狄利克雷判别法及阿贝尔判别法.

6. 设 $f(x)$ 定义在 $(a,b]$ 上并以 a 为瑕点.试将瑕积分

$$\int_a^b f(x)\mathrm{d}x$$

通过变量替换而化成无穷积分,并证明瑕积分的收敛性等价于该无穷积分的收敛性.

§2　含参变量的正常积分

我们经常遇到被积函数含有参变量的定积分,如

$$\int_0^1 e^{-x^2}\sin\beta x\,\mathrm{d}x \qquad 与 \qquad \int_0^\pi \frac{\sin x}{x^\alpha}\mathrm{d}x,$$

其中 β 与 α 是参变量.显然,这种定积分的值依赖于参变量,并且是参变量的函数.一般说来,我们无法将这种积分表示成参变量的初等函数.然而我们却需要知道这种函数的性质,如是否连续?是否可导?如何求它们的导数与积分?等等.

今后,为方便起见,我们将矩形域

$$R = \{(x,y) \mid a < x < b, c < y < d\}$$

记作 $(a,b)\times(c,d)$,而将闭的矩形域(带边矩形) $\overline{R}$ 记作 $[a,b]\times[c,d]$.设 $u=f(x,y)$ 在 $[a,b]\times[c,d]$ 上是一个连续函数,那么,对于任意一个固定的 $y,c\leqslant y\leqslant d,u=f(x,y)$ 作为 x 的函数是 $[a,b]$ 上的连续函数,从而积分

$$\int_a^b f(x,y)\mathrm{d}x$$

有一个唯一确定的值(依赖于 y).这样,y 到积分值的对应

$$y \mapsto \int_a^b f(x,y)\mathrm{d}x$$

就形成了 $[c,d]$ 上的一个函数.下面给出关于这个函数的连续性、可积性、可微性等定理.

定理 1(连续性)　设二元函数 $f(x,y)$ 在闭矩形域 $\overline{R}:[a,b]\times[c,d]$ 上连续,则参变量积分

$$g(y)=\int_a^b f(x,y)\mathrm{d}x$$

在区间 $[c,d]$ 上连续.

我们不准备给出这个定理的严格的数学证明,而只给出其直观的说明.

我们可以将 $u=f(x,y)$ 视作空间中的一张曲面,它在 Oxy 平面上的投影为 $\overline{R}$,如图 11.3 所示.函数值

$$g(y)=\int_a^b f(x,y)\mathrm{d}x$$

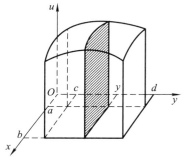

图　11.3

是固定 y 时图中所示截面之面积.当 y 连续变动时,这个截面的面积也在连续变动.

定理 1 说明:当二元函数 $f(x,y)$ 在 $\overline{R}$ 上连续时,$g(y)$ 在 $[c,d]$ 上也连续,也即对任意 $y_0\in[c,d]$,有

$$\lim_{y\to y_0}g(y)=g(y_0),$$

即

$$\lim_{y\to y_0}\int_a^b f(x,y)\mathrm{d}x=\int_a^b f(x,y_0)\mathrm{d}x=\int_a^b\lim_{y\to y_0}f(x,y)\mathrm{d}x.$$

上式表明,在上述条件下可以交换求积分与求极限这两种运算的次序,也即可以在积分号下求极限.

例 1　求 $\displaystyle\lim_{y\to 1}\int_0^1\arctan\frac{x}{y}\mathrm{d}x$.

解　被积函数在闭矩形域:$\{(x,y)\mid 0\leqslant x\leqslant 1,1/2\leqslant y\leqslant 2\}$ 上连续,所以当 $y\in[1/2,2]$ 时可在积分号下求极限,即有

$$\lim_{y\to 1}\int_0^1\arctan\frac{x}{y}\mathrm{d}x=\int_0^1\lim_{y\to 1}\arctan\frac{x}{y}\mathrm{d}x$$

$$=\int_0^1\arctan x\,\mathrm{d}x=\frac{\pi}{4}-\frac{1}{2}\ln 2.$$

这里我们应当提醒读者,积分号下求极限并不总是允许的,它是有条件的.定理 1 告诉我们,被积函数的二元连续是这样做的合理性的一个充分条件.下面的例子说明积分号下取极限并不成立:

$$\lim_{y\to 0}\int_0^1\frac{x}{y^2}\mathrm{e}^{-\frac{x^2}{y^2}}\mathrm{d}x\neq\int_0^1\lim_{y\to 0}\frac{x}{y^2}\mathrm{e}^{-\frac{x^2}{y^2}}\mathrm{d}x.$$

事实上,我们有

$$\lim_{y\to 0}\int_0^1\frac{x}{y^2}\mathrm{e}^{-\frac{x^2}{y^2}}\mathrm{d}x=\lim_{y\to 0}\frac{1}{2}(1-\mathrm{e}^{-\frac{1}{y^2}})=\frac{1}{2},$$

而由洛必达法则可知,对任意固定的 x,我们有

$$\lim_{y\to 0}\frac{x}{y^2}\mathrm{e}^{-\frac{x^2}{y^2}}\xlongequal{t=\frac{1}{y^2}}\lim_{t\to+\infty}\frac{xt}{\mathrm{e}^{tx^2}}=0.$$

从而

$$\int_0^1\lim_{y\to 0}\frac{x}{y^2}\mathrm{e}^{-\frac{x^2}{y^2}}\mathrm{d}x=0.$$

定理 2（可积性）　设二元函数 $f(x,y)$ 在闭矩形域 $\overline{R}:[a,b]\times[c,d]$ 上连续,则函数

$$g(y) = \int_a^b f(x,y)\mathrm{d}x$$

在 $[c,d]$ 上可积,且

$$\int_c^d g(y)\mathrm{d}y = \int_a^b \left(\int_c^d f(x,y)\mathrm{d}y \right) \mathrm{d}x,$$

即

$$\int_c^d \mathrm{d}y \int_a^b f(x,y)\mathrm{d}x = \int_a^b \mathrm{d}x \int_c^d f(x,y)\mathrm{d}y.$$

我们略去其证明.从直观上接受这个结论是容易的:上式两端的积分都等于图 11.3 中曲顶柱体之体积.

定理 2 表明,当 $f(x,y)$ 二元连续时,可以交换积分次序,或者说可在积分号下求积分.交换积分次序有时为计算带来方便.

例 2 求定积分

$$I = \int_0^1 \frac{x^2 - x}{\ln x}\mathrm{d}x.$$

解 这里被积函数在 $x=0$ 及 $x=1$ 处无定义.但由洛必达法则不难得出

$$\lim_{x \to 0+0} \frac{x^2-x}{\ln x} = 0 \quad \text{且} \quad \lim_{x \to 1-0} \frac{x^2-x}{\ln x} = 1.$$

因此,$x=0$ 及 $x=1$ 是被积函数的第一类间断点.经过补充定义后,被积函数在 $[0,1]$ 上是连续的.所以,上述积分仍是正常积分.另外,由

$$\int_1^2 x^y \mathrm{d}y = \frac{1}{\ln x}(x^2 - x) \quad (0 < x < 1)$$

可知

$$I = \int_0^1 \mathrm{d}x \int_1^2 x^y \mathrm{d}y.$$

由于函数 x^y 在 $[0,1] \times [1,2]$ 上是连续函数.故由定理 2 知上述累次积分可以交换次序,即有

$$I = \int_1^2 \mathrm{d}y \int_0^1 x^y \mathrm{d}x = \int_1^2 \frac{\mathrm{d}y}{y+1} = \ln \frac{3}{2}.$$

定理 3(可微性) 设二元函数 $f(x,y)$ 与 $f_y(x,y)$ 都在闭矩形域 $\overline{R}$:$[a,b] \times [c,d]$ 上连续,则函数

$$g(y) = \int_a^b f(x,y)\mathrm{d}x$$

在区间 $[c,d]$ 上可微,且

$$g'(y) = \int_a^b f_y(x,y)\mathrm{d}x,$$

即

$$\frac{\mathrm{d}}{\mathrm{d}y}\int_a^b f(x,y)\mathrm{d}x = \int_a^b f_y(x,y)\mathrm{d}x.$$

上式表明,在定理 3 的条件下,可以在积分号下求微商.

证　根据本定理中的假定,我们有

$$g(y) = \int_a^b f(x,y)\mathrm{d}x$$

$$= \int_a^b [f(x,y) - f(x,c)]\mathrm{d}x + \int_a^b f(x,c)\mathrm{d}x$$

$$= \int_a^b \mathrm{d}x \int_c^y f_y(x,t)\mathrm{d}t + \int_a^b f(x,c)\mathrm{d}x.$$

由于 $f_y(x,t)$ 在 $[a,b]\times[c,y]$ 上的连续性,上式中关于 t 及 x 的累次积分可以交换次序.于是我们又有

$$g(y) = \int_c^y \mathrm{d}t \int_a^b f_y(x,t)\mathrm{d}x + \int_a^b f(x,c)\mathrm{d}x.$$

令 $h(t) = \int_a^b f_y(x,t)\mathrm{d}x$,根据定理 1 及 $f_y(x,t)$ 的连续性可知,$h(t)$ 在区间 $[c,d]$ 上连续.因此,变上限定积分 $\int_c^y h(t)\mathrm{d}t$ 可导,且

$$g'(y) = \frac{\mathrm{d}}{\mathrm{d}y}\int_c^y h(t)\mathrm{d}t = h(y) = \int_a^b f_y(x,y)\mathrm{d}x.$$

证毕.

这个定理 3 为某些定积分的计算提供了途径.下边的例子表明了这一点.

例 3　求积分

$$I(r) = \int_0^\pi \ln(1 - 2r\cos x + r^2)\mathrm{d}x \quad (|r| < 1).$$

解　不难看出,当 $|r| < 1$ 时 $\left|\dfrac{1+r^2}{2r}\right| > 1$,因而 $1 - 2r\cos x + r^2 > 0$,即被积函数当 $0 \leqslant x \leqslant \pi, -1 < r < 1$ 时有定义.

为求积分 $I(r)$,我们先求其导函数.对任意取定的 $r \in (-1,1)$,我们取正数 q 使得:$|r| < q < 1$.显然函数 $\ln(1 - 2r\cos x + r^2)$ 及其导函数

$$\frac{\partial}{\partial r}\ln(1 - 2r\cos x + r^2) = \frac{-2\cos x + 2r}{1 - 2r\cos x + r^2}$$

均在闭矩形域 $[0,\pi]\times[-q,q]$ 上连续.由定理 3,有

$$I'(r) = \int_0^\pi \frac{-2\cos x + 2r}{1 - 2r\cos x + r^2}\mathrm{d}x$$

$$= \int_0^\pi \frac{1}{r}\left(1 + \frac{r^2-1}{1-2r\cos x + r^2}\right)\mathrm{d}x$$

$$= \frac{\pi}{r} + \frac{r^2-1}{r}\int_0^\pi \frac{\mathrm{d}x}{1-2r\cos x + r^2}.$$

令 $t = \tan\dfrac{x}{2}$，则

$$\int_0^\pi \frac{\mathrm{d}x}{1-2r\cos x + r^2} = \int_0^{+\infty}\frac{2\mathrm{d}t}{(1+r)^2 t^2 + (1-r)^2}$$

$$= \frac{2}{(1+r)^2}\cdot\frac{1+r}{1-r}\arctan\frac{1+r}{1-r}t\,\Big|_0^{+\infty} = \frac{\pi}{1-r^2}.$$

代入上式，得 $I'(r)=0$.

由于 r 为 $(-1,1)$ 中任意选定的一点，以上说明

$$I'(r)\equiv 0, \quad -1 < r < 1.$$

由此知，当 $r\in(-1,1)$ 时，$I(r)\equiv$ 常数.又不难由定义看出 $I(0)=0$，因而

$$I(r)\equiv 0, \quad 当 -1 < r < 1 时.$$

以上讨论的积分，其积分上、下限都是常数.有时还会遇到积分上、下限也是参变量的函数的情况，即考虑含参变量的积分

$$g(y) = \int_{u(y)}^{v(y)} f(x,y)\mathrm{d}x.$$

对于这类参变量积分也有相应的性质：

若 $f(x,y)$ 在 $[a,b]\times[c,d]$ 上连续，又函数 $u(y)$ 及 $v(y)$ 在 $[c,d]$ 上也连续，它们的值域包含于 $[a,b]$ 之内，则上述积分 $g(y)$ 在 $[c,d]$ 上也连续.

若 $f(x,y)$ 及 $f_y(x,y)$ 在 $[a,b]\times[c,d]$ 上均连续，且 $u(y)$ 与 $v(y)$ 在 $[c,d]$ 上可导，并且 $u(y)$ 与 $v(y)$ 的值域包含于 $[a,b]$ 之中，则上述积分 $g(y)$ 在 $[c,d]$ 上可导，并有

$$g'(y) = \int_{u(y)}^{v(y)} f_y(x,y)\mathrm{d}x + f(v(y),y)v'(y) - f(u(y),y)u'(y).$$

这些结论是容易证明与理解的.事实上，我们引入函数

$$F(u,v,y) = \int_u^v f(x,y)\mathrm{d}x,$$

并将 $g(y)$ 看作复合函数：$g(y) = F(u(y),v(y),y)$. 很容易证明 $F(u,v,y)$ 是 (u,v,y) 的三元连续函数（在 $f(x,y)$ 连续的条件下），并且有

$$\frac{\partial}{\partial u}F(u,v,y) = -f(u,y),$$

$$\frac{\partial}{\partial v}F(u,v,y)=f(v,y),$$

在 $f_y(x,y)$ 连续的条件下,我们又有

$$\frac{\partial}{\partial y}F(u,v,y)=\int_u^v f_y(x,y)\mathrm{d}x.$$

将这些等式代入链规则公式:

$$g'(y)=\frac{\partial F}{\partial u}u'(y)+\frac{\partial F}{\partial v}v'(y)+\frac{\partial F}{\partial y},$$

即得到前面关于 $g'(y)$ 的公式.

例 4   设

$$g(y)=\int_{2y}^{y^2}\mathrm{e}^{-yx^2}\mathrm{d}x,\quad -\infty<y<+\infty.$$

求 $g'(y)$.

解   因为 e^{-yx^2} 及 $\dfrac{\partial}{\partial y}(\mathrm{e}^{-yx^2})=-x^2\mathrm{e}^{-yx^2}$ 在全平面上连续,$2y$ 及 y^2 在

$(-\infty,+\infty)$ 上可导,所以

$$g'(y)=-\int_{2y}^{y^2}x^2\mathrm{e}^{-yx^2}\mathrm{d}x+2y\mathrm{e}^{-y^5}-2\mathrm{e}^{-4y^3},\quad -\infty<y<+\infty.$$

例 5   设 $f(x)$ 是 **R** 上的连续函数,构造

$$F(x)=\frac{1}{h^2}\int_0^h\mathrm{d}\xi\int_0^h f(x+\xi+\eta)\mathrm{d}\eta,$$

其中 h 是常数,求 $F''(x)$.

解   不能直接使用积分号下求导,因为不满足定理 3 的条件,只知道被积函数 $f(x+s+t)$ 的连续性. 我们先做变量替换,变成变限积分.对内层积分,令 $t=x+\xi+\eta$,则有

$$\int_0^h f(x+\xi+\eta)\mathrm{d}\eta=\int_{x+\xi}^{x+\xi+h}f(t)\mathrm{d}t.$$

这个变限积分可导,此时

$$F(x)=\frac{1}{h^2}\int_0^h\left(\int_{x+\xi}^{x+\xi+h}f(t)\mathrm{d}t\right)\mathrm{d}\xi,$$

利用定理 3,

$$F'(x)=\frac{1}{h^2}\int_0^h\left[f(x+\xi+h)-f(x+\xi)\right]\mathrm{d}\xi$$

$$=\frac{1}{h^2}\int_0^h f(x+\xi+h)\mathrm{d}\xi-\frac{1}{h^2}\int_0^h f(x+\xi)\mathrm{d}\xi.$$

同理,再分别做变量替换,第一个积分令 $t=x+\xi+h$,第二个积分令 $t=x+\xi$,则有

$$F'(x)=\frac{1}{h^2}\int_{x+h}^{x+2h}f(t)\mathrm{d}t-\frac{1}{h^2}\int_x^{x+h}f(t)\mathrm{d}t,$$

再求导得到

$$F''(x)=\frac{1}{h^2}[f(x+2h)-f(x+h)]-\frac{1}{h^2}[f(x+h)-f(x)]$$

$$=\frac{1}{h^2}[f(x+2h)-2f(x+h)+f(x)].$$

习　题　11.2

1. 求下列函数的极限:

(1) $\lim\limits_{k\to 0}\int_0^{\pi/2}\dfrac{\mathrm{d}\varphi}{\sqrt{1-k^2\sin^2\varphi}}$;　　　(2) $\lim\limits_{k\to 1-0}\int_0^{\pi/2}\sqrt{1-k^2\sin^2\varphi}\ \mathrm{d}\varphi$;

(3) $\lim\limits_{a\to 0}\int_a^{a+\pi/2}\dfrac{\sin^2 x}{4+ax^2}\mathrm{d}x$;　　　(4) $\lim\limits_{a\to 0}\int_0^{1+a}\dfrac{\mathrm{d}x}{1+x^2+a^2}$;

(5) $\lim\limits_{y\to 0}\int_0^1\dfrac{\mathrm{e}^x\sin xy}{y+1}\mathrm{d}x$.

2. 求下列函数的导函数:

(1) $g(y)=\int_{a-ky}^{a+ky}f(x)\mathrm{d}x$,　　其中 $f(x)$ 在$(-\infty,+\infty)$上连续;

(2) $g(y)=\int_{\sin y}^{\cos y}\mathrm{e}^{y\sqrt{1-x^2}}\mathrm{d}x$,　$0\leqslant y\leqslant\dfrac{\pi}{2}$;

(3) $g(y)=\int_0^y\dfrac{\ln(1+xy)}{x}\mathrm{d}x$,　$0<y<+\infty$;

(4) $g(y)=\int_0^{y^2}\sin(x^2+y^2)\mathrm{d}x$,　$-\infty<y<+\infty$.

3. 利用积分号下求导数的方法求下列积分:

(1) $g(\alpha)=\int_0^{\pi/2}\dfrac{\arctan(\alpha\tan x)}{\tan x}\mathrm{d}x$,　$-\infty<a<+\infty$　(提示:先求 $g'(\alpha)$);

(2) $g(a)=\int_0^{\pi/2}\ln\dfrac{1+a\cos x}{1-a\cos x}\cdot\dfrac{\mathrm{d}x}{\cos x}$,　$-1<a<1$;

(3) $I(a)=\int_0^{\pi/2}\ln(a^2\sin^2 x+\cos^2 x)\mathrm{d}x$,　$a\neq 0$.

4*. 求积分 $\int_0^1\dfrac{\arctan x}{x\sqrt{1-x^2}}\mathrm{d}x$　$\left(\text{提示：}\dfrac{\arctan x}{x}=\int_0^1\dfrac{\mathrm{d}y}{1+x^2y^2}\right)$.

5*. 设 $f(x)$ 在$[a,b]$上连续.证明:对任意一点 $c,a<c<b$,成立下列等式:

$$\lim\limits_{h\to 0}\frac{1}{h}\int_a^c[f(t+h)-f(t)]\mathrm{d}t=f(c)-f(a)$$

$$\left(\text{提示：利用} \int_a^c f(t+h)\mathrm{d}t = \int_{a+h}^{c+h} f(t)\mathrm{d}t\right).$$

§3 含参变量的广义积分

1. 含参变量的无穷积分

设二元函数 $f(x,y)$ 在 $a \leqslant x < +\infty, c \leqslant y \leqslant d$ 上有定义. 若对 $[c,d]$ 中任意取定的一个 y，无穷积分

$$\int_a^{+\infty} f(x,y)\mathrm{d}x$$

都收敛 $\left(\text{这时称无穷积分} \int_a^{+\infty} f(x,y)\mathrm{d}x \text{ 在} [c,d] \text{上**点点收敛**}\right)$，这样就在 $[c,d]$ 上确定了一个函数

$$g(y) = \int_a^{+\infty} f(x,y)\mathrm{d}x, \quad c \leqslant y \leqslant d,$$

上式称为**含参变量的无穷积分**.

与含参变量的正常积分相比，讨论上述含参变量的无穷积分对参数的连续性、可积性及可微性等问题时，情况要复杂得多. 我们先看一个例子：

$$g(\alpha) = \int_0^{+\infty} \frac{\sin\alpha x}{x}\mathrm{d}x.$$

显然，当 $\alpha = 0$ 时上述积分为 0，也即 $g(0) = 0$. 但对任意 $\alpha \neq 0$，很容易看出

$$g(\alpha) = \int_0^{+\infty} \frac{\sin\alpha x}{\alpha x}\mathrm{d}\alpha x = \mathrm{sgn}\alpha \cdot \int_0^{+\infty} \frac{\sin t}{t}\mathrm{d}t.$$

以后我们将计算得出

$$\int_0^{+\infty} \frac{\sin t}{t}\mathrm{d}t = \frac{\pi}{2}.$$

这就是说，$g(\alpha)$ 是一个在点 $\alpha = 0$ 处不连续的函数. 但是，被积函数是 α 的连续函数.

为什么会有这种现象呢？其原因在于无穷积分的收敛有一个一致性的问题. 不一致收敛的无穷积分有可能导致这种现象，正像函数项级数的情况那样：非一致收敛的函数项级数，其和函数有可能不连续，尽管其每一项都是连续的.

现在我们来讨论含参变量无穷积分的一致收敛的概念.

我们说，含参变量的无穷积分

$$g(y) = \int_a^{+\infty} f(x,y)\mathrm{d}x$$

在一点 $y=y_0$ 收敛,是指极限 $\lim\limits_{A\to+\infty}\int_a^A f(x,y_0)\mathrm{d}x$ 存在. 我们将极限

$\lim\limits_{A\to+\infty}\int_a^A f(x,y_0)\mathrm{d}x$ 的值记作 $\int_a^{+\infty} f(x,y_0)\mathrm{d}x=g(y_0)$. 用 ε-N 的语言来叙

述,上述无穷积分在 $y=y_0$ 收敛是指:对于任意给定的 $\varepsilon>0$,都存在一个
N,使得当 $A>N$ 时,

$$\left|\int_a^A f(x,y_0)\mathrm{d}x-g(y_0)\right|<\varepsilon.$$

一般说来,这里 N 不仅依赖于 ε,而且与 y_0 有关.

当我们不只考虑一点 $y=y_0$,而是考虑 y 在一个区间 Y 上变动时,能
不能对任意给定的 $\varepsilon>0$,取到一个不依赖于参变量 y 的 N,使得当 $A>N$
时不等式

$$\left|\int_a^A f(x,y)\mathrm{d}x-g(y)\right|<\varepsilon$$

对于一切 $y\in Y$ 都成立呢?

为了更具体地理解这一问题,我们先看两个例子.

我们讨论含参变量的无穷积分

$$I(\alpha)=\int_0^{+\infty}\mathrm{e}^{-(\alpha+1)x}\sin x\,\mathrm{d}x,$$

其中 α 在 $[0,1]$ 中取值.显然,对于任意的 $\alpha\in[0,1]$ 上述积分都收敛,并且
我们有下列估计式:当 $\alpha\in[0,1]$ 时,

$$\left|\int_0^A\mathrm{e}^{-(\alpha+1)x}\sin x\,\mathrm{d}x-I(\alpha)\right|=\left|\int_A^{+\infty}\mathrm{e}^{-(\alpha+1)x}\sin x\,\mathrm{d}x\right|$$

$$\leqslant\int_A^{+\infty}\left|\mathrm{e}^{-(\alpha+1)x}\sin x\right|\mathrm{d}x\leqslant\int_A^{+\infty}\mathrm{e}^{-x}\mathrm{d}x=\mathrm{e}^{-A}.$$

因此,对于任意的 $\varepsilon>0$(不妨设 $\varepsilon<1$),取 $N=1+\ln\dfrac{1}{\varepsilon}$,那么当 $A>N$ 时不

等式

$$\left|\int_0^A\mathrm{e}^{-(\alpha+1)x}\sin x\,\mathrm{d}x-I(\alpha)\right|<\varepsilon$$

对于一切 $\alpha\in[0,1]$ 都成立.这里的 N 只依赖于 ε,而与参变量 α 无关.因此,
上述问题的回答对这个例子而言是肯定的.下面我们来看一个回答是否定
的例子.

我们考虑无穷积分

$$g(t)=\int_0^{+\infty}t^2\mathrm{e}^{-t^2 x}\,\mathrm{d}x,$$

其中 $t \in (0,1)$. 显然，对于任意的 $t \in (0,1)$ 上述积分均收敛. 现在

$$\left| \int_0^A t^2 \mathrm{e}^{-t^2 x} \,\mathrm{d}x - g(t) \right| = \left| \int_A^{+\infty} t^2 \mathrm{e}^{-t^2 x} \,\mathrm{d}x \right| = \mathrm{e}^{-t^2 A},$$

当 $t = \dfrac{1}{\sqrt{A}}$ 时上式等于 e^{-1}. 因此，只要取 $\varepsilon < \mathrm{e}^{-1}$ 时，不论 N 取多么大，对于 $A > N$，总存在点 $t_0 = \dfrac{1}{\sqrt{A}} \in (0,1)$，使

$$\left| \int_0^A t_0^2 \mathrm{e}^{-t^2 x} \,\mathrm{d}x - g(t_0) \right| = \mathrm{e}^{-1} > \varepsilon.$$

这也就是说，不存在公共的 N，使当 $A > N$ 时，$\left| \int_0^A t^2 \mathrm{e}^{-t^2 x} \,\mathrm{d}x - g(t) \right| < \varepsilon$ 对一切 $t \in (0,1)$ 成立.

有了上述两个具体例子，我们就可以引入关于含参变量无穷积分一致收敛的概念了.

定义 1　设无穷积分

$$g(y) = \int_a^{+\infty} f(x,y) \,\mathrm{d}x$$

对于区间 Y 中的一切 y 都收敛（这里 Y 可以是开区间、闭区间，或半开半闭的区间；也可以是无穷区间）. 若对任给 $\varepsilon > 0$，存在一个与 y 无关的实数 $N > a$，使当 $A > N$ 时，对一切 $y \in Y$，都有

$$\left| \int_A^{+\infty} f(x,y) \,\mathrm{d}x \right| < \varepsilon,$$

则称含参变量的无穷积分 $\displaystyle\int_a^{+\infty} f(x,y) \,\mathrm{d}x$ 在 Y 上**一致收敛**.

现在，我们讨论一致收敛的几何意义.

由于定义 1 中的不等式，即

$$\left| \int_a^A f(x,y) \,\mathrm{d}x - g(y) \right| < \varepsilon,$$

故含参变量的无穷积分在 $[c,d]$ 上一致收敛的几何意义是：对任给 $\varepsilon > 0$，存在实数 $N > a$，使当 $A > N$ 时，整条曲线

$$g_A(y) = \int_a^A f(x,y) \,\mathrm{d}x, \quad c \leqslant y \leqslant d$$

都夹在两曲线 $h_1(y) = g(y) + \varepsilon$ 与 $h_2(y) = g(y) - \varepsilon$ 之间（见图 11.4）.

根据上述定义，我们立即得到关于不一致收敛的充分条件：

命题　设含参变量的无穷积分 $\displaystyle\int_a^{+\infty} f(x,y) \,\mathrm{d}x$ 在 Y 上点点收敛. 若存

在常数 $l > 0$,不论 N 多么大,总存在 $A > N$ 及 $y_A \in Y$,使

$$\left| \int_A^{+\infty} f(x, y_A) \mathrm{d}x \right| > l,$$

则无穷积分在 Y 上不一致收敛.

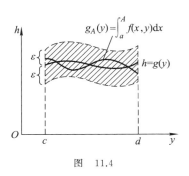

图　11.4

这一命题也有其极限形式:若对于任意取定的 A,当 $y \in Y$ 趋向于某一值 y_0 时有极限

$$\lim_{y \to y_0} \int_A^{+\infty} f(x, y) \mathrm{d}x = k \neq 0,$$

其中 k 是一个与 A 无关的常数,则积分

$$\int_a^{+\infty} f(x, y) \mathrm{d}x$$

在 Y 上不一致收敛.

下面我们讨论含参变量的无穷积分一致收敛的判别法.首先列出其柯西收敛准则.

柯西收敛准则　$\int_a^{+\infty} f(x, y) \mathrm{d}x$ 在区间 Y 上一致收敛的充要条件是:对任给 $\varepsilon > 0$,存在与 y 无关的实数 N,使当 $A > N, A' > N$ 时,对一切 $y \in Y$,都有

$$\left| \int_A^{A'} f(x, y) \mathrm{d}x \right| < \varepsilon.$$

利用柯西收敛准则,不难证明下列定理 1(也称 M 判别法).

定理 1　设当 $y \in Y$ 时,对任意 $A > a$,函数 $f(x, y)$ 关于 x 在区间 $[a, A]$ 上是可积的.又当 $x \geqslant a$ 时,对一切 $y \in Y$,有

$$|f(x, y)| \leqslant \varphi(x),$$

且无穷积分 $\int_0^{+\infty} \varphi(x) \mathrm{d}x$ 收敛,则含参变量的积分

$$\int_a^{+\infty} f(x, y) \mathrm{d}x$$

在 Y 上一致收敛.

证明是容易的.根据定理条件,对于任意的 $a < A < A'$,我们有

$$\left| \int_A^{A'} f(x, y) \mathrm{d}x \right| \leqslant \int_A^{A'} |f(x, y)| \mathrm{d}x \leqslant \int_A^{A'} \varphi(x) \mathrm{d}x, \quad \forall y \in Y.$$

再由积分 $\int_a^{+\infty} \varphi(x) \mathrm{d}x$ 的收敛性,立即推出对任给的 $\varepsilon > 0$,存在一个 $N > a$

使得当 $A>N, A'>N$ 时

$$\left|\int_A^{A'} \varphi(x)\mathrm{d}x\right| < \varepsilon.$$

这样, 当 $A>N, A'>N$ 时就有

$$\left|\int_A^{A'} f(x,y)\mathrm{d}x\right| < \varepsilon, \quad \forall y \in Y.$$

注意到 N 的选取只依赖于 ε, 而与参变量 y 无关, 由柯西收敛准则即推出本定理.

例 1 证明: 当 $p>1$ 时, 积分

$$g(y) = \int_1^{+\infty} \frac{\sin xy}{x^p}\mathrm{d}x$$

在 $(-\infty, +\infty)$ 上一致收敛.

证 事实上, 我们有下列估计式:

$$\left|\frac{\sin xy}{x^p}\right| \leqslant \frac{1}{x^p}, \quad \forall x>0, y \in (-\infty, +\infty).$$

而积分 $\int_1^{+\infty} \dfrac{\mathrm{d}x}{x^p}$ 在 $p>1$ 时收敛, 故 $g(y)$ 在 $(-\infty, +\infty)$ 上一致收敛. 证毕.

例 2 考虑积分

$$J(t) = \int_0^{+\infty} \sqrt{t}\,\mathrm{e}^{-tx^2}\mathrm{d}x, \quad 0 \leqslant t < +\infty.$$

证明: (1) $J(t)$ 在区间 $[c,d]$ 上一致收敛, 其中 $0<c<d$;

(2) $J(t)$ 在区间 $[0,d]$ 上不一致收敛.

证 (1) 当 $c \leqslant t \leqslant d$ 时, 由于 $\sqrt{t}\,\mathrm{e}^{-tx^2}$ 关于 x 连续, 所以它在任意区间 $[0,A]$ 上关于 x 是可积的, 即定积分 $\int_0^A \sqrt{t}\,\mathrm{e}^{-tx^2}\mathrm{d}x$ 存在. 又这时

$$\left|\sqrt{t}\,\mathrm{e}^{-tx^2}\right| \leqslant \sqrt{d}\,\mathrm{e}^{-cx^2},$$

而无穷积分 $\int_0^{+\infty} \sqrt{d}\,\mathrm{e}^{-cx^2}\mathrm{d}x$ 是收敛的. 因此 $J(t)$ 在 $[c,d]$ 上一致收敛.

(2) 当 $0 \leqslant t \leqslant d$ 时, 对任意取定的 $A>0$, 有

$$\left|\int_A^{+\infty} \sqrt{t}\,\mathrm{e}^{-tx^2}\mathrm{d}x\right| = \int_A^{+\infty} \sqrt{t}\,\mathrm{e}^{-tx^2}\mathrm{d}x \xrightarrow{u = \sqrt{t}x} \int_{\sqrt{t}A}^{+\infty} \mathrm{e}^{-u^2}\mathrm{d}u$$

$$\to \int_0^{+\infty} \mathrm{e}^{-u^2}\mathrm{d}u = \frac{\sqrt{\pi}}{2}, \quad t \to 0 \text{ 时.}$$

这样, $J(t)$ 在 $[0,d]$ 上不一致收敛. 证毕.

上述判别法只能用来判别绝对一致收敛的无穷积分. 对于非绝对一致

收敛的无穷积分,我们则需要狄利克雷判别法及阿贝尔判别法.

定理2(狄利克雷判别法) 若两函数 $f(x,y)$ 与 $g(x,y)$ 满足:

(1) 当 x 充分大后 $g(x,y)$ 是 x 的单调函数($y \in Y$),且当 $x \to +\infty$ 时,对 $y \in Y$,$g(x,y)$ 一致趋于 0;

(2) 对任意 $A > a$,积分 $\int_a^A f(x,y)\mathrm{d}x$ 存在且对 $y \in Y$ 一致有界,即存在常数 M,使对任意 $A > a$ 及一切 $y \in Y$,都有

$$\left| \int_a^A f(x,y)\mathrm{d}x \right| \leqslant M.$$

则含参变量的无穷积分

$$\int_a^{+\infty} f(x,y)g(x,y)\mathrm{d}x$$

在 Y 上一致收敛.

证明从略.

定理3(阿贝尔判别法) 若两函数 $f(x,y)$ 与 $g(x,y)$ 满足:

(1) 当 x 充分大后 $g(x,y)$ 关于 x 单调($y \in Y$),且对 y 一致有界,即存在常数 M,使当 $x \in [A_0, +\infty)$,$y \in Y$ 时,有

$$| g(x,y) | \leqslant M,$$

(2) $\int_a^{+\infty} f(x,y)\mathrm{d}x$ 在 Y 上一致收敛,

则无穷积分 $\int_a^{+\infty} f(x,y)g(x,y)\mathrm{d}x$ 在 Y 上一致收敛.

证明从略.

例3 证明:积分

$$\int_0^{+\infty} \mathrm{e}^{-tx} \frac{\sin x}{x} \mathrm{d}x, \quad 0 \leqslant t \leqslant d$$

在区间 $[0,d]$ 上一致收敛.

证 这里被积函数虽然在 $x=0$ 处无定义,但对任意 $t \in [0,d]$,

$$\lim_{x \to 0+0} \frac{\mathrm{e}^{-tx}\sin x}{x} = 1,$$

即 $x=0$ 是被积函数的第一类间断点.因而函数在任意区间 $[0,A]$ 上可积,$x=0$ 不是瑕点.

令 $f(x,t) = \dfrac{\sin x}{x}$,$g(x,t) = \mathrm{e}^{-tx}$.显然 $g(x,t)$ 关于 x 是单调的,且

$$| g(x,t) | \leqslant 1, \quad \text{当 } 0 \leqslant x < +\infty, 0 \leqslant t \leqslant d \text{ 时,}$$

即 $g(x,t)$ 对 t 一致有界；又积分 $\int_0^{+\infty}\dfrac{\sin x}{x}\mathrm{d}x$ 的收敛性（见本章 §1）意味着 $\int_0^{+\infty}f(x,t)\mathrm{d}x$ 的一致收敛性. 由阿贝尔判别法，即得所论无穷积分在区间 $[0,d]$ 上一致收敛. 证毕.

例 4　证明：$I(y)=\displaystyle\int_0^{+\infty}\dfrac{\sin xy}{x}\mathrm{d}x$ 在 $[a,b]\ (a>0)$ 上一致收敛，但 $I(y)$ 在 $(0,+\infty)$ 上不一致收敛.

证　对任意的 $y\in(0,+\infty)$，

$$\lim_{x\to 0+0}\frac{\sin xy}{x}=y,$$

因而被积函数在任意区间 $[0,A]$ 上可积，$x=0$ 不是瑕点.

令 $g(x,y)=\dfrac{1}{x}$，$f(x,y)=\sin xy$，对任意的 $A>0$ 及 $y\in[a,b]$，

$$\left|\int_0^A\sin xy\,\mathrm{d}x\right|=\left|-\frac{1}{y}\cos xy\right|\Big|_{x=0}^A=\left|\frac{1}{y}(1-\cos Ay)\right|\leqslant\frac{2}{a}.$$

因此，$\displaystyle\int_0^A\sin xy\,\mathrm{d}x$ 对 $y\in[a,b]$ 一致有界. 另外，$g(x,y)$ 关于 x 单调下降，且当 $x\to+\infty$ 时趋于 0. 由于 $g(x,y)$ 与 y 无关，因而当 $x\to+\infty$ 时，它关于 $y\in[a,b]$ 一致趋于 0. 根据狄利克雷判别法，$\displaystyle\int_0^{+\infty}\dfrac{\sin xy}{x}\mathrm{d}x$ 关于 y 在区间 $[a,b]$ 上一致收敛.

下面证明 $\displaystyle\int_0^{+\infty}\dfrac{\sin xy}{x}\mathrm{d}x$ 在 $(0,+\infty)$ 上不一致收敛.

用反证法. 假定 $\displaystyle\int_0^{+\infty}\dfrac{\sin xy}{x}\mathrm{d}x$ 在 $(0,+\infty)$ 上一致收敛. 根据柯西收敛准则，对任给的 $\varepsilon>0$，存在与 y 无关的实数 N，使得当 $A>N$，$P\geqslant 0$ 时，对一切 $y\in(0,+\infty)$，

$$\left|\int_A^{A+P}\frac{\sin xy}{x}\mathrm{d}x\right|<\varepsilon.$$

令 $xy=t$，则有

$$\left|\int_{Ay}^{(A+P)y}\frac{\sin t}{t}\mathrm{d}t\right|<\varepsilon.$$

特别地，取 $y=A^{-1}$，$P=A$，

$$\left|\int_{Ay}^{(A+P)y}\frac{\sin t}{t}\mathrm{d}t\right|=\left|\int_1^2\frac{\sin t}{t}\mathrm{d}t\right|<\varepsilon.$$

然而,积分 $\int_1^2 \dfrac{\sin t}{t}\mathrm{d}t$ 是一个固定的正数,它不可能小于任意正数 ε.这一矛盾表明 $\int_0^{+\infty}\dfrac{\sin xy}{x}\mathrm{d}x$ 不可能在 $(0,+\infty)$ 上一致收敛.证毕.

下面考虑含参变量的无穷积分的性质,与函数项级数类似,这里一致收敛性起了关键性的作用.

定理 4　设函数 $f(x,y)$ 在区域 $[a,+\infty)\times[c,d]$ 上连续,且积分

$$g(y)=\int_a^{+\infty}f(x,y)\mathrm{d}x,\quad c\leqslant y\leqslant d$$

在 $[c,d]$ 上一致收敛,则

(1) $g(y)$ 在 $[c,d]$ 上连续,

(2) $g(y)$ 在 $[c,d]$ 上可积,且

$$\int_c^d g(y)\mathrm{d}y=\int_c^d\mathrm{d}y\int_a^{+\infty}f(x,y)\mathrm{d}x=\int_a^{+\infty}\mathrm{d}x\int_c^d f(x,y)\mathrm{d}y.$$

证明从略.

定理 4 的结论(1)是说,对任意 $y_0\in[c,d]$,有 $\lim\limits_{y\to y_0}g(y)=g(y_0)$,即

$$\lim_{y\to y_0}\int_0^{+\infty}f(x,y)\mathrm{d}x=\int_0^{+\infty}f(x,y_0)\mathrm{d}x=\int_0^{+\infty}\lim_{y\to y_0}f(x,y)\mathrm{d}x.$$

这说明在定理所述条件下,可以在积分号下求极限.而定理 4 的结论(2)则说明,可以交换积分的次序.

例 5　求积分

$$I=\int_0^{+\infty}\frac{\mathrm{e}^{-ax^2}-\mathrm{e}^{-\beta x^2}}{x^2}\mathrm{d}x\quad(0<\alpha<\beta)$$

的值.

解　注意被积函数可表为

$$\frac{\mathrm{e}^{-ax^2}-\mathrm{e}^{-\beta x^2}}{x^2}=\int_a^\beta \mathrm{e}^{-x^2 t}\mathrm{d}t,$$

故有

$$I=\int_0^{+\infty}\mathrm{d}x\int_a^\beta \mathrm{e}^{-x^2 t}\mathrm{d}t.$$

另一方面,我们考虑含参变量的无穷积分

$$\int_0^{+\infty}\mathrm{e}^{-x^2 t}\mathrm{d}x,$$

由于函数 $\mathrm{e}^{-x^2 t}$ 在区域 $[0,+\infty)\times[\alpha,\beta]$ 上连续,而且这个无穷积分在 $[\alpha,\beta]$ 上一致收敛 $\left(\text{因为当 } t\in[\alpha,\beta] \text{ 时},|\mathrm{e}^{-x^2 t}|\leqslant \mathrm{e}^{-ax^2},\text{ 而}\int_0^{+\infty}\mathrm{e}^{-ax^2}\mathrm{d}x \text{ 收敛}\right)$.

由定理 4,可以交换积分的次序,即有

$$\int_\alpha^\beta dt \int_0^{+\infty} e^{-x^2 t} dx = \int_0^{+\infty} dx \int_\alpha^\beta e^{-x^2 t} dt = I.$$

而这里左端的积分是不难求出的:先可算出

$$\int_0^{+\infty} e^{-x^2 t} dx \xrightarrow{\underline{u = \sqrt{t} x}} \frac{1}{\sqrt{t}} \int_0^{+\infty} e^{-u^2} du = \frac{\sqrt{\pi}}{2\sqrt{t}},$$

由此即得

$$\int_\alpha^\beta dt \int_0^{+\infty} e^{-x^2 t} dx = \int_\alpha^\beta \frac{\sqrt{\pi}}{2\sqrt{t}} dt = \sqrt{\pi} \left(\sqrt{\beta} - \sqrt{\alpha} \right).$$

于是
$$I = \sqrt{\pi} \left(\sqrt{\beta} - \sqrt{\alpha} \right).$$

定理 5 设函数 $f(x, y)$ 及 $\dfrac{\partial f(x, y)}{\partial y}$ 在区域 $[a, +\infty) \times [c, d]$ 上连续,并且积分

$$g(y) = \int_a^{+\infty} f(x, y) dx$$

在 $[c, d]$ 上点点收敛. 又设积分

$$\int_a^{+\infty} \frac{\partial f(x, y)}{\partial y} dx$$

在 $[c, d]$ 上一致收敛,则含参变量的积分 $g(y)$ 在 $[c, d]$ 上可导,且

$$g'(y) = \int_a^{+\infty} \frac{\partial f(x, y)}{\partial y} dx.$$

证明从略.

定理 5 表明,在所述条件下,可在积分号下求导数.

定理 5 的实用价值在于它为求某些无穷积分的值提供了办法,即可以将要求的无穷积分看作某个含参变量的无穷积分当参数取某个特殊值时的函数值.对参数在积分号下求导可能使这个含参变量的积分容易算出,再将参数的特殊值代入即得所要求的无穷积分之值.

下面的例子是这种方法的一个典型例子.

例 6 求无穷积分

$$I = \int_0^{+\infty} \frac{\sin x}{x} dx.$$

解 该积分的收敛性在本章 §1 中已证明过.为求它的值,考虑一个含"收敛因子" $e^{-tx} (t \geqslant 0)$ 的参变量积分

$$g(t) = \int_0^{+\infty} e^{-tx} \frac{\sin x}{x} dx, \quad t \geqslant 0.$$

任意选定一个正数 l，这个积分显然在 $t \in [0,l]$ 上一致收敛（见例 3）. 故有

$$g(0) = \int_0^{+\infty} \frac{\sin x}{x} dx = I.$$

该参变量积分的被积函数 $f(x,t) = e^{-tx} \frac{\sin x}{x}$ 在 $(0,+\infty) \times [0,l]$ 上连续，且极限 $\lim_{x \to 0} e^{-tx} \frac{\sin x}{x} = 1$. 因此，在补充定义后 $f(x,t)$ 在 $[0,+\infty) \times [0,l]$ 上连续. 由定理 4 知，$g(t)$ 在 $[0,l]$ 上连续，故有

$$g(0) = \lim_{t \to 0+0} g(t).$$

因此，我们只要设法求出 $g(t)$ 在 $(0,+\infty)$ 上的表达式，即可求出 $g(0)$，也即求出了 I.

为求 $g(t)$ 的表达式，我们先设法求出 $g'(t)$ 的表达式. 任意取定一点 $t_0 \in (0,+\infty)$，必存在区间 $[c,d]$，满足 $t_0 \in [c,d] \subset (0,+\infty)$，不难看出被积函数 $f(x,t)$ 当 $t \in [c,d]$ 时满足定理 5 的条件. 而 $\frac{\partial f(x,t)}{\partial t} = -e^{-tx} \sin x$ 显然在 $[0,+\infty) \times [c,d]$ 上连续. 又这时

$$\left| \frac{\partial f}{\partial t} \right| \leqslant e^{-cx},$$

且积分 $\int_0^{+\infty} e^{-cx} dx$ 收敛，所以积分

$$\int_0^{+\infty} \frac{\partial f(x,t)}{\partial t} dx$$

在 $[c,d]$ 上一致收敛. 于是由定理 5，有

$$g'(t) = \int_0^{+\infty} \frac{\partial f(x,t)}{\partial t} dx = \int_0^{+\infty} - e^{-tx} \sin x \, dx$$
$$= -\frac{e^{-tx}(-t\sin x - \cos x)}{1+t^2} \Big|_{x=0}^{+\infty}$$
$$= -\frac{1}{1+t^2}, \quad c \leqslant t \leqslant d.$$

特别当 $t = t_0$ 时，有

$$g'(t_0) = \frac{-1}{1+t_0^2}.$$

由于 t_0 是 $(0,+\infty)$ 中任意取定的一点，故上式对一切 $t \in (0,+\infty)$ 成立，即

$$g'(t) = -\frac{1}{1+t^2}, \quad 0 < t < +\infty.$$

于是 $$g(t) = -\arctan t + C, \quad 0 < t < +\infty.$$

下面再来定常数 C.由 $g(t)$ 的表达式看出,当 $t > 0$ 时有

$$0 \leqslant |g(t)| \leqslant \int_0^{+\infty} \left| e^{-tx}\frac{\sin x}{x} \right| dt \leqslant \int_0^{+\infty} e^{-tx} dx = \frac{1}{t},$$

再由夹逼定理即得 $\lim\limits_{t \to +\infty} g(t) = 0$.于是,令 $t \to +\infty$,对 $g(t) = -\arctan t + C$ 取极限,即得

$$C = \lim_{t \to +\infty} \arctan t = \frac{\pi}{2}.$$

因而 $$g(t) = \frac{\pi}{2} - \arctan t, \quad 0 < t < +\infty.$$

由此即得 $I = g(0) = \lim\limits_{t \to 0+0} g(t) = \frac{\pi}{2}$,也即

$$\int_0^{+\infty} \frac{\sin x}{x} dx = \frac{\pi}{2}.$$

有了这一结果,就很容易求出积分值

$$I = \int_0^{+\infty} \frac{\sin \alpha x}{x} dx, \quad \alpha \text{ 为任意实数}.$$

事实上,当 $\alpha = 0$ 时,$I = 0$.

当 $\alpha < 0$ 时,令 $u = \alpha x$,有

$$\int_0^{+\infty} \frac{\sin \alpha x}{x} dx = \int_0^{-\infty} \frac{\sin u}{u} du \xrightarrow{t=-u} -\int_0^{+\infty} \frac{\sin t}{t} dt = -\frac{\pi}{2}.$$

当 $\alpha > 0$ 时,同理可证 $I = \pi/2$.

总之,有

$$\int_0^{+\infty} \frac{\sin \alpha x}{x} dx = \begin{cases} \pi/2, & \alpha > 0 \text{ 时}, \\ 0, & \alpha = 0 \text{ 时}, \\ -\pi/2, & \alpha < 0 \text{ 时}. \end{cases}$$

例 7 求无穷积分

$$I = \int_0^{+\infty} \frac{\cos ax - \cos bx}{x^2} dx \quad (0 < a < b)$$

的值.

解 利用

$$\frac{\cos ax - \cos bx}{x} = \int_a^b \sin xy \, dy,$$

即得

$$I = \int_0^{+\infty} \mathrm{d}x \int_a^b \frac{\sin xy}{x} \mathrm{d}y.$$

令 $f(x,y) = \frac{\sin xy}{x}$，补充定义 $f(0,y) = y, y \in [a,b]$，则被积函数 $f(x,y)$ 在 $[0,+\infty) \times [a,b]$ 上连续. 前面我们已经证明积分 $\int_0^{+\infty} \frac{\sin xy}{x} \mathrm{d}x$ 在区间 $[a, b]$ 上一致收敛. 故由定理 4 可知

$$I = \int_a^b \mathrm{d}y \int_0^{+\infty} \frac{\sin xy}{x} \mathrm{d}x.$$

再由上例，立即得出

$$I = \int_a^b \frac{\pi}{2} \mathrm{d}y = \frac{\pi}{2}(b-a).$$

在定理 4 中，我们只考虑了一个有穷积分与一个无穷积分交换积分次序的问题. 但有时还需考虑两个无穷积分是否能交换次序的问题. 下面给出两个累次无穷积分可交换积分次序的一个充分条件.

定理 6 设函数 $f(x,y)$ 在区域 $[a,+\infty) \times [c,+\infty)$ 上连续. 又设两个参变量积分

$$\int_a^{+\infty} f(x,y) \mathrm{d}x, \quad c \leqslant y < +\infty$$

$$\int_a^{+\infty} f(x,y) \mathrm{d}x, \quad a \leqslant x < +\infty$$

分别关于 y 及 x 在任意有穷闭区间 $[c,d]$ 及 $[a,b]$ 上一致收敛，并且两积分

$$\int_a^{+\infty} \mathrm{d}x \int_c^{+\infty} |f(x,y)| \mathrm{d}y \quad 与 \quad \int_c^{+\infty} \mathrm{d}y \int_a^{+\infty} |f(x,y)| \mathrm{d}x$$

中至少有一个存在，则两积分

$$\int_a^{+\infty} \mathrm{d}x \int_c^{+\infty} f(x,y) \mathrm{d}y \quad 与 \quad \int_c^{+\infty} \mathrm{d}y \int_a^{+\infty} f(x,y) \mathrm{d}x$$

都存在且相等，即

$$\int_a^{+\infty} \mathrm{d}x \int_c^{+\infty} f(x,y) \mathrm{d}y = \int_c^{+\infty} \mathrm{d}y \int_a^{+\infty} f(x,y) \mathrm{d}x.$$

亦即可交换积分次序.

证明从略.

这个定理将在下一章讨论傅里叶积分时得到应用.

定理 6 可推广到无穷瑕积分的情况：

定理 6′　设函数 $f(x,y)$ 在 $(a,+\infty)\times(c,+\infty)$ 上二元连续，又 $\int_a^{+\infty} f(x,y)\mathrm{d}x$ 与 $\int_c^{+\infty} f(x,y)\mathrm{d}y$ 分别关于 y 及 x 在任意有穷区间 $[c+\varepsilon,d]$ 及 $[a+\varepsilon,b]$ 上一致收敛，且

$$\int_a^{+\infty}\mathrm{d}x\int_c^{+\infty}|f(x,y)|\mathrm{d}y \quad 与 \quad \int_c^{+\infty}\mathrm{d}y\int_a^{+\infty}|f(x,y)|\mathrm{d}x$$

中至少有一个存在，则

$$\int_a^{+\infty}\mathrm{d}x\int_c^{+\infty}f(x,y)\mathrm{d}y=\int_c^{+\infty}\mathrm{d}y\int_a^{+\infty}f(x,y)\mathrm{d}x.$$

证明从略.

2. 含参变量的瑕积分

设 Y 是一个区间. 我们假定函数 $f(x,y)$ 在 $(a,b]\times Y$ 上有定义，并且在 $[a-\varepsilon,b]\times Y$ 上连续，这里 $\varepsilon>0$ 是任意充分小的数. 此外，对于任意固定的 $y\in Y$，$f(x,y)$ 作为 x 的函数在 $x=a$ 点附近无界，也即以 a 为瑕点. 在这样的条件下积分

$$g(y)=\int_a^b f(x,y)\mathrm{d}x, \quad y\in Y$$

则是一个以 a 为瑕点的**含参变量的瑕积分**. 例如

$$\int_0^1 \frac{\mathrm{e}^{xy}}{x^p}\mathrm{d}x, \quad p>0, y\in Y$$

就是一个以 $x=0$ 为瑕点的含参变量的瑕积分. 为了讨论这种瑕积分对参量的连续性、可积性以及可微性等问题，同样地，我们需要这种瑕积分一致收敛的概念.

在以下讨论中，我们不妨都设 a 为瑕点.

定义 2　设含参变量的瑕积分

$$\int_a^b f(x,y)\mathrm{d}x, \quad y\in Y$$

在 Y 上点点收敛. 若对任给 $\varepsilon>0$，存在与 y 无关的正数 δ_0，使当 $0<\delta<\delta_0$ 时，对一切 $y\in Y$，都有

$$\left|\int_a^{a+\delta} f(x,y)\mathrm{d}x\right|<\varepsilon,$$

则称该含参变量的瑕积分在 Y 上**一致收敛**.

根据上述定义，读者完全有能力自己写出关于含参变量的瑕积分一致收敛的柯西收敛准则. 这里不再叙述.

根据柯西收敛原理或者直接根据定义 2,立即推出关于瑕积分一致收敛的 M 判别法.

定理 7 设 Y 是一个区间,函数 $f(x,y)$ 在 $(a,b] \times Y$ 上连续,且对于任意的 $y \in Y,f(x,y)$ 以 a 为瑕点.又设 $f(x,y)$ 在 $(a,b] \times Y$ 上满足下列条件:

$$|f(x,y)| \leqslant g(x),$$

其中 $g(x)$ 是定义在 $(a,b]$ 上的连续函数,且使得瑕积分

$$\int_a^b g(x)\mathrm{d}x$$

收敛,则瑕积分

$$\int_a^b f(x,y)\mathrm{d}x, \quad y \in Y$$

在 Y 上一致收敛.

完全类似于含参变量的无穷积分的情况,对于瑕积分的一致收敛同样有狄利克雷判别法及阿贝尔判别法.作为练习,请读者自己写出.

一致收敛性保证了瑕积分对参数的连续性以及交换积分次序的合理性.

定理 8 设函数 $f(x,y)$ 在 $(a,b] \times [c,d]$ 上连续,且含参变量的瑕积分

$$g(y) = \int_a^b f(x,y)\mathrm{d}x$$

在 $[c,d]$ 上一致收敛,则

(1) $g(y)$ 在 $[c,d]$ 上连续;

(2) $g(y)$ 在 $[c,d]$ 上可积,且

$$\int_c^d \mathrm{d}y \int_a^b f(x,y)\mathrm{d}x = \int_a^b \mathrm{d}x \int_c^d f(x,y)\mathrm{d}y.$$

对于含参变量的瑕积分也有积分号下求导的定理.

定理 9 设函数 $f(x,y)$ 与 $\dfrac{\partial f(x,y)}{\partial y}$ 在区域 $(a,b] \times [c,d]$ 上连续,瑕积分 $\int_a^b f(x,y)\mathrm{d}x$ 在 $[c,d]$ 上点点收敛,而瑕积分 $\int_a^b \dfrac{\partial f(x,y)}{\partial y}\mathrm{d}x$ 在 $[c,d]$ 上一致收敛,则含参变量的瑕积分 $g(y)$ 在 $[c,d]$ 上可导,且

$$g'(y) = \int_a^b \frac{\partial f(x,y)}{\partial y}\mathrm{d}x.$$

定理 8 与定理 9 的结论对于以 b 点为瑕点的瑕积分也同样成立.定理 9 中 $[c,d]$ 换成开区间或半开半闭的区间,其结论也成立.

例 8 求含参变量的瑕积分

$$g(t) = \int_0^1 \frac{\arctan(tx)}{x\sqrt{1-x^2}} \mathrm{d}x, \quad 0 \leqslant t \leqslant 1$$

的表达式及瑕积分

$$I = \int_0^1 \frac{\arctan x}{x\sqrt{1-x^2}} \mathrm{d}x$$

的值.

解　本例中 $x=0$ 不是瑕点而 $x=1$ 为瑕点.由于

$$\frac{\arctan x}{x\sqrt{1-x^2}} \Big/ \frac{1}{\sqrt{1-x}} = \frac{\arctan x}{x\sqrt{1+x}} \to \frac{\pi}{4\sqrt{2}} \quad (x \to 1).$$

因而瑕积分 $\displaystyle\int_0^1 \frac{\arctan x}{x\sqrt{1-x^2}} \mathrm{d}x$ 是收敛的.又被积函数 $f(x,t) = \dfrac{\arctan(tx)}{x\sqrt{1-x^2}}$ 及

$\dfrac{\partial f}{\partial t} = \dfrac{1}{(1+t^2x^2)\sqrt{1-x^2}}$ 在 R：$[0,1) \times [0,1]$ 上连续（补充定义 $f(0,t)$ 为

t），且

$$|f(x,t)| \leqslant \frac{\arctan x}{x\sqrt{1-x^2}}, \quad (x,t) \in R,$$

因而 $\displaystyle\int_0^1 f(x,t)\mathrm{d}x$ 在 $[0,1]$ 上一致收敛.于是 $g(t)$ 在区间 $[0,1]$ 上连续.又

$$\left| \frac{\partial f}{\partial t} \right| \leqslant \frac{1}{\sqrt{1-x^2}}, \quad (x,t) \in R,$$

所以 $\displaystyle\int_0^1 \frac{\partial f}{\partial t} \mathrm{d}x$ 在 $[0,1]$ 上也一致收敛.于是

$$\begin{aligned}
g'(t) &= \int_0^1 \frac{\partial f}{\partial t} \mathrm{d}x = \int_0^1 \frac{1}{1+t^2x^2} \cdot \frac{\mathrm{d}x}{\sqrt{1-x^2}} \\
&\xlongequal{x=\cos\theta} \int_0^{\frac{\pi}{2}} \frac{\mathrm{d}\theta}{1+t^2\cos^2\theta} = \frac{1}{\sqrt{1+t^2}} \arctan \frac{\tan\theta}{\sqrt{1+t^2}} \Big|_{\theta=0}^{\frac{\pi}{2}} \\
&= \frac{\pi}{2} \cdot \frac{1}{\sqrt{1+t^2}}, \quad 0 \leqslant t \leqslant 1.
\end{aligned}$$

对上式两端积分得

$$g(t) = \frac{\pi}{2} \ln\left(t + \sqrt{1+t^2}\right) + C, \quad 0 \leqslant t \leqslant 1.$$

由 $g(0)=0$ 可定出常数 $C=0$.

这样，我们得到

$$g(t) = \frac{\pi}{2}\ln\left(t + \sqrt{1 + t^2}\right), \quad 0 \leqslant t \leqslant 1.$$

以 $t = 1$ 代入即得

$$I = g(1) = \frac{\pi}{2}\ln(1 + \sqrt{2}),$$

即

$$\int_0^1 \frac{\arctan x}{x\sqrt{1 - x^2}}\mathrm{d}x = \frac{\pi}{2}\ln(1 + \sqrt{2}).$$

3. Γ 函数与 B 函数

Γ 函数与 B 函数在积分计算、概率统计及数学应用中,是仅次于初等函数的重要函数.现在我们来介绍它们的定义、性质及计算公式.

我们考虑含参变量的积分

$$\int_0^{+\infty} x^{a-1}\mathrm{e}^{-x}\mathrm{d}x.$$

这是一个无穷积分,且当 $\alpha < 1$ 时,$x = 0$ 为瑕点,所以它又是一个瑕积分,我们称此类积分为**无穷瑕积分**.现在将它分为两项:

$$\int_0^{+\infty} x^{a-1}\mathrm{e}^{-x}\mathrm{d}x = \int_0^1 x^{a-1}\mathrm{e}^{-x}\mathrm{d}x + \int_1^{+\infty} x^{a-1}\mathrm{e}^{-x}\mathrm{d}x.$$

上式中第一项当 $\alpha < 1$ 时为瑕积分,且当 $x \to 0$ 时,

$$x^{a-1}\mathrm{e}^{-x} \Big/ \frac{1}{x^{1-a}} = \mathrm{e}^{-x} \to 1,$$

因而当 $0 < 1 - \alpha < 1$ 即 $0 < \alpha < 1$ 时,$\int_0^1 x^{a-1}\mathrm{e}^{-x}\mathrm{d}x$ 与瑕积分 $\int_0^1 \frac{\mathrm{d}x}{x^{1-a}}$ 同时收敛.而当 $\alpha \geqslant 1$ 时,$\int_0^1 x^{a-1}\mathrm{e}^{-x}\mathrm{d}x$ 为正常积分.总之我们可以说,当 $\alpha > 0$ 时上式中第一项收敛.再看第二项,它是无穷积分,当 $x \to +\infty$ 时,对任意实数 α,都有

$$x^{a-1}\mathrm{e}^{-x} \Big/ \frac{1}{x^2} = x^{a+1}\mathrm{e}^{-x} \to 0,$$

因而由 $\int_1^{+\infty} \frac{1}{x^2}\mathrm{d}x$ 收敛即可推出 $\int_1^{+\infty} x^{a-1}\mathrm{e}^{-x}\mathrm{d}x$ 对一切实数 α 收敛.综合起来可得:当 $\alpha > 0$ 时上述含参变量的无穷瑕积分收敛.故当 $\alpha > 0$ 时,它确定了一个 α 的函数,称为 **Γ 函数**,记作

$$\Gamma(\alpha) = \int_0^{+\infty} x^{a-1}\mathrm{e}^{-x}\mathrm{d}x, \quad \alpha > 0.$$

首先指出，Γ 函数满足下列递推公式：

$$\Gamma(\alpha + 1) = \alpha\Gamma(\alpha), \quad \alpha > 0.$$

事实上，用分部积分法可得

$$\Gamma(\alpha + 1) = \int_0^{+\infty} x^\alpha e^{-x}\,dx$$

$$= -x^\alpha e^{-x}\Big|_0^{+\infty} + \alpha\int_0^{+\infty} x^{\alpha-1} e^{-x}\,dx$$

$$= \alpha\Gamma(\alpha).$$

注意到 $\Gamma(1) = \int_0^{+\infty} e^{-x}\,dx = 1$，当 α 为正整数 n 时，就有

$$\Gamma(n + 1) = n\Gamma(n) = n(n - 1)\Gamma(n - 1) = \cdots = n!.$$

因而 Γ 函数可看成是阶乘运算的推广.

今后常要用到 $\Gamma\left(\dfrac{1}{2}\right)$ 这个值. 不难算出

$$\Gamma\left(\frac{1}{2}\right) = \int_0^{+\infty} x^{-\frac{1}{2}} e^{-x}\,dx \xrightarrow{\ t = \sqrt{x}\ } \int_0^{+\infty} t^{-1} e^{-t^2} \cdot 2t\,dt$$

$$= 2\int_0^{+\infty} e^{-t^2}\,dt = 2 \cdot \frac{\sqrt{\pi}}{2} = \sqrt{\pi}.$$

利用 $\Gamma\left(\dfrac{1}{2}\right) = \sqrt{\pi}$ 可计算 $\Gamma(\alpha)$ 的某些值，例如，

$$\Gamma\left(\frac{11}{2}\right) = \frac{9}{2}\Gamma\left(\frac{9}{2}\right) = \frac{9}{2} \cdot \frac{7}{2} \cdot \frac{5}{2} \cdot \frac{3}{2} \cdot \frac{1}{2}\Gamma\left(\frac{1}{2}\right)$$

$$= \frac{945}{32}\sqrt{\pi}.$$

当 α 取其余正实数值时，实用中可利用公式 $\Gamma(\alpha+1) = \alpha\Gamma(\alpha)$ 及查 Γ 函数值的表来求得 $\Gamma(\alpha)$ 的值（表中只列出 $1 \leqslant \alpha \leqslant 2$ 时 $\Gamma(\alpha)$ 的值）.

下面我们来证明 $\Gamma(\alpha)$ 在区间 $(0, +\infty)$ 内是连续的.

在 $(0, +\infty)$ 内任意取定一点 α_0，必存在区间 $[c, d]$，使

$$\alpha_0 \in [c, d] \subset (0, +\infty).$$

先证明 $\int_0^1 x^{\alpha-1} e^{-x}\,dx$ 在 $[c, d]$ 上连续. 事实上，当 $0 < x \leqslant 1, c \leqslant \alpha \leqslant d$ 时，$x^{\alpha-1} e^{-x}$ 在其上二元连续且 $x^{\alpha-1} e^{-x} \leqslant x^{c-1} e^{-x}$，而 $\int_0^1 x^{c-1} e^{-x}\,dx$ 当 $c > 0$ 时收敛，因而 $\int_0^1 x^{\alpha-1} e^{-x}\,dx$ 在 $[c, d]$ 上一致收敛，由定理 8，$\int_0^1 x^{\alpha-1} e^{-x}\,dx$ 在

$[c,d]$ 上连续.

再证明 $\int_1^{+\infty} x^{\alpha-1}\mathrm{e}^{-x}\mathrm{d}x$ 在 $[c,d]$ 上连续.当 $1\leqslant x<+\infty,c\leqslant\alpha\leqslant d$ 时,$x^{\alpha-1}\mathrm{e}^{-x}$ 在其上二元连续且 $x^{\alpha-1}\mathrm{e}^{-x}\leqslant x^{d-1}\mathrm{e}^{-x}$,而 $\int_1^{+\infty} x^{d-1}\mathrm{e}^{-x}\mathrm{d}x$ 收敛,因而 $\int_1^{+\infty} x^{\alpha-1}\mathrm{e}^{-x}\mathrm{d}x$ 在 $[c,d]$ 上一致收敛,于是由定理 4,$\int_1^{+\infty} x^{\alpha-1}\mathrm{e}^{-x}\mathrm{d}x$ 在区间 $[c,d]$ 上连续.

综合起来,$\int_0^{+\infty} x^{\alpha-1}\mathrm{e}^{-x}\mathrm{d}x$ 在 $[c,d]$ 上连续,特别在 α_0 处连续.由于 α_0 是 $(0,+\infty)$ 内的任一点,故 $\Gamma(\alpha)$ 在 $(0,+\infty)$ 内连续.

下面我们来介绍 B 函数.

我们考虑积分

$$\int_0^1 x^{p-1}(1-x)^{q-1}\mathrm{d}x.$$

当 $p\geqslant1$ 且 $q\geqslant1$ 时,上述积分为正常积分.当 $p<1$ 时 $x=0$ 为瑕点;当 $q<1$ 时 $x=1$ 为瑕点.将它写为两项之和:

$$\int_0^1 x^{p-1}(1-x)^{q-1}\mathrm{d}x=\int_0^{\frac{1}{2}} x^{p-1}(1-x)^{q-1}\mathrm{d}x+\int_{\frac{1}{2}}^1 x^{p-1}(1-x)^{q-1}\mathrm{d}x,$$

当 $x\to0+0$ 时,

$$x^{p-1}(1-x)^{q-1}\Big/\frac{1}{x^{1-p}}=(1-x)^{q-1}\to1,$$

因而当 $0<1-p<1$ 即 $0<p<1$ 时,所讨论的瑕积分 $\int_0^{\frac{1}{2}} x^{p-1}(1-x)^{q-1}\mathrm{d}x$ 收敛.当 $x\to1-0$ 时,

$$x^{p-1}(1-x)^{q-1}\Big/\frac{1}{(1-x)^{1-q}}=x^{p-1}\to1,$$

故当 $0<1-q<1$ 时即 $0<q<1$ 时,瑕积分 $\int_{\frac{1}{2}}^1 x^{p-1}(1-x)^{q-1}\mathrm{d}x$ 收敛.综合起来,当 $p>0$ 且 $q>0$ 时积分 $\int_0^1 x^{p-1}(1-x)^{q-1}\mathrm{d}x$ 收敛,并且确定了一个二元函数,称之为 **B 函数**,记作

$$\mathrm{B}(p,q)=\int_0^1 x^{p-1}(1-x)^{q-1}\mathrm{d}x \quad (p>0,q>0).$$

与证明 Γ 函数的连续性类似,我们可以证明 $\mathrm{B}(p,q)$ 在区域 $(0,+\infty)\times(0,+\infty)$ 上是连续的(证明留给读者).

又利用变量替换 $x=1-t$,即可证明
$$B(p,q)=B(q,p), \quad p>0,q>0,$$
即 B 函数关于 p,q 是对称的.

下面我们来证明 B 函数与 Γ 函数之间有关系式[①]:
$$B(p,q)=\frac{\Gamma(p)\cdot\Gamma(q)}{\Gamma(p+q)}.$$

为此,我们通过变量替换,将 B 函数与 Γ 函数变形.令 $x=\dfrac{t}{1+t}$ $(t>0)$,不难推出 $B(p,q)$ 可表为
$$B(p,q)=\int_0^1 x^{p-1}(1-x)^{q-1}\,\mathrm{d}x=\int_0^{+\infty}\frac{t^{p-1}}{(1+t)^{p+q}}\mathrm{d}t.$$
又令 $x=ty$(t 为任意取定的正数,y 为新的积分变量),有
$$\Gamma(\alpha)=\int_0^{+\infty}x^{\alpha-1}\mathrm{e}^{-x}\,\mathrm{d}x=t^\alpha\int_0^{+\infty}y^{\alpha-1}\mathrm{e}^{-ty}\,\mathrm{d}y,$$
即
$$\frac{\Gamma(\alpha)}{t^\alpha}=\int_0^{+\infty}y^{\alpha-1}\mathrm{e}^{-ty}\,\mathrm{d}y \quad (\alpha>0,t>0).$$
再用 $p+q(p>0,q>0)$ 代替上式中的 α,用 $1+t$ 代替上式中的 t,即得等式
$$\frac{\Gamma(p+q)}{(1+t)^{p+q}}=\int_0^{+\infty}y^{p+q-1}\mathrm{e}^{-(1+t)y}\,\mathrm{d}y.$$
将上式两边同乘以 t^{p-1},再从 0 到 $+\infty$ 对 t 求积分,得
$$\Gamma(p+q)\int_0^{+\infty}\frac{t^{p-1}}{(1+t)^{p+q}}\mathrm{d}t=\int_0^{+\infty}t^{p-1}\left(\int_0^{+\infty}y^{p+q-1}\mathrm{e}^{-(1+t)y}\,\mathrm{d}y\right)\mathrm{d}t,$$
上式左端的无穷积分就是 $B(p,q)$.而右端的被积函数符合定理 6' 中的条件,因而可交换积分次序,于是得
$$\begin{aligned}
\Gamma(p+q)B(p,q)&=\int_0^{+\infty}y^{p+q-1}\mathrm{e}^{-y}\left(\int_0^{+\infty}t^{p-1}\mathrm{e}^{-ty}\,\mathrm{d}t\right)\mathrm{d}y\\
&=\int_0^{+\infty}y^{p+q-1}\mathrm{e}^{-y}\cdot\frac{\Gamma(p)}{y^p}\mathrm{d}y\\
&=\Gamma(p)\int_0^{+\infty}y^{q-1}\mathrm{e}^{-y}\,\mathrm{d}y=\Gamma(p)\Gamma(q),
\end{aligned}$$
即
$$B(p,q)=\frac{\Gamma(p)\Gamma(q)}{\Gamma(p+q)}.$$

_____

① 时间不充裕时这一证明可以不在课堂上讲授,重要的是记住这个公式并学会应用它.

当 m,n 为自然数时,利用这个公式即得

$$B(m,n) = \frac{\Gamma(m)\Gamma(n)}{\Gamma(m+n)} = \frac{(m-1)!\ (n-1)!}{(m+n-1)!}.$$

此外,还可以得到

$$B\left(\frac{1}{2},\frac{1}{2}\right) = \frac{\Gamma\left(\frac{1}{2}\right)\Gamma\left(\frac{1}{2}\right)}{\Gamma(1)} = \pi.$$

我们可利用 Γ 函数值的表,以及 Γ 函数与 B 函数的关系,来求一些无穷积分与瑕积分的值.

例 9 求 $\displaystyle\int_0^{+\infty} \frac{\sqrt[4]{x}}{(1+x)^2}\mathrm{d}x$.

解 当 $x \to +\infty$ 时,被积函数与 $\dfrac{1}{x^{2-\frac{1}{4}}}$ 同阶,因而无穷积分收敛.

令 $y = \dfrac{1}{1+x}$,即 $x = \dfrac{1}{y} - 1$,$\mathrm{d}x = -\dfrac{1}{y^2}\mathrm{d}y$,则

$$\int_0^{+\infty} \frac{\sqrt[4]{x}}{(1+x)^2}\mathrm{d}x = \int_0^1 y^{-\frac{1}{4}}(1-y)^{\frac{1}{4}}\mathrm{d}y$$

$$= B\left(\frac{3}{4},\frac{5}{4}\right) = \frac{\Gamma\left(\frac{3}{4}\right)\Gamma\left(\frac{5}{4}\right)}{\Gamma(2)}$$

$$= \Gamma\left(\frac{3}{4}\right)\cdot\Gamma\left(\frac{5}{4}\right)$$

$$= \frac{4}{3}\Gamma\left(\frac{7}{4}\right)\cdot\Gamma\left(\frac{5}{4}\right) \approx 1.1107.$$

例 10 求 $\displaystyle\int_0^1 \frac{x^2}{\sqrt{1-x^4}}\mathrm{d}x$.

解 $x = 1$ 是瑕点.当 $x \to 1$ 时被积函数与 $\dfrac{1}{\sqrt{1-x}}$ 同阶,所以收敛.令 $t = x^4$,则

$$\int_0^1 \frac{x^2\mathrm{d}x}{\sqrt{1-x^4}} = \frac{1}{4}\int_0^1 t^{-\frac{1}{4}}(1-t)^{-\frac{1}{2}}\mathrm{d}t = \frac{1}{4}B\left(\frac{3}{4},\frac{1}{2}\right)$$

$$= \frac{1}{4}\cdot\frac{\Gamma\left(\frac{3}{4}\right)\Gamma\left(\frac{1}{2}\right)}{\Gamma\left(\frac{5}{4}\right)} = \frac{\sqrt{\pi}}{4}\cdot\frac{\Gamma\left(\frac{3}{4}\right)}{\Gamma\left(\frac{5}{4}\right)}.$$

例 11　求 $\displaystyle\int_0^{+\infty} t^{\frac{1}{2}} \mathrm{e}^{-\alpha t}\,\mathrm{d}t\,(\alpha > 0)$.

解　令 $\alpha t = x$，则

$$\int_0^{+\infty} t^{\frac{1}{2}} \mathrm{e}^{-\alpha t}\,\mathrm{d}t = \frac{1}{\alpha}\int_0^{+\infty} \alpha^{-\frac{1}{2}} x^{\frac{1}{2}} \mathrm{e}^{-x}\,\mathrm{d}x = \frac{1}{\alpha\sqrt{\alpha}}\int_0^{+\infty} x^{\frac{1}{2}} \mathrm{e}^{-x}\,\mathrm{d}x$$

$$= \frac{1}{\alpha\sqrt{\alpha}}\Gamma\left(\frac{3}{2}\right) = \frac{1}{\alpha\sqrt{\alpha}}\,\frac{1}{2}\Gamma\left(\frac{1}{2}\right)$$

$$= \frac{\sqrt{\pi}}{2\alpha\sqrt{\alpha}}.$$

$\Gamma(\alpha)$ 也可以有许多其他表示方法，有些在前面例题及证明 B 函数和 Γ 函数之间的关系式时出现过.例如：

$$\Gamma(\alpha) = \int_0^{+\infty} x^{\alpha-1} \mathrm{e}^{-x}\,\mathrm{d}x = t^{\alpha}\int_0^{+\infty} y^{\alpha-1} \mathrm{e}^{-ty}\,\mathrm{d}y \quad (t > 0).$$

另外，令 $x = t^2$，有

$$\Gamma(\alpha) = \int_0^{+\infty} x^{\alpha-1} \mathrm{e}^{-x}\,\mathrm{d}x = \int_0^{+\infty} t^{2(\alpha-1)} \mathrm{e}^{-t^2} \cdot 2t\,\mathrm{d}t$$

$$= 2\int_0^{+\infty} t^{2\alpha-1} \mathrm{e}^{-t^2}\,\mathrm{d}t.$$

例 12　求 $\displaystyle I_n = \int_0^{+\infty} x^{2n} \mathrm{e}^{-x^2}\,\mathrm{d}x\,(n = 1, 2, \cdots)$.

解　根据 $\Gamma(\alpha)$ 的表达式

$$\Gamma(\alpha) = 2\int_0^{+\infty} t^{2\alpha-1} \mathrm{e}^{-t^2}\,\mathrm{d}t,$$

我们有

$$I_n = \frac{1}{2} \cdot 2\int_0^{+\infty} x^{2 \cdot \frac{2n+1}{2} - 1} \mathrm{e}^{-x^2}\,\mathrm{d}x = \frac{1}{2}\Gamma\left(\frac{2n+1}{2}\right).$$

再由 Γ 函数的递推公式

$$I_n = \frac{1}{2}\Gamma\left(\frac{2n+1}{2}\right) = \frac{1}{2}\Gamma\left(\frac{2n-1}{2}+1\right) = \frac{1}{2} \cdot \frac{2n-1}{2}\Gamma\left(\frac{2n-1}{2}\right)$$

$$= \frac{1}{2} \cdot \frac{2n-1}{2}\Gamma\left(\frac{2n-3}{2}+1\right) = \frac{1}{2} \cdot \frac{2n-1}{2} \cdot \frac{2n-3}{2}\Gamma\left(\frac{2n-5}{2}+1\right)$$

$$= \cdots = \frac{(2n-1)!!}{2^{n+1}}\Gamma\left(\frac{1}{2}\right) = \frac{(2n-1)!!}{2^{n+1}}\sqrt{\pi}.$$

$\mathrm{B}(p, q)$ 还可表示成三角函数的积分.事实上，令 $x = \cos^2\theta\ \left(0 \leqslant \theta \leqslant \dfrac{\pi}{2}\right)$，前面给出的 $\mathrm{B}(p, q)$ 表达式可化为

$$B(p,q) = 2\int_0^{\pi/2} \cos^{2p-1}\theta \sin^{2q-1}\theta \,d\theta, \quad p>0, q>0.$$

利用这一表达式,可求一些三角函数的积分值.

例 13 求 $\displaystyle\int_0^{\pi/2} \sin^6 x \cos^5 x \,dx$.

解 原式$= \displaystyle\int_0^{\pi/2} \sin^{7-1} x \cos^{6-1} x \,dx = \frac{1}{2}B\left(\frac{7}{2},3\right)$

$$= \frac{1}{2}\frac{\Gamma\left(\frac{7}{2}\right)\Gamma(3)}{\Gamma\left(\frac{7}{2}+3\right)} = \frac{1}{2}\frac{\Gamma\left(\frac{7}{2}\right)\cdot 2!}{\frac{11}{2}\cdot\frac{9}{2}\cdot\frac{7}{2}\Gamma\left(\frac{7}{2}\right)} = \frac{8}{693}.$$

习　题　11.3

1. 讨论下列积分在指定区间上的一致收敛性:

(1) $\displaystyle\int_0^{+\infty} \frac{\sin tx}{1+x^2}\,dx \quad (-\infty < t < +\infty)$;

(2) $\displaystyle\int_0^{+\infty} e^{-t^2 x^2}\cos x\,dx \quad (0 < t_0 < t < +\infty)$;

(3) $\displaystyle\int_0^{+\infty} e^{-\alpha x}\sin x\,dx$, (i) $0 < \alpha_0 \leqslant \alpha < +\infty$, (ii) $0 < \alpha < +\infty$ $\Big($提示:不论

N 多么大,取 $A = 2k\pi > N, \alpha = \dfrac{1}{A}$,有 $\left|\displaystyle\int_A^{+\infty} e^{-\alpha x}\sin x\,dx\right| > \dfrac{1}{2e}\Big)$;

(4) $\displaystyle\int_1^{+\infty} e^{-bx}\frac{\cos x}{\sqrt{x}}\,dx \quad (0 \leqslant b < +\infty)$;

(5) $\displaystyle\int_0^{+\infty} te^{-tx}\,dx$, (i) $0 < c \leqslant t \leqslant d$, (ii) $0 < t \leqslant d$;

(6) $\displaystyle\int_0^1 \frac{dx}{x^t} \quad (0 < t \leqslant b < 1)$.

2. 求下列积分的值:

(1) $\displaystyle\int_0^{+\infty} \frac{e^{-ax}-e^{-bx}}{x}\,dx \quad (0 < a < b)$; (2) $\displaystyle\int_0^1 \frac{x^a-x^b}{\ln x}\,dx \quad (a>-1, b>-1)$;

(3) $\displaystyle\int_{-\frac{1}{4}}^{+\infty} e^{-(2x^2+x+1)}\,dx \quad \Big($提示:令 $t = x+\dfrac{1}{4}\Big)$;

(4) $\displaystyle\int_0^{+\infty} \frac{e^{-x}}{\sqrt{x}}\,dx$; (5) $\displaystyle\int_0^{+\infty} \frac{\sin\alpha x \cdot \cos\beta x}{x}\,dx \quad (\alpha>0, \beta>0)$.

3. 求积分 $\displaystyle\int_0^{+\infty} e^{-x}\frac{\sin tx}{x}\,dx$ 的初等函数表达式. (提示:先在积分号下对 t 求导.)

4. 利用 Γ 函数和 B 函数,求下列积分的值:

(1) $\displaystyle\int_0^1 \sqrt[3]{x - x^2}\, dx$;　　　　　　　(2) $\displaystyle\int_0^{+\infty} \frac{e^{-x}}{\sqrt[3]{x}}\, dx$;

(3) $\displaystyle\int_0^a x^2 \sqrt{a^2 - x^2}\, dx$　$(a > 0)$;　　(4) $\displaystyle\int_0^{+\infty} e^{-4t} t^{3/2}\, dt$;

(5) $\displaystyle\int_0^1 \frac{dx}{\sqrt{1 - x^4}}$　（提示：令 $t = x^4$）;　(6) $\displaystyle\int_0^{+\infty} \frac{dx}{1 + x^3}$　$\left(\text{提示：令 } t = \dfrac{1}{1 + x^3}\right)$;

(7) $\displaystyle\int_0^{+\infty} \frac{x^2\, dx}{1 + x^4}$　$\left(\text{提示：令 } t = \dfrac{1}{1 + x^4}\right)$;

(8) $\displaystyle\int_0^1 \frac{x^3}{\sqrt{1 - x^3}}\, dx$　（提示：令 $t = x^3$）;

(9) $\displaystyle\int_0^{\frac{\pi}{2}} \sin^m x \cos^n x\, dx$　$(m > -1, n > -1)$.

第十二章 傅里叶级数

本章将讨论把一个周期函数展开成三角级数的问题.这一问题不仅在数学理论研究中有重要价值,而且在其他学科及工程技术上有广泛的应用.这一问题的讨论导致了一些新的数学观念,比如由函数组成的线性空间及其中的内积、正交与平均逼近等概念.这些都为我们进一步学习现代数学理论提供了典型的例子.

§1 三角函数系及其正交性

在第十章§6中,我们讨论了将一个给定的函数展开为幂级数的条件与方法.我们发现,只有当一个函数在某一区间上无穷多次可导时,这个函数才有可能在该区间上展开为幂级数.但在实用中我们所遇到的函数,有很多并不是无穷多次可导的.如在无线电技术中考虑的矩形波函数、锯形波函数等,它们在间断点或尖点处就不可导,因而就不能用一个幂级数来表示它们.但这类函数具有另一个特点:它们都是有周期性的.于是人们会考虑到用无穷多个周期函数之和来表示它们.

这使我们很自然地想到三角函数:$\cos nx$ 及 $\sin nx$,其中 n 为自然数.它们都是以 2π 为周期的.我们可以提出这样的问题:给定了一个以 2π 为周期的函数 $f(x)$,能否用下列无穷多个周期函数:

$$1, \cos x, \sin x, \cos 2x, \sin 2x, \cdots, \cos nx, \sin nx, \cdots$$

的线性组合来表示函数 $f(x)$?也即是否存在常数 a_n 与 b_n 使得

$$f(x) = \frac{a_0}{2} + \sum_{n=1}^{\infty}(a_n \cos nx + b_n \sin nx)?$$

这个由三角函数组成的级数称作**三角级数**.这里将常数项记作 $\frac{a_0}{2}$,而不记作 a_0,这只是为了今后的某种方便,不是本质问题.

当给定的函数 $f(x)$ 不是以 2π 为周期,而是以 T 为周期时,我们自然会以下列三角函数系:

$$1, \cos \omega x, \sin \omega x, \cos 2\omega x, \sin 2\omega x, \cdots, \cos n\omega x, \sin n\omega x, \cdots$$

来替代上述三角函数系,其中 $\omega=2\pi/T$.因此,我们把三角函数系

$$1,\cos x,\sin x,\cdots,\cos nx,\sin nx,\cdots$$

称作**基本三角函数系**.以 2π 为周期的函数的问题研究清楚了,一般周期的函数也就容易推广了.

将一个周期函数表示成三角函数系的线性组合,这不单是数学上的考虑,更重要的是物理上有关波动的合成与分解已经为此提供了许多例证.直到今天,关于三角级数的研究依然是现代数学的重要分支之一,而三角级数的理论是许多工程计算的基础与工具.

为了讨论将周期函数展开成三角级数的问题,我们先来讨论基本三角函数系的基本性质.

我们很容易验证:基本三角函数系中任意两个不同的函数的乘积在 $[-\pi,\pi]$ 上的积分为 0,即有

$$\left.\begin{array}{l}\displaystyle\int_{-\pi}^{\pi}1\cdot\sin nx\,\mathrm{d}x=0,\\[2mm]\displaystyle\int_{-\pi}^{\pi}1\cdot\cos nx\,\mathrm{d}x=0,\\[2mm]\displaystyle\int_{-\pi}^{\pi}\sin mx\cdot\cos nx\,\mathrm{d}x=0\end{array}\right\}\quad(m,n=1,2,\cdots);$$

$$\left.\begin{array}{l}\displaystyle\int_{-\pi}^{\pi}\sin mx\cdot\sin nx\,\mathrm{d}x=0,\\[2mm]\displaystyle\int_{-\pi}^{\pi}\cos mx\cdot\cos nx\,\mathrm{d}x=0\end{array}\right\}\quad(m,n=1,2,\cdots,且\ m\neq n).$$

后面三个等式的证明要用到三角函数的积化和差的公式.我们把基本三角函数系的上述性质称作该函数系在区间 $[-\pi,\pi]$ 上是**正交的**.

为什么把上述性质称作正交呢? 我们须要对此做一点解释.

我们考虑区间 $[-\pi,\pi]$ 上的全体有界可积函数[①]所组成的集合,并把这个集合看作一个"几何空间",其中每一个函数 f 看作一个"向量".对于任意的实数 λ,我们把 λf 看作"向量" f 与实数 λ 的"数乘",并将两函数 f 与 g 的和 $f+g$ 视作"向量"的和.在这样的看法下,这个函数集合就构成一个线性空间.

对于这个空间中的任意两个向量 f 与 g,我们定义

$$(f,g)=\frac{1}{\pi}\int_{-\pi}^{\pi}f(x)g(x)\mathrm{d}x$$

---

①　本章中所说有界可积是指黎曼可积,意在强调不讨论无界函数的傅里叶级数.但是实际上本章中的许多结果可推广到某种无界函数类中去,比如平方后在一个有穷区间上的瑕积分收敛的函数.有些书中称这类函数为平方可积函数.

为 f 与 g 的**内积**(相当于**点乘**),并把

$$\| f \| = \sqrt{(f,f)} = \sqrt{\frac{1}{\pi} \int_{-\pi}^{\pi} f^2(x) \mathrm{d}x}$$

定义为向量 f 的**范数**(相当于三维空间中向量之**长度**).这样我们就可以把 $[-\pi,\pi]$ 上有界可积的函数空间跟有限维欧氏空间 $\mathbf{R}^n$ 进行类比了.比如,函数 f 到 g 的"距离"自然是定义为

$$\| f - g \| = \sqrt{\frac{1}{\pi} \int_{-\pi}^{\pi} [f(x) - g(x)]^2 \mathrm{d}x},$$

而函数 f 与 g 是"正交的"指的是其内积为零,即

$$(f,g) = \frac{1}{\pi} \int_{-\pi}^{\pi} f(x)g(x) \mathrm{d}x = 0.$$

有了这样的看法,就不难理解我们为什么把基本三角函数系中两个不同元素之乘积的积分为零称作正交了.不仅如此,上述看法还为我们今后的许多讨论带来益处.

现在我们回到基本三角函数系的讨论.

不难看出,对任意自然数 n,

$$\int_{-\pi}^{\pi} \sin^2 nx \, \mathrm{d}x = \int_{-\pi}^{\pi} \frac{1 - \cos 2nx}{2} \mathrm{d}x = \pi,$$

同理有
$$\int_{-\pi}^{\pi} \cos^2 nx \, \mathrm{d}x = \pi.$$

总之,我们有:当 n 为自然数时,

$$\frac{1}{\pi} \int_{-\pi}^{\pi} \cos^2 nx \, \mathrm{d}x = \frac{1}{\pi} \int_{-\pi}^{\pi} \sin^2 nx \, \mathrm{d}x = 1.$$

再注意到 $\int_{-\pi}^{\pi} 1 \cdot \mathrm{d}x = 2\pi$,那么很容易看出函数系

$$\frac{1}{\sqrt{2}}, \cos x, \sin x, \cos 2x, \sin 2x, \cdots$$

在区间 $[-\pi,\pi]$ 上不仅仅是两两彼此正交的,而且它们之中的每一个元素的范数(长度)为 1,因此,这个函数系是单位正交系.

习 题 12.1

1. 证明基本三角函数系的正交性中的等式:

$$\int_{-\pi}^{\pi} \sin mx \cdot \sin nx \, \mathrm{d}x = 0,$$
$$\qquad\qquad (m \neq n)$$
$$\int_{-\pi}^{\pi} \sin mx \cdot \cos nx \, \mathrm{d}x = 0.$$

2. 证明本节中定义的范数(f,g)具有下列性质:
$$(f,C_1g_1+C_2g_2)=C_1(f,g_1)+C_2(f,g_2)\quad (C_1,C_2\text{ 为常数}).$$

3. 证明:$|(f,g)|\leqslant\|f\|\cdot\|g\|$. (提示:注意$\|f-\lambda g\|^2\geqslant 0$,其中$\lambda$为任意常数,将$\|f-\lambda g\|^2$写成关于$\lambda$的二次三项式.)

§2   周期为 2π 的函数的傅里叶级数及其收敛性

1. 周期函数的傅里叶系数与傅里叶级数

为了研究一个以 2π 为周期的函数 $f(x)$ 能否展成三角级数:
$$\frac{a_0}{2}+\sum_{n=1}^{\infty}(a_n\cos nx+b_n\sin nx),$$

我们应当首先考察,假如上述三角级数收敛到 $f(x)$,那么三角级数的系数 a_0,a_n 及 $b_n(n=1,2,\cdots)$ 应当怎样确定.

为了便于回答这个问题,我们不妨假定较强的条件,即假定上述三角级数在$(-\infty,+\infty)$上一致收敛于 $f(x)$.在这样的条件下,我们有
$$f(x)=\frac{a_0}{2}+\sum_{n=1}^{\infty}(a_n\cos nx+b_n\sin nx),$$

且在等式两边乘以 $\cos kx$ 或 $\sin kx$ 后可逐项求积分,于是有
$$\int_{-\pi}^{\pi}f(x)\sin kx\,\mathrm{d}x$$
$$=\frac{a_0}{2}\int_{-\pi}^{\pi}\sin kx\,\mathrm{d}x+\int_{-\pi}^{\pi}\sum_{n=1}^{\infty}(a_n\cos nx\sin kx+b_n\sin nx\sin kx)\mathrm{d}x$$
$$=\frac{a_0}{2}\int_{-\pi}^{\pi}\sin kx\,\mathrm{d}x+\sum_{n=1}^{\infty}\left(a_n\int_{-\pi}^{\pi}\cos nx\sin kx\,\mathrm{d}x+b_n\int_{-\pi}^{\pi}\sin nx\sin kx\,\mathrm{d}x\right).$$

由基本三角函数系的正交性,立即推出
$$\int_{-\pi}^{\pi}f(x)\sin kx\,\mathrm{d}x=b_k\pi,\quad k=1,2,\cdots.$$

类似地,我们可以推出
$$\int_{-\pi}^{\pi}f(x)\mathrm{d}x=a_0\pi,$$
$$\int_{-\pi}^{\pi}f(x)\cos kx\,\mathrm{d}x=a_k\pi,\quad k=1,2,\cdots,$$

或统一地写成:
$$\int_{-\pi}^{\pi}f(x)\cos kx\,\mathrm{d}x=a_k\pi,\quad k=0,1,2,\cdots.$$

(顺便指出,我们之所以将三角级数的常数项写成 $\dfrac{a_0}{2}$ 而不是 a_0,就是在于这种记法使得 a_k 有上述统一的表达式.)总之,我们证明了:若 $f(x)$ 能展开成一个一致收敛的三角级数

$$f(x) = \frac{a_0}{2} + \sum_{n=1}^{\infty}(a_n\cos nx + b_n\sin nx),$$

则其系数 a_n 及 b_n 由 $f(x)$ 唯一确定:

$$a_n = \frac{1}{\pi}\int_{-\pi}^{\pi} f(x)\cos nx\,\mathrm{d}x, \quad n = 0,1,2,\cdots,$$

$$b_n = \frac{1}{\pi}\int_{-\pi}^{\pi} f(x)\sin nx\,\mathrm{d}x, \quad n = 1,2,\cdots.$$

现在,我们给出一般的定义.

定义 设 $f(x)$ 是一个以 2π 为周期的函数,且在 $[-\pi,\pi]$ 上有界可积,我们称数串

$$a_n = \frac{1}{\pi}\int_{-\pi}^{\pi} f(x)\cos nx\,\mathrm{d}x \quad (n = 0,1,2,\cdots),$$

$$b_n = \frac{1}{\pi}\int_{-\pi}^{\pi} f(x)\sin nx\,\mathrm{d}x \quad (n = 1,2,\cdots) \tag{12.1}$$

为函数 $f(x)$ 的**傅里叶系数**.以傅里叶系数为系数,所做的三角级数

$$\frac{a_0}{2} + \sum_{n=1}^{\infty}(a_n\cos nx + b_n\sin nx),$$

称为函数 $f(x)$ 的**傅里叶级数**.

需要提醒读者注意的是,只要周期函数 $f(x)$ 在 $[-\pi,\pi]$ 上有界可积,便可根据上述公式(12.1)求出它的傅里叶系数,从而做出其傅里叶级数.但是,我们无法断言该傅里叶级数一定收敛于 $f(x)$.事实上,函数 $f(x)$ 的傅里叶级数在 $[-\pi,\pi]$ 上不一定收敛,即使收敛,也不一定收敛到 $f(x)$.因而我们把函数 $f(x)$ 与其傅里叶级数之间的关系用记号"$\sim$"表示,即表示成

$$f(x) \sim \frac{a_0}{2} + \sum_{n=1}^{\infty}(a_n\cos nx + b_n\sin nx),$$

以表示两者不一定相等.何时可以将"$\sim$"换成"$=$"是我们要研究的问题之一.

2. 傅里叶级数的收敛性定理及傅里叶展开式

现在,我们要研究的问题归结为两个问题:一个以 2π 为周期的函数所

对应的傅里叶级数何时收敛？如果收敛,这个傅里叶级数是否收敛于给定的函数？

下面给出傅里叶级数收敛的两个充分条件.为此,先明确几个概念.

我们称函数 $f(x)$ 在 $[a,b]$ 上**分段连续**,如果 $f(x)$ 在 $[a,b]$ 上除去有限个第一类间断点外处处连续.我们称函数 $f(x)$ 在 $[a,b]$ 上**分段单调**,如果 $f(x)$ 在 $[a,b]$ 上只有有限个单调区间.例如,图 12.1 所示的函数在区间 $[-\pi,\pi]$ 上是分段连续且分段单调的,又函数 $x\sin\dfrac{1}{x}$ 在区间 $[-\pi,\pi]$ 上分段连续但不分段单调,因为它在任一小区间 $[-\delta,\delta]$ $(0<\delta<\pi)$ 上做无穷多次振荡.而函数 $\dfrac{1}{|x|}$ 在 $[-\pi,\pi]$ 上分段单调但不分段连续.因为其间断不是第一类间断点.

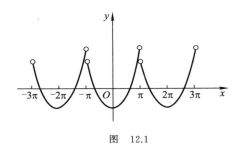

图 12.1

下面我们引进分段可微的概念.为此,对于函数 $f(x)$ 的第一类间断点 x_0,我们推广在 x_0 处的导数的概念:记 $f(x_0-0)$,$f(x_0+0)$ 分别为 $f(x)$ 在 x_0 处的左、右极限,若极限

$$\lim_{\Delta x\to 0+0}\frac{f(x_0-\Delta x)-f(x_0-0)}{-\Delta x}$$

存在,则称 $f(x)$ 在 x_0 处广义左可导,并记该极限为 $f'(x_0-0)$,称之为 $f(x)$ 在 x_0 处的**广义左导数**;同理,若极限

$$\lim_{\Delta x\to 0+0}\frac{f(x_0+\Delta x)-f(x_0+0)}{\Delta x}$$

存在,则称 $f(x)$ 在 x_0 处广义右可导,并记该极限为 $f'(x_0+0)$,且称之为 $f(x)$ 在 x_0 处的**广义右导数**.

若函数 $f(x)$ 在 $[a,b]$ 上分段连续,又存在有限个点 $a=x_0<x_1<\cdots<x_n=b$,使 $f(x)$ 在每一小区间 (x_i,x_{i+1}) 上可微,且在这些点处的广义导数

$f'(x_i+0)$, $f'(x_{i+1}-0)$ 存在 $(i=0,\cdots,n)$, 则称 $f(x)$ 在 $[a,b]$ 上**分段可微**. 例如函数 $y=[x]$ 在 $[-\pi,\pi]$ 上是分段可微的.

定理 1(狄利克雷定理)   设函数 $f(x)$ 以 2π 为周期, 在区间 $[-\pi,\pi]$ 上满足狄利克雷条件, 即 $f(x)$ 在 $[-\pi,\pi]$ 上分段连续且分段单调, 则 $f(x)$ 的傅里叶级数在任意一点 x 处均收敛, 且其和函数为

$$S(x)=\begin{cases} f(x), & x \text{ 为 } f(x) \text{ 的连续点}, \\ \dfrac{f(x+0)+f(x-0)}{2}, & x \text{ 为 } f(x) \text{ 的间断点}. \end{cases}$$

证明从略.

这个定理表明: 一个分段连续且分段单调的函数, 在其连续点处, 其傅里叶级数就收敛到该点的函数值. 这时我们称函数在该点**可以展成傅里叶级数**.

应该注意, 在函数的间断点, 傅里叶级数不一定收敛于其函数值, 而是收敛于函数在该点的左右极限的平均值. 这一结论也适用于 $[-\pi,\pi]$ 的端点. 即若函数 $f(x)$ 在 $x=\pi$ 处间断 (见图 12.1), 由定理 1 知

$$S(\pi)=\frac{1}{2}[f(\pi+0)+f(\pi-0)],$$

再注意到周期性, 可推出

$$S(\pi)=\frac{1}{2}[f(-\pi+0)+f(\pi-0)].$$

同理也可推出

$$S(-\pi)=\frac{1}{2}[f(-\pi+0)+f(\pi-0)].$$

总之, 在定理 1 的条件下, 傅里叶级数在 $\pm\pi$ 处的值, 等于函数在 $-\pi$ 处的右极限与在 π 处的左极限的平均值.

定理 2   设函数 $f(x)$ 以 2π 为周期, 且在区间 $[-\pi,\pi]$ 上分段可微, 则 $f(x)$ 的傅里叶级数在任意一点 x 处均收敛到和函数

$$S(x)=\frac{1}{2}[f(x+0)+f(x-0)], \quad -\infty<x<+\infty.$$

证明从略.

因为在连续点处, $f(x+0)=f(x-0)=f(x)$, 所以定理 2 的结论实际上与定理 1 的结论是一样的.

例 1   设函数 $f(x)$ 以 2π 为周期, 它在 $[-\pi,\pi)$ 上的表达式为

$$f(x)=\begin{cases} -\pi, & -\pi\leqslant x<0, \\ x, & 0\leqslant x<\pi \end{cases}$$

（见图 12.2），求 $f(x)$ 的傅里叶级数及其和函数.

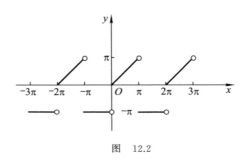

图   12.2

解   先计算傅里叶系数：

$$a_0 = \frac{1}{\pi}\int_{-\pi}^{\pi} f(x)\mathrm{d}x = \frac{1}{\pi}\left(\int_{-\pi}^{0} -\pi\mathrm{d}x + \int_{0}^{\pi} x\mathrm{d}x\right) = -\frac{\pi}{2},$$

$$a_n = \frac{1}{\pi}\left(\int_{-\pi}^{0} -\pi\cos nx\,\mathrm{d}x + \int_{0}^{\pi} x\cos nx\,\mathrm{d}x\right)$$

$$= \frac{1}{n^2\pi}\cos nx\,\Big|_{0}^{\pi} = \frac{1}{n^2\pi}[(-1)^n - 1],\quad n = 1,2,\cdots,$$

$$b_n = \frac{1}{\pi}\left(\int_{-\pi}^{0} -\pi\sin nx\,\mathrm{d}x + \int_{0}^{\pi} x\sin nx\,\mathrm{d}x\right)$$

$$= \frac{1}{n}[1 - 2(-1)^n],\quad n = 1,2,\cdots.$$

故有

$$f(x) \sim -\frac{\pi}{4} + \sum_{n=1}^{\infty}\left\{\frac{1}{n^2\pi}[(-1)^n - 1]\cos nx\right.$$

$$\left. + \frac{1}{n}[1 - 2(-1)^n]\sin nx\right\}.$$

又因为 $f(x)$ 在 $[-\pi,\pi]$ 上分段连续且分段单调，故其傅里叶级数在 $(-\infty,+\infty)$ 上点点收敛，在 $f(x)$ 的连续点处就收敛到 $f(x)$，在 $f(x)$ 的间断点处收敛到左右极限之平均值.于是有

$$-\frac{\pi}{4} + \sum_{n=1}^{\infty}\left\{\frac{[(-1)^n - 1]}{n^2\pi}\cos nx + \frac{[1 - 2(-1)^n]}{n}\sin nx\right\}$$

$$= \begin{cases} f(x), & (k-1)\pi < x < k\pi, \\ 0, & x = (2k+1)\pi, \qquad k = 0,\pm 1,\pm 2,\cdots. \\ -\pi/2, & x = 2k\pi, \end{cases}$$

例 2 设函数 $f(x)$ 以 2π 为周期,它在 $[-\pi,\pi)$ 上的表达式为

$$f(x) = \begin{cases} 0, & -\pi \leqslant x < 0, \\ 1, & 0 \leqslant x < \pi \end{cases}$$

(见图 12.3),求 $f(x)$ 的傅里叶级数及其和函数.

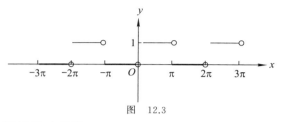

图 12.3

解 先计算傅里叶系数:

$$a_0 = \frac{1}{\pi} \int_{-\pi}^{\pi} f(x) \mathrm{d}x = \frac{1}{\pi} \left(\int_{-\pi}^{0} 0 \mathrm{d}x + \int_{0}^{\pi} 1 \mathrm{d}x \right) = 1,$$

$$a_n = \frac{1}{\pi} \int_{-\pi}^{\pi} f(x) \cos nx \, \mathrm{d}x = \frac{1}{\pi} \int_{0}^{\pi} \cos nx \, \mathrm{d}x$$

$$= \frac{1}{n\pi} \sin nx \Big|_{0}^{\pi} = 0, \quad n = 1, 2, \cdots,$$

$$b_n = \frac{1}{\pi} \int_{-\pi}^{\pi} f(x) \sin nx \, \mathrm{d}x = \frac{1}{\pi} \int_{0}^{\pi} \sin nx \, \mathrm{d}x$$

$$= -\frac{1}{n\pi} \cos nx \Big|_{0}^{\pi} = \frac{1 - (-1)^n}{n\pi}$$

$$= \begin{cases} 0, & n = 2m, \\ \dfrac{2}{(2m-1)\pi}, & n = 2m-1, \end{cases} \quad m = 1, 2, \cdots,$$

故有

$$f(x) \sim \frac{1}{2} + \frac{2}{\pi} \sum_{m=1}^{\infty} \frac{\sin (2m-1)x}{2m-1}.$$

因为 $f(x)$ 在 $[-\pi,\pi]$ 上分段连续且分段单调,所以其傅里叶级数在 $(-\infty,+\infty)$ 上点点收敛.于是有

$$\frac{1}{2} + \frac{2}{\pi} \sum_{m=1}^{\infty} \frac{\sin (2m-1)x}{2m-1}$$

$$= \begin{cases} 0, & 2k\pi - \pi < x < 2k\pi, \\ 1, & 2k\pi < x < 2k\pi + \pi, \quad k = 0, \pm 1, \pm 2, \cdots. \\ \dfrac{1}{2}, & x = k\pi, \end{cases}$$

例 3   设函数 $f(x)$ 以 2π 为周期,它在 $[0,2\pi)$ 上的表达式为 $f(x)=x$ (见图 12.4),求 $f(x)$ 的傅里叶级数及其和函数.

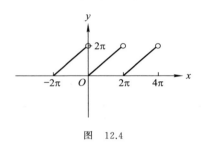

图   12.4

解   按照公式(12.1),

$$a_0 = \frac{1}{\pi}\int_{-\pi}^{\pi} f(x)\mathrm{d}x,$$

因为 $f(x)$ 是以 2π 为周期,利用周期函数的定积分性质,所以我们不必再去求 $f(x)$ 在 $[-\pi,0)$ 上的表达式,则有

$$a_0 = \frac{1}{\pi}\int_{0}^{2\pi} f(x)\mathrm{d}x = \frac{1}{\pi}\int_{0}^{2\pi} x\,\mathrm{d}x = 2\pi.$$

同理,

$$\begin{aligned}
a_0 &= \frac{1}{\pi}\int_{0}^{2\pi} f(x)\cos nx\,\mathrm{d}x = \frac{1}{\pi}\int_{0}^{2\pi} x\cos nx\,\mathrm{d}x \\
&= \frac{1}{n\pi}\int_{0}^{2\pi} x\,\mathrm{d}\sin nx \\
&= \frac{1}{n\pi}x\sin nx \Big|_{0}^{2\pi} - \frac{1}{n\pi}\int_{0}^{2\pi}\sin nx\,\mathrm{d}x \\
&= 0, \quad n=1,2,\cdots, \\
b_n &= \frac{1}{\pi}\int_{0}^{2\pi} f(x)\sin nx\,\mathrm{d}x = \frac{1}{\pi}\int_{0}^{2\pi} x\sin nx\,\mathrm{d}x \\
&= -\frac{1}{n\pi}\int_{0}^{2\pi} x\,\mathrm{d}\cos nx \\
&= -\frac{1}{n\pi}x\cos nx \Big|_{0}^{2\pi} + \frac{1}{n\pi}\int_{0}^{2\pi}\cos nx\,\mathrm{d}x \\
&= -\frac{2}{n}, \quad n=1,2,\cdots,
\end{aligned}$$

故有

$$f(x) \sim \pi - 2 \sum_{n=1}^{\infty} \frac{\sin nx}{n}.$$

因为 $f(x)$ 在 $(0, 2\pi)$ 上连续且单调，$x=0$ 和 $x=2\pi$ 都是第一类间断点，所以其傅里叶级数在 $(-\infty, +\infty)$ 上点点收敛，且有

$$\pi - 2 \sum_{n=1}^{\infty} \frac{\sin nx}{n} = \begin{cases} f(x), & 2k\pi < x < 2k\pi + 2\pi, \\ \pi, & x = 2k\pi, \end{cases} \quad k = 0, \pm 1, \pm 2, \cdots.$$

3. 奇、偶周期函数的傅里叶级数

以下设函数 $f(x)$ 以 2π 为周期，在 $[-\pi, \pi]$ 上有界可积。现在我们讨论 $f(x)$ 为奇函数或偶函数时的傅里叶级数。

(1) 当 $f(x)$ 是偶函数时，其傅里叶系数为

$$a_n = \frac{1}{\pi} \int_{-\pi}^{\pi} f(x) \cos nx \, \mathrm{d}x = \frac{2}{\pi} \int_0^{\pi} f(x) \cos nx \, \mathrm{d}x, \quad n = 0, 1, 2, \cdots;$$

$$b_n = \frac{1}{\pi} \int_{-\pi}^{\pi} f(x) \sin nx \, \mathrm{d}x = 0, \quad n = 1, 2, \cdots.$$

所以这时 $f(x)$ 的傅里叶级数中只含常数项及余弦函数的项：

$$f(x) \sim \frac{a_0}{2} + \sum_{n=1}^{\infty} a_n \cos nx.$$

称这样的傅里叶级数为**傅里叶余弦级数**，简称为余弦级数。

(2) 当 $f(x)$ 为奇函数时，其傅里叶系数为

$$a_n = 0, \quad n = 0, 1, 2, \cdots;$$

$$b_n = \frac{2}{\pi} \int_0^{\pi} f(x) \sin nx \, \mathrm{d}x, \quad n = 1, 2, \cdots.$$

这时 $f(x)$ 的傅里叶级数中只含正弦函数的项：

$$f(x) \sim \sum_{n=1}^{\infty} b_n \sin nx.$$

称这样的傅里叶级数为**傅里叶正弦级数**，简称为正弦级数。

例 4 设函数 $f(x)$ 以 2π 为周期，它在 $[-\pi, \pi]$ 上的表达式为

$$f(x) = \begin{cases} 1, & 0 < x < \pi, \\ 0, & x = 0, \pm \pi, \\ -1, & -\pi < x < 0 \end{cases}$$

(见图 12.5)。求 $f(x)$ 的傅里叶级数及其和函数。

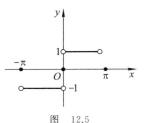

图 12.5

解   因为 $f(x)$ 为奇函数,所以

$$a_n = 0 \quad (n = 0, 1, 2, \cdots),$$

$$b_n = \frac{2}{\pi}\int_0^\pi \sin nx \, \mathrm{d}x = -\frac{2}{n\pi}\cos nx \bigg|_0^\pi$$

$$= \frac{2[1 - (-1)^n]}{n\pi}$$

$$= \begin{cases} 0, & n = 2k, \\ \dfrac{4}{(2k-1)\pi}, & n = 2k-1, \end{cases} \quad k = 1, 2, \cdots.$$

于是

$$f(x) \sim \frac{4}{\pi}\sum_{k=1}^\infty \frac{1}{2k-1}\sin(2k-1)x$$

$$= \frac{4}{\pi}\left(\sin x + \frac{1}{3}\sin 3x + \frac{1}{5}\sin 5x + \cdots\right).$$

由于 $f(x)$ 在 $[-\pi, \pi]$ 上分段连续且分段单调,故其傅里叶级数在 $(-\infty, +\infty)$ 上点点收敛,记其和函数为 $S(x)$. 不难看出,当 $x \in (-\pi, 0) \bigcup (0, \pi)$(即 $f(x)$ 的连续点集合)时,$S(x) = f(x)$. 在间断点 $x = -\pi$ 处,

$$S(-\pi) = \frac{1}{2}[f(-\pi+0) + f(\pi-0)]$$

$$= \frac{1}{2}(-1+1) = 0 = f(-\pi).$$

同理,在另两个间断点 $x = \pi$ 及 $x = 0$ 处,也可算出 $S(\pi) = 0 = f(\pi)$,$S(0) = 0 = f(0)$. 于是在整个区间 $[-\pi, \pi]$ 上,$S(x) \equiv f(x)$,再由周期性知,在 $(-\infty, +\infty)$ 上 $S(x) \equiv f(x)$,亦即 $f(x)$ 在整个数轴 $(-\infty, +\infty)$ 上可展开为傅里叶级数:

$$f(x) = \frac{4}{\pi}\left(\sin x + \frac{1}{3}\sin 3x + \frac{1}{5}\sin 5x + \cdots\right), \quad x \in (-\infty, +\infty).$$

图 12.6 显示了在区间 $[-\pi, \pi]$ 上这个傅里叶级数的部分和逐步逼近 $f(x)$ 的情况,其中

$$S_1(x) = \frac{4}{\pi}\sin x, \quad S_2(x) = \frac{4}{\pi}\left(\sin x + \frac{1}{3}\sin 3x\right),$$

$$S_3(x) = \frac{4}{\pi}\left(\sin x + \frac{1}{3}\sin 3x + \frac{1}{5}\sin 5x\right),$$

$$S_4(x) = \frac{4}{\pi}\left(\sin x + \frac{1}{3}\sin 3x + \frac{1}{5}\sin 5x + \frac{1}{7}\sin 7x\right).$$

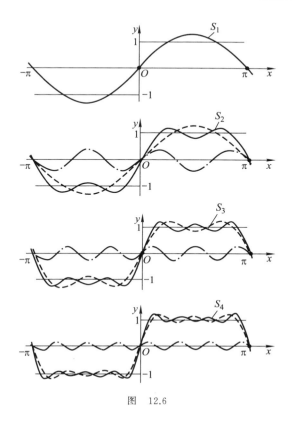

图　12.6

4. 任意周期的周期函数的傅里叶级数

前面我们讨论了以 2π 为周期的周期函数的傅里叶级数. 显然, 上述结果很容易推广到一般的周期函数上.

假定我们讨论的周期函数的周期为 $2l$. 这时我们考虑的三角函数系也应是以 $2l$ 为周期, 即

$$\frac{1}{2},\ \cos\frac{\pi}{l}x,\ \sin\frac{\pi}{l}x,\ \cdots,\ \cos\frac{\pi}{l}nx,\ \sin\frac{\pi}{l}nx,\ \cdots.$$

为方便起见, 我们将它写成:

$$\frac{1}{2},\ \cos\omega x,\ \sin\omega x,\ \cdots,\ \cos n\omega x,\ \sin n\omega x,\ \cdots,$$

其中 $\omega=\pi/l$. 我们希望求得相对于这个三角函数系的给定函数的傅里叶级数.

设 $y=f(x)$ 在 $(-\infty,+\infty)$ 上有定义, 以 $2l$ 为周期, 并假定 $f(x)$ 在

$[-l,l]$ 上有界可积. 我们做变量替换 $t=\dfrac{\pi}{l}x$, 得到函数

$$g(t)=f\left(\frac{l}{\pi}t\right),$$

这时 $g(t)$ 是 2π 为周期的函数. 事实上,

$$g(t+2\pi)=f\left(\frac{l}{\pi}(t+2\pi)\right)=f\left(\frac{l}{\pi}t+2l\right)=f\left(\frac{l}{\pi}t\right)=g(t).$$

现在, 我们假定

$$g(t)\sim\frac{a_0}{2}+\sum_{n=1}^{\infty}(a_n\cos nt+b_n\sin nt),$$

其中

$$a_n=\frac{1}{\pi}\int_{-\pi}^{\pi}g(t)\cos nt\,\mathrm{d}t,\quad n=0,1,2,\cdots,$$

$$b_n=\frac{1}{\pi}\int_{-\pi}^{\pi}g(t)\sin nt\,\mathrm{d}t,\quad n=1,2,\cdots,$$

这里的 a_n 与 b_n 可由 $f(x)$ 表示. 事实上, 在上述积分中令 $t=\dfrac{\pi}{l}x$ 即可, 则有

$$a_n=\frac{1}{\pi}\int_{-\pi}^{\pi}g(t)\cos nt\,\mathrm{d}t=\frac{1}{l}\int_{-l}^{l}f(x)\cos\frac{n\pi}{l}x\,\mathrm{d}x,\quad n=0,1,2,\cdots,$$

$$b_n=\frac{1}{\pi}\int_{-\pi}^{\pi}g(t)\sin nt\,\mathrm{d}t=\frac{1}{l}\int_{-l}^{l}f(x)\sin\frac{n\pi}{l}x\,\mathrm{d}x,\quad n=1,2,\cdots.$$

这样, 我们自然就把级数

$$\frac{a_0}{2}+\sum_{n=1}^{\infty}\left(a_n\cos\frac{n\pi}{l}x+b_n\sin\frac{n\pi}{l}x\right)$$

作为 $f(x)$ 的傅里叶级数, 其中系数由下列公式确定:

$$a_n=\frac{1}{l}\int_{-l}^{l}f(x)\cos\frac{n\pi}{l}x\,\mathrm{d}x,\quad n=0,1,2,\cdots,$$

$$b_n=\frac{1}{l}\int_{-l}^{l}f(x)\sin\frac{n\pi}{l}x\,\mathrm{d}x,\quad n=1,2,\cdots.$$

前面关于以 2π 为周期的函数的傅里叶级数收敛性的定理 (定理 1 与定理 2) 很自然地可以推广到以 $2l$ 为周期的函数上.

例 5　设函数 $f(t)$ 以 T 为周期, 它在 $\left[-\dfrac{T}{2},\dfrac{T}{2}\right]$ 上的表达式为

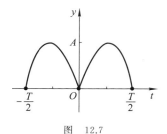

图 12.7

$$f(t) = \begin{cases} A\sin\omega t, & 0 \leqslant t < \dfrac{T}{2}, \\ -A\sin\omega t, & -\dfrac{T}{2} \leqslant t < 0, \end{cases}$$

其中 $\omega = \dfrac{2\pi}{T}$(见图 12.7).求 $f(t)$ 的傅里叶展开式.

解 本题中 $l = \dfrac{T}{2}$,又 $f(t)$ 为偶函数,所以

$$b_n = 0,$$

$$a_0 = \frac{4}{T}\int_0^{\frac{T}{2}} A\sin\omega t\, \mathrm{d}t = \frac{8A}{\omega T} = \frac{4A}{\pi}.$$

再注意 $\dfrac{\pi}{l} = \dfrac{2\pi}{T} = \omega$,于是

$$a_n = \frac{4}{T}\int_0^{\frac{T}{2}} A\sin\omega t \cos\frac{n\pi t}{l}\,\mathrm{d}t = \frac{4}{T}\int_0^{\frac{T}{2}} A\sin\omega t \cos n\omega t\,\mathrm{d}t.$$

当 $n = 1$ 时,

$$a_1 = \frac{4}{T}\int_0^{\frac{T}{2}} A\sin\omega t \cos\omega t\,\mathrm{d}t = 0;$$

当 $n \neq 1$ 时,

$$a_n = \frac{2A}{T}\int_0^{\frac{T}{2}} \big[\sin(n+1)\omega t - \sin(n-1)\omega t\big]\mathrm{d}t$$

$$= \frac{-4A}{(n^2-1)\omega T}\big[(-1)^n + 1\big], \quad n = 2,3,\cdots.$$

考虑到 $a_1 = 0$,我们得到统一的表达式

$$a_n = \begin{cases} 0, & n = 2k+1, \\ \dfrac{-4A}{(4k^2-1)\pi}, & n = 2k, \end{cases} \quad k = 0,1,2,\cdots,$$

所以

$$f(t) \sim \frac{2A}{\pi} - \frac{4A}{\pi}\sum_{k=1}^{\infty} \frac{\cos 2k\omega t}{4k^2 - 1}.$$

根据定义,$f(t)$ 在 $\left[-\dfrac{T}{2}, \dfrac{T}{2}\right]$ 上连续.由周期性知 $f\left(\dfrac{T}{2}\right) = f\left(-\dfrac{T}{2}\right) = 0$,又 $f\left(\dfrac{T}{2} - 0\right) = 0$,故 $f(t)$ 在 $\left[-\dfrac{T}{2}, \dfrac{T}{2}\right]$ 上连续.再由 $f(x)$ 的周期性即推出它

在整个数轴$(-\infty,+\infty)$上连续,故其傅里叶级数处处收敛,并收敛于$f(x)$,也即

$$f(t)=\frac{2A}{\pi}-\frac{4A}{\pi}\sum_{k=1}^{\infty}\frac{\cos 2k\omega t}{4k^2-1},\quad -\infty<t<+\infty.$$

顺便指出,在上式中令$t=0$,移项得

$$\sum_{k=1}^{\infty}\frac{1}{4k^2-1}=\frac{1}{2}.$$

5. 定义在有穷区间上的函数的傅里叶级数

前面我们讨论了周期函数的傅里叶展开.其实傅里叶级数不仅可以用来研究周期函数,而且可以用来研究任意有穷区间上的函数,只要我们将它周期延拓到整个数轴上就成了.以下分情况说明这一点.

(1) 给定函数$y=f(x)$在$[-\pi,\pi)$上有定义.这时我们考虑一个新的函数,它是分段定义的:

$$F(x)=f(x-2k\pi),\quad 当 2k\pi-\pi\leqslant x<2k\pi+\pi,$$

其中$k=0,\pm1,\pm2,\cdots$.很容易验证当$k=0$时也即当$x\in[-\pi,\pi)$时,$F(x)=f(x)$.而对于其他k,$F(x)$的函数图形恰好是$f(x)$的图形的平移,见图12.8.这时函数$y=F(x)$是一个以2π为周期的函数,且在$[-\pi,\pi)$上恰好等于$f(x)$.因此,我们称$F(x)$为$f(x)$的**周期延拓函数**.

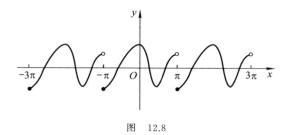

图　12.8

设$F(x)\sim\dfrac{a_0}{2}+\displaystyle\sum_{n=1}^{\infty}(a_n\cos nx+b_n\sin nx)$,那么

$$a_n=\frac{1}{\pi}\int_{-\pi}^{\pi}F(x)\cos nx\,\mathrm{d}x=\frac{1}{\pi}\int_{-\pi}^{\pi}f(x)\cos nx\,\mathrm{d}x$$

$$(n=0,1,2,\cdots);$$

$$b_n=\frac{1}{\pi}\int_{-\pi}^{\pi}F(x)\sin nx\,\mathrm{d}x=\frac{1}{\pi}\int_{-\pi}^{\pi}f(x)\sin nx\,\mathrm{d}x$$

$$(n = 1, 2, \cdots).$$

由上式可以看出这里的系数 a_n 与 b_n 只依赖于 $f(x)$ 在 $[-\pi, \pi)$ 上的值. 因此, 我们可以不必写出周期延拓函数 $F(x)$ 的表达式, 而直接算出其傅里叶级数的系数.

假定给定函数 $y = f(x)$ 在 $(-\pi, \pi]$ 上有定义, 这时完全类似地可以将它延拓成以 2π 为周期的函数, 并且其傅里叶级数的系数可由 $f(x)$ 算出.

顺便指出, 假若给定函数 $y = f(x)$ 在 $[-\pi, \pi]$ 上有定义, 且 $f(-\pi) = f(\pi)$, 这时 $f(x)$ 可以延拓成以 2π 周期的函数. 假若 $y = f(x)$ 在 $[-\pi, \pi]$ 上有定义, 但 $f(-\pi) \neq f(\pi)$, 这时 $f(x)$ 不可能延拓成以 2π 为周期的函数. 这时, 我们可以将 $f(x)$ 按照 $[-\pi, \pi)$ 上的定义, 或者按照 $(-\pi, \pi]$ 上的定义, 将它延拓成以 2π 为周期的函数. 但是, 无论这两种延拓中的哪一种, 其傅里叶级数中的系数 a_n 与 b_n 都是一样的: 因为积分

$$a_n = \frac{1}{\pi} \int_{-\pi}^{\pi} f(x) \cos nx \, \mathrm{d}x,$$

$$b_n = \frac{1}{\pi} \int_{-\pi}^{\pi} f(x) \sin nx \, \mathrm{d}x$$

不因改变 $f(x)$ 在 $[-\pi, \pi]$ 中的个别点的值而改变.

因此, 当 $y = f(x)$ 在 $[-\pi, \pi]$ 上有定义, 但在区间端点处函数值不相等时同样可以考虑其傅里叶级数.

例 6　求函数

$$f(x) = \pi^2 - x^2 \quad (-\pi \leqslant x \leqslant \pi)$$

在 $[-\pi, \pi]$ 上的傅里叶展开式.

解　由于 $f(x)$ 为偶函数, 所以 $b_n = 0$ $(n = 1, 2, \cdots)$. 另外, 我们有

$$a_0 = \frac{2}{\pi} \int_0^{\pi} (\pi^2 - x^2) \, \mathrm{d}x = \frac{4}{3} \pi^2,$$

$$a_n = \frac{2}{\pi} \int_0^{\pi} (\pi^2 - x^2) \cos nx \, \mathrm{d}x = (-1)^{n-1} \frac{4}{n^2}$$

$$(n = 1, 2, \cdots).$$

因此, 我们得到

$$f(x) \sim \frac{2}{3} \pi^2 + 4 \sum_{n=1}^{\infty} (-1)^{n-1} \frac{1}{n^2} \cos nx.$$

现在, 我们讨论该傅里叶级数的收敛性. 由于 $f(x)$ 在 $[-\pi, \pi]$ 上连续, 而且 $f(-\pi) = f(\pi)$. 因此, $f(x)$ 的周期延拓函数在整个数轴上都连续. 此外, $f(x)$ 在 $[-\pi, \pi]$ 上分段单调. 因此, 下式处处成立:

$$\pi^2 - x^2 = \frac{2}{3}\pi^2 + 4\sum_{n=1}^{\infty}(-1)^{n-1}\frac{1}{n^2}\cos nx, \quad -\pi \leqslant x \leqslant \pi.$$

在上述等式中令 $x=0$，即得

$$\frac{\pi^2}{12} = 1 - \frac{1}{2^2} + \frac{1}{3^2} - \cdots + (-1)^{n-1}\frac{1}{n^2} + \cdots.$$

若在上述展开式中令 $x=\pi$，又得

$$\frac{\pi^2}{6} = 1 + \frac{1}{4} + \frac{1}{9} + \cdots + \frac{1}{n^2} + \cdots.$$

(2) 假定给定的函数 $f(x)$ 在一个关于原点对称的有穷区间上有定义，比如 $y=f(x)$ 在 $[-l,l]$ 中有定义.这时我们可以仿照前面的办法将其延拓为以 $2l$ 为周期的周期函数.这时便得到 $f(x)$ 对应的傅里叶级数为

$$\frac{a_0}{2} + \sum_{n=1}^{\infty}\left(a_n\cos\frac{n\pi}{l}x + b_n\sin\frac{n\pi}{l}x\right),$$

其中 a_n 与 b_n 按照下列公式确定:

$$a_n = \frac{1}{l}\int_{-l}^{l}f(x)\cos\frac{n\pi}{l}x\,\mathrm{d}x, \quad n=0,1,2,\cdots,$$

$$b_n = \frac{1}{l}\int_{-l}^{l}f(x)\sin\frac{n\pi}{l}x\,\mathrm{d}x, \quad n=1,2,\cdots.$$

至于函数 $y=f(x)$ 给定在 $(-l,l)$ 或 $[-l,l]$ 上时，依旧按照上述公式确定其傅里叶级数.而该傅里叶级数的收敛性及其收敛的值应该按照推广了的定理 1 与定理 2 决定.

(3) 给定函数 $y=f(x)$ 在 $[0,l]$.这时我们首先应该把这个函数的定义域延拓到 $[-l,l]$.这有很大的任意性.通常有两种办法是常用的：一种是偶延拓，即定义函数

$$F_1(x) = \begin{cases} f(x), & 0 \leqslant x \leqslant l, \\ f(-x), & -l \leqslant x < 0; \end{cases}$$

另一种是奇延拓，即定义函数

$$F_2(x) = \begin{cases} f(x), & 0 < x \leqslant l, \\ 0, & x = 0, \\ -f(-x), & -l \leqslant x < 0. \end{cases}$$

这里 $F_1(x)$ 是偶函数(见图 12.9)，而 $F_2(x)$ 是奇函数(见图 12.10).然后，我们根据延拓后的函数 $F_1(x)$ 或 $F_2(x)$ 求得它们的傅里叶级数.

对于偶延拓的情况，由于 $F_1(x)$ 是偶函数，其傅里叶级数为余弦级数:

$$F_1(x) \sim \frac{a_0}{2} + \sum_{n=1}^{\infty} a_n \cos \frac{n\pi}{l} x, \quad -l \leqslant x \leqslant l,$$

其中

$$a_0 = \frac{2}{l} \int_0^l f(x) \mathrm{d}x, \quad a_n = \frac{2}{l} \int_0^l f(x) \cos \frac{n\pi}{l} x \mathrm{d}x.$$

当 $0 \leqslant x \leqslant l$ 时 $F_1(x) = f(x)$, 这时 $F_1(x)$ 的傅里叶级数也就是 $f(x)$ 的傅里叶级数, 即有

$$f(x) \sim \frac{a_0}{2} + \sum_{n=1}^{\infty} a_n \cos \frac{n\pi}{l} x, \quad 0 \leqslant x \leqslant l,$$

其中 a_0, a_n 由上式确定.

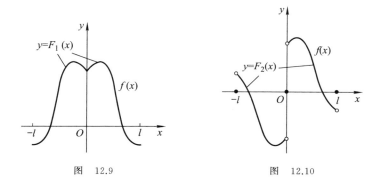

图　12.9　　　　　　　　图　12.10

在奇延拓的情况, 由于 $F_2(x)$ 是奇函数, 故 $F_2(x)$ 的傅里叶级数为正弦级数

$$F_2(x) \sim \sum_{n=1}^{\infty} b_n \sin \frac{n\pi}{l} x, \quad -l \leqslant x \leqslant l,$$

其中

$$b_n = \frac{2}{l} \int_0^l f(x) \sin \frac{n\pi}{l} x \mathrm{d}x,$$

在区间 $(0, l)$ 上, 上式也是 $f(x)$ 的傅里叶级数, 即有

$$f(x) \sim \sum_{n=1}^{\infty} b_n \sin \frac{n\pi}{l} x, \quad 0 < x < l,$$

其中系数 b_n 由上式确定.

由上面讨论看出, 当 $f(x)$ 在区间 $[0, l]$ 内连续时 (这时其傅里叶级数在 $(0, l)$ 内点点收敛于 $f(x)$), 在区间 $(0, l)$ 内 $f(x)$ 既可展开为余弦级数, 也可展开为正弦级数. 这两个级数在区间 $(0, l)$ 内都等于 $f(x)$, 而在区间 $(0,

l)之外,它们就可能不相同了(见图 12.9 及图 12.10).

例 7 将函数 $f(x) = \dfrac{x}{2}$ 在区间[0,2]上展开成:

(1) 余弦级数; (2) 正弦级数.

解 (1) 这时需将 $f(x)$ 偶开拓至区间[-2,2](见图 12.11).余弦级数的系数可按前面的公式计算,即

$$a_0 = \frac{2}{2}\int_0^2 \frac{x}{2}\mathrm{d}x = 1,$$

$$a_n = \frac{2}{2}\int_0^2 \frac{x}{2}\cos\frac{n\pi x}{2}\mathrm{d}x = \frac{2[(-1)^n - 1]}{(n\pi)^2}$$

$$= \begin{cases} 0, & n = 2k, \\ \dfrac{-4}{(2k-1)^2\pi^2}, & n = 2k-1, \end{cases} \quad k = 1, 2, \cdots.$$

由于偶开拓后的函数在区间[-2,2]上连续,且分段单调并在两端点 $x = -2$ 与 $x = 2$ 处的函数值相等,因而在整个区间[-2,2]上,余弦级数收敛于 $f(x)$,因而有

$$\frac{x}{2} = \frac{1}{2} - \frac{4}{\pi^2}\sum_{k=1}^{\infty}\frac{1}{(2k-1)^2}\cos\frac{(2k-1)\pi x}{2}, \quad 0 \leqslant x \leqslant 2.$$

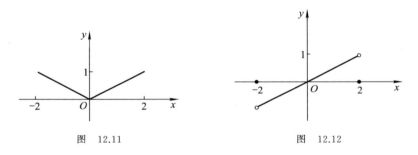

图 12.11   图 12.12

(2) 这时需将 $f(x)$ 奇开拓至[-2,2](见图 12.12).系数

$$b_n = \frac{2}{2}\int_0^2 \frac{x}{2}\sin\frac{n\pi x}{2}\mathrm{d}x = (-1)^{n+1}\frac{2}{n\pi}, \quad n = 1, 2, \cdots.$$

由于开拓后的函数在区间(-2,2)上单调且连续,因而我们有:

$$\frac{x}{2} = \frac{2}{\pi}\sum_{n=1}^{\infty}(-1)^{n+1}\frac{1}{n}\sin\frac{n\pi x}{2}, \quad -2 < x < 2.$$

特别地,上式当 $0 \leqslant x < 2$ 时成立.

显然,当 $x = \pm 2$ 时级数

$$\frac{2}{\pi}\sum_{n=1}^{\infty}(-1)^{n+1}\frac{1}{n}\sin\frac{n\pi x}{2}=0,$$

它不等于函数 $y=\dfrac{x}{2}$ 在 $x=\pm2$ 的值.这并不奇怪.根据狄利克雷定理,该傅

里叶级数在 $x=\pm2$ 的值应该是函数 $y=\dfrac{x}{2}$ 在 $x=2$ 的左极限和 $y=\dfrac{x}{2}$ 在

$x=-2$ 的右极限的平均值,而这个平均值显然是零.

　　对于函数 $y=f(x)(x\in[0,l])$,除了上述偶延拓和奇延拓之外,还有另外一种延拓方法. 令

$$F(x)=f(x-kl),\quad kl\leqslant x<(k+1)l,$$

其中 $k=0,\pm1,\pm2,\cdots$.从直观上看.$F(x)$ 的图形恰好是 $f(x)$ 的图形的平移.$F(x)$ 是 $f(x)$ 的周期延拓函数,最小正周期 $T=l$.类似于前面讨论过的以 $2l$ 为周期的周期函数的傅里叶级数,将周期 $2l$ 换成 l,$f(x)$ 对应的傅里叶级数为

$$\frac{a_0}{2}+\sum_{n=1}^{\infty}(a_n\cos n\omega x+b_n\sin n\omega x),$$

其中 $\omega=\dfrac{2\pi}{T}=\dfrac{2\pi}{l}$,系数由下列公式确定:

$$a_n=\frac{1}{\dfrac{T}{2}}\int_{-\frac{T}{2}}^{\frac{T}{2}}f(x)\cos n\omega x\,\mathrm{d}x=\frac{1}{\dfrac{T}{2}}\int_0^T f(x)\cos n\omega x\,\mathrm{d}x$$

$$=\frac{2}{l}\int_0^l f(x)\cos\frac{2n\pi}{l}x\,\mathrm{d}x,\quad n=0,1,2,\cdots,$$

$$b_n=\frac{1}{\dfrac{T}{2}}\int_{-\frac{T}{2}}^{\frac{T}{2}}f(x)\sin n\omega x\,\mathrm{d}x=\frac{1}{\dfrac{T}{2}}\int_0^T f(x)\sin n\omega x\,\mathrm{d}x$$

$$=\frac{2}{l}\int_0^l f(x)\sin\frac{2n\pi}{l}x\,\mathrm{d}x,\quad n=1,2,\cdots.$$

　　例 8　设 $f(x)=x(x\in[0,\pi))$,按照上述延拓方式将 $f(x)$ 延拓成以 π 为周期的周期函数(见图 12.13),求 $f(x)$ 的傅里叶级数.

　　解　这时 $l=\pi,\omega=\dfrac{2\pi}{\pi}=2$,则

$$a_0=\frac{2}{\pi}\int_0^\pi x\,\mathrm{d}x=\pi,$$

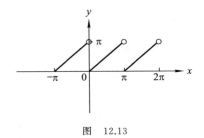

图   12.13

$$a_n = \frac{2}{\pi}\int_0^\pi x\cos 2nx\,\mathrm{d}x = \frac{1}{n\pi}\int_0^\pi x\,\mathrm{d}\sin 2nx$$

$$= \frac{1}{n\pi}x\sin 2nx\,\Big|_0^\pi - \frac{1}{n\pi}\int_0^\pi \sin 2nx\,\mathrm{d}x$$

$$= \frac{1}{2n^2\pi}\cos 2nx\,\Big|_0^\pi = 0, \quad n = 1,2,\cdots,$$

$$b_n = \frac{2}{\pi}\int_0^\pi x\sin 2nx\,\mathrm{d}x = -\frac{1}{n\pi}\int_0^\pi x\,\mathrm{d}\cos 2nx$$

$$= -\frac{1}{n\pi}x\cos 2nx\,\Big|_0^\pi + \frac{1}{n\pi}\int_0^\pi \cos 2nx\,\mathrm{d}x$$

$$= -\frac{1}{n}, \quad n = 1,2,\cdots.$$

由于延拓后的函数在区间 $(0,\pi)$ 上连续且单调，$x=0$ 和 $x=\pi$ 都是第一类间断点，因此我们有

$$x = \frac{\pi}{2} - \sum_{n=1}^\infty \frac{\sin 2nx}{n}, \quad 0 < x < \pi.$$

当 $x=0$ 或 π 时级数也收敛，收敛于 $\frac{\pi}{2}$.

定义在有穷区间上的函数的不同延拓方式，所对应的傅里叶级数也会不同. 以 $f(x)=x(x\in[0,\pi))$ 为例，请大家观察例 8 所得级数与它的余弦级数、正弦级数的不同之处.

习   题   12.2

1. 设 $y=f(x)$ 是以 2π 为周期的函数，它在 $[-\pi,\pi)$ 中的表达式分别由下列各式给出，求出 $f(x)$ 的傅里叶级数及其和函数.

(1) $f(x)=x$，$-\pi\leqslant x<\pi$；   (2) $f(x)=x^2$，$-\pi\leqslant x\leqslant\pi$；

(3) $f(x)=|x|$，$-\pi\leqslant x\leqslant\pi$；　　(4) $f(x)=\begin{cases}-2,&-\pi\leqslant x<0,\\1,&0\leqslant x<\pi;\end{cases}$

(5) $f(x)=\sin^4 x$，$-\pi\leqslant x\leqslant\pi$；　　(6) $f(x)=\begin{cases}e^x,&-\pi\leqslant x<0,\\1,&0\leqslant x<\pi.\end{cases}$

2. 将函数 $f(x)=\dfrac{x^2}{4}-\dfrac{\pi x}{2}$ $(0\leqslant x\leqslant\pi)$ 展开成余弦级数.

3. 将函数 $f(x)=\dfrac{x^2}{4}-\dfrac{\pi x}{2}$ $(0\leqslant x\leqslant\pi)$ 展开成正弦级数.

4. 求函数

$$f(x)=\begin{cases}\sin\dfrac{\pi x}{l},&0\leqslant x<\dfrac{l}{2},\\[2mm]0,&\dfrac{l}{2}\leqslant x<l\end{cases}$$

的傅里叶正弦级数，并写出其和函数.

5. 将函数 $f(x)=3$ $(0\leqslant x\leqslant\pi)$ 展开成正弦级数并由此推出

$$\frac{\pi}{4}=\sum_{k=1}^{\infty}\frac{(-1)^{k-1}}{2k-1}.$$

6. 求函数 $f(x)=\dfrac{1}{2}-\dfrac{\pi}{4}\sin x$ $(0\leqslant x\leqslant\pi)$ 的傅里叶余弦级数.

7. 求函数 $f(x)=\dfrac{\pi-x}{2}$ $(0\leqslant x\leqslant 2\pi)$ 的傅里叶正弦展开式.

8. 利用前面各题中的展开式，求下列级数的值.

(1) $\displaystyle\sum_{n=1}^{\infty}\frac{\sin n}{n}$；　　(2) $\dfrac{1}{2^2}+\dfrac{1}{4^2}+\cdots+\dfrac{1}{(2n)^2}+\cdots$.

9. 设函数 $f(x)$ 以 T 为周期，它在一个周期内的表达式为

$$f(t)=\begin{cases}0,&-T/2\leqslant t<0,\\A\sin\omega t,&0\leqslant t<T/2,\end{cases}$$

其中 $\omega=\dfrac{2\pi}{T}$，$A>0$，求 $f(t)$ 的傅里叶展开式.

10. 设函数 $f(x)$ $(-\pi\leqslant x\leqslant\pi)$ 的傅里叶系数为 a_0,a_n,b_n $(n=1,2,\cdots)$，求函数 $g(x)=f(-x)$ $(-\pi\leqslant x\leqslant\pi)$ 的傅里叶系数 A_0,A_n,B_n $(n=1,2,\cdots)$.

11. 设函数 $f(x)$ 是以 2π 为周期的连续函数，a_0,a_n,b_n $(n=1,2,\cdots)$ 为其傅里叶系数，求函数

$$F(x)=\frac{1}{\pi}\int_{-\pi}^{\pi}f(t)f(t+x)\mathrm{d}t$$

的傅里叶系数 A_0,A_n,B_n $(n=1,2,\cdots)$.

§3　贝塞尔不等式与帕塞瓦尔等式

现在我们从另一个角度来引出傅里叶级数. 设 $f(x)$ 是以 2π 为周期的

函数，我们想用一个 n 级**三角多项式**

$$T_n(x) = \frac{\alpha_0}{2} + \sum_{k=1}^{n} (\alpha_k \cos kx + \beta_k \sin kx)$$

（其中系数 $\alpha_0, \alpha_k, \beta_k$ 待定）来近似代替 $f(x)$，这时在每一点 x 处的误差为

$$\Delta_n(x) = f(x) - \left[\frac{\alpha_0}{2} + \sum_{k=1}^{n} (\alpha_k \cos kx + \beta_k \sin kx) \right].$$

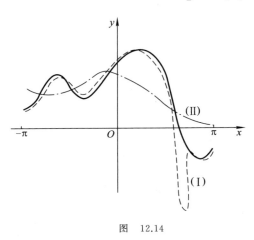

图　12.14

$\max\limits_{-\pi \leqslant x \leqslant \pi} |\Delta_n(x)|$ 称为用 $T_n(x)$ 代替 $f(x)$ 时的**最大偏差**.那么，用最大偏差的大小来刻画逼近的精度是否总是合理的呢？这不能一概而论.事实上，设图 12.14 中的实线为 $y = f(x)$ 的图形，虚线（Ⅰ）与（Ⅱ）分别是 $y = f(x)$ 的两种近似曲线.虚线（Ⅰ）的最大偏差比虚线（Ⅱ）的大.但从整体上看，虚线（Ⅰ）更接近于实线.因此，在实用中常用所谓平均平方误差

$$\delta_n^2 = \frac{1}{2\pi} \int_{-\pi}^{\pi} \Delta_n^2(x) \mathrm{d}x$$

的大小来衡量 $T_n(x)$ 与 $f(x)$ 接近的程度.

现在提出这样的问题：给定一个可积的周期为 2π 的函数 $f(x)$，如何选取常数 $\alpha_0, \alpha_i, \beta_i (i = 1, 2, \cdots, n)$，使 $T_n(x)$ 与 $f(x)$ 的平均平方误差 δ_n^2 最小？ 这是一个最小值问题（带有 $2n + 1$ 个自变量），我们通过将 δ_n^2 变形来解决这个问题.

由 $\Delta_n(x)$ 的表达式知，

$$\Delta_n^2(x) = f^2(x) - \alpha_0 f(x) - 2 \sum_{k=1}^{n} (\alpha_k \cos kx + \beta_k \sin kx) f(x)$$
$$+ \frac{\alpha_0^2}{4} + \sum_{k=1}^{n} (\alpha_k^2 \cos^2 kx + \beta_k^2 \sin^2 kx) + h_n(x),$$

其中

$$h_n(x) = \alpha_0 \sum_{k=1}^{n} (\alpha_k \cos kx + \beta_k \sin kx) + 2 \sum_{k,j=1}^{n} \alpha_k \cos kx \cdot \beta_j \sin jx$$

$$+ 2 \sum_{\substack{k,j=1 \\ k \neq j}}^{n} (\alpha_k \alpha_j \cos kx \cdot \cos jx + \beta_k \beta_j \sin kx \sin jx) .$$

将上式代入 δ_n^2 的表达式,并注意到三角函数系的正交性及傅里叶系数的定义,可得

$$\begin{aligned}
\delta_n^2 &= \frac{1}{2\pi}\int_{-\pi}^{\pi} f^2(x)\,dx - \frac{\alpha_0 a_0}{2} - \sum_{k=1}^{n}(\alpha_k a_k + \beta_k b_k) \\
&\quad + \frac{\alpha_0^2}{4} + \frac{1}{2}\sum_{k=1}^{n}(\alpha_k^2 + \beta_k^2) \\
&= \frac{1}{2\pi}\int_{-\pi}^{\pi} f^2(x)\,dx - \left[\frac{\alpha_0 a_0}{2} + \sum_{k=1}^{n}(\alpha_k a_k + \beta_k b_k)\right] \\
&\quad + \frac{1}{2}\left[2\left(\frac{\alpha_0}{2}\right)^2 + \sum_{k=1}^{n}(\alpha_k^2 + \beta_k^2)\right] \\
&= \frac{1}{2\pi}\int_{-\pi}^{\pi} f^2(x)\,dx \\
&\quad + \frac{1}{2}\left\{2\left(\frac{\alpha_0 - a_0}{2}\right)^2 + \sum_{k=1}^{n}\left[(\alpha_k - a_k)^2 + (\beta_k - b_k)^2\right]\right\} \\
&\quad - \frac{1}{2}\left[\frac{a_0^2}{2} + \sum_{k=1}^{n}(a_k^2 + b_k^2)\right],
\end{aligned}$$

其中 $a_0, a_k, b_k\,(k=1,2,\cdots,n)$ 为 $f(x)$ 的傅里叶系数.该式右端第一、三项是由 $f(x)$ 所确定的一些常数,第二项含待定常数 $\alpha_0, \alpha_k, \beta_k\,(k=1,2,\cdots,n)$ 且总大于或等于零.显然,当该式右端第二项等于 0 时 δ_n^2 最小,亦即当 $\alpha_0 = a_0, \alpha_k = a_k, \beta_k = b_k\,(k=1,2,\cdots,n)$ 时 δ_n^2 最小.以上推导,实际上证明了下面的定理 1.

定理 1 设函数 $f(x)$ 在 $[-\pi,\pi]$ 上可积,则当取 $\alpha_0, \alpha_k, \beta_k\,(k=1,2,\cdots,n)$ 等于 $f(x)$ 的傅里叶系数时,三角多项式 $T_n(x)$ 与 $f(x)$ 的平均平方误差 δ_n^2 达到最小值,且

$$\min \delta_n^2 = \frac{1}{2\pi}\int_{-\pi}^{\pi} f^2(x)\,dx - \frac{1}{2}\left[\frac{a_0^2}{2} + \sum_{k=1}^{n}(a_k^2 + b_k^2)\right],$$

其中 a_0, a_k 与 b_k 为 $f(x)$ 的傅里叶系数.

定理 1 说明,函数 $f(x)$ 的傅里叶级数的前 $(2n+1)$ 项之部分和,在平均平方误差的意义下,是 $f(x)$ 的最好的三角多项式的逼近式.

由定理 1,可得出下列两个有意义的推论.

推论 1 设函数 $f(x)$ 在 $[-\pi,\pi]$ 上有界可积,则有下列**贝塞尔**(Bessel)**不等式**：

$$\frac{a_0^2}{2} + \sum_{k=1}^{\infty}(a_k^2 + b_k^2) \leqslant \frac{1}{\pi}\int_{-\pi}^{\pi}f^2(x)\mathrm{d}x.$$

证　由于平均平方误差 $\delta_n^2 \geqslant 0$，由定理 1 立即推出，对一切自然数 n，都有

$$\frac{a_0^2}{2} + \sum_{k=1}^{n}(a_k^2 + b_k^2) \leqslant \frac{1}{\pi}\int_{-\pi}^{\pi}f^2(x)\mathrm{d}x.$$

上式右端是一个固定的常数，因而上式表明正项级数 $\sum_{k=1}^{\infty}(a_k^2 + b_k^2)$ 的部分和序列有界.因此该正项级数收敛.对上式两端取极限，即得所要证的不等式.证毕.

推论 2　设函数 $f(x)$ 在 $[-\pi,\pi]$ 上有界可积，则其傅里叶系数 a_n 与 b_n 都趋向于 0（当 $n\to\infty$ 时）.

证　推论 1 说明级数 $\sum_{n=1}^{\infty}(a_n^2 + b_n^2)$ 收敛，故其一般项 $a_n^2 + b_n^2 \to 0(n\to\infty$ 时)，由此即得

$$a_n \to 0, \quad b_n \to 0 \quad (n\to\infty \text{ 时}).$$

证毕.

在无线电技术中，将傅里叶级数中的项

$$a_n\cos nx + b_n\sin nx$$

称为 n **次谐波**，$A_n = \sqrt{a_n^2 + b_n^2}$ 称为 n 次谐波的**振幅**.由推论 2 看出，$A_n \to 0$（$n\to\infty$ 时），故当 n 充分大后，n 次谐波可忽略不计.

下面我们再考虑一个问题：当用 $f(x)$ 的傅里叶级数的部分和来逼近 $f(x)$ 时，其平均平方误差 δ_n^2 是否会趋向于 0（当 $n\to\infty$ 时）？回答是肯定的，但证明较麻烦，我们给出结论而略去证明.

定理 2　设函数 $f(x)$ 在 $[-\pi,\pi]$ 上有界可积，将 $f(x)$ 的傅里叶级数的前 $(2n+1)$ 项的部分和记作 $S_n(x)$，即

$$S_n(x) = \frac{a_0}{2} + \sum_{k=1}^{n}(a_k\cos kx + b_k\sin kx).$$

令 $\sigma_n^2 = \dfrac{1}{2\pi}\displaystyle\int_{-\pi}^{\pi}[f(x) - S_n(x)]^2\mathrm{d}x$，则有

$$\lim_{n\to\infty}\sigma_n^2 = 0.$$

推论　当 $f(x)$ 在 $[-\pi,\pi]$ 上有界可积时，则有**帕塞瓦尔**(Parseval)**等**

式

$$\frac{a_0^2}{2} + \sum_{k=1}^{\infty}(a_k^2 + b_k^2) = \frac{1}{\pi}\int_{-\pi}^{\pi} f^2(x)\mathrm{d}x,$$

这里 $a_0, a_k, b_k(k=1,2,\cdots)$ 为 $f(x)$ 的傅里叶系数.

证 由前面的推导可看出，σ_n^2 正好等于定理 1 中所给表达式之右端，即

$$\sigma_n^2 = \frac{1}{2\pi}\int_{-\pi}^{\pi} f^2(x)\mathrm{d}x - \frac{1}{2}\left[\frac{a_0^2}{2} + \sum_{k=1}^{n}(a_k^2 + b_k^2)\right].$$

定理 2 说明 $\lim_{n\to\infty}\sigma_n^2 = 0$，故当 $n\to\infty$ 时对上式取极限即得要证的等式.证毕.

帕塞瓦尔等式意味着在定理 1 的推论 1 里的不等式中，实际上是等号成立，故也称帕塞瓦尔等式为封闭性公式.

当函数 $f(x)$ 表示一个无线电信号时，封闭性公式表示：信号的平均能量等于它的所有的谐波的平均能量之和.

利用封闭性公式，也可以求一些级数的和.

例如在本章 §2 的例 6 中，我们得到了 $f(x) = \pi^2 - x^2 (-\pi \leqslant x \leqslant \pi)$ 在 $[-\pi,\pi]$ 上的傅里叶展开式

$$f(x) \sim \frac{2}{3}\pi^2 + 4\sum_{n=1}^{\infty}(-1)^{n-1}\frac{1}{n^2}\cos nx,$$

其中 $a_0 = \frac{4}{3}\pi^2, a_n = (-1)^{n-1}\frac{4}{n^2}, b_n = 0, n=1,2,\cdots$.利用帕塞瓦尔等式，

$$\frac{1}{2}\left(\frac{4}{3}\pi^2\right)^2 + \sum_{k=1}^{\infty}\left[(-1)^{k-1}\frac{4}{k^2}\right]^2 = \frac{1}{\pi}\int_{-\pi}^{\pi}(\pi^2 - x^2)^2\mathrm{d}x,$$

$$\frac{1}{2}\cdot\frac{16}{9}\pi^4 + 16\sum_{k=1}^{\infty}\frac{1}{k^4} = \frac{1}{\pi}\int_{-\pi}^{\pi}(\pi^4 - 2\pi^2 x^2 + x^4)\mathrm{d}x = \frac{16}{15}\pi^4,$$

移项整理得

$$\sum_{k=1}^{\infty}\frac{1}{k^4} = \frac{\pi^4}{90}.$$

例 求函数

$$f(x) = \begin{cases} 1, & |x| < \varphi, \\ 0, & \varphi \leqslant |x| < \pi \end{cases}$$

的傅里叶系数，再利用帕塞瓦尔等式，求级数 $\sum_{n=1}^{\infty}\frac{\sin^2 n\varphi}{n^2}$ 的和，并求级数 $\sum_{n=1}^{\infty}\frac{\cos^2 n\varphi}{n^2}$ 的和.

解 由于 $f(x)$ 为偶函数,因而 $b_n=0$ $(n=1,2,\cdots)$,

$$a_0=\frac{2}{\pi}\int_0^\varphi 1\mathrm{d}x=\frac{2}{\pi}\varphi,$$

$$a_n=\frac{2}{\pi}\int_0^\varphi \cos nx\,\mathrm{d}x=\frac{2\sin n\varphi}{n\pi}.$$

这时

$$\frac{1}{\pi}\int_{-\pi}^\pi f^2(x)\mathrm{d}x=\frac{2}{\pi}\int_0^\varphi 1\mathrm{d}x=\frac{2\varphi}{\pi}.$$

由帕塞瓦尔等式,有

$$\frac{1}{2}\left(\frac{2}{\pi}\varphi\right)^2+\sum_{n=1}^\infty \frac{4\sin^2 n\varphi}{n^2\pi^2}=\frac{2\varphi}{\pi},$$

移项整理得

$$\sum_{n=1}^\infty \frac{\sin^2 n\varphi}{n^2}=\frac{\varphi}{2}(\pi-\varphi),\quad 0\leqslant\varphi\leqslant\pi.$$

再注意

$$\cos^2 n\varphi=1-\sin^2 n\varphi,$$

并利用收敛级数的性质,可得

$$\sum_{n=1}^\infty \frac{\cos^2 n\varphi}{n^2}=\frac{\pi^2-3\pi\varphi+3\varphi^2}{6},\quad 0\leqslant\varphi\leqslant\pi.$$

现在我们给出贝塞尔不等式与帕塞瓦尔等式的几何解释.

前面我们已把有界可积的函数类看成一个线性空间,把每一个函数 f 看作一个向量,并定义了向量的内积运算.在这种看法下,函数系

$$\frac{1}{\sqrt{2}},\ \cos x,\ \sin x,\ \cos 2x,\ \sin 2x,\ \cdots$$

是 $[-\pi,\pi]$ 上的有界可积函数空间中的一个单位正交系.对于任意一个在 $[-\pi,\pi]$ 上的有界可积函数 $f(x)$,按照定义,它的傅里叶系数是

$$a_0=\frac{1}{\pi}\int_{-\pi}^\pi f(x)\mathrm{d}x=(f(x),1),$$

$$a_n=\int_{-\pi}^\pi f(x)\cdot\frac{1}{\pi}\cos nx\,\mathrm{d}x=(f(x),\cos nx),$$

$$b_n=\int_{-\pi}^\pi f(x)\cdot\frac{1}{\pi}\sin nx\,\mathrm{d}x=(f(x),\sin nx),$$

其中 $n=1,2,\cdots$.这就是说,除 a_0 以外其余的傅里叶系数原来就是函数 f 与上述函数系中对应元素之内积.如果我们把上述函数系中每一个向量视

作"坐标"向量的话,那么这组向量是彼此正交的单位向量,就像在 $\mathbf{R}^3$ 中的 i,j,k 那样.在 $\mathbf{R}^3$ 中坐标为 (x,y,z) 的一个向量 $r=xi+yj+zk$,其坐标 $x=r\cdot i,y=r\cdot j,z=r\cdot k$,即等于 r 分别与三个坐标向量之内积.于是,函数 $f(x)$ 的傅里叶系数所导出的序列

$$\frac{a_0}{\sqrt{2}},a_1,b_1,a_2,b_2,\cdots,a_n,b_n,\cdots$$

就是 $f(x)$ 在上述坐标系中的坐标.

与有穷维空间 $\mathbf{R}^3$ 不同,在有界可积函数类中有无穷多个相互垂直的单位向量作为坐标向量,因此可以将上述函数空间看作一个无穷维空间.

在 $\mathbf{R}^3$ 中,对于向量 $r=xi+yj+zk$,我们有

$$x^2+y^2\leqslant r\cdot r=|r|^2.$$

这就是说,只选择 r 的一部分坐标,而不是其全部坐标,那么部分坐标的平方和将小于或等于 $|r|^2$.在有界可积的函数空间中也有类似的性质.比如

$$\frac{a_0^2}{2}+\sum_{k=1}^n(a_k^2+b_k^2)\leqslant\frac{1}{\pi}\int_{-\pi}^\pi f^2(x)\mathrm{d}x,\qquad(12.2)$$

这里我们只考虑了上述单位正交坐标系中的前 $2n+1$ 个坐标.而

$$\frac{1}{\pi}\int_{-\pi}^\pi f^2(x)\mathrm{d}x=(f,f)=\|f\|^2$$

恰好就是向量 f 的"长度"之平方.对上述不等式(12.2)取极限就得到

$$\frac{a_0^2}{2}+\sum_{k=1}^\infty(a_k^2+b_k^2)\leqslant\frac{1}{\pi}\int_{-\pi}^\pi f^2(x)\mathrm{d}x,$$

这就是贝塞尔不等式.

帕塞瓦尔等式也有鲜明的几何意义.在三维欧氏空间 $\mathbf{R}^3$ 中,对任意一个向量 $r=xi+yj+zk$,我们有

$$|r|^2=x^2+y^2+z^2.$$

这表明在 $\mathbf{R}^3$ 中有三个正交单位向量 i,j,k 就足以用它们的线性组合表示一切向量,而不需要其他坐标向量.与此相类比,帕塞瓦尔等式则表明了坐标系

$$\frac{1}{\sqrt{2}},\cos x,\sin x,\cos 2x,\sin 2x,\cdots$$

已经是"完备"的了[①].

① 这是在某种特定的意义下讲的,初学者不必深究.

最后让我们来解释平均逼近与平均收敛的概念.

我们知道,$[-\pi,\pi]$上两个有界可积函数 f 与 g 之间的距离是 $f-g$ 的范数,也即

$$\| f-g \| = \left(\frac{1}{\pi}\int_{-\pi}^{\pi}(f-g)^2\,\mathrm{d}x\right)^{\frac{1}{2}}.$$

当 $\| f-g \|$ 很小时,我们就认为它们之间离得很近.令

$$S_n(x) = \frac{a_0}{2} + \sum_{k=1}^{n}(a_k\cos kx + b_k\sin kx),$$

它是给定的有界可积函数 f 之傅里叶级数的前 $2n+1$ 项之和,那么

$$\sigma_n^2 = \frac{1}{2\pi}\int_{-\pi}^{\pi}[f(x)-S_n(x)]^2\,\mathrm{d}x = \frac{1}{2}\| f-S_n \|^2.$$

可见,σ_n^2 就是部分和 S_n 与 f 的距离平方之半.因此,我们所说的 S_n 平均逼近于 f 或 S_n 平均收敛于 f 就是指的 S_n 与 f 之间在可积函数空间中的距离趋于 0(当 $n\to\infty$ 时).

思考题　我们知道,对于给定的$[-\pi,\pi]$上的有界可积函数 f,

$$T_n(x) = \frac{\alpha_0}{2} + \sum_{k=1}^{n}(\alpha_k\cos kx + \beta_k\sin kx)$$

是 f 的最佳平均逼近,当且仅当 $\alpha_k=a_k(k=0,1,\cdots,n)$ 且 $\beta_k=b_k(k=1,2,\cdots,n)$,其中 a_k 与 b_k 是函数 f 的傅里叶系数.试将这一事实与 $\mathbf{R}^3$ 中的相应事实加以类比.

习　题　12.3

利用帕塞瓦尔等式,求下列级数的和:

1. $\sum_{n=1}^{\infty}\frac{1}{(2n-1)^4}$　(提示:利用函数 $f(x)=|x|(-\pi\leqslant x\leqslant\pi)$ 的傅里叶系数).

2. $\sum_{n=1}^{\infty}\frac{\cos n\varphi}{n^2}$　$(0<\varphi<\pi)$　(提示:利用函数

$$f(x)=\begin{cases}1, & 0\leqslant x\leqslant\varphi,\\ -1, & -\varphi\leqslant x<0,\\ 0, & \varphi<|x|\leqslant\pi\end{cases}$$

的傅里叶系数).

三角级数最初始于弦振动的研究.1747 年达朗贝尔在他的论文中明确

导出了弦振动的偏微分方程：$\dfrac{\partial u}{\partial t^2}=c^2\dfrac{\partial u}{\partial x^2}$，并讨论了满足初始条件 $u(0,x)=f(x)$ 的解.欧拉在 1749 年沿用了达朗贝尔的方法，给出了满足初始形状为正弦级数 $u(0,x)=\sum\limits_{n=1}^{\infty}a_n\sin\dfrac{n\pi x}{l}$ 的特解：

$$u(t,x)=\sum_{n=1}^{\infty}a_n\sin\frac{n\pi}{l}x\cos\frac{n\pi}{l}t.$$

后来，丹尼尔·伯努利（Daniel Bernoulli）也发表了论文，他认为初始曲线均可假定为正弦级数.他的看法受到达朗贝尔与欧拉的强烈反对，从而引起了是否可以用三角级数表示每一个函数的争论.这一争论吸引了许多数学家，并且持续了很久，一直到 19 世纪傅里叶（J.B.J. Fourier）的工作之后才告以结束.傅里叶在研究热传导方程时，讨论了这一问题，并且坚信相当广泛的以 2π 为周期的函数可以表示成三角级数

$$f(x)=\frac{a_0}{2}+\sum_{n=1}^{\infty}(a_n\cos nx+b_n\sin x),$$

并且认为其中

$$a_n=\frac{1}{\pi}\int_{-\pi}^{\pi}f(x)\cos nx\,\mathrm{d}x,$$
$$b_n=\frac{1}{\pi}\int_{-\pi}^{\pi}f(x)\sin nx\,\mathrm{d}x.$$

此后人们称这样的三角级数为傅里叶级数.虽然傅里叶没有给出任何严格的证明，但他的工作使问题的研究有了新方向：此后人们将注意力集中于研究傅里叶级数的收敛性问题以及是否收敛到 $f(x)$ 的问题.许多著名数学家，如黎曼、斯托克斯和康托尔，都对此进行了研究.为了研究这一问题，斯托克斯首次提出了一致收敛的概念，而康托尔提出了点集合的极限点及导集的概念.关于傅里叶级数收敛性的研究为现代点集合论的诞生奠定了基础.

　　傅里叶分析，又称为调和分析，至今是现代分析学研究的重要内容之一.

附录[①]：傅里叶积分与傅里叶变换

1. 傅里叶积分

　　我们已经看到了，相当广泛的一类周期函数都可以展开成三角级数.这

---

① 本附录的内容是否在课堂讲授完全由主讲老师决定.

为周期函数的研究,特别是数值计算提供了途径.但是,还有许多函数,它们在整个实轴上有定义,但却不是周期函数.对这类函数我们自然也希望有类似于傅里叶级数之类的一种表达式.

设 $f(x)$ 是定义在 $(-\infty,+\infty)$ 上的一个函数,不以任何实数 T 为周期.为了应用傅里叶级数的结果,我们可以把它看作周期函数的一种极限.比如,最自然的办法就是:取实数 $l>0$,我们定义一个以 $2l$ 为周期的函数 $f_l(x)$,它在 $(-l,l)$ 上与 $f(x)$ 相等.那么 $f(x)$ 可以看作 $l\to\infty$ 时周期函数 $f_l(x)$ 的极限.

在这种考虑下,我们可以轻而易举地写出 f_l 的傅里叶级数:

$$f_l \sim \frac{a_0}{2} + \sum_{n=1}^{\infty}\left(a_n\cos\frac{n\pi}{l}x + b_n\sin\frac{n\pi}{l}x\right),$$

其中 a_n 及 b_n 是 f_l 的傅里叶系数:

$$a_n = \frac{1}{l}\int_{-l}^{l} f(x)\cos\frac{n\pi}{l}x\,\mathrm{d}x, \quad n=0,1,\cdots,$$

$$b_n = \frac{1}{l}\int_{-l}^{l} f(x)\sin\frac{n\pi}{l}x\,\mathrm{d}x, \quad n=1,2,\cdots.$$

这里不仅傅里叶级数中正弦函数及余弦函数中的变量依赖于 l,而且级数中的系数也依赖于 l.我们无法求得 $l\to\infty$ 时级数的极限形式.

为了求得 f_l 的傅里叶级数的极限形式,我们将对 f_l 的傅里叶级数做一些形式上的变化:化成某种积分形式.最后求得 f_l 的傅里叶级数的极限形式是一个由 f 决定的含参变量的无穷积分,我们称之为**傅里叶积分**.

总之,作为傅里叶级数的一种极限情况,即当函数 $f(x)$ 的周期趋向于无穷大时的情况,我们引进傅里叶积分的概念.

设函数 $f(x)$ 在任意有限区间上连续且分段单调,并在 $(-\infty,+\infty)$ 上绝对可积,即 $\int_{-\infty}^{+\infty} |f(x)|\,\mathrm{d}x = A$ 存在.由狄利克雷定理,在区间 $(-l,l)$ 内,$f(x)$ 可展开为傅里叶级数,即有

$$f(x) = \frac{a_0}{2} + \sum_{n=1}^{\infty}\left(a_n\cos\frac{n\pi x}{l} + b_n\sin\frac{n\pi x}{l}\right), \quad -l < x < l,$$

其中

$$a_n = \frac{1}{l}\int_{-l}^{l} f(t)\cos\frac{n\pi t}{l}\,\mathrm{d}t, \quad b_n = \frac{1}{l}\int_{-l}^{l} f(t)\sin\frac{n\pi t}{l}\,\mathrm{d}t.$$

将 a_n, b_n 的表达式代入上述级数,并利用三角函数公式,便得

$$f(x) = \frac{1}{2l} \int_{-l}^{l} f(t) \mathrm{d}t + \frac{1}{l} \sum_{n=1}^{\infty} \int_{-l}^{l} f(t) \cos \frac{n\pi(t-x)}{l} \mathrm{d}t. \qquad (12.3)$$

当 $l \to +\infty$ 时, 上式右端第一项趋于 0, 这是因为

$$\left| \frac{1}{2l} \int_{-l}^{l} f(t) \mathrm{d}t \right| \leqslant \frac{1}{2l} \int_{-l}^{l} | f(t) | \mathrm{d}t \leqslant \frac{1}{2l} \int_{-\infty}^{+\infty} | f(t) | \mathrm{d}t$$

$$= \frac{1}{2l} A \to 0 \quad (l \to +\infty \text{ 时}).$$

为研究第二项, 我们引进一个新的变量 $\omega \in (0, +\infty)$, 并取分点

$$\omega_0 = 0, \quad \omega_1 = \frac{\pi}{l}, \quad \omega_2 = \frac{2\pi}{l}, \quad \cdots, \quad \omega_n = \frac{n\pi}{l}, \quad \cdots,$$

这时 $\Delta\omega_n = \omega_n - \omega_{n-1} = \pi/l \ (n = 1, 2, \cdots)$. 于是 (12.3) 式右端第二项可表为

$$\frac{1}{\pi} \sum_{n=1}^{\infty} \left(\int_{-l}^{l} f(t) \cos \omega_n (t - x) \mathrm{d}t \right) \Delta\omega_n,$$

上式与一个积分和类似, 且当 $l \to +\infty$ 时 $\Delta\omega_n \to 0$, 故可认为当 $l \to +\infty$ 时,

$$\frac{1}{\pi} \sum_{n=1}^{\infty} \left(\int_{-l}^{l} f(t) \cos \omega_n (t - x) \mathrm{d}t \right) \Delta\omega_n$$

$$\to \frac{1}{\pi} \int_{0}^{+\infty} \mathrm{d}\omega \int_{-\infty}^{+\infty} f(t) \cos \omega (t - x) \mathrm{d}t.$$

这样, 当 $l \to +\infty$ 时, 在 (12.3) 式两边取极限便得

$$f(x) = \frac{1}{\pi} \int_{0}^{+\infty} \mathrm{d}\omega \int_{-\infty}^{+\infty} f(t) \cos \omega (t - x) \mathrm{d}t.$$

此式的右端称为 $f(x)$ 的**傅里叶积分**.

应当指出, 以上推导是不严格的. 现在将上述结果叙述成定理而略去证明.

定理 1 (傅里叶定理)   若函数 $f(x)$ 在任意有限区间上满足狄利克雷条件, 且在区间 $(-\infty, +\infty)$ 内绝对可积, 则 $f(x)$ 的傅里叶积分在 $(-\infty, +\infty)$ 上处处收敛, 且有

$$\frac{1}{\pi} \int_{0}^{+\infty} \mathrm{d}\omega \int_{-\infty}^{+\infty} f(t) \cos \omega (t - x) \mathrm{d}t = \frac{f(x+0) + f(x-0)}{2}. \qquad (12.4)$$

(12.4) 式称为**傅里叶积分公式**.

有时可把公式 (12.4) 写成复数的形式:

$$\frac{1}{2\pi} \int_{-\infty}^{+\infty} \mathrm{d}\omega \int_{-\infty}^{+\infty} f(t) \mathrm{e}^{\mathrm{i}\omega(t-x)} \mathrm{d}t = \frac{f(x+0) + f(x-0)}{2}. \qquad (12.5)$$

这是因为利用欧拉公式

$$e^{i\omega(t-x)} = \cos\omega(t-x) + i\sin\omega(t-x),$$

(12.5)式左端可表示为两个积分：

$$\frac{1}{2\pi}\int_{-\infty}^{+\infty}d\omega\int_{-\infty}^{+\infty}f(t)\cos\omega(t-x)dt$$

$$+ \frac{i}{2\pi}\int_{-\infty}^{+\infty}d\omega\int_{-\infty}^{+\infty}f(t)\sin\omega(t-x)dt,$$

又注意两个内层积分

$$\int_{-\infty}^{+\infty}f(t)\cos\omega(t-x)dt \quad \text{与} \quad \int_{-\infty}^{+\infty}f(t)\sin\omega(t-x)dt$$

分别是 ω 的偶函数与奇函数，于是上式中第一个积分为

$$\frac{1}{\pi}\int_{0}^{+\infty}d\omega\int_{-\infty}^{+\infty}f(t)\cos\omega(t-x)dt,$$

而第二个积分为 0. 于是就得到傅里叶积分的复数形式.

2. 傅里叶变换

现在我们根据傅里叶积分公式的复数形式，来引出傅里叶变换的概念.

由傅里叶积分公式(12.5)看出，在上述定理 1 的条件下，当函数 $f(x)$ 在 x 处连续时，$f(x)$ 在 x 处的傅里叶积分就等于 $f(x)$，即有

$$f(x) = \frac{1}{2\pi}\int_{-\infty}^{+\infty}d\omega\int_{-\infty}^{+\infty}f(t)e^{i\omega(t-x)}dt$$

$$= \frac{1}{2\pi}\int_{-\infty}^{+\infty}\left(\int_{-\infty}^{+\infty}f(t)e^{i\omega t}dt\right)e^{-i\omega x}d\omega. \tag{12.6}$$

若令

$$F(\omega) = \int_{-\infty}^{+\infty}f(t)e^{i\omega t}dt = \int_{-\infty}^{+\infty}f(x)e^{i\omega x}dx,$$

则(12.6)式可表为

$$f(x) = \frac{1}{2\pi}\int_{-\infty}^{+\infty}F(\omega)e^{-i\omega x}d\omega.$$

定义　对于任意给定的一个函数 $f(x)$，若积分

$$\int_{-\infty}^{+\infty}f(x)e^{i\omega x}dx$$

对任意的 $\omega\in(-\infty,+\infty)$ 均收敛，则它所定义的函数

$$F(\omega) = \int_{-\infty}^{+\infty}f(x)e^{i\omega x}dx$$

称为 f 的**傅里叶变换**，记作 $\mathscr{F}(f(x))$；对于任意给定的一个函数 $F(\omega)$，若

积分

$$\frac{1}{2\pi}\int_{-\infty}^{+\infty}F(\omega)\mathrm{e}^{-\mathrm{i}\omega x}\mathrm{d}\omega$$

对任意的 $x\in(-\infty,+\infty)$ 均收敛,则它所定义的函数

$$f(x)=\frac{1}{2\pi}\int_{-\infty}^{+\infty}F(\omega)\mathrm{e}^{-\mathrm{i}\omega x}\mathrm{d}\omega$$

称为 $F(\omega)$ 的**傅里叶逆变换**.

　　傅里叶积分公式告诉我们:若 $f(x)$ 满足定理 1 的条件,则 f 的傅里叶变换 $F(\omega)$ 的傅里叶逆变换就是

$$\frac{1}{2}[f(x+0)+f(x-0)],$$

在 f 的连续点 x,就是 $f(x)$ 自己.

　　傅里叶变换在许多工程计算及频谱理论中有广泛的应用.傅里叶积分公式为我们计算某些特殊的无穷积分提供了办法.

　　例 1　求函数

$$f(x)=\begin{cases}\mathrm{e}^{-\beta x}, & x\geqslant 0,\\ 0, & x<0\end{cases}\quad(\beta>0)$$

的傅里叶变换及傅里叶积分,并求无穷积分

$$\int_{0}^{+\infty}\frac{1}{\beta^2+\omega^2}(\beta\cos\omega+\omega\sin\omega)\mathrm{d}\omega$$

的值.

　　解　$F(\omega)=\displaystyle\int_{-\infty}^{+\infty}f(x)\mathrm{e}^{\mathrm{i}\omega x}\mathrm{d}x=\int_{0}^{+\infty}\mathrm{e}^{(-\beta+\mathrm{i}\omega)x}\mathrm{d}x$

$$=\frac{1}{-\beta+\mathrm{i}\omega}\mathrm{e}^{(-\beta+\mathrm{i}\omega)x}\Big|_{0}^{+\infty}=\frac{1}{\beta-\mathrm{i}\omega}=\frac{\beta+\mathrm{i}\omega}{\beta^2+\omega^2}.$$

$f(x)$ 的傅里叶积分为

$$\frac{1}{2\pi}\int_{-\infty}^{+\infty}F(\omega)\mathrm{e}^{-\mathrm{i}\omega x}\mathrm{d}\omega=\frac{1}{2\pi}\int_{-\infty}^{+\infty}\frac{\beta+\mathrm{i}\omega}{\beta^2+\omega^2}(\cos\omega x-\mathrm{i}\sin\omega x)\mathrm{d}\omega$$

$$=\frac{1}{\pi}\int_{0}^{+\infty}\frac{1}{\beta^2+\omega^2}(\beta\cos\omega x+\omega\sin\omega x)\mathrm{d}\omega$$

$$=\begin{cases}\mathrm{e}^{-\beta x}, & x>0,\\ 1/2, & x=0,\\ 0, & x<0.\end{cases}$$

在此式中令 $x=1$,得

$$\int_0^{+\infty} \frac{1}{\beta^2 + \omega^2}(\beta\cos\omega + \omega\sin\omega)\,\mathrm{d}\omega = \pi\mathrm{e}^{-\beta}.$$

当给定函数 $f(x)$ 是偶函数或奇函数时,其傅里叶变换有其特殊形式.

当 $f(x)$ 为偶函数时,我们注意到 $f(x)\sin\omega x$ 为奇函数即有

$$F(\omega) = \int_{-\infty}^{+\infty} f(x)(\cos\omega x + \mathrm{i}\sin\omega x)\,\mathrm{d}x$$
$$= \int_{-\infty}^{+\infty} f(x)\cos\omega x\,\mathrm{d}x = 2\int_0^{+\infty} f(x)\cos\omega x\,\mathrm{d}x.$$

我们称函数

$$F_c(\omega) = 2\int_0^{+\infty} f(x)\cos\omega x\,\mathrm{d}x$$

为 $f(x)$ 的**傅里叶余弦变换**(不难看出当 $f(x)$ 为偶函数时,$F_c(\omega) = F(\omega)$).这时 $F_c(\omega)$ 是 ω 的偶函数,故 $f(x)$ 的傅里叶积分为

$$\frac{1}{2\pi}\int_{-\infty}^{+\infty} F_c(\omega)(\cos\omega x - \mathrm{i}\sin\omega x)\,\mathrm{d}\omega = \frac{1}{\pi}\int_0^{+\infty} F_c(\omega)\cos\omega x\,\mathrm{d}\omega.$$

因此,当 $f(x)$ 为满足定理 1 条件的偶函数时,我们有

$$\frac{1}{\pi}\int_0^{+\infty} F_c(\omega)\cos\omega x\,\mathrm{d}\omega = \frac{1}{2}[f(x+0) + f(x-0)].$$

当 $f(x)$ 为奇函数时,其傅里叶变换为

$$F(\omega) = 2\mathrm{i}\int_0^{+\infty} f(x)\sin\omega x\,\mathrm{d}x.$$

为避开 i,我们称函数

$$F_s(\omega) = 2\int_0^{+\infty} f(x)\sin\omega x\,\mathrm{d}x$$

为 $f(x)$ 的**傅里叶正弦变换**(不难看出这时 $F(\omega) = \mathrm{i}F_s(\omega)$).这时 $F_s(\omega)$ 是 ω 的奇函数,故 $f(x)$ 的傅里叶积分为

$$\frac{1}{2\pi}\int_{-\infty}^{+\infty} \mathrm{i}F_s(\omega)(\cos\omega x - \mathrm{i}\sin\omega x)\,\mathrm{d}\omega = \frac{1}{\pi}\int_0^{+\infty} F_s(\omega)\sin\omega x\,\mathrm{d}\omega.$$

因此,当 $f(x)$ 为满足定理 1 条件的奇函数时,我们有

$$\frac{1}{\pi}\int_0^{+\infty} F_s(\omega)\sin\omega x\,\mathrm{d}\omega = \frac{1}{2}[f(x+0) + f(x-0)].$$

若函数 $f(x)$ 只在区间 $(0, +\infty)$ 上有定义,则我们可将它偶延拓(或奇延拓)到区间 $(-\infty, 0)$ 上,求出傅里叶余弦(或正弦)变换,再求相应的傅里叶积分.

例 2 设函数

$$f(x) = \begin{cases} 1, & \text{当 } 0 \leqslant x < 1 \text{ 时,} \\ 0, & \text{当 } x \geqslant 1 \text{ 时.} \end{cases}$$

求 $f(x)$ 的傅里叶余弦变换及傅里叶积分.

解　将 $f(x)$ 偶延拓到 $(-\infty, 0)$ 上,其傅里叶余弦变换为

$$F_c(\omega) = 2\int_0^{+\infty} f(x)\cos\omega x \, \mathrm{d}x = 2\int_0^1 \cos\omega x \, \mathrm{d}x = \frac{2\sin\omega}{\omega}.$$

于是根据傅里叶积分公式得

$$\frac{1}{\pi}\int_0^{+\infty} \frac{2\sin\omega}{\omega}\cos\omega x \, \mathrm{d}\omega = \begin{cases} 1, & 0 \leqslant x < 1 \text{ 时,} \\ 1/2, & \text{当 } x = 1 \text{ 时,} \\ 0, & \text{当 } x > 1 \text{ 时.} \end{cases}$$

下面列出傅里叶变换的性质而略去证明,为叙述简洁起见,我们假定下面所涉及的函数 $f(x)$ 及 $g(x)$ 在任意有限区间上满足狄利克雷条件且在 $(-\infty, +\infty)$ 上绝对可积,并设 $\mathscr{F}(f(x)) = F(\omega)$, $\mathscr{F}(g(x)) = G(\omega)$.

(1) **有界性**　$F(\omega)$ 在 $(-\infty, +\infty)$ 上连续且

$$\lim_{\omega \to \pm\infty} F(\omega) = 0.$$

(2) **线性性质**　设 k_1, k_2 为常数,则

$$\mathscr{F}(k_1 f(x) + k_2 g(x)) = k_1 F(\omega) + k_2 G(\omega).$$

(3) **时延性质**

$$\mathscr{F}(f(x - x_0)) = \mathrm{e}^{\mathrm{i}x_0\omega} F(\omega).$$

(4) **频移性质**　$\mathscr{F}(f(x)\mathrm{e}^{\mathrm{i}\omega_0 x}) = F(\omega + \omega_0).$

(5) **微商性质**　若 $\int_{-\infty}^{+\infty} |f^{(n)}(x)| \, \mathrm{d}x$ 收敛,n 为自然数,则

$$\mathscr{F}(f^{(n)}(x)) = (-\mathrm{i}\omega)^n F(\omega).$$

(6) **积分性质**

$$\mathscr{F}\left(\int_{-\infty}^x f(t)\mathrm{d}t\right) = -\frac{1}{\mathrm{i}\omega}F(\omega).$$

(7) **卷积定理**　定义无穷积分 $\int_{-\infty}^{+\infty} f(u)g(x-u)\mathrm{d}u$ 为两函数 $f(x)$ 与 $g(x)$ 的卷积,记作 $f * g(x)$,即

$$f * g(x) = \int_{-\infty}^{+\infty} f(u)g(x-u)\mathrm{d}u,$$

则有

$$\mathscr{F}(f * g(x)) = F(\omega) \cdot G(\omega).$$

第十二章总练习题

1. 设 $y = f(x)$ 在 $[-\pi, \pi]$ 上有界可积,且有
$$f(x + \pi) = -f(x), \quad \forall x \in (-\infty, +\infty).$$
证明:f 是以 2π 为周期的函数,并且其傅里叶级数满足下列关系:
$$a_{2m} = b_{2m} = 0, \quad m = 1, 2, \cdots.$$

2. 证明:三角函数系
$$\sin x, \ \sin 2x, \ \cdots, \ \sin nx, \ \cdots$$
在区间 $[0, \pi]$ 上是正交系,而三角函数系
$$1, \ \sin x, \ \sin 2x, \ \cdots, \ \sin nx, \ \cdots$$
在区间 $[0, \pi]$ 上不是正交系.

3. 设有三角级数
$$S(x) = \frac{a_0}{2} + \sum_{n=1}^{\infty} (a_n \cos nx + b_n \sin nx),$$
其中 $|a_n| \leqslant M/n^3$,$|b_n| \leqslant M/n^3 (n = 1, 2, \cdots)$,$M$ 为常数.证明:上述三角级数一致收敛,且可以逐项求微分.

4. 证明:任何一个给定的三角多项式 $f(x) = \sum_{n=1}^{m} (\alpha_n \cos nx + \beta_n \sin nx)$ 的傅里叶级数就是它本身.

5. 设 $f(x)$ 在 $(-\infty, +\infty)$ 中连续,且以 2π 为周期.若其傅里叶系数全部为零,也即
$$\int_{-\pi}^{\pi} f(x) \cos nx \, dx = 0, \quad n = 0, 1, \cdots,$$
$$\int_{-\pi}^{\pi} f(x) \sin nx \, dx = 0, \quad n = 1, 2, \cdots,$$
则 $f(x) \equiv 0$.试证明此结论.

6. 设 $f(x)$ 及 $g(x)$ 均为以 2π 为周期的函数,且在 $[-\pi, \pi]$ 上有界可积.设
$$f(x) \sim \frac{a_0}{2} + \sum_{n=1}^{\infty} (a_n \cos nx + b_n \sin nx),$$
$$g(x) \sim \frac{a_0}{2} + \sum_{n=1}^{\infty} (\alpha_n \cos nx + \beta_n \sin nx),$$
证明:
$$\int_{-\pi}^{\pi} f(x) g(x) dx = \frac{a_0 \alpha_0}{2} + \sum_{n=1}^{\infty} (\alpha_n a_n + \beta_n b_n).$$
(提示:利用关于 $(f - g)$ 的贝塞尔等式.)

部分习题答案与提示

第 七 章

习 题 7.1

1. $\iint\limits_{D} c\sqrt{1-\dfrac{x^2}{a^2}-\dfrac{y^2}{b^2}}\,\mathrm{d}\sigma$, $D:\dfrac{x^2}{a^2}+\dfrac{y^2}{b^2}\leqslant 1$.

习 题 7.2

1. (1) $\displaystyle\int_0^1\mathrm{d}x\int_0^x f(x,y)\mathrm{d}y$ 或 $\displaystyle\int_0^1\mathrm{d}y\int_y^1 f(x,y)\mathrm{d}x$；

(2) $\displaystyle\int_0^2\mathrm{d}x\int_{x^2}^{2x} f(x,y)\mathrm{d}y$ 或 $\displaystyle\int_0^4\mathrm{d}y\int_{y/2}^{\sqrt{y}} f(x,y)\mathrm{d}x$.

(3) $\displaystyle\int_0^1\mathrm{d}y\int_{y-1}^{1-y} f(x,y)\mathrm{d}x$ 或 $\displaystyle\int_{-1}^0\mathrm{d}x\int_0^{1+x} f(x,y)\mathrm{d}y+\int_0^1\mathrm{d}x\int_0^{1-x} f(x,y)\mathrm{d}y$；

(4) $\displaystyle\int_{-1}^1\mathrm{d}y\int_{-\sqrt{1-y^2}}^{\sqrt{1-y^2}} f(x,y)\mathrm{d}x$ 或 $\displaystyle\int_{-1}^1\mathrm{d}x\int_{-\sqrt{1-x^2}}^{\sqrt{1-x^2}} f(x,y)\mathrm{d}y$；

(5) $\displaystyle\int_{-1/2}^{1/2}\mathrm{d}x\int_{1/2-\sqrt{1/4-x^2}}^{1/2+\sqrt{1/4-x^2}} f(x,y)\mathrm{d}y=\int_0^1\mathrm{d}y\int_{-\sqrt{y-y^2}}^{\sqrt{y-y^2}} f(x,y)\mathrm{d}x$.

2. (1) $\displaystyle\int_0^1\mathrm{d}x\int_{x^2}^x f(x,y)\mathrm{d}y$； (2) $\displaystyle\int_0^1\mathrm{d}y\int_{-\sqrt{1-y^2}}^{\sqrt{1-y^2}} f(x,y)\mathrm{d}x$；

(3) $\displaystyle\int_0^4\mathrm{d}y\int_{\frac{y}{2}}^{y} f(x,y)\mathrm{d}x+\int_4^6\mathrm{d}y\int_0^{6-y} f(x,y)\mathrm{d}x$；

(4) $\displaystyle\int_1^2\mathrm{d}y\int_{\frac{y}{2}}^{y} f(x,y)\mathrm{d}x+\int_2^4\mathrm{d}y\int_{\frac{y}{2}}^{2} f(x,y)\mathrm{d}x$；

(5) $\displaystyle\int_0^1\mathrm{d}y\int_{e^y}^{e} f(x,y)\mathrm{d}x$； (6) $\displaystyle\int_0^5\mathrm{d}x\int_0^x f(x,y)\mathrm{d}y+\int_5^{10}\mathrm{d}x\int_0^{10-x} f(x,y)\mathrm{d}y$.

3. $\dfrac{\pi}{4}$. **4.** $\dfrac{32}{21}$. **5.** $\dfrac{1}{2}$. **6.** $\dfrac{1}{6}$. **7.** $\dfrac{33}{140}$. **8.** 2. **9.** $4-\sin 4$.

10. $\dfrac{32}{45}$. **11.** $\dfrac{2}{3}$. **12.** $\dfrac{\pi}{3}-\dfrac{\sqrt{3}}{4}$. **13.** $\dfrac{\pi}{8}$. **14.** $\pi(1-\ln 2)$. **15.** 2.

16. $\dfrac{\pi}{4}\left[(1+R^2)\ln(1+R^2)-R^2\right]$. **17.** $(\beta-\alpha)\ln\dfrac{b}{a}$. **18.** $a^3\left(\dfrac{22}{9}+\dfrac{\pi}{2}\right)$.

20. $\dfrac{3}{2}a^2\pi$. **21.** $\dfrac{33}{4}$. **22.** $8+\dfrac{52}{3}\ln 2$. **23.** $\dfrac{\pi}{4}$. **24.** $\dfrac{\pi ab}{4}(a^2+b^2)$.

25. $2(3\sqrt{3}-\pi)$.

习　题　7.3

1. $\dfrac{4\pi}{15}$. 　　**2.** $\dfrac{32}{15}\pi$. 　　**3.** 0. 　　**4.** $\dfrac{32}{3}\pi$. 　　**5.** $-\dfrac{4}{15}a^5\pi$. 　　**6.** $\dfrac{3}{10}\pi$.

7. $\dfrac{8}{15}\pi(b^5-a^5)$. 　　**8.** $\dfrac{\pi}{3}$. 　　**9.** $\dfrac{2}{15}R^5\left(\pi-\dfrac{16}{15}\right)$. 　　**10.** $2\pi\left(\dfrac{16\sqrt{2}}{3}-\dfrac{14}{3}\right)$.

11. $\dfrac{2}{5}\pi R^5\left(\dfrac{2}{3}-\dfrac{5\sqrt{2}}{12}\right)$. 　　**12.** $\dfrac{\pi}{10}$. 　　**13.** $\dfrac{2\pi}{5}\left(\dfrac{1}{3}-\dfrac{\sqrt{3}}{8}\right)$.

14. $\dfrac{16}{15}\pi a^3$. 　　**15.** $2\pi a(\sqrt{2}-1+\ln\sqrt{2})$. 　　**16.** $\dfrac{2\pi}{3}$.

17. $\dfrac{7}{6}\pi a^4$. 　　**18.** $2+\ln 8$. 　　**19.** $\dfrac{4\pi}{3}abc$. 　　**20.** $\dfrac{4}{3}\pi a^3(x_0+y_0+z_0)$.

21. $I=\displaystyle\int_0^{2\pi}\mathrm{d}\theta\int_0^{\frac{\sqrt{3}}{4}}r\,\mathrm{d}r\int_{\sqrt{3}r}^{\frac{1}{2}(1+\sqrt{1-4r^2})}f(\sqrt{r^2+z^2})\,\mathrm{d}z$;

$I=\displaystyle\int_0^{2\pi}\mathrm{d}\theta\int_0^{\pi/6}\mathrm{d}\varphi\int_0^{\cos\varphi}\rho^2\sin\varphi\cdot f(\rho)\,\mathrm{d}\rho$. 　　**22*.** $I=\dfrac{1}{2}\displaystyle\int_0^a f(z)(a-z)^2\,\mathrm{d}z$.

习　题　7.4

1. $\dfrac{16\pi a^2}{3}$. 　　**2.** $\sqrt{2}\pi$. 　　**3.** $24R^2(2-\sqrt{2})$. 　　**4.** $16R^3\left(1-\dfrac{\sqrt{2}}{2}\right)$.

5. $\dfrac{15}{64}\pi a^3$. 　　**6.** $\left(0,0,\dfrac{5}{4}R\right)$. 　　**7.** $\left(\dfrac{3a}{8},\dfrac{3b}{8},\dfrac{3c}{8}\right)$. 　　**8.** $\dfrac{8}{15}\pi\rho R^5$.

9. $I_x=M\left(\dfrac{b^2}{4}+\dfrac{h^2}{3}\right),I_y=M\left(\dfrac{a^2}{4}+\dfrac{h^2}{3}\right),I_z=\dfrac{1}{4}M(a^2+b^2)$.

10. $I_x=\dfrac{M}{5}(b^2+c^2),I_y=\dfrac{M}{5}(c^2+a^2),I_z=\dfrac{M}{5}(a^2+b^2)$.

11. $F_x=F_y=0$, 　$F_z=2\pi k\rho(\sqrt{h^2+a^2}-\sqrt{(h-b)^2+a^2}-b)$.

12. $F_x=F_y=0$, 　$F_z=2\pi k\rho h(\cos a-1)$.

第七章总练习题

1. (1) $\displaystyle\int_2^4\mathrm{d}y\int_0^{(4-y)/2}\mathrm{d}x$; 　(2) $\displaystyle\int_0^1\mathrm{d}x\int_{x^2}^x\mathrm{d}y$;

　　(3) $\displaystyle\int_0^9\mathrm{d}y\int_0^{\sqrt{9-y}/2}16x\,\mathrm{d}x$; 　(4) $\displaystyle\int_{-1}^1\mathrm{d}x\int_0^{\sqrt{1-x^2}}3y\,\mathrm{d}y$.

2. (1) $\displaystyle\int_{-2}^1\mathrm{d}y\int_{y-2}^{-y^2}\mathrm{d}x=\dfrac{9}{2}$; 　(2) $\displaystyle\int_0^1\mathrm{d}y\int_{y^2}^{2y-y^2}\mathrm{d}x=\dfrac{1}{3}$. 　　**3.** (1) $\sqrt{2}-1$; 　(2) $\dfrac{3}{2}$.

4. (1) $\sin 4$；　(2) $(\ln 17)/4$. 　**5.** (1) $\dfrac{2}{\pi}$；　(2) $\dfrac{4}{\pi^2}$. 　**6.** $\dfrac{64}{105}$.

7. (1) $\overline{x}=\dfrac{3}{8}$，$\overline{y}=\dfrac{17}{16}$；　　(2) $\overline{x}=\dfrac{15\pi+32}{6\pi+48}$，$\overline{y}=0$. 　　**8.** 4.

9. (1) $\displaystyle\int_0^{\frac{\pi}{2}}\mathrm{d}\theta\int_0^1 r^3\,\mathrm{d}r=\dfrac{\pi}{8}$；　　　　(2) $\displaystyle\int_{\frac{\pi}{4}}^{\frac{\pi}{2}}\mathrm{d}\theta\int_0^{\frac{6}{\sin\theta}} r^2\cos\theta\,\mathrm{d}r=36$；

　　(3) $3\displaystyle\int_0^{\pi/2}\mathrm{d}\theta\int_0^{2\cos\theta} r^3\cos\theta\sin\theta\,\mathrm{d}r=2$；　(4) $\displaystyle\int_0^{2\pi}\mathrm{d}\theta\int_0^1 r\ln(1+r^2)\,\mathrm{d}r=\pi(\ln4-1)$.

10. $1+\dfrac{3}{8}\pi$. 　**11.** $\dfrac{2a}{3}$. 　**12.** (1) $\displaystyle\int_{-1}^1\mathrm{d}x\int_0^{1-x^2}\mathrm{d}z\int_{x^2}^{1-z}\mathrm{d}y$；　(2) $\displaystyle\int_0^1\mathrm{d}y\int_0^{1-y}\mathrm{d}z\int_{-\sqrt{y}}^{\sqrt{y}}\mathrm{d}x$.

13. $\displaystyle\int_0^{\pi}\mathrm{d}\theta\int_0^{2\sin\theta} r\,\mathrm{d}r\int_0^{r^2} f(r\cos\theta,r\sin\theta,z)\,\mathrm{d}z$.

14. $z=\sqrt{x^2+y^2}$ 及 $z=\sqrt{2-x^2-y^2}$ $(x^2+y^2\leqslant 1)$.

15. (1) $\displaystyle\int_0^{\pi}\mathrm{d}\theta\int_0^{2\sin\theta}\mathrm{d}r\int_0^{4-r\sin\theta} f(r,\theta,z)r\,\mathrm{d}z$；　(2) $\displaystyle\int_{-\pi/2}^{\pi/2}\mathrm{d}\theta\int_1^{1+\cos\theta}\mathrm{d}r\int_0^4 f(r,\theta,z)r\,\mathrm{d}z$；

　　(3) $\displaystyle\int_0^{\pi/4}\mathrm{d}\theta\int_0^{\sec\theta}\mathrm{d}r\int_0^{2-r\sin\theta} f(r,\theta,z)r\,\mathrm{d}z$.

16. $\overline{x}=\overline{y}=0$，$\overline{z}=\dfrac{5}{6}$.

17. $\displaystyle\int_0^{2\pi}\mathrm{d}\theta\int_0^{\frac{\pi}{2}}\mathrm{d}\varphi\int_{\cos\varphi}^2 \rho^2\sin\varphi f(\rho\sin\varphi\cos\theta,\rho\sin\varphi\sin\theta,\rho\cos\varphi)\,\mathrm{d}\rho$.

18. (1) $\displaystyle\int_{-\sqrt{2}}^{\sqrt{2}}\mathrm{d}x\int_{-\sqrt{2-x^2}}^{\sqrt{2-x^2}}\mathrm{d}y\int_{\sqrt{x^2+y^2}}^{\sqrt{4-x^2-y^2}} 3\,\mathrm{d}z$；

　　(2) $\displaystyle\int_0^{2\pi}\mathrm{d}\theta\int_0^{\pi/4}\mathrm{d}\varphi\int_0^2 3\rho^2\sin\varphi\,\mathrm{d}\rho$；　(3) $8\pi(2-\sqrt{2})$.

19. $\displaystyle\int_0^{2\pi}\mathrm{d}\theta\int_0^{\pi/4}\mathrm{d}\varphi\int_0^{\sec\varphi}\rho^2\sin\varphi\,\mathrm{d}\rho=\dfrac{\pi}{3}$.

20. $\displaystyle\int_0^1\mathrm{d}x\int_{\sqrt{1-x^2}}^{\sqrt{3-x^2}}\mathrm{d}y\int_1^{\sqrt{4-x^2-y^2}} xyz^2\,\mathrm{d}z+\int_1^{\sqrt{3}}\mathrm{d}x\int_0^{\sqrt{3-x^2}}\mathrm{d}y\int_1^{\sqrt{4-x^2-y^2}} xyz^2\,\mathrm{d}z$. 　**21.** $2\pi^2$.

第　八　章

习　题　8.1

1. $5/2$. 　　**2.** 0. 　　**3.** $\dfrac{256}{15}a^3+8a$. 　　**4.** $\dfrac{\sqrt{a^2+b^2}}{ab}\arctan\dfrac{2\pi b}{a}$. 　　**5.** $\sqrt{2}\,a^2$.

6. $\dfrac{ab(a^2+ab+b^2)}{3(a+b)}$. 　　**7.** $\dfrac{a^2}{3}\left[(1+4\pi^2)^{3/2}-1\right]$. 　　**8.** $\dfrac{5\sqrt{5}+10}{6}$.

9. $2b^2+\dfrac{2a^2 b}{\sqrt{a^2-b^2}}\arcsin\dfrac{\sqrt{a^2-b^2}}{a}$. 　　**10.** $\overline{x}=\overline{y}=\dfrac{4a}{3}$. 　　**11.** $\dfrac{2}{3}\pi a^3$.

习　题　8.2

1. (1) $\dfrac{4}{3}$;　(2) 0;　(3) -4;　(4) 4.　**2.** (1) $-\dfrac{2}{3}$;　(2) $-\dfrac{2}{3}$;　(3) $-\dfrac{2}{3}$.

3. 0.　**4.** (1) $-\dfrac{10}{9}$;　(2) $\dfrac{2}{3}$.　**5.** $-\pi a^2$.　**6.** $\dfrac{41}{6}$.　**7.** 0.　**8.** $\dfrac{1}{35}$.　**9.** 4.　**10.** 0.

11. $2a^2\pi(\cos\beta-\sin\beta)$.　**12.** $\dfrac{29}{60}$.　**13.** (1) $\dfrac{c^2}{2}-2\pi a^2$;　(2) $ac+c^2/2$.　**14.** 0.

习　题　8.3

1. (1) $\dfrac{1}{2}\pi a^4$;　(2) 0;　(3) $\dfrac{25}{6}$;　(4) $\dfrac{1}{2}$;　(5) πa^2.　**2.** (1) $\dfrac{3}{8}\pi a^2$;　(2) $\dfrac{3}{2}\pi a^2$.

4. (1) 1;　(2) $\dfrac{1}{2}\left[a_2^2 b_2(b_2+1)-a_1^2 b_1(b_1+1)\right]$;　(3) $e^a\cos b-1$.　**5.** 62.

6. (1) $\dfrac{x^3}{3}+x^2 y-xy^2-\dfrac{y^3}{3}+C$;　(2) $y^2\cos x+x^2\cos y+C$.

7. $a=b=-1$, $u(x,y)=\dfrac{x-y}{x^2+y^2}+C$.

8. $\sqrt{2}$.　**9.** 1.　**11.** 2σ, 其中 σ 为 l 所围区域的面积.

习　题　8.4

1. $4\sqrt{61}$.　**2.** $2\sqrt{2}+\dfrac{8}{3}$.　**3.** πa^3.　**4.** $4\pi R^4\left(\dfrac{R^2}{15}+\dfrac{1}{3}\right)$.

5. $\dfrac{\pi}{2}(1+\sqrt{2})$.　**6.** $\dfrac{128}{15}\sqrt{2}a^4$.　**7.** $\dfrac{2\pi}{3}\left[1-(1+a^2)^{\frac{3}{2}}\right]$.

8. $\dfrac{1}{2}\pi a^4\cos^2\alpha\sin\alpha$.　**9.** $\dfrac{2\pi(6\sqrt{3}+1)}{15}$.　**10.** $\dfrac{4}{3}\pi a^4\rho_0$.

11. $F_x=F_y=0, F_z=2\pi k\left(\dfrac{R}{\sqrt{R^2+h^2}}-1\right)$.　**12.** $\left(\dfrac{a}{2},\dfrac{a}{2},\dfrac{a}{2}\right)$.

习　题　8.5

1. 0.　**2.** $hR^2\left(\dfrac{\pi h}{8}+\dfrac{2R}{3}\right)$.　**3.** $\dfrac{2\pi}{105}R^7$.　**4.** -32.　**5.** $\dfrac{4}{15}\pi abc(a^2+b^2+c^2)$.

6. πRr^2.　**7.** $4\pi R^3$.　**8.** $4\pi abc$.　**9.** -8.　**10.** $\pi^2 c(b^2-a^2)$.

习　题　8.6

1. (1) $a^2 h^2\pi$;　(2) $\dfrac{1}{2}\pi a^2 b^2$.　**2.** $\dfrac{2\pi a^5}{5}$.　**3.** $3a^4$.　**4.** $\dfrac{12}{5}\pi a^5$.　**5.** -8π.

6. $-\dfrac{1}{3}\pi h^6$.　**7.** $\dfrac{4}{15}\pi abc(a^2+b^2+c^2)$.　**8.** 12π.　**10.** (1) 4π;　(2) 4π;　(3) 0.

12. 0.　**13.** $2R\pi r^2$.　**14.** $(-9/2)R^3$.　**15.** 4π.　**16.** -1.

习　题　8.7

1. (1) 8;　(2) 7/5.

2. (1) $\dfrac{1}{r}\boldsymbol{a}\cdot\boldsymbol{r}$;　(2) $2\boldsymbol{a}\cdot\boldsymbol{r}$;　(3) $nr^{n-2}\boldsymbol{a}\cdot\boldsymbol{r}$;　(4) 0;　(5) $\dfrac{1}{r}f'(r)\boldsymbol{r}\cdot\boldsymbol{a}$;

(6) $\dfrac{2}{r}f'(r)+f''(r)$;　(7) $rf'(r)+3f(r)$.

3. $\{-5,-9,16\}$; 3.　**4.** (1) $-2(z,x,y)$;　(2) **0**.

6. $-e-1$.　**7.** (1) $\sin(xy)-\cos(xz)$;　(2) $-xyz\ln(1+z^2)$.

8*. (1) $f(r)=\dfrac{C}{r^3}$,C 为任意常数;　(2) $f(r)=\dfrac{C_1}{r}+C_2$,其中 C_1,C_2 为任意常数.

习　题　8.8

1. $-(2y+\cos x)\mathrm{d}x\wedge\mathrm{d}y$.　**2.** 0.　**3.** $(e^{(x+y)}-\tan(x^2z^3))\mathrm{d}x\wedge\mathrm{d}y\wedge\mathrm{d}z$.

第八章总练习题

1. $\left(1,\dfrac{16}{15},\dfrac{2}{3}\right)$.　**2.** 8.　**3.** $\displaystyle\int_{x_1}^{x_2}f(x)\mathrm{d}x+\int_{y_1}^{y_2}g(y)\mathrm{d}y$.　**4.** -4.　**5.** $1+\pi$.

8. $|I_a|\leqslant\dfrac{8\pi}{a^2}$.　**9.** $\dfrac{\pi}{4}$.　**11.** $a^4(4\pi-2\sqrt{3})$.　**12.** $F(a)=\dfrac{\pi(8-5\sqrt{2})}{6}a^4$.

15. $2S$.　**17.** 整个球面 $(x-x_0)^2+(y-y_0)^2+(z-z_0)^2=1$ 上的点.

第　九　章

习　题　9.1

1. (1) 一阶;(2) 二阶;(3) 三阶.　**2.** (1) 是;(2) 否;(3) 是;(4) 是;(5) 否.

3. (1) 特解;(2) 通解;(3) 通解;(4) 通解;(5) 既非特解也非通解;(6) 通解.

5. (1) $x(t)=\dfrac{1}{\omega}\sin\omega t+10$;　(2) $y(x)=x^4+x$;　(3) $y(x)=\dfrac{x^4}{24}+\dfrac{a_2}{2}x^2+a_1x+a_0$.

习　题　9.2

1. (1) $(1+x^2)(1+y^2)=Cx^2$;　　(2) $x^2y=Ce^{y/a}$;

(3) $\arcsin y=\ln C\left(x+\sqrt{1+x^2}\right)$;　(4) $x^2+4xy-3y^2=C$;

(5) $(x+y)^2(x+2y)=C$;　　(6) $2z+\sqrt{x^2+4z^2}=Cx^2$;

(7) $2x^3 + 3xy^2 + 3y^3 = C$；　　　　(8) $\arctan(x+y+2) = x + C$；

(9) $x + 2y + 3\ln|2x+3y-7| = C$；　　(10) $y - x - 3 = C(x+y-1)^3$.

2. (1) $y = \dfrac{1}{2}\sqrt{32-x^2}$；　　　　　　(2) $2(x-1)e^x + y^2 + 1 = 0$；

(3) $y^{-2} + 2(1+x^2)^{1/2} = 3$；　　　(4) $y = (\sin x - x\cos x)x^{-2}$.

3. (1) $y = e^x + Cx$；　　　　　　　(2) $y = \dfrac{2}{3}(x+1)^{7/2} + C(x+1)^2$；

(3) $y = (e^x + C)(x+1)^n$；　　　　(4) $y = Ce^{-2x} + (x-1)e^{-x}$.

4. (1) $Cx^2y^2 + 2xy^2 - 1 = 0$；　(2) $x - \sqrt{xy} = C$；　(3) $Cx^2y^n + xy^n - 1 = 0$；

(4) $xy^{-3} + \dfrac{3}{4}x^2(2\ln x - 1) = C$；　(5) $\left(1+\dfrac{3}{y}\right)e^{(3/2)x^2} = C$.

5. (1) 令 $z = y^2$；　(2) 将 x 看作 y 的函数；　(3) 令 $z = y^3$；　(4) 令 $z = \sin y$.

6. $2y = 3x^2 - 2x - 1$.

7. 温度函数 $u(t) = 15 + 80e^{-kt}$，其中 $k > 0$ 为比例常数．再由 $u(10) = 55$ 得 $k = \dfrac{2}{10}$，故

$u(t) = 15 + 80 \cdot 2^{-\frac{t}{10}}$，需 40 分钟.

8. 镭的衰变规律为 $R(t) = R_0 e^{-kt}$，其中 $R_0 = R(0)$，k 为常数，由 $R(1600) = \dfrac{R_0}{2}$ 推出

$k = \dfrac{\ln 2}{1600}$．一年后衰变 0.44 毫克.　　　**9.** $\varphi(x) = C|x|^{\frac{1-n}{n}}$.

13. (1) $C_1 x - C_1^2 y = \ln|C_1 x + 1| + C_2$；　$y = \dfrac{x^2}{2} + C$；　$y = C$；

(2) $y = C_1(x + C_2)^{2/3}$；　　　(3) $y = C_1(x - e^{-x}) + C_2$；

(4) $y = C_1\cos 2x + \left(\dfrac{1}{2} + 2C_1\right)x^2 + C_2 x + C_3$.

14. (1) 不是；　(2) 是，$\dfrac{1}{2}x^2 + 2xy - \dfrac{1}{2}y^2 = C$；　(3) 是，$xe^y - y^2 = C$；

(4) 是，$\dfrac{1}{3}(x^2+y^2)^{3/2} + x - \dfrac{1}{2}y^2 = C$；　(5) 是，$x^2 + 4xy + 3y^2 = C$；

(6) 不是；　(7) 是，$e^x(y+2) + xy^2 = C$；

(8) 当 $l \neq 2b$ 时，不是；当 $l = 2b$ 时，是，$\dfrac{1}{3}ax^3 + bxy^2 = C$.

15. (1) $\mu = \dfrac{1}{(x+y)^2}$，$x - y + \dfrac{1}{x+y} = C$；

(2) $\mu = \dfrac{1}{1+x^2+y^2}$，$x + \dfrac{1}{2}\ln(1+x^2+y^2) = C$；　(3) $\mu = e^x$，$e^x\sin y = C$；

(4) $\mu = \dfrac{1}{x^2+y^2}$，$x + \arctan\dfrac{x}{y} = C$；　(5) $\mu = \dfrac{1}{xy\sqrt{1-y^2}}$，$\ln|xy| + \arcsin y = C$.

16. (1) $\sqrt{1+x^2}-x^2 y^3=C$;　　　　(2) $x-\dfrac{y}{x}=C$;

　　(3) $x+y+\ln|xy|=C$;　　　　(4) $3x^2 y+y^3=C\mathrm{e}^{-3x}$;

　　(5) $x^2 y+\dfrac{1}{y}=C$;　　　　(6) $\mathrm{e}^x \sin y-\dfrac{1}{2}y\cos 2y+\dfrac{1}{4}\sin 2y=C$.

习　题　9.3

2. (1) 否;　(2) 是;　(3) 是;　(4) 否.　　**3.** (1) $L=1, M=2, 2h=1$.

4. $y(x)=-\mathrm{e}^x-(1+x)$, $-\infty<x<+\infty$.

5. $y_0(x)=1$, $y_1(x)=\dfrac{x^2}{2}$, $y_2(x)=\dfrac{x^2}{2}-\dfrac{x^5}{20}$.

6. (1) $|x-4|\leqslant\dfrac{1}{\sqrt{6}}$;　　(2) $|x|\leqslant\dfrac{1}{3}$;　　(3) $0.8\leqslant x\leqslant 1.2$.

习　题　9.5

1. (1) $y(x)=C_1\mathrm{e}^x+C_2\mathrm{e}^{2x}$;　　(2) $y=C_1\mathrm{e}^{-x}+C_2\mathrm{e}^{-\frac{1}{4}x}$;

　　(3) $y=(C_1+C_2 x)\mathrm{e}^{-3x}$;　　(4) $y=\mathrm{e}^{-2x}(C_1\cos x+C_2\sin x)$;

　　(5) $y=\mathrm{e}^{\frac{1}{2}x}\left(C_1\cos\dfrac{\sqrt{7}}{2}x+C_2\sin\dfrac{\sqrt{7}}{2}x\right)$;

　　(6) $y=C_1+C_2\mathrm{e}^{(-1+\sqrt{2})x}+C_3\mathrm{e}^{-(1+\sqrt{2})x}$.

2. (1) $y=\mathrm{e}^{-x}\cos\sqrt{3}x$;　　(2) $y=2x\mathrm{e}^{-\frac{1}{2}x}$.

3. (1) $y=\dfrac{6}{5}$;　(2) $y=\dfrac{3}{5}\mathrm{e}^{2x}$;　(3) $y=\dfrac{1}{20}x+\dfrac{29}{400}$;　(4) $y=-2x\cos x$;

　　(5) $(0.1x-0.12)\cos x-(0.3x+0.34)\sin x$;

　　(6) $\mathrm{e}^{3x}\left(\dfrac{6}{37}\sin x-\dfrac{1}{37}\cos x\right)$;　　(7) $x\mathrm{e}^x+x^2+2$;

　　(8) $\dfrac{1}{5}(\cos 2x+2\sin 2x)-\dfrac{1}{17}\left(\sin 4x+\dfrac{1}{4}\cos 4x\right)$.

4. (1) $A_0 x^2+A_1 x+A_2$;　　(2) $x(A_0 x+A_1)$;

　　(3) $\mathrm{e}^{3x}(A_0 x+A_1)$;　　(4) $x\mathrm{e}^x(A_0 x^2+A_1 x+A_2)$;

　　(5) $x^3\mathrm{e}^{-x}(A_0 x+A_1)$;　　(6) $A_0\mathrm{e}^x+(A_1 x+A_2)\cos x+(A_3 x+A_4)\sin x$.

5. $\begin{cases} LC\dfrac{\mathrm{d}^2 u_C}{\mathrm{d}t^2}+RC\dfrac{\mathrm{d}u_C}{\mathrm{d}t}+u_C=E, \\ u_C(0)=0,\ u_C'(0)=0. \end{cases}$　　**6.** $\begin{cases} LC\dfrac{\mathrm{d}^2 u_C}{\mathrm{d}t^2}+RC\dfrac{\mathrm{d}u_C}{\mathrm{d}t}+u_C=0, \\ u_C(0)=E,\ u_C'(0)=0. \end{cases}$

习　题　9.6

1. $y=(\mathrm{e}^{-x}+\mathrm{e}^{-2x})\ln(\mathrm{e}^x+1)+C_1\mathrm{e}^{-x}+C_2\mathrm{e}^{-2x}$.

2. $y=(C_1+\ln|\sin x|)\sin x+(C_2-x)\cos x.$

3. $y=\sin 2x\ln|\cos x|-x\cos 2x+C_1\sin 2x+C_2\cos 2x.$

4. $y=C_1\cos x+C_2\sin x-\dfrac{\cos 2x}{\cos x}.$ **5.** $y=C_1x^2+C_2x^3.$ **6.** $y=C_1x^3+C_2x^{-1}.$

7. $y=x(C_1+C_2\ln|x|+C_3\ln^2|x|).$ **8.** $y=C_1\cos(2\ln|x|)+C_2\sin(2\ln|x|)+\dfrac{5}{2}.$

习 题 9.7

1. (1) $x=(2C_2-C_1)\cos 2t-(2C_1+C_2)\sin 2t,\quad y=C_1\cos 2t+C_2\sin 2t;$

(2) $x=C_1e^{3t}+C_2e^{-t}+\dfrac{1}{4}e^t,\quad y=2C_1e^{3t}-2C_2e^{-t}-2e^t;$

(3) $x=-\dfrac{2}{3}\cos t-\dfrac{4}{3}\sin t+\dfrac{2}{3}\sin 2t+\dfrac{2}{3}\cos 2t-5t,\quad y=-\dfrac{2}{3}\sin t+\dfrac{1}{3}\sin 2t-2t+1;$

(4) $x=C_1e^t,\quad y=-\sqrt{2}C_2e^{-2t}+C_3e^t,\quad z=C_2e^{-2t}+\sqrt{2}C_3e^t.$

2. (1) $x=3\sin t-\cos t,\ y=2\cos t-\sin t;$ (2) $x=e^t+t+1,\ y=-(2e^t+2t+1);$

(3) $x=3t^2+2t,\ y=6t^2-2t-2;$ (4) $x=-t^2e^t,\ y=(2t-t^2)e^t.$

第九章总练习题

1. $x(t)=x_0\cos\sqrt{\dfrac{k}{m}}\,t.$ **2.** $\theta(t)=C_1\cos\sqrt{\dfrac{g}{l}}\,t+C_2\sin\sqrt{\dfrac{g}{l}}\,t.$

3. $v(t)=Ce^{-\frac{k}{m}t}+\dfrac{mg}{k};\ \lim\limits_{t\to\infty}v(t)=\dfrac{mg}{k}.$ **4.** $p(t)=\dfrac{ap_0e^{a(t-t_0)}}{a-bp_0+bp_0e^{a(t-t_0)}}.$

7. $v_0\geqslant\sqrt{2Rg}.$

第 十 章

习 题 10.1

2. 发散.

3. (1) 发散； (2) 收敛； (3) 收敛； (4) 发散；

(5) 发散； (6) 收敛； (7) 发散； (8) 发散.

习 题 10.2

1. (1) 收敛；(2) 收敛；(3) 发散；(4) 发散；(5) 收敛；(6) 收敛；(7) 收敛.

2. (1) 收敛； (2) 发散； (3) 发散； (4) 发散； (5) 收敛；

(6) 收敛； (7) 收敛； (8) 收敛； (9) 收敛；

(10) $p>1$ 时收敛，$0<p\leqslant1$ 时发散； (11) 发散；

(12) $0<p<1$ 或 $p=1$ 且 $0<q\leqslant1$ 时发散，$p>1$ 或 $p=1$ 且 $q>1$ 时收敛.

5. (1) 发散； (2) 不一定； (3) 不一定.

习　题　10.3

1. (1) 绝对收敛； (2) $p>1$ 时绝对收敛，$0<p\leqslant1$ 时条件收敛； (3) 条件收敛；
(4) 条件收敛； (5) 条件收敛； (6) 绝对收敛； (7) 绝对收敛； (8) 条件收敛；
(9) 当 $0<t<1$ 或 $t=1$ 且 $0<s\leqslant1$ 时条件收敛，当 $t>1$ 或 $t=1$ 且 $s>1$ 时绝对收敛；
(10) 条件收敛； (11)* 条件收敛.

4. 收敛.

习　题　10.4

1. (1) $\left(\dfrac{1}{e},e\right)$； (2) $(0,+\infty)$； (3) $\left(-\infty,-\dfrac{1}{3}\right)\cup\left(\dfrac{1}{3},+\infty\right)$.

2. (1) 一致收敛； (2) 一致收敛； (3) (i) 一致收敛， (ii) 不一致收敛；
(4) 不一致收敛； (5) (i) 一致收敛， (ii) 不一致收敛； (6) 一致收敛.

3. (1) 一致收敛； (2) 一致收敛； (3) 一致收敛； (4) 一致收敛；
(5) 一致收敛； (6) 一致收敛； (7) 一致收敛.

习　题　10.5

1. (1) 2； (2) $+\infty$； (3) e； (4) 4.

2. (1) $(-1,1),[-1,1)$； (2) $(-a,a),[-a,a]$； (3) 均为 $(-\infty,+\infty)$；
(4) 均为 $(-2,2)$； (5) 均为 $(-1,1)$； (6) 均为 $(-3,3)$；
(7) $(-1,1),[-1,1)$； (8) 均为 $\left(-\dfrac{1}{5},\dfrac{1}{5}\right)$； (9) 均为 $(-1,1)$；
(10) $(-1,1),[-1,1)$； (11) 均为 $(2-e,2+e)$.

3. (1) $\dfrac{1}{(1-x)^2}$，$-1<x<1$； (2) $\dfrac{1-x^2}{(1+x^2)^2}$，$-1<x<1$；
(3) $(1+x)\ln(1+x)-x$，$-1<x\leqslant1$； (4) $2x\arctan x-\ln(1+x^2)$，$-1\leqslant x\leqslant1$；
(5) $(2x^2+1)e^{x^2}$，$-\infty<x<+\infty$； (6) $\dfrac{2+x^2}{(2-x^2)^2}$，$-\sqrt{2}<x<\sqrt{2}$；

(7) $S(x)=\begin{cases}1+\dfrac{1-x}{x}\ln(1-x), & 0<|x|<1,\\0, & x=0,\\1-2\ln2 & x=-1,\\1 & x=1.\end{cases}$

习　题　10.6

1. (1) $\displaystyle\sum_{n=0}^{\infty}(-1)^n x^{2n+1}/(16)^{n+1}$，$(-4,4)$； (2) $\displaystyle\sum_{n=0}^{\infty}\dfrac{1}{n!}x^{2n}$，$(-\infty,+\infty)$；

(3) $\displaystyle\sum_{n=0}^{\infty}\frac{(-1)^n x^n}{a^{n+1}}$, $(-a,a)$;　(4) $\displaystyle\sum_{n=0}^{\infty}\frac{x^{2n+1}}{2n+1}$, $(-1,1)$;

(5) $1+\displaystyle\sum_{n=1}^{\infty}(-1)^n\left[\frac{1}{n!}-\frac{1}{(n-1)!}\right]x^n$, $(-\infty,+\infty)$;

(6) $\displaystyle\sum_{n=1}^{\infty}\frac{x^{2n-1}}{(2n-1)!}$, $(-\infty,+\infty)$;

(7) $\dfrac{3}{4}\displaystyle\sum_{n=1}^{\infty}(-1)^n\frac{1-3^{2n}}{(2n+1)!}x^{2n+1}$, $(-\infty,+\infty)$;

(8) $\dfrac{\sqrt{2}}{2}\displaystyle\sum_{n=0}^{\infty}(-1)^n\left[\frac{x^{2n}}{(2n)!}+\frac{x^{2n+1}}{(2n+1)!}\right]$, $(-\infty,+\infty)$;

(9) $\displaystyle\sum_{n=1}^{\infty}\frac{(-1)^{n-1}2^n-1}{n}x^n$, $\left(-\dfrac{1}{2},\dfrac{1}{2}\right]$;　(10) $\displaystyle\sum_{n=0}^{\infty}\left[1+\frac{(-1)^n}{6^n}\right]x^n$, $(-1,1)$.

2. (1) $\displaystyle\sum_{n=0}^{\infty}\frac{(-1)^n x^{2n+1}}{2n+1}$, $(-1,+1)$;

(2) $x+\displaystyle\sum_{n=1}^{\infty}(-1)^n\frac{(2n-1)!!}{(2n)!!}\cdot\frac{x^{2n+1}}{2n+1}$, $[-1,1]$;

(3) $x+\displaystyle\sum_{n=1}^{\infty}\frac{(2n-1)!!}{(2n)!!}\cdot\frac{x^{4n+1}}{4n+1}$, $(-1,1)$.　**5.** (1) 1.605;　(2) 0.905.

第十章总练习题

2. (1) 收敛;　(2) $p>\dfrac{1}{2}$ 时收敛,$0<p\leqslant\dfrac{1}{2}$ 时发散;　(3) 收敛;　(4) 收敛.

第 十 一 章

习　题　11.1

1. (1) 1;　(2) ln2;　(3) 1;　(4) $\dfrac{\pi}{\sqrt{2}}$;　(5) 发散;

(6) $\dfrac{\pi}{3}$;　(7) $\dfrac{\pi}{2}-1$;　(8) π;　(9) $\dfrac{1}{2}$;　(10) π;　(11) 发散;

(12) $\dfrac{1}{\ln2}$;　(13) $\dfrac{\pi}{2\sqrt{2}}$.

3. (1) 收敛;　(2) 发散;　(3) 收敛;　(4) 收敛;　(5) 收敛;

(6) 收敛;　(7) 收敛;　(8) 收敛;　(9) 发散;

(10) 当 $\max\{p,q\}>1$ 且 $\min\{p,q\}<1$ 时收敛,其余情况发散.

4. (1) 条件收敛;　(2) 绝对收敛.

习　题　11.2

1. (1) $\dfrac{\pi}{2}$;　　(2) 1 ;　　(3) $\dfrac{\pi}{16}$;　　(4) $\dfrac{\pi}{4}$;　　(5) 0.

2. (1) $k[f(a+ky)+f(a-ky)]$;

(2) $\displaystyle\int_{\sin y}^{\cos y}\sqrt{1-x^2}\,\mathrm{e}^{y\sqrt{1-x^2}}\,\mathrm{d}x-\sin y\,\mathrm{e}^{y\sin y}-\cos y\,\mathrm{e}^{y\cos y}$;

(3) $\dfrac{2}{y}\ln(1+y^2)$;

(4) $2y\sin(y^4+y^2)+2y\displaystyle\int_0^{y^2}\cos(x^2+y^2)\,\mathrm{d}x$.

3. (1) $g(\alpha)=\begin{cases}\dfrac{\pi}{2}\ln(1+\alpha), & \alpha\geqslant 0,\\[2mm] -\dfrac{\pi}{2}\ln(1-\alpha), & \alpha<0;\end{cases}$

(2) $\pi\arcsin a$;　(3) $\pi\ln\dfrac{|a|+1}{2}$.

4*. $\dfrac{\pi}{2}\ln(1+\sqrt{2})$.

习　题　11.3

1. (1) 一致收敛；　(2) 一致收敛；

(3) (i) 一致收敛；　(ii) 不一致收敛；　(4) 一致收敛；

(5) (i) 一致收敛；　(ii) 不一致收敛；　(6) 一致收敛.

2. (1) $\ln\dfrac{b}{a}$;　(2) $\ln\dfrac{1+a}{1+b}$;　(3) $\dfrac{1}{2}\sqrt{\dfrac{\pi}{2}}\,\mathrm{e}^{-\frac{7}{8}}$;

(4) $\sqrt{\pi}$;　(5) $0(\alpha<\beta$ 时$)$,$\dfrac{\pi}{4}(\alpha=\beta$ 时$)$,$\dfrac{\pi}{2}(\alpha>\beta$ 时$)$.

3. $\arctan t$.

4. (1) $\mathrm{B}\left(\dfrac{4}{3},\dfrac{4}{3}\right)$;　(2) $\Gamma\left(\dfrac{2}{3}\right)$;　(3) $\dfrac{\pi a^4}{16}$;

(4) $\dfrac{3}{128}\sqrt{\pi}$;　　(5) $\dfrac{1}{4}\mathrm{B}\left(\dfrac{1}{4},\dfrac{1}{2}\right)$;

(6) $\dfrac{1}{3}\Gamma\left(\dfrac{2}{3}\right)\Gamma\left(\dfrac{1}{3}\right)$;　(7) $\Gamma\left(\dfrac{5}{4}\right)\cdot\Gamma\left(\dfrac{3}{4}\right)$;

(8) $\dfrac{1}{3}\mathrm{B}\left(\dfrac{4}{3},\dfrac{1}{2}\right)$;　　(9) $\dfrac{1}{2}\mathrm{B}\left(\dfrac{m+1}{2},\dfrac{n+1}{2}\right)$.

第 十 二 章

习 题 12.2

1. (1) $2\left(\sin x - \dfrac{1}{2}\sin 2x + \cdots + \dfrac{(-1)^{n-1}\sin nx}{n} + \cdots\right) = \begin{cases} x, & \text{当} -\pi < x < \pi \text{ 时}, \\ 0, & \text{当} x = \pm\pi \text{ 时}; \end{cases}$

(2) $\dfrac{\pi^2}{3} + 4\displaystyle\sum_{n=1}^{\infty}(-1)^n\dfrac{\cos nx}{n^2} = x^2$, $-\pi \leqslant x \leqslant \pi$;

(3) $\dfrac{\pi}{2} - \dfrac{4}{\pi}\left(\dfrac{\cos x}{1^2} + \dfrac{\cos 3x}{3^2} + \cdots + \dfrac{1}{(2k-1)^2}\cos(2k-1)x + \cdots\right) = |x|$, $-\pi \leqslant x \leqslant \pi$;

(4) $-\dfrac{1}{2} + \dfrac{6}{\pi}\left(\sin x + \dfrac{\sin 3x}{3} + \cdots + \dfrac{1}{2k-1}\sin(2k-1)x + \cdots\right)$

$= \begin{cases} -2, & -\pi < x < 0, \\ 1, & 0 < x < \pi, \\ -1/2, & x = 0, x = \pm\pi; \end{cases}$

(5) $\dfrac{3}{8} - \dfrac{1}{2}\cos 2x + \dfrac{1}{8}\cos 4x$;

(6) $\dfrac{1 + \pi - e^{-\pi}}{2\pi} + \dfrac{1}{\pi}\displaystyle\sum_{n=1}^{\infty}\left\{\dfrac{1 - (-1)^n e^{-\pi}}{1+n^2}\cos nx\right.$

$\left. + \left[\dfrac{-n + (-1)^n n e^{-\pi}}{1+n^2} + \dfrac{1}{n}(1 - (-1)^n)\right]\sin nx\right\}$

$= \begin{cases} \dfrac{1}{2}(e^{-\pi} + 1), & x = \pm\pi, \\ e^x, & -\pi < x < 0, \\ 1, & 0 \leqslant x < \pi. \end{cases}$

2. $\dfrac{x^2}{4} - \dfrac{\pi x}{2} = -\dfrac{\pi^2}{6} + \displaystyle\sum_{n=1}^{\infty}\dfrac{\cos nx}{n^2}$, $0 \leqslant x \leqslant \pi$.

3. $\dfrac{x^2}{4} - \dfrac{\pi x}{2} = \displaystyle\sum_{n=1}^{\infty}\left[\dfrac{(-1)^n \pi}{2n} + \dfrac{(-1)^n - 1}{n^3 \pi}\right]\sin nx$, $0 \leqslant x \leqslant \pi$.

4. $\dfrac{1}{2}\sin\dfrac{\pi x}{l} - \dfrac{4}{\pi}\displaystyle\sum_{n=1}^{\infty}\dfrac{(-1)^n n}{4n^2 - 1}\sin\dfrac{2n\pi x}{l}$

$= \begin{cases} \sin\dfrac{\pi x}{l}, & 0 \leqslant x < l/2 \text{ 时}, \\ 0, & l/2 < x < l \text{ 时}, \\ 1/2, & x = l/2 \text{ 时}, \\ 0, & x = l \text{ 时}. \end{cases}$

5. $3 = \dfrac{12}{\pi} \cdot \displaystyle\sum_{k=1}^{\infty}\dfrac{1}{2k-1}\sin(2k-1)x$, $0 < x < \pi$.

6. $\dfrac{1}{2} - \dfrac{\pi}{4}\sin x = \dfrac{\cos 2x}{1\cdot 3} + \dfrac{\cos 4x}{3\cdot 5} + \cdots + \dfrac{\cos 2kx}{(2k-1)(2k+1)} + \cdots,\quad 0\leqslant x \leqslant \pi.$

7. $\dfrac{\pi - x}{2} = \displaystyle\sum_{n=1}^{\infty} \dfrac{\sin nx}{n},\quad 0 < x < 2\pi.$

8. (1) $\dfrac{\pi - 1}{2}$;　(2) $\dfrac{\pi^2}{24}$.

9. $f(t) = \dfrac{A}{\pi} + \dfrac{A}{2}\sin\omega t - \dfrac{2A}{\pi}\displaystyle\sum_{k=1}^{\infty}\dfrac{\cos 2k\omega t}{2k^2 - 1},\quad -\infty < t < +\infty.$

10. $A_0 = a_0, A_n = a_n, B_n = -b_n (n=1,2,\cdots).$

11. $A_0 = a_0^2, A_n = a_n^2 + b_n^2, B_n = 0.$

<h3 style="text-align:center">习　题　12.3</h3>

1. $\dfrac{\pi^4}{96}$.　　**2.** $\left(\dfrac{2\pi^2 - 6\pi\varphi + 3\varphi^2}{12}\right).$